U0223617

国家出版基金资助项目
“十四五”时期国家重点出版物出版专项规划项目
先进表面工程技术研究与应用系列
总主编　王　铀

表面耐磨涂层的等离子喷涂制备与性能研究

RESEARCH ON PREPARATION AND PERFORMANCE OF WEAR-RESISTANT COATINGS DEPOSITED BY PLASMA SPRAYING

张　超　著

哈爾濱工業大學出版社
HARBIN INSTITUTE OF TECHNOLOGY PRESS

内容简介

本书系统介绍了等离子喷涂技术的发展、原理,以及典型等离子喷涂耐磨涂层的制备和性能检测等问题。全书可分为3个部分:第1～3章阐述了表面工程技术、等离子喷涂技术和摩擦磨损的基本理论;第4～8章系统论述了金属基、陶瓷基等多种典型耐磨涂层的等离子喷涂制备工艺,以及涂层组织结构、力学/机械特性和耐磨性能的检测试验方法;第9、10章则分别介绍了等离子喷涂耐磨涂层在制造业的具体应用及发展前景,以及在此基础上发展的液料等离子喷涂技术的研究进展。

本书是结合作者及团队多年来的研究成果撰写而成,并调研了等离子喷涂及耐磨涂层领域相关研究与实际应用,力求与相关技术当前的发展与应用保持同步。通过大量具体应用实例介绍了等离子喷涂耐磨涂层制备及测试的原理与方法,内容翔实,实用性强,可作为从事等离子喷涂及耐磨涂层设计的师生、科研人员及从业工程人员的参考用书。

图书在版编目(CIP)数据

表面耐磨涂层的等离子喷涂制备与性能研究/张超著. —哈尔滨:哈尔滨工业大学出版社,2025.1
(先进表面工程技术研究与应用系列)
ISBN 978-7-5767-1561-3

Ⅰ.TG174.442

中国国家版本馆CIP数据核字第20241LD126号

表面耐磨涂层的等离子喷涂制备与性能研究
BIAOMIAN NAIMO TUCENG DE DENGLIZI PENTU ZHIBEI YU XINGNENG YANJIU

策划编辑　许雅莹　张永芹
责任编辑　李青晏　杜莹雪　韩旖桐
封面设计　卞秉利　刘　乐
出版发行　哈尔滨工业大学出版社
社　　址　哈尔滨市南岗区复华四道街10号　邮编150006
传　　真　0451-86414749
网　　址　http://hitpress.hit.edu.cn
印　　刷　辽宁新华印务有限公司
开　　本　720 mm×1 000 mm　1/16　印张27.25　字数504千字
版　　次　2025年1月第1版　2025年1月第1次印刷
书　　号　ISBN 978-7-5767-1561-3
定　　价　148.00元

前　言

表面工程技术作为赋予材料表面新功能的重要手段，可用于机械制品表面或近表面区结构及性能的改进与优化，在改善及提升材料与产品性能、确保设备运行可靠性及安全性、延长使役寿命、节约资源和节省能源等诸多方面起到了至关重要的作用。相较于传统的表面淬火、表面渗碳等技术，以等离子喷涂为代表的热喷涂技术能够以较低成本在基体表面形成高硬度、高耐磨性、耐腐蚀性的优质防护涂层，同时可保留基材芯部塑性或韧性优势，从而大幅提升零部件的整体性能。因此，热喷涂技术已成为先进制造技术之一。

等离子喷涂是利用等离子射流来加热、熔化（或部分熔化）喷涂粉末，形成熔融或半熔融的粒子束，在冲击力作用下加速撞击预处理基材表面，经流散、变形、凝固后堆叠形成具有特殊性能表面涂层的一种加工工艺。等离子喷涂这一概念的提出源自1939年，到20世纪50年代末期得到真正应用与发展，因其具有喷涂效率高、涂层组织细密、与基体结合强度高、喷涂材料来源广等诸多优点，目前已成为最通用且使用范围最广的一种热喷涂工艺技术，在机械制造、冶金造船、航空航天与新能源技术等现代工业和尖端科学技术中，被广泛用于机械零部件的生产、修复和改性等。

等离子喷涂技术的研究与应用主要是对在特定环境（磨损、腐蚀、高温氧化、高温热障、绝缘／导电等）下服役的机械零部件进行表面失效分析，研究可实现既定功能的涂层材料体系和制备工艺的选择与设计，控制喷涂过程的各工艺参数,并对喷涂制品进行结构与性能检测,从而获得理想的功能性涂层。采用等离子喷涂制备得到的涂层制品可实现的功能包括耐磨损、耐腐蚀、抗高温等,其中耐磨涂层是等离子喷涂乃至热喷涂技术最先制备的,也是应用最为广泛的一类涂层。

磨损是机械设备与零部件的3种主要失效形式(疲劳、腐蚀和磨损)之一,造成大量材料损耗的同时,也带来了巨大的经济损失。因此,任何能够提高材料耐磨性、减少机械设备摩擦磨损的措施,都能够为解决能源短缺、环境污染、资源枯竭等问题提供有效方案,从而极大推动社会经济的发展。磨损是发生在机械产品表面的材料损耗过程,因此在基体表面制备耐磨涂层可以有效延缓和控制表面的破坏。所谓耐磨涂层是指在零部件表面涂覆的一层或多层具有减摩耐磨功能的表面涂层,从而使基体材料达到耐磨损的目的,多用于具有相对运动且易出现磨损失效的零部件表面。

本书由扬州大学机械工程学院张超撰写。本书系统介绍了等离子喷涂技术的发展、原理,以及典型等离子喷涂耐磨涂层的制备和性能检测等问题。全书可分为3个部分:第1～3章阐述了表面工程技术、等离子喷涂技术和摩擦磨损的基本理论;第4～8章系统论述了金属基、陶瓷基等多种典型耐磨涂层的等离子喷涂制备工艺,以及涂层组织结构、力学/机械特性和耐磨性能的检测试验方法;第9、10章则分别介绍了等离子喷涂耐磨涂层在制造业的具体应用及发展前景,以及在此基础上发展的液料等离子喷涂技术的研究进展。书中部分彩图以二维码的形式随文编排,如有需要可扫码阅读。

本书得到了扬州大学出版基金项目的资助,在撰写过程中得到了扬州大学表面工程研究所各位同事的支持与帮助,特别是孙国栋博士、肖金坤副教授给予了大力支持;表面工程研究所徐海峰、刘黎明、黄博、吴雨晴、毛霖、张莹、胡涵和王宇婷等硕士研究生做了很多具体的工作。作者在此对他们表示真诚的感谢!同时也向书中参考文献的作者,以及从事热喷涂事业的科研工作者和技术人员们致以敬意!

本书是在查阅大量专业文献,总结团队多年来的科研成果的基础上完成的。尽管力求准确无误,但等离子喷涂技术及相关理论仍处于持续完善和不断进步的过程中,尚需要进一步地扩展和丰富;同时受限于篇幅及作者水平,在取材和论述方面难免存在不足之处,敬请广大读者批评指正。

作　者
2024 年 7 月

目　录

第1章

热喷涂科学与技术概述

表面是所有固体和液体都具有的基本属性之一，机械产品中的表面大多发挥着传递运动和能量的作用，同时还具备防腐、减阻和吸声等特殊功能。发生在零部件表面的行为对产品及系统的运行效率、精度、可靠性和寿命都有着至关重要的影响，甚至决定了产品的基本功能。

表面处理属于最古老的技术之一，几乎是与人类历史同步发展的，人类祖先早在远古的石器时代就掌握了研磨技术，以获得锋利石器等工具；利用矿石染料制备陶器则是在满足日常生活需求的基础上，体现了人类的美学意识，这也可以看作是最早的涂装技术。18世纪中后期，机械化大生产的出现极大地推动了社会经济的进步，人类社会进入工业时代，工业装备及机械设备的发展对机械装备服役功能提出了新的要求，零部件制造过程也日趋完善，使得制造的过程和载体呈现复杂化、多维多元化的发展趋势。

磨损作为导致工程构件及机械设备失效的主要形式之一，其造成的经济损失是不可估量的。磨损又是发生在机件表面的材料损耗过程，采用表面防护措施可以有效延缓和控制表面的破坏，成为解决上述问题的有效手段。因此，逐渐发展了表面改性、合金化处理和涂镀层等技术，被统称为表面工程技术，这一技术的快速发展与应用使得工件获得质量优异的表面层或工作层。表面工程技术可以改变物质表面的形态、成分、结构与机械性能，使得产品具备减摩、耐蚀和自清洁等特殊性能，从而满足其耐磨、耐蚀等使用要求。

1.1 表面工程技术与表面涂层

1.1.1 表面工程及作用

材料是人类文明发展的物质基础，也是体现人类发展文明程度的重要标尺之一。现代工业生产所需的工程设备对材料性能的需求往往是多重性的，甚至是相互矛盾的。许多机械零部件往往既要求很高的韧性，同时又需要较高的表面硬度和耐磨性，如飞机发动机燃烧室内壁需要材料具备良好的耐高温和隔热性能，而外壁则要求良好的散热性。这些特殊性能的要求通常发生在工件的工作表面，利用现代物理、化学、金属学和热处理学等交叉学科或技术，来改变零件表面的状况和性质，使其与芯部材料优化组合，赋予材料表面新的特殊功能以达到预定性能要求，可以有效提升零部件的综合服役性能。

这种以调控和改善表面性能为目的的系统工程被称为表面工程，主要分为“改性”和“改形”两大类，前者是通过各种表面涂层、镀膜和表面强化等手段改变表面的材料、结构和机械/力学性能等；而后者也被称为表面织构技术，是利用微细加工技术在材料表面加工出具有一定几何形貌与尺寸且分布规律的图案，以获得特定的表面性能。

“表面工程”的概念最早是由英格兰伯明翰大学汤·贝尔(Tom Bell)教授于1983年提出的，一经提出便被列为当时的世界十大关键技术之一。早在远古时代，人们便意识到可以在木材表面涂刷桐油来增强木材的防水性和耐虫蛀；2 700多年前的春秋战国时期，我国便掌握了淬火、热镀锡、鎏金以及油漆等技术，在满足日常生产生活的同时，也在很大程度上体现了人们对美的追求。进入19世纪中叶，英国等欧洲国家先后完成了产业革命，机器大工业的出现与普及要求机械设备不仅要具备良好的技术功能，还要表现出优异的运行平稳性和可靠性，对机械零部件表面性能也提出了新的要求。表面工程技术作为最经济也是最有效的方法之一，被广泛应用于材料表面或近表面区结构及性能的改进与优化，在改善及提升材料与产品性能(耐磨、耐蚀)、确保机械制品可靠性及安全性、延长机器使役寿命，以及节约资源和节省能源等诸多方面起到了至关重要的作用，同样也赋予了材料及器件特殊的理化性质。

20世纪以来，随着现代科学技术的发展，表面工程技术与现代材料学、现代工程物理和现代制造技术，甚至是现代医学、农学等实现了多学科的交叉融合，

形成了表面工程学并逐渐成为工程技术领域中一门核心学科与重要学科，在工业、农业、医学和信息等与人类生产生活密切相关的众多领域取得了长足的进步。

1987 年 12 月，我国成立了国内第一个学会性质的表面工程研究所——中国机械工程学会表面工程研究所，由徐滨士院士担任所长。1988 年中国机械工程学会创办并发行了国内第一部《表面工程》期刊（1997 年正式更名为《中国表面工程》并沿用至今），标志着我国正式开展表面工程相关技术及学科的研究。随后国内各大专业院校、科研院所和工矿企业先后成立了大量冠以"表面工程"或"表面技术"的研究机构，我国的表面工程事业在三十多年内得到了快速发展，为解决机械制造、维修、再制造技术难题奠定了坚实的理论基础，对我国制造业的发展起到了举足轻重的作用。

综合上述表面技术及表面工程学科的发展，不难看出开展表面工程研究的主要任务包括：提升材料及制品抵御服役环境的能力、赋予其新的机械或理化性能；装饰与美化材料或制品的外观、色泽；实现特定的表面加工来制造构件或器件，并对已损坏的零部件开展再制造工程；研究各类材料表面的失效机理与表面工程技术的应用问题，开展现代化表面工程设计。因此，表面工程技术的作用可概括为：

(1) 通过表面改性、改形及复合处理工艺，获得特定微观结构、物相组成及理化/力学性能，有效抑制或防止了表面损耗，可改善设备零部件及机械设备的运行平稳性，延长其使役寿命。

(2) 经由表面处理得到的制品往往只会在表面形成极薄的涂覆层，无须改变整体材质，也不会对机械设计过程产生显著影响；同时喷涂材料的用料也相对较少，是一种相对节约资源和节省能源的处理工艺。

(3) 表面工程技术不仅是现代制造技术的重要部分，还为信息技术、航空航天技术和生物工程等新兴技术的发展提供了有效的理论支持；同时，随着表面工程技术与相关学科的交叉融合，根据需求开发的具有绝缘、导电、隔热等特定功能的新型表面材料，或具有装饰性功能的表面也取得了显著发展。

1.1.2　表面工程技术的分类及内容

表面工程涉及的工艺种类繁多，且大部分工艺都兼具不同类型的特点，因而尚未形成一种统一的分类方法，只能从某一角度对各工艺加以归纳分类。例如，按各工艺作用原理，可将表面工程技术分为原子沉积、颗粒沉积、整体覆盖和表面改性等 4 种基本类别；而参照工艺特点，则可将表面工程技术分为以下 4 类：

(1) 表面改性技术。

广义的表面改性是指通过物理/化学的方法,改变材料的形貌、物相组成、微观结构、缺陷状态和应力状态等,赋予基体本身不具备的特殊性能。狭义的表面改性则是通过表面淬火、喷丸处理等工艺使金属表面形成新的相变区或表面强化区,而不改变材料表面的化学组成或成分。常见的表面改性技术包括表面淬火、喷砂、滚压、拉丝和高能束表面改性等,各工艺、特点及应用场景详见表 1.1。

表 1.1　常见的表面改性技术工艺、特点及应用场景

工艺	特点及应用场景
表面淬火	仅使工件表面得到淬火的一种热处理工艺,可显著提高工件表面的硬度、耐磨性和疲劳强度,但工件心部仍具有较高的韧性;按加热方式不同可分为感应加热表面淬火、火焰加热表面淬火和电接触表面淬火等。 常用于轴类、齿轮类等钢铁零件
喷砂/喷丸强化	以压缩空气为动力,利用形成的高速喷射束将喷料(喷砂:铜矿砂/石英砂/铁砂等;喷丸:钢丸/铸铁丸/玻璃丸等)高速撞击待处理工件表面,使其发生形貌、组织结构及性能的改变。 喷料或弹丸对表面的冲击与切削不仅会获得具有不同粗糙度的表面形貌,还可以显著改善工件的疲劳强度和抗应力腐蚀能力
滚压	是利用金属在常温下的冷塑性特点进行的一种冷加工方法,加工过程中由滚压刀具对工件表面施加一定的压力,使其表层金属产生塑性流动,使工件表面达到预期的形貌、组织结构及残余应力,从而大幅度提升材料表面的疲劳强度、抗应力腐蚀能力。尤其适用于晶体结构为面心立方的金属或合金材料
拉丝	通过研磨的方式在产品表面形成浅纹,以消除金属表面的细微瑕疵并获得非镜面般金属光泽,是一类常见的起装饰作用的表面处理手段。 机械拉丝方法可分为平压式砂带拉丝、不织布辊拉丝和宽砂带拉丝等。 拉丝工艺方法及设备简单,成本低廉,无须任何化工物质,加工过程中也不会产生易造成环境污染的有害气体或物质

续表1.1

工艺	特点及应用场景
高能束表面改性	利用高功率密度的激光、电子或离子束辐射工件表面，使其发生熔凝和相变，然后自激快冷形成非晶组织，以改变工件的表面性质，提高其耐蚀、耐磨和抗疲劳强度等特性。 高能束表面改性设备相对昂贵，适用于航空航天、兵器、核工业以及汽车制造业

(2) 表面合金化技术。

表面合金化技术是利用化学渗透方法，在金属基体表面结合一层合金，以改善其耐蚀性与耐磨性，并具有良好的表面装饰效果。最典型的表面合金化技术为金属的渗碳、渗氮处理，即将金属材料与渗剂(碳、氮) 放置在同一密闭的腔体内，采用加热、真空等措施活化金属表面，经分解、吸收、扩散等过程使渗剂进入基体。现代机械制造中也可基于等离子化学反应形成渗层，发展了双层辉光等离子渗金属等技术。

表面合金化的工艺优点在于加工成本较低，不受材料、工件尺寸及形状的限制；制备得到的镀层与基体间通过化学结合形成非晶态合金，具有表面硬度高、与基体结合力强等优异性能。

(3) 表面转化膜技术。

表面转化膜技术是使金属与某种特定介质发生一定条件下的(电) 化学反应，从而在金属表面形成稳定的化合物膜层。由于转化膜的形成是由处于表面层的基材直接与介质(通常为某种特定的腐蚀液) 中的阴离子反应生成的，因此该技术实质上可以看作是金属材料在特定条件下的腐蚀过程。常见的表面转化膜技术有钢铁的发黑和磷化处理、不锈钢着色、铜及铜合金着色、铝合金的氧化与着色等。

几乎所有的金属材料均可采用表面转化膜技术进行表面处理。根据形成过程与特点，表面转化膜的分类方法也是多样的，如参照表面转化过程中是否存在外加电流，可将表面转化膜分为化学转化膜和电化学转化膜(也被称为阳极转化膜) 两类；依据表面转化膜形成时所用的介质，可将其分为氧化物膜、铬酸盐膜、磷酸盐膜和草酸盐膜等；按表面转化膜用途，可将其分为涂装底层转化膜、塑性加工用转化膜、防锈转化膜等。

(4) 表面涂(镀) 层技术。

表面涂(镀) 层技术是通过物理、化学方法，使添加材料在基体表面形成一层或多层不同材料的薄膜，称之为涂（镀）层，来达到强化表面或使表面具有特殊功能的目的，但基体不参与涂（镀）层的形成，可用于金属与非金属材料。常见的表面涂（镀）层技术包括堆焊、热喷涂、浆液涂、电刷镀和气相沉积镀膜。

随着新材料、新设备和新工艺的不断涌现，表面工程技术正朝着更加高效、节能、环保和经济的方向发展；多种工艺方法相结合的表面复合处理技术成为新的研究热点；同时，随着多学科的交叉融合，智能化、自动化和系统化等科学方法在表面工程领域也取得了长足的进步。

1.1.3 表面涂层技术

表面涂层技术是表面工程研究中发展最为迅速，也是应用领域最为广泛的技术之一，它利用各种物理、化学或机械方法赋予表面层材料特殊的成分、组织结构和性能，以适应综合性能要求。随着现代工业的快速发展，对装备性能、环境友好和能源节约等提出了更高要求，表面涂层技术在表面增强、表面修复和零部件再制造等众多领域都发挥着重要作用。

涂层的多样性源自喷涂材料的多样性、制备方法可选（表 1.2）及工艺参数可控。以采用热喷涂技术制备功能性涂层为例，涉及的材料包括铁基／镍基等单元素金属以及合金、陶瓷和塑料等；可用的工艺包括等离子喷涂、爆炸喷涂、普通电弧喷涂、高速电弧喷涂（HVAS）、低压等离子喷涂（LPPS）、超音速等离子喷涂等；从而实现诸如耐磨损、耐热、抗氧化、抗侵蚀及恢复零件尺寸等功能。此外，机械设备各零部件因其材料、形状、尺寸及服役环境的不同，待解决的摩擦磨损、表面强化或再制造等问题也各不相同。

表 1.2 常用表面涂层制备方法

制备工艺	制备原理	涂层材料	制备方法
堆焊	利用焊接的方法使零件表面覆盖一层具有一定耐磨、耐热或耐腐蚀涂层	金属	普通堆焊、电弧堆焊、埋弧堆焊、等离子堆焊、CO_2气体保护自动堆焊等
热喷涂	将熔融或半熔融的材料微粒或粉末以极高速度喷涂到基体表面，从而获得所需涂层	金属及其化合物／合金／陶瓷／塑料／玻璃／复合材料	火焰喷涂、电弧喷涂、等离子喷涂、气体爆炸喷涂、激光喷涂等
浆液涂	把固液混合物以浆液的形式涂覆于固体表面，在一定条件下固化而形成涂层	陶瓷／金属	料浆成膜、胶黏成膜、热化学反应成膜等

续表1.2

制备工艺	制备原理	涂层材料	制备方法
电刷镀	通过与直流电源阳极相接的镀刷与负极相接的工件来形成涂层	金属	电镀
气相沉积镀膜	利用物理或化学工艺使镀层材料形成熔体表面，并凝结在基体表面或与基体发生化学反应从而形成镀膜或涂层	金属及其化合物/合金/陶瓷	物理气相沉积(PVD) 化学气相沉积(CVD)

使用表面涂层技术开展机械零部件的表面处理，应考虑以下基本原则：

(1) 满足工况条件的要求。根据涂层的受力情况和工况条件合理选择涂层类型。例如，在氧化气氛或腐蚀介质中工作的涂层，可以选择陶瓷、塑料等非金属耐腐蚀的喷涂材料；若需要改善表面耐磨性，则应选用陶瓷或合金钢涂层材料；当涂层工作环境温度变化较大时，则需考虑耐热钢、耐热合金或陶瓷涂层。

(2) 具有适当的结构和性能。根据预涂零部件的工作环境，设计涂层的厚度、结合强度、尺寸精度，确定涂层是否允许存在孔隙、是否需要涂覆后的机械加工及加工后的表面形貌等。

(3) 与基体材质、性能的适应性。涂层与基体的材质、尺寸形状、物理化学性能、热膨胀系数和表面热处理状态等都应有良好的适应性。

(4) 技术上的可行性。为了实现表面涂层的性能，应充分分析选定涂层的设计方法、材料及工艺的可行性；若单一表面涂层的性能不能满足设计要求，则应考虑使用复合涂层。此外，选择表面涂层的制备方法还需考虑涂层厚度、涂层与基体的结合强度及基体的耐热温度等因素。

另外，想要成功采用涂层来解决机械设备服役时所面临的技术问题，还需要遵循特定流程，包括零件使用情况分析、涂层结构/材料/工艺确定、涂层制备工艺确定与优化、涂层质量评价，以及技术与经济可行性分析等。

1.2　热喷涂技术

国家标准 GB/T 18719—2002《热喷涂　术语、分类》对热喷涂的定义是：热喷涂技术是在喷涂枪内或外将喷涂材料加热到塑性或熔化状态，然后喷射于经预处理的基体表面上，基体保持未熔状态形成涂层的方法。热喷涂所用的热源可以是燃烧的火电热源或是激光等高能量辐射热源；雾化的动力源不仅可以是外加的高速气流，还可以是加热焰流本身产生的能量；涂覆层的成分、结构和性质同样是多种多样的。

从学科上讲，热喷涂技术是一个涉及材料学、表面物理、表面化学、流体力学、传热学和计算机等学科的交叉边缘学科。从工程技术角度，热喷涂是一种采用专用设备，利用热源将金属或非金属材料加热至熔化或半熔化状态，用高速气流使之雾化产生微小喷涂粒子，并喷射到基材表面形成涂覆层，以提高机械零部件的耐磨、耐蚀和耐热等性能的新兴表面工程技术。

热喷涂技术最突出的特点在于其制备方法的多样性、喷涂材料的广泛性和应用上的经济性，因此在工程应用、高新技术等诸多领域都有其独特的应用。

1.2.1　热喷涂技术的发展历程与趋势

早在19世纪末，人们便尝试将熔化的金属液注入由旋管喷出的热空气流中，将其雾化并喷射到工件表面，这是关于热喷涂最早的记载。随后，瑞士Schoop博士早在1909年便发明了固定式坩埚熔融喷射装置，实现了金属Zn的喷涂；Morf和Stolle等工程师则相继注册了包括金属涂层工艺优化、表面金属（及金属化合物）沉积、以高压高速气流喷射固态金属在无孔基材表面形成涂层等一系列相关专利。这一阶段的喷涂装置多为单独的炉子，且采用的是液料形式的喷涂材料，喷涂效率和材料的利用率都比较低，制备得到的涂层质量较差，使用价值也相对有限，但也已包含热喷涂的基本原理和工艺过程，因而可以看作是热喷涂技术的起源。

经过不断发展，20世纪30～50年代，线材火焰喷涂设备的逐渐完善、金属粉末火焰喷涂设备的问世和《金属喷镀》手册（美国Metco公司）等相关技术的发展，极大地推动了热喷涂技术的进步。热喷涂的应用领域也得到了极大的拓展，不仅由早期的工艺美术装饰性涂层发展为重要的机械零部件防护和修复手段，还逐渐成为机械产品设计制造过程的主要工艺。这一时期内，人们还致力于研究和改进工件表面净化和粗化处理等工艺，出现了以机床车削沟槽、电火花拉毛等为代表的工件表面预处理新工艺。

进入20世纪50年代早期，自熔性合金粉末的出现极大地推动了热喷涂技术在工业生产中的应用，各种热喷涂技术到60年代末期便趋于完善，各类喷涂设备和材料已初具规格化和系列化，经过百余年的发展，国际上已发展了一系列性能稳定的商用系统。

1. 热喷涂技术的发展历程

(1) 初期发展阶段。

最早的热喷涂技术始于 1882 年，德国出现了一种简单的装置可将熔融的金属喷射成为粉体。真正的热喷涂技术则产生于 1909 年，Schoop 博士获得火焰喷涂专利，该工艺可熔化金属丝并将其推送至基材表面；随后的 1911 年，他又获得了将电弧作为生产热源的相关专利。

20 世纪 20 ～ 40 年代，英美等国家相继研制了各类喷枪，如美国 Metco 公司研制的利用空气涡流送丝的 E 型系列、用电动机送丝的 K 型系列、Metco－P 型粉末火焰喷枪，以及英国研制的 Schoet 粉末火焰喷枪等。与此同时，包括英美在内的工业国家先后都制定了热喷涂的相关技术标准，热喷涂技术被大量用于船舶、钢结构和水闸门等钢铁产品的长效防护，并逐步应用于其他工业领域。

(2) 迅速发展阶段。

20 世纪 50 年代初德国研制出了自熔性合金粉末材料，至此粉末喷涂材料从原先的低熔点、低耐磨性的单金属材料发展为高熔点、高耐磨性的合金材料，标志着热喷涂材料及涂层性能取得重大突破。同时，热喷涂技术的应用也在此期间开创了新的领域，由表面防护和修复发展到表面强化及预保护。

20 世纪 50 年代末，航空航天等尖端技术的兴起促进了热喷涂技术的新发展，气体爆炸喷涂及陶瓷材料等新的热喷涂工艺及材料体系相继出现；此外，热喷涂的基础设备也已基本完备，材料及工艺形成体系，在工业生产取得了广泛应用。随后的 20 年间，喷涂材料及设备得到了进一步的迅速发展，使得热喷涂涂层性能日益提高，喷涂技术的应用范围日益广泛。

我国的热喷涂技术也是在这一时期发展起来的，工程师吴剑春等在上海组建了国内第一家专业化热喷涂企业 —— 上海喷涂机械厂(现更名为上海瑞法喷涂机械有限公司)，研制了氧－乙炔火焰丝材喷涂及电喷装置、ZQP－1 型金属线材火焰喷枪等各类喷涂装置及喷枪设备。随后，北京航空工艺技术研究所、航天公司火箭技术研究院 703 所等单位先后开展了等离子喷涂技术的研发与应用。20 世纪 70 年代中后期出现了许多品种的氧－乙炔火焰金属粉末喷涂设备和各类 Ni、Fe、Co 基自熔性合金粉及复合粉末喷涂材料，为我国热喷涂技术的快速发展奠定了良好的基础。

(3) 新发展阶段。

20 世纪 70 年代后期以来，计算机技术、电子技术和自动化技术等现代先进技术的渗透与交叉，以及新材料体系的发展与应用，使得热喷涂技术的发展及应用又迈上了新的台阶。尤其是随着各类工业产品进入批量化生产阶段，热喷涂工业的规模和体系初具雏形，具体表现为：

① 热喷涂技术已成为制造领域的重要工艺；

② 热喷涂设备的标准化和系列化；

③ 喷涂材料的多样性和广泛性；

④ 热喷涂作业过程得到规范与完善；

⑤ 热喷涂行业的产品及市场、国际合作与交流体系已初步建立。

这一阶段内，国内自主研发了一系列先进的热喷涂设备，对涂层性能及应用的研究也逐步兴起，热喷涂技术在航空航天、冶金石化等众多领域得到了广泛应用及显著成果。此外，近年来得到快速发展的冷气动力喷涂、等离子物理气相沉积(plasma spray－physical vapor deposition，PS－PVD)等技术都是对热喷涂技术的补充与扩展：一方面，热喷涂技术不仅仅停留在“热”字上；另一方面，涂层的形成也不仅仅局限于固相沉积，而是涵盖了气相沉积或气－固－液三相沉积。

自此，热喷涂技术逐渐向着更高质量和精密化方向发展，其应用领域已逐步由简单的长期防护、废旧零部件修复，拓宽到再制造技术、新制品的预保护强化等新领域，成为制造技术不可或缺的新工艺。涂层质量的在线无损检测、喷涂热源温度场及喷涂粒子速度场分布的仿真建模等相关知识的快速发展与渗透也极大提高了涂层制备的稳定性和可靠性。

2. 热喷涂技术的发展方向

在超过百年的发展历程中，热喷涂技术的发展可归结于新工艺的发现、新材料的创新、涂层质量检测方法和控制体系、涂层制备工艺优化等诸多方面，因而同样可从以下几个方面展望热喷涂技术发展的主要方向：

(1) 新工艺、新材料以及新的应用领域不断涌现与发展。

热喷涂涂层及制品的质量十分依赖于喷涂粒子速度，大幅提高喷涂粒子的飞行速度将对降低涂层孔隙率、提升涂层结合强度等具有重要意义，已经出现的高速火焰喷涂、高速等离子喷涂和高速活性电弧喷涂等技术都是从这一角度实现的涂层质量优化；此外，联合使用多种喷涂方法的复合工艺技术的应用也可达到改变涂层组织及性能的目的。

随着喷涂工艺的不断发展与改进，可用于热喷涂的材料体系也日益广泛，新型材料、功能复合涂层材料、生物功能材料、纳米涂层材料和微晶或非晶涂层材料的制备已成为新的研究热点。最后，热喷涂技术也被逐步广泛应用于工程制造业以外的领域，如电子器件、石油化工、生物医疗和核电等。

(2) 涂层无损检测技术与质量控制体系。

经热喷涂技术制备的涂层厚度通常是微米级的，因此大多表面检测及分析

技术都可用于喷涂涂层的检测，相较于传统的接触式或破坏性测量方法，以超声检测、射线检测、涡流检测等为代表的无损检测方法不仅可以在不破坏涂层的条件下获得反映涂层结构及性能的各类性能指标，还可以显著提升检测效率及可靠性，如电子显微镜、俄歇能谱仪、X 射线衍射(X-ray diffraction，XRD) 和高速成像等设备都已在工程实践中获得广泛好评。

此外，除了喷涂工艺和材料外，热喷涂制品的质量还十分依赖于喷涂工艺参数，借助实验室试验方法或数值仿真等方法建立不同喷涂工艺参数(及其组合)与涂层性能参数(孔隙率、耐磨性及沉积效率等) 的关联关系，并结合神经网络等智能算法实现涂层质量优化的相关研究已相当成熟。同时，以高速摄像机为基础的喷涂粒子监测系统的成功研发为实现涂层制备过程的在线监测与控制提供了新的可能。

(3) 数值计算、模拟仿真等方法或技术应用于涂层制备的基础理论研究。

除了上述通过数值计算方法形成高性能涂层制备工艺以外，基于模拟建模方法构建喷涂粒子温度场、速度场，涂层残余应力形成的数学模型，以及喷涂过程中，粒子流、等离子流所形成涂层模型和基体热通量模型，均可以从理论上提升涂层的质量，有效解决试验研究过程中控制参量有限的问题，同时消除因试验误差等人为因素导致的试验结果偏差。

1.2.2　热喷涂涂层制备流程

如图 1.1 所示，针对一个具体的工程问题，首先需要明确待喷涂表面及基材所处的工况条件，以及预期的涂层功能；其次合理选择喷涂材料、方法及工艺，并结合经济因素考察该设计是否合理；最后开展热喷涂制备及喷涂后处理。

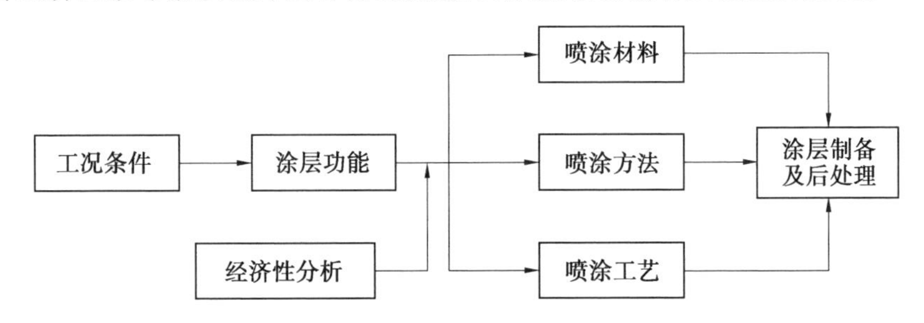

图 1.1　针对具体工程问题的热喷涂涂层设计及制备流程

运用热喷涂技术制备功能性涂层的工艺方法有很多，但是这些方法对应包含的工序过程基本一致，主要包括工件表面预处理、工件预热、喷涂和喷涂后处理等 4 个基本过程。

(1) 工件表面预处理。

对待喷涂表面激活是进行热喷涂的第一道关键工序，原则上是对基体表面进行粗化处理以增加表面积，形成一种使涂层与基体易于实现机械黏结的表面结构。适当的表面预处理还可以使工件表面产生压应力，有利于提高工件的抗疲劳特性。表面预处理工艺包括表面粗化和表面净化两个基本工艺，目前普遍使用的表面粗化工艺包括喷砂处理、高压水射流处理技术、机械粗加工技术、激光表面前处理等；表面净化工艺则是采用压缩空气、超声波振荡等方法对粗化表面进行去污、去油处理。

(2) 工件预热。

在热喷涂时基体表面温度对喷涂粒子在基体表面的沉积有显著影响。预热的目的是消除工件表面残留的水分，改善待喷涂界面温度，提高涂层和基体的结合强度；同时确保喷涂粒子与工件表面接触时，不会因热膨胀引起基体和涂层材料的开裂。

(3) 喷涂。

喷涂过程是整个热喷涂制备涂层工艺中最重要的环节，需要针对零部件的服役情况及可能发生的失效形式，合理选择喷涂材料、喷涂工艺及喷涂参数，以制备性能优异的涂层。如图 1.2 所示，热喷涂过程一般分为以下 4 个步骤。

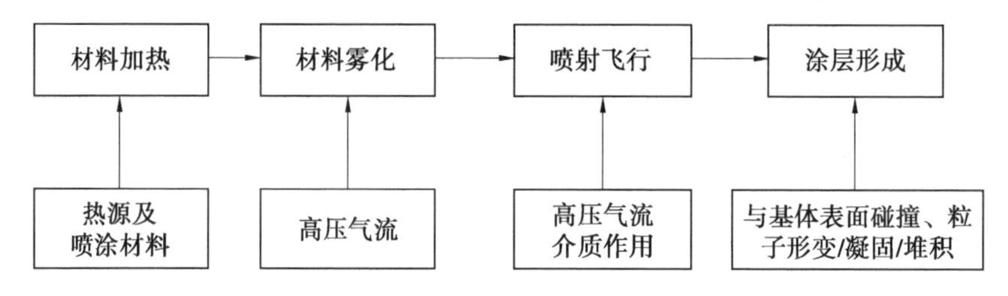

图 1.2　热喷涂制备涂层过程

① 材料加热。喷涂线材或粉末进入高温热源区域，被加热至熔融或半熔融状态。

② 材料雾化。(半)熔融状态的喷涂材料形成熔滴，在外加压缩气流或热源自身射流作用下雾化成微细熔滴向前喷射。

③ 喷射飞行。微细熔滴被加速形成粒子流在介质中飞行，随着飞行距离的增加，粒子运动速度将逐渐减缓。

④ 涂层形成。当具有一定温度和速度的微细颗粒与基材表面接触时，颗粒与基材表面产生强烈的冲击，颗粒的动能转化为热能并部分传递给基体表面，同时微细颗粒沿凹凸不平的表面产生形变，变形的颗粒迅速冷凝并收缩，呈扁平状

黏结在基体表面。后续的粒子束连续不断地运动并撞击表面，重复“冲击 — 碰撞 — 变形 — 凝固”的过程，最终形成涂层。热喷涂制备表面涂层时涂层形成过程如图 1.3 所示。

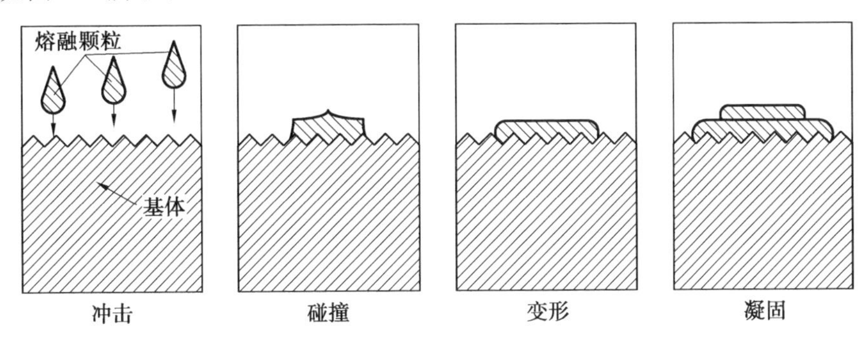

图 1.3　热喷涂制备表面涂层时涂层形成过程

材料的加热、雾化及喷射飞行阶段决定了涂层成形后的形貌形态及涂层品质，而最后阶段的涂层沉积过程则决定了涂层的最终形态，从而影响涂层的微观结构及其力学性能。喷涂熔滴的熔化形态和品质又同时会影响熔滴的凝固和冷却过程，因此想要制备出性能优异的涂层，需要综合考虑涂层材料、制备方法及工艺。

(4) 喷涂后处理。

涂层的形成过程表明涂层是由无数变形粒子互相交错呈波浪式堆叠在一起形成的层状结构。在喷涂过程中，由于熔融粒子在熔化、软化和加速飞行过程，以及与基体表面接触过程中都会与周围介质发生化学反应，因此喷涂材料经喷涂后会出现如氧化物等产物。而且，由于颗粒的连续堆叠和反弹，喷涂粒子间不可避免地会存在一部分孔隙或空洞。因此，热喷涂涂层是由变形颗粒、气孔和反应产物组成的复杂结构，这些孔隙和反应产物会对涂层结合强度、致密性产生较大的影响。为了填补和消除涂层的固有缺陷，以及热喷涂制备过程中造成涂层可能存在的结构缺陷，除了改进喷涂工艺或优化喷涂参数以外，还可以对制备的涂层进行喷涂后处理，从而提高涂层性能。常见的喷涂后处理工艺包括热处理、封孔、重熔及后续的机加工等。

喷涂过程中还应当注意对非喷涂表面的保护，通常需要根据非喷涂表面的形状和特点设计一些简易的保护罩，保护罩材料可选用薄铜皮或铁皮；对基体表面上的键槽或孔洞可以采用石棉绳堵塞。

1.2.3 热喷涂涂层在基体表面的沉积机理

涂层的结合包括涂层与基体表面的结合以及涂层内聚的结合,其中涂层与基体表面的结合是涂层制备过程中相对薄弱的环节,也是热喷涂技术研究长期以来的重点课题之一。如何通过材料选择、工艺参数的优化提高涂层与基体表面的结合强度,从而扩大热喷涂技术的应用,也是科研工作者长期以来的主要工作。目前一般认为热喷涂涂层与基体表面的结合主要有以下几类:

(1) 机械结合。

机械结合也称为锚合效应(anchoring effect),碰撞成扁平状并随基体表面起伏的喷涂粒子和凹凸不平的表面相互嵌合,并以颗粒的机械联锁而形成的结合,是涂层与基体表面结合的主要方式。

(2) 冶金－化学结合。

冶金－化学结合是当涂层与基体表面发生冶金反应,出现扩散和合金化的一种涂层沉积类型。热喷涂粒子的熔点越高、热容越大,合金化现象越明显;此外,喷涂粒子与基体发生的放热反应,或者自熔合金涂层的加热重熔也会形成合金结合层,显著提升界面结合强度。

(3) 物理结合。

喷涂粒子与基体表面间由范德瓦耳斯(van der Waals)力或次价键形成的结合称为物理结合,通常发生在界面两侧紧密接触的距离达到原子晶格常数范围内时。例如,在金属基体表面进行陶瓷涂层的喷涂,由于材料间相容性较差,涂层与基体表面的结合通常以物理结合为主。

影响涂层与基体表面的结合及涂层建立的主要因素包括基体表面清洁度、表面积、拓扑形貌与轮廓、基体温度及热能、反应时间、冷却速度、喷涂粒子速度、喷涂粒子物理化学特性,以及喷涂材料与基体材料间的物理化学作用等。例如,经清洁与喷砂毛化处理后的表面更有利于涂层的沉积,这是因为表面预处理不仅可以改善基体表面的物理化学活性,还可以增大实际接触面积从而利于涂层的沉积;使用粒径较粗的粉末制备涂层时,粉末未完全熔化,半熔化的大粒径粒子冲击基体表面时具有较高的能量,比完全熔化的液滴冲击基体表面得到的涂层更加致密,沉积质量也更高。特别说明的是,不同材料、不同工艺对热喷涂涂层的沉积影响也各不相同,需要针对特定的工艺及材料做深入分析。

1.2.4 热喷涂涂层残余应力及控制

熔融状态下的喷涂粒子撞击基材表面时,会受到激冷而在基材的自冷作用

下凝固，凝固过程中因为材料本身的热膨胀系数产生凝固收缩，受到相邻粒子及基体表面微观结构的约束，粒子的收缩变形会导致涂层内部产生微观收缩应力；另外，熔融粒子与基材不同的热膨胀系数也会导致涂层冷却过程中形成内应力。最终在常温涂层内产生处于平衡态的拉应力（涂层外侧）和压应力（基体及涂层内侧），这种应力被称为涂层的残余应力。

残余应力是一个存在于各类热喷涂过程中的普遍现象，可以采用衍射法、物质去除和曲率法等技术测定涂层残余应力的数值。一般来讲，涂层残余应力小于涂层的结合强度，但会随着涂层厚度的增加而增大，最终导致涂层的断裂或剥落。可以通过以下措施减小或控制残余应力：

（1）残余应力是由于熔融粒子与基材表面不同的热膨胀系数导致的，因此选择热膨胀系数相近的材料作为喷涂材料可以有效减小残余应力。然而，这种组合一般是有限的，因此可以在热喷涂基体表面预先喷涂一层热膨胀系数介于两者之间的材料，作为中间层或打底层。例如，在金属基体表面制备氧化物陶瓷涂层时多选用 NiAl 合金做中间层。中间层的层数可以是一层、两层或多层。

（2）可以通过控制基体温度、涂层结构设计和改进喷涂工艺参数等方式减小残余应力。基材及涂层冷却过程中的温度差对应于各自的体积变化，当二者的初始温度基本一致时则体积变化相当，此时的残余应力最小；对于工艺参数及涂层结构，致密涂层中的残余应力要大于疏松涂层，厚度越大的涂层残余应力越大，而梯度涂层结构设计则可以显著降低涂层残余应力。此外，热喷涂工艺中的喷涂温度与喷涂粒子飞行速度也是影响涂层残余应力的主要参数，采用动能高而温度较低的喷涂工艺，以提高粒子飞行速度，同样有利于改善涂层残余应力的分布。

（3）采用喷砂处理等方法对基体表面进行宏观粗化，在基体表面形成沟槽或者加工纹理，可以将涂层的残余应力限制在局部范围内，同时还能使涂层片状结构折叠，进一步分散应力分布。

1.2.5　热喷涂涂层典型结构

从热喷涂涂层形成的原理不难看出，涂层结构是由无数变形扁平粒子相互交错呈波浪式堆积而成的层状结构，在扁平化粒子间还可能存在氧化物、氮化物等喷涂产物；此外，涂层内部也可能存在孔隙、微裂纹等缺陷，这些结构都决定了喷涂制品表现出不同于铸造材料的力学及机械性能。

相关文献报道，现有的涂层结构主要包括以下五类，如图 1.4 所示。

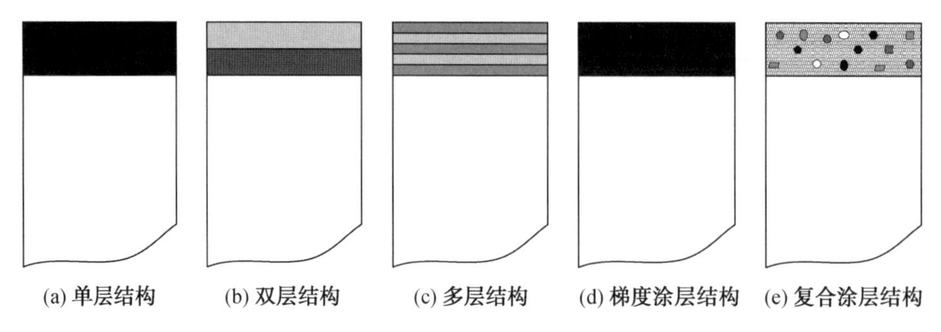

图 1.4　涂层典型结构示意图

(1) 单层结构。

单层结构是只需在待喷涂工件表面喷涂单一成分涂层的涂层结构模式，如单一的 MoS_2 涂层一般具有良好的润滑效果，可用于室温至350 ℃ 范围内工件的减摩设计。但受到单一组分的限制，单层结构涂层的使用范围较窄，上述 MoS_2 涂层在 400 ℃ 以上的温度就会发生氧化而失效。因此，单层结构的涂层在实际使用中占比较少。

(2) 双层结构。

双层结构是将两种不同的喷涂材料在待喷涂表面两次喷涂而形成的涂层结构，每一层都具有不同的功能，其内层与基体相邻，可用作黏结层，可缓解涂层与基体间的热力学失配，而外层则通常用作工作层或表面层。双层结构涂层有效克服了单组分涂层的缺陷，不同组分的晶体组织阻止了其他组分的生长，限制了涂层内部裂纹扩散，有利于提高涂层硬度和断裂强度等力学与机械性能。

(3) 多层结构。

三层及以上的涂层结构被称为多层结构，由黏结层、过渡层和工作层组成，该结构可起到进一步细化晶粒的作用，从而改善涂层致密性。此外，软硬交替的多层结构涂层还可以减缓较软材料表面的扩散速度，有效地延长了涂层使用寿命。这种结构多用于氧化锆陶瓷热障涂层，例如，当涂层厚度超过1.5 mm时，涂层结构可设计为 MCrAlY 作为黏结层，ZrO_2 作为工作层，以及由 25% ZrO_2 + 75% MCrAlY(质量分数，下同)、50% ZrO_2 + 50% MCrAlY 与 75% ZrO_2 + 25% MCrAlY 组成的过渡层。制备多层结构涂层时可以采用预先配置的混合粉末喷涂，也可采用高精度送粉器改变不同粉末送粉量的方式实现。多层结构组成包含的过渡层越多涂层性能越好，但其工艺也随之更加复杂。

(4) 梯度涂层结构。

梯度涂层结构是双层结构的延伸，多由一种连续或准连续的要素组成。由

于其结构及组成的渐变性，梯度涂层结构有效解决了因不同热膨胀系数引起的应力集中造成的涂层剥落。梯度涂层结构在结构材料防腐、耐磨及耐热等领域均具有广阔的应用前景。

(5) 复合涂层结构。

该涂层结构的设计思想一方面是基于复合材料的设计；另一方面是源于美国国家航空航天局(NASA) 的 PS/PM 设计理念。在以往涂层结构的基础上，通过混合的方法将不同性能的组成元素制备成涂层，在实际使用中可以最大限度地发挥各组分的性能。如将不同温度阶段的润滑相制备成复合涂层，在充分发挥各组分自润滑 / 自适应效果的同时，也将润滑剂存储到复合涂层内部，在机械设备运转过程中可以源源不断地提升润滑效果。复合涂层结构是近年来使用最多、应用最为广泛的涂层结构。

除了上述典型的层状结构外，现代热喷涂技术的应用改善了传统涂层结构，电子束物理气相沉积(electron beam − physical vapor deposition，EB − PVD)、PS − PVD 等技术都可以得到柱状的涂层结构。涂层的结构设计应遵循以下基本原则：在保证涂层可靠性(结合强度、抗拉强度等) 与功能性(耐磨、耐蚀和抗疲劳等) 的前提下，涂层结构越简单越好。

1.2.6　热喷涂技术的特点及分类

热喷涂技术作为表面处理工艺技术领域发展相对较快、应用较广的重要技术手段，具有工艺操作简单、适应性强、成本低、效率高、能赋予零部件表面特殊性能等特点，因此在材料表面防护与强化、机械零部件的修复与再制造和模具快速成型制造等方面都具有广泛应用。并且，热喷涂还具有喷涂材料广泛、基体形状与尺寸不受限制、涂层厚度可控等优势，能够针对许多关键零部件的失效原因，实现损伤零部件表面尺寸修复和性能提升，从而达到延长机械设备寿命或重新恢复其使用价值的目的。

从技术层面而言，热喷涂能够制备出优于本体材料性能的表面功能涂层，且随着其与激光重熔、刷镀等技术的复合，涂层性能得到了显著提升；在经济性方面，采用热喷涂技术的平均效益高达 5 ～ 20 倍，若综合考虑能源、原料等方面的节约费用，其经济效益和社会效益都不容忽视。热喷涂具备优质、高效、低耗和环保等先进制造技术的基本特征，因此必将在工业生产与应用中发挥关键作用。但热喷涂同样存在操作环境较差、伴有噪声和粉尘等不足，需要采取适当的劳动保护及环境保护措施。

1. 热喷涂热源类型

作为一种新兴的实用工程技术，目前热喷涂工艺方法的分类尚无标准，一般情况下，可以参照热源种类、涂层材料形态及涂层功能等对其进行划分。通常情况下，根据热源的不同将热喷涂分为燃烧法（热源为燃烧火焰）和电加热法（热源为电弧和等离子弧）两类基本工艺方法，三种热源介绍如下：

(1) 燃烧火焰。

将燃烧气体或液体与助燃气体（氧气）按一定的比例混合燃烧而产生热量。根据燃料气体与氧气的流量和比例，可改变燃烧火焰的性质与功率。常用的燃烧气（液）体包括乙炔、丙烷、丙烯、天然气等。由于乙炔与氧气燃烧可获得较高的燃烧温度和火焰速度，因此在火焰喷涂中多采用氧－乙炔作为热源，按性质可将其分为中性焰（氧气与乙炔完全燃烧状态）、还原焰（碳化焰，乙炔与氧气比例相对偏大）和氧化焰（氧气与乙炔比例相对偏大）三种。在传统火焰喷涂技术的基础上，还先后发展了高速火焰喷涂（也称超音速火焰喷涂，high velocity oxygen fuel，HVOF）、燃气与空气混合燃烧的高速火焰喷涂（也称超音速空气燃料喷涂，high velocity air fuel，HVAF）以及爆炸喷涂等技术。

(2) 电弧。

在两个电极间的气体介质内，强烈而持久的放电现象称为电弧。电弧的高温高热可以使作为电极的材料熔化而作为喷涂材料，这就是电弧喷涂的基本原理，当作为喷涂材料的金属丝短接引燃电弧后，不断连续送进后续金属丝，补充熔化部分，以保证电弧的持续稳定。

电弧喷涂是最早得到开发的热喷涂技术之一，早在20世纪20～50年代便被广泛应用于各种桥梁、水闸钢结构防护涂层的制备。电弧喷涂的优点在于具有较高的生产效率和能源利用率（可达到57%），设备操作较为简单、维护方便且安全性较火焰喷涂有显著提升。然而，电弧喷涂同样存在较大的局限性，即喷涂材料必须制备成导电的线材，即使是做成粉芯管状线材也仍存在送丝、电弧起弧过程相对复杂的问题，不宜制备绝缘的陶瓷材料，因此在现代高新材料和高性能涂层领域中的应用将受到限制。

(3) 等离子弧。

在电场或磁场的作用下，气体原子或分子发生电离、激发形成自由电子和正离子的等离子体，经进一步的相互碰撞和再电离反应，则可形成稳定的等离子弧。等离子体也是继固体、液体和气体之后的物质第四态，它具有以下特性：

① 导电性。由于气体原子被电离成正、负离子，气体中充满带电粒子，等离子体具有很强的导电性。

② 电中性。虽然等离子体内部有很多荷电粒子，但粒子所带的正、负电荷数相等，因而等离子体在宏观层面是呈电中性的。

③ 与磁场的可作用性。由于等离子体是由荷电粒子组成的导电体，因此可以利用磁场控制它的位置、形状和运动，如旋转或稳定等。

喷涂用的等离子弧一般都是利用等离子弧发生器产生的压缩电弧，是热收缩效应、自磁压缩和机械压缩联合作用的结果。与一般的电弧相比，等离子弧具有能量集中、焰流温度高、燃烧温度及气氛可控等优点。按照喷嘴、工件所接电源正负极的不同，等离子弧有非转移型弧（可用于喷涂、切割等）、转移型弧（用于金属切割、粉末喷焊等）和联合型弧（用于喷焊和喷涂）三种。

2. 热喷涂典型工艺方法

按加热热源形式的不同，再冠以材料形态、材料性质、能量级别、喷涂环境等，可将各类热喷涂工艺进一步划分为氧－乙炔火焰喷涂、等离子喷涂、爆炸喷涂、超音速火焰喷涂等。近年来还发展出了悬浮液喷涂和冷喷涂等新型工艺。下面对其中部分典型工艺做简要说明：

(1) 氧－乙炔火焰喷涂。

该技术是利用氧和乙炔混合燃烧产生的高温火焰将喷涂材料加热至半熔化或熔化状态，然后高速喷射向基材表面，最终形成具有特定性能的涂镀层。氧－乙炔火焰喷涂也是在热喷涂技术发明之初最具代表性的一种喷涂工艺，具有工艺成熟、设备简单、适应性强等优点，因此在工业生产中取得了较为广泛的应用。但该工艺存在涂层结合强度较差、不能承受大载荷工况等不足，需要通过预热基材、提高气体流速、合理选择喷射距离和角度等方法加以改善。

(2) 等离子喷涂。

随着喷涂热源的研究与改进，20 世纪 50 年代出现了以等离子体作为热源的大气等离子喷涂技术（atmospheric plasma spraying，APS）。相较于氧－乙炔火焰喷涂，APS 是以喷枪内产生的高温（$>10^4$ K）等离子火焰作为热源，加热、熔化并高度压缩喷涂材料，随后材料与等离子体一起呈高速等离子流的形式喷出，沉积在待喷涂表面后冷却、铺展形成涂层。由于等离子体的温度、喷射速度均远高于氧－乙炔火焰喷涂，因此可以制备难熔金属及高熔点的陶瓷材料，且涂层与基体间具有更好的结合强度，能够承受较大的载荷。因此，等离子喷涂逐渐成为新的研究热点，进入 21 世纪以后 APS 工艺产值已超过所有热喷涂工艺的 40%。

(3) 爆炸喷涂。

20 世纪 50～60 年代，美国和乌克兰科学家先后独立研发了气体爆炸式喷涂设备及技术，随后在航空航天等高科技领域取得了成功的应用。爆炸喷涂是一种利用可燃气体（乙炔、氢、甲烷、丙烯等）与空气或氧气的混合物有方向性地爆燃，将待喷涂粉末材料加热、加速并轰击至基体表面形成保护层的一种热喷涂技术。爆炸喷涂具有涂层结合强度高（可达 250 MPa）、致密度好（孔隙率为 0.5% ~3%）、喷涂材料广泛、操作简单等优点；且由于基体受热小，不容易产生相变和形变，因此在制备耐磨及耐腐蚀涂层方面具有独特优势。

(4) 超音速火焰喷涂。

自热喷涂技术发明以来，科研工作者与从业者一直致力于从喷涂设备改进、工艺参数优化等角度提高涂层质量，一系列的超高速设备也应运而生。20 世纪 80 年代，美国 Browning 公司研发了 HVOF 技术。HVOF 工艺利用丙烷、丙烯等碳氢系燃气或氢气与高压氧气在喷枪燃烧室内混合后点燃，产生强烈的气相反应，燃烧产生的热能使产物剧烈膨胀，经 Lavel 喷嘴（一种缩 — 放型喷管，可将亚声速气流加速为超声速气流）约束后形成超音速的高温焰流，随后喷射到基材表面并形成涂层。HVOF 产生的焰流具有极高的飞行速度和相对较低的温度，因此，可形成具有较高致密度、结合强度和硬度，且氧化物含量相对较少的涂层；但同样存在适用材料体系少、沉积效率低和喷涂成本高等不足。在此基础上发展的 HVAF 喷涂是以空气代替氧气作为燃料氧化剂的超音速火焰喷涂，降低了火焰温度从而解决了喷枪喷嘴易沉积堵塞的难题。相较于 HVOF 技术，HVAF 还具备以下突出优势：放宽了粉末材料粒度的限制，喷涂系统与配件的价格大幅下降，显著降低了涂层制作成本，实现了现场操作和生产；进一步降低了涂层中氧化物含量；有效提高了生产安全系数和能源利用率。

(5) 冷喷涂。

冷喷涂是一种完全不同于热喷涂的表面处理工艺，但仍可视作是热喷涂技术的一种拓展。冷喷涂是采用加热设施预热压缩气体，再经 Laval 喷管产生高速气流，进而加速其中的喷涂粉末后撞击基体表面，通过产生剧烈的塑性变形而在基体表面沉积为涂层。由于粉末粒子的温度在冷喷涂工艺全过程中低于其熔点，故而被称为冷喷涂，可以看成是速度较高、温度较低的一种特殊的热喷涂。冷喷涂技术的应用目前包括防腐、耐磨、耐高温、导电及导热、抗菌等多种功能性及防护性涂层的制备，涉及的领域则涵盖了传统工程制造业、石油电力设备、航空航天技术和生物医药等。

不同类型的工艺具有不同的特性，得到的涂层性能与应用场景也不尽相同；即使是同一喷涂工艺，选用不同的喷涂设备或涂层材料也会表现出较大的差别。常用热喷涂技术的工艺特性比较以及不同热喷涂工艺的优势及存在的问题详见表 1.3 和表 1.4。

表 1.3　常用热喷涂技术的工艺特性比较

参数	氧－乙炔火焰喷涂	超音速火焰喷涂	爆炸喷涂	等离子喷涂
热源	氧－乙炔	煤油 / 乙炔 / 氢	氧－乙炔	高温等离子体
焰流温度 /℃	850 ～ 2 000	1 400 ～ 2 500	4 200 ～ 7 500	12 000 ～ 16 000
焰流速度 /(m·s^{-1})	50 ～ 100	300 ～ 1 200	800 ～ 1 200	200 ～ 1 200
热效率 /%	60 ～ 80	50 ～ 70	—	35 ～ 55
沉积效率 /%	50 ～ 80	70 ～ 90	—	50 ～ 80
喷涂材料形态	粉末 / 线材	粉末	粉末	粉末
结合强度 /MPa	＞ 7	＞ 70	＞ 85	＞ 35
最小孔隙率 /%	＜ 12	＜ 0.1	＜ 0.1	＜ 2
涂层厚度 /mm	0.1 ～ 1.0	0.1 ～ 1.2	0.05 ～ 0.1	0.05 ～ 0.5
喷涂成本	低	较高	高	高
设备特点	简单，可现场施工	一般，可现场施工	较复杂，应用场景较窄	复杂，适合高熔点材料

表 1.4　不同热喷涂工艺的优势及存在的问题

喷涂工艺	特点	不足	适用场合
氧－乙炔火焰喷涂	工艺成熟、设备简单、适应性强	结合强度差	金属涂层为主
大气等离子喷涂(APS)	应用最早且适用范围最广；在空气中进行、操作简单	涂层易氧化	金属、陶瓷涂层
爆炸喷涂	脉冲式进行，基体受热时间短，碳化物脱碳现象降低；保证粉末与组织的一致性	噪声过大	制备喷涂原料易分解的涂层
超音速火焰喷涂	喷涂效率高、焰流温度适中；熔融粒子飞行速度快、涂层孔隙率低、致密度高、结合强度高	适宜喷涂的材料少，粉末粒度要求高	硬质合金涂层为主

续表1.4

喷涂工艺	特点	不足	适用场合
超音速空气燃料喷涂(HVAF)	以空气作为燃料,改善了喷涂粉末过熔、过度氧化等问题;焰流及喷射距离较长	火焰温度低	硬质合金涂层为主
冷喷涂	通过剧烈的塑性变形在基体表面形成涂层	适宜喷涂的材料少,成本较高	金属涂层为主

1.3 热喷涂基体的预处理及喷涂制品的后处理

1.3.1 热喷涂基体的预处理

基体的原始表面状况对喷涂涂层的质量,尤其是涂层与基体的结合强度,具有显著影响。因此在喷涂前需要将基体的表面按需要进行适当的预处理,从而提高涂层与基体的结合强度,改善涂层内应力分布情况,进而获得性能优异的涂层及喷涂制品。

如前文所述,经加热、加速的熔融或半熔融粒子与基体碰撞和冲击变形后,与基体表面产生机械啮合而黏附,因此提高工件表面积及净化程度才能提高涂层结合强度。表面预处理也被称为表面制备或表面调整,是指在表面加工前,对材料及零部件进行的机械、化学或电化学处理,去除材料表面附着的油污、锈蚀产物、氧化物等异物,除去传统机加工造成的表面毛刺、毛边,使其表面呈净化、粗化或钝化状,以便进行后续的喷涂涂层制备。此外,表面预处理还能够增加涂覆层与基体的结合力,有助于表面涂覆层的制备。基体表面预处理的基本要求或者期望达到的目标在于:① 去除表面硬化层,消除应力与导致应力集中的几何因素,使表面处于“低硬度”和“低应力”状态,增大喷涂时表面的变形程度和均衡应力分布;② 清除表面,尤其是深孔、键槽和砂眼等部位残留的油污和一切锈迹;③ 使表面处于“粗化”状态,增加表面积及不平整度;④ 保证工件喷涂后的尺寸精度及非喷涂区域的有效保护。

常用的基体预处理工艺或方法详述如下。

1. 表面净化

一般而言,金属表面都会附着各类不均匀的薄层或黏着物,其性质和黏附程度取决于金属的制造过程和存在环境。这些黏着层的存在会影响表面涂层制备

效率及其与基体的结合强度。因此，表面净化的目的就是去除工件表面残留的油脂、氧化膜和其他黏着物。

工件表面黏着物主要是机械性附着物(无色油和油脂、有色润滑剂、切削液、抛光膏等)和化学结合物(氧化膜、锈迹和/或其他腐蚀产物)两大类，常用的表面净化工艺可分为机械清理、化学/物理清洗等。近年来，随着高新技术和相应设备的快速发展，还发展了包括超声波清洗、真空脱脂清洗和空气火焰超声速喷砂等表面清洗工艺，减少了对有污染或有毒性化学品的使用，这也是表面净化工艺的发展趋势。

(1) 机械清理。

机械清理是指以机械作用力为主去除材料表面锈迹、油污及精整处理。按其作用方式的不同可大致分为摩擦式和喷射式两类。摩擦式机械清理主要依靠各类小型风动或电动工具，将材料表面的油污和锈迹打磨铲除，具有工具简便、操作简单等优点，但除锈能力相对较弱，通常只适用于精度要求较低的表面预处理；而喷射式机械清理则主要是利用压缩空气、高水压或离心力，使固态或流体磨粒冲击材料表面以去除锈迹、氧化皮、各类腐蚀或污垢产物，以及飞边毛刺等，喷丸、抛丸等处理还可达到工件表面强化的目的。

(2) 化学/物理清洗。

表面净化常用的化学清洗是指利用碱液或酸性溶剂去除工件表面的油污、锈迹、氧化皮、各类腐蚀产物和混在油脂中的研磨料等；而物理清洗则是利用有机溶剂或表面活性剂对油类物质的物理溶解作用去除表面油污。不同表面净化工艺的原理、方法及常用配方详见表1.5。

表1.5　表面净化工艺常用化学/物理清洗

表面净化工艺		原理	方法	常用配方
化学清洗	碱液清洗	利用碱与油脂发生化学反应除掉表面的油污残留、金属碎屑、浮渣及油脂中的研磨料	手工清洗 浸渍清洗 喷射清洗 电解清洗 蒸汽清洗	$Na_3PO_4 \cdot 12H_2O$ $Na_2SiO_3 \cdot 9H_2O$
	酸洗除锈	利用化学和电化学反应，溶解掉工件表面的锈迹、氧化皮和腐蚀产物	—	H_2SO_4、HCl、有机酸

续表1.5

表面净化工艺		原理	方法	常用配方
物理清洗	有机溶剂清洗	利用有机溶剂对油脂类物质进行物理溶解作用，以去除油污	冷清洗除油 蒸汽除油 两相除油 乳液清洗	石油溶剂、芳烃溶剂、卤代烃
	表面活性剂清洗	使用表面活性剂降低表界面张力从而产生渗透、润滑、乳化和增溶、分散等综合作用，实现除油功能	—	脂肪醇聚氧乙烯醚、烷基酚聚氧乙烯醚、十二烷基磺酸钠

上述工艺可以单独使用，也可组合应用。近年来，超声波清洗、真空脱脂清洗、喷塑料丸退漆和空气火焰超声速喷砂等环境友好型的新兴技术也得到快速发展，以物理作用取代化学反应，这也是表面净化工艺的发展趋势。

2. 表面粗化

为了提高工件表面活性和涂料层的接触面积，基体表面必须清洁且粗糙，因此需要采用喷砂、机械加工及电拉毛等表面粗化技术对待喷涂工件进行表面预处理。常用的表面粗化技术对比如下。

喷砂处理是利用压缩空气携带并加速磨粒，使其撞击基材表面，通过颗粒的冲蚀作用粗化基材表面。喷砂处理是目前热喷涂行业最为常见、也是应用最广泛的表面粗化处理方法。成套的喷砂设备通常包括喷射装置、喷砂室、分离器、磨料回收装置和集尘器等5个基本部分组成。喷射装置是喷砂设备的核心装置，采用压缩空气或离心力的作用，将磨料高速抛射冲击待处理基体表面。喷砂用的磨料一般为金属粒料（钢砂或冷铸铁铁砂）或砂粒（石英砂、氧化铝等），炉渣、玻璃球、塑料粒等其他非金属磨料的应用则相对较少。需要根据零部件材料的硬度、形状和尺寸等合理选择喷砂介质的种类和粒径、喷砂时的风压大小等。

喷砂处理因具有成本低、操作方便、适合大面积工件表面粗化等优点，早期的发动机制造商大多采用喷砂处理方式。应用喷砂处理开展基体表面预处理能够有效清除表面油污、锈迹和氧化膜，得到干净的无光泽粗化表面；还可以去除飞边、毛刺、倒角和加工硬化，改变表面状态。因此喷砂处理不仅可以粗化表面，同时也能实现基体表面的净化与活化。然而这种粗化处理方法存在许多内在问题：最典型的就是喷砂过程中会产生大量的粉尘和噪声污染，必须采用专门的防护措施；再如喷砂处理得到的基材表面极易残留微小砂子颗粒，形成夹杂缺陷，

进而影响到涂层与基材的结合强度。

相比之下,高压水射流处理方法(水中无磨料颗粒)采用液体射流冲刷基材表面,因此克服了喷砂处理可能存在残余颗粒的缺点。另外,这种方法处理过的基材表面相当光滑,表面粗糙度值只有十几微米,因此这种处理方法有利于改善涂层表面粗糙度值。但高压水射流处理方法只适用于铝合金气缸孔,而不适用于高压铸铁气缸孔,铸铁会产生收缩,会改变缸筒内径。此外,这种工艺会使各种缺陷放大,包括加深已有孔隙。

另一种方法就是机械粗加工技术,常用方法有机械表面精镗加工、机械微刻、燕尾切割加工和滚花等。机械粗加工的一个显著优势是经加工后的基材表面与涂层的结合强度高。如 Hoffmeister 等研究发现,机械粗加工出的燕尾槽可以使汽车气缸内壁的碳钢涂层与 AlSi 基体的结合强度达到 60 MPa 以上。相比于喷砂处理,机械粗加工的另一个优点是无污染并且可以重现;而相比于高压水射流处理,它的优势在于可以轻易处理孔隙和铸件完整性的问题。但其缺点是工艺较为复杂、加工难度大、对加工机械设备的精度要求高等。

图 1.5 所示为上述三种表面粗化处理后的基体表面形貌。

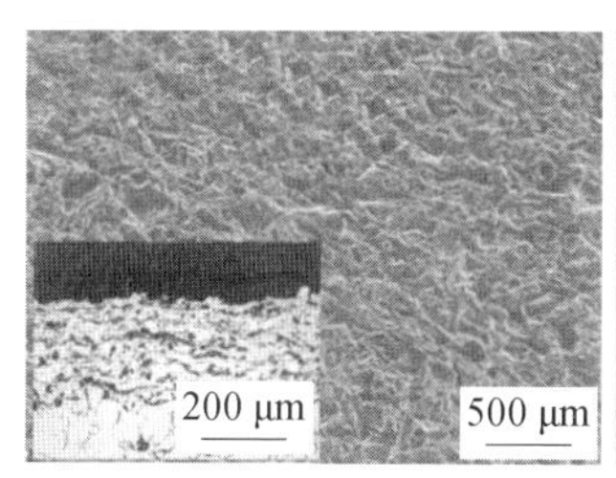

(a) 喷砂Al_2O_3磨料处理

200 μm　100 μm

(b) 高压水射流处理

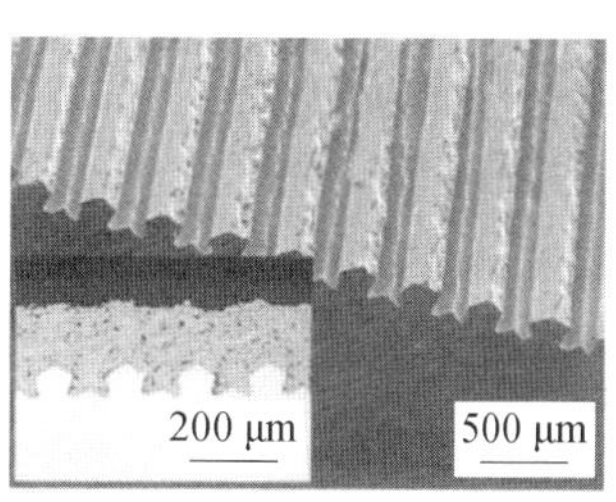

(c) 机械粗加工

图 1.5　三种表面粗化处理后的基体表面形貌

最后一种表面预处理方法是激光表面前处理,它不仅可以去除基材表面的氧化物及其他污染物,而且能够使粉末充分铺展在处理后的基材表面,提高喷涂颗粒与基材之间的黏附力和润湿性。激光表面前处理的生产效率高于上述三种方式,并且易于监控和操作,它产生的激光束可以防止涂层在沉积过程中被二次污染以此提高涂层的结合强度。然而,该工艺方法的设备成本非常高,在工业生产中的应用并不广泛。

考虑到不同基体材料、不同喷涂材料及工艺对喷涂前基体表面的粗糙度及光洁度要求不同,要想获得理想的粗化、净化表面,必须认真分析零件服役环境及使用条件,谨慎选择所对应的材料及工艺,并且要对预处理表面进行质量检验,包括表面粗糙度和除锈质量等级。表面粗糙度的测量与表征方法详见本书

3.3.1节。根据不同除锈方法可将除锈质量等级划分为Sa1、Sa2、Sa2.5、Sa3、St2和St3等六个等级(Sa表示经喷射或抛射工艺除锈,St则对应动力工具或手工除锈),各等级对应的除锈方法及表面质量详见GB/T 8923—2008《钢表面处理除锈和除锈检验方法》。

1.3.2 热喷涂制品的后处理

为了进一步提高涂层与基体的结合强度和致密性,改善涂层内部的结合强度,消除孔隙等造成的不利影响,热喷涂施工完成后还需要对喷涂制品进行一系列的后处理。常用的后处理工艺包括重熔处理、后续热处理、封孔处理和机械加工等。

1.重熔处理

喷涂涂层的重熔处理是针对自熔性合金材料而言的,这类材料熔点较低,且其中包含的B、Si等元素易与氧发生反应生成硼酸盐和硅酸盐,起到脱氧作用。根据加热方式的不同,涂层重熔可分为火焰重熔、炉内重熔、感应加热重熔和激光重熔等,这些方法在工艺上虽然略有区别,但涂层重熔的目的,以及在重熔过程中发生的物理化学反应变化的原理是一致的,均是生成不含金属氧化物的清洁合金涂层,从而消除涂层中的孔隙并提升涂层的结合强度。

一般而言,经重熔处理得到的热喷涂涂层具有表面光洁、耐腐蚀性强和抗冲击能力强等优点。除了使用氧－乙炔火焰、激光束等作为重熔处理的热源之外,还可以使用铝、锡等低温焊料,采用渗透的方法渗入涂层表面孔隙,以改善涂层性能。

2.后续热处理

喷涂制品的后续热处理包括提高涂层结合强度的高温扩散热处理,消除涂层内应力的退火热处理和适用小型零件涂层的热等静压(hot isostatic pressing,HIP)处理等。高温扩散热处理是使涂层的合金元素在一定温度下原子激活,向基材表面层内扩散,以达到涂层与基体之间形成半冶金结合的一种处理方式,可以有效提高涂层与基体的结合强度。

涂层的退火热处理通常具有较高温度(低于材料熔点),通过改变涂层的微观组织结构,释放涂层残余应力,提高涂层层间及涂层与基体界面元素扩散深度,进而改善涂层强度、硬度和延展性等性能,提高涂层结合强度。还可以通过改变退火热处理过程中的气氛环境,以增减涂层内部氧化物、碳化物和氮化物等喷涂产物,从而提升涂层的耐磨损性能。然而,退火热处理无法消除涂层中的大

尺度缺陷。

热等静压处理则是针对小型零件的一种质量提高工艺，将喷涂制品放置在特定高压容器内，通入高压氩气等惰性气体后进行加热，消除涂层及基体内部存在的缺陷。HIP处理过程中所需的加热温度需低于工件材料的熔点，施加的气压则通常在50～300 MPa范围内。由于其生产效率较低，且容器体积小，多用于高精尖零件的处理。HIP处理技术因在对材料及涂层内部缺陷愈合和性能提升等方面的重要作用，已被广泛应用于材料成型及后处理领域。然而，HIP目前仍无法消除开放性缺陷、裂纹，同时还会造成工件表面一定程度的氧化，这也要求在应用HIP技术时需要合理选择工艺参数。

3. 封孔处理

封孔处理主要是利用涂刷、浸渍及喷涂等方法将封孔剂渗入涂层内部，达到填充孔隙的效果，从而降低孔隙率以提升涂层性能。经封孔处理后的喷涂制品表面还会形成一种涂层，与涂层孔隙中的封孔剂起到双重保护的作用。封孔处理方法包括封孔剂填充、加热扩散处理（激光熔覆处理）等，也可以利用材料的自封孔来达到填充孔隙的目的，如填充表面产生的钝化膜保护和腐蚀产物保护。常用的封孔处理方法见表1.6。

表1.6　常用的封孔处理方法

类别	系列	常用品类	适用范围
有机系封孔剂填充	石蜡系列 热固性树脂系列 热塑性树脂系列 氟树脂系列 有机硅高分子系列	石蜡、油脂、环氧树脂等 乙烯树脂、聚四氟乙烯树脂等 硅树脂等	工业大气、海洋大气 江河海水 化工介质 钢铁制品在550 ℃以下的防氧化
无机系封孔剂填充	硅酸盐系列 溶胶－凝胶系列 其他	水玻璃、硅酸钠 氧化铝、二氧化硅、二氧化锆等 磷酸盐化合物、硫酸钡等	一般大气腐蚀 强酸、高温等环境
加热扩散处理	激光处理 等离子体处理	各种氧化物系列陶瓷	工业大气、一般大气
其他	自封孔	金属－陶瓷复合粉末 混合的陶瓷氧化物	一般大气
	玻璃混合法	喷涂材料中掺杂的低熔点玻璃	

采用封孔剂对涂层进行封孔处理是最常用的方法，封孔剂的选择应充分考虑材料的黏度、固化速度及其是否污染环境等。目前常用的封孔剂包括以下两类：一类是以醇类和脂类为溶剂的有机封孔剂，如环氧树脂、有机硅树脂和醛酚树脂等；另一类是以碱金属硅酸盐为基体的无机封孔剂，如铈盐、磷酸盐、硅酸盐以及溶胶—凝胶等。常用封孔剂材料及其特点见表1.7。当前，水溶性封孔剂和无机封孔剂是封孔剂的主要发展趋势和方向。

表1.7　常用封孔剂材料及其特点

封孔剂材料	优点	缺点
环氧树脂	优异的耐腐蚀、耐磨损性能	不适用于工作温度过高的场合
有机硅树脂	耐高低温、耐腐蚀、耐氧化、耐水能力强	成本较高、室温条件下机械强度较低
酚醛树脂	良好的耐弱酸腐蚀性能	黏度较低、耐碱耐磨性较差
铈盐	抗点蚀和缝隙腐蚀能力强	封孔处理后易干裂、易溶于腐蚀介质
磷酸盐	渗透性强、耐磨性好、耐蚀性好	耐高温腐蚀能力差
硅酸盐	操作方便、良好的耐磨性和耐蚀性	强度低、渗透性较差
溶胶—凝胶	成本低、工艺简单、处理后涂层致密	耐热性差、对大孔隙缺陷封孔效果差

4. 机械加工

喷涂完成后，喷涂制品的尺寸和表面精度可能并不准确，因此需要进行机械精加工处理。常用的精加工方式为机械切削和磨削。相较于普通整体材料的机械加工，因涂层组织在结构上、性能上的特殊性，在开展涂层的机械加工时应特别注意加工方法、刀具(材料及几何参数)、加工工艺和工序，以及切削液的合理确定。例如，对于硬度较高的耐磨涂层，宜选用添加碳化钽细晶粒的硬质合金刀具；对于脆性较大的陶瓷涂层而言，想要获得精确的尺寸和较低的粗糙度，使用带有磨粒的砂轮进行磨削或抛光则是相对较优的加工方法，考虑到涂层与基体的结合强度，磨削及抛光过程中还必须添加足够的冷却液。

除了上述技术以外，激光釉化、化学浸渍等传统的后处理技术也在很多领域有了新的应用与发展。

1.4　热喷涂材料

除工艺外，热喷涂材料也是热喷涂技术的重要支柱之一。凡是可塑性变形、

加热软化或半熔化甚至熔化的材料，且喷涂期间不发生，或极少发生分解、气化或升华的固体材料均可用作热喷涂材料。

1.4.1　热喷涂材料的分类

热喷涂涂层的性能取决于材料与热喷涂工艺，其中热喷涂材料体系的设计是关键。按形态可将热喷涂材料分为粉末、棒材、线材、液体等；按其材料可分为金属、金属陶瓷、无机非金属和高分子材料等；按其实现功能或适用领域可分为防护涂层和强化涂层两大类（表 1.8），又可以进一步分为诸如满足耐磨减摩、耐腐蚀、抗氧化等机械设备性能要求的功能材料，满足电磁、光学、能量转化、吸附等物理化学性能的功能材料，以及满足其他特种性能的功能材料等。

表 1.8　热喷涂涂层材料体系

涂层	主要体系	涂层材料及类型
防护涂层	阳极性防护涂层（抗大气腐蚀 / 侵蚀）	Zn、Al、Zn－Al 合金、Al－Mg 合金
	阴极性防护涂层（抗化学腐蚀）	不锈钢、有色金属及合金；陶瓷、塑料等高分子材料
	抗高温氧化涂层	Ni 基或 Co 基合金、MCrAlY 合金、氧化物陶瓷
强化涂层	耐磨粒磨损 / 冲蚀磨损涂层	碳化物＋陶瓷、自熔性合金、氧化物陶瓷
	耐摩擦磨损涂层	金属及合金、自熔性合金、陶瓷
	在强腐蚀介质中耐磨涂层	自熔性合金、高熵合金、陶瓷
	热障涂层	氧化物陶瓷
	可磨密封涂层	金属＋非金属复合材料
	热辐射涂层	氧化物复合材料

1.4.2　热喷涂材料的发展

热喷涂材料是热喷涂技术的主体之一，是保证涂层服役性能的重要基础。在热喷涂技术开发初期，热喷涂材料仅限于金属合金，现在不仅发展到陶瓷和金属陶瓷、有机材料、无机非金属等，还新开发了纳米材料、非晶或准晶材料、新型合金材料等。热喷涂材料是热喷涂技术进步的产物，同时也推动和制约着热喷涂技术的进步与应用，与热喷涂技术的进步类似，热喷涂材料的发展过程同样大致可以划分为 4 个主要阶段：

（1）第一个阶段是在 20 世纪 50 年代以前，热喷涂材料多以单一普通金属及其合金为主要成分的粉末和线材。材料主要是常见的 Fe、Al、Cu、Ni、Co 和 Zn 等金属及其合金，其粉末通常是通过破碎及高温合成等初级制粉工艺获得的，而线材则是用拉拔工艺制作出具有一定直径的金属丝或合金丝。这一阶段对应的热喷涂技术主要是火焰喷涂和电弧喷涂。

(2) 第二阶段开始于20世纪50年代，自熔性合金材料的问世，以及火焰喷焊工艺和硬面技术的发展，使高硬度、高耐磨性和抗氧化性的热喷涂技术得到了突破。自熔性合金最早是在1937年研制成功的，到1950年被首次应用于喷焊技术，现在已成为喷涂材料的重要体系之一。所谓自熔性合金是指在Fe基、Ni基和Co基的金属中加入B、Si、Cr等能够形成低熔点共晶合金的元素及抗氧化元素。

随后，等离子喷涂设备的出现使得熔化陶瓷或金属陶瓷等耐高温材料成为可能，以氧化铝、二氧化钛、氮化钛为代表的陶瓷或金属－陶瓷复合材料相继得以发展，推动了热喷涂技术在航空航天等高新技术领域的应用，也为热喷涂技术的后续发展奠定了坚实基础。

(3) 第三阶段以20世纪70年代中期出现的一系列复合材料粉末，以及80年代出现的夹芯焊丝作为电弧喷涂材料进入市场为标志，热喷涂工艺及涂层性能得到了进一步改进与提升。例如，镍包铝、铝包镍合金粉的出现改善了打底层的黏结性，逐渐取代了传统的Mo丝。复合材料的出现使涂层功能具有多样性，解决了材料功能单一性的问题。

(4) 第四阶段是从80年代后期开始的，为了进一步满足机械设备发展所提出的对材料及涂层多功能、高性能的需求，热喷涂材料及其形态的发展均进入了一个新的阶段，并一直延续至今。这一阶段的早期标志是软线材料和纳米涂层的问世，随后非晶或准晶材料、有机及无机非金属材料、纳米材料不断出现与应用都在推动热喷涂技术和应用的快速发展。目前，为了满足对材料多功能、高性能的要求，非晶材料、纳米材料、新型合金材料和复合材料成了热喷涂材料新的发展方向和趋势。

至此，经过半个多世纪的发展，热喷涂材料已经发展到包含各种材质、性能、尺寸的数百个品类，可适用于各个领域的涂层需求，同样地，随着设备、工艺及涂层需求的持续发展，新一代涂层的发展必将以给某一领域带来显著提升为目标。

1.4.3 热喷涂材料的选用依据

热喷涂涂层设计过程中应当按照以下基本原则进行喷涂材料的合理选择：分析待喷涂部件所处工况条件或在已发生(及潜在)的表面失效情况的基础上，

确定表面喷涂涂层及其体系的技术要求，结合经济、技术方面的可行性，进而选择恰当的喷涂材料。通过对工况条件的深入分析，可以清楚地了解引起零部件失效的各类因素，以及这些因素对零部件失效模式的影响程度及贡献趋势，从而成功地应用热喷涂技术来解决所面临的技术问题。以醋酸泵柱塞为例，在制备这一类零件表面涂层时，不仅要求涂层材料具有良好的耐磨损性能，还必须有着优异的耐腐蚀性能，若不考虑醋酸腐蚀作用，$WC-Co$、Cr_3C_2-NiCr 这一类的陶瓷涂层均满足耐磨性需求，然而这两种涂层在醋酸条件下的耐腐蚀性能均被归类为“不好”或“不推荐”，因此不能选用该喷涂材料制备醋酸泵柱塞的表面涂层。

此外，通常还需要依据喷涂工艺，以及材料的基本特性等来合理选择喷涂材料。热喷涂工艺对材料的一般要求包括：

(1) 满足工艺要求。如电弧喷涂和线材火焰喷涂是以丝材作为表面涂层制备材料。选用的丝材需满足：经热喷涂设备可被加热至半熔化、熔化，并被气流雾化形成细小液滴，经加速、碰撞可形成贴片的要求。

粉末火焰喷涂、等离子喷涂、超音速火焰喷涂和爆炸喷涂等则是使用粉末作为涂层材料的热喷涂工艺。对于粉体材料，经喷涂设备及喷枪可顺利地输送、经高速撞击基体表面可形成贴片的，可用于喷涂涂层制备。同时，为了保证送粉的均匀性，需要粉体材料具有良好的固态流动性和合理的粒径分布，因而一般选择粒度合理的干燥球形粉末。对于非球形粉末或超细粉，则应当使用特殊的送粉器以保证均匀送粉。

对于溶液或悬浮液材料，凡是经加热使得溶剂蒸发、溶质或悬浮粒子被焰流携带加热可软化、半熔化、熔化，加速撞击基体表面可形成贴片的，均可用于热喷涂工艺制备表面涂层。

(2) 无毒、无害、无污染；使用、存储与运输过程符合相关安全与环保法律法规要求。

(3) 满足所需的特性要求，如耐磨减摩、耐腐蚀、耐高温、自润滑、绝缘、吸附等。

(4) 在热喷涂过程中具有一定的热稳定性，如抗氧化、不挥发、不发生不利于涂层性能要求的物理化学变化或反应。

(5) 线膨胀系数、化学亲和性、电化学特性等物理化学性能与基体或结合层性能相互匹配，有利于形成良好结合的材料。

(6) 满足设备要求，如粉末的粒径、形貌和流动性；线材的线径、强度、弹性和柔韧性，确保热喷涂过程的顺利和高效。

特别指出的是：当需要在金属基体上喷涂陶瓷涂层时，由于陶瓷与金属材料在化学键、晶体结构以及热物理性能等方面存在较大差异，为了提高涂层与基体间的结合强度、缓解二者间的热物理性能差异，需要预先在金属基体上喷涂一层黏结底层。此外，即使是喷涂金属涂层，当其热物理性能或涂层与基体间的润湿性较差时，或基体表面难以进行粗化预处理时，同样推荐使用黏结底层以提高涂层性能。

在进行黏结底层设计时，主要从以下两个角度进行材料的选择：一是考虑黏结底层材料与基体、工作层的相容性；二是作为涂层的一部分，黏结底层同样必须满足零部件的使用工况和要求，如环境温度、腐蚀等。例如，当基体材料为普通碳钢或合金钢时，可选用具有自黏结效应的喷涂粉末作为黏结底层，但是这一类粉末通常不耐腐蚀，不宜在酸性或碱性条件下使用；而当基体材料为塑料或聚合物时，为避免高温导致基体表面发生“焦化”，则需要选用低熔点金属或塑料＋不锈钢复合粉末作为黏结底层材料。

对用作黏结底层的喷涂材料，一般需要满足以下 4 点基本要求，分别对应喷涂黏结层材料的自黏结效应、帘栅屏蔽效应、粗化效应和缓冲效应等 4 项基本功能：

(1) 与基体表面结合良好。

例如常用的 NiAl 黏结层，其中包含的 Ni、Al 元素在喷涂过程中会发生化学反应生成金属间化合物，这一自黏结效应十分有利于黏结层与基体表面形成良好的结合，甚至产生微区冶金结合，显著提升了黏结底层与基体间的结合强度。

(2) 具有优异的耐高温、抗氧化和耐腐蚀性能。

由于黏结底层多用于在金属基体表面喷涂陶瓷涂层的情况，而陶瓷涂层又多服役于高温条件，这就要求黏结底层具有良好的耐高温性能，或者是能与介质中的氧气反应形成致密的氧化物薄膜，以保护基体表面不被氧化或腐蚀。

(3) 黏结层表面本身要具备一定的粗糙度。

合适的黏结层表面微观形貌不仅能为工作层的沉积提供良好的粗化表面，以提高涂层沉积效率及结合强度，还可为工作层表面的粗糙度设计提供有效基准。

(4) 黏结层的某些热物理性能需满足一定的条件。

例如，热膨胀系数、热导率等要介于工作面层和基体材料之间，以缓解基体与工作层之间的热膨胀不匹配，降低涂层内的热应力和体积应力，从而保障涂层的使用寿命。

1.4.4 热喷涂材料的制备方法

热喷涂用粉末材料因其制作方便，喷涂时易于传输、加热、加速，适用于多种喷涂工艺，利于得到具有各种性能的涂层，成为喷涂材料的主要使用形式，各类粉末占喷涂材料总用量的70%以上。热喷涂用粉末材料包括纯金属粉末（W、Mo、Al、Cu、Ni、Ti等）、合金粉末（AlNi、NiCr、TiNi、NiCrAl、CoCrW、Ni/Fe基自熔性合金等）、陶瓷粉末（Al_2O_3、ZrO_2、WC、TiC等）和金属/陶瓷（WC－Co、Cr_3C_2－NiCr）和陶瓷/陶瓷复合粉末（Al_2O_3－TiO_2、Cr_2O_3－SiO_2－TiO_2等）。

1.喷涂粉末技术要求

喷涂粉末的颗粒形态和粒度都会对涂层的制备工艺及组织结构性能产生较大的影响，如球形、致密的粉末可制备性能优异的涂层。因此除化学成分以外，喷涂粉末还需要满足以下技术要求：

(1) 粉末粒度。

粉末粒度是描述粉末颗粒大小的方法，通常用目数或微米/纳米为单位。一般来说，粉末粒度越小则流动性越好，制得的涂层外观也就越平整。有些情况下还会对粉末的粒径分布有特殊的要求，即每个粒度范围内粉末占整体粒度范围粉末的质量分数。

(2) 流动性。

定量粉末自由流过规定孔径的标准漏斗所需的时间，通常是指50 g粉末流经2.5 mm标准漏斗所需的时间。也可用粉末的堆积角加以描述：将粉末堆叠在光滑水平的平板上，堆垛边缘的角度越小，表明粉末的流动性越好。喷涂粉末的流动性对喷涂工艺过程及喷涂效率均会产生一定的影响。

(3) 松装密度。

松装密度也被称为粉末的体积密度，是在规定条件下自由充满标准容器后测得的堆积密度（单位为g/cm^3）。松装密度是喷涂粉末多种性能的综合体现，也是保证喷涂涂层致密性的关键因素之一。

(4) 外观形貌。

不同的粉末制备方法可以得到不同外观形貌的喷涂粒子，有球形、类球形和块状等，喷涂粉末的流动性极大程度上取决于粒子的外观形貌。

除了上述特性之外，在使用粉末材料制备热喷涂涂层之前，还应当对粉末的化学成分、物相组成等参数进行检查。

2. 粉末制备方法

粉末的形态和粒度受粉末制备方法的影响，粉末制备方法可分为机械法和物理化学法两大类，既可以单独使用也可以联合使用，它们又可以细分为雾化法、球磨法、电解沉积法、熔融＋破碎法、研磨＋烧结法和包覆法等。

(1) 雾化法。

雾化法制备热喷涂粉末的过程是将熔化的金属液流，经雾化介质雾化成液滴，在液滴碰到器壁或团聚前快速凝固成粉末。原料多以单一元素或多种合金形式在感应炉、电弧炉或其他类型的炉内熔化、均匀化后被转移到中间包，形成恒定可控的金属液流进入雾化室，在此过程中受到高速雾化介质(气体)作用，被雾化成细小的液滴，并在雾化室下端形成粉末被收集。雾化法可制备粒度在几微米到 200 mm 间的球形粉末，采用雾化法制备粉末时必须考虑粉末粒度分布、形状及氧化程度。

(2) 球磨法。

球磨法最早可追溯到 1970 年，美国 INCO 公司的 Benjamin 及其合作者为制备 Ni 基氧化物粒子弥散强化合金而建立的高能球磨技术。该技术是将待合金化的材料粉末同一定数量的磨球在高能球磨机中球磨，多用于制备复合粉末(如金属/陶瓷粉末、掺杂固体润滑剂的合金粉末等)。在球磨初期，混合粉末被磨球碰撞产生塑性变形、冷焊而形成复合粉；经过进一步的球磨，复合粉末组织结构细化并发生扩散和固态反应形成合金粉，即机械合金化。随后，为了制备具有特殊性能的热喷涂材料，产生了一些新的球磨方法，如搅动球磨法、液氮球磨法。科研人员还提出了一些新的复合工艺，如 Borisova 等采用球磨＋高温自蔓延法和机械合金法＋球磨法制备了热喷涂粉末。

(3) 电解沉积法。

电解沉积法由于控制简便、工艺简单，多用于制备稀有难熔金属的纳米金属粉末。其基本过程是通过控制电解或电化学反应，调节阴阳界面化学环境，使电解液中的粒子在电极表面沉淀出纯度较高的金属。现阶段，超声波、有机溶剂、隔膜等技术与传统电解法结合，产生了一些高效、低消耗的金属粉末新型电解方法。

(4) 熔融＋破碎法。

熔融＋破碎法多用于制备陶瓷等脆性粉末，将不同的粉末混合后在专门的加热炉中熔化，冷却后的陶瓷块采用各种破碎机(常用的包括锤式粉碎机、捣碎机、颚式破碎机等)破碎，从而得到具有致密、块状和多棱角特点的陶瓷粉末。

(5) 研磨＋烧结法。

研磨易生成直径小于5 μm的细微粉末，不适合直接用于一般的热喷涂。通常需要将这些粉末压制成球状，加入或不加入黏结剂后进行烧结，在高温环境下（温度一定要控制在能使粉末实现化学扩散，但低于粉末熔化温度），使粉末间通过化学扩散黏结在一起；最后将烧结的坯体破碎成粉末，从而获得适合热喷涂用的粉末粒度。该方法制备的粉末主要为块状、多棱角的，但孔隙较多；多用于制备硬质合金或金属粉末。此外，还可以应用喷雾＋干燥法实现陶瓷粉末细微颗粒的团聚。

(6) 包覆法。

包覆法可制备具有壳核结构的复合粉末材料，一种材料作为核，另一种材料作为壳（如NiAl粉末即为Ni包覆Al）。常用的制备包覆颗粒的工艺是机械融合法和复合法，其中机械融合法的基本步骤为：将具有不同粒径的原始粉末充分混合后加热，然后通过机械混合使得两种粉末焊在一起；由于加热过程中低熔点的材料会被加热至塑性甚至熔融状态，因此混合的结果是高熔点的粉末作为核被低熔点熔融材料包覆。

制备热喷涂球状粉末常用的方法还包括等离子雾化法和等离子球化法等，设备示意图如图1.6所示。前者是依靠等离子体雾化设备内的三个直流非转移

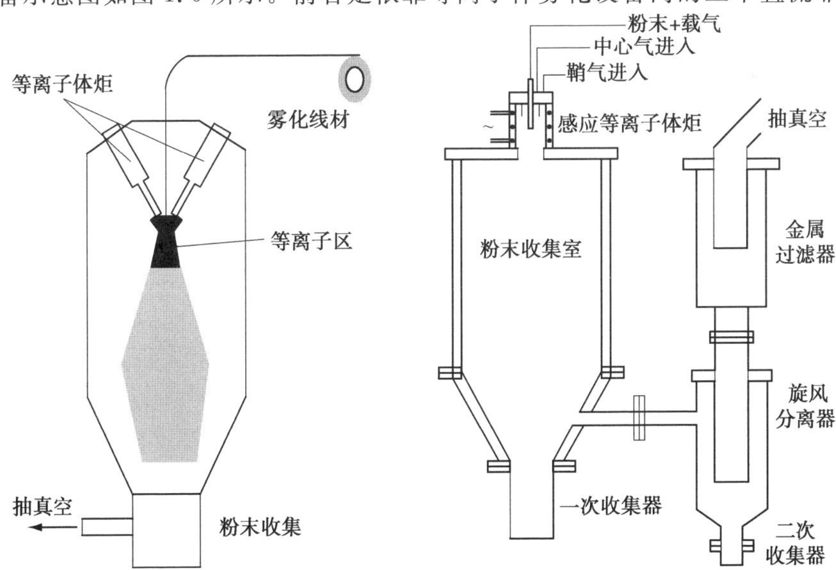

图1.6　商用等离子体雾化及球化设备示意图

弧等离子喷嘴形成的等离子区，将丝材雾化生成球状粉末，已经实现了工业化和商业化，可用于制备 Ti、Cu、Mo 等粉末；后者则以 Tekna 公司研发的射频等离子体球化设备为代表，主要用于微米级固体粉末的球化，可制备具有流动性高、孔隙率小、致密性好的球状粉末。

1.5 热喷涂的安全防护及环境保护

热喷涂作业的安全与防护工作包括操作者的人身安全、材料及设备安全、环境安全等，涉及的安全知识包括电器、气体、粉尘、噪声及防火防爆等，因此了解喷涂过程中的安全注意事项，不仅关系到整个喷涂过程的质量和进度，更是对喷涂操作人员安全和健康的基本保证。

1.5.1 热喷涂过程中存在的安全隐患

(1) 热喷涂技术生产与操作过程中不可避免地涉及高温火焰、高温电弧、高压气体、(非) 金属粉尘、有毒蒸发物等，在小范围内影响环境和操作者的安全健康。

(2) 热喷涂操作涉及高温火焰，要避免火焰对人体的灼伤，同时工件处于被加热状态，触摸未完全冷却的零部件同样容易发生灼伤，且高温射流还容易引起其他易燃物体的燃烧而导致火灾。

(3) 热喷涂技术，尤其是等离子喷涂技术会产生大量高强度弧光，不仅会对皮肤产生灼伤，还会使部分有机溶剂(如 C_2HCl_3) 迅速分解产生有害气体，加剧对环境和人体健康的危害。

(4) 热喷涂操作过程中所使用的气体大多为高压(氧) 或易燃易爆(乙炔、丙烯) 气体，气瓶若发生管路连接不牢或破损，极易发生爆炸，对设备及附近操作人员的人身安全造成伤害。

(5) 对于粉尘，一方面，喷涂过程中被蒸发的材料离开高温焰流后，极易发生冷凝形成细小的金属粉末，浓度过高时会引起自燃或爆炸；另一方面，部分用于喷涂材料的金属氧化物或合金材料，如 Al_2O_3、ZrO_2、ZnAlMgRe 等，喷涂过程中会产生一定浓度的有毒烟雾；最后，喷砂预处理过程中产生的硅粉尘也会对人体呼吸系统产生不可逆的损伤。

(6) 等离子喷涂、喷焊过程中还会产生臭氧、氮氧化物及金属蒸发物等有害气体或烟雾，危害环境和人体健康。

(7) 等离子喷涂、爆炸喷涂和超音速火焰喷涂过程中均会产生大量噪声，对人体的听觉器官产生损害，严重的还会使人产生神经过敏、心跳加速等不适症状。

(8) 等离子喷涂、电弧喷涂以及其他电器辅助装置、高频引弧装置均带有电装置和接头，同样会因操作不当或不设置安全装置而发生触电危险。

1.5.2 热喷涂过程中的安全防护

1. 热喷涂设备的安全使用

(1) 气瓶安全使用。

热喷涂使用的氧气、乙炔和丙烯等工作气体都是高压、易燃易爆的危险气体，使用时必须严格遵循一定的安全规章。对氧气瓶一类的高压容器，需要妥善放置，远离高温热源或太阳光直接照射、非必要一般应当直立放置、避免运输过程中的碰撞、不得与其他易燃气体混合运输、不应将气瓶内的氧气全部用完；对乙炔和丙烯等危险气体，除了上述规章外，还应当确保气瓶表面温度不宜过高（$<$ 40 ℃）、严禁减压阀连接时发生泄漏、注意气瓶通风、存储环境中电器照明、开关等设备必须采用防爆型。

(2) 气管安全使用。

氧气、可燃气和空气胶管应分别符合国家标准 GB/T 2550—2016《气体焊接设备　焊接、切割和类似作业用橡胶软管》、GB/T 1186—2016《压缩空气用织物增强橡胶软管　规范》的规定；氧气及可燃气的胶管单根长度一般以 10 ～ 15 m 为最佳；气管不得通过烟道或靠近水源，不得与电缆线一起铺设在地沟或隧道内；严禁接触油脂及红热金属、严禁承受尖刺 / 重物；新管使用前必须进行清洗，用压缩空气吹出可燃气体气管内的滑石粉及杂物，氧气气管只能用氧气清洗，防止油污污染气管。

(3) 回火防火器的使用。

回火防火器是乙炔、丙烯、丙烷等可燃气体气瓶必不可少的安全装置，按工作气压可分为低压式和中压式回火防火器，按工作原理又可分为水封式和干式回火防火器，按安装部位不同则可分为集中式和岗位式。目前国内使用最多的是中压冶金片干式回火防火器。首先应当根据气瓶及操作条件选择符合安全要求的回火防火器，每一把喷枪必须配备独立的、合格的防火器；其次在使用前必须检查防火器的密封性和逆止阀的可靠性；最后，对水封式回火防火器，使用过程中还需要时刻关注防火器内的规定水位。此外，注意对防火器的定期监测和清洗。

(4) 喷涂设备的使用。

喷涂设备的安全使用需要遵循以下操作规程：

① 对操作人员进行必要的技术培训,熟悉设备的使用与维护；

② 电源及手持喷枪的金属外壳应该进行接地或接零保护,电器设备应当有过流保护,不得有明线；

③ 高能高速等离子喷涂电压高,严禁手持操作；

④ 在没有切断电源的情况下不得进行喷枪清理和电器维护；

⑤ 电弧喷涂设备的送丝装置应有接地和绝缘,喷涂操作停止后应取出喷枪上的线材；

⑥ 等离子喷涂、喷焊设备中的高频引弧电路应设置屏蔽；

⑦ 高速燃气喷涂设备控制电路与燃气管路必须完全隔离,各继电器组件须完全封闭。

(5) 用电安全。

喷涂现场的电气设备要有过载保护和接地,在喷涂工作开始前要对电源回路进行安全检查,开关和插座要有合适的盖子;保持电缆的干燥、清洁,经常检查电缆是否磨损、开裂或损坏,对损坏的电缆及设备要及时维修或更换;保持联动装置和断路器等安全装置的常开;在进行设备安装、检修和更换前要关闭所有的电源。

此外,在喷涂作业现场还应当注意一些必要的防火措施,不要在喷涂现场使用易燃溶剂;注意喷涂现场的通风及除尘。工作场地应该经常打扫,防止粉尘聚集;工作场地内不得堆放易燃物品,喷涂隔音室需使用防火材料。

2. 人身安全防护

(1) 眼睛防护。

在喷涂及喷砂期间,操作者必须佩戴头盔、面罩、护目镜,以防止飞行砂粒的击打和紫外线、红外线的辐射。上述防护装置需要配备适当的滤色镜片,防止过量的红外线、紫外线或强可见光对眼睛的辐射;为了防止飞溅颗粒和烟雾对视线的干扰,护目镜应当有通气间隙。

(2) 呼吸防护。

喷涂及喷砂操作时,操作人员需要穿戴呼吸防护用具,根据操作环境内气体、烟雾的性质、类型及数量合理选择防护用具,个人呼吸保护装置应当进行定期的清洗与消毒。此外,对喷涂、喷砂工作间及控制室需要采用适当的封闭、隔离和屏蔽措施,强制通风除尘,排放物必须进行过滤以满足大气环境污染物的排放标准。

(3) 噪声防护。

一方面,喷涂需要在封闭、隔离的密闭喷涂工作间内进行,以限制噪声的传播,降低噪声等级,达到隔绝噪声的要求;另一方面,对间断或短时间的喷涂作业,或使用盔式防护面罩时,可以不必进行听力保护,但当进行长时间喷涂作业时,操作者必须佩戴符合标准要求的护耳器或耳罩,并合理安排作业时间以减少接触强噪声的时间。不同噪声等级下允许持续时间见表1.9。

表1.9　不同噪声等级下允许持续时间

噪声等级/dB	90	92	95	97	100	102	105	110	115
允许持续时间/($h \cdot d^{-1}$)	8	6	4	3	2	1.5	1	0.5	≤0.25

(4) 皮肤防护。

任何热喷涂工艺及喷砂操作都需要穿戴合适的防护服、工作鞋和手套等防护工具,以保护皮肤和其他部位免受弧光辐射及其他有害有毒物体的腐蚀。当在受限制空间内进行作业时需要穿戴耐火的防护服并佩戴皮革手套,防护服的袖口、踝关节需要扎紧;在敞开的环境下操作时则可使用普通的全套工作服。

(5) 卫生预防。

喷涂使用的金属粉尘对人体有较大危害,每次作业完成后应及时清洗身上的粉尘,对防护服、眼罩等防护用具也要经常清洗并定期更换;对长期从事喷涂作业的专业人员要进行定期的体检,以便提早发现问题。

热喷涂操作人员的普通安全防护应当按GB/T 11651—2008《个体防护装备选用规范》、GB/T 3609.1—2008《职业眼面部防护 焊接防护第一部分:焊接防护具》、GB/T 2626—2006《呼吸防护用具——自吸过滤式防颗粒物呼吸器》等相关国家或国际标准中的规定选用眼、面及呼吸系统防护用具,需要选用劳动部门认可的生产厂家生产的护耳器或耳罩。

3.环境保护

一方面,热喷涂过程中会产生大量的粉尘;另一方面,在工件预处理和喷涂后处理,如除油脱脂、酸洗、钝化等工序中,会产生大量富含硝酸盐、重金属的废液和有机清洗剂。如果随意排放这些废水、废气和固体废弃物,都会对环境造成污染,因此必须认真治理,以达到排放标准。

热喷涂工艺的环境保护可以从以下几个方面入手:

(1) 合理选用喷涂材料,在满足使用要求的前提下,以"有毒不用、无害可用;储量大多用、储量小少用"的原则进行优选。进一步开展对各种有毒有害涂层材料的无害化替代的研究开发,做到涂层本身的无害化。

(2) 在工件预处理及喷涂后处理过程中，尽量选用无毒、低毒原料或低浓度溶液，减少挥发性有机溶剂和强腐蚀性物质的使用，尽量在室温条件下进行处理以减少溶液挥发，减轻腐蚀。

(3) 提高热喷涂加工质量，提高生产效率和成品率，减少物料损失，改进喷涂工艺及设备结构，减少废水、废气及废渣的排放量，消除物料因泄漏造成的非必要流失。

(4) 建立现代化的质量管理体系和环境管理体系，积极做好污染物的整治治理。

本章参考文献

[1] 钱苗根. 现代表面技术[M]. 2 版. 北京：机械工业出版社，2016.

[2] 郦振声，杨明安. 现代表面工程技术[M]. 北京：机械工业出版社，2007.

[3] 徐重. 双层辉光离子渗金属技术的发展、现状和展望[J]. 表面工程，1997(1)：4-10.

[4] 夏光明，周建桥，闵小兵，等. 涂层技术概述及工程应用[J]. 金属材料与冶金工程，2012,40(1)：53-59.

[5] SIEGMANN S，ABERT C. 100 years of thermal spray：about the inventor Max Ulrich Schoop [J]. Surface and Coatings Technology，2013，220：3-13.

[6] 孙家枢，郝荣亮，钟志勇，等. 热喷涂科学与技术[M]. 北京：冶金工业出版社，2013.

[7] FAUCHAIS P L，HEBERLEIN J V R，BOULOS M I. Thermal spray fundamentals：from powder to part [M]. New York：Springer，2014.

[8] 魏世丞，王玉江，梁义，等. 热喷涂技术及其在再制造中的应用[M]. 哈尔滨：哈尔滨工业大学出版社，2019.

[9] 贾文. 表面热喷涂技术的发展与应用[J]. 昆明冶金高等专科学校学报，2003，19(2)：32-35.

[10] 苗国策. 等离子喷焊 Ni 基 WC 增强耐磨涂层的研究[D]. 哈尔滨：哈尔滨工业大学，2013.

[11] 陈建敏，卢小伟，李红轩，等. 宽温域固体自润滑涂/覆层材料的研究进展[J]. 摩擦学学报，2014,34(5)：592-600.

[12]KONGL Q, BI Q L, NIU M Y,et al. $ZrO_2(Y_2O_3)$-MoS_2-CaF_2 self-lubricating composite coupled with different ceramics from 20 ℃ to 1 000 ℃[J]. Tribology International,2013,64：53-62.

[13]MURATORE C, HU J J, VOEVODIN A A. Adaptive nanocomposite coatings with a titanium nitride diffusion barrier mask for high-temperature tribological applications[J]. Thinsolid films, 2007, 515(7/8)：3638-3643.

[14]DUL Z, HUANG C B, ZHANG W G, et al. Preparation and wear performance of NiCr/Cr_3C_2-NiCr/hBN plasma sprayed composite coating[J]. Surface and Coatings Technology, 2011, 205(12)：3722-3728.

[15]ZHANGT T, LAN H, HUANG C B, et al. Formation mechanism of the lubrication film on the plasma sprayed NiCoCrAlY-Cr_2O_3-Ag-Mo coating at high temperatures [J]. Surface and Coatings Technology, 2017, 319：47-54.

[16]黎樵燊，朱又春. 金属表面热喷涂技术[M]. 北京：化学工业出版社，2009.

[17]JAFARI H, EMAMI S, MAHMOUDI Y. Numerical investigation of dual-stage high velocity oxy-fuel (HVOF) thermal spray process: a study on nozzle geometrical parameters[J]. Applied Thermal Engineering, 2017, 111：745-758.

[18]刘勇，田保红，刘素芹. 先进材料表面处理和测试技术[M]. 北京：科学出版社，2008.

[19]李传启，李新德. 浅谈热喷涂技术的功用及工艺特性[J]. 设备管理与维修，2010，8：98-100.

[20]党哲，高东强. 热喷涂制备耐磨涂层的研究进展[J]. 电镀与涂饰，2021，40(6)：427-436.

[21]刘黎明. 气缸内壁耐磨涂层的制备及其摩擦学性能研究[D]. 扬州：扬州大学，2018.

[22]HOFFMEISTER H W, SCHNELL C. Mechanical roughing of cylinder bores in light metal crankcases[J]. Production Engineering Research Development, 2008,2(4)：365-370.

[23]ERNST P,朱炳全. 保护气缸套工作表面的SUMEBore涂层解决方案[J]. 国外内燃机，2013，6：58-62.

[24]COSTIL S,POIRIER D,WONG W,et al. Effects of combined laser

pre-treatments with cold spraying of Ti and Ti-6Al-4V[C] // International Thermal Spray Conference. Thermal Spray 2011: Proceedings from the International Thermal Spray Conference. September 27-29,2011. Hamburg,Germany. DVS Media GmbH, 2011:1409-1414.

[25]AISSANI L, FELLAH M, RADJEHI L, et al. Effect of annealing treatment on the microstructure, mechanical and tribological properties of chromium carbonitride coatings[J] Surface and Coatings Technology, 2019, 359(13): 403-413.

[26] 周超极,朱胜,王晓明,等. 热喷涂涂层缺陷形成机理与组织结构调控研究概述[J]. 材料导报,2018, 32(19):3444-3455,3464.

[27] 施辉献,谢刚,和晓才,等. 热等静压技术的若干应用及发展趋势[J]. 云南冶金, 2013, 42(5):52-58.

[28] 张志彬,阎殿然,高国旗,等. 等离子喷涂氧化锆涂层封孔处理的研究现状[J]. 佛山陶瓷, 2009,19(3): 37-41.

[29] 郭双全, 冯云彪, 葛昌纯, 等. 热喷涂粉末的制备技术[J]. 材料导报, 2010, 24(S2): 196-200,204.

[30] 韩耀武. 等离子喷涂复合材料涂层(WCp、Al_2O_{3p}/NiCrBSi) 的组织与性能研究[D]. 长春: 吉林大学, 2010.

[31]BORISOVA A L, BORISOV Y S. Self-propagating high-temperature synthesis for the deposition of thermal-sprayed coatings [J]. Powder Metallurgy and Metal Ceramics, 2008, 47(1/2): 80-94.

[32]FAUCHAIS P. Understanding plasma spraying [J]. Journal of Physics D: Applied Physics, 2004, 37: 86-92.

[33] 吴子健,吴朝军,曾克里,等. 现代热喷涂技术[M]. 2 版. 北京: 机械工业出版社, 2018.

第2章

等离子喷涂技术及涂层性能检测

与传统的表面淬火、渗碳等技术相比，采用表面涂层技术可以在低成本的基材表面形成高硬度、高耐磨性、耐腐蚀性的异质金属涂层。涂层与基体表面实现牢固的结合，在充分发挥基材塑性与韧性优势的同时，也可以充分利用金属表面高硬度及高耐磨性的优点，从而使得构件同时具有心部韧性而表面层耐磨、耐蚀的特点，大幅提升零部件的整体性能，以满足现代工业发展对材料及零部件的苛刻需求。在多种表面涂层及表面处理工艺中，等离子喷涂是研究较为深入、应用也相对广泛的一种突出的零部件表面强化及功能化技术。

耐磨涂层通常用于一些具有相对运动的易磨损构件上，抵抗磨料磨损、黏着磨损和冲蚀磨损等。多采用等离子喷涂、高速火焰喷涂和氧－乙炔喷涂工艺制备耐磨涂层。本章将介绍等离子喷涂技术及其在耐磨涂层制备过程中涉及的材料、工艺等知识，还将阐述涂层组织、结构以及性能测试的原理及方法。

2.1 等离子喷涂技术

等离子喷涂这一概念的提出可追溯到1939年，Reinecke介绍了经等离子弧加热的粉末随等离子弧束流携带加速喷射到基体表面形成涂层的工艺。进入20世纪50年代，随着航空航天、原子能等尖端领域的兴起，对热源温度、速度及喷涂气氛都提出了新的需求。同时，与等离子喷涂技术相关的重要专利(US

2922869"等离子束的设备与方法"、US 2960594"等离子焰流发生器"等）被接受，等离子喷涂技术也正式得到快速发展。

1957年，美国Union Carbide Co. 和Thermal Dynamic Co. 相继开发了温度达到10^4 K以上、以等离子弧为热源的大气等离子喷涂设备，实现了难熔金属和氧化物陶瓷材料的喷涂，促进了热喷涂技术的快速发展；随后，高功率等离子喷涂设备、机器人技术、传感器技术和激光等先进技术被先后引入等离子喷涂制备工艺，使得等离子喷涂技术成为工艺最为成熟、应用最为广泛的热喷涂方法之一。

等离子喷涂技术已成为一种工艺成熟、应用广泛的热喷涂方法。等离子喷涂技术的应用已覆盖机械制造、航空工业、火箭技术、冶金造船、新能源材料及复合材料等工业领域，成为制备各种高性能涂层（包括耐磨减摩、抗腐蚀、抗疲劳及热障等保护性涂层和具有磁性、导电、超导等功能性涂层）的最先进的工艺方法之一，1980年以来其产值一直高居各类热喷涂工艺首位，详见表2.1。

表2.1　热喷涂技术各工艺方法产值百分比

工艺	年份/年			
	1960	1980	2000	2015
火焰粉末喷涂	70%	28%	8%	4%
火焰线材喷涂	—	11%	4%	4%
电弧喷涂	15%	6%	15%	15%
等离子喷涂	15%	**54**%	**46**%	**43**%
真空等离子喷涂	—	2%	2%	2%
高速火焰喷涂	—	—	24%	30%
冷喷涂	—	—	1%	2%

2.1.1　等离子喷涂技术基本原理

等离子喷涂是一种利用直流电驱动的等离子电弧作为喷涂热源，对喷涂材料进行加热、加速，最终形成涂层的热喷涂工艺。在此过程中，电弧被高频振荡器引燃，陶瓷、合金、线材等粉末被加热至（半）熔融状态，以等离子流高速撞击基材表面并形成牢固的涂层，如图2.1(a)所示。

等离子喷涂制备涂层的基本过程具体可表述为：在等离子喷枪中，通过放电生成热等离子体和氩气、氢气的混合物，将喷涂粉末送入等离子焰流中被加热熔化后，借助气流喷射到预处理的基体表面，在撞击变形后形成扁平化粒子，经过

若干遍喷涂就可得到涂层结构，得到的喷涂层截面结构如图 2.1(b) 所示。

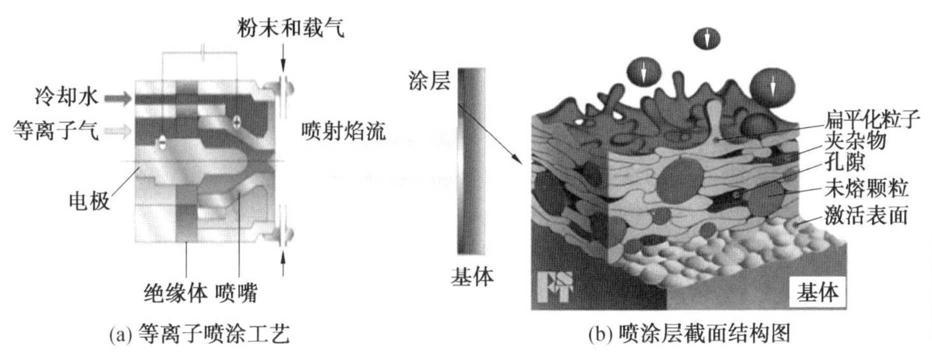

(a) 等离子喷涂工艺　(b) 喷涂层截面结构图

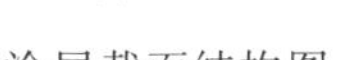

图 2.1　等离子喷涂工艺以及喷涂层截面结构图

目前在工程领域应用较为广泛的等离子喷涂方法主要可分为电弧等离子喷涂和射频感应等离子喷涂两类，其中，又可以根据喷涂气氛、压力的不同将电弧等离子喷涂划分成大气等离子喷涂(APS)、高能等离子喷涂(HPPS)、真空或低压等离子喷涂(LPPS) 等多个类型。根据电离介质的不同，则可将等离子喷涂工艺划分为气稳等离子喷涂和液稳等离子喷涂：气稳等离子喷涂又包括低压等离子喷涂、惰性气体等离子喷涂(IPS) 和大气等离子喷涂等；液稳等离子喷涂则可分为水稳等离子喷涂(WSPS) 和其他液稳等离子喷涂。

这些不同类型的等离子喷涂技术除了具有上述相同的特点之外，也各自具有其独特的优点。如低压等离子喷涂的等离子射流较长，粒子加热持续时间长，粒子温度和速度提高，喷涂时允许较高的预热温度，并且还能进行表面的自净化预处理，可进行形状复杂工件及曲面工件的表面喷涂；惰性气体等离子喷涂利用惰性气体可以有效避免粉末与基体的表面氧化，从而制备活泼金属材料涂层；大气等离子喷涂的喷涂粒子速度为 150 ～ 250 m/s，近年来发展的高效能等离子喷涂技术的喷涂粒子速度可接近音速，且喷涂参数的可调节范围较宽；水稳等离子喷涂的射流温度较高，可达 33 000 K。

(1) 大气等离子喷涂(APS)。

大气等离子喷涂是在大气环境下使用直流电源，以氢气或氩气等惰性气体为工作气的等离子喷涂工艺。APS 工艺的枪体功率通常在 40 ～ 80 kW 之间，制备得到的涂层孔隙率为 1% ～ 5%，喷枪与基体间的距离一般设置为 80 ～ 150 mm(低功率内送粉等离子弧喷涂的喷涂距离约为 40 mm)。由于是在空气环境下进行的热喷涂，被加热喷涂粒子会与空气相互接触并生成氧化物，因此 APS 技术不适合喷涂易氧化材料。但考虑到 APS 工艺所需的喷涂设备和运行成本较低，且适用于大部分需要涂层防护的领域，因此该方法也是目前应用最为广泛的等离子喷涂方法。

(2) 高能等离子喷涂(HPPS)。

高能等离子喷涂是一种为了满足陶瓷材料对涂层密度与结合强度以及喷涂效率的更高需求而开发的一种高能、高速的等离子喷涂工艺。其工作电流与APS工艺相当，但其工作电压和工作气流量都远大于APS工艺，从而显著提升射流功率与速度，这也导致了其运行成本较高，但HPPS工艺具有高功率和高熔覆率等优点，因此多用于大型设备表面层陶瓷涂层的制备。

(3) 真空或低压等离子喷涂(LPPS，也称VPS)。

真空或低压等离子喷涂是在真空室内环境下进行的等离子喷涂方法，可用于高质量热障涂层、生物材料涂层的制备。虽然两种工艺的名称有所区别，但大多研究者仍认可这是同一种制备工艺，即首先将喷涂室抽真空，使其压力低于0.1 kPa，再充入惰性气体使压力达到5～40 kPa后进行喷涂，同时为确保喷涂过程中喷涂室的气体压力保持恒定，需要使用高效真空泵排出不断注入的等离子体。使用LPPS/VPS制备的涂层具有良好的致密性和结合强度，此外，该方法被认为具有良好的工艺机动性和喷涂效率，且喷涂过程中有效抑制了涂层表面氧化物或氮化物的形成；然而该方法同样存在运行成本高等不足。

(4) 惰性气体等离子喷涂(IPS)。

惰性气体等离子喷涂采用与LPPS相同的喷涂设备，但在将喷涂室抽完真空后需充入压力约为101.325 kPa的惰性气体，相当于在常压惰性气体环境下完成热喷涂涂层制备，该方法同样可以防止基体及涂层材料发生氧化或氮化反应。

(5) 反应等离子喷涂(RPS)。

真空或惰性气体环境均通过抑制表面氧化的手段提升涂层性能。在此基础上，近年也发展出一种促进喷涂原料与气体之间燃烧反应的新型制备工艺，称作反应等离子喷除。反应等离子喷涂是在喷嘴出口处的等离子射流中加入反应气体，使其与加热喷涂颗粒相互作用生成新的产物，从而改善涂层的性能。例如，可以在喷涂钛粉的过程中加入甲烷，以生成弥散的TiC提高涂层的耐磨性。目前在APS制备过程中也可通过采用空气＋活性气体为工作气的方法实现反应等离子喷涂。

(6) 水稳等离子喷涂(WSPS)。

水稳等离子喷涂是一种高功率、高速率的等离子喷涂方法，在由高速旋转的水形成的涡流通道内产生电弧，并在工作过程中分解形成氧气和氢气作为工作气体。与气体等离子喷涂相比，WSPS具有更高的焰流温度、射流距离和射流能

量,因此特别适用于制备大面积的高熔点氧化物陶瓷涂层,形成的涂层致密且硬度、耐磨性和耐热冲击性能也有很大提升。WSPS 技术的不足在于:不适合制备易氧化的材料,所需喷枪体积较大且笨重。

2.1.2 等离子喷涂技术的特点

1. 等离子喷涂特点

直流电弧产生的等离子体为稠密的热等离子体,温度可达 10^4 K 量级,且接近于局域热力学平衡状态,即电子、离子和中性粒子具有相同的特征温度。热等离子体属低温等离子体,其温度与电离度远低于受控热核反应中完全电离的高温等离子体(温度约为 10^8 K,仅包含原子核、电子和光子),但其重粒子温度和电离度又远高于辉光放电产生的冷等离子体。等离子喷涂具有如下特性:

(1) 高温特性。

相较于其他热喷涂工艺,等离子喷涂最大的特点之一便是具有非常高的温度,等离子弧中心温度最高可达 18 000 K,因而被加热的材料不受其熔点高低的限制。

(2) 高速特性。

在极高温度的等离子焰流中,工作气体的体积产生剧烈膨胀从而出现热力加速现象,因而焰流自喷嘴喷出的速度极高(可达到亚音速甚至超音速),流量很大的同时也具有极大的冲击力,这对提升涂层与基体的结合强度极为有利。

(3) 电特性。

等离子喷涂电弧电压会随着电流的增大而下降,其原因在于:当电流增加时,电弧的热电离加强,弧柱的直径增大,使得电弧电阻下降,且下降的速度要快于电流增大的速度,从而使得电压降低,因此,在使用等离子喷涂制备涂层时,必须采用具有陡降特性的直流电源。

(4) 稳定性。

气体的电离度越高,其导电性就越好,当外界因素(如气体流量)的改变造成电弧长短变化时,其工作电压及电流的变化不大,这就说明电离后的导电气体具有较好的稳定性。等离子电弧中的气体是经过充分电离的,因而等离子弧的形状、弧电流和电压都极其稳定,不会受到外界因素的干扰,这就保证了等离子喷涂过程的稳定性。

2. 等离子喷涂优势

等离子喷涂是目前最通用且使用范围最广的热喷涂工艺之一,是近年来大力发展的一种新型多用途的精密喷涂方法。等离子喷涂技术可以使基体表面具有耐磨、耐蚀、耐高温氧化、防辐射和密闭性等性能，具有射流温度高、制备涂层材料范围较广等优点，被广泛应用于航空航天、石油化工、生物医疗和超导等领域。与其他热喷涂技术相比，等离子喷涂具有显著的优势，具体表现为：

(1) 选材及适用范围广。

等离子喷涂的热源焰流温度可达 12 000 K 以上，几乎能加热并离子化所有的材料体系，是其他热喷涂工艺无法比拟的，因此喷涂材料不受限制；此外，等离子喷涂对基体材料的限制也较少，金属、非金属或有机材料表面均可使用等离子喷涂工艺制备涂层。

(2) 自动化程度高。

等离子喷涂在过程控制和涂层优化方面具有绝对优势，可按条件需求设计涂层厚度，定向、定点喷涂出符合预设要求的高性能涂层。

(3) 涂层质量好。

同样由于等离子体热源的高焰流温度，在涂层材料处理阶段就能使材料得到充分的熔化或高塑化，且喷涂粒子的飞行速度高达 200 ～ 500 m/s，这样喷涂到基体表面的将是组织分散更加均匀的材料，涂层质量或性能能够得到有效保障。

(4) 对基体影响小。

等离子喷涂基本不改变基体材料组织与结构性能，零部件形变小；还具有高效、环保等特点。

2.2 等离子喷涂设备及工艺

2.2.1 等离子喷涂设备

等离子喷涂设备必须具备稳定可靠的工作性能、良好的程序控制电路及对突发事件(过电压、水压和气压欠压等) 的保护能力，并且能实时检测输出电压及引弧成败等。等离子喷涂设备主要包括以下 3 个部分：第一部分是以可编程逻辑控制器(PLC) 或计算机(PC) 为核心的等离子喷涂设备控制柜；第二部分是喷枪、送粉器、喷涂用机械设备等；第三部分是多组整流电源串并联后组成的等离子弧喷涂电源，其配置示意图如图 2.2 所示。

等离子弧喷涂电源(包括主弧电源和维弧电源) 是为等离子射流提供电能的

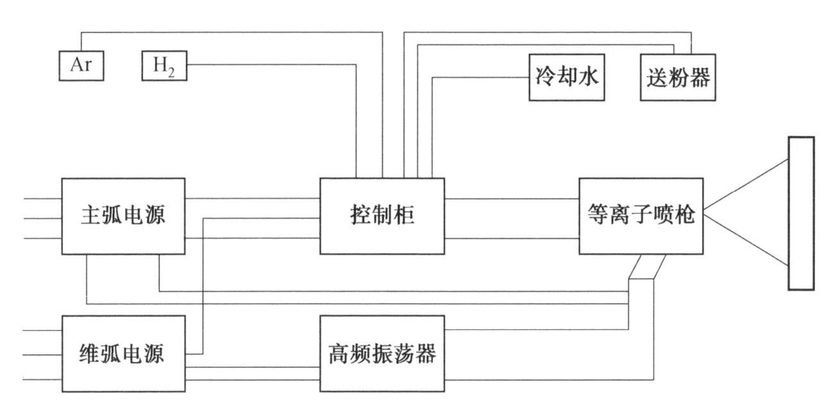

图 2.2　等离子喷涂设备示意图

装置，其外部特性、动态特性和工作电流、电压等供电参数应当满足喷枪产生等离子弧的要求。为了保证等离子电弧的稳定性，等离子弧喷涂电源应具有垂直陡降的输出特性。同时，在熄弧时喷涂电源应具备可调的电流衰减速率；在起弧时应具备可调的电流上升速率。

控制柜集中了系统中电、气、水的控制装置，其中电控系统可以控制并调节喷枪的引弧、熄弧和喷枪工作时所需的电参数；水控系统则控制着喷枪冷却水的压力、流量及温度；气控系统控制喷涂过程所需的各类工作气、送粉气与冷却气的类别和流量。各类控制系统需满足各参数调节方便，并加以动态显示的基本功能。目前先进的等离子喷涂设备的控制系统均采用计算机控制，可预置上百种工艺参数，可以与机械臂对接，为操作者提供清晰的人机对话界面，使喷涂作业实现自动化，提高了作业过程的可重复性与一致性。

喷枪是集所有喷涂资源（水、电、气、粉）于一体的核心装置，为喷涂粉末的熔化、细化、加速提供空间。喷枪是整个热喷涂系统的核心，主要包括阴极、阳极（喷嘴）、朝气道与气室、送粉器、水冷密封、绝缘体和枪体等主要部件，其结构原理如图 2.3 所示。

其工作原理是：当工作气体（Ar、H_2）流过腔室时通电，在阴阳极间形成电弧，强大的电弧将气体分子电离，从而形成等离子体羽流，当不稳定的等离子重新结合成为气态时，大量的热能被释放出，喷涂颗粒被注入焰流中，加速加热熔化后被喷向基体，冷却凝固后形成涂层。

图 2.3 所示为喷枪外部径向送粉方式；除此之外等离子喷涂还有两种送粉方式：以 Praxair 公司的 SG－100 喷涂系统为代表的阴极前端轴向送粉（或中心送粉方式）和大连海事大学研发的 Plasma－LE15 低能耗等离子喷涂设备所采用

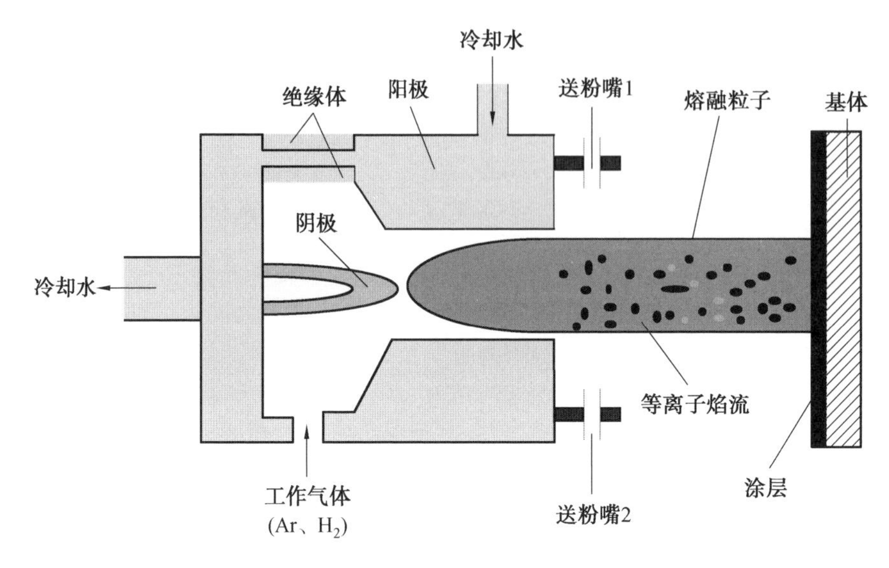

图 2.3　等离子喷涂喷枪结构原理图

的喷嘴内侧送粉(或内送粉方式)。三种送粉方式对比如下：

(1) 外部径向送粉方式为商用等离子喷涂系统的常用送粉方式，其优点在于喷枪结构简单、喷涂稳定性和连续性较好；但所需喷枪功率较大、热效率低、粉末沉积率低。适用于喷涂常规合金或熔点相对较低的材料。

(2) 中心送粉方式具有粒子速度快、喷枪热效率高、涂层质量好、飞粉率低等特点，可以有效延长粉末在喷枪中的加热时间，适合喷涂贵重材料；但对低熔点或粒径较小的粉末材料容易发生气化，导致喷嘴堵塞，该技术的实现还存在一定的困难。

(3) 内送粉方式可将粉末直接送入焰流高温区，喷枪热效率高、粉末沉积率高、涂层质量较好，更加适用于喷涂高熔点、贵重材料及具有较高要求的工业涂层。

等离子喷涂系统包含的其他设备的功能及关键组成 / 分类见表 2.2。

表 2.2　等离子喷涂系统包含的其他设备的功能及关键组成 / 分类

设备	功能	组成 / 分类
送粉器	存储并向喷枪供给粉末的装置，实现等离子焰流对粉末的加热、加速	刮板式送粉器(固态流动性较好的粉末)、转盘吹式送粉器(固态流动性差或微细粉末)

续表2.2

设备	功能	组成/分类
循环水冷系统	为喷枪提供冷却水以保证喷枪在工作过程中可以保持较低温度，不会因为过热而损坏喷枪	包括增压水泵、热交换器等
气体供给系统	工作气和送粉气的供气系统	包括气瓶、减压阀、储气筒、流量计等
其他系统	—	空气压缩机、喷涂机械手、工作台等

2.2.2　等离子喷涂所需使用的气体

等离子喷涂需要使用以下气体：

(1) 等离子工作气。

维持电弧稳定燃烧以保证等离子焰流稳定工作的气体，由主弧气和辅气（或二次气，secondary gas）组成。大多情况下选用氩气作为等离子工作气的主弧气，原因在于：氩气是惰性气体，不会与喷涂粉末及基体发生反应，可以在涂层表面形成保护气罩；在工作过程中不会产生有害、危险的化合物；具有较低的热容量，传递给基体的热量少，有利于基体表面的冷却。采用氩气作为主弧气的不足在于：其较低的热容量和热导性不利于喷涂粒子的加热，需要加入作为第二种气体（辅气）以改善对喷涂粒子的加热。

还可以选择氮气作为主弧气。相较于氩气，氮气的优势在于价格低廉，有较高的热容和导热性，相同压强和电流条件下有更高的热焓；其不足则是容易加剧电极的烧蚀，进而影响弧根的漂移和电弧的稳定性。此外，氮气还可能与喷涂粒子发生反应，造成涂层组织成分发生改变，但这也可用于制备特定的氮化物合金或氮化物复合陶瓷涂层。

氢气和氦气常被用作辅气，以加强等离子焰流与喷涂粒子间的热交换，提高等离子焰流的热焓和喷涂粒子的温度。在制备非氧化物粉末时，氢气还能起到良好的防氧化作用。

(2) 保护气。

为阻挡环境气氛对喷涂区的影响，对喷涂区进行保护以减少喷涂材料和基体的氧化或其他污染，多采用惰性气体。

(3) 送粉气。

将喷涂粉末输送到等离子焰流过程中使用的气体，多用氩气或氮气。

(4) 吹扫气。

为吹除喷涂工件表面飘落的，或是喷射到工件表面但未与基体结合的，或未形成涂层的粉体时用的气体，多选用压缩空气或氮气，吹扫气还可以起到冷却工件表面的作用。

2.2.3 等离子喷涂工艺

采用等离子喷涂制备涂层，影响涂层质量和沉积效率的因素包括气体成分、射流温度、速度及热焓等热源参数，反映在工艺参数上则包括气体流量、电弧功率、电弧电压及电流、送粉速度、送粉气及流量、粉末进入射流的位置及其在射流中的停留时间等粉末输送参数，以及喷枪与工件相对移动速度、喷涂距离、喷涂角度等喷枪运行参数。

1. 对涂层质量的影响因素

选择合适的工艺参数是取得高质量涂层的关键，部分影响因素及工艺参数对涂层质量的影响机理如下：

(1) 等离子气体成分。

气体的选择原则是基于可用性和经济性，常用氮气和氩气。氮气相对便宜、传热快、离子焰热焓高，利于粉末的加热熔化，但不适用于易发生氮化反应的粉末或基体；氩气电离电位低，等离子弧温度稳定且易于引燃，适用于小件、薄件的喷涂，能够起到良好的保护作用，但氩气成本较高，且热焓较低。此外，气体流量大小也会直接影响等离子焰流的热焓与流速，从而影响喷涂效率、涂层结合强度、涂层空隙等性能。在一定范围内提高主弧气流量可以提高粒子速度和温度；但当流量超过阈值之后，流量的进一步增大则会降低粒子温度。因此，除了气体选择外，还应当合理确定气体流量大小。

(2) 等离子体热焓。

等离子体热焓是描述等离子体状态最为重要的热力学函数之一，也是影响沉积效率的关键因素。不同于一般气体，等离子的热焓不仅包括基本粒子的运动能量，还包含电子状态的激发、电离、分解及化学反应过程中的能量变化。根据其计算公式 $H=0.24IU\eta/W_g$（I 为弧电流，U 为弧电压，η 为热效率，W_g 为气体流量）可以看出，等离子射流的焓值与电弧功率（$P=IU$）和离子气的流量（W_g）密切相关。

(3) 电弧功率。

电弧功率过高可能将全部的工作气体转化为活性等离子流，在较高焰流温度下导致喷涂材料发生气化并引起涂层成分改变，喷涂材料的蒸汽在基体与涂

层,或涂层的叠层之间凝聚还会引起黏结不良,过大的电弧功率导致的高温还可能使喷嘴和电极烧蚀。反之,电弧功率太低则会引起粒子加热不足,涂层的黏结强度、硬度和沉积效率均显著下降。

(4) 送粉速度及角度。

送粉速度和角度会影响喷涂效率与涂层结构:送粉速度过高会导致出现未熔化的“生粉”,降低喷涂效率;过低的送粉速度则会导致粉末氧化严重,并造成基体温升过高。送粉角度则需保证将粉末送至焰心,以获得最好的加热和最高的速度。

(5) 喷涂距离 / 喷涂角度。

喷枪到工件表面的距离决定了喷涂粒子和基体撞击时的速度与温度,从而显著影响涂层结构与性能。喷涂距离过大,粒子的速度和温度均有所下降,喷涂效率、涂层与基体的结合强度等都会明显降低;喷涂距离过小则会导致基体温升过高,基体与涂层易发生氧化,影响涂层结合。在基体温升允许的前提下,喷涂距离适当小些为佳。喷涂角度是指焰流轴线与被喷涂工件表面间的角度,当喷涂角度小于 45°,涂层结构会因为“阴影效应”产生恶化形成空穴,导致涂层疏松。

(6) 喷枪与工件相对运动速度。

喷枪的移动速度应保证涂层平坦,不出现喷涂脊背的痕迹,因此每个行程的宽度之间应当充分搭叠;在此前提下,喷涂过程中一般采用较高的喷枪移动速度,以防止产生局部热点和表面氧化。

(7) 基体温度。

热喷涂粒子冲击基体表面形成的贴片形貌会随着基体温度的不同而改变,有研究指出:在等离子喷涂制备 Al_2O_3 和 ZrO_2 涂层时,当基体温度低于 100 ℃ 时,喷涂液滴在基体表面主要沉积为无规则指形的溅射状贴片;当基体温度高于 150 ℃ 时,贴片主要呈盘形。因此,合理的基体温度是影响涂层形成质量的重要参数,理想的做法是在喷涂前将工件预热到喷涂过程需达到的温度,然后在喷涂过程中对工件采用喷气冷却,使其保持原来的温度。

2. 工艺参数优化

等离子喷涂过程及喷涂制品受到上述诸多因素的影响,工艺参数的合理制定与优化设计是涂层质量调控的重要环节之一,在制备涂层前往往需要进行繁杂的工艺参数优化。目前等离子喷涂技术在工艺方面的优化及发展方向主要包括以下两个方面:

(1) 随着喷涂设备向着自动化、机械化方向发展,依靠计算机、机械臂等精确控制各喷涂参数，以制备出性能优异的喷涂制品，从而适应产业高效稳定的发展需求。

(2) 借助计算机技术与数值模拟等方法实现涂层的虚拟制备和材料设计，实现工艺参数的优化设计。大量学者采用正交试验、均匀设计和响应面设计等现代试验手段，结合极差分析、多项式拟合、机器学习和人工智能等数理统计与预测建模方法，建立了涂层微观结构、力学性能等与制备工艺参数之间的关联关系，为高性能涂层的制备工艺形成奠定了坚实的基础，同时，加强了涂层性能与质量评价标准的制定，规范了喷涂工艺。

2.3 涂层性能检测

随着涂层及多种表面强化技术的广泛应用，涂层质量及性能检测研究日益成为研究热点。考虑到涂层制备工艺的多样性，对涂层性能的测试方法也不尽相同，有些涂层甚至只能用定性或半定量的方法进行评价。本节将对现有的涂层性能检测方法做简要介绍，涂层性能检测的内容包括：形态学分析、成分及物相组成分析和机械 / 力学性能检测等。

2.3.1 涂层形态学分析

1. 显微结构与微观形貌

涂层显微结构不仅可以作为判断和确定涂层材料性能和制备过程完备性的重要依据，还可以有效揭示材料体系、制备工艺、涂层微观结构以及涂层性能之间的关联关系，为涂层材料和制备工艺的发展与创新提供数据基础。因此，借助现代检测技术，观察、辨识和分析涂层材料的微观组织状态、组织结构和分布情况，是涂层性能检测的重要研究内容之一。由等离子喷涂技术制备得到的涂层通常只有几十到几百微米的厚度，因此大部分用于表面分析的光学或电子技术及仪器，如光学显微镜、电子显微镜等都可用于涂层显微结构及微观形貌的检测与分析。

(1) 光学金相分析。

经切割取样、试样镶嵌和清洗等步骤的预处理后，可以采用光学显微镜直接观察涂层的微观组织，包括其类型、组成、形状及分布情况等。

(2) 扫描电子显微镜(scanning electron microscope，SEM)。

扫描电子显微镜简称扫描电镜，其结构原理如图 2.4(a) 所示，是由电子光学

系统(电子枪)、真空系统、信号采集与图像显示记录系统,以及电源系统等四部分组成的。电子枪发散电子束,经电压加速和磁透镜系统汇聚,形成直径约5 nm的电子束;在偏转线圈的作用下,电子束在试件表面做光栅状扫描,激发二次电子、背散射电子、吸收电子等多种电子信号(图 2.4(b));探测器收集电子信号,经过信号处理放大器加以放大处理,再成像以达到对物质微观形貌表征的目的。SEM 是一种无损检测技术,具有景深大、分辨率高、成像直观等显著优点,可以测量金属、岩土、陶瓷、石墨等绝大多数固态物质的表面超微结构形态与组成,广泛应用于材料科学和工业生产等领域的微观研究。

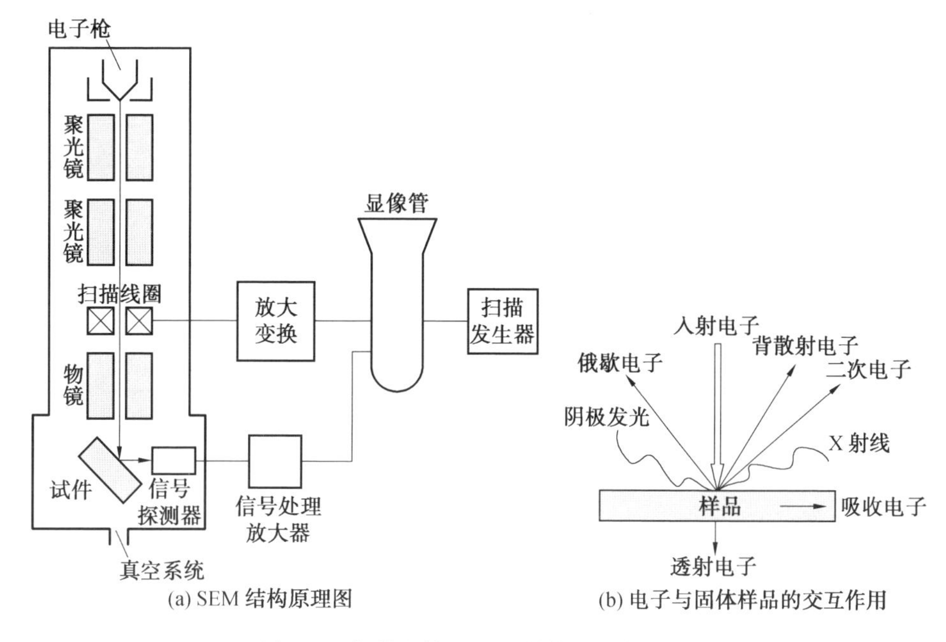

图 2.4　扫描电镜(SEM)结构及工作原理

(3) 扫描隧道显微镜(scanning tunneling microscope,STM)。

扫描隧道显微镜也称为扫描穿隧式显微镜,是一种利用量子理论中隧道效应探测物质表面结构的设备。STM 测量试样表面轮廓的工作原理如图 2.5 所示:当探针尖沿试样表面进行 $x-y$ 方向扫描时,隧道电流的大小将随表面轮廓的起伏发生变化,电流与预置值的差值将通过反馈回路反映到垂直方向 z 控制系统,通过 z 方向压电陶瓷的伸缩,改变针尖与样品表面之间的距离,使电流值与预置值保持恒定,即可扫描得到表面的轮廓信息。这一种工作模式也被称为 STM 的恒流工作模式,多用于观察表面起伏较大的样品。STM 的另一种工作模式是恒高模式,即探针高度和反馈电压保持一致,根据电流变化来反映样品表面的微观形貌。

STM 的分辨率可达到 0.1 nm，不仅可以测定表面的微观三维形貌，还可以实现对表面纳米尺度的微细加工，以及获取用于表面电子结构研究的扫描隧道谱。

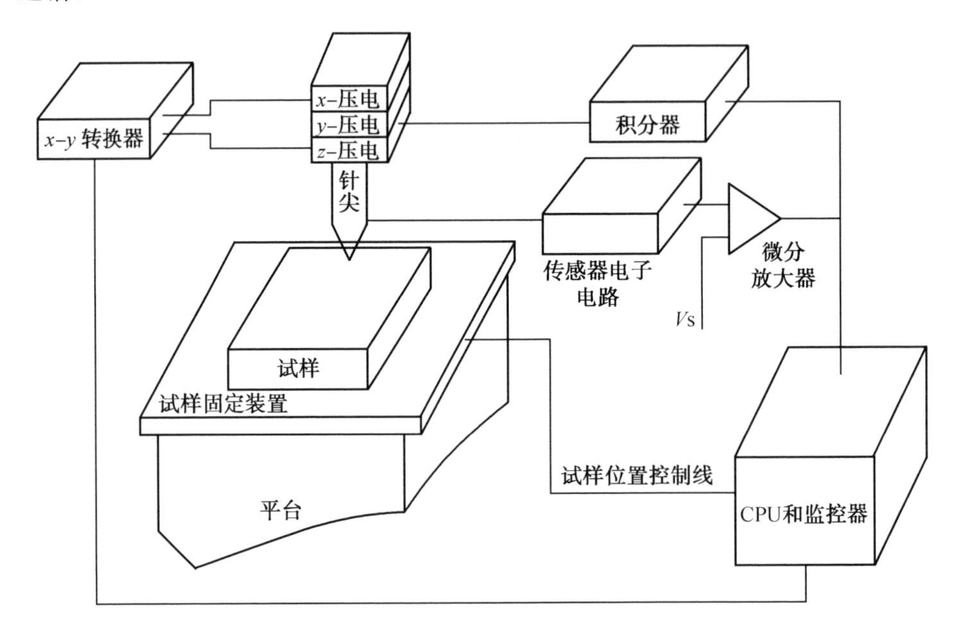

图 2.5　扫描隧道显微镜(STM) 工作原理

(4) 原子力显微镜(atomic force microscopes，AFM)。

AFM 是一种纳米尺度下、具有极高分辨率的扫描探针显微镜。AFM 的基本原理可描述为：待测样品表面原子与微型力敏元件间的原子间会产生相互斥力，控制这种斥力在扫描过程中保持恒定，使得微悬臂在针尖垂直于样品表面的方向起伏运动，利用光学检测法或隧道电流检测法测定微悬臂相对于扫描各点的位置变化，获取待测样品表面微观形貌信息。非接触的 AFM 测量仪器也已被发明并应用于表面测量，该模式下悬臂上的探针并不接触待测样品表面，而是以一个略高于共振频率的频率做纳米级振幅的高频振动，通过调整探针相对样品的间距来保持振幅和频率不变，从而构建待测样品的表面微观形貌。

(5) 透射电子显微镜(transmission electron microscope，TEM)。

这里的 TEM 特指普通分辨率下的透射电镜，其基本原理为：电子与样品相互作用后会形成透射电子、弹性散射电子和非弹性散射电子 3 类，选择透射电子成像时，没有样品或者样品厚度越薄的位置透射电子的数量越多，相应地，样品

厚度越大的位置透射电子数量就越少，所形成“明场像”便会随着样品厚度的变化发生明暗差异，从而构建待测样品的表面微观形貌。由于电子易散射或易被吸收，想要应用透射电子检测，需要将样品制成厚度为 50 ～ 100 nm 的超薄切片。

2. 涂层厚度检测

涂层的厚度会对喷涂制品的可靠性和使用价值产生较大的影响。开展涂层厚度检测不仅可以直接或间接地评估涂层的耐腐蚀、耐磨等性能；对于有公差指标或修复尺寸要求的喷涂制品，涂层厚度还可作为评价喷涂工艺是否合理的重要指标。

涂层厚度的检测内容可分为涂层平均厚度和局部厚度两类，考虑到涂层局部厚度更能反映喷涂制品的实际质量，因此在多数情况下采用测量涂层局部厚度的方法：在至少 3 个代表性或规定位置测量涂层局部厚度，并计算平均值得到局部平均厚度，作为涂层厚度的检测结果。如图 2.6 所示，基准面及测量点数要依据待测喷涂制品表面的有效面积合理选择，如小于 1 cm^2 的工件需要选取整个有效表面，做 1 ～ 3 点测量；对有效面积较大的工件，则需要选择多个基准面（尽可能选取均匀分布在整个表面上的、面积为 1 cm^2 的正方形），做 3 ～ 5 点测量，甚至 9 点 10 次测量。

涂层厚度的检测方法同样包括两种：一种是适用于非贵重或大批量喷涂制品的破坏性检测法，如点滴法、化学溶剂法、金相显微镜法和干涉显微镜法等；另一种是针对精密或贵重制品的无损检测方法，常见的包括磁性法、涡流法、超声检测法、X 射线荧光测厚法和 β 射线反向散射法等。

（1）点滴测厚法。

以一定成分的溶液通过尖端直径为 1.5 ～ 2 mm 的滴管，滴涂在待测样品的表面，待涂层溶解直至露出基体材料时，以所消耗溶液的点滴数计算得到被测涂层的厚度。点滴测厚法的方法和仪器都比较简单，这就导致了其测试精度较低，且不适用于形状相对复杂和尺寸较小的喷涂制品。

（2）化学溶剂测厚法。

常用的化学溶剂测厚法包括：① 在一定的流速下驱动某一成分的溶液呈细流状流向涂层表面选定位置，观察样品表面涂层溶解情况，测量受检部位涂层完全溶解所需的时间作为涂层厚度评估参数；② 基于化学或电化学法，采用一种不会破坏基体的溶液溶解待测样品表面涂层，参照喷涂制品溶解失重（可依据化学分析法或称重法测得）或去除涂层部分的表面积计算得到涂层厚度。上述点滴测厚法实质上也是一种化学溶剂测厚法，只是评估的依据略有区别。

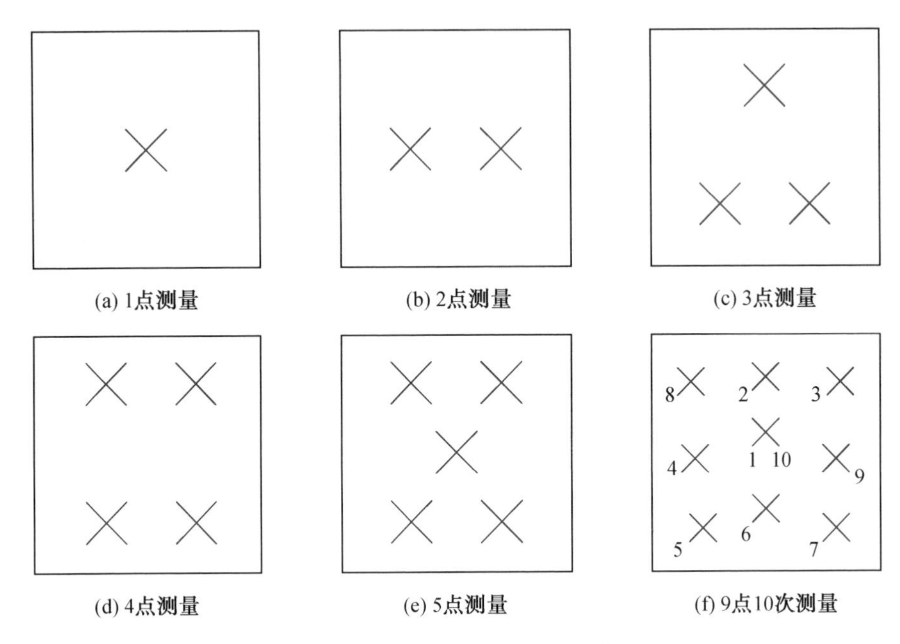

图 2.6　涂层厚度测量的点分布

(3) 金相显微镜测厚法。

在试样喷涂表面的一处或几处切割得到试样断面，经清洗、研磨、抛光、镶嵌等处理后置于具有一定放大倍率的显微镜下观察，通过显微镜内置标尺来测量涂层的局部厚度和平均厚度。金相显微镜测厚法是一种破坏性测量方法，且需要较为繁杂的操作；但优点在于测量精度高、重复性好，通常可用于涂镀层厚度的精确测量。

(4) 库仑测厚法。

作为一种电化学分析方法，库仑测厚法本质上是一种反向电镀或喷涂的过程，即金属涂层会被电流溶解。在充满电解液的测量槽底端开设一个确定面积的开口，并将该开口放置在待测喷涂 / 电镀制品表面，涂层中的金属原子会在直流电压作用下从涂层进入溶液，直至整个涂层被完全分离后，电解液达到底层材料引起一个电压突变，此时停止电解。根据电流强度和电解时间分析得到待测样品表面涂层的厚度。

(5) 磁性测厚法。

测量铁磁性基体表面喷涂的非磁性涂层厚度时可选用磁性测厚法。使用一个由铁芯和励磁线圈组成的测量探头，接触待测样品表面，铁磁性基体会增强探头原本的交变磁场，增强的幅值取决于磁极和铁磁性基体之间的距离，并以电压

的形式记录并存储到设备里。通过对比测量信号与已知特征曲线可以准确识别涂层的厚度，考虑到基体材料磁性、样品形状与表面粗糙程度等因素会对测量结果产生较大影响，因此在使用磁性测厚法前必须经过校准，以确保特征曲线与当前测量条件相匹配。

(6) 涡流测厚法。

对于导电但无磁性基体表面涂覆的绝缘涂层，可以用振幅敏感涡流法实现涂层厚度的无损检测。该方法的基本原理为：使用具有铁素体磁芯的探头靠近金属，会在金属中产生交变电流，即涡流；该涡流会形成一个与探头内初始磁场方向相反的交变磁场，从而削弱原本的初始磁场，削弱的程度取决于探头和金属间的距离，对于待测的喷涂制品而言，这个距离就是涂层的厚度。与磁性测厚法类似，使用涡流测厚设备前需要对仪器进行校准。

现在市场上出现了很多手持式的涂层测厚仪(图2.7及表2.3)，可以实现涂层厚度的无损检测。这一类产品都是基于霍尔效应(磁性法)和涡流测厚原理制成的，霍尔效应可用于铁磁性金属(钢、铁、合金和硬磁性钢等)基体上的非铁磁性涂层(铝、铬、珐琅、橡胶、油漆等)厚度检测；涡流则可测量非磁性金属基体(铜、铝、锌、锡等)上的非导电涂层(珐琅、橡胶、油漆和塑料等)。

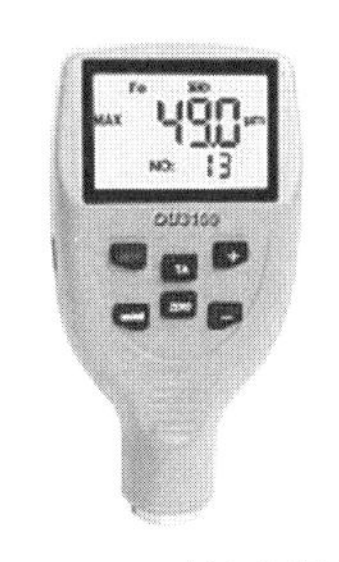

(a) OU3100涂层测厚仪

(b) OU3500涂层测厚仪

(c) OU3600涂层测厚仪

图2.7　涂层测厚仪产品图片

其他的涂层厚度无损检测方法多是基于涂层与基体不同介质对不同指标(如超声波、电磁超声、热辐射、X射线和β射线等)的传播或吸收能力不同进行涂层厚度的测定。如β射线反向散射测厚法是利用β放射源释放出射线，在射向被测样品后，一些进入金属的β射线被反射至探测器，被反射β粒子的强度是被测涂镀层种类和厚度的函数。除了涂层厚度外，这些无损检测技术通常还可以表征涂层密度、弹性模量及结合质量等性能。

表 2.3　OU3600 型涂层测厚仪的主要技术指标

型号	OU3600 − F	OU3600 − N	OU3600 − FN
测定对象	磁性金属上非磁性镀层	非磁性金属上绝缘层	磁性金属上非磁性涂镀层 / 非磁性金属上绝缘层
测量范围	F1、N1、F1/90 → 0 ～ 1 250 μm;F400、N400 → 0 ～ 400 μm;F10 → 0 ～ 10 000 μm		
测量误差	F1、N1、F1/90 → (2%H + 1):二点校准精度 1%; F400、N400 → (2%H + 0.7):二点校准精度 1%; F10 → (2%H + 10):二点校准精度 1%		
校准方法	一点校准、二点校准		
分辨率	0.1 μm(测量范围 < 100 μm);1 μm(测量范围 > 100 μm)		
存储 / 传输	存储 500 个数据点;配备 RS232 打印机及计算机实现数据传输		
统计参数	测量次数、最大值、最小值、均值		
工作温度	− 10 ～ 60 ℃(温度补偿 0 ～ 50 ℃)		
测量方式	单次测量、连续测量		
设置限界	对限界外的测量值能自动报警,可用直方图对一批测量值进行分析		
其他功能	零位稳定、线性编辑、电源欠压提示、错误提示、音乐提示音		

3. 涂层孔隙率检测

在热喷涂过程中,高温的熔滴撞击基体表面后迅速冷却形成的扁平化粒子堆叠形成喷涂涂层。由于熔融粒子与周围介质发生化学反应出现氧化物,而氧化物与扁平化粒子的线膨胀系数不同,冷却收缩后会出现缩孔。同时,扁平化粒子流动形变能力较弱,其对粗糙表面的不完全填充及粒子间的不完全结合也会在涂层表面形成孔隙。此外,熔融粒子高温时溶解部分的喷涂气在冷却时逸出,形成气孔。涂层中孔洞的大小、数量以及分布情况对于涂层的性能都有一定影响。

涂层中存在的孔隙可以分为三类:开孔、盲孔和通孔。开孔是敞开于涂层表面的气孔,不贯穿整个涂层截面;盲孔是涂层内部的气孔,不与涂层表面和基体相互贯通;通孔是贯穿于整个涂层截面的气孔。孔隙率是指涂层内部孔隙的体积与涂层几何体积的比值,常用的孔隙率测定方法包括浮力法、直接称量法、压汞法和图像法等。它们的主要步骤分别为:

(1) 浮力法。

首先将涂层与基体剥离后在 105 ～ 120 ℃ 的空气中干燥约2 h,称出质量

m_1；再将涂层片浸入室温的蒸馏水中，在真空下浸润排气后，称出含水涂层质量 m_2；将出水试样表面擦干后称得质量 m_3；则涂层表面孔隙率 ε 可表示为

$$\varepsilon = \frac{m_3 - m_1}{m_3 - m_2} \times 100\% \tag{2.1}$$

（2）直接称重法。

在规定的圆柱形坯样凹面上进行喷涂，精加工至规定的圆柱形，由圆柱坯料的原尺寸可知涂层的体积，准确称量磨削后圆柱质量，即可求解涂层的质量与厚度，涂层孔隙率 ε 可表示为

$$\varepsilon = \left(1 - \frac{\rho_a}{\rho}\right) \times 100\% \tag{2.2}$$

式中，ρ_a 和 ρ 分别为喷涂材料的真密度和喷涂层的表观密度。

（3）压汞法。

对与多孔材料不浸润（浸润角 $> 90°$）的液体施加一定的压力后，可以克服毛细管的阻力，驱使液体浸入孔隙内，因而可以通过测定液体充满给定孔隙所需的压力值来确定孔隙大小。汞对多数材料不浸润（浸润角介于90°～180°），因而符合该方法的基本原理。具体步骤及计算依据为：在半径为 r 的多孔材料（圆柱形毛细管）内压入液体汞，达到平衡时，作用在液体上的接触环截面法线方向的压力 $p\pi r^2$ 与同一截面上张力在此面法线方向上的分量等值相反，即 $p\pi r^2 = -2\pi r\sigma\cos\alpha$；根据压汞仪显示的压力读数计算得到被孔隙吸收汞的体积，进而推导出表征半径为 r 的孔隙体积在样品内所有开孔隙总体积所占百分比的孔半径分布函数：

$$\psi(r) = \frac{\mathrm{d}V}{V_\mathrm{T}\mathrm{d}r} = \frac{p}{rV_\mathrm{T}} \cdot \frac{\mathrm{d}(V_\mathrm{T} - V)}{\mathrm{d}p} \tag{2.3}$$

或

$$\psi(r) = -\frac{p^2}{2\sigma\cos\alpha} \cdot \frac{\mathrm{d}(V_\mathrm{T} - V)}{\mathrm{d}p} \tag{2.4}$$

式（2.3）和式（2.4）中，$\psi(r)$ 为半径为 r 的孔隙体积占试样中所有开孔总体积的百分比；V 为半径小于 r 的所有开孔体积；V_T 为试样总体的开孔体积；p 为将汞压入半径为 r 的孔隙所需的附加压力；σ 为汞的表面张力；α 为汞对材料的浸润角。根据压汞仪输出的曲线便可计算得到待测样品的孔径分布及孔隙率。然而，压汞法多用于测量部分中孔和大孔的孔径分布，且会对样品造成一定的污染，在一定程度上限制了其应用。

（4）图像法。

借助显微镜和图像处理软件（Image J 和 Photoshop 等）分析涂层的孔隙面

积和总面积之比计算涂层孔隙率，基本过程包括：涂层截面微观形貌图像→数字图像→二值图像（灰度图像）。以 Image J 软件为例，其处理的具体步骤为：① 将需要测量孔隙率的试样使用金相切割机切开，得到涂层截面部分；② 对截面部分使用不同型号的水磨砂纸进行抛光，使用金相显微镜或扫描电子显微镜得到高倍涂层截面微观形貌；③ 设置比例尺，使用 Image J 软件将涂层截面形貌彩色图像转化为 8 位灰度图，调节阈值并将灰度图像中的黑白色进行相互转换，以便统计孔隙率；④ 在 Image J 软件设置菜单栏中设置统计结果，计算孔隙率（孔隙率 =（孔隙所占的面积 / 涂层的总面积）× 100%）。

此外，超声波在介质中传播时会因物质不同密度或弹性系数的变化而发生反射，且反射波的强度与材料密度密切相关，扫描声学显微镜（scanning acoustic microscope，SAM）就是一种利用超声波的这一特性来检测和识别涂层内部孔隙、缺陷、密度变化和其他异常的无损检测方法。相较于 X 射线只能辨识涂层内部是否存在孔隙及其切向分布情况，SAM 可以判断出孔隙具体存在的纵向位置。除了超声检测技术外，声发射、红外热成像、阻抗谱和太赫兹时域光谱分析技术等都可以实现涂层内部缺陷、孔隙及损伤的无损检测，其中部分技术或方法已取得较为成熟的工程应用，但诸如声发射技术仍亟待更先进的传感器和信号分析系统才可以真正投入实际使用。

对于绝缘涂层的孔隙率检测，还可以应用高压检测法，将被测样品连接至地线，并让电极在物体表面缓慢移动。当电极接触到涂层孔隙时便会产生电火花，并导致仪器中的电容器放电，引起测量仪器的电压降低。

除了开展涂层孔隙率的检测以外，关于孔隙率的研究还重点关注如何控制喷涂涂层孔隙率，以调节其涂层性能。就降低涂层孔隙率而言，目前常用的方法主要可分为两类：一是合理选择喷涂工艺、材料，并优化喷涂工艺等；二是借助合理的后处理方法。但有些条件下为了满足散热、润滑、催化反应等要求，需要涂层具有一定比例的孔隙，此时涂层内部孔隙则可以起到一定的正向作用，这些场合下涂层制品的性能十分依赖孔隙的内表面。比表面积作为表征孔隙内表面积大小的重要指标，其测定方法也得到了相对成熟的发展，例如上述提到的压汞法，还包括气体吸附法和流体透过法等。下面对气体吸附法做简要介绍：

1938 年，布鲁诺尔（Brunauer）、埃米特（Emmett）和特勒（Teller）在朗缪尔（Langmuir）提出的单分子层吸附理论的基础上，推广得到了多分子层吸附理论（BET 理论）方法，该方法主要利用毛细凝聚现象和体积等效代换原理，按比例混合 N_2（吸附质，孔隙较小时可用 CO_2）和 He（过载气，也可用 H_2）以达到制定压力，然后流过待测样品；当样品管放入液氮保温时，样品会对混合气体中的 N_2 发

生物理吸附；随后将液氮移走，样品管恢复室温后其所吸附的会脱附出来，形成脱附峰；最后在混合气体内注入已知体积的纯氮，得到一个矫正峰，计算矫正峰和脱附峰的面积即可测得该相对压力下样品的吸附量；改变气体的混合比，计算不同相对压力下样品的吸附量，根据 BET 理论计算得到样品的比表面积。此外，该方法也可以同时表征待测样品的孔隙体积、孔径分布曲线和孔隙率。

2.3.2　涂层成分及物相组成分析

表面成分及其原子状态分析是指对表面物质所含元素的成分、原子组分、杂质元素和含量、原子价状态、结合状态和原子能带结构等进行分析。涂层成分及物相组成分析技术主要用于对未知物、未知成分等进行分析，通过该技术可以快速确定目标样品中的各种组成成分，还可以帮助了解涂层制备过程中发生的物理、化学反应。表面成分及物相组成分析的基本原理是利用各种激发源与物质表面原子相互作用，根据试样表面所激发的各种信息（有时也称为二次束）的类型、强度、空间分布和能量分布等进行分类和分析处理。常用的涂层成分及物相组成分析方法可分为光谱分析、质谱分析和能谱分析等。

（1）X 射线衍射（XRD）。

X 射线是一种波长为 0.01 ～ 100 Å（1 Å＝0.1 nm）的电磁波，能量介于紫外线和 γ 射线，具有极强的穿透性。物相分析是 X 射线衍射在材料分析中应用最为广泛的方向。X 射线与物质作用时，根据其能量转换可分为散射、吸收和透射三个部分，当散射的 X 射线的波长与入射的 X 射线的波长相同时，X 射线会对晶体产生衍射现象，即晶面间距产生的光程差等于波长的整数倍。使用 XRD 进行涂层物相分析的基本原则是：任一物相都具有其对应特征的衍射谱，且任意两物相的衍射谱不完全相同；多相样品的衍射峰是各物相衍射峰的机械叠加。

对于某一特定的晶体而言，只有满足布拉格（Bragg）方程 $2d\cdot\sin\theta=n\cdot\lambda$（其中 d 为晶面间距、θ 为 Bragg 角度、λ 为 X 射线的波长、n 为发射级数）的入射线角度才能表现出衍射条纹。因此，当 X 射线从不同角度入射到样品表面时，会在不同的晶面发生衍射，再由探测器接受从晶面发生出来的衍射光子数（强度），构建反映衍射角与强度的 XRD 谱图，随后将待测样品的 XRD 谱图与标准谱图进行对比分析以确定其物相组成。随着 XRD 标准数据库，如 JCPDS（即 PDF 卡片）、ICSD 和 CCDC 等的日益丰富与完善，使用 XRD 进行物相分析变得愈发简便。常用的分析软件包括 Jade 和 X'Pert HighScore 等。

（2）X 射线荧光光谱（X-ray fluorescence spectrometer，XRF）。

在来自 X 射线管的光子以足够的能量撞击下，原本固定在原子核周围的电子会从元素最里面的轨道撞出，原子变得不稳定；为了恢复原子的稳定性，外侧轨道的电子会迁移到内侧轨道的空位上，从而发射出一种被称为X射线荧光的光子能量，这种光子能量取决于个体电子跃迁的初始轨道和最终轨道之间的能量差。可以通过分析XRF分析仪测定的能量频谱确定涂层的物相组成及含量。XRF是一种快速、定量且无损测定材料元素成分的方法。

(3)X射线光电子能谱分析(X-ray photoelectron spectroscopy，XPS)。

使用较高能量(<2 keV)的X射线辐射涂层样品，当X射线能量大于原子、分子中原子轨道电子的结合能时，其内部原子或分子的内层(价)电子受激发射出来，形成具有一定动能的光电子。XPS就是根据光电子能量谱中各特征峰的峰位、峰形和峰强可以反映样品表面的元素组成、含量、化学态和结构，从而实现涂层表面物相组成的分析表征。XPS能够测定元素周期表内除H、He以外的所有元素，但通常多用于原子序数较大的重元素分析。XPS不仅可测得表面的元素组成，还可以确定各元素的化学状态；缺点在于无法区分同位素。

(4)能量色散X射线谱分析(energy dispersive X-ray fluoresence spectrometer，EDS)。

常与扫描电镜或透射电镜联合使用，在真空环境下用电子束轰击样品表面，激发物质发射出特征X射线，根据特征X射线能量的不同进行元素(铍Be－铀U)的定性及半定量分析。高能电子激发原子内层电子使得原子处于不稳定态，外层电子便会填补内层空位从而使原子趋于稳定的状态，所谓特征X射线就是电子跃迁过程中，直接释放出的具有特定能量和波长的一种电磁辐射。EDS可用于测定样品上某个指定点的化学成分、某种元素沿给定直线的分布情况和特定区域内的某元素的分布图像。EDS方法在检测效率、空间分析能力、分辨率及可识别元素范围等方面都具有较为优异的性能。

(5)俄歇电子能谱技术(auger electron spectroscopy，AES)。

高能电子束激发原子外层电子，使其跃迁至低能阶并放出一定的能量，被其他外层电子吸收后导致逃逸并离开原子，这一连串的事件被称为俄歇效应，逃脱出原子的电子被称为俄歇电子，其能谱可用于鉴定样品表面的化学性质和物相组成。由于俄歇电子来自于浅层表面，因此该技术适用于材料表面纳米深度的元素(锂Li－铀U)组成分析、表界面特定元素定性/半定量检测、表面缺陷(如污染、杂质)解析等；还可以结合离子溅射枪进行深度剖析。

(6)二次离子质谱分析(secondary ion mass spectroscopy，SIMS)。

SIMS不仅可以得到元素的组成信息，还可以用于同位素、原子团、官能团以及分子结构的分析，因而是现代表面分析技术中重要的组成之一，被广泛应用于

微电子、材料、化工和生物医药等领域。SIMS 是利用一次离子束轰击材料表面，通过质谱分析器检测溅射出来的带有正负电荷的二次离子的质荷比，从而得到样品表面元素组成的一种表面分析技术。相较于 AES、XPS 和 EDS 等技术，SIMS 可以分析更加接近表面的元素分布；具有极高的元素检出限，理论上可以完成对已知元素周期表内的所有元素低浓度（可达到 ppm 甚至 ppb 级别）的半定量分析。

（7）紫外－可见吸收光谱法（ultraviolet-visible spectroscopy，UV－Vis）。

除了 X 射线外，还可以依据光电效应引起电子在能级间的跃迁。当光与物质发生作用时，物质可对光产生不同程度的吸收，因而可以通过测定物质对某些波长的光的吸收来了解物质的特性，这就是吸收光谱法的基本原理。由于分子中电子能级的范围刚好在紫外－可见光波段（200 ～ 800 nm），因此当入射光的波长在这一范围内时所获得的吸收光谱即为紫外－可见吸收光谱。

（8）傅里叶变换红外光谱（fourier transform infrared spectroscopy，FTIR）。

FTIR 仪由光源、迈克尔逊干涉仪、样品池、检测器和计算机组成，由光源发出的光经过干涉仪转变为干涉光，经过样品时，干涉光中某一波长的光被样品吸收，成为含有样品信息的干涉光，再由计算机采集到的干涉图经快速傅里叶变换后，得到吸光度随频率或波长变化的红外光谱图，进而对分子组成进行定性及半定量分析。

FTIR 方法测定被测样品分子组成的基本原理为：红外线是一种波长介于可见光和微光之间的电磁波，依据波长范围又可分为近红外、中红外和远红外三个波区，其中以中红外区（波长 2.5 ～ 25 μm，振动频率介于 4 000 ～ 400 cm^{-1}）最能反映分子结构方面的特征，对解决分子结构和化学成分中的各种问题最为有效，一般所说的红外光谱也大多是指中红外区这一范围。FTIR 广泛应用于分子结构和物质化学组成的研究，尤其是利用特征吸收谱带的频率推断分子中是否含有某一特定的官能团或键，进而确定分子结构。例如，羟基（—OH）的伸缩振动频率总是在 5.9 μm 左右出现一个强吸收峰，因此，当特征吸收谱中该位置出现一个强吸收峰时，则大致可推断 —OH 的存在。此外，还可以依据 FTIR 方法测定的特征吸收谱带强度的改变，半定量地对分析化合物含量。

（9）拉曼光谱（raman spectra，RS）分析。

激光源的高强度入射光被分子散射时，大多数散射光的波长与入射激光相同，只有极少部分（约占 $1/10^9$）散射光的波长与入射光不同，其波长的改变与测试样品的化学结构密切相关，这部分的散射光即为拉曼散射。一张典型的 Raman 谱图通常由一定数量的拉曼峰构成，每个拉曼峰代表了相应的拉曼散射光的波长位置和强度，反映了一种特定分子键（包括单一化学键和多个化学键组合而成的基团）的振动。对照待测样品的拉曼光谱图与数据库内已知的光谱，便可实现被分析物质的鉴别。一般而言，Raman 不适合分析金属及其合金样品，而是多用于各类无机、有机材料与生物材料的成分分析。

2.3.3 机械／力学性能检测

1. 涂层显微硬度检测

硬度是材料抵抗因外力条件造成的局部变形，尤其是塑性变形、压痕／划痕、磨损或切割等的能力，是材料弹性模量、屈服强度和变形强化率等诸多物理性能的组合形成的一种复合力学性能。其数值可以间接反映材料的强度，以及材料在化学成分、金相组织及热处理工艺上的差异等。根据检测方法及计算原理的不同，有宏观硬度和显微硬度之分，表示方法也可分为布氏硬度（HB）、洛氏硬度（HR）、肖氏硬度（HS）和维氏硬度（HV）等。对于热喷涂涂层而言，宏观硬度是指涂层表面的平均硬度，一般多用布氏或洛氏硬度计，以涂层表面整体较大范围的压痕为测定对象，所测得硬度的平均值；显微硬度则是指用显微硬度计，以涂层中的微粒为测定对象，所测得硬度值反映的是涂层内部颗粒的硬度。一般来讲，当涂层厚度较薄时（小于几十微米）多检测其显微硬度，以消除基体材料对涂层硬度测定结果的干扰以及涂层厚度压痕尺寸的限制；反之，则可选用检测宏观硬度。

涂层显微硬度的测定在原理上与宏观维氏硬度计相同，区别在于将试验对象缩小到显微尺度以内，因此需要采用较小的负荷（通常为 2 g、5 g、10 g、20 g、50 g、100 g、200 g）。显微硬度测试适用于除塑料涂层以外的全部涂层，特别是测定厚度小于 0.3 mm 的刷镀涂层。

涂层显微硬度测量时，可采用正面测试和侧面测试两种方法：

（1）正面测试方法。

压头压入方向与涂层和基体的界面垂直，对于较厚涂层，可以仿照整体材料的方法进行硬度测量；但当涂层较薄时，为了避免基体对测试结果的影响，应当尽量减小压头压入的深度，一般认为：压入深度必须小于涂层薄膜厚度的 1/7 ～ 1/10。

（2）侧面测试方法。

压头压入方向与基体和涂层的界面平行，此方法可以有效地避免基体的影响，测试简便，但当涂层较薄时，此方法不再适用。

常用的显微硬度计一般分为维氏压头和努氏压头：维氏压头是两相对面夹角为 136° 的金刚石正四棱锥体；努氏压头为长棱形金刚石压头，两长棱和短棱夹角分别为 172.5° 和 130°。维氏硬度等于压载与压痕表面积之比，努氏硬度等于

压载与压痕投影面积之比。维氏硬度和努氏硬度试验方法、过程及输出报告均已标准化。

还可以依据霍夫曼(Hoffmann)划痕硬度测试涂层的显微硬度,该方法还可以间接测定涂层的耐磨性能,适用于较软的金属涂层或塑料涂层,要求涂层的厚度不低于0.89 mm。采用6 mm的有斜面负荷压头在2×9.807 N负荷作用下在喷涂涂层表面划刻,以划痕宽度表示涂层的硬度及耐磨性。划痕越宽,表明涂层硬度越低,涂层结合状态也越差,Hoffmann划伤硬度值 H_N 与划痕宽度 b(单位为英寸(in),1 in=2.54 cm)的关系如下:

$$H_N = \frac{b}{5} \times 10^{-3} \tag{2.5}$$

此外,还可以采用纳米压入仪直接测量涂层显微硬度,或通过公式推导或等效建模等间接方法计算得到涂层硬度。

2. 涂层结合强度检测

涂层的结合强度包括涂层与基体间的结合强度,以及涂层内部粒子间的内聚强度,一般来说,涂层粒子间的内聚力要大于涂层与基体间的附着力,因而多以涂层与基体结合力的大小作为评价涂层结合强度的指标,该结合力越小,涂层的结合强度越低,涂层就越容易从基体上剥落。

检测涂层结合强度的常用方法包括两类:一类是以栅格试验、弯曲试验、杯突试验和冲击试验为代表的定性检测方法,各方法的检测原理和评价标准详见表2.4,这一类方法操作方便、简单易行,但测量精度较低,多用于生产现场的临时检查;另一类是定量检测方法,包括抗拉强度试验、结合强度试验和超声波无损检测技术等,这一类检测方法需要设计较为复杂的试验,但数据准确性较强,可反映涂层结合强度的真实大小。

表2.4　部分涂层结合强度定性检测方法、操作步骤、评价标准及适用场景

检测方法	操作步骤和评价标准	适用场景
栅格试验	使用硬质刃口将测试表面交错地划分成一定间距的平行性或网格(网格尺寸/平行性间距取决于涂层厚度),划痕深度要求将涂层完全切断至基体表面;以划格后涂层是否起皮或剥落来定性判断涂层与基体结合强度大小是否合格。 对于塑料涂层,还可配合黏胶带,计算黏附涂层的比例定性判断涂层的结合强度	硬度中等、厚度较薄的涂层,如大面积长效防护镀锌、喷铝和塑料涂层

续表2.4

检测方法	操作步骤和评价标准	适用场景
弯曲试验	在弯曲试验机上，对矩形或圆柱形试样做三点弯曲试验，以涂层开裂、剥落情况来评价涂层与基体的结合强度	陶瓷涂层
杯突试验	在杯突试验机上，将一定尺寸的钢球以既定速度由试样背面压入涂层方向（压入深度一般为 7 mm）；观察突出变形部分涂层的开裂情况，若涂层随基体一起变形而无裂纹、起皮和剥落现象，则说明涂层结合强度合格。 常用方法有“埃里克森杯突试验”和“罗曼诺夫凸缘帽试验”两种	薄板金属表面硬度较大的涂层
冲击试验	用锤击或落球的方式对喷涂制品表面的涂层进行反复冲击，涂层会在冲击力作用下发生局部变形、发热、振动和疲劳，最终导致剥落，以锤击或落球的次数作为涂层与基体结合强度的评价参数。（图 2.8(a)） 对于陶瓷涂层，也可用陶瓷涂层开裂或剥落时的冲击吸收功来评价涂层的耐冲击性能，但需要涂层和基体需要具备一定的厚度	适用于大部分涂层制品
锉磨试验	对被检测对象，用锉刀、磨轮或钢锯自基体相涂层方向进行锉、磨或锯，利用涂层与基体材料受不同作用力及热膨胀性能不同，使得涂层－基体结合界面上产生分力，当该分力大于涂层结合强度时，涂层剥落	含 Ni、Cr 等较硬元素涂层及不易弯曲、缠绕的涂层

(1) 涂层抗拉强度试验。

试验的原理如图 2.8(b) 所示，将制备好的喷涂制品安装在拉伸试验机上，在规定的拉伸条件下均匀、连续地施加载荷，直至试样发生断裂，记录断裂时的最大载荷 F，并计算涂层的抗拉强度 $p=F/S$，其中 $S(\mathrm{mm}^2)$ 为涂层与基体的结合面积。该试验结果可反映涂层颗粒之间的内聚力或涂层与基体间的结合强度。

(2) 涂层剪切强度试验。

参照 GB/T 13222－91《金属热喷涂层剪切强度的测定》，将喷涂制品加工成如图 2.9(a) 所示的尺寸与样式，将其装夹在拉伸（压缩）试验机（图 2.9(b)）上，在规定条件（若无特殊规定，剪切速度 $\leqslant$ 1 mm/min 或加载速度 $\leqslant$

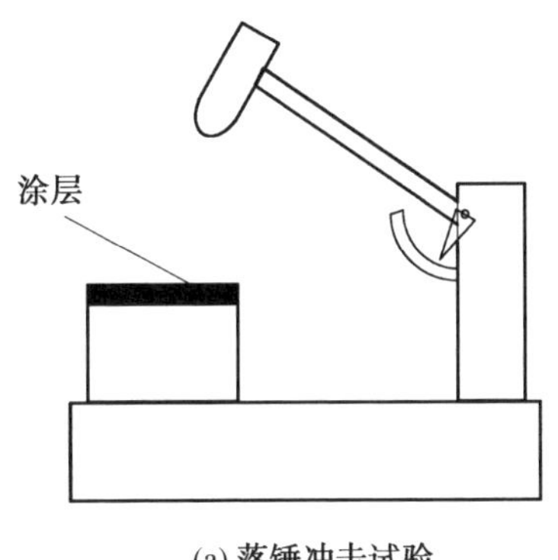

(a) 落锤冲击试验

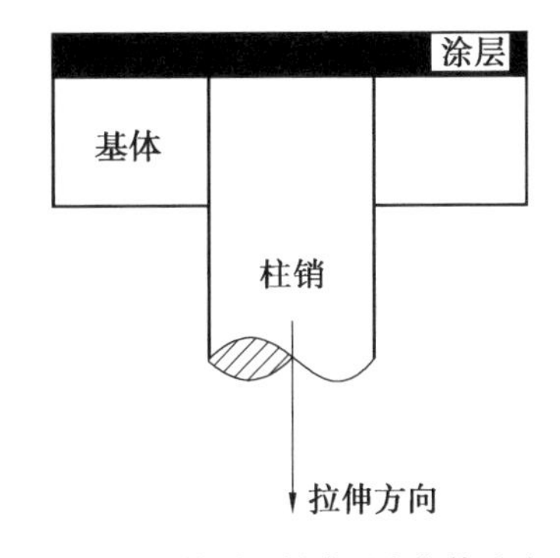

(b) 不用黏结剂的结合强度拉伸试验

图 2.8　涂层结合强度测定方法

9 807 N/min）下均匀、连续加载直至涂层脱落，记录最大破坏载荷，并计算得到涂层剪切强度 σ_τ：

$$\sigma_\tau = \frac{F}{\pi d b} \tag{2.6}$$

式中，F(N)、d(mm)、b(mm) 分别表示最大破坏载荷、基体直径和涂层宽度。

3. 涂层残余应力检测

目前，针对涂镀层残余应力的检测，常用的方法包括盲孔法、剥层法、环状曲率法、X 射线衍射法(XRD)、电子束 / 中子衍射法、光激发荧光压电光谱法、磁性法、超声法以及光 / 热弹性法等。

盲孔法是目前应用最为广泛的残余应力测量方法，也是一种标准测试方法。其基本原理为：在具有一定初应力的涂层表面钻一个有一定大小的盲孔，在盲孔附近表面会因应力释放而产生相应的位移和应变，将所测得的释放应变代入修正的基尔西(Kirsch) 公式，即可计算得到涂层的残余应力。

残余应力在 XRD 谱图中表现为使峰位产生漂移，通过分析待测样品衍射峰的位移情况，可以计算得到残余应力的大小。然而，X 射线的穿透深度通常只有几十微米，当被检测涂层厚度较大，或者应力集中在较深位置时，例如热障涂层中的陶瓷层厚度一般在 100 μm 以上，而其残余应力又主要集中在陶瓷层下面的氧化物层内，XRD 法便无法直接测量出氧化物层内部的残余应力，需要对热障涂层表面的陶瓷涂层进行适当的磨削，显然这会破坏涂层的微观结构和组织。

中子衍射法测量涂层残余应力的基本原理与 XRD 法基本类似，当一定波长的中子束通过多晶材料时，晶格间距会在应力作用下发生变化，引起衍射峰的角度发生偏移，可通过测量衍射峰角度的变化来确定因残余应力导致的晶格变形，

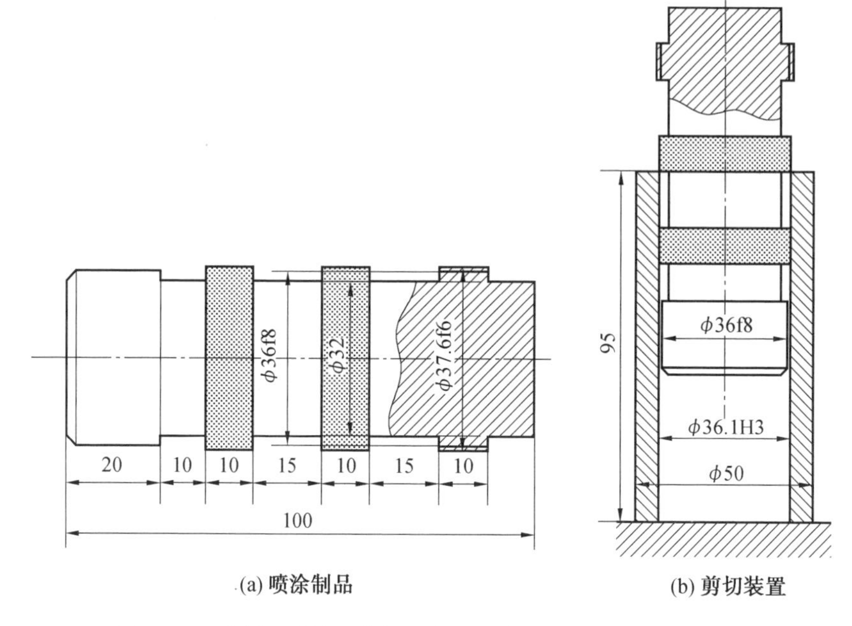

图 2.9 《金属热喷涂层剪切强度的测定》规定的测定涂层剪切强度时对应喷涂制品及剪切装置尺寸

从而确定残余应力大小。电中性的中子穿透材料时无须克服电荷库仑力的阻碍，且大部分材料对中子的吸收也较低，因而中子束的穿透能力很强，可以检测大块材料内部的残余应力分布。然而，该方法所需要的设备和检测时间都相对较长，且不适用于现场实时测量，对材料近表面区域的检测精度也相对较低。

2.3.4 涂层服役性能检测

除了外观、结构及力学特性外，还需要根据涂层的实际使用情况对其进行耐磨性、耐蚀性、疲劳强度和残余应力等性能的测试。表 2.5 汇总了涂层部分使用性能的一些检测方法。这些方法大多是基于一定理论依据、结合大量实践经验证明的，已形成规范性标准的检测方法，在生产实践中被广泛应用，具有直观明了、可靠性高等优点。

表 2.5　涂层部分使用性能的检测内容及常用检测方法

项目	检测目的	检测内容	常用检测方法
耐蚀性	在工作介质中的耐蚀性	腐蚀电位、腐蚀速率	电位测定、中性盐雾试验、铜盐加速腐蚀试验、浸泡试验、高温抗氧化试验
耐磨性	涂层耐磨特性	绝对磨损量、相对磨损量、摩擦系数	摩擦/冲蚀/磨粒/微动磨损试验
热导率	涂层的隔热效果或性能	热扩散率、比热容	热冲击试验
疲劳强度	涂层抗疲劳破坏的性能	疲劳裂纹产生的次数	四点弯曲疲劳试验

喷涂涂层及制品的检测与评定是保证涂层质量及其能否满足预期功能的重要依据，也是评价材料体系、喷涂工艺等涂层设计及制备过程合理性的重要凭证。然而，受限于热喷涂涂层的形成机理以及使用环境的差别，对涂层性能的要求也并非是一成不变的，例如对耐蚀性涂层而言，其孔隙率要求尽可能低，但对于有润滑的耐磨涂层，适当的孔隙率有助于提高磨损表面的储油能力，从而改善涂层及摩擦副的耐磨性。因此，对涂层性能的检测与评估远比传统材料更为复杂，往往需要根据实际使用需求和相应的制备工艺来确定检测方法和技术指标。另外，基于光电效应、超声和热辐射等新型技术发展的涂层性能无损检测技术无疑是涂层性能检测领域最为重要的发展趋势和研究重点。

本章参考文献

[1] DISTLER B，赵力. 用于柴油机节能减排的 SUMEBore 粉基涂层[J]. 国外铁道机车与动车，2014(2)：35-42.

[2] 孙成琪. 热喷涂等离子射流特性的诊断及涂层制备研究[D]. 大连：大连海事大学，2020.

[3] RAMASAMY R, SELVARAJAN V, PERUMAL K, et al. An attempt to develop relations for the arc voltage in relation to the arc current and gas flow rate [J]. Vacuum, 2000, 59(1): 118-125.

[4] 宋长虹，张亚然，李世明，等. 等离子喷涂技术制备陶瓷涂层新进展[J]. 热喷涂技术，2017，9(4)：1-6.

[5] 黄明浩，董晓强. 等离子喷枪各种送粉方式模拟比较[J]. 中国表面工程，

2006，19(1)：40-42.

[6]HOU G L，AN Y L，ZHAO X Q，et al. Effect of critical plasma spraying parameter on microstructure and wear behavior of mullite coatings[J]. Tribology International，2016，94：138-145.

[7]韩冰源，徐文文，朱胜，等. 面向等离子喷涂涂层质量调控的工艺优化方法研究现状[J]. 材料导报，2021，35(21):21105-21112.

[8]任吉林，林俊明，徐可北. 涡流检测[M]. 北京：机械工业出版社，2013.

[9]任吉林，林俊明. 电磁无损检测[M]. 北京：科学出版社，2008.

[10]何龙龙，张闯，李泽欢，等. 涂层厚度与粘接质量的电磁声谐振无损检测[J]. 声学学报，2021，46(2)：292-300.

[11]李波，陈俊卫，刘卓毅，等. 锁相红外检测技术对耐候涂层厚度的评估[J]. 红外技术，2022，44(3)：303-309.

[12]陈华辉，邢建东，李卫. 耐磨材料应用手册[M]. 北京：机械工业出版社，2006.

[13]王兴国. 缸套耐磨涂层及界面特性的无损检测研究[D]. 大连：大连理工大学，2010.

第3章

摩擦磨损基本理论与耐磨涂层

摩擦是接触界面之间在出现相对运动时发生的一种动态力学干涉现象；磨损则是相互接触表面表层材料在相对运动过程中不断损伤的过程，是摩擦的必然结果；润滑的目的则是在接触表面间形成具有法向承载能力而切向剪切强度低的润滑膜，从而降低材料磨损和减少摩擦阻力。1966年，英国著名学者H. P. Jost正式提出了摩擦学的概念，并阐述了其在国民经济中的重大意义。至此，摩擦学被人们普遍关注，并逐步发展成为一门包括摩擦、磨损与润滑在内的，涉及机械学、热力学、力学、材料科学、物理化学的多学科交叉的新兴科学，受到工业界与教育研究部门的普遍重视，对摩擦磨损现象的研究进入了一个全新的阶段。

根据全国科学技术名词审定委员会发布的《机械工程名词》，摩擦学被定义为是研究做相对运动物体的相互作用表面、类型及其机理、中间介质和环境所构成的系统行为与摩擦及损伤控制的科学与技术。主要研究相互运动表面之间的摩擦、磨损和润滑以及相关问题与实践。摩擦学的工程先导性，决定了试验研究是主要的研究方法。摩擦磨损试验研究的目的在于考察实际工况条件下摩擦副的特征与变化，揭示各类磨损控制参量（工况、环境、接触形式、表面形貌及物理化学性能等）对零部件摩擦磨损性能的影响，从而合理地确定符合实际使用条件的最佳设计参数。当研制或选择某个零部件的材料、涂层和表面处理方法时，同样需要对它们进行筛选试验。

本章简要介绍了摩擦学理论的相关背景知识，包括摩擦、磨损与润滑机理，以及摩擦磨损试验所涉及的试验设备;重点阐述了磨损表面轮廓及形貌、磨损量与摩擦信号等摩擦学系统状态信息的测量与分析方法,为后续的涂层摩擦学性能表征提供了理论依据。

3.1 摩擦磨损理论

长期以来,人类对摩擦现象早有认识,也始终坚持着对摩擦磨损规律的探索与研究,也创造出了一些非常伟大的应用技术,如史前人类的钻木取火就是利用摩擦产生热能的例子。石器时代的先民们还发明了石器研磨技术,制备出形状规整、刃口锋利的石器,极大提高了当时的生产力;到了新石器时代后期,人们甚至可以加工相当坚硬的玉石,制得了一些相当精美的玉器。美索不达米亚人在公元前3500年左右发明了一种用圆形板制成的轮子,并在公元前3000年时应用到手推车上,给人们的日常生产生活带来了极大的便利。汉代的人们还学会了使用金属铁来替代木材作为"轴承",以延长车体运动部件的使用寿命。

19世纪中期,英国与欧洲其他国家先后完成了产业革命,机器大工业广泛建立,多数工业制品都承受着摩擦负荷,而这种负荷作用往往会导致产品的磨损。磨损是由于机械作用及固体与固体、液体或气体间的相互接触并产生相对运动,从而引起表面材料的逐渐损耗。磨损逐渐累积到临界状态时会导致制品发生损坏,从而丧失其相应的技术功能,给生产制造乃至国民经济都会带来巨大的损失。因此在努力追求机械产品技术功能高效率、高平稳性的基础上,还应使其保持尽可能低的磨损率。由于磨损导致的材料损耗是发生在摩擦副的表面区域,因此提高零部件表面的耐磨性,对减少磨损十分有效。

1965年,时任英国润滑工程师工作组主席的H. P. Jost博士接受了Magdalen学院C. G. Hardie建议的"Tribology"作为描述摩擦、磨损和润滑的名词,并写入了牛津英语词典(第二版)。"Tribology"由希腊语"Tribo"(意指摩擦、擦破或磨耗)加上英语词根"ology"(意为学问、科学)组成。随后Jost博士在1966年发表了著名的*Lubrication* (*Tribology*) — (*Dept. Educ. and Sci.*)报告,其中正式提出了"摩擦学"术语及其科学定义,原文定义"Tribology is the science and technology of interacting surfaces in relative motion and of the practices related thereto",即摩擦学应包含相互作用表面发生相对运动时的科学现象、规律及其相关实践中涉及的科技问题。

3.1.1　摩擦理论

对摩擦磨损现象系统科学的研究可追溯到文艺复兴时期，著名科学家达·芬奇(L. da. Vinci)研究了矩形物块在平面上的滑动规律，第一次提出了“摩擦”的基本概念，并给出了摩擦系数的计算公式，认为摩擦系数是摩擦力与正压力之比；随后法国物理学家阿蒙顿斯(G. Amontons) 在 1699 年验证了这一规律，并建立了宏观摩擦理论；库仑(C. A. Coulomb) 对上述理论进行了修正与完善。由这些早期研究建立了四个经典摩擦定律：第一，阻止界面滑动的摩擦力与载荷成正比，该定律也被称为库仑定律，可视作是摩擦系数的定义；第二，摩擦系数的大小与表观接触面积无关；第三，摩擦系数与滑动速度无关；第四，静摩擦系数大于动摩擦系数。

随着对滑动摩擦的深入研究，科研工作者发现大多数经典摩擦定律并不完全正确，例如，在重载条件下，许多金属摩擦副的摩擦系数会随着载荷的增大而减小；而后三组定律一般仅满足金属等具有一定屈服极限的材料，而不适用于黏弹性显著的弹性体。此外，滑动摩擦还被证明具有以下特性：

(1) 静摩擦系数受到静止接触时间长短的影响。

在法向载荷作用下，摩擦副表面相互接触的微凸体彼此嵌入，并产生很高的接触应力和塑性变形，实际接触面积增大；随着静止接触时间的延长，相互嵌入和塑性变形程度加强，因此静摩擦系数将随着接触时间的增加而增大，该现象对塑形材料的影响更为显著。

(2) 跃动现象。

干摩擦运动并不是连续平稳地滑动，而是一个物体相对于另一个物体断续的滑动，称为跃动现象(图 3.1)，这一现象也是干摩擦区别于良好润滑状态的特征。对于跃动现象的解释包括两类：一是当滑动速度较高时，跃动是摩擦力与滑动速度的负相关引起的；二是跃动是摩擦力随接触时间延长而增加的结果，多发生在低速滑动摩擦过程。滑动摩擦的跃动现象会对设备运转的平稳性带来显著的不利影响，如摩擦离合器闭合时的颤动、车辆制动过程中产生的尖啸以及刀具切削金属时的振动都与摩擦的跃动现象密切相关。

(3) 预位移问题。

在施加外力使静止物体开始滑动的过程中，当切向力小于静摩擦力极限时，物体产生一个极小的预位移而达到新的静止位置。预位移的大小随切向力的增加而增大，物体开始做稳定滑动时的最大预位移称为极限位移，此时对应的切向力即为最大静摩擦力。一方面，预位移在起始阶段与切向力成正比，当达到极限

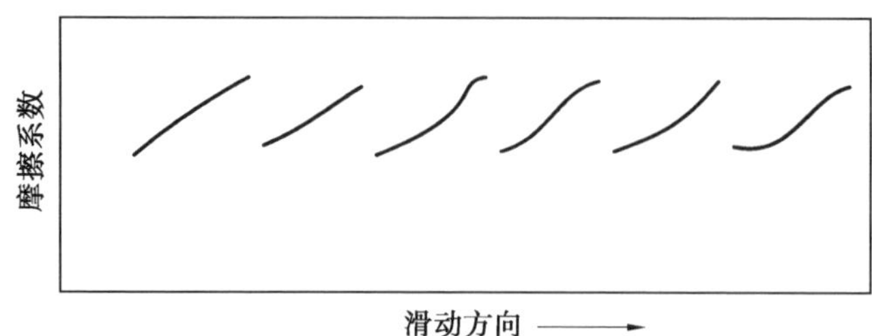

图 3.1　滑动摩擦的跃动现象

位移后，摩擦系数将不再增大，如图 3.2 所示；另一方面，预位移具有弹性，切向力消除后物体将沿反方向移动，试图回到起始位置，但保留一定残余位移量。如图 3.3 所示，当施加切向力时物体沿 OlP 到达 P 点，预位移量为 OQ；当切向力消除时，物体沿 PmS 移动到 S 点，出现残余位移量 OS；若重新施加原切向力，则物体将沿 SnP 再次移动到 P 点。

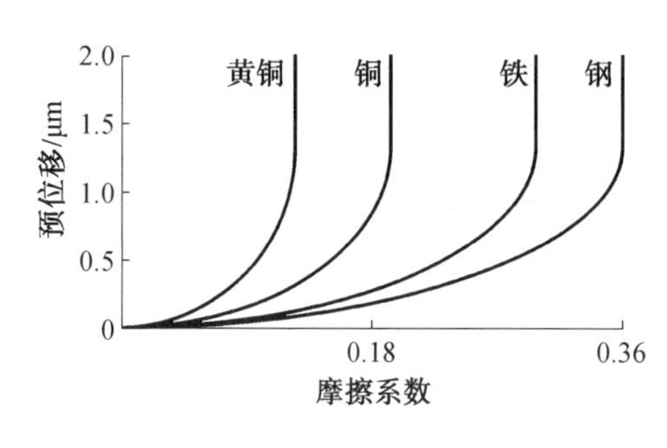

图 3.2　预位移曲线

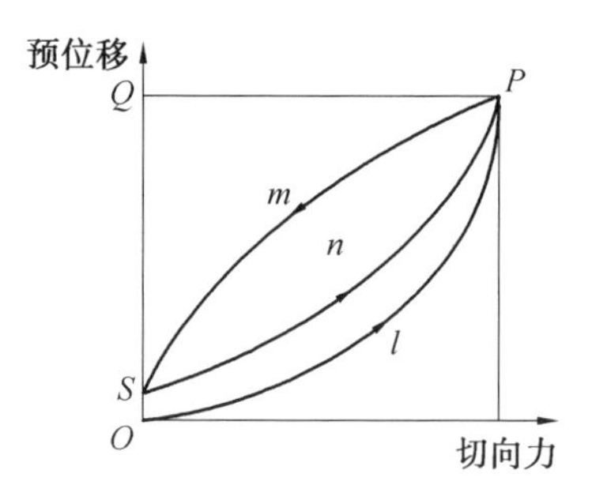

图 3.3　弹性预位移

预位移问题对机械零部件的设计十分重要，各类摩擦传动及车轮与轨道间的牵引力都是基于相互紧压表面在产生预位移条件下的摩擦力作用；预位移状态下的摩擦力对制动装置的可靠性具有重要意义。

摩擦是两个接触表面之间因相互作用引起的滑动阻力与能量损耗，其涉及的因素众多，因此摩擦学工作者提出了不同的摩擦理论，主要的经典摩擦理论包括以下几种。

1. 宏观滑动摩擦理论

两个相互接触的物体在外力作用下做相对运动时，在接触表面之间发生的切向阻抗现象被称为摩擦。摩擦现象涉及的因素很多，因此提出了各种不同的摩擦理论，主要的宏观摩擦理论包括以下几点。

（1）机械啮合理论。

早期的理论，如 Amontons 提出的摩擦模型，认为摩擦力随接触表面粗糙度的增大而增大，滑动摩擦的能量主要损耗于粗糙峰的相互啮合、碰撞和弹塑性变形，如图 3.4 所示，摩擦力表示为

$$F = \Delta F = \tan\theta \sum \Delta W = fW \tag{3.1}$$

式中，f 为摩擦系数，$f=\tan\theta$，由表面粗糙度确定。一般条件下，减小粗糙度可降低摩擦系数。

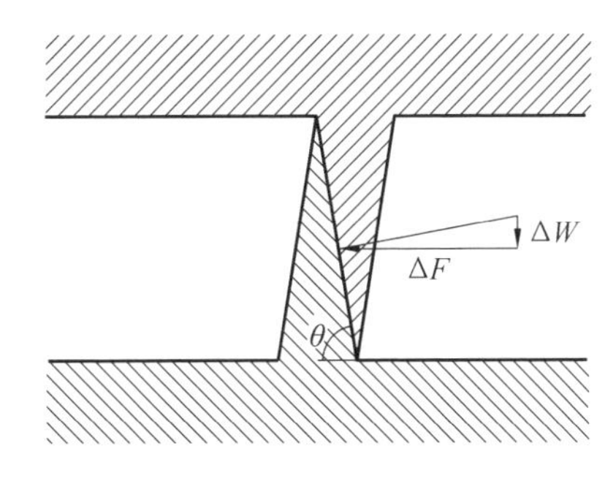

图 3.4 机械啮合理论

（2）分子作用理论。

Tomlinson 最早运用分子作用解释摩擦现象，指出分子间电荷力所产生的能量损耗是摩擦的起因，即接触分子转换（接触的分子分离，同时形成新的接触分子）引起的能量损耗等于摩擦力所做的功，进而推导出 Amontons 摩擦模型中的摩擦系数值为

$$f = (q \cdot Q)/(P \cdot l)$$

式中，q 为考虑分子排列与滑动方向不平行的系数；Q 为转换分子平均损耗功；P 为每个分子的平均斥力；l 为分子间距离。

实际上，分子间引力会随着分子间距的减小而剧增，因此接触表面间因分子作用力产生的滑动阻力会随着实际接触面积的增大而增大，而独立于法线方向的载荷。因此，分子作用理论虽然明确了分子作用对摩擦力的影响，但不能很好地解释摩擦现象。

上述两种理论得出的摩擦系数与磨损表面粗糙度关系都是不完善的，例如，机械啮合理论认为减小表面粗糙度可以降低摩擦系数，但超精加工表面的摩擦系数往往剧增；分子作用理论则认为实际接触表面越粗糙，摩擦系数越小，这种结论除重载条件外是与实际情况不相符的。因此，人们从 20 世纪 30 年代末期起，就从机械－分子联合作用的观点出发较完整地发展了宏观固体摩擦理论，其中最具代表性的是黏着理论和摩擦二项式理论。

(3) 黏着理论。

两个非常贴近的微凸体通过原子间引力将形成黏着点，是导致相对运动表面产生摩擦及磨损现象的重要因素。1945 年，Bowden 与 Tabor 等建立了简单黏着理论，认为：

① 摩擦表面处于塑性接触状态，摩擦副表面的接触往往只发生在较少的粗糙峰微凸体之间，峰点接触处在法向载荷 W 作用下产生塑形变形，接触应力逐渐增大至屈服极限 σ_s 后便不再改变，随后将依靠增大接触面积(即发生相互接触的微凸体偶对数量)来支承增大的载荷，因此，摩擦副间实际接触面积 $A=W/\sigma_s$。

② 滑动摩擦是黏着与滑动交替发生的跃动过程，因接触点的金属处于塑形变形状态，当摩擦热产生局部高温时，金属间将发生黏着结点，在摩擦力作用下黏着结点被剪切而产生相对滑动，滑动摩擦就是黏着结点的形成与剪切交替发生的过程。

③ 摩擦力是黏着效应和犁沟效应产生阻力的总和。犁沟效应是指硬金属粗糙峰嵌入较软金属后，在滑动过程中推挤软金属并使之发生塑性流动，从而在其表面犁出一条沟槽。因此，摩擦力 F 可表示为

$$F=T+P_e=A\tau_b+Sp_e \tag{3.2}$$

式中，T 为剪切力，$T=A\tau_b$；A 为黏着面积(也即实际接触面积)；τ_b 为黏着节点的剪切强度；P_e 为犁沟力，$P_e=Sp_e$；S 为犁沟面积；p_e 为单位面积的犁沟力。其模型如图 3.5 所示。

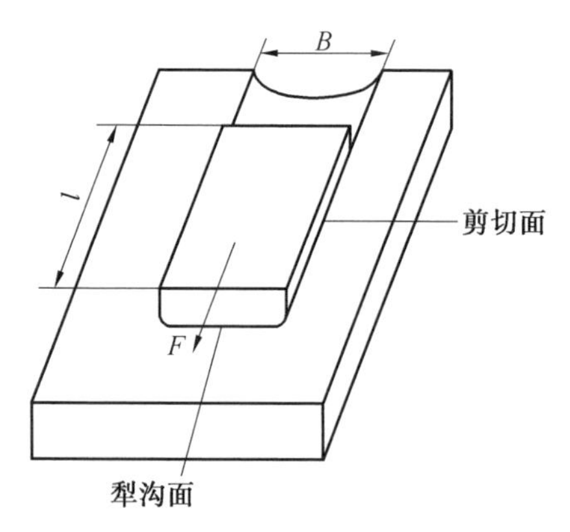

图 3.5　黏着效应与犁沟效应组成的摩擦力模型

对于金属摩擦副而言，通常满足 $P_e \ll T$，因此式(3.2)可进一步简化为

$$F = A\tau_b = \frac{W}{\sigma_s}\tau_b \tag{3.3}$$

因此，摩擦系数 f 可表示为

$$f = \frac{F}{W} = \frac{\tau_b}{\sigma_s} = \frac{\text{软材料剪切强度极限}}{\text{软材料受压屈服极限}} \tag{3.4}$$

以上便是简单黏着理论的基本要点及定义的摩擦系数计算方法，该理论与实际试验结果存在较大差异。例如，大多数的金属材料满足 $\tau_b = 0.2\sigma_s$，于是可认为摩擦系数 $f = 0.2$，但事实上金属摩擦副在空气中的摩擦系数往往可达到 0.5，在真空环境下则可能更高。因此，Bowden 等又提出了修正黏着理论，考虑了滑动摩擦状态下存在切向力，接触点的形变与表面实际接触面积取决于法向载荷产生的压应力 σ 和切向力 τ 产生的剪应力的联合作用，摩擦系数 f 应描述为

$$f = \frac{\tau_f}{\sigma} = \frac{c}{[\alpha(1 - c^2)]^{\frac{1}{2}}} \tag{3.5}$$

式中，τ_f 为软表面膜剪切强度极限（N/m^2）；c 为系数，$c = \tau_f/\tau_b$，τ_b 为基体材料剪切强度极限（N/m^2）；σ 为法向载荷产生的压应力（N/m^2）；α 为待定系数，满足 $\alpha = \sigma_s^2/\tau_b^2$，试验证明 $\alpha < 25$，Bowden 等通常取 $\alpha = 9$。

摩擦系数 f 随系数 c 的变化曲线如图 3.6 所示，由图可知当 $c \to 1$ 时，$f \to \infty$，表明纯净金属在真空中产生较高的摩擦系数；随着 c 逐渐减小，摩擦系数 f 迅速下降，证明了软材料表面膜的减摩作用；当 c 取值极小值时，式(3.5) 可简化为

$$f = \frac{\tau_f}{\sigma_s} = \frac{\text{软表面膜的剪切强度极限}}{\text{硬基体材料受压屈服极限}} \tag{3.6}$$

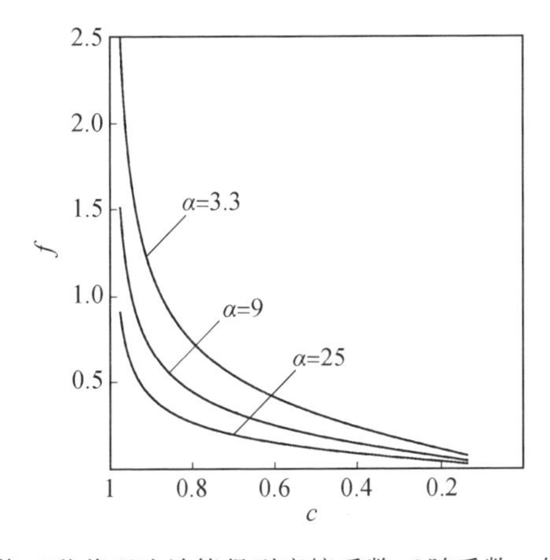

图 3.6　修正黏着理论计算得到摩擦系数 f 随系数 c 的变化规律

Bowden 等建立的黏着理论最先指出：摩擦磨损过程中，摩擦副实际接触面积只占名义接触面积的极小部分，揭示了接触粗糙峰的塑形流动和瞬时高温对黏着点形成的作用，能够解释表面膜减摩作用、滑动摩擦跃动等诸多滑动摩擦现象，极大地推动了固体摩擦理论。但该理论同样存在过分简化模型的问题，例如，在分析过程中认为犁沟力 P_e 与软材料的屈服极限 σ_s 成正比，与剪切强度 τ_b 无关；但二者实质上都是反映金属流动性的指标；此外，τ_b 与 σ_s 等材料特性参数均与表面层的应力状态及接触形式有关，都不是常数。

(4) 摩擦二项式定理。

苏联学者克拉盖尔斯基(H. B. Крагельский) 认为：滑动摩擦是克服表面粗糙峰的机械啮合和分子吸引力的过程，摩擦力应为机械作用和分子作用阻力之和，即 $F=\tau_0 S_0+\tau_m S_m$，其中 S_0 和 S_m 分别为分子作用和机械作用的面积；τ_0 和 τ_m 分别为单位面积上分子作用与机械作用产生的摩擦力。经计算可得摩擦力 F 和摩擦系数 f 表达式分别为

$$\begin{cases} F=\beta\left(\dfrac{\alpha}{\beta}A+W\right) \\ f=\dfrac{\alpha A}{W}+\beta \end{cases} \tag{3.7}$$

式中，A 和 W 分别为摩擦副实际接触面积与法向载荷；α 和 β 分别为由接触表面的物理和机械性质决定的系数，α/β 代表单位面积上的分子力转化成的法向载荷。

当摩擦副表面处于塑形接触时，实际接触面积 A 与法向载荷 W 呈线性关系，此时摩擦系数 f 与法向载荷 W 大小无关；但当摩擦副处于弹性接触时，实际接触面积 A 正比于载荷 W 的 2/3 次方，此时式(3.7) 中的摩擦系数 f 将随载荷 W 的增大而减小。经试验验证，摩擦二项式定理在分析边界润滑条件下及某些实际接触面积较大的干摩擦问题时具有良好的效果。

2. 微观滑动摩擦理论

除了上述从力学角度开展的摩擦理论研究，还可以以能量耗散为依据从微观尺度研究摩擦行为。一方面，摩擦过程是一个非线性的且远离平衡态的热力学过程，在其界面上必然存在一种能量转移现象，研究表明：摩擦力所做的功大部分转化为摩擦热，另外部分则转化为表面能、声能和光能等。另一方面，在原子级晶体界面的摩擦试验中，摩擦并未完全消失，表明除了塑性变形、机械啮合等传统摩擦机理之外，还存在更为基本的能量耗散过程导致了摩擦的产生。因此，从微观角度上建立摩擦理论同样具有重要意义。最为典型的微观滑动摩擦理论是 Israelachvili 提出的“鹅卵石” 模型。

在“鹅卵石”模型中，物体表面可视作原子级光滑，摩擦副的相对滑动过程被抽象为球形分子在排列规则的原子阵表面上的移动。如图 3.7 所示，球形分子处于势能最小处且保持稳定，当分子在水平方向向前移动 Δd 的同时，在竖直方向往上移动 ΔD。

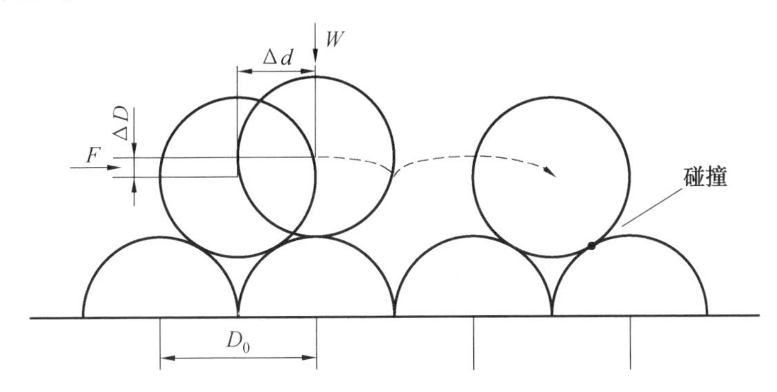

图 3.7 “鹅卵石”模型

在此过程中，外界通过摩擦力所做的功 $F\Delta d$ 等于两表面分离 ΔD 时表面能的变化 ΔE，同时考虑滑动过程中的能量耗散，满足

$$F \cdot \Delta d = \varepsilon \cdot \Delta E = \varepsilon \cdot \frac{4\gamma A \Delta D}{D_0} \tag{3.8}$$

式中，γ 为表面能；ε 为耗散系数，$0 < \varepsilon < 1$；D_0 为平衡时界面间距。

临界剪切应力 S_c 可表示为

$$S_c = \frac{F}{A} = \frac{4\gamma\varepsilon \Delta D}{D_0 \Delta d} \tag{3.9}$$

在此基础上，Israelachvili 进一步假设摩擦能量的耗散与黏着能量的耗散（即两表面趋近－接触－分离过程中的能量耗散）机理相同，且大小相等。因此，当两表面相互滑动一个特征分子长度 σ 时，摩擦力 F 和临界剪切应力 S_c 分别为

$$\begin{cases} F = \dfrac{A\Delta\gamma}{\sigma} = \dfrac{\pi r^2}{\sigma}(\gamma_R - \gamma_A) \\ S_c = \dfrac{F}{A} = \dfrac{\gamma_R - \gamma_A}{\sigma} \end{cases} \tag{3.10}$$

式中，$\gamma_R - \gamma_A$ 表示单位面积的黏着滞后。

微观滑动摩擦模型还包括 Tomlinson 等建立的独立振子模型（图 3.8）、声子摩擦模型（图 3.9）和电子模型等，同样是基于能量耗散为依据求解摩擦力。但到目前为止，各种摩擦模型仍不完善，对不同模型适用的时空尺度和影响程度也尚不清晰，因此有待进一步的深入研究。

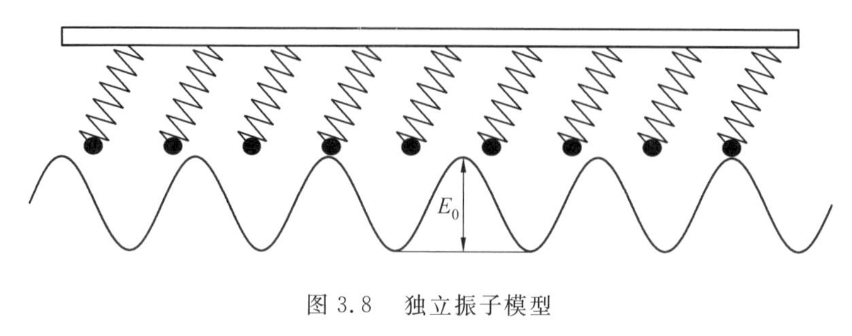

图 3.8 独立振子模型

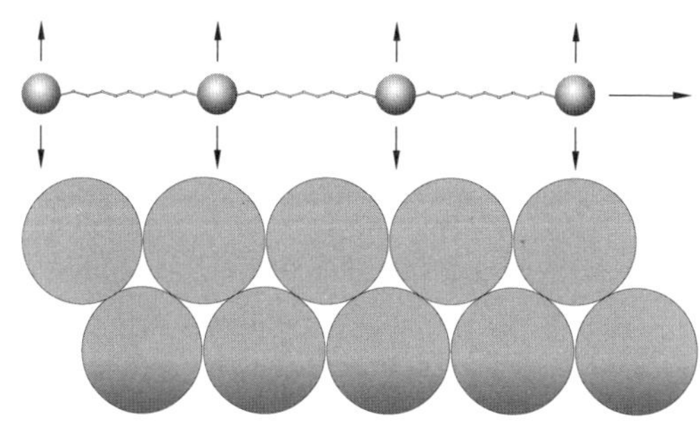

图 3.9 声子摩擦模型

3.滚动摩擦理论

正如前文所述，人们早就发现并利用滚动摩擦现象，但对于该现象的试验研究与机理分析均不如滑动摩擦那般深入，这是因为在实际运动过程大部分的滚动摩擦实质上都是滚动－滑动混合摩擦，极少出现纯滚动摩擦。

不同于滑动摩擦，滚动摩擦系数被定义为滚动摩擦力矩与法向载荷之比，是一个有量纲的量，常用单位是 mm。就摩擦机理而言，除非接触表面存在明显的滑移，滚动摩擦过程中通常不存在犁沟效应，而滚动表面的黏着结点的剪切阻力也不是产生滚动摩擦的主要原因，一般认为滚动摩擦阻力主要包括以下四个因素：

(1) 微观滑动。

Reynolds 在进行有关高刚性圆柱体在橡胶上的滚动干摩擦试验时发现了微观滑动现象，即接触表面产生不相同的切向位移，由于橡胶在接触区域产生拉伸，圆柱体在绕自身旋转一周时向前转过的距离小于其周长。Poritsky 证明了火车驱动轮中存在二维微观滑动或蠕动现象。微观滑动是由于弹性模量不同的两个物体发生自由滚动时在接触表面产生不相等的切向位移，是滚动摩擦阻力的最主要因素，其机理与滑动摩擦相同。

(2) 塑性变形。

滚动摩擦理论根据塑性变形的类型分为两类:Merwin 和 Johnson 提出的弹塑性滚动摩擦力理论认为,在滚动接触中,固体材料受到一个相反方向的剪应变循环,在循环结束后,残留的残余应力在表面产生向前的位移,在此过程中所损耗的能量造成了滚动摩擦阻力。Collins 提出的刚塑性材料滚动摩擦理论,适用于重载情况下,材料的塑性变形不再受限制,应该看作是理想的刚塑性变形。

(3) 弹性迟滞。

Tabor 等认为滚动阻力是由材料的迟滞损失造成的,弹性接触时的滚动阻力归因于材料在机械负载下的迟滞损耗。Drutowski 的试验表明,滚动摩擦力与受力材料体积呈线性关系,而弹性迟滞则与受力材料在接触区域上的载荷和应力有关。

(4) 黏着效应。

滚动表面相互紧压所形成的黏着结点在滚动中将沿着法线方向分离,因为结点分离是受拉力作用,又没有结点面积扩大现象,所以黏着力很小,通常只占滚动摩擦阻力很小的部分。

3.1.2　磨损理论

磨损是两个相互接触的固体表面在滑动、滚动或冲击过程中的表面损伤或脱落,是摩擦的必然结果。磨损现象的基本过程可大致划分为三个过程,如图3.10所示。首先是表面的相互作用,主要是机械的(弹塑性变形、犁沟效应)或分子的(相互吸引和黏着效应)两类;其次是表面层的变化,包括机械性质、组织结构和物理化学性质等的变化;最后发生表面层的破坏,例如,在表面层的反复弹塑性变形作用下将产生疲劳破坏,由黏着效应形成的表面结点发生剪切破坏则易导致胶合破坏等。

1. 磨损机理

为了深入理解磨损过程,研究者从20世纪20年代开始便着手于对磨损加以分类,但由于磨损过程的复杂性,不同的学者提出了不同的分类方法,且至今尚未形成一个统一的分类标准。考虑到磨损过程中摩擦副界面上可能存在多种作用机制,本节主要参照德国标准化协会于1979年提出的磨损标准(DIN 50－320“磨损”)中按接触表面破坏的机理和特征,将磨损划分为黏着磨损、磨粒磨损/磨料磨损、疲劳磨损和腐蚀磨损等基本类型。此外该标准中还包括其他分类方法,见表3.1。

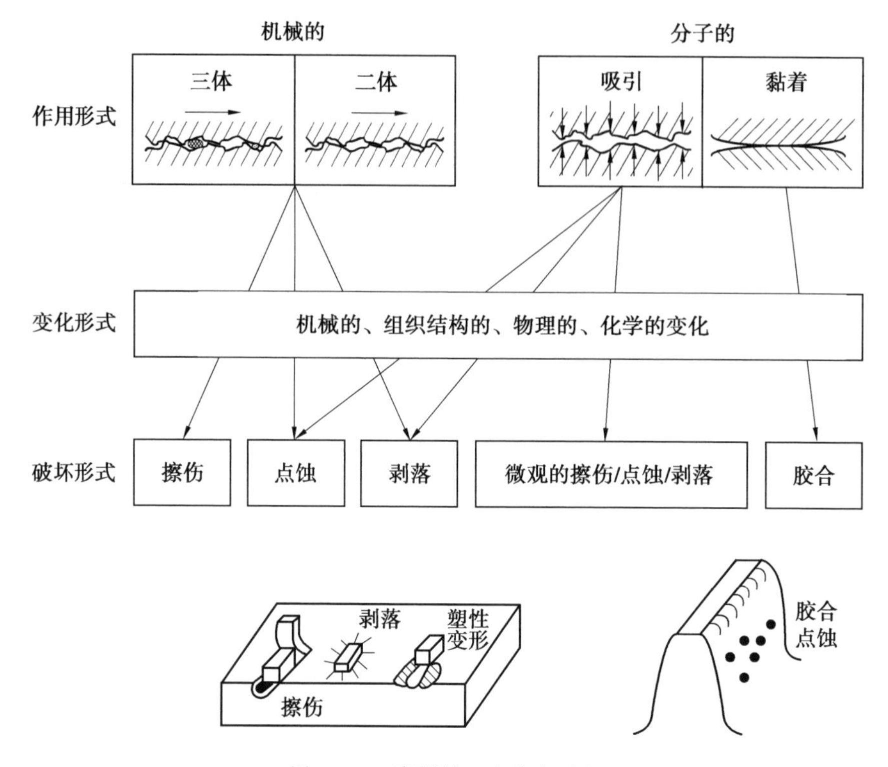

图 3.10　磨损的三个基本过程

表 3.1　DIN 50－320 磨损分类

分类标准	磨损类别
按表面接触性质分类	金属－磨料磨损、金属－金属磨损、金属－液料磨损
按环境与介质分类	干摩擦损、湿磨损、流体磨损
按表面作用机理分类	黏着磨损、磨料磨损、腐蚀磨损、接触疲劳磨损、冲蚀磨损、微动磨损、冲击磨损

(1) 黏着磨损。

黏着起源于摩擦副表面的微凸体相互接触，在滑动过程中微凸体会产生剪切作用，导致碎片从微凸体的一侧被剥离，黏着在另一侧的微凸体上。随着滑动过程的持续进行，转移的碎片会从其黏着的表面上脱落，又转移到原来的表面上，或形成游离的磨粒；经过反复加载和卸载的疲劳作用，有些碎片将发生断裂，从而形成新的游离磨粒。根据磨损程度通常将黏着磨损分为涂抹、擦伤、胶合和咬卡等四类。

① 涂抹。微凸体的剪切发生在距离黏着点附件的金属浅表层内，较软材料涂抹在硬材料表面上形成的轻微磨损，如铅基合金与钢材对磨时，铅合金便会涂抹在钢材料表面。

② 擦伤。剪切发生在较软材料的亚表层内导致的磨损，如铝合金零件与钢材对磨时即发生擦伤，此时接触表面的抗剪切强度大于摩擦副，黏着在软金属表面的磨粒可能会对软金属产生犁沟效应。

③ 胶合。也称为黏焊，实质上是固相的焊合，包括第一类胶合和第二类胶合。由分子间吸引导致塑性变形造成的冷焊也称为第一类胶合，由摩擦热造成接触表面温度急剧升高导致的黏焊称为热黏着或第二类胶合。

④ 咬卡。当外界作用力无法克服接触界面的结合强度时，摩擦副的相互运动被迫停止的现象被称为咬卡或咬死。

影响黏着磨损的因素主要分为两类：一类是摩擦副本身的材质和性能，如材料的成分、组织和性能等；另一类是摩擦副工作条件，包括载荷、速度和环境因素等。关于黏着结点的形成机理尚且没有一个统一的观点，但科研工作者一致认为：黏着现象必须在一定的压力和温度条件下才会发生，在此条件下润滑油膜、吸附膜和其他表面膜将发生破裂，接触面发生黏着，随后在滑动过程中被剪断，表面膜发生更加严重的破坏，黏着更容易发生，这种黏着、剪切、再黏着的交替过程即构成了黏着磨损。

关于黏着磨损也有不同的观点，如 Holm 等认为摩擦过程中一侧表面原子被对方表面原子捕捉形成了黏着磨损颗粒；Bowden 则认为表面局部高压引起的塑性变形和瞬时高温，使相互接触的微凸体峰顶材料发生熔化或软化而发生的焊合现象导致了黏着磨损。

耐黏着磨损涂层可分为软支撑表面用涂层和硬支撑表面用涂层两类。软支撑表面用涂层的基本要求包括：必须提供良好的润滑，以降低磨损率；支撑涂层必须能起到捕集润滑剂中所夹带磨屑的作用；其表面粗糙度可以适当提高，以便形成储藏磨屑的凹槽。对于硬支撑表面用涂层，由于多用于较高接触载荷以及较低相对速度的条件下（如冲床减震器曲轴、主动齿轮轴颈等部件），因此除了上述三点要求外还需要具备较高的显微硬度。

(2) 磨粒磨损 / 磨料磨损。

硬粗糙表面或硬质颗粒在较软表面上滑动时产生的塑性变形或断裂引起的表面损伤称为磨粒磨损或磨料磨损。磨粒磨损是工业领域中最为普遍的磨损形式，我国每年因磨料磨损造成的钢材损耗，仅在冶金、电力、建材、煤炭和农机等五个部门就可达百万吨以上。对磨料磨损的分类方法也很多，例如，按摩擦副使用条件划分的低应力磨料磨损(松散磨料在接触表面松散滑动)、高应力磨料磨损(磨粒在接触表面间互相挤压和破碎)、冲击磨料磨损(块状磨粒按一定角度冲击工作表面)等;按接触条件分为二体磨粒磨损(磨粒只与一个固体表面接触并沿固体表面相对运动产生的磨粒磨损)和三体磨粒磨损(外界磨粒移动与两接触表面之间并起到类似研磨作用的磨粒磨损)两种情况;按磨损条件分为滑动磨粒磨损、滚动磨粒磨损、固定颗粒磨粒磨损等。

磨粒磨损的磨损机理有以下几点:

① 微观切削。法向载荷将润滑剂中的磨料渗入接触表面,并在切向力作用下对磨损表面产生犁沟效应,使得摩擦副表面产生切削和沟槽,从而产生微观切削磨损。

② 挤压剥落。磨料在法向和切向载荷作用下被压入摩擦副表面并产生压痕,在塑性材料表面剥离生成层状或鳞片状磨粒。

③ 疲劳破坏。摩擦副在磨粒产生的循环交变应力作用下因疲劳脱落而产生的破坏。

实际发生的磨粒磨损过程是一个复杂的、多因素相互耦合的摩擦学系统,影响磨粒磨损的因素包括磨料特征(硬度、尖锐度、形状尺寸、塑性、耐磨性等)、摩擦副材料性能(合金成分、显微组织、表面硬化层及涂镀层)、摩擦副工况条件及相对运动形式、环境温湿度、摩擦副形状等。因此,从系统分析方法角度研究磨粒磨损可以取得良好的研究结果。

对耐磨粒磨损涂层的基本要求是:必须具有足够高的显微硬度,至少应当超过磨屑的硬度,同时还应在工作温度条件下具有良好的抗氧化性能。

(3) 疲劳磨损。

重复性的加载、卸载循环会产生交变应力,导致接触表面产生裂纹和变形,超过一定的循环次数后,表面最终剥离出较大碎片,在表面形成一定数量的、大小不一的凹坑(也称为点蚀),这种类型的磨损被称为疲劳磨损。疲劳磨损的磨损机理为:摩擦副表面在交变应力的反复作用下在表面产生微小的裂纹,润滑剂会反复挤压裂纹内部,导致裂纹迅速扩展,最终脱落;在局部高压及瞬时高温条件下,接触微凸体的金属组织发生变化并产生体积膨胀,在表面形成裂纹或分层,从而形成点蚀。此外,与黏着磨损和磨粒磨损不同的是,疲劳磨损通常以循环次数或磨损时间作为衡量疲劳磨损的表征参数。

疲劳磨损可分为以下四类:

① 点蚀。摩擦副表面产生点蚀磨损的机理有两种:一种是当表面裂纹的开口面向接触点时,由于接触压力产生的高压油波会以极高的速度进入裂纹,对裂

纹产生强大的液体冲击，同时裂纹在接触载荷的作用下呈封闭趋势，使得裂纹内的油压进一步增大，导致裂纹沿着纵深扩展，作用在裂纹壁上的压力随着裂纹缝隙的增大而逐渐增高，此时裂纹与表面间的金属便形成一个类似悬臂梁结构，当裂纹根部强度较小时便会发生折断，从而形成点蚀坑。另一种是由摩擦温度引发的点蚀磨损，即当接触表面产生瞬间高温时会使金属内部产生局部内应力，造成组织结构发生变化的同时，在表面层引起较大的压应力，进而导致表面层的隆起，由于实际材料的不均匀性，这种隆起会引起表面层出现裂纹和剪断，进而在润滑剂的作用下形成点蚀。此外，科研工作者在近些年也相继引入了包括位错理论在内的其他理论解释了点蚀的产生。

② 剥落。剥落的本质与点蚀是类似的，但不同于点蚀裂纹一般是从表面开始的，剥落的裂纹通常起源于亚表层内部较深的位置，沿着平行于接触表面的方向扩展进而形成片状的剥落坑。剥落和点蚀也被认为是机械零部件表面发生疲劳磨损的典型形式。

③ 剥层。剥层磨损理论是由美国麻省理工学院N. P. Suh教授在20世纪70年代提出的，主要概括为以下几个要点：表面下产生位错、位错积累、形成空穴、空穴汇集引起平行于接触表面的裂纹、裂纹达到临界长度后发生剪切形成片状磨屑，磨屑的厚度取决于接触载荷及摩擦副材料性能，一般在微米的数量级，因此被称为剥层。

④ 擦伤。擦伤是滑动摩擦磨损过程中经常出现的一种严重磨损失效形式，在干摩擦条件下，研究人员通常将擦伤的本质归属于黏着磨损，是一种“以相对滑动表面间形成局部焊点为特征的严重磨损”，但在油润滑条件下，由于润滑薄膜的存在，有效减少了金属间的直接接触，避免了黏着的发生，此时形成的擦伤机制则主要是以剥层形式出现的应变疲劳磨损。

基于上述疲劳磨损机理可知：耐疲劳磨损涂层通常需要在周期载荷作用下做重复相对运动，因此该类涂层在具备高硬度和良好的韧性的同时，还应具备较小的裂纹倾向和极少的非金属夹杂物。

(4) 腐蚀磨损。

因金属与周围介质或环境发生(电)化学反应导致金属以离子形式或整体方式脱离材料表面，造成的表面损伤被称为腐蚀磨损，常见的有氧化腐蚀和特殊介质腐蚀磨损两类。以氧化腐蚀磨损为例，腐蚀磨损的磨损机理在于：由于氧化反应，摩擦副表面生成一层极薄的氧化膜；随着摩擦副的相对运动，氧化薄膜脱落；又很快地形成新的氧化膜，随后又被磨掉。氧化腐蚀磨损是化学氧化和机械磨损两种作用相继进行的结果。特殊介质腐蚀磨损机理与氧化腐蚀类似，但磨损更加严重，磨损量较大，易生成颗粒状或丝状的磨粒。耐腐蚀磨损涂层的特点是其必须同时满足耐磨性和耐蚀性要求。

其他常见的磨损形式还包括冲击磨损、电弧感应磨损、微动磨损或微动腐蚀磨损等，但它们都是黏着磨损、磨粒磨损和腐蚀磨损的复合形式。例如，大功率密度的焦耳效应和表面上等离子区的离子轰击作用所产生的热量能够引起剧烈的熔化、再凝固、腐蚀、硬化和其他相变，甚至发生熔融，进而发生电弧感应磨损；电弧产生的大量凹坑使得界面滑动对其边缘产生剪切或破碎，由此形成三体磨粒磨损、腐蚀、表面疲劳和微动磨损等失效形式。

特别指出的是，实际的磨损现象通常是以一两种为主、多种不同机理的磨损形式的综合表现。通常情况下，开始的磨损是一种机理引起的，逐渐发展成另一种磨损机理起主要作用。因此，一般的分析是面对零部件最终失效时的磨损机理，而不是磨损过程中某一阶段的磨损机理。

影响摩擦副磨损机理及磨损性能的因素包括表面载荷、表面温度、滑动速度、摩擦副材料性质、表面几何形貌及润滑等，对于腐蚀磨损可能还包括腐蚀介质的性质，各因素对不同类型磨损的影响程度也不尽相同。例如，黏着磨损一般会随着载荷增大到某一临界值后急剧增加，磨粒磨损程度则会与表面接触载荷成正比；而疲劳磨损则不仅受载荷大小的影响，还会受到载荷性质的影响，只有当高峰载荷作用时间接近循环周期一半时才会显著降低接触疲劳寿命；对金属摩擦副而言，轻载时的氧化磨损产物以 Fe 和 FeO 为主，重载条件下的主要成分则是 Fe_2O_3 和 Fe_3O_4。

2. 磨损的评定及计算方法

对磨损的评定主要依据以下三类方法：

(1) 磨损量 / 磨损率。

磨损量及磨损率是表征材料耐磨性的重要参数，常用线磨损量（mm/μm）、体积磨损量（$mm^3/\mu m^3$）和质量磨损量（g/mg）加以描述。磨损率定义为磨损量与产生磨损的行程或时间的比值，也可表示单位滑动距离的材料磨损量，或单位接触面积、单位滑动行程的体积损失等无量纲参数的形式。根据磨损量或磨损率随设备运行时间的变化规律，可将零部件的磨损过程大致划分为如图 3.11 所示的三个阶段：

① 磨合磨损阶段。摩擦副在开始工作初期，由于机加工过程中产生的粗糙峰和表面微凸体，初始摩擦副表面的相互接触仅发生在位于宏观峰谷顶部为数不多的微凸体之间，配合面的实际接触压力很大，磨损率较高。

② 稳定磨损阶段。随着磨合过程的进行，接触点产生磨损和塑性变形，摩擦

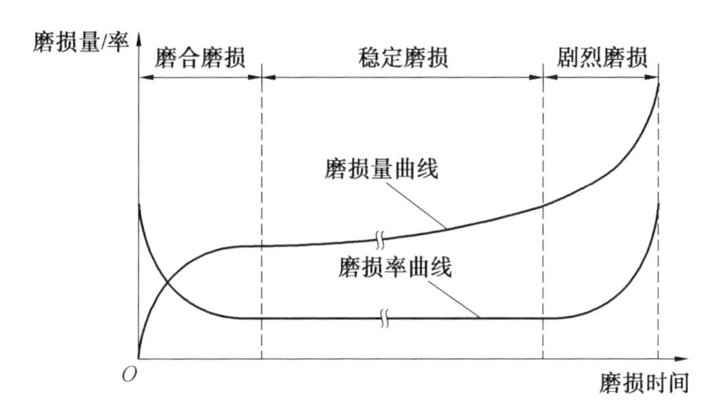

图 3.11　零部件正常磨损过程曲线

副表面形貌逐渐改善，微凸体的实际接触压力也随之降低，系统获得较低的磨损率并进入稳定磨损阶段。该阶段也是摩擦副及零部件的正常工作阶段，此时的磨损率(量) 及摩擦系数也是评价材料磨损特性的重要指标。

③ 剧烈磨损阶段。随着磨粒累积、表面受到损坏及温度升高、润滑剂劣化乃至失效等现象发生，设备在运行到一定时间后将进入剧烈磨损阶段，磨损率与磨损量急剧上升，需进行停机检修或维护。

(2) 耐磨性。

材料耐磨性分为绝对耐磨性和相对耐磨性两类：

绝对耐磨性 ε—— 既定摩擦条件下磨损率的倒数，即

$$\varepsilon = \frac{\mathrm{d}t}{\mathrm{d}G} = \frac{\mathrm{d}t}{\mathrm{d}L} \tag{3.11}$$

式中，G 为磨损量；L 为滑动距离；t 为滑动时间。

相对耐磨性 ε_r—— 两种材料 A 和 B 在相同外部条件下绝对耐磨性的比值：

$$\varepsilon_r = \frac{\varepsilon_B}{\varepsilon_A} \tag{3.12}$$

式中，ε_B 和 ε_A 分别为试验材料与基准材料的耐磨性，通常选用硬度为 $H = 2\,290\ \mathrm{kgf/mm^2}$($1\ \mathrm{kgf/mm^2} = 9.8\ \mathrm{MPa}$) 的刚玉为磨料时含锑的铅锡合金材料的耐磨性作为基准耐磨性。

材料的耐磨性并不是材料的固有特性，而是随着磨损过程中系统各因素的改变而发生变化。这些因素包括材料的成分、组织结构和性能等内部因素，以及接触表面几何形貌、磨损颗粒特性及磨损环境介质等外部因素。

(3) 磨损比。

磨损比也称为冲蚀磨损率，是材料冲蚀磨损量($\mu\mathrm{g}/\mu\mathrm{m}^3$) 和造成该磨损量所

需的磨料量(g)的比值，多用于冲蚀磨损过程。

磨损量(率)、耐磨性和磨损比都是在一定试验条件下的相对结果，不同试验条件下得到的数值之间是不可以直接比较的。因此，除了基于试验结果驱动构建材料磨损性能评定指标外，摩擦学工作者也一直致力于磨损量(磨损率)的预测模型及计算公式的构建。

最早的磨损计算方法是由德国科学家 R. Holm 于 1946 年，根据磨损过程中原子间相互作用推导出的，R. Holm 指出单位滑动距离的磨损体积可表示为

$$\frac{dV}{dS}=p\cdot\frac{W}{H}\tag{3.13}$$

式中，V 为体积磨损量；S 为滑动距离；p 为原子间接触脱离表面的概率；W 为接触表面的法向载荷；H 为表面硬度。

在随后的几十年内，摩擦学研究者先后提出了数十种磨损计算公式，如 Burwell 等提出的 $V=k\cdot S\cdot W/H$(k 为比例系数)；Moore 提出的 $V=2\sigma^{\frac{5}{4}}D^{\frac{1}{2}}K_c^{\frac{3}{4}}H^{\frac{1}{2}}$($\sigma$ 为接触应力；D 为磨粒直径；K_c 为断裂韧性)；磨粒磨损计算公式 $dV/dS=k_a\cdot W/H$(k_a 为磨粒磨损常数)。在这些计算模型或方法中，最具代表性的是英国学者阿查德(Archard)于 1953 年建立的黏着磨损计算模型：

$$V=k\frac{W\cdot S}{C\cdot H}\tag{3.14}$$

式中，k 为磨损系数；C 为几何常数；H 为较软配副材料的硬度；其余参数定义与式(3.13)一致。

Archard 在后续的研究中进一步指出，磨损过程，尤其是磨合磨损过程中，表面微凸体的弹塑性变形是同时存在的，且两者的比例是不断变化的，因此需要将磨损系数 k 拆分为塑性接触磨损系数 k_p 和弹性接触磨损系数 k_e，二者都独立于接触表面的几何形貌。

不难看出，除 Moore 模型外的其余磨损计算模型在形式上基本一致，且都表明了磨损量正相关于滑动距离和法向载荷，而与较软配副材料的硬度或屈服强度成反比。对于上述磨损计算模型，不同的计算方法都是针对单一磨损机理开展的，难以准确描述实际的摩擦磨损现象。随着表面微观分析仪器及电子计算机技术的发展，人们对磨损的评定与研究也逐渐由宏观转向亚微观和微观，同时朝着由静态向动态、由定性到定量的方向发展。具体的磨损量及磨损表面的测定与分析方法将在 3.2 节展开。

3. 材料的减摩耐磨机理

材料的磨损率受到诸如配副材料、组织结构、表面处理工艺及工况条件等参

数的影响，为了降低材料磨损率，开发具有良好耐磨性的摩擦副材料，科研工作者建立了各种材料减摩耐磨机理，主要包括：

(1) 软基体中硬相承载机理。

在正常载荷作用下，摩擦副接触表面主要由硬相直接支承载荷，软相则起到支撑硬相的作用，因此在滑动过程中产生的摩擦系数和磨损都很小；此外，由于软基体的支撑作用，硬相的压力分布相对分散，且易发生形变而不致擦伤表面。当载荷增大时，硬相颗粒还会陷入软基体中，发生接触的硬相颗粒数量增加，载荷分布均匀。因此，在较软的基体上分布硬颗粒异质结构是许多减摩耐磨材料的组织结构，如常见的锡基巴氏合金，锑和锡固溶体为塑性基体，上面分布许多硬的 Sn－Sb 立方晶体和 Cu－Sn 针状晶体。

(2) 软相承载机理。

部分学者认为材料的减摩耐磨机理可归结于软相支承载荷作用。由于材料中各类组织的热膨胀系数存在差异，由摩擦热引起的热膨胀使较软相突起，而支承载荷，由于软相的塑性较高，因此这类材料的耐磨性较好。

(3) 多孔性存油机理。

制备具有多孔性组织的粉末冶金材料，将其用于机械设备中以改善材料的减摩耐磨性能。这类材料多是将金属粉末与非金属粉末混合，再渗入石墨、铅、硫及硫化物等固体润滑剂制备而成。材料的孔隙中充满润滑油，工作过程中由于摩擦热导致孔隙收缩，而润滑油的膨胀系数大于金属，因此润滑油从孔隙中溢出到表面起到减摩润滑作用。

(4) 塑性涂层机理。

在硬基体材料表面涂覆一层或多层较软金属涂层(包括铅、锡、铟等)，借助表面涂层较好的塑性，达到缩短磨合时间、降低摩擦系数和磨损率的目的。

3.1.3　流体润滑理论

润滑的目的是在接触表面之间形成具有法向承载能力而切向剪切强度较低的润滑膜，以降低材料磨损和减少摩擦阻力。一方面，充足的润滑剂是保证摩擦副能够平稳运行的必要条件；另一方面，研究摩擦副在不同润滑状态下的摩擦磨损特性分析材料性能、失效机理，从而为寻求解决问题的方法提供理论依据。《诗经》中《国风 · 邶风 · 泉水》有云“载脂载舝，还车言迈”，所谓“脂”便是动物体内或油料植物种子的油质，说明早在春秋时期已有应用动物脂肪作为交通工具的润滑剂；西晋张华所著的《博物志》提到了酒泉的延寿与高奴地区(今陕西省延安市延长县)有石油，并且用于“膏车及水碓甚佳”，这是最早应用矿物油作为润滑剂的记载。

常用的润滑剂包括流体润滑剂和固体润滑剂两类。除了传统的润滑油与润滑脂外，空气或气体润滑也已成为较为常见的流体润滑剂，用水或其他工业流体做润滑剂也日益广泛；固体润滑剂则包括石墨、MoS_2、PTFE 等，可以在某些特殊场合起到关键作用。本节介绍典型的流体润滑基本理论，包括流体润滑状态和润滑机理。

1. 润滑状态

1668 年，牛顿提出了黏性流体的基本理论，Tower 于 1883 年首次观察到流体动压现象，随后，雷诺(Reynolds) 和 Petroff 等相继开展了试验研究与理论解释，取得了包括 Reynolds 方程、纳维－斯托克斯(Navier－Stokes) 方程等成果，为摩擦副的流体润滑理论奠定了良好的基础。1900 ～ 1902 年，德国学者建立了著名的斯特里贝克(Stribeck) 曲线，如图3.12 所示，用于描述理想流体润滑轴承润滑状态与摩擦系数 μ 相对于润滑剂黏度 η、相对滑动速度 V 和单位面积载荷 p 的系统依赖性。

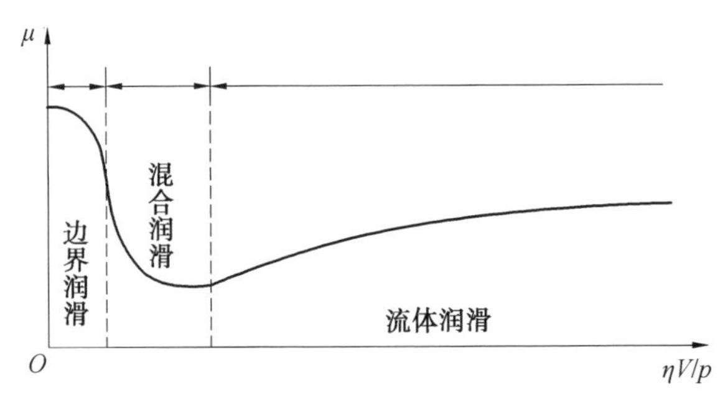

图 3.12　描述流体不同润滑机制的 Stribeck 曲线

μ— 摩擦系数；η— 润滑剂黏度；V— 相对滑动速度；p— 单位面积载荷

摩擦表面间形成的润滑膜可以是液体或气体组成的流体膜，也可以是固体膜。根据润滑膜的形成原理及特征，可将润滑状态划分为流体动压润滑、流体静压润滑、弹性流体动压润滑、薄膜润滑、边界润滑和干摩擦等 6 种基本状态。

图 3.13 所示为润滑膜厚度与粗糙度的数量级，只有当润滑膜厚度足以超过两表面的粗糙峰高度时，才有可能完全避免粗糙峰接触，形成全膜流体润滑。因此，可以依据式(3.15) 定义的膜厚比参数 λ 来辨识润滑状态：

$$\lambda = \frac{h_{\min}}{\sqrt{R_{q1}^2 + R_{q2}^2}} \tag{3.15}$$

式中，$h_{\min}$ 为最小公称油膜厚度(μm)；R_{q1}、R_{q2} 分别为两接触表面轮廓的均方根

偏差(μm)。

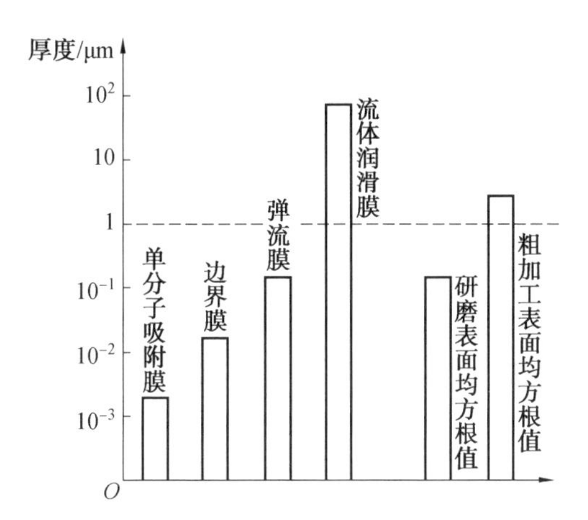

图 3.13　润滑膜厚度与粗糙度的数量级

一般认为:$\lambda \leqslant 0.4$ 时对应干摩擦状态;$0.4 < \lambda \leqslant 1.0$ 时对应边界润滑状态;$1.0 < \lambda \leqslant 3.0$ 时为混合润滑状态;$\lambda > 3.0$ 时为流体润滑状态。润滑膜厚度的测定存在技术上的难点,实际应用中通常用摩擦系数作为润滑状态的评判标准,如图 3.14 所示为典型润滑状态下摩擦系数取值区间。

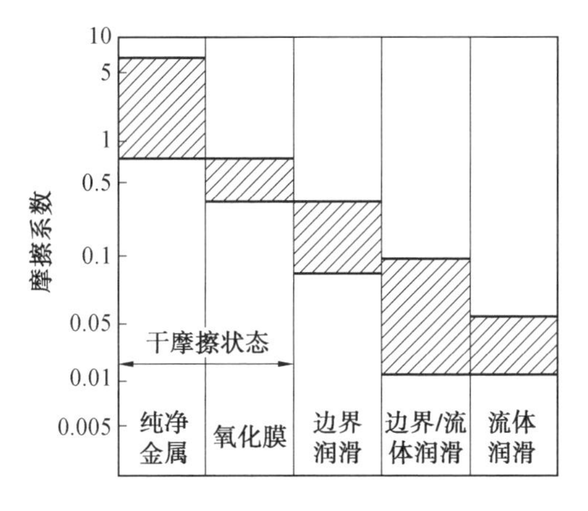

图 3.14　典型润滑状态下摩擦系数取值区间

2. 润滑机理

研究不同润滑状态下摩擦副摩擦磨损行为特性及变化规律所涉及的学科不尽相同,处理问题的方法也有所区别。对于流体润滑状态,其中的流体动压润滑和流体静压润滑,主要应用流体力学、传热学和振动力学等来计算润滑薄膜的支承能力与物理特性，而对其中的弹性流体动压润滑，由于载荷集中，则还需要分析接触表面的形变及润滑剂的流变学性能；对于边界润滑状态，更多需要从物理化学角度关注润滑薄膜的形成与破碎机理；而在处理混合润滑或干摩擦状态问题时，主要解决的问题是如何减小摩擦、限制磨损。

(1) 边界润滑。

所谓边界润滑，是指油膜平均厚度小于摩擦副表面粗糙度状态下的润滑。当轴承的摩擦系数随载荷增大、滑动速度或润滑剂黏度的减小而急剧增大时，则认为轴承处于边界润滑状态。该状态下，固体表面间隙非常小，接触表面只能通过单(多)分子层的边界膜起到润滑作用，因此在摩擦副相对运动过程中存在接触表面的直接接触。

由于边界膜的剪切强度非常小，根据黏着摩擦理论，边界膜能起到减少摩擦磨损的作用；而边界膜的厚度通常只有 1 ～ 50 nm，因此对处于边界润滑状态下的摩擦副而言，往往既有边界膜接触的部分，又有表面微凸体接触的部分，尤其当边界膜破裂时，固体表面微凸体的相互接触，因此摩擦系数数值较大。边界润滑状态广泛存在于各类机械设备中，其对应的磨损失效形式通常为黏着和腐蚀磨损。

(2) 流体润滑。

流体润滑包括流体静压润滑、流体动压润滑和弹性流体动压润滑等状态。

① 流体静压润滑：如图 3.15 所示，当两个接触表面没有相对运动或相对运动速度很小时，液体润滑剂难以在接触界面间形成稳定的薄膜，这种润滑机理称为流体静压润滑。一般适用于静止界面或滑动很小的界面中，可以有效提高摩擦副的系统刚度，但需要借助高压泵或流体净化设备才能维持正常运行。流体静压润滑状态时，轴承支承界面易发生化学腐蚀磨损。

② 流体动压润滑。若轴承表面在运动方向时具有同曲形状，当它沿着切向启动时，润滑剂的黏着作用会使得其在轴承表面形成液体膜，随后被挤入支撑面而被压缩，从而形成较高的流体动压来支承载荷，该状态即为流体动压润滑状态。当然，流体动压润滑是一种理想的润滑状态，此状态下，固体表面不发生直接接触，摩擦系数数值甚至可以低至 0.001。流体动压润滑状态下，轴承的启、停时刻会发生黏着磨损；润滑剂的化学反应使轴承表面发生腐蚀磨损。

③ 弹性流体动压润滑。弹性流体动压润滑实质上也是一种流体动压润滑，但进一步考虑了固体表面的弹性变形，因此弹性流体动压润滑膜的厚度(0.5 ～ 5 μm)通常远小于常规的流体动压润滑膜(5 ～ 500 μm)。弹性流体动压润滑的主要失效形式与流体动压润滑类似，重载条件下则极易出现疲劳磨损。

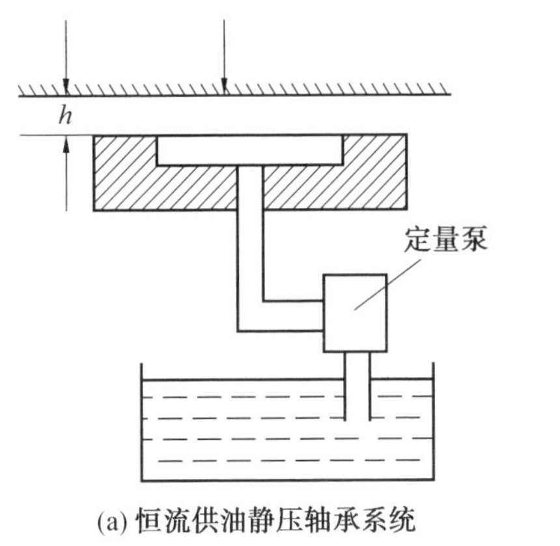

(a) 恒流供油静压轴承系统

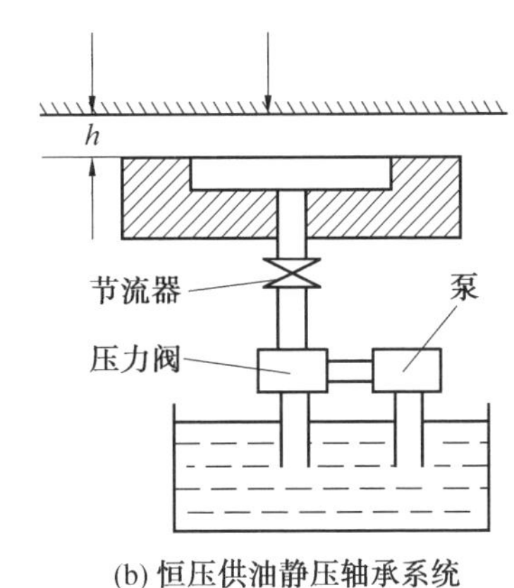

(b) 恒压供油静压轴承系统

图 3.15　流体静压轴承系统

(3) 混合润滑。

混合润滑区域处于(弹性)流体动压润滑和边界润滑之间的过渡区,两种润滑机理在此区域产生综合作用。摩擦副处于混合润滑状态时,可能有更多表面微凸体发生接触,但仍有部分微凸体被流体动压膜隔离。

3.2　摩擦磨损试验

摩擦学研究的任务是从机械学、材料科学与表面科学的角度出发,不断吸取相关科学的知识和最新研究成果,在更深的层次上揭示摩擦与润滑的实质,探索新原理、新功能,推动摩擦学设计和减摩抗磨技术的发展,并努力在实际中应用,以达到节省能量,提高磨损寿命和机械工作性能,解决极端工况条件下的摩擦、磨损、润滑问题的目的。

除了多学科性,摩擦学研究还有另外一个重要属性,即实践性。摩擦学研究分析往往需要大量试验研究结果的支持,其成果与应用更是直接服务于各类生产实践。因此,试验研究对摩擦学学科发展及其用于解决工程实际问题具有重要的指导意义,摩擦学研究的进展主要依赖于大量摩擦学试验所取得的成果,试验研究也是摩擦学研究的重要手段。

开展摩擦磨损试验的目的在于模拟实际的摩擦系统,以便通过选定参数的测量分析考察图 3.16 所示的工作运转变量、润滑条件和环境因素对特定摩擦磨损试验系统摩擦元素的影响。

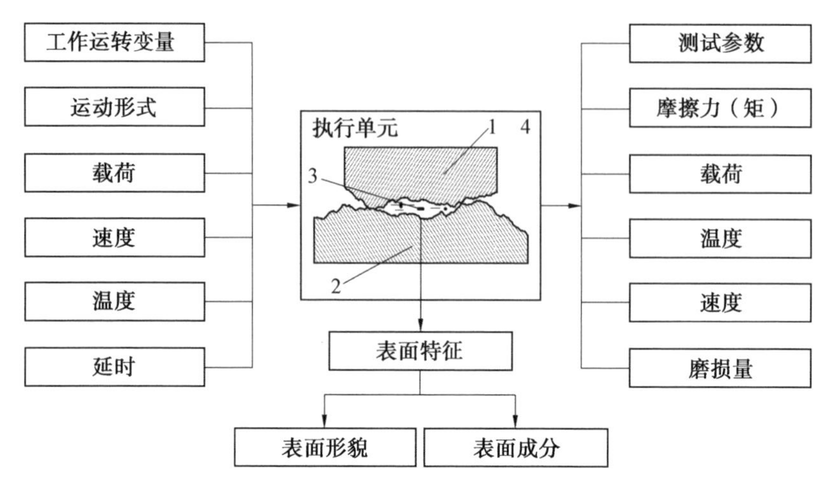

图 3.16　摩擦磨损试验的基本系统

1,2— 摩擦元素;3— 润滑剂;4— 气氛

目前采用的摩擦磨损试验方法主要包括实验室试件试验、模拟台架试验和实际使用试验,其中模拟台架试验和实际使用试验均存在成本高昂、试验周期长、数据重复性较差且不可避免地引入人为干扰因素,因此,科研工作者普遍采用较为经济实用且重复性较好的实验室试验方法。

实验室试件试验是依据相似 / 相同原则,在既定工况条件下,在通用或专用的摩擦磨损试验机上进行试验研究。由于实验室条件各控制参量(环境与工况参数)易于控制,因此获得的试验数据重复性较高、试验周期短;此外,由于试验条件的变化范围较宽,可以获得相对系统的试验数据。实验室试验主要用于开展各类磨损机理、磨损性能的影响因素研究,以及摩擦副材料、工艺等的评价。

3.2.1　加速磨损试验

加速磨损试验是一种成本较低且耗时较短的实验室试验方法,是在强化试验条件(通常是强化环境应力或磨损速度),使零部件的失效过程加速,主要考察机械零部件的设计方案及材料选择是否合理。加速磨损试验设计包括模拟试验、加速试验、试样制备和参数测量等四个基本要素。

(1) 模拟试验。

理想的实验室模拟试验应当保证在试验过程中的磨损机理与实际系统的一致,影响模拟试验过程的因素包括摩擦副相对运动形式、接触形式、接触载荷、相对运动速度、润滑状态和运行环境等。实际工作系统的运动形式主要有以下四类:往复滑动、旋转滑动、滚动和冲击,可以用往复运动、旋转运动、滚动和振动及

其组合运动的磨损试验来模拟。

以滑动摩擦磨损试验为例，摩擦副的接触包括点接触（球一盘）、线接触（圆柱一盘）和同曲表面接触（销一盘）等三种形式；载荷模拟通常可采用机械、弹簧、液压和电磁加载等方式施加静态或动态载荷；滑动速度则依靠试验机的驱动电机加以调节。润滑与运行环境（温度、湿度）对材料的摩擦磨损特性也有较大的影响。Jones等使用神经网络法分析了销一盘摩擦副磨损过程的相关特性，分析了工作运转变量对磨合过程的影响程度，见表3.2。

表3.2　销一盘摩擦副模拟试验过程中控制参量对磨合过程的影响程度

参量	滑动速度	滑动距离	接触载荷	润滑液黏度	温度
影响程度	7.1	6.0	5.4	5.3	4.3

(2) 加速试验。

根据预先开展适当的模拟试验，确定加速试验与功能试验间的加速系数，可以极大节省试验周期。加速试验可通过强化载荷、速度或温度的方式实现，减少界面润滑剂用量或连续运转也具有一定的加速磨损效果。该试验方法具有方法标准化、可重复、试验周期短、测试简单等优点。

加速试验条件与实际运行工况不完全相同，导致了试验结果的实用性较差，因此，选择合理的控制参量进行模拟试验设计，保证试验系统与实际工作系统之间的功能相似，对研制和选择零部件的材料、涂层和表面处理工艺具有重要的指导意义。

(3) 试样制备。

试样制备对试验结果的准确性、可重复性或可再现性都有显著影响。对于金属材料，材料表面粗糙度、几何形状、微观结构、硬度和材质均匀性等需要仔细控制。对于涂层，喷涂粉末、基体材料喷涂前处理、涂层制备工艺参数及喷涂后处理等都必须严格控制。

(4) 参数测量。

摩擦磨损试验输出的状态变量包括摩擦信号时间序列（摩擦系数、振动、温度、噪声等）、磨损表面形貌及磨损颗粒等。因此，对试验参数的测量与分析主要针对摩擦系数等时间信号序列、磨损量（率）、磨损表面形貌和磨粒（油样）分析技术等展开，该部分的内容详见3.3节。

3.2.2　摩擦磨损设备

摩擦磨损试验机是开展摩擦学试验研究的必要设备，其种类繁多，分类方式也不尽相同。如苏联学者克拉盖尔斯基参照模拟摩擦面破坏形式将设备分为八种;美国润滑工程师协会(American Society of Lubrication Engineers,ASLE)则根据摩擦副几何形状将其划分为12类;合肥工业大学桂长林教授将摩擦系统结构及摩擦副相对运动形式作为分类标准,将试验机分成了五个大类,每个大类下又按照摩擦副的磨损与运动特性分成了若干个小类,见表3.3。

表3.3　摩擦磨损试验机的分类

摩擦元素	固体—固体(含润滑剂)				
相对运动形式	单向滑动	往复滑动	旋转滑动	冲击	微动
试验机类型	单向滑动摩擦磨损试验机	往复滑动摩擦磨损试验机	旋转滑动摩擦磨损试验机	冲击摩擦磨损试验机	微动摩擦磨损试验机
磨损类型	滑动磨损			冲击磨损	微动磨损
磨损机理	黏着磨损、磨粒磨损、表面疲劳磨损、摩擦化学磨损				
特殊功能要求	相对单向滑动	相对往复滑动	相对旋转滑动	相对冲击	微动
摩擦元素	固体—固体+磨粒或固体—磨粒(含润滑剂)				
相对运动形式	滑动	旋转滑动	滑动—固定磨粒	滑动—自由磨粒	冲击
试验机类型	三体磨粒磨损试验机		二体磨粒磨损试验机		动载磨粒磨损试验机
磨损类型	滑动磨粒磨损	滚滑磨粒磨损	固定磨粒磨损	自由磨粒磨损	动载磨粒磨损
磨损机理			磨粒磨损		
特殊功能要求	摩擦面加磨粒相对滑动	摩擦面加磨粒相对旋转滑动	固定磨粒相对滑动	自由磨粒相对滑动	冲击面有磨粒相互冲击
摩擦元素	固体—液体(加磨粒)	固体—气体(加磨粒)	其他		
相对运动形式	冲刷				
试验机类型	液流磨损试验机	气流磨粒磨损试验机	可控气氛摩擦磨损试验机	高/低温摩擦磨损试验机	可控载荷摩擦磨损试验机
磨损类型	侵蚀磨损	喷射磨损		高/低温磨损	变载荷磨损
磨损机理	磨粒磨损、表面疲劳磨损、摩擦化学磨损				表面疲劳磨损
特殊功能要求	含磨粒的液体冲刷固体表面	含磨粒的气流冲刷固体表面	试验气氛可控	试验温度可控	载荷随磨损行程的变化可控

注:表内所有旋转滑动均包含相对滑动、相对滚动和滚滑。

许多摩擦磨损试验机都是成套机器，可以实现包括配副形式、施加载荷、滑动速度、环境温湿度等控制参数的设定，同时具备在线采集摩擦力（矩）、摩擦振动等时间序列信号的功能。摩擦磨损试验机典型的摩擦副接触形式如图 3.17 所示，它们的特征比较见表 3.4。摩擦副的接触形式可以分为点接触、面接触和线接触三类。通常情况下，面接触试件的单位面积压力只有 50～100 MPa，常用于模拟磨粒磨损试验；线接触的最大接触压力可达 1 000～1 500 MPa，适用于接触疲劳磨损和黏着磨损试验；点接触的表面接触压力最高（最大为 5 000 MPa），可用于胶合磨损等高接触压力的磨损试验模拟。

销－盘配副是摩擦学材料研制中最常用的摩擦副形式，按如图 3.17(a)、(b) 所示的销－盘旋转或往复试验装置设计。材料可以是塑料、金属、陶瓷等；润滑方式为固体干摩擦或边界润滑，配合油盒也可实现浸油润滑；主要的磨损机理为摩擦氧化、磨损、黏着和腐蚀；主要的测量参数包括法向力、摩擦力、往复频率、往复距离等。

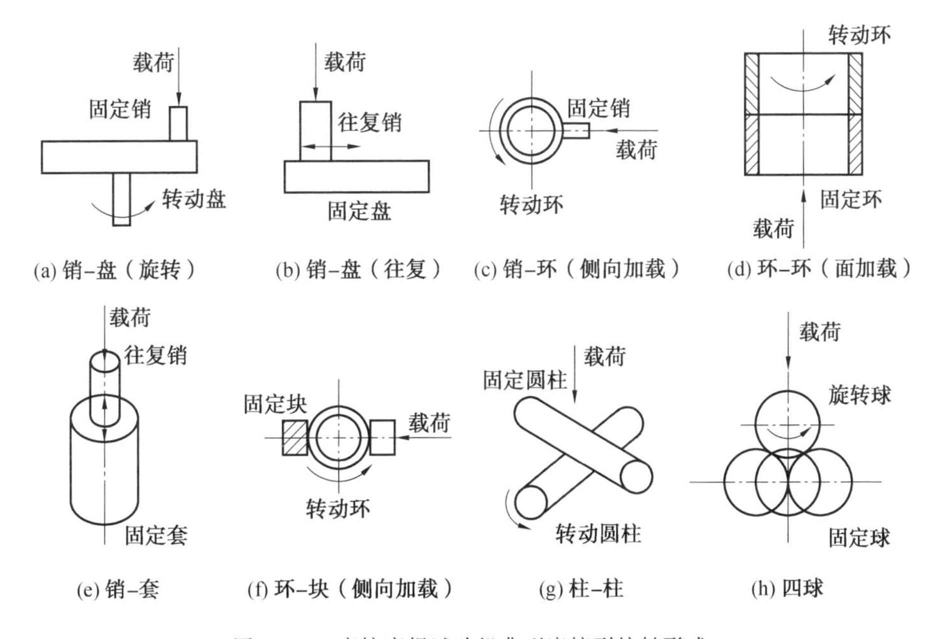

图 3.17　摩擦磨损试验机典型摩擦副接触形式

表 3.4　摩擦磨损试验机典型摩擦副形式的特征

接触类型	接触形式	加载形式	运动形式
销—盘（旋转）			单向滑动、振动
销—平面（往复）	点/同曲面		往复滑动
销—环（侧向加载）			
环—环（面加载）	同曲面	静载、动载	
销—套			单向滑动、振动
环—块（侧向加载）	线		
柱—柱	椭圆		
四球	点		单向滑动

考虑到本书研究的耐磨涂层多面向汽车缸套内壁，缸套—活塞环作为内燃机中最为关键的一组往复式滑动摩擦副，该系统运行过程中造成的摩擦损失在整个内燃机的燃料损耗中占有相当大的比例，因此要求工作过程中具有较小的摩擦损耗和一定的使役寿命，从而提升其可靠性、经济性及动力性。然而，缸套—活塞环所处的工作环境十分苛刻且复杂，如高温、高速、重载，且摩擦力不断换向，这就使得接触面之间难以形成稳定的润滑油膜。缸套活塞环系统运行过程中处于从完全流体润滑到边界润滑和贫油润滑，甚至干摩擦的各类润滑状态。因此后续的摩擦学试验均基于销—盘往复试验机开展，且需要开展不同润滑状态下的摩擦磨损试验研究。

本书涉及的摩擦磨损试验均是在UMT—2型多功能摩擦磨损试验机上展开的，试验机及工作原理如图3.18所示（往复式/销—盘接触）。该试验机采用模块化的结构方式，包含伺服加载模块、往复模块和数据采集模块，可提供较宽的载荷与相对滑动速度范围，对材料在不同摩擦方式（往复滑动、旋转滑动）下的摩擦磨损性能进行分析研究。该设备由计算机对被测样品或涂层的摩擦力、摩擦系数等状态信息进行测量与记录，可实现在不同润滑状态或不同工作环境下的摩擦磨损试验。

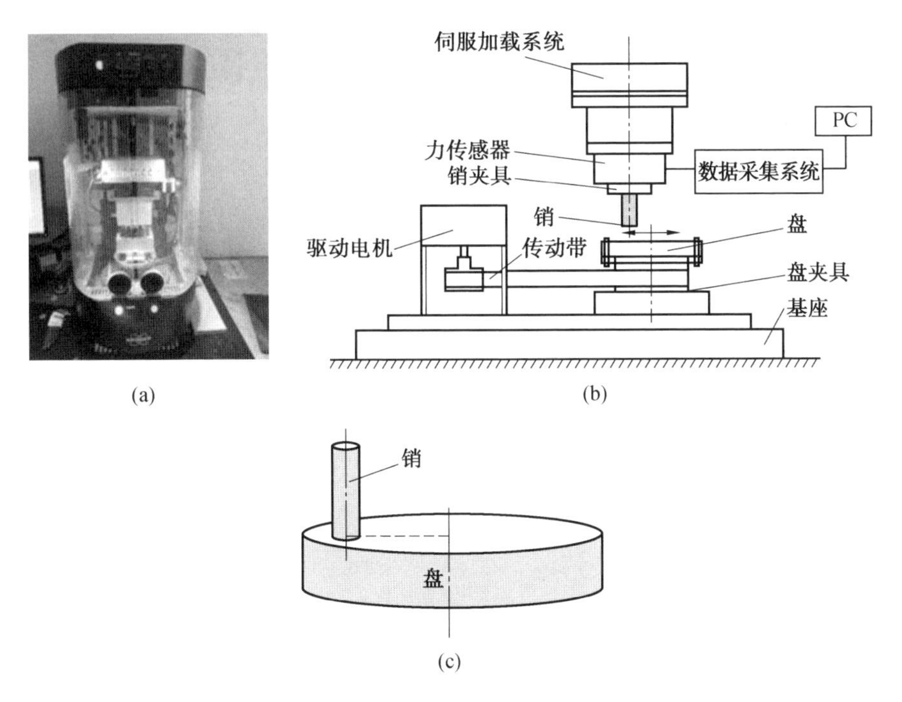

图 3.18　UMT－2 型多功能摩擦磨损试验机及工作原理

3.3　摩擦学系统状态测量与分析

在机械设备运转的摩擦学状态辨识、磨损机理识别及后续的机械设备故障诊断及维修过程中，都需要依据磨损表面形貌、摩擦信号及磨损颗粒的形态、尺度等摩擦学系统状态信息加以判断，因此，正确的分析和准确的判断都必须建立在对摩擦磨损过程中的摩擦学状态信息的分析、识别和理解的基础上。现有多种磨损检测技术，如放射性检测、磨粒分析、振动检测、声学检测以及称重法、测长法、压痕法和电／光学检测方法等，都有各自的应用领域。本节将综述多种检测方法的基本原理、特点及应用，重点介绍针对磨损表面形貌、磨损量及摩擦信号的检测技术。

3.3.1　磨损表面测量与表征方法

材料的表面形貌是指在加工制造或运行过程中由诸多因素综合作用而形成

的，在表面残留的各种不同形状或尺寸的微观几何形貌，磨损表面形貌则是在摩擦磨损过程中摩擦副零部件相互作用形成的微观表面形貌，可以由表面二维轮廓和三维形貌来表征。表面二维轮廓是表面三维形貌在任一方向上与垂直截面的交线，图 3.19 即为某一车削加工获得 45 钢表面二维轮廓测量结果，反映了表面在某一方向上高度和细节结构的变化，采样简单且表征方便。表面三维形貌则更加侧重于描述磨损表面整体结构的变化，揭示了磨损表面不同区域内的形貌特征，但采样与计算都相对复杂。

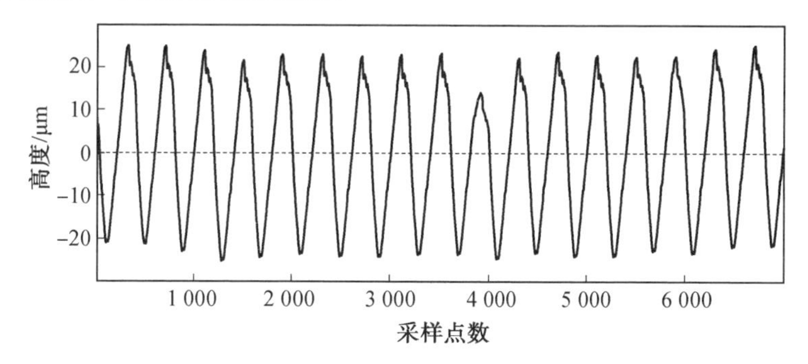

图 3.19　车削加工 45 钢表面二维轮廓

对磨损表面二维轮廓的测量通常采用接触式或非接触式的粗糙度轮廓仪加以实现，具体分类如下：

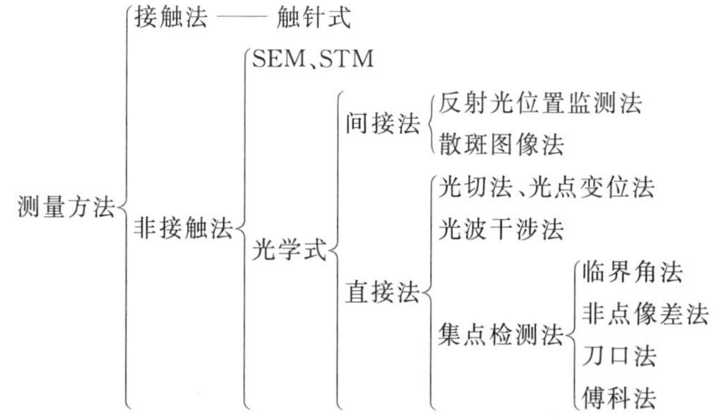

如图 3.20 所示为 JB－5C 接触式粗糙度轮廓仪（上海泰明光学仪器有限公司）原理图，该设备由花岗岩底座、测量平台、传感器、驱动箱、导轨、控制盒、显示器和计算机主机等部分组成，可实现各类零件的粗糙度与轮廓度参数测量。该设备采用金刚石探针与被测表面接触扫描，实现被测件表面的坐标轨迹测量，获得原始数据，利用弹性支承结构和电感式传感器、自编软件和微电子技术通过计算机终端实现数据采集、分析与计算，用拟合法来评定圆弧和直线等，从而测得

圆弧半径、直线度、凸度、倾斜度等形状参数，进而得到平面、斜面、内控表面、外圆柱面和球面等表面的粗糙度参数。

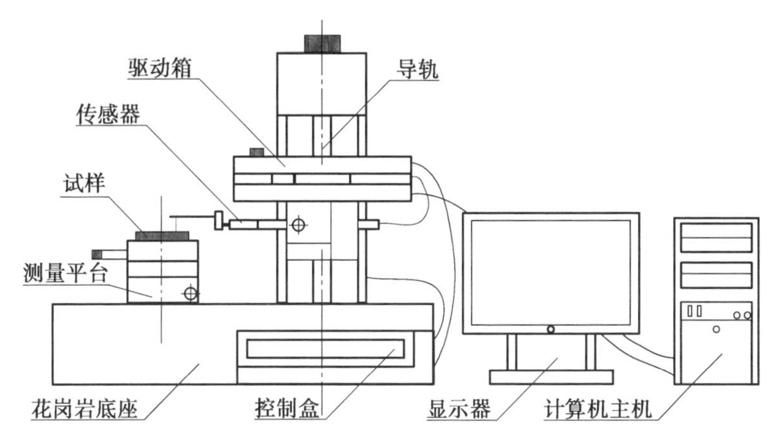

图 3.20　JB－5C 接触式粗糙度轮廓仪原理图

非接触式粗糙度轮廓仪则是利用对被测试件表面没有影响的手段，间接反映被测表面信息来测定表面形状与粗糙度参数，可以有效地保护测量试件与测量装置，同时避免了因直接接触引入的测量误差。由于光与表面干涉的所有现象都受到表面轮廓及粗糙度的影响，因此零部件三维表面形貌特征的提取多采用基于光学测量原理的三维形貌测量技术。配合半导体激光器、电荷耦合器件、CMOS 图像传感器、位置传感器等各类高性能器件，该技术不仅可以实现粗糙表面三维形貌的非接触、高精度和高分辨率的测量；还在 CAD/CAE、逆向工程、在线检测与质量保证等领域取得了日益广泛的应用，被认为是最有前途的表面三维形貌测量方法。

除了基于光学的方法，其他表面粗糙度或形貌测量方法还包括流体 / 电学测量法，可实现粗糙表面的连续监测及质量控制，但测量结果只能大致反映表面粗糙情况。流体测量法是通过液体或气体通过服帖环面和粗糙表面间的流动时间或气流阻力，来半定量地测定粗糙度；电学测量法则是基于平行电容板原理，计算粗糙表面与光滑表面间的有效电容，该电容是粗糙度的函数。

对表面质量的评定方法同样包括基于二维表面轮廓和基于三维表面形貌两类，其中二维表面轮廓粗糙度是目前常用的摩擦磨损表面质量分析方法，描述的是沿截面方向上轮廓高度的起伏变化，包含高度参数（轮廓算术平均偏差 R_a、轮廓均方根偏差 R_q、轮廓峰度 R_{ku}、轮廓偏度 R_{sk} 等）、空间参数（轮廓单元的平均宽度 R_{Sm}）、混合参数（轮廓均方根斜率 $R_{\Delta q}$ 等）和曲线参数（轮廓相对支承比率

$R_{mr(c)}$、轮廓截面高度差 $R_{\delta c}$）等，部分高度参数的定义如下：

(1) 算术平均偏差 R_a。

算术平均偏差 R_a 是轮廓上各点高度在测量长度范围内的算术平均值，即

$$R_a = \frac{1}{L}\int_0^L |z(x)| \mathrm{d}x = \frac{1}{n}\sum_{i=1}^{n} |z_i| \tag{3.16}$$

式中，$z(x)$ 为各点轮廓高度；L 为测量长度；n 为测量点数；z_i 为各测量点的轮廓高度。

(2) 均方根偏差 R_q。

均方根偏差 R_q 是轮廓上各点与轮廓算术平均中线之间距离平均值的均方根，轮廓算术平均中线是具有几何轮廓形状且划分轮廓的基准线，并且在整个取样长度内平行于轮廓总体走向，由中线至轮廓图形上、下两部分面积相等。

$$R_q = \sqrt{\frac{1}{L}\int_0^L [z(x)]^2 \mathrm{d}x} = \left| \frac{1}{n}\sum_{i=1}^{n} z_i^2 \right|^{\frac{1}{2}} \tag{3.17}$$

式中各参数定义与式(3.16)一致。

(3) 十点峰谷高度 R_z。

在 GB 1031—68《表面光洁度》中将 R_z 定义为：在基本长度内，从平行于轮廓中线的任一直线起，至被测轮廓的五个最高点和五个最低点间的平均距离。GB 1031—83《表面粗糙度及其数值》与 GB/T 1031—95《表面粗糙度及其数值》的定义则是：在取样长度内，五个最大轮廓峰高度的平均值和五个最大轮廓峰谷深的平均值之和。一般认为 R_z 值只能反映轮廓的峰高，不能揭示峰顶的尖锐或平钝的几何特性，在粗糙度国际标准 ISO 4287—1—1984 中已取消该参数，但因其较为直观且便于用光切法测得，特别适合类似刀具刀刃、刀尖等小平面的测定，因此在生产实际中仍被广泛使用。

(4) 偏度 R_{sk} 和峰度 R_{ku}。

偏度 R_{sk} 是对振幅密度曲线不对称性的描述，$R_{sk}<0$ 表示该表面具有良好的支撑特性；峰度 R_{ku} 则是对振幅密度曲线的陡度的测量，对于正态分布的轮廓值，$R_{ku}=3$。振幅密度曲线描述了轮廓偏差相对于轮廓中线的分布密度。

轮廓数据产生的表征参数多为统计值，这些参数往往与表面性能或功能无关，对许多表面而言，其形貌或轮廓分布上虽然可能存在显著差异，却拥有同样的粗糙度数值。20 世纪 40 年代之后，工程设计人员逐渐认识到这类参数的局限性，同时随着计算机技术和电子电路技术的诞生与发展，大量几何参数被提出，这些参数极大丰富了粗糙表面的表征研究，然而“参数爆炸”的问题也随之而来（到 1980 年已经有超过一百种几何参数被提出），绝大部分的参数在定义上并不

严密。为了解决“参数爆炸”现象,欧共体资助的 STM4 项目定义了一套基本的三维表面形貌评价参数,可分为高度参数、空间参数、混合参数和功能参数等,具体参数如图 3.21 所示。

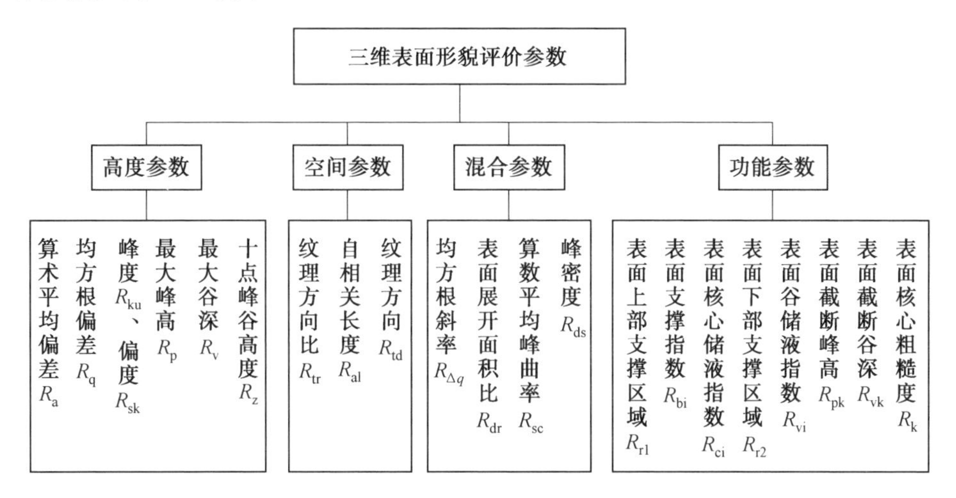

图 3.21　三维表面形貌评定参数

近年来,科研工作者逐步应用分形理论来表征磨损表面形貌,进而研究粗糙表面的接触与摩擦磨损问题,取得了较为显著的成果。研究结果表明,分形参数具有不依赖于仪器采样的尺度独立性,能反映粗糙表面的内禀特性,有效地描述表面的复杂、不规则性和粗糙程度,并在一定程度上克服了传统粗糙度参数尺度依赖性的不足。

分形理论是基于分形维数 D(或 Hurst 指数)来实现磨损粗糙表面的特征提取,计算的基本原理都是基于分形集的测度 $M(\delta)$ 与尺度 δ 在线性区间内满足幂指数关系,即:$M(\delta)=c\cdot\delta^k$,其中 k 表示 $\log(M(\delta))\sim\log(\delta)$ 双对数曲线中线性部分斜率,c 为系数。根据测度和尺度的选择方法不同,可将磨损表面形貌分形维数计算方法分为盒维数法、尺码法、均方根法和结构函数法等。不同方法计算得到的斜率 k 与对应表面的分形维数 D 关系见表 3.5。

表 3.5 常用粗糙表面二维轮廓分形维数计算方法

方法	尺码法	盒维数法	功率谱法	结构函数法	变分法	均方根法	R/S 分析法	小波分析法
分形维数 D	$D=1-k$	$D=-k$	$D=(5+k)/2$	$D=(4-k)/2$		$D=2-k$		

分形理论除了分析摩擦磨损过程中产生的粗糙磨损表面外，还多用于表面接触模型求解、磨损预测模型及磨粒轮廓特征定量分析等领域。例如，典型的 $M-B$ 分形模型、特征粗糙度等都是分形理论在摩擦学领域的积极应用。如图 3.22 所示即为基于三维 $W-M$ 曲面函数生成的模拟表面。

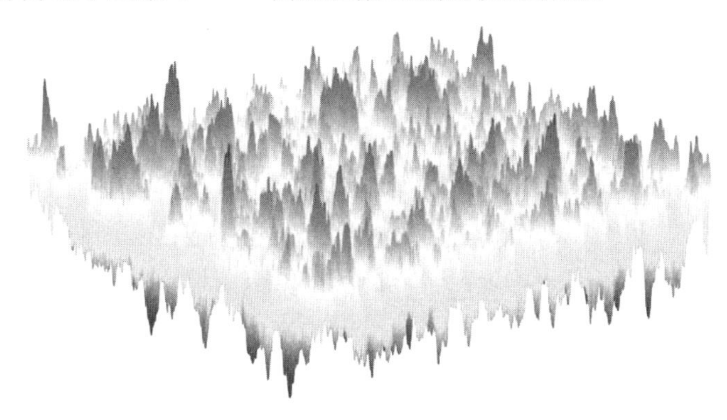

图 3.22 基于三维 $W-M$ 曲面函数生成的模拟表面

3.3.2 磨损量及其测量方法

摩擦副的磨损量可以用磨掉材料的质量、体积或磨痕的深度来表示，而磨损率则是用单位时间内单位载荷下材料的磨损量表示，即磨损率 $I=\partial V/(\partial t \cdot \partial F)$。常用的磨损量测量方法包括以下几类：

(1) 称重法。

通常采用精密分析天平称量试件在磨损试验前后的质量变化来确定磨损量，测量精度为 0.1 mg。一方面，受限于天平的测量范围，称重法只适用于小试件；另一方面，若磨损表面材料在磨损过程中产生较大的塑性变形，试件表面形状会发生显著变化但质量损失较小，此时称重法无法准确反映磨损的真实情况。此外，对于微量磨损的摩擦副，需要较长的试验周期才能产生可测量的质量变化。

(2) 测长法。

使用精密量具、测长仪、万能工具显微镜或其他非接触式测微仪等设备测量试件

磨损前后法向尺寸的变化，或磨损表面相对于某一基准面的间距变化，从而确定磨损量。测长法不仅可以有效测得磨损量，还可以测量磨损在接触表面的分布情况。但该方法测得的数据包含了因形变导致的尺寸变化，因此存在误差。

(3) 压痕或切槽法。

人为地在摩擦表面上压痕或切槽作为测量基准，用基准尺寸沿深度变化的规律来度量磨损深度，常用的压痕技术包括触针式(SP)、非接触式光学轮廓仪(NOP)、维氏(Vickers)或努氏(Knoop)显微压痕技术等。利用压痕技术在磨损表面预压一个压痕，在显微镜下测量磨损前后压痕的宽度变化，根据两者之差即可推断磨损深度。

上述用于表面形貌测量的轮廓仪、SEM、STM等分析手段也常用于微观磨损量的测量。以常见的三维白光干涉轮廓仪为例，它是基于测得的表面三维形貌信息，分析计算得出粗糙度、磨痕深度及磨损体积，根据试验或设备运转过程中的载荷及行程进一步求解得到体积磨损率。对于纳米级的磨损深度，则可使用纳米划痕仪的锥形探针和原子力显微镜(AFM)相结合的方法加以测量。此外，磨损量测量方法还包括放射性同位素法、沉淀法、化学分析法和位移传感器法等。对于浸油润滑状态下的摩擦磨损过程，还可以通过对润滑油中的磨屑进行油样分析定量测定磨损量。

3.3.3　磨屑检测及分析技术

磨损产物和磨损表面都是材料磨损过程的最终结果，也是材料在摩擦磨损过程中的机械、物理和化学作用的综合体现。从某种意义上讲，磨损产物比磨损表面更直接地反映了磨损原因与机理。因此，对磨屑的分析研究一直都是摩擦学工作的研究热点和重点。磨屑分析的常用方法包括针对颗粒尺寸大小(及分布)的铁谱分析和针对磨屑元素(及含量)的光谱分析技术。此外，上述用于涂层或磨损表面成分、形貌测量的各类方法与设备均可用于磨屑形貌和成分的检测与分析。本节将简要阐述光谱分析技术和铁谱分析技术的基本原理。

(1) 光谱分析技术。

光谱分析技术是应用光谱学原理确定物质的化学成分。针对磨损过程中产生的含磨屑的润滑油样，光谱分析可有效测定磨屑元素种类和含量，进而了解磨损进程及变化规律，为连续运转设备的磨损状态监测、预报和诊断提供数字基础。光谱分析具有灵敏度高、准确度高和分析速度快等显著优点，在工程生产和实验室研究中均有十分广泛的应用。常见的光谱分析技术包括原子发射光谱和原子吸收光谱两类。

(2) 铁谱分析技术。

20 世纪 80 年代发明的铁谱分析技术是一种从润滑油样中分离磨屑，并借助各类光学或电子显微镜对其形状、尺寸、数量和成分进行分析表征的技术。铁谱分析技术在设备动态监测、润滑油添加剂研制和材料的摩擦磨损机理研究等诸多领域获得了广泛应用。然而，铁谱分析技术存在制谱工艺复杂、无法判定磨屑确定来源等不足。分析式铁谱仪制谱工作原理示意图如图 3.23 所示。

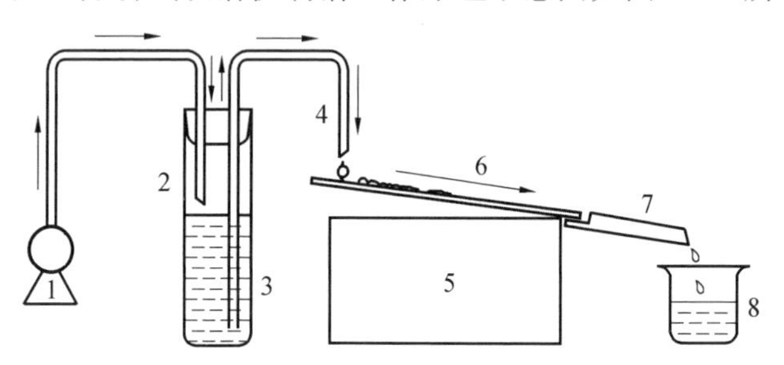

图 3.23　分析式铁谱仪制谱工作原理示意图

1— 微量空气泵；2— 试管；3— 待分析油样；4— 导油管；
5— 磁场装置；6— 玻璃基片；7— 排油管；8— 储油杯

不同磨损过程中产生的磨粒(磨屑) 尺寸和形状各不相同，因此可以根据磨屑形态大致判断摩擦副的磨损机理，磨损模式、磨损机理与磨屑形态的对应关系如图 3.24 所示。

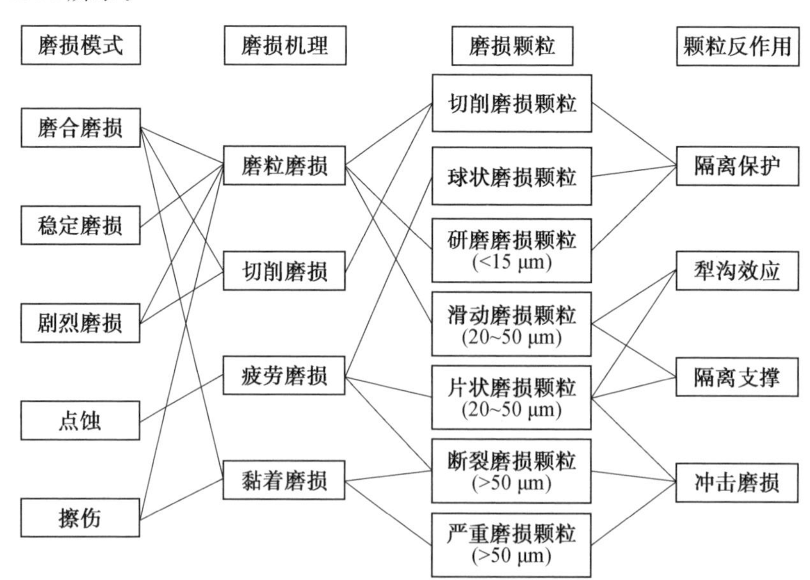

图 3.24　磨损模式、磨损机理与磨屑形态的对应关系

3.3.4　摩擦信号采集及表征

对于实际运行的机械设备，或连续的摩擦磨损试验过程而言，难以实时在线获取摩擦副表面形貌或磨损量参数，包含磨粒分析的油样监测技术则多用于设备的离线定期维护。得益于传感器技术与时间序列分析方法的发展，基于摩擦信号特征的摩擦磨损特性表征可实现设备运行状态的在线监测。总体而言，将微型计算机、数据采集系统及相应软件应用于摩擦磨损试验机中，使试验人员得以直观地、实时地监测试验过程中各类摩擦信号的变化状况，借助计算机对试验数据的分析处理，不仅可以大量减少试验工作量，还可以在线获取试验过程中的瞬时数据，为深入细致地开展摩擦学特性表征提供了有效手段。

摩擦副表面切向摩擦力与法向接触载荷的比值被称为摩擦系数，它是摩擦副材料、表面状态、加工及热处理工艺、润滑状态与试验条件(载荷、速度及试验环境等)诸多因素的综合反映，也是描述摩擦副摩擦磨损状态的重要参数之一。对摩擦系数的测定主要采用摩擦力(矩)测试、摩擦功测试等方法，随着传感器、数字采集及计算机软硬件等技术的发展，摩擦力测试方法成为摩擦系数测定的主流方法。此外，摩擦振动、摩擦温度等时间序列信号也可作为摩擦副摩擦磨损特性与磨损机理判别的依据。对采集到的摩擦信号时间序列，可以采用以下分析方法对其进行定性描述或定量表征：

(1) 时域分析方法。

时域分析是指控制系统在一定的输入下，根据输出量的时域表达式，分析系统的稳定性、瞬态和稳态性能。在设备运行状态监测过程中，直接利用采集到的时域信号进行分析并作为评估是最简单的监测方法，尤其是当信号中存在明显的趋势成分、简谐成分、周期成分或瞬时脉冲成分时。由于时域分析是直接在时间域中对系统进行分析的方法，所以时域分析具有直观和准确的优点。时域分析可进一步划分为幅值分析、时差分析和波形分析等，常用的表征参数见表 3.6。

表 3.6　摩擦信号时域分析常用表征参数

分析方法	表征参数
幅值分析	均值、最大值、均方根值、歪度、峭度等
波形分析	自相关函数、互相关函数
时差分析	波形指数、峰值指数、脉冲指数、裕度指数、峭度指标等

(2) 频域分析方法。

频谱是指在频域中对原始信号分布情况的一种描述，从另一个角度提供时域中所不具备的特征信息。对信号进行频域分析通常可采用细化谱分析、相干分析、倒频谱分析、功率谱分析和傅里叶变换等方法，其中傅里叶变换是频域分析的核心方法，适用于处理平稳的无冲击周期信号，在此基础上发展的加窗傅里叶法则可以有效降低非平稳、有冲击的信号频谱提取的误差。

(3) 时－频域分析(joint time-frequency analysis，JTFA) 方法。

单一的频域分析虽然可以从大量噪声背景下提取信号频域特征，但却难以建立其与时域间的联系，无法辨识系统特征发生变化的时间。时－频域分析提供了时间域与频率域的联合分布信息，清楚地描述了信号频率随时间变化的关系。时－频域分析的基本思想是：设计时间和频率的联合函数，用它同时描述信号在不同时间和频率的能量密度或强度。时间和频率的这种联合函数简称为时－频分布。利用时－频分布来分析信号，能给出各个时刻的瞬时频率及其幅值，并且能够进行时－频滤波和时变信号研究。时－频域分析的主要方法包括短时傅里叶变换、小波分析、经验模态分解和希尔伯特－黄变换等。

(4) 非线性特性表征方法。

实际的摩擦学系统是一个由多种行为相互耦合的复杂动力学过程，摩擦磨损过程是一个涉及力学、材料学、物理化学、热力学及动力学等多学科的非线性过程，在此过程中产生的摩擦信号时间序列具有典型的复杂非线性，因此需要从非线性科学角度揭示摩擦磨损行为规律。

摩擦是两个接触表面上的无数多个微凸体相互挤压、碰撞的过程，这些微凸体的接触与破坏并不是同时发生的，而是相继，甚至是逐个发生的，这就导致了即使在相对平稳的稳定磨损阶段，摩擦信号幅值也存在着大量的波动；另外，接触表面微凸体的破坏还强烈依赖于接触载荷、相对运动速度、润滑介质，甚至是环境温湿度等因素，摩擦学系统及其过程中产生的摩擦磨损行为具有典型的复杂非线性特征。研究表明，摩擦学特性的非线性规律可以用分形与混沌理论加以描述：摩擦信号时间序列具有非线性混沌特征，李雅普诺夫(Lyapunov) 指数、关联维数、递归特性分析等方法被广泛应用于摩擦信号表征与磨损状态辨识的研究，且各混沌参数均可用于磨合状态辨识及磨合质量评价研究。

除了上述方法之外，诸如灰色系统理论、支持向量机和人工神经网络等智能算法也被逐步应用于摩擦信号的分析研究。

3.4　耐磨涂层及其材料体系

德国 Vogelphol 教授预计“因摩擦磨损造成的能源损失占全球生产总能源的 1/3 ～ 1/2”;Jost 教授也指出:世界消费能源的 30% ～ 40% 消耗在摩擦磨损上。相关调查结果显示:我国因腐蚀造成的损失占 GDP 的 5%,因摩擦磨损造成的损失占到 GDP 约 4.5%,两项损失总计占到了 GDP 的 9.5%,而发达国家这项数据一般只有 4% ～ 5%。磨损不仅造成了大量的能源消耗、资源浪费和经济损失,因各类磨损导致的失效还是机械设备与零部件的三种主要失效形式(疲劳、腐蚀和磨损失效)之一,会对设备运行平稳性与安全性造成显著影响。因此,任何能够提高材料耐磨性、减少机械设备摩擦磨损的措施,如润滑剂、耐磨材料与表面处理等理论与技术的研究应用,都能够有效提高机械系统工作效率、延长机器使役寿命、提高设备运转可靠性等,为解决能源短缺、环境污染、资源枯竭等问题提供有效方案,从而极大地推动社会经济的发展。

以等离子喷涂技术为代表的表面涂镀层技术是改善机械零部件摩擦磨损性能的主要方法之一,也极大地推动了摩擦学与材料科学等相关领域的应用与发展。早在 20 世纪 50 年代,苏联便广泛应用电弧喷涂制备高碳钢涂层,用于因磨损失效的汽车内燃机、拖拉机曲轴等,效果显著。随着火焰喷涂和等离子喷涂等其他工艺的不断涌现和快速发展,应用热喷涂耐磨涂层开展关键零部件的制造与维修也成为制造业中不可或缺的重要工艺,其应用涉及机械、化工、电力、航空航天及医学等诸多领域。

耐磨涂层是指在基体材料表面涂覆一层具有减摩耐磨功能的薄层,从而使基体表面达到耐磨损的目的。耐磨涂层多用于具有相对运动且易出现磨损的零部件表面,如轴径、导轨、叶片、阀门、柱塞等。除了采用等离子喷涂、电弧喷涂等热喷涂工艺制备得到热喷涂耐磨涂层外;还可采用各种树脂、弹性体等配制耐磨涂层胶,再涂覆在基体表面经加热或自然固化,制备得到化学黏涂耐磨涂层。根据磨损机理可以将耐磨涂层划分为耐黏着磨损涂层、耐磨粒磨损涂层、耐疲劳磨损涂层和耐冲蚀磨损涂层等。根据涂层制备选用的材料可将其分为无机耐磨涂层、有机耐磨涂层以及有机－无机杂化耐磨涂层,典型的代表性涂层见表 3.7。

表 3.7　耐磨涂层的种类(按原材料分类)

涂层种类		代表性涂层
无机耐磨涂层	硬涂层	TiN、CrN、TiZrN
	软涂层	MoS_2 及其与 Au、Pb、Ti 等共沉积得到的复合涂层、MoS_x 与 Au、Pb、Ti、Ni 复合的多层涂层
	硬软复合涂层	TiN－MoS_2、TiC－MoS_2
有机耐磨涂层		聚四氟乙烯(PTFE)/聚硅氧烷、多官能丙烯酸酯、聚氨酯(PU)
有机－无机杂化耐磨涂层		PUA－SiO_2、有机胶黏剂－MoS_2 杂化涂层

注:PUA 为聚氨酯丙烯酸酯。

应根据不同的需求合理选择喷涂材料及喷涂工艺。例如,耐微动磨损涂层应选择自熔性合金、氧化物陶瓷等韧性较好的材料;耐磨粒磨损则要求涂层要有较高的硬度,可选用自熔合金掺杂 Mo 元素或 Ni－Al 混合粉末等材料;对高温条件下的摩擦副表面,对涂层抗氧化性及其在高温条件下的硬度都具有较高的要求,可选用 Fe 基、Ni 基喷涂材料和碳化物陶瓷等作为喷涂材料。各类磨损类型对耐磨涂层材料的性能要求见表 3.8。

表 3.8　各类磨损类型对耐磨涂层材料的性能要求

磨损类型	占比/%	对涂层性能的要求
磨料磨损	50	较高的加工硬化能力、表面硬度要接近甚至超过磨料硬度
黏着磨损	15	材料相容性差、溶解度低、表面能小、不易发生原子迁移、抗热软化能力强
腐蚀磨损	5	具有耐磨损和耐腐蚀的综合能力
疲劳磨损	8	高韧性、硬度适中、裂纹倾向小、不含硬质非金属夹杂物
冲蚀磨损	8	小角度冲蚀要求高硬度;大角度冲蚀要求韧性好
微动磨损	8	较高的抗频繁低幅振荡磨损能力、能形成磨削,与匹配面不相容
高温磨损	5	一定的高温硬度、能形成致密且韧性好的硬质氧化膜;导热性好

3.4.1　耐磨涂层材料

按材料形状可将等离子喷涂的材料分为线材、棒材、药芯线材及粉末;按组成成分可将其分为金属、合金、陶瓷、有机材料和复合材料;按功能及使用可将其分为防护涂层和强化涂层两大类。根据功能对热喷涂材料的分类见表 3.9。

表 3.9　热喷涂涂层材料体系

涂层	主要体系	材料及类型
防护涂层	阳极性防护涂层(抗大气腐蚀 / 侵蚀)	Zn、Al、Zn－Al 合金、Al－Mg 合金
	阴极性防护涂层(抗化学腐蚀)	不锈钢、有色金属及合金;陶瓷、塑料等
	抗高温氧化涂层	Ni 基或 Co 基合金、MCrAlY 合金、氧化物陶瓷
强化涂层	耐磨粒磨损 / 冲蚀磨损涂层	碳化物＋陶瓷、自熔性合金、氧化物陶瓷
	耐摩擦磨损涂层	金属及合金、自熔性合金、陶瓷
	在强腐蚀介质中耐磨涂层	自熔性合金、高合金、陶瓷
	热障涂层	氧化物陶瓷
	可磨密封涂层	金属＋非金属复合材料
	热辐射涂层	氧化物复合材料

由表 3.9 可以看出,热喷涂耐磨涂层的常用材料包括金属及合金线材、自熔性合金和陶瓷材料,此外,非晶金属涂层和有机材料涂层也逐步被用于工件表面的减摩耐磨设计。

现阶段得到广泛应用的耐磨涂层材料大致包括以下几类:

(1) 纯金属喷涂线材。

锌丝、铜丝、铝丝、钼丝和镍丝等都是较为常见的纯金属喷涂线材,其中最常见的、用量最大的当属锌丝和铝丝,主要用于对桥梁、发射塔、港口、水利设备和运输管道等大型钢铁结构的耐腐蚀磨损保护。它们对钢铁结构的保护机理描述如下:一是具有与涂料涂装防腐机理类似的阻挡腐蚀介质的隔离作用;二是由于锌、铝的电极点位低于钢铁,在有电解时可以起到阴极保护作用。

纯铜具有良好的导电性和耐海水腐蚀性能,可用于电器开关和电子元件的导电涂层以及工艺美术品的装饰涂层。钼丝不仅具有良好的耐磨性,还与很多金属结合良好,因此最早较多用于结合底层材料(目前已被 Ni－Al 合金代替),另外,Mo 涂层中会残留 MoO_2 杂质,或者与润滑介质中的硫元素反应生成 MoS_2 固体润滑膜,因此现在也可用于耐摩擦磨损的工作涂层。

(2) 合金喷涂线材。

最为常见的合金喷涂线材主要为 Fe 基和 Ni 基两大类,其他的也包括 Cu 和 Sn 基合金。Fe 基喷涂丝材中应用较多的是碳钢丝、不锈钢丝和耐热铁合金丝,例如,T8 就是一种典型的高碳钢丝材,可以制备具有一定硬度和耐磨性的涂层,用于轴类零件表面的耐磨涂层制备;SUS 321 超低碳不锈钢可用作各种轴类件上轴承位、柱塞和套筒等零件的耐磨涂层材料。应用最为广泛的 Ni 基合金丝材包括 Ni－Cr 合金丝、Ni－Al 合金丝和蒙乃尔合金等；Cu 合金中的黄铜、Cu－Sn 合金、铝青铜和磷青铜等均具有一定的耐磨性和耐蚀性；而 Sn 基合金中较常使用的则是锡基巴氏合金(SnSbCu) 丝。

(3) 复合喷涂线材。

用机械方法把两种或两种以上的材料复合而制成的喷涂线材被称为复合喷涂线材，也称粉芯或管状线材。常用的复合方法包括丝－丝复合、丝－管复合、粉－管复合和粉－黏结剂复合等。复合喷涂线材同时具备线材和粉末喷涂材料的优点，能够方便地根据涂层成分要求来调节粉芯成分，以获得各种成分、特殊性能的涂层，在一定程度上弥补了实心线材不能完全满足工件使用的不足；同时生产周期短、成本低、使用设备简单、操作方便。目前已在电力、石油、化工和汽车制造等多个领域取得了广泛的应用。

(4) 自熔性合金粉末。

自熔性合金是指熔点较低，熔融过程中能自行脱氧、造渣，能“润湿”基体表面而呈冶金结合的一类合金。目前绝大多数自熔性合金都是在 Ni 基、Co 基、Fe 基合金中掺杂 Si、B 元素制成的，用于提高金属表面耐磨性和耐蚀性。B、Si 元素在自熔性合金中的作用有以下几点：

① 与金属元素形成共晶，显著降低合金的熔点，扩大固液相线温度区域。

② 与氧有很强的亲和性，能还原基体金属并生成熔点较低的氧化物，具有“造渣”功能。

③ 对合金组织起到固熔强化和沉淀强化作用，显著提升合金硬度。

④ 影响合金的耐蚀性。

⑤ 显著降低合金熔点，改善合金的流动性与铺展性，容易获得平整光洁的涂层表面。

自熔性合金材料现已成为喷涂工艺最重要的材料体系之一，主要包括以下几类：

① 镍基自熔性合金，以 Ni－B－Si 系和 Ni－Cr－B－Si 系为主，显微组织为 Ni 基固熔体和碳化物、硼化物、硅化物的共晶，具有良好的耐磨性、耐蚀性和较高的耐热性。

② 钴基自熔性合金，以 Co 元素为基，加入 Cr、W、C、B、Si、Ni、Mo 等。显微组织为 Co 基固熔体，弥散分布着 Cr_7C_3 等碳化物。Co 基自熔性合金具有极高的耐热性，但由于成本较高，大多情况下只用于制备耐高温或要求具有较高热硬性的涂层或零部件。

③ 铁基自熔性合金，主要分为两类：一类是在不锈钢成分基础上加入 B、Si 等元素，制备得到的涂层往往具有较高的硬度、耐热性、耐磨性和耐蚀性；另一类是在高铬铸铁成分基础上加入 B 和 Si 元素，同样具有较高的硬度和耐磨性，但组织中碳化物和硅化物的比例较大，导致材料脆性大，多用于制备不受强烈冲击的涂层或零部件。

④ 弥散 WC 型自熔性合金，在上述 Fe、Co、Ni 基自熔性合金粉末的基础上加入适量的 WC 制成的，具有高硬度和良好的耐磨性、热硬性和抗氧化性。

(5) 金属粉末。

除自熔性合金粉末外，等离子喷涂用金属粉末还有纯金属粉末、合金粉末和自黏结粉末等几类：

① 纯金属粉末，常用的纯金属粉末包括锡、锌、铝、铜、镍等，其中 Sn、Cu、Ni 等通常采用雾化法制备，Cr、W 等可直接用金属破碎制备。

② 合金粉末，上述合金线材中提到的 Fe 基、Ni 基和 Cu 基合金等均可制成粉末材料用于喷涂，合金粉末材料的用途通常都是多方面或交叉的，例如 NiAl 合金即可制备耐腐蚀、耐磨涂层，也可因其具备良好的结合强度而用作陶瓷涂层制备时所需的底层材料。

③ 自黏结粉末，粉末中不同组分在高温热源作用下会发生化学反应，使涂层与基体间形成一种伪冶金结合，起到增加结合强度和保护基材的作用，最典型也是应用最为广泛的自黏结粉末是 NiAl 复合粉末(分为镍包铝和铝包镍两类)，其他的自黏结粉末还有铝青铜粉末和自黏结碳钢粉末等。近年来，也出现了包括纯金属 + 自熔性合金的复合粉末，以及 MCrAlY 合金粉末(M 表示 Ni、Co、Fe 或 NiCo) 等新型金属粉末。

④ 陶瓷基粉末，陶瓷材料的结合键通常为离子键、共价键或离子－共价键混合键，这些键不仅有着较好的结合力且具有方向性，这就决定了陶瓷材料通常具有诸多优异的性能，如高温稳定性、高硬度、耐腐蚀、耐磨损，以及密度小、强度大和弹性模量大等。

作为最古老的材料之一，随着现代科学技术的进步，陶瓷材料逐渐在科技领域和实际生产生活中得到了全新的应用。为了区别古老而传统的陶瓷材料，现代工业中应用的陶瓷材料又被称为“先进陶瓷”，是一种使用以人工合成的或提炼处理的无机粉末材料为原料，经结构设计、精确的化学配比、恰当的成型工艺和烧结温度，从而形成具有特定功能的一类无机非金属材料。陶瓷已成为最常用的热喷涂材料之一，主要应用于高温部件(如发动机) 的腐蚀、氧化和磨损防护。根据所用原料的不同，可将陶瓷涂层分为氧化物陶瓷涂层、碳 / 硼 / 氮等非氧化物陶瓷涂层以及陶瓷/金属复合涂层。使用最为广泛的有 Al_2O_3 系列、Cr_2O_3 系列、TiN 系列和 TiC 等。关于陶瓷基耐磨涂层的具体介绍，详见第 6 ～ 7 章。

(6) 非晶合金材料。

非晶合金最早出现于 20 世纪 30 年代，又称为金属玻璃，是由熔体以足够高的冷却速度(大于 10^5 K/s) 快速凝固避免结晶，从而使得液态溶液的“无序”原子组态冻结下来形成的合金。因此，非晶态合金是兼有液体和固体、金属和玻璃特性的金属合金材料，具有独特而优异的理化及力学性能，在强度、韧性、硬度、耐磨损和抗蚀性等方面都相比同等材料晶态金属均有显著提高。如 Inoue 于 1995 年首次发现的铁基非晶合金在结构上具有长程无序、短程有序的原子结构，无晶界和位错等缺陷；在化学成分上，元素分布均匀、无偏析现象；性能上，表现出高强度、高硬度、大电阻率和耐蚀耐磨性等优点，因此成为备受关注的非晶合金体系之一。当前，铁基非晶合金作为防腐耐磨材料具有广泛的应用前景，多作为软磁材料应用于电机、新能源汽车、电子等多个领域。

热喷涂过程中喷涂粒子的快速扁平化使得材料在撞击基体时极易获得较高的冷却速度，满足非晶形成的基本条件，因此自非晶合金出现以来，很多学者研究利用热喷涂技术制备非晶涂层来降低材料的磨损和腐蚀。将热喷涂技术引入铁基非晶合金的制备，能够突破铁基非晶合金在尺寸上的限制，扩大其应用范围。常见的铁基非晶合金涂层的制备方法包括超音速火焰喷涂技术、低压等离子喷涂、电弧喷涂、爆炸喷涂和冷喷涂技术等。部分常用Fe基非晶涂层的性能及应用见表 3.10。

表 3.10　部分常用 Fe 基非晶涂层的性能及应用

<table>
<tr><th>涂层</th><th>制备方法</th><th>性能</th><th>应用</th></tr>
<tr><td>Fe－Cr－B 合金</td><td>爆炸喷涂</td><td>涂层滑动摩擦过程中动态产生非晶态表面膜，导致涂层的耐磨性显著提高，同时摩擦系数显著降低</td><td rowspan="5">主要用于增强在苛刻工况下运行的滑动部件的耐磨性和耐腐蚀性能</td></tr>
<tr><td>Duocor</td><td>超音速火焰喷涂(HVOF)</td><td>耐蚀性能最好，与 AISI 钢相比，材料的腐蚀减少到 1/26</td></tr>
<tr><td>Fe－10Cr－13P－7C 合金</td><td rowspan="2">低压等离子喷涂(LPPS)</td><td>具有非常好的耐腐蚀性能</td></tr>
<tr><td>Fe－Cr(－Mo)－C(－P) 合金</td><td>涂层具有很高的硬度，耐蚀性能明显优于 18－8 不锈钢涂层</td></tr>
<tr><td>Fe－B－REM</td><td>电弧喷涂</td><td>添加稀土元素可以显著提高涂层的耐磨耐蚀性</td></tr>
</table>

理论上几乎所有的合金都能制成非晶态合金，但由于金属合金的形核和长大过程很快，且难以控制，因此金属玻璃化仍是一个大难题。此外，准结晶也是材料学中新的研究热点之一，准晶体是一种介于晶体和非晶体之间的固体，它具有晶体类似的长程有序的原子排列，但不具备晶体的平移对称性。准晶体所具有的硬度、刚度、低摩擦、抗磨损、抗氧化性能等已经引起了学者们的注意，并有望在工程应用中大规模使用。

(7) 有机材料。

有机聚合物材料主要用于工件表面的减摩润滑或者金属结构表面的防腐，常被用于热喷涂的低熔点热塑性有机材料主要包括乙烯、聚乙烯、聚酰胺和聚氨酯等。随着热喷涂技术的发展，研究领域逐渐扩展到高性能聚合物，如聚醚醚酮(poly-ether-ether-ketone，PEEK)、聚苯硫醚（全称为聚次苯基硫醚，polyphenylene sulfide，PPS）等。与传统聚合物相比，这类聚合物的熔点普遍较高，且材料的化学稳定性和机械性能更好。热喷涂 PEEK 涂层具有稳定性好、耐热性好、可燃性小等优点，这类材料对于化学工业，尤其是在固体自润滑和耐腐蚀环境中具有十分广阔的应用前景。

随着现代工业与高新科技的高速发展，机械设备及其摩擦副需要在高低温、高真空、高速运动和复杂环境介质等特殊甚至恶劣工况条件下服役，为了满足对材料多功能高性能的要求，热喷涂材料逐步由传统金属或合金材料向非金属陶瓷、纳米材料发展；由单一成分向多组分方向发展。

(8) 纳米材料。

近年来随着纳米技术的进步，对于纳米材料的研究受到了更多的关注。所谓纳米材料是指晶粒尺寸至少在一个维度方向上小于 100 nm 的材料，因其极细的晶粒，以及大量处于晶界和晶粒内缺陷的中心原子具有的量子尺寸效应、小尺寸效应、表面效应和宏观量子隧道效应等，纳米材料与同组成的微米材料相比，在催化、光学、磁性和力学等诸多方面都表现出更加优异的性能。

已有试验证明，热喷涂纳米晶体粉可以成功制备纳米晶体涂层，且与其他制备技术相比，采用热喷涂技术制备纳米结构涂层具有工艺简单、涂层和基体的选择范围广、涂层厚度调节范围大、沉积效率高，以及便于形成复合涂层等优点，因此在工业上具有良好的应用前景。Fan 等采用超音速火焰方法制备了 WC－12Co 纳米结构涂层，XRD 分析可知涂层中主要相为 WC，没有发现其分解产物，扁平颗粒间结合良好；在干摩擦条件下，相比于微米级 WC－12Co 涂层，其磨损率降低了 40%，摩擦系数降低 0.1 左右，展现出良好的摩擦性能。Jiang 等采用低温冷冻搅拌球磨和甲醇介质搅拌球磨方法制备了纳米级镍粉和 Inconel 718(高温镍基合金）粉，采用超音速火焰喷涂方式制备了纳米级晶粒的 Inconel 718 涂层；试验结果表明，纳米结构涂层具有十分可观的抗晶粒长大的热稳定性。国内学者选用大气等离子喷涂方式制备出了 ZrO_2 纳米涂层。

从已有的结果来看，热喷涂制备的纳米结构涂层性能优越，在某些方面明显优于普通微米涂层，具有十分重要的研究价值。同时，目前已基本掌握了纳米粉体的制备工艺，但对于热喷涂纳米材料的应用尚不成熟，如何利用好纳米材料，将热喷涂技术同纳米材料的优异性能结合起来仍值得深入研究。热喷涂纳米材料的应用是今后热喷涂材料体系研究的一个十分重要的方向。

(9) 复合材料。

单一结构涂层在某些时候很难满足对材料性能的要求，因而复合涂层的发展成了必然趋势。复合涂层不仅具有单一材料的单独特性，还会因为复合而产生叠加效应，得到特殊性能或多功能涂层。目前，复合涂层主要包括以下几种组合：金属－硬质相复合涂层、金属－润滑相复合涂层和陶瓷－润滑相复合涂层等。

例如，在 Ni 基自熔性合金 NiCrBSi 涂层中掺杂硬质相 WC－Co、Mo 均可以有效改善涂层的耐磨性。再如，纯 Al 涂层具有很好的耐腐蚀性能，但其硬度较低，容易磨损，通过在铝基中添加硬质陶瓷相可显著提高涂层的耐磨性能。Shirazi 等在 Al 基中添加 SiC 陶瓷材料，研究结果表明：其耐磨性相较于添加 35% Al_2O_3 的涂层有大幅提升，并且涂层的导热性更好。

等离子喷涂工艺制备的陶瓷涂层硬度高，但颗粒熔点高且飞行速度中等使得涂层表面易出现气孔等微缺陷，降低涂层性能，因此需要在陶瓷涂层中复合润滑相以提高涂层质量。He 等制备了纳米结构的 TiO_2－CNT(CNT 为碳纳米管）复合涂层，CNT 具有细晶强化的作用，并且与界面存在良好的润湿性，可以吸收外部能量、减少内应力；CNT 的架桥效应还可以有效提高涂层的内聚强度，抑制裂纹的萌生与扩展。因此可以有效提升涂层的耐磨性。

常见的耐磨涂层喷涂材料及其特性见表 3.11。

表 3.11　常见的耐磨涂层喷涂材料及其特性

材料	特性
碳化铬	耐磨，熔点 1 890 ℃
自熔性合金(FeCrBSi、NiCrBSi)	耐磨，硬度 30 ～ 55HRC
WC－Co(12% ～ 20%)	硬度 > 60HRC，红硬性好， 使用温度 < 600 ℃

续表3.11

材料	特性
镍铝、镍铬、镍及钴包 WC	硬度高、耐磨， 适用于 500 ～ 850 ℃ 的磨粒磨损
Al_2O_3、TiO_2	抗磨粒磨损、耐纤维与丝线磨损
高碳钢(7Cr13)、马氏体不锈钢、Mo 合金	抗滑动磨损
镍包石墨	润滑性好、结合力高；用于 550 ℃ 飞机发动机可动密封件、耐磨密封圈， 以及低于 550 ℃ 时的端面密封
铜包石墨	润滑性好、力学性能和焊接性能好、 导电性较高，可作为电触头材料及 低摩擦系数材料
镍包二硫化钼	耐磨、润滑性好，可用于 550 ℃ 以上的可动密封圈
镍包硅藻土	作为 550 ℃ 以上的高温耐磨材料，封严、可动密封
自润滑自黏结镍基合金	耐磨、润滑性好
自润滑 — 自黏结铜基合金及其他的 包覆材料(聚酯、聚酰胺等)	耐磨、润滑性好

3.4.2　耐磨涂层材料的选用原则

涂层材料体系的不断发展不仅对涂层设计提出了新的更高的要求，复杂的材料体系还会带来诸如涂层性能评定方法、喷涂工艺参数确定等新的问题。被喷涂基体材料的表面使用环境不同、采用的热喷涂工艺参数不同，选择的热喷涂材料也各不相同。耐磨涂层喷涂材料的选择应遵循以下依据：

(1) 根据被喷涂工件的服役环境、使用要求和各种喷涂材料的已知性能，选择最适合功能要求的材料，如为了满足发动机服役过程的需求，制备发动机气缸内壁涂层必须首先满足耐磨、耐蚀性的功能性；

(2) 所选材料需与基体材料具有良好的匹配关系，对基体材料具有润湿能力，同时要与基体材料具有相似的热导率、热膨胀系数等，以获得结合强度较高的优质涂层；

(3) 所选材料的流动性和粒度分布等要符合喷涂工艺的要求，以缸套内壁为例，选择不同喷涂材料进行热喷涂制备，不同制备工艺得到的涂层基本性能参数见表 3.12。

表 3.12　不同热喷涂工艺制备的缸套内壁耐磨涂层基本性能参数

指标	涂层材料	超音速火焰喷涂	电弧喷涂	等离子喷涂
涂层硬度(HRC)	铁基合金	45	40	40
	自熔合金	30 ～ 60	—	30 ～ 60
	陶瓷	—	—	45 ～ 65
	碳化物	55 ～ 72	—	50 ～ 65
涂层孔隙率 /%	铁基合金	＜ 2	3 ～ 10	2 ～ 5
	自熔合金	＜ 2	—	—
	陶瓷	—	—	1 ～ 2
	碳化物	＜ 1	—	2 ～ 3
结合强度 /MPa	铁基合金	48 ～ 62	28 ～ 41	21 ～ 34
	自熔合金	70 ～ 80	15 ～ 50	—
	陶瓷	—	—	21 ～ 41
	碳化物	＞ 83	—	55 ～ 69

3.4.3　耐磨涂层材料体系的发展前景

随着等离子喷涂工艺的发展，会有越来越多的功能材料用于耐磨涂层制备，以满足各种性能、功能需求；喷涂材料的发展也拓宽了喷涂技术的应用领域，材料和工艺方法将相互促进、共同发展。等离子喷涂材料的发展正在朝着良好的工艺性(更好的沉积效率、更低的能耗和更加简便的工艺操作等)、高使用性能(高强度、高韧性、更优异的结合强度等)、资源可持续化和低成本(低的材料成本、低的制备工艺成本)等方向快速发展。

近年来，随着人工智能技术的出现，喷涂材料体系的研发模式有了深刻的变革。相较于传统试验试错法驱动模式和基于第一性原理等理论的计算驱动模式，基于人工智能技术的材料体系研发正逐渐转向按需求可预测、可设计的基于机器学习与数据挖掘的数据驱动模式。材料基因组计划以及材料设计、性质数据库(代表性的包括 Materials Project、AFlow 和 Open Quantum Materials Database 等)的建设为这一研发模式提供了大量的数据基础；另外，也可通过高通量试验和计算等形式形成所需数据库；然后通过机器学习相关算法对数据库进行筛选、预测和关键影响因素分析，促进内在机理的揭示和认识，加速新材料和新工艺的发现。

本章参考文献

[1] 布尚. 摩擦学导论[M]. 葛世荣，译. 北京：机械工业出版社，2007.
[2] 温诗铸，黄平. 摩擦学原理[M]. 4 版. 北京：清华大学出版社，2012.
[3] MERWIN J E, JOHNSON K L. An analysis of plastic deformation in rolling contact[J]. Proceedings of the Institution of Mechanical Engineers, 1963, 177(1): 676-690.
[4] COLLINS I F. Slipline field solutions for compression and rolling with slipping friction[J]. International Journal of Mechanical Sciences, 1969, 11(12): 971-978.
[5] GREENWOOD J A, TABOR D. The friction of hard sliders on lubricated rubber: the importance of deformation losses[J]. Proceedings of the Physical Society, 1958, 71(6): 989-1001.
[6] 邱明，陈龙，李迎春. 轴承摩擦学原理及应用[M]. 北京：国防工业出版社，2012.
[7] 桂长林，沈健. 摩擦磨损试验机设计的基础 Ⅰ. 摩擦磨损试验机的分类和特点分析[J]. 固体润滑，1990，10(1)：48-55.
[8] JONES S P, JANSEN R, FUSARO R L. Preliminary investigation of neural network techniques to predict tribological properties [J]. Tribology Transactions, 1997, 40(2): 312-320.
[9] 袁成清. 机械系统磨损测试与评价[M]. 武汉：武汉理工大学出版社，2012.
[10] 彭鹏，陈李果，汪久根，等. 机械磨损的检测技术综述[J]. 润滑与密封，2018，43(1)：115-124.
[11] 葛世荣，朱华. 摩擦学的分形[M]. 北京：机械工业出版社，2005.
[12] WHITEHOUSE D J. The measurement and analysis of surfaces[J]. Tribology, 1974, 7(6): 249-259.
[13] 马飞，杜三明，张永振. 摩擦表面形貌表征的研究现状与发展趋势[J]. 润滑与密封，2010，35(8)：100-103.
[14] 张耕培. 基于表面形貌的滑动磨合磨损预测理论与方法研究[D]. 武汉：华中科技大学，2015.
[15] ZUO X, ZHU H, ZHOU Y K, et al. Monofractal and multifractal

behavior of worn surface in brass-steel tribosystem under mixed lubricated condition [J]. Tribology International, 2016, 93: 306-317.
[16] 王安良，杨春信. 机械加工表面形貌分形特征的计算方法[J]. 中国机械工程，2002，13(8)：714-718.
[17] MAJUMDAR A, BHUSHAN B. Fractal model of elastic-plastic contact between rough surfaces[J]. Journal of Tribology, 1991, 113(1): 1-11.
[18] 庞新宇. 油液信息在齿轮和滑动轴承磨损故障识别中的应用[M]. 北京：冶金工业出版社，2020.
[19] 严新平. 摩擦学系统状态辨识及船机磨损诊断[M]. 北京：科学出版社，2017.
[20] SUN G D, ZHU H. Characteristic parameter extraction of running-in attractors based on phase trajectory and grey relation analysis[J]. Nonlinear Dynamics, 2019,95(4): 3115-3126.
[21] SUDEEPAN J, KUMAR K, BARMAN T K, et al. Study of friction and wear properties of ABS/Kaolin polymer composites using grey relational technique[J]. Procedia Technology, 2014, 14(2): 196-203.
[22] 徐滨士. 国内外再制造的新发展及未来趋势 // 科技支撑,科学发展 [M]. 北京:中国科技出版社，2009.
[23] 卡茨 H B，林尼克 E M. 金属电喷镀[M]. 邢培林，易志宽，谭霞珊，等译. 北京：机械工业出版社，1955.
[24] 徐滨士，朱绍华，刘世参. 材料表面工程[M]. 哈尔滨：哈尔滨工业大学出版社，2005.
[25] 阳俊龙. 耐磨材料在涂层防护方面的研究进展[J]. 化工技术与开发，2021，50(10)：47-51.
[26] 聂贵茂，黄诚，李波，等. 铁基非晶合金涂层制备及应用现状[J]. 表面技术，2017，46(11)：6-14.
[27] INOUE A, TAKEUCHI A. Recent development and application products of bulk glassy alloys[J]. Acta Materialia, 2011, 59(6): 2243-2267.
[28] SINGH A, BAKSHI S R, AGARWAL A, et al. Microstructure and tribological behavior of spark plasma sintered iron-based amorphous coatings[J]. Materials Science and Engineering: A, 2010, 527(18/19): 5000-5007.
[29] GUO S F, PAN F S, ZHANG H J, et al. Fe-based amorphous coating

for corrosion protection of magnesium alloy[J]. Materials & Design, 2016, 108: 624-631.

[30]MIURA H, ISA S, OMURO K, et al. Production of amorphous Fe-Ni based alloys by flame-spray quenching[J]. Transactions of the Japan Institute of Metals, 1981, 22(9): 597-606.

[31]ZHOU Z, WANG L, HE D Y, et al. Microstructure and electrochemical behavior of Fe-based amorphous metallic coatings fabricated by atmospheric plasma spraying[J]. Journal of Thermal Spray Technology, 2011, 20(1): 344-350.

[32]CHENG J B, LIANG X B, XU B S, et al. Characterization of mechanical properties of FeCrBSiMnNbY metallic glass coatings [J]. Journal of Materials Science, 2009, 44(13): 3356-3363.

[33]ZHOU Z, WANG L, WANG F C, et al. Formation and corrosion behavior of Fe-based amorphous metallic coatings prepared by detonation gun spraying[J]. Transactions of Nonferrous Metals Society of China, 2009, 19: 634-638.

[34]CONCUSTELL A, HENAO J, DOSTA S, et al. On the formation of metallic glass coatings by means of cold gas spray technology[J]. Journal of Alloys and Compounds, 2015, 651: 764-772.

[35]徐滨士，张伟，梁秀兵．热喷涂材料的应用与发展[J]．材料工程，2001(12): 3-7.

[36]ZHOU C G, CAI F, KONG J, et al. A study on the tribological properties of low-pressure plasma-sprayed Al-Cu-Fe-Cr quasicrystalline coating on titanium alloy[J]. Surface & Coatings Technology, 2004, 187(2/3): 225-229.

[37]SOVEJA A, SALLAMAND P, LIAO H L, et al. Improvement of flame spraying PEEK coating characteristics using lasers[J]. Journal of Materials Processing Technology, 2011, 211(1): 12-23.

[38]XU H Y, FENG Z Z, CHEN J M, et al. Tribological behavior of the carbon fiber reinforced polyphenylene sulfide (PPS) composite coating under dry sliding and water lubrication [J]. Materials Science and Engineering: A, 2006, 416(1/2): 66-73.

[39]FAN Z S, WANG S S, ZHANG Z D. Microstructures and properties of

nano-structural WC-12Co coatings deposited by AC-HVAF[J]. Rare Metal Materials and Engineering, 2017, 46(4): 923-927.

[40]JIANG H G, LAU M L, LAVERNIA E J. Grain growth behavior of nanocrystalline Inconel 718 and Ni powders and coatings[J]. Nanostructured Materials, 1998, 10(2): 169-178.

[41]SATHISH S, GEETHA M. Comparative study on corrosion behavior of plasma sprayed Al_2O_3, ZrO_2, Al_2O_3/ZrO_2 and ZrO_2/Al_2O_3 coatings[J]. Transactions of Nonferrous Metals Society of China, 2016, 26(5): 1336-1344.

[42] 韩冰源，杜伟，朱胜，等. 等离子喷涂典型耐磨涂层材料体系与性能现状研究[J]. 表面技术，2021, 50(4): 159-171.

[43]SHIRAZI S, AKHLAGHI F, LI D. Effect of SiC content on dry sliding wear, corrosion and corrosive wear of Al/SiC nanocomposites[J]. Transactions of Nonferrous Metals Society of China, 2016, 26(7): 1801-1808.

[44]HE P F, WANG H D, CHEN S Y, et al. Interface characterization and scratch resistance of plasma sprayed TiO_2-CNTs nanocomposite coating[J]. Journal of alloys and compounds, 2020, 819(5): 1-10.

[45]HE P F, MA G Z, WANG H D, et al. Microstructure and mechanicalproperties of a novel plasma-spray TiO_2 coating reinforced by CNTs[J]. Ceramics International, 2016, 42(11): 1-7.

[46] 刘黎明，肖金坤，徐海峰，等. 热喷涂汽车发动机气缸内壁涂层的研究进展[J]. 表面技术，2017, 46(2): 68-76.

[47]RACCUGLIA P, ELBERT K C, ADLER P D F, et al. Machine-learning-assisted materials discovery using failed experiments[J]. Nature, 2016, 533(7601): 73-76.

第4章

铁基及铜基合金耐磨涂层的结构及性能

根据涂层金属材质的不同，常用的金属基耐磨涂层可分为Fe基、Al基、Cu基、Ni基、Co基等。科研人员还通过向Mo、W等金属中添加石墨、软金属Ag、PbO等制备金属基涂层材料，使其在较为复杂的环境下呈现出优异的摩擦学性能。其中，Al基、Cu基和Fe基涂层材料具有制备简便、工艺简单、成本较低等优点，广泛应用于各类机械设备的表面强化与修复。然而，Al基涂层材料的熔点较低、耐高温性能较差，多用于低温轻载环境。

Fe基涂层材料具有良好的力学性能和优良的致密性，在轴承、柱塞等方面应用较为广泛。Fe基自熔性合金涂层具有较高的耐磨性和一定的耐腐蚀能力，可分为不锈钢型和高铬型两类。Cu基涂层材料因其具有较低的剪切强度、良好的自润滑性能和良好的耐蚀、导热性能，在机械行业应用较为广泛，常用的包括铅青铜、锡青铜和铜铝等复合材料。本章将分别以Fe基316L不锈钢、自熔性合金FeCrBSi和Cu基合金Cu－15Ni－8Sn为例，讨论以Fe基和Cu基为代表的金属基耐磨涂层的制备、结构表征和性能测试。

4.1 等离子喷涂铁基耐磨涂层制备

4.1.1 试验材料

1.基体材料

在热喷涂技术中,用来沉积涂层的材料称为基体。选用实验室已有的304不锈钢为基体材料,试样尺寸为60 mm×40 mm×3 mm。喷涂完成后采用金相切割机将试样切成12 mm×12 mm以及10 mm×3 mm样本,分别用于摩擦试验和制作金相试样。

2.喷涂粉末

分别选用316L不锈钢粉和自熔性合金FeCrBSi粉末作为喷涂原料。粉末粒径分布为40～75 mm,厂家提供Scott容量计测量FeCrBSi的松装密度为4.59 g/cm^3,316L不锈钢粉的松装密度为4.37 g/cm^3。涂层粉末材料的化学成分及质量分数见表4.1,喷涂粉末的显微形貌如图4.1所示。

表4.1 涂层粉末材料的化学成分及质量分数 %

材料	Ni	Cr	B	Si	Mo	Fe	C
316L不锈钢	11.92	17.05	—	0.51	2.37	Bal.	—
FeCrBSi	—	25～31	1.0～1.5	1.0～2.0	—	Bal.	4.0～5.0

(a) 316L不锈钢粉末

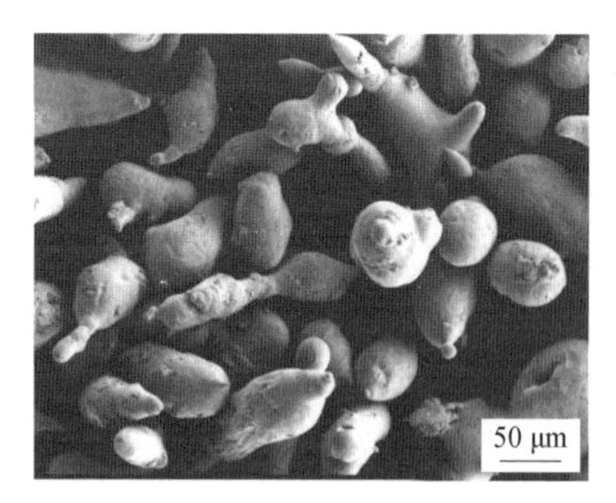

(b) FeCrBSi粉末

图4.1 喷涂粉末的显微形貌

3. 喷涂气体

等离子喷涂过程中采用 Ar 作为等离子气体（主气），并同时用作送粉载气，纯度为99.99%；采用 H_2 作为辅助气体（次气），纯度为99.99%；采用0.2 MPa的压缩空气用于待喷涂基体的冷却。

4.1.2　Fe 基耐磨涂层制备

1. 表面预处理

结合作者课题组已有设备，本试验选用喷砂处理对 304 不锈钢基体材料进行粗化处理，喷砂所用材料为20# 棕刚玉，喷砂压力为0.5 MPa，喷砂角度为60°～90°，喷砂后的基体表面粗糙度控制在 2.5 ～ 10 mm 之间。所用喷砂设备是北京多特喷砂设备有限公司的 GP－1 干式喷砂机，其外观如图 4.2 所示。

图 4.2　GP－1 干式喷砂机外观图

对表面粗化处理得到的基体材料，依次进行砂纸打磨除锈、丙酮 / 无水乙醇超声除油、抛光等其他预处理工序。

2. 涂层制备

本试验采用的等离子喷涂设备及具体型号分别为：控制柜（Oerlikon Metco）、喷枪（F4MB－XL 等离子喷枪，Oerlikon Metco）、送粉器（5MPE 送粉器，送粉方式为径向送粉，Oerlikon Metco）。将预处理得到的基体试件水平装夹在工作台上，采用六轴机械臂（瑞典 ABB 公司）按设定的程序实现自动喷涂，等离子喷枪及试样布置结构如图 4.3 所示。Fe 基耐磨涂层等离子喷涂参数见表 4.2，喷涂次数为 4 次。喷涂过程中使用压缩空气对基体背面进行冷却。

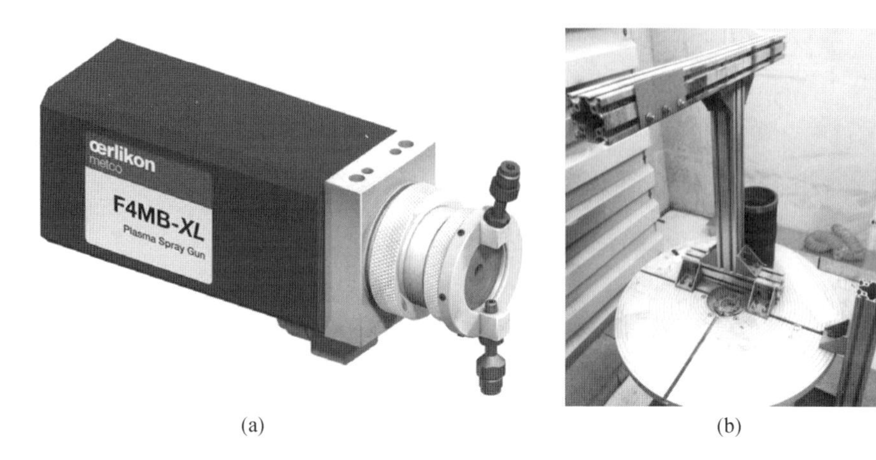

(a) (b)

图 4.3 等离子喷枪及试样布置结构

表 4.2 Fe 基耐磨涂层等离子喷涂参数

H_2 气流量 /(L·min^{-1})	电流 /A	电压 /V	Ar 气流量 /(L·min^{-1})	喷枪竖直移动间距 /mm	送粉速度 /(g·min^{-1})	喷涂距离 /mm	喷枪速度 /(mm·s^{-1})
7.5	516	64	55	3	60	140	200

3. 喷涂后处理

热处理经常被用来获取致密性好、结合强度高的涂层，但是大多数研究都限于高温甚至重熔涂层，关于1 000 ℃以下热处理的研究相对较少。内燃机实际服役过程中，缸套内壁温度区间为 300 ～ 700 ℃，对喷涂后的涂层分别进行 300 ～ 700 ℃ 的炉内热处理和通氮气保护热处理。

本试验将喷涂后的涂层切成12 mm×12 mm以及10 mm×3 mm小块试样进行热处理和后续工作。将切好的试样放入 Al_2O_3 粉末包覆好的坩埚中(为了使涂层均匀受热而不至于变形)，其中一组置于马弗炉中分别加热到 300 ℃、400 ℃、500 ℃、600 ℃ 和 700 ℃，保温 1 h，待冷却后取出进行下一步操作；另一组试样置于管式炉中加热到上述温度，不同的是在整个热处理过程中以 200 mL/min 速率通入 N_2 保护，两组试样的升温速率均为 10 ℃/min。

热处理完成之后需要对试样进行金相试样制作，首先是在 XQ－2B 型金相镶嵌机上对试样进行镶嵌，温度控制在 125 ℃，持续 8 min；然后进行试样抛光，依次选用400 目、600 目、1 000 目、1 500 目和2 000 目水磨砂纸对涂层截面进行打磨；最后在绸缎抛光布上，用金刚石研磨膏对试样截面进行抛光，直至出现镜面效果。

4.2 FeCrBSi 耐磨涂层结构及性能

4.2.1 涂层组织结构与力学性能测试

1. 涂层的微观形貌

喷涂态 FeCrBSi 涂层的表面三维形貌如图 4.4 所示。从图中可以看到，涂层表面较为光整，表面粗糙度为 $Ra = 17.6\ \mu m$，熔化粒子在撞击到基体材料时发生变形形成扁平颗粒，但局部仍然存在未熔颗粒。经测量，涂层的厚度约为 360 μm。

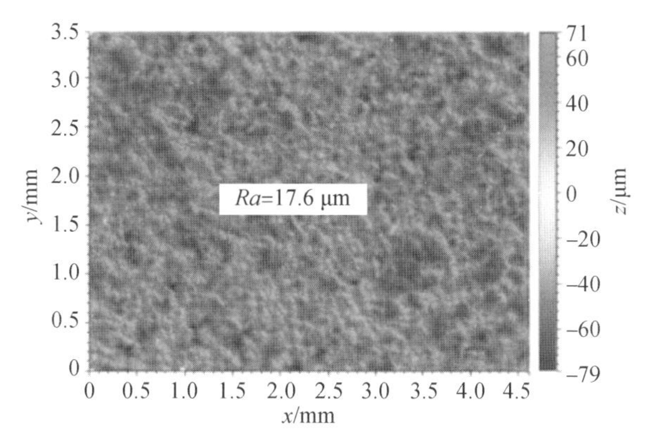

图 4.4　喷涂态 FeCrBSi 涂层的表面三维形貌

如图 4.5 所示为 FeCrBSi 喷涂态和经过热处理后的涂层截面金相显微结构形貌。从图中可以更加清晰地看到：FeCrBSi 涂层组织由熔化良好的扁平颗粒和未熔颗粒组成，其中未熔颗粒的大小与原始粉末颗粒粒径相近。分析认为：在等离子喷涂过程中，由于送粉量过大导致部分颗粒没有被充分加热，而是以原始的颗粒状态沉积在涂层中，这些未熔颗粒使得涂层存在的孔洞特征更为明显。经过热处理之后，由于热处理温度相对较低，涂层的孔隙变化不大，但涂层层间出现黑色氧化层，且随着热处理温度的升高，层间氧化现象更加明显。这些因素导致涂层组织相对疏松，在涂层受到较大剪切力时容易发生剥落。

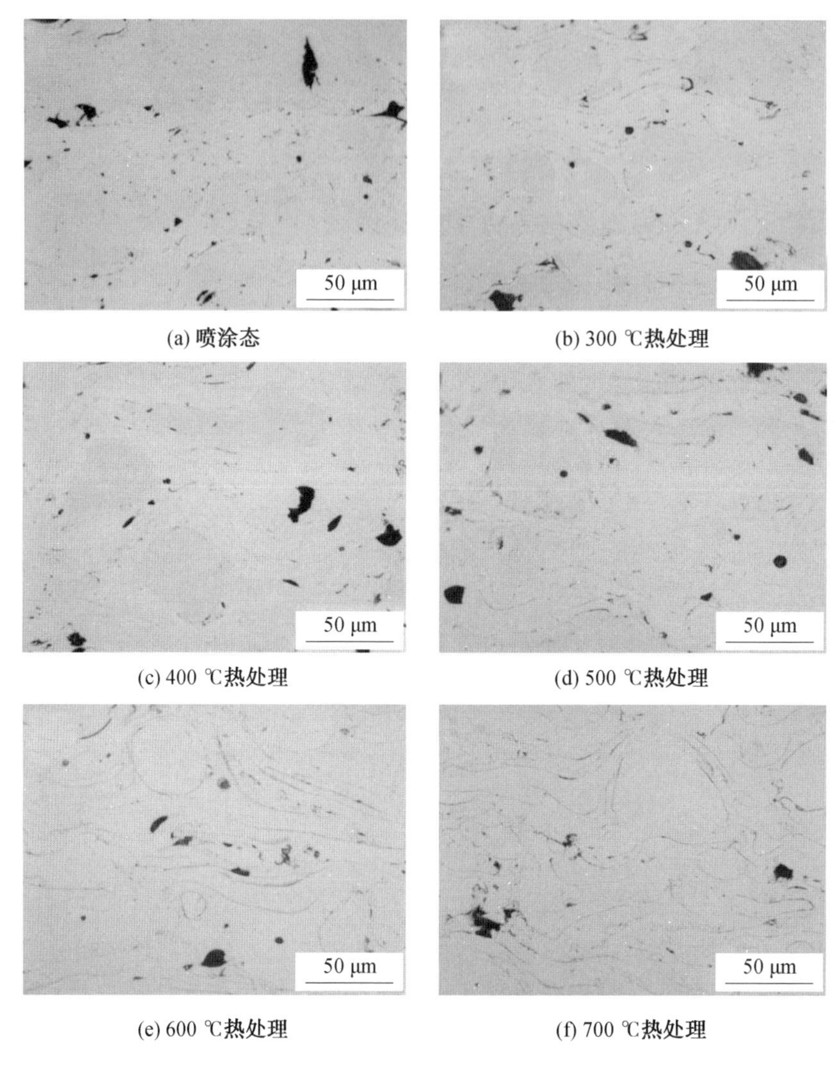

图 4.5　FeCrBSi 喷涂态和经过热处理后的涂层截面金相显微结构形貌

2. 涂层孔隙率

为了进一步研究孔洞在涂层中的分布情况以及存在数量，利用 Image J 软件计算涂层的孔隙率。本试验采用基于灰度分析法对喷涂态涂层的孔隙率进行测定。喷涂态 FeCrBSi 涂层截面二值图像如图 4.6 所示，经计算，FeCrBSi 涂层的孔隙率为 6% ～ 8%，由于热处理温度较低无法使涂层再次熔化，因此对涂层的孔隙率的影响并不大。

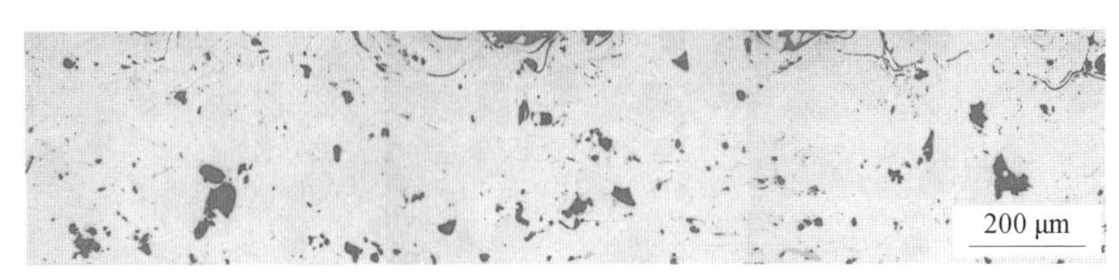

图 4.6　喷涂态 FeCrBSi 涂层截面二值图像

在喷涂过程中，熔融颗粒中会溶有一定气体，气体在金属中的溶解度会随着温度的下降而降低，热喷涂是一个速冷过程，存留在熔融颗粒中的气体来不及上浮而存留在涂层中形成气孔。另外，由于 FeCrBSi 合金材料脆性较大，涂层内部组织结构之间不可能完全匹配重叠，层状叠加结构之间不可避免存在缝隙，因此其孔隙率高。涂层表面存在的孔隙可以储存润滑油，在气缸壁缺油状态下能够起到良好的减摩作用，但是贯穿涂层截面的通孔在气缸壁涂层中是应该避免的，一些具有腐蚀性的气体和介质会通过通孔渗透到基体表面，对涂层和基体的结合界面进行腐蚀，严重时会导致涂层剥落。

3. 涂层相成分分析

如图 4.7 所示为喷涂态和不同热处理温度下 FeCrBSi 涂层的 X 射线衍射图谱，涂层中主要相为 α(Fe, Cr) 固溶体相，当热处理温度升高到 700 ℃ 时，涂层中析出 Fe_3B 相和 Cr_7C_3 硬质相，这种硬质相的存在可以使涂层具有较高的硬度和良好的耐磨性能。由于等离子焰流温度高且是在大气中进行喷涂，所以在喷涂过程中 FeCrBSi 颗粒会与高温等离子焰流发生传质传热的化学反应，也会引起成分和组织的变化。

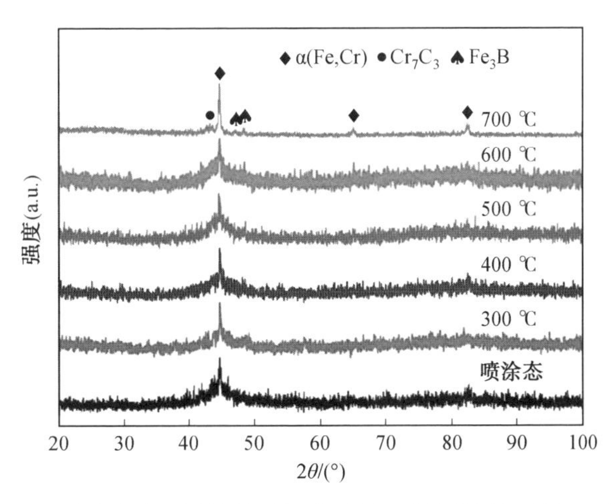

图 4.7　喷涂态和不同热处理温度下 FeCrBSi 涂层的 XRD 图谱

从图中还可以看出，喷涂态和 600 ℃ 以下热处理涂层的主峰处均出现一个宽化的非晶峰。到了 700 ℃ 热处理后，涂层发生再结晶，析出 Fe_3B 相和 Cr_7C_3 相，说明在较高温度下，涂层中元素扩散活跃，C 元素和 B 元素与其他金属元素结合形成陶瓷硬质相。

4. 涂层的显微硬度

如图 4.8 所示为喷涂态和不同热处理温度下 FeCrBSi 涂层的显微硬度。涂层的硬度随热处理温度的升高，呈现先升高然后略微降低的趋势。在喷涂过程中，由于涂层冷却速度较快，元素之间来不及充分扩散，因此基体金属的溶质原子含量很低，同时因为速冷，所以涂层内部存在残余拉应力。当热处理温度较低时(300 ℃)，涂层组织结构尚未发生较大变化，但 300 ℃ 温度可以使涂层内部的残余应力得到缓和，因而导致涂层硬度较喷涂态涂层硬度提高 15% 左右。有研究表明，适当的热处理工艺可以有效降低涂层表面的残余应力，当热处理温度达到 260 ℃ 时，涂层表面残余应力状态由拉应力转变为压应力；当热处理温度升高到 400 ℃ 以上时，温度升高对残余应力的影响便可忽略不计。

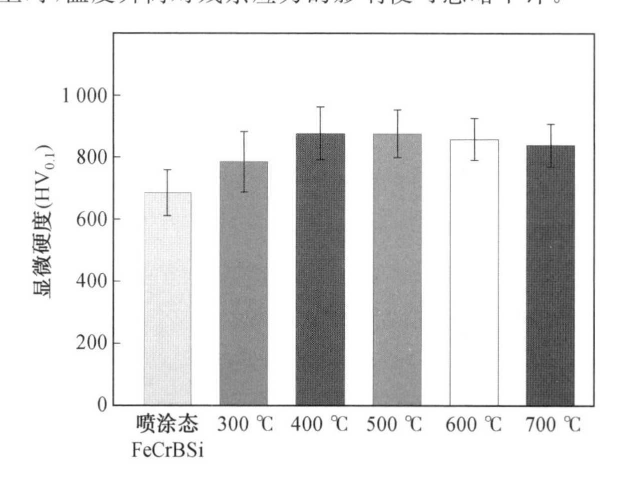

图 4.8　喷涂态和不同热处理温度下 FeCrBSi 涂层的显微硬度

随着热处理温度继续升高到 400 ℃ 以上，涂层中元素加速扩散，金属基体中溶质原子增多，固溶度增强，涂层中析出的 Fe_3B 相和 Cr_7C_3 硬质相对基体材料形成第二相弥散强化作用，使得涂层硬度较喷涂态增大约 30%；但当热处理温度到 700 ℃ 时，虽然此时析出第二相含量最多，但与此同时高温会造成涂层内部氧化程度加重，涂层颗粒间结合不牢，因而导致涂层综合硬度略微下降。

4.2.2　FeCrBSi 涂层干摩擦条件下摩擦磨损性能分析

1. 摩擦磨损试验

参照内燃机缸套—活塞环配副的实际运动，本次加速磨损试验是在 UMT－2 型摩擦磨损试验机上，以球—盘为摩擦副接触形式开展的往复式滑动摩擦磨损试验。在试验之前，将所有试样进行抛光，要求抛光后表面粗糙度低于 0.3 μm。试验选用直径为 4 mm、维氏硬度为 1 700HV 的 Si_3N_4 球作为对磨球。摩擦过程试验参数见表 4.3。采集试验过程中产生的摩擦系数信号并以数据形式保存在计算机。在试验结束后采用 Bruker 公司生产的三维光学显微镜观察磨痕特征并测量磨损体积，进而计算得到磨损率。

表 4.3　摩擦过程试验参数

试验参数	负载 /N	往复频率 /Hz	单次行程 /mm	环境温度 /℃	重复次数	摩擦时间 /min
数值	10	4	8	20±5	3	240

2. 涂层的摩擦系数

如图 4.9 所示为喷涂态和不同热处理温度下 FeCrBSi 涂层的摩擦系数曲线图。从图中可以看出，所有涂层的摩擦系数在初始阶段都经历了急剧上升过程，30 min 后进入平衡状态。由于在摩擦试验前对涂层表面进行抛光处理，因而开始阶段，对磨球先与光滑的表面接触，随着光滑表面被破坏，对磨球逐渐接触到涂层内部组织结构，摩擦接触面增大引起摩擦阻力增大，进而导致摩擦系数增大。一般来说，在磨损过程中，磨痕表面的粗糙颗粒在摩擦力的作用下会发生剥落，进一步被磨碎形成细小颗粒并充当润滑颗粒。

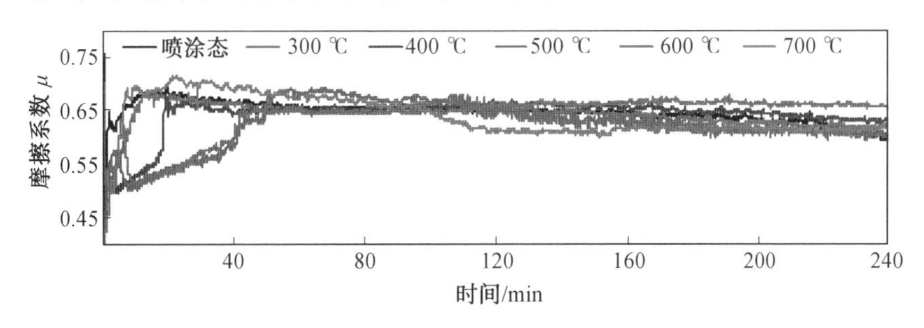

图 4.9　喷涂态和不同热处理温度下 FeCrBSi 涂层的摩擦系数曲线图

经过短时间的磨合阶段（约 60 min）以后，不同热处理温度下 FeCrBSi 涂层的摩擦系数最终均稳定在0.65～0.75之间，其中700 ℃下涂层摩擦系数较其他条件下略微升高，考虑到试验存在的误差，可以认为热处理温度对涂层摩擦系数的影响忽略不计。

3. 涂层磨损率

根据测定的磨损体积和滑动总行程，参照式(4.1)计算各涂层的磨损率，结果如图4.10所示，具体每次测试数据见表4.4。

$$R_v = \frac{V}{FS} \tag{4.1}$$

式中，R_v为磨损率($mm^3/(N \cdot m)$)；V为磨损体积(mm^3)；F为负载(N)；S为滑动总行程(m)。

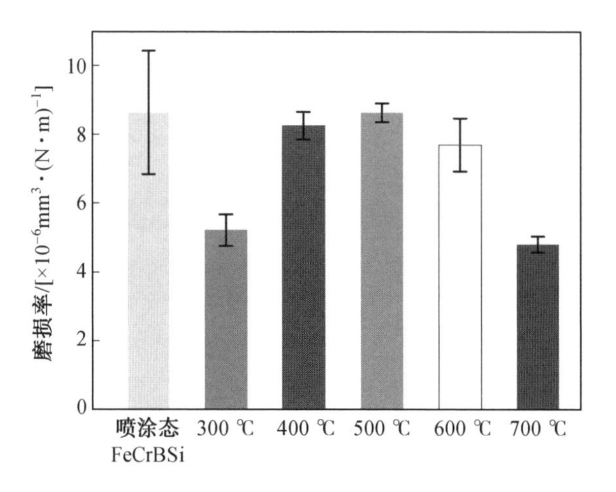

图4.10　喷涂态和热处理态FeCrBSi涂层的磨损率

表4.4　FeCrBSi涂层磨损率测量结果

涂层	磨损率/[$\times 10^{-6}$ $mm^3 \cdot (N \cdot m)^{-1}$]				平均值/[$\times 10^{-6}$ $mm^3 \cdot (N \cdot m)^{-1}$]	方差
	1	2	3	4		
FeCrBSi	9.86	11.54	6.84	6.28	8.63	1.97
FeCrBSi－300 ℃	5.70	5.21	4.96	5.63	5.22	0.46
FeCrBSi－400 ℃	8.23	8.43	8.64	7.72	8.26	0.40
FeCrBSi－500 ℃	8.74	8.96	8.36	8.46	8.62	0.27
FeCrBSi－600 ℃	7.98	7.49	6.75	8.56	7.70	0.77
FeCrBSi－700 ℃	4.65	4.57	4.98	5.02	4.81	0.23

硬度是影响涂层抗磨粒磨损的主要因素。结合前面涂层显微硬度值可以推测：较低的硬度是导致喷涂态FeCrBSi涂层不耐磨的主要原因。当热处理温度升高到300 ℃时，涂层磨损率降低了40%，此温度下涂层表面残余应力大大降低，表面应力状态由拉应力转变为压应力，因此在一定程度上提高了涂层的耐磨性能。

随着热处理温度进一步升高，在降低涂层内部残余应力的同时会导致层状组织间的氧化行为更加严重，因而降低了涂层内聚结合强度，在往复摩擦力的作用下，使得磨损表面颗粒迅速剥落，引起磨损率的大幅增加。当热处理温度继续升高到700 ℃时，涂层发生再结晶现象，其内部Cr_7C_3和Fe_3B等陶瓷相的增多使得涂层能够加强抵抗对磨球沿摩擦平面的微切削作用，同时硬质相剥落能够在磨痕中充当润滑颗粒，可以有效减少对涂层深层组织的进一步磨损。

4.2.3　磨损机理分析

为了进一步了解涂层的磨损机制，采用场发射扫描电子显微镜对316L不锈钢涂层磨痕表面进行观察，结果如图4.11所示。可以看出，喷涂态涂层磨痕表面存在明显的脆性断裂，发生了典型的层间剥落，磨损表面出现许多大大小小的凹坑。

FeCrBSi涂层的硬度明显低于Si_3N_4对磨球的硬度(1 700HV)，因而在摩擦过程中硬质相在压应力的作用下会嵌入涂层表面，往复运动使涂层表面发生塑性变形从而产生犁沟。同时，涂层表面一直承受较高的循环应力和接触应力，涂层中存在孔洞或未熔颗粒的区域在两种应力作用下容易发生未熔颗粒剥落、层状断裂以及片状剥落等现象。当涂层中存在较多硬质相时，对磨球作用在硬质相上的力可以分解为垂直于颗粒的压应力和平行于颗粒的切应力。当硬质相硬度较高时，部分硬质相会被压入涂层金属基体中或在往复压力作用下产生裂纹，当几条裂纹交叉时，硬质相便会剥落，形成小坑。在平行于颗粒的切应力作用下，如果硬质相在涂层中结合不够牢固就会与基体脱离，在涂层表面形成剥落坑。

喷涂态及在500 ℃以下热处理时涂层的磨痕表面剥落现象比较严重，涂层失效形式主要表现为疲劳剥落。600 ℃和700 ℃热处理的涂层磨痕表面剥落较少，磨损表面可以观察到犁沟，可归结于剥落的硬质相在摩擦过程中对涂层表面的犁削作用，该两组温度热处理得到的涂层的磨损机制为轻微疲劳剥落磨损并伴有磨粒磨损。

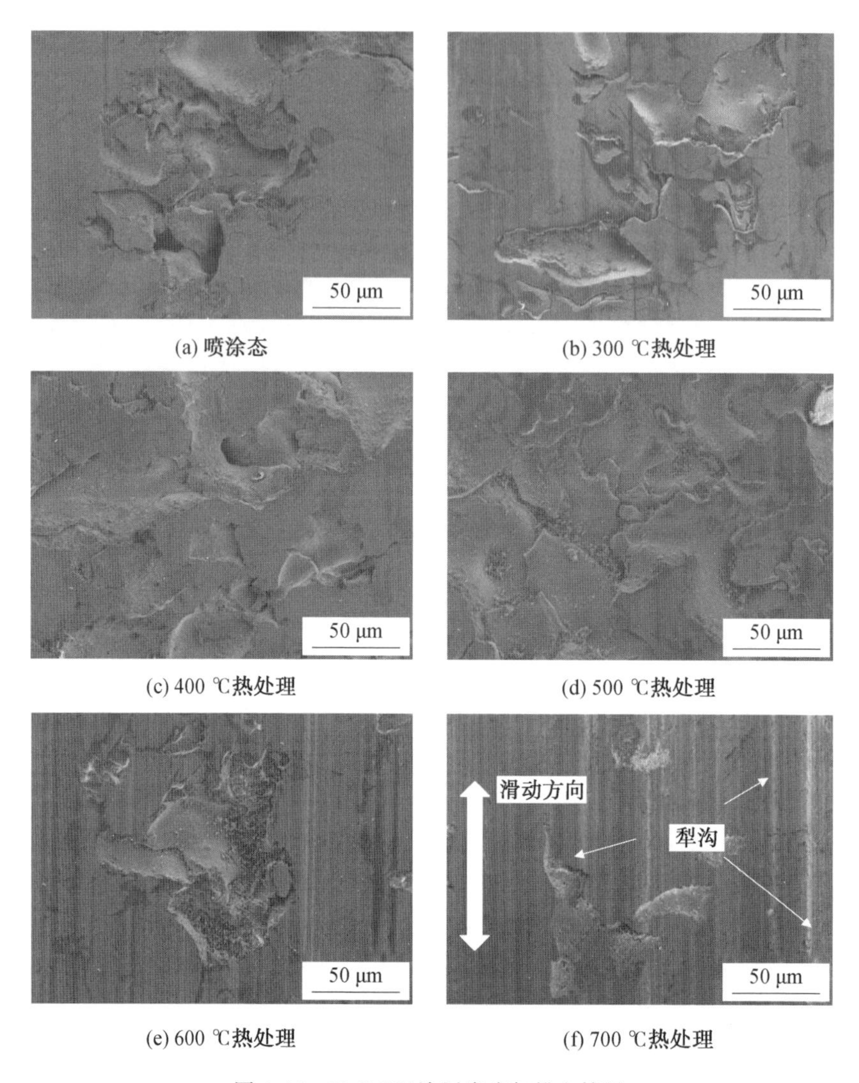

(a) 喷涂态　(b) 300 ℃热处理
(c) 400 ℃热处理　(d) 500 ℃热处理
(e) 600 ℃热处理　(f) 700 ℃热处理

图 4.11　FeCrBSi 涂层磨痕扫描电镜图

4.2.4　N_2 保护热处理对 FeCrBSi 涂层摩擦学性能的影响分析

考虑到在马弗炉中进行热处理时涂层容易发生氧化，因此作为对比研究，本节在相同热处理温度下把样品置于管式炉中通过施加氮气进行保护，研究热处理温度及气氛对涂层结构和性能的影响。

1. N_2 保护热处理对 FeCrBSi 涂层组织结构的影响

喷涂态 FeCrBSi 涂层界面间的氧化现象通过热重分析仪进行表征，涂层分别在氧气和氮气环境中从室温加热到 800 ℃，升温速率与热处理加热速率一致。在氧气中加热时，天平室同时通入氮气进行平衡，因此可以认为是在空气中加热。

FeCrBSi 涂层在升温过程中的质量变化曲线如图 4.12 所示。可以发现在 N_2 气氛中，涂层的氧化速率和氧化物增加量均低于在空气中加热。从室温到 700 ℃，涂层在氧气和氮气环境中质量增加百分比分别为 1.4% 和 0.57%。结果表明，在没有氮气的保护时，氧气通过涂层中的孔隙扩散到涂层内部，从而引起了严重的层间氧化。这些氧化层的形成会导致涂层组织界面间的结合强度降低，进而使涂层在摩擦过程中容易发生层状剥落。

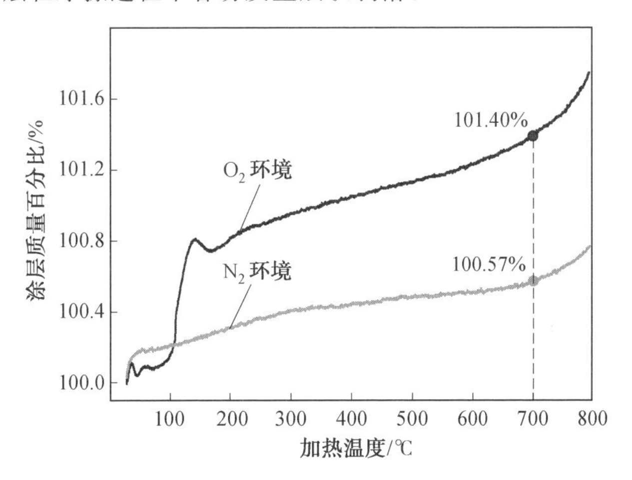

图 4.12　FeCrBSi 涂层在氧气和氮气环境下加热后的质量变化曲线

N_2 保护热处理下 FeCrBSi 涂层截面金相显微图如图 4.13 所示，其中涂层组织较常规热处理有明显改善，尤其体现在界面间氧化现象。尽管氧化层仍旧可见，但其厚度低于常规热处理后界面间的氧化层厚度，氧化现象的减缓得益于在热处理过程中氮气的保护作用。

N_2 保护热处理下涂层的相成分几乎和在空气中热处理时一致，均由 α(Fe, Cr) 固溶体相组成，如图 4.14 所示。在 600 ℃ 热处理时，涂层开始发生再结晶现象，生成 Cr_7C_3 和 Fe_3B 等硬质相。涂层中并没有检测到氧化物相，可以推测涂层中氧化物含量极少。

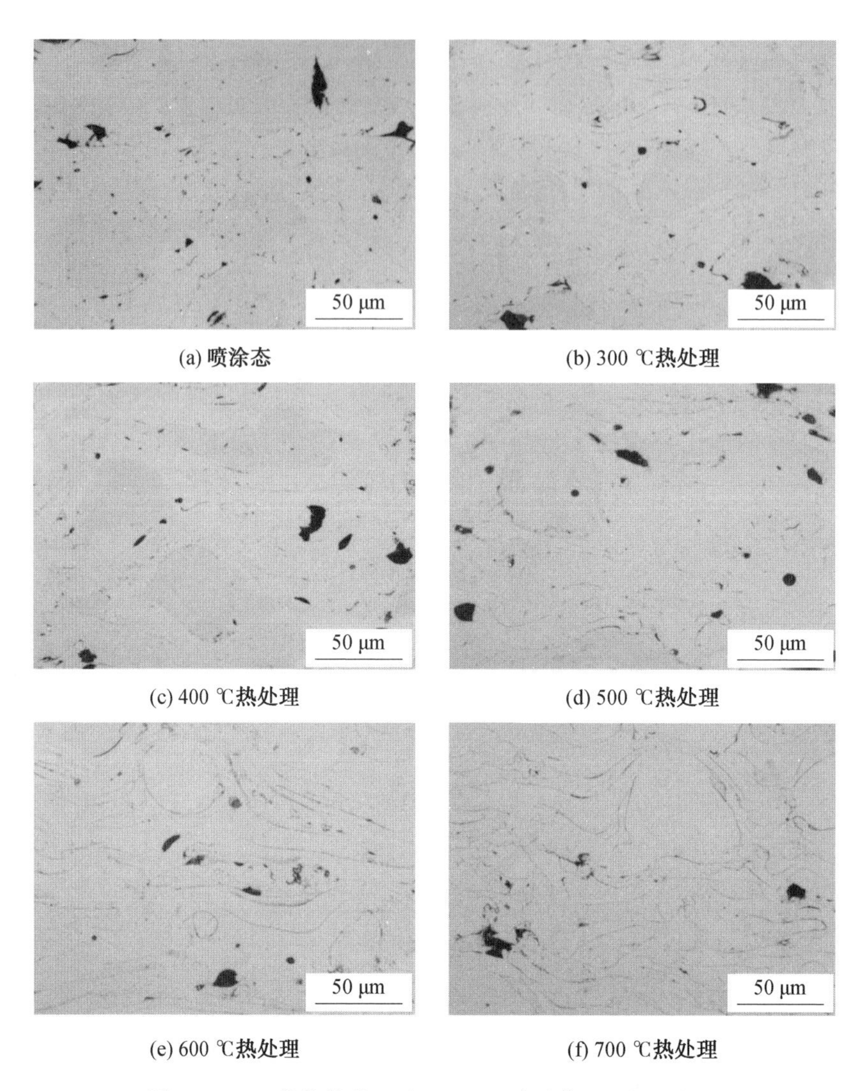

(a) 喷涂态　(b) 300 ℃热处理

(c) 400 ℃热处理　(d) 500 ℃热处理

(e) 600 ℃热处理　(f) 700 ℃热处理

图 4.13　N_2 保护热处理下 FeCrBSi 涂层截面金相显微图

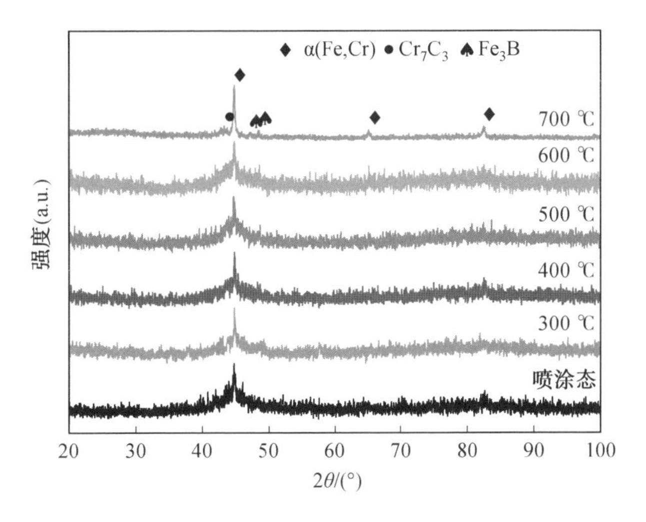

图 4.14　N_2 保护热处理下 FeCrBSi 涂层的 XRD 图谱

2. N_2 保护热处理对 FeCrBSi 涂层显微硬度的影响

不同气氛保护下热处理温度对喷涂 FeCrBSi 涂层硬度的影响如图 4.15 所示，从图中可以看出，热处理气氛对等离子喷涂 FeCrBSi 涂层的硬度值影响并不明显，温度对涂层硬度值的影响规律和普通热处理条件下一致。

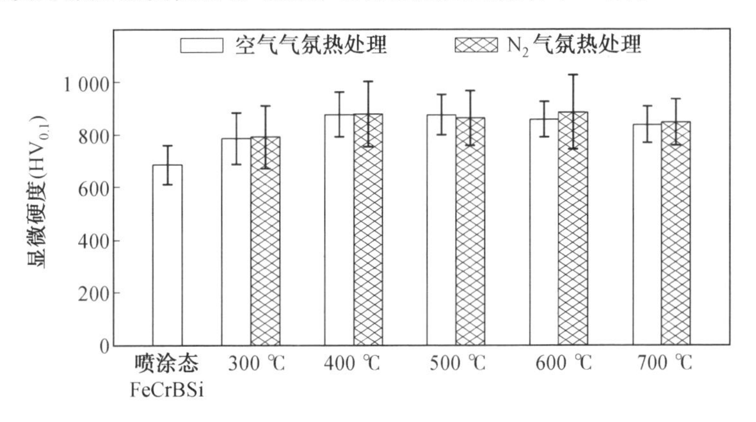

图 4.15　空气和 N_2 保护热处理下 FeCrBSi 涂层的显微硬度

3. N_2 保护热处理对 FeCrBSi 涂层摩擦性能的影响

N_2 保护热处理下 FeCrBSi 涂层的摩擦系数曲线如图 4.16 所示，从图中可以看出，摩擦系数经过磨合阶段后稳定在 0.55～0.65 之间。相较于在空气中热处理，涂层的摩擦系数降低了 0.1 左右，这主要是由于在 N_2 保护下涂层组织结构更

加均匀，因而在往复摩擦过程中摩擦阻力更小。

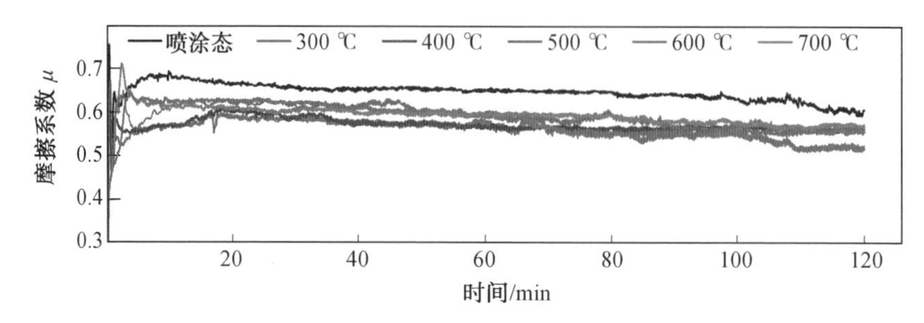

图 4.16 N_2 保护热处理下 FeCrBSi 涂层的摩擦系数曲线

空气和 N_2 保护热处理下 FeCrBSi 涂层的磨损率如图 4.17 所示。其中温度对涂层磨损率的影响规律两者都一样，即随着热处理温度的升高，涂层磨损率先升高后降低，到 700 ℃ 时涂层磨损率最低，其耐磨性能最佳。另外，热处理气氛对 FeCrBSi 涂层磨损率的影响很大。相较于在空气中热处理，在 N_2 保护下，300 ℃、400 ℃、500 ℃、600 ℃、700 ℃ 时 FeCrBSi 涂层的磨损率降低了 14%、41%、31%、48% 和 30%。结果证明，在热处理过程中由于氮气的加入，FeCrBSi 涂层耐磨性能得到很大提升。

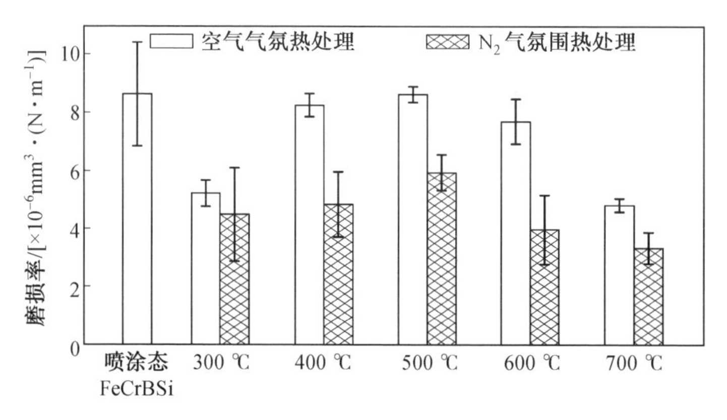

图 4.17 空气和 N_2 保护热处理下 FeCrBSi 涂层的磨损率

和普通热处理不同的是，在氮气保护下 FeCrBSi 涂层组织界面间生成较少的氧化层，因而使涂层内聚结合强度得到提高，在摩擦过程中扁平颗粒大面积剥落现象得到缓解，涂层磨损后表面扫描电镜结果如图 4.18 所示。

N_2 保护热处理下不仅涂层组织得到优化，同时还促进了涂层再结晶和硬质相的析出，这对于提高涂层的耐磨性能有很大帮助。类似地，在 300 ～ 600 ℃ 热处理下，涂层磨痕表面主要表现为颗粒剥落，磨损机制为疲劳剥落磨损。当热处

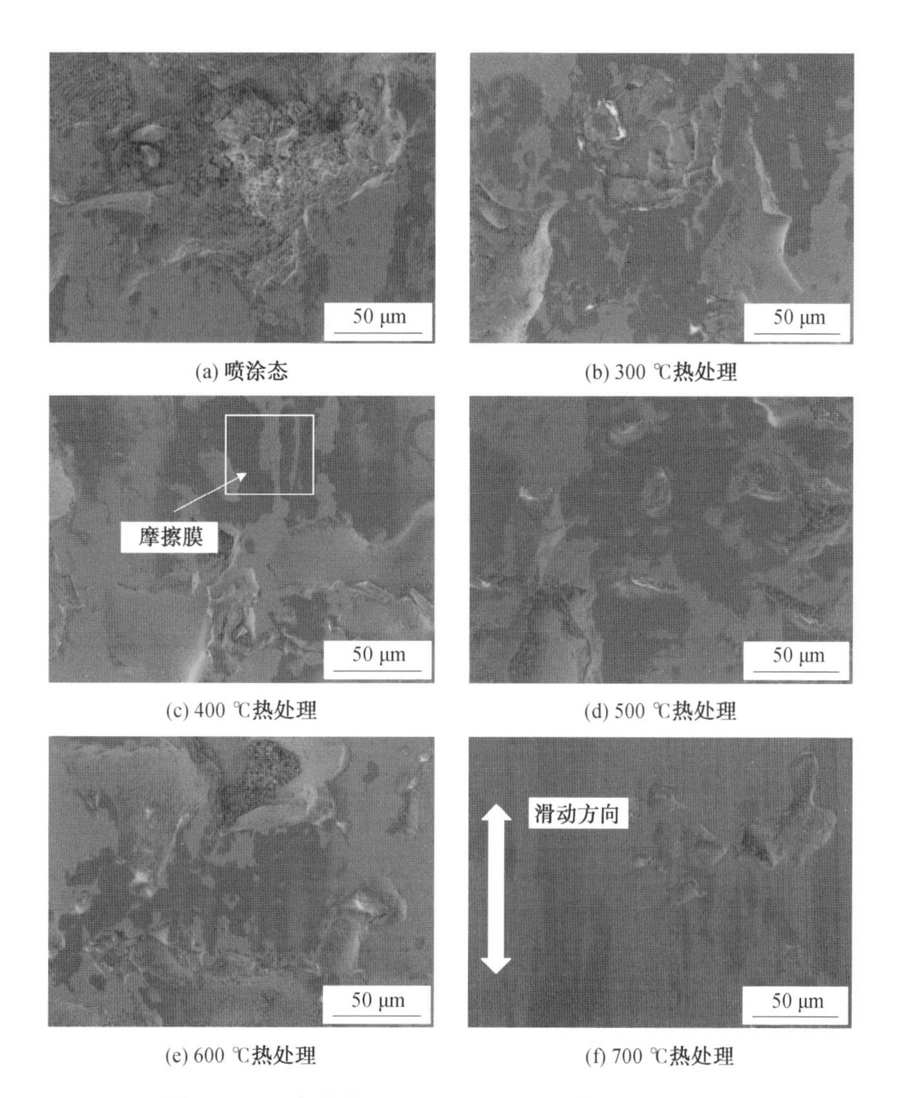

(a) 喷涂态　(b) 300 ℃热处理
(c) 400 ℃热处理　(d) 500 ℃热处理
(e) 600 ℃热处理　(f) 700 ℃热处理

图 4.18　N_2 保护热处理下 FeCrBSi 涂层磨痕扫描电镜图

理温度升高到 700 ℃ 时，磨痕表面除了小部分凹坑之外，还可以观察到明显的犁沟，磨损机制由疲劳剥落和磨粒磨损共同主导。

在高频率的摩擦过程中，接触面会在由摩擦发热引起的瞬间高温和高应力的作用下发生塑性变形，同时高温也会导致在摩擦表面形成氧化膜。如图 4.19 所示为涂层在 400 ℃ 热处理后磨损表面形貌和元素分布图，可见 Fe、Cr、B、C 等元素分布较为均匀，没有发生富集现象。磨痕中颜色较深处 Si 和 O 元素出现完整连续的亮带，说明 Si 和 O 元素发生富集，如图 4.19(e)、(g) 所示，说明在摩擦过程中涂层中 Fe、Si 与空气中氧气反应生成氧化膜，不同热处理温度下的涂层磨痕表面均可发现这层氧化膜。Si 元素的富集是由于涂层表面硬度较高，对磨球材料

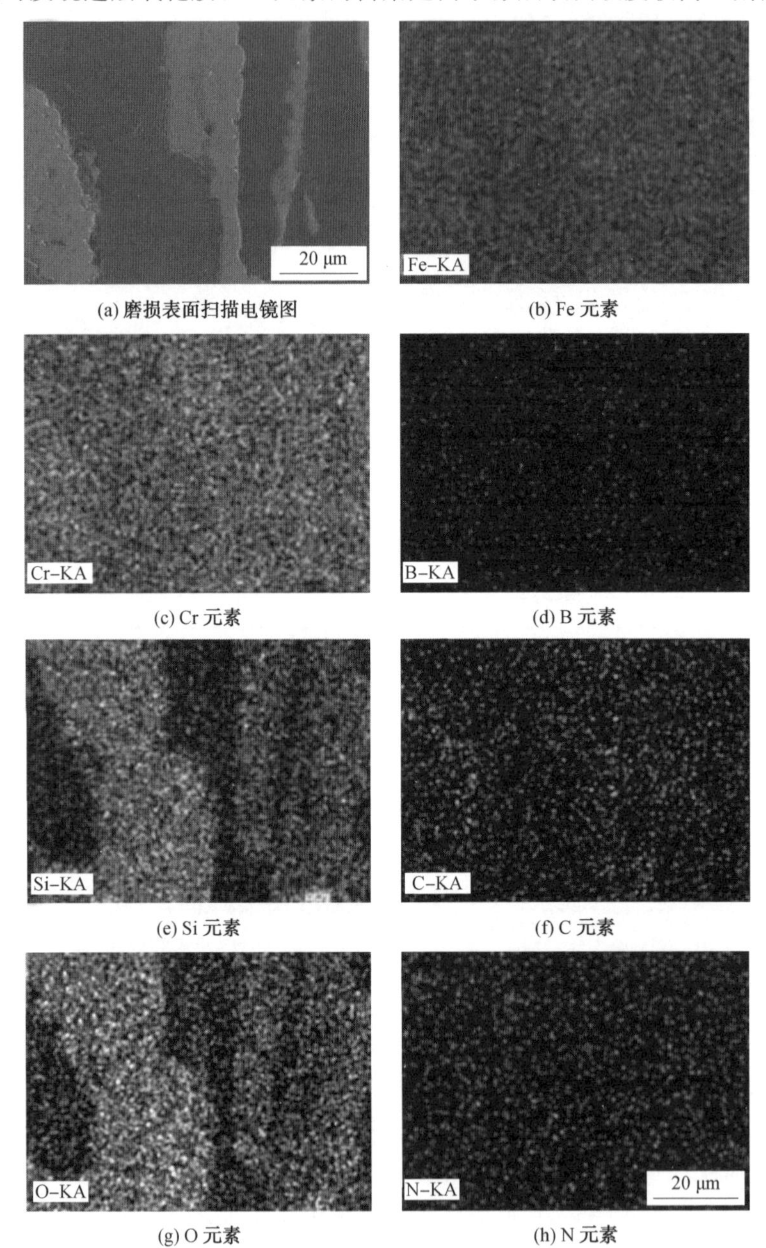

(a) 磨损表面扫描电镜图　(b) Fe 元素

(c) Cr 元素　(d) B 元素

(e) Si 元素　(f) C 元素

(g) O 元素　(h) N 元素

图 4.19　涂层在 400 ℃ 热处理后磨损表面形貌与元素分布图

上的 Si 元素转移到了摩擦表面，Si 元素产生的硬质转移膜在一定程度上也提高了涂层的耐磨性。

由上述分析可知，涂层的耐磨性能受涂层的微观结构、相成分和硬度的影响，结合前面部分对热处理 FeCrBSi 涂层的金相图、相组成和显微硬度的测试结果来看，700 ℃ 热处理后的 FeCrBSi 涂层发生再结晶，析出部分 Cr_7C_3 和 Fe_3B 硬质相使涂层具有较高的硬度，其剥落和磨损现象较其他涂层明显降低，展现出良好的耐磨性能。

4.3　316L 不锈钢耐磨涂层结构及性能

4.3.1　涂层组织结构与力学性能测试

1. 涂层微观形貌

316L 不锈钢粉末在等离子焰流中被加热熔化后撞击到基体表面发生塑性变形而形成涂层，涂层中不同区域的熔融情况、致密程度、塑性变形量和氧化程度等存在一定差异。如图 4.20 所示为喷涂态和热处理态 316L 不锈钢涂层的截面金相形貌，涂层厚度约为 350 μm。可以看到：涂层中包含孔隙和未熔颗粒，其中未熔颗粒周围及扁平颗粒界面间存在明显的黑色氧化层，并且随着热处理温度的升高，涂层界面间的氧元素团聚现象更加明显。

分析认为产生这种现象的原因主要有两个：其一，在喷涂涂层过程中，粉末颗粒发生碰撞变形，颗粒表面的氧化膜受剪切作用，以金属射流形式被挤出，引起涂层中氧元素局部非平衡聚集。在热处理过程中，聚集的氧元素可能重新分布，也可能成为氧化物团聚的核心，因此形成可见的氧化带。其二，涂层中扁平颗粒的结合方式基本为机械铆接，因此界面间不可避免存在大量的缺陷、位错和大角度晶界，成为氧元素快速扩散的通道，在高温作用下容易发生团聚。

在较高温度热处理条件下，扁平颗粒间的孔隙缩小，微裂纹发生融合，涂层结构更加致密。孔隙通常是裂纹产生源和应力集中区，在外力作用下是导致材料断裂的直接因素。热处理使得孔隙率降低以及微裂纹融合，可以有效增加涂层颗粒间的结合强度。

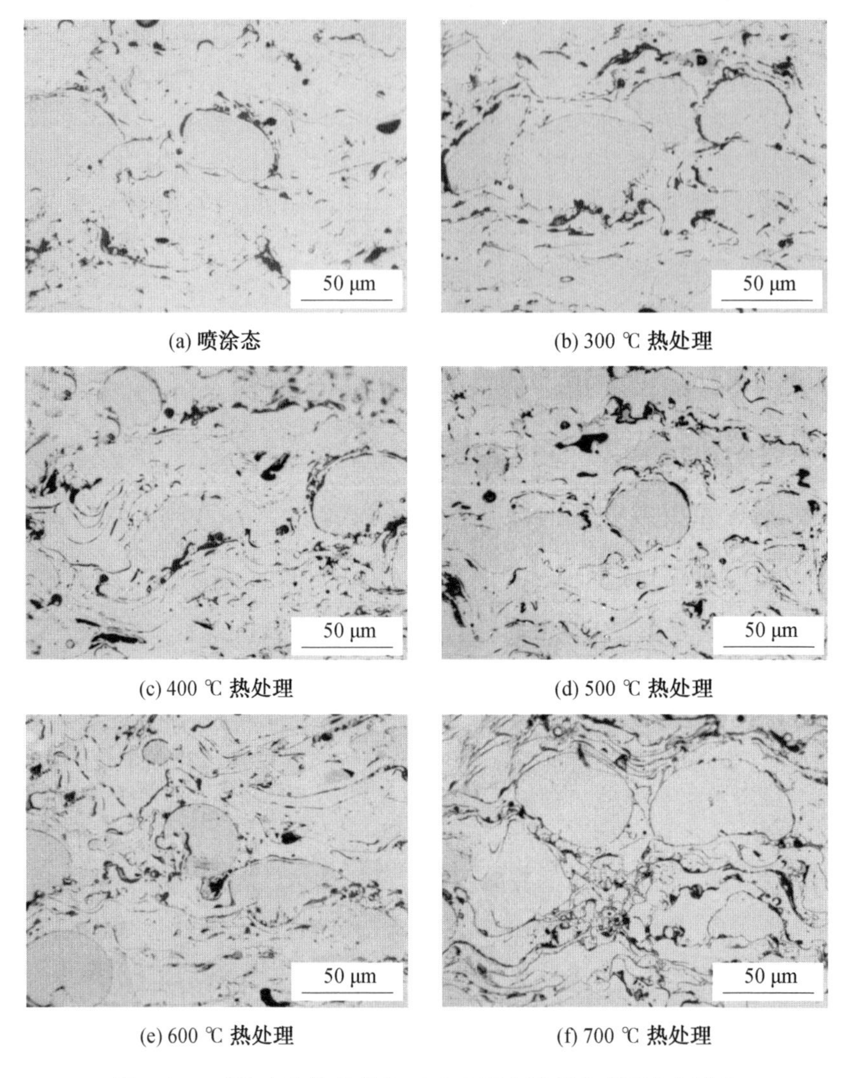

(a) 喷涂态　(b) 300 ℃ 热处理
(c) 400 ℃ 热处理　(d) 500 ℃ 热处理
(e) 600 ℃ 热处理　(f) 700 ℃ 热处理

图 4.20　喷涂态和热处理态 316L 不锈钢涂层的截面金相形貌

2. 涂层相成分

如图 4.21 所示为不同热处理温度下 316L 不锈钢涂层的 XRD 图谱，涂层相结构主要由 γ—Fe、(Fe,Ni) 和 Cr 等物相组成。在喷涂态涂层中并没有检测到氧化物峰，说明等离子喷涂可以在一定程度上避免对喷涂材料的氧化。经热处理后的涂层衍射峰中可以检测到 Fe_2O_3 峰，证明涂层在加热过程中发生了氧化现象，并且 Fe_2O_3 峰强随着热处理温度的升高而增强。结合图 4.20 可以观察到涂

层中黑色氧化层随着热处理温度升高而增多。有研究表明：对等离子喷涂的 316L 不锈钢涂层进行热处理时，在涂层中扁平颗粒周围也存在一层氧化物组织，热处理并没有消除该氧化层。本试验制备得到的涂层获得了与其类似的结果。

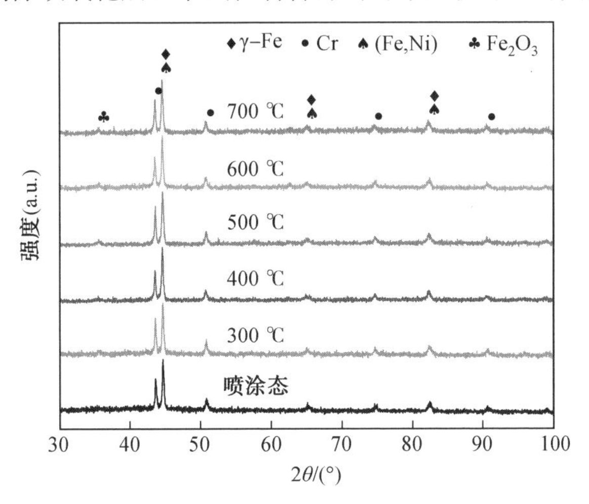

图 4.21　不同热处理温度下 316L 不锈钢涂层的 XRD 图谱

3. 涂层显微硬度

如图 4.22 所示为不同热处理温度下 316L 不锈钢涂层的显微硬度值。涂层的硬度值在一定范围内波动，可归结于涂层中存在的未熔颗粒、氧化物及孔隙等。喷涂态 316L 不锈钢涂层的硬度约为 $336HV_{0.1}$，当热处理温度为 300 ℃ 时，涂层的硬度值与喷涂态相当。继续升高热处理温度到 400 ℃、500 ℃、600 ℃ 和 700 ℃ 时，涂层硬度值分别增加到 $355HV_{0.1}$、$376HV_{0.1}$、$383HV_{0.1}$ 和 $435HV_{0.1}$，说明热处理能有效提高 316L 不锈钢涂层的硬度值。

涂层硬度主要受其内部氧化物含量和涂层组织内聚结合强度的影响，随着热处理温度的升高，原子的热扩散激活能增大，原子在扁平颗粒间的扩散更加活跃，更容易发生颗粒界面间的互相融合，有助于增强涂层颗粒间的结合强度。与此同时，氧元素团聚并与金属发生反应生成 Fe_2O_3 等氧化物，有效提高了涂层的硬度值。

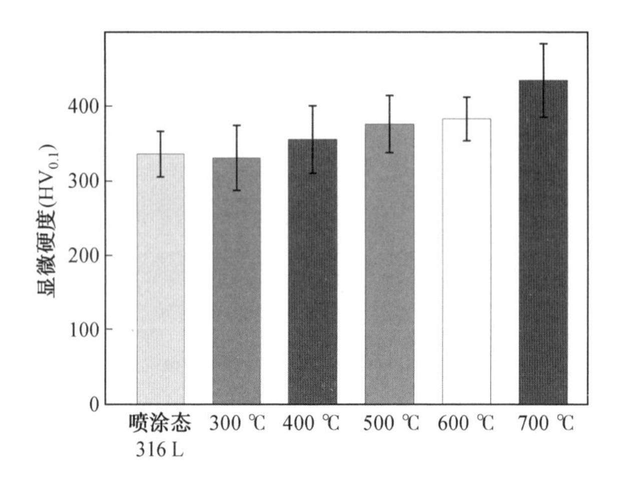

图 4.22　不同热处理温度下 316L 不锈钢涂层的显微硬度值

4.3.2　316L 不锈钢涂层干摩擦条件下摩擦磨损性能分析

采用与 3.3.2 节相同的试验参数开展 316L 不锈钢涂层的摩擦磨损试验，采集试验过程中产生的摩擦系数信号，测量试验结束后的磨损量，并计算得到磨损率。

1. 摩擦系数

喷涂态和经过热处理后 316 L 不锈钢涂层的摩擦系数如图 4.23 所示。在起初的摩擦阶段，由于涂层光滑表面的微凸体被迅速磨平导致对磨副摩擦接触面积增大，从而引起摩擦系数的急剧上升，通常这个阶段被称为黏着磨损的磨合磨损阶段。经过 5 ～ 15 min 的磨合期以后，对磨球与涂层表面接触面积基本恒定，磨损到达相对动态平衡状态，摩擦系数稳定在 0.7 ～ 0.8 之间。

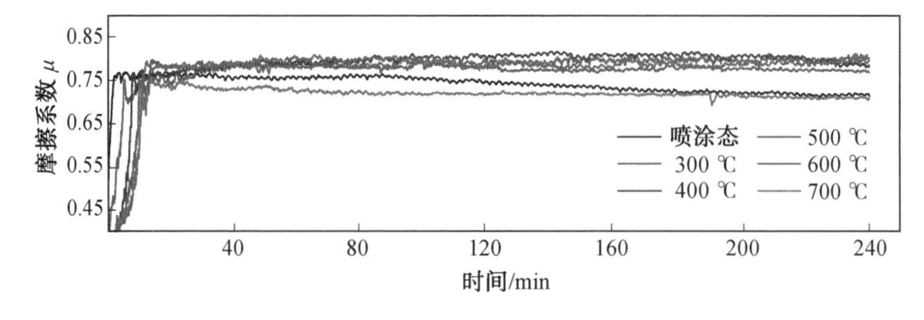

图 4.23　喷涂态和不同热处理温度下 316L 不锈钢涂层的摩擦系数

对比发现，300 ～ 600 ℃ 热处理条件下 316L 不锈钢涂层的摩擦系数较喷涂

态涂层有所上升，到了 700 ℃ 时，涂层摩擦系数再次降低，与喷涂态涂层的摩擦系数相当。这说明较高温度可以改善涂层的组织结构，有利于提高涂层抗黏着磨损能力。

2. 磨损率

如图 4.24 所示为喷涂态和不同热处理温度下 316L 不锈钢涂层的磨损率。在干摩擦条件下，涂层的磨损率随着热处理温度的升高先升高后降低，在 700 ℃ 热处理条件下 316L 不锈钢涂层的磨损率最低。硬度和扁平颗粒间的结合强度是影响涂层耐磨性能的重要因素，300 ℃ 热处理条件下涂层的硬度相对于喷涂态涂层没有太大变化，但通过 XRD 分析可知，涂层内部产生少量的氧化物，结合图 4.20 可以看到氧化物分布在扁平颗粒的边缘处，因此导致颗粒间结合强度下降，从而使涂层的磨损率增加。

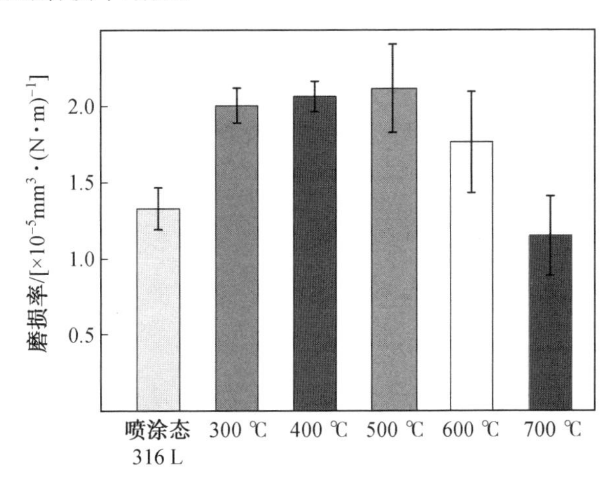

图 4.24　喷涂态和不同热处理温度下 316L 不锈钢涂层的磨损率

当温度继续升高到 700 ℃ 时，原子扩散加速，颗粒间的孔隙和微裂纹缩小，涂层结构更加致密，此外，700 ℃ 热处理后涂层的硬度值最高，这两种因素共同促使涂层的磨损率降到最低。在 400～600 ℃ 热处理条件下，原子扩散效果介于 300 ℃ 和 700 ℃ 两者之间，涂层内部原子开始发生扩散，使部分层状组织界面处发生融合，对增强涂层耐磨性起到积极作用，与此同时，氧元素在局部区域发生团聚并和金属元素产生反应生成氧化膜，导致涂层的断裂韧性降低，造成涂层耐磨性能下降。这两者在往复摩擦过程中相互竞争，分别对涂层的耐磨性能起到强化和弱化的作用，具体反映在涂层的磨损率上。

4.3.3　磨损机理分析

316L不锈钢涂层磨痕扫描电镜图如图4.25所示。可以观察到，喷涂态316L不锈钢涂层磨损后磨痕表面存在凹槽，涂层表面因受到摩擦剪切力作用发生塑性变形，产生大量的犁沟。由于对磨球硬度较高(约为1 700HV)，在压力作用下会对涂层表面产生微切削作用，产生的磨屑会继续被磨碎形成更细小的磨料对涂层产生磨损。涂层的磨损机制主要为黏着磨损，也存在一定的磨粒磨损。

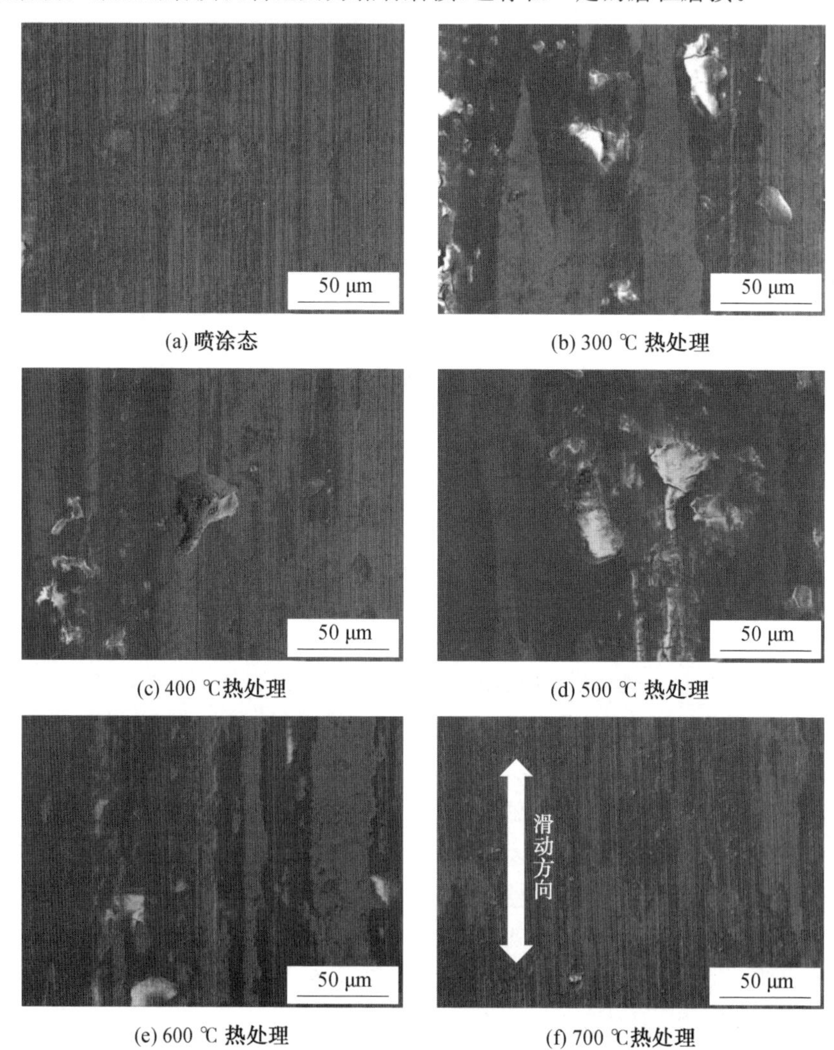

(a) 喷涂态　(b) 300 ℃ 热处理

(c) 400 ℃热处理　(d) 500 ℃ 热处理

(e) 600 ℃ 热处理　(f) 700 ℃热处理

图4.25　316L不锈钢涂层磨痕扫描电镜图

经过300～500 ℃热处理后，涂层磨损表面存在片状剥落物和部分犁沟。温度较低时，对应的热扩散激活能很弱，不足以使涂层内部金属原子越过势垒，层状组织界面之间难以发生融合现象，此温度下热处理后的316L不锈钢涂层的弹性模量和断裂韧性与喷涂态涂层相差不大。磨痕表面扁平颗粒的剥落表明涂层的内聚结合强度下降，在往复的摩擦力作用下摩擦表面发生疲劳失效，导致涂层组织的片状剥落，同时沿着滑动方向存在交替的裂口和凹穴，这是典型的黏着磨损。

热处理温度达到600 ℃以上时，其热扩散激活能可以使层状组织间元素发生扩散并且局部扁平颗粒界面处发生融合，使涂层的硬度和内聚结合强度得以改善，涂层中的残余应力也降低甚至消失。与此同时，涂层中O元素加速扩散形成氧化层，均匀分布在颗粒周围，氧化物团聚体属于硬脆相，提高了涂层的硬度，在摩擦过程中可以形成细小磨粒，起到润滑的作用。从图4.25(e)、(f)来看，在600 ℃和700 ℃热处理条件下，涂层磨痕表面较为光滑，和喷涂态涂层磨损表面相似，涂层组织的剥落也得到了缓解，与磨损率测试结果相一致。磨损机制为黏着磨损和磨粒磨损。

4.3.4　N_2保护热处理对316L不锈钢涂层摩擦学性能的影响分析

对于316L不锈钢涂层而言，N_2保护热处理后的金相显微结构如图4.26所示。从图中可以观察到涂层组织形貌并未发生明显变化，层间仍可见大量氧化层，XRD分析可知涂层相结构也并未发生改变，两种热处理气氛下涂层的显微硬度、摩擦系数和磨损率见表4.5。从表4.5中的数据可以发现：热处理气氛对等离子喷涂316L不锈钢涂层的显微硬度、摩擦系数和磨损率的影响均不明显，试验数值在一定误差范围内基本保持与空气中热处理时一致。由于喷涂态316L不锈钢涂层扁平颗粒界面间本身就存在大量氧化层和密闭的孔隙，在热处理过程中氮气无法到达涂层内部组织，因此热处理气氛对涂层结构和性能的影响不大。可以推测，在N_2保护热处理条件下温度对涂层结构和性能的影响规律和常规热处理时类似，因此不再赘述。

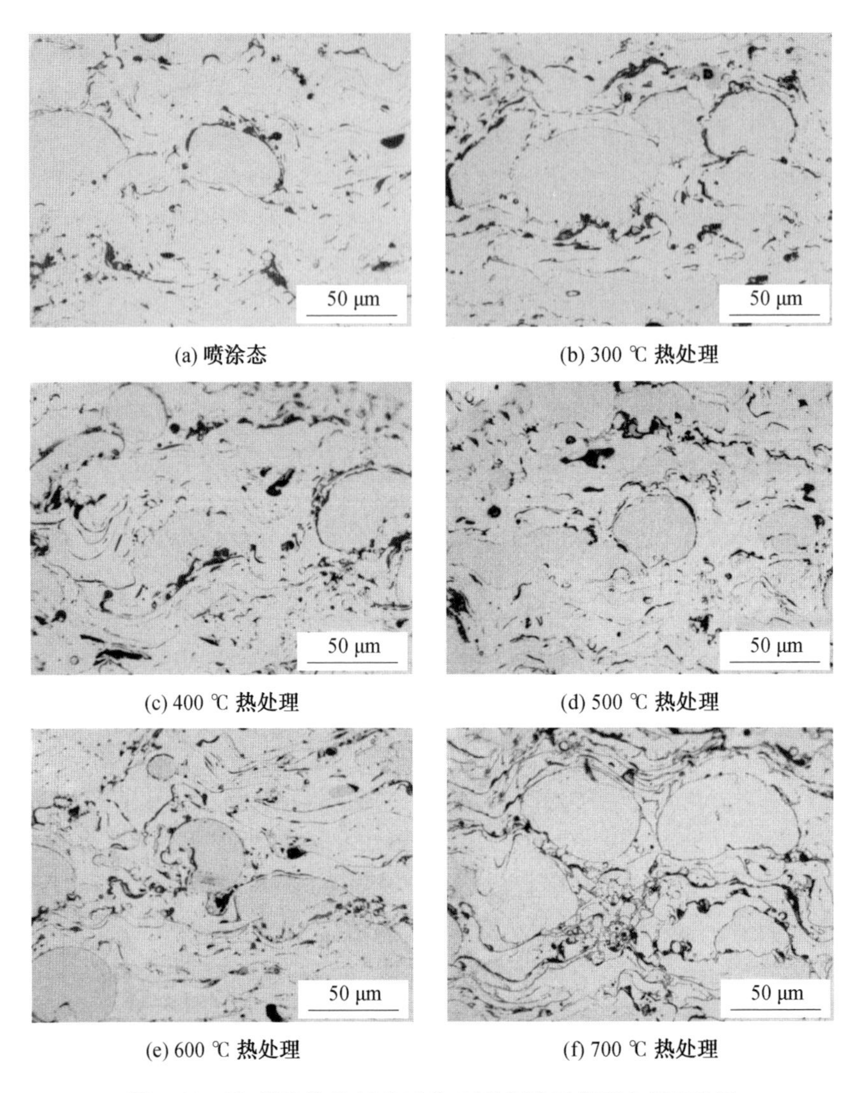

(a) 喷涂态　(b) 300 ℃ 热处理

(c) 400 ℃ 热处理　(d) 500 ℃ 热处理

(e) 600 ℃ 热处理　(f) 700 ℃ 热处理

图 4.26　N_2 保护热处理下 316L 不锈钢涂层截面金相显微图

表 4.5　空气和 N_2 热处理条件下 316L 不锈钢涂层的显微硬度、摩擦系数和磨损率

涂层	显微硬度($HV_{0.1}$)		摩擦系数		磨损率 /[$\times 10^{-5}$ $mm^3 \cdot (N \cdot m)^{-1}$]	
	空气	N_2	空气	N_2	空气	N_2
316L	336		0.74		1.329±0.14	
316L－300 ℃	330	349	0.78	0.70	2.005±0.12	1.783±0.16
316L－400 ℃	355	361	0.79	0.69	2.065±0.10	1.804±0.21

续表4.5

涂层	显微硬度($HV_{0.1}$)		摩擦系数		磨损率/[$\times 10^{-5}$ $mm^3 \cdot (N \cdot m)^{-1}$]	
	空气	N_2	空气	N_2	空气	N_2
316L－500 ℃	376	385	0.76	0.66	2.117±0.29	1.985±0.13
316L－600 ℃	383	403	0.77	0.67	1.764±0.33	2.007±0.28
316L－700 ℃	435	421	0.71	0.71	1.149±0.26	1.236±0.22

4.4　铜基 Cu－15Ni－8Sn 耐磨涂层制备、结构及性能

Cu是一种具有出色导电性和导热性的金属材料，具有较低的剪切强度和润滑特性，因此可作为复合材料的基体。同时为了进一步提升 Cu 的某一特定性能，还可以向Cu基体中掺杂合金元素，制备出不同种类的Cu基复合材料。Cu基复合材料通常以 Cu－Sn、Cu－Al－Sn、Cu－Ni 等体系被制造应用，通过加入强化金属与 Cu 基体在高温下形成固溶物，进而改善涂层的强度和硬度。其中，用于减摩耐磨的 Cu 基复合材料包括 CuPb、CuSn 和 CuAl 等。

铜镍锡(Cu－Ni－Sn) 合金是在某些特定条件下将 Sn 元素溶解在二元 Cu－Ni 合金中制备得到的，是一种新型的高强耐磨弹性铜合金，不仅具有良好的机械、物理性能，还具有更高的热稳定性、高温强度和抗高温应力松弛性能，可以在中高温环境下长期服役而保持组织与性能的稳定。此外，Cu－Ni－Sn 合金还表现出优异的配合性能、抗腐蚀性能、成型工艺简单、成本低廉、环境友好等优点，是高危型 Cu－Be 合金的替代合金。因此，铜镍锡合金可用于制造齿轮、重载轴瓦、船用螺旋桨、高功率密度柴油机滑动轴承等设备。

现在主要开发的铜镍锡合金有 Cu－9Ni－6Sn、Cu－15Ni－8Sn 和 Cu－21Ni－5Sn 合金几类。研究结果表明，在特定范围内，随着 Ni、Sn 元素溶解量的增大，制备得到的铜锡镍合金强度也随之上升。目前开发使用最多的是 Cu－15Ni－8Sn 合金(UNS C72900/ASTM B505)，最早由美国贝尔实验室于 20 世纪 70 年代研发得到，其主要成分为 $w(Ni) = 14.5\% \sim 15.5\%$、$w(Sn) = 7.5\% \sim 8.5\%$、$w(Mn) = 0.05\% \sim 0.3\%$、$w(Fe) < 0.5\%$、$w(Zn) < 0.5\%$。Cu－15Ni－8Sn 合金的主要物理特性见表 4.6。

表 4.6 Cu－15Ni－8Sn 合金的主要物理特性

密度 /(g·cm^{-3})	导电率 /% (IACS,20 ℃)	弹性模量 /(kN·mm^{-2})	热传导率 /[W·(m·K^{-1})]	热膨胀系数(20～100 ℃) /(×10^{-6} K^{-1})
9.0	≤9	144	38	16.4

本节将应用气体雾化法制备 Cu－15Ni－8Sn 合金粉末，并将其作为等离子喷涂原料。制备得到铜基 Cu－15Ni－8Sn 涂层，对其涂层组织、显微硬度与摩擦学性能进行表征，并分析研究喷涂工艺参数及时效处理对其结构与性能的影响。

4.4.1 铜基 Cu－15Ni－8Sn 涂层制备

1. 基体材料

选用 304 不锈钢作为基体，喷涂前使用 24 目 Al_2O_3 颗粒在 0.5 MPa 压力下进行表面喷砂预处理。

2. 合金粉末及涂层制备

采用含氧量小于 290×10^{-6} 的 N_2，通过气体雾化法制备得到 Cu－15Ni－8Sn 合金粉末(w(Ni)＝15.20%，w(Sn)＝7.97%)。气体雾化法的基本原理是用高速气流将液态金属流破碎成小液滴(直径 ≤150 μm)并凝固成粉末，多用于制备多种金属粉末和各类合金粉末。Cu－15Ni－8Sn 粉末的 SEM 图像如图4.27(a)所示，粉末呈球形，平均粒径为 14 μm，粒度分布见左下角局部放大图。Cu－15Ni－8Sn 粉末的 EDS 图谱如图 4.27(b)所示，从图中可以看出元素 Sn 在微观尺度上的分布是不均匀的。

将制备得到的 Cu－15Ni－8Sn 粉末作为等离子喷涂的原料，分别在 300 A、400 A 和 500 A 的电弧电流下沉积了三种 Cu－15Ni－8Sn 涂层。在喷涂过程中，使用六轴机械臂(ABB，瑞典)来移动等离子枪，以实现喷涂的均匀性和可重复性。基板背面用压缩空气冷却，以降低基体温度，避免涂层从基板上脱落，具体的喷涂参数见表 4.7。分别将在 300 A、400 A 和 500 A 电流电弧下制备得到的 Cu－15Ni－8Sn 涂层简称为 Cu300、Cu400 和 Cu500。

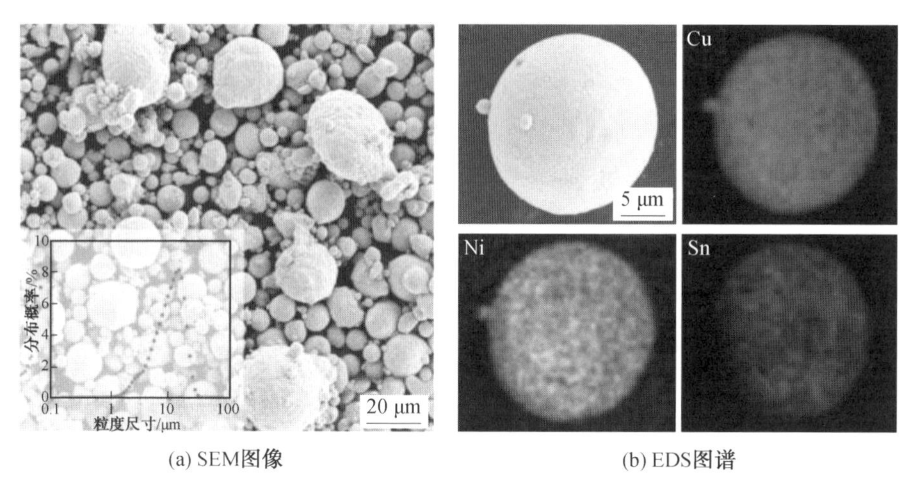

(a) SEM图像　　(b) EDS图谱

图 4.27　气体雾化法制备的 Cu－15Ni－8Sn 粉末

表 4.7　Cu－15Ni－8Sn 涂层等离子喷涂参数

电流 /A	H_2 流量 /(L·min^{-1})	电压 /V	Ar 气流量 /(L·min^{-1})	喷枪竖直移动间距 /mm	送粉速度 /(g·min^{-1})	喷涂距离 /mm	喷枪速度 /(mm·s^{-1})
300/400/500	4	64	50	3	30	120	200

3. 涂层时效处理

铜镍锡合金是一种典型的时效强化型合金，因此对其进行时效处理是改善合金性能的主要强化手段。所谓时效处理，是指金属或合金经固溶处理，从高温淬火或经过一定程度的冷加工变形后，在较高的温度或室温下放置以保持其形状和尺寸的一种热处理工艺。经时效处理后工件的性能、形状和尺寸会随着静置时间的不同而变化，一般而言，其硬度和强度会有所增加，而塑性、韧性和内应力则会有所下降。

将喷涂态 Cu－15Ni－8Sn 涂层进行时效处理，以提高涂层的性能。首先将样品封装在真空石英管中，以 10 ℃/min 的升温速率将温度升至目标温度，在 370 ℃ 的管式炉中保温 2 h，最后从炉中取出石英管，在空气中冷却到室温。将 Cu300、Cu400 和 Cu500 涂层对应时效处理得到的涂层简称为 Cu300－aged、Cu400－aged 和 Cu500－aged。此外，本节还将采用粉末冶金方法，用上述气雾化粉末制备得到 Cu－15Ni－8Sn 合金(CuNiSn alloy)，并与涂层进行分析对比。

4.4.2 Cu－15Ni－8Sn 涂层结构与力学性能

1.涂层微观结构

采用白光干涉显微镜(Contour GT－K，Bruker，德国)观察了涂层的三维表面结构，测量结束后，采用高斯高通滤波器对样品进行倾斜校正，对涂层表面4.5 mm×3.5 mm 的粗糙度数据进行了评定。不同喷涂电弧电流下制备的Cu－15Ni－8Sn 涂层的微观结构如图 4.28 所示。

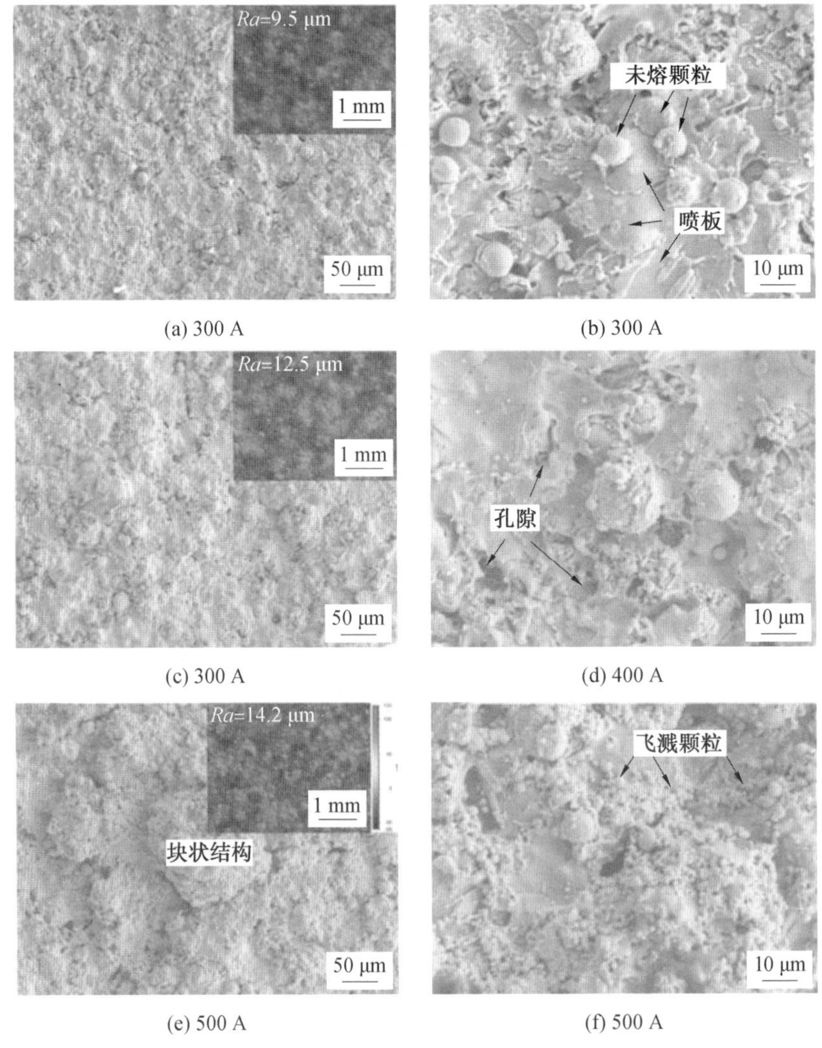

(a) 300 A (b) 300 A (c) 300 A (d) 400 A (e) 500 A (f) 500 A

图 4.28 不同喷涂电弧电流下制备的 Cu－15Ni－8Sn 涂层的微观结构

从图 4.28(a)、(b) 中可以看出，Cu300 涂层由层状颗粒、未熔颗粒和孔隙组成。其中，层状颗粒大多数呈表面光滑的扁平状，这表明在喷涂过程中，喷涂粒子在到达基体之前已完全熔化。此外，在涂层表面上仍可观察到一些直径约为 10 μm 的球形颗粒，接近原始粉末尺寸(图 4.27(a))，这是由于等离子体射流的能量较低或者颗粒沿着等离子射流的外焰飞行，从而形成了未熔颗粒。

当电弧电流增加到 400 A 时，颗粒的熔化状态得到改善，未熔颗粒的数量相对减少。但疏松的大块状结构增加，表面粗糙度从 9.6 μm 增加到 12.5 μm，块状结构由几个彼此黏附的半熔颗粒组成，当电流进一步增加到 500 A 时，涂层表面的块状结构变得更大，表面粗糙度达到 14.2 μm。此外，如图 4.28(f) 所示，在涂层表面上出现许多尺寸小于 1 μm 的球形颗粒。将 Cu300 与 Cu400 涂层微观形貌进行对比可知：可以通过增加等离子溅射能量来减少未熔颗粒的数量，但在增加粒子束溅射能量的同时还会导致涂层表面粗糙化并且产生细小的飞溅颗粒。大块状结构的形成是由于在喷涂时喷嘴的温度刚好低于粉末颗粒的熔点，使得粉末颗粒在喷射之前发生弱结合，表面细小的球形颗粒可能是由于过热颗粒的碰撞产生细小液滴的径向飞溅而形成。

不同喷涂电弧电流下 Cu－15Ni－8Sn 涂层的横截面微观结构如图 4.29 所示，涂层的厚度在 240～280 μm 之间。单层的厚度约为 50 μm，共喷涂 5 次，可以从图 4.29 的(a)、(c)、(e) 中区分每层的结构。随着电弧电流的增加，层状结构变得更加明显。在每层的顶部有许多小孔，在图中显示为黑点，该特征从光学图像中观察更明显。Cu300、Cu400 和 Cu500 涂层的孔隙率分别为 3.2%、4.1% 和 5.3%，随着电弧电流的增加，孔隙率呈增加趋势，这可归结于涂层中块状和细小飞溅颗粒的松散结构。

(a) 300 A

半熔颗粒
孔隙
氧化物
20 μm

(b) 300 A

图 4.29　不同喷涂电弧电流下制备的 Cu－15Ni－8Sn 涂层的横截面微观结构

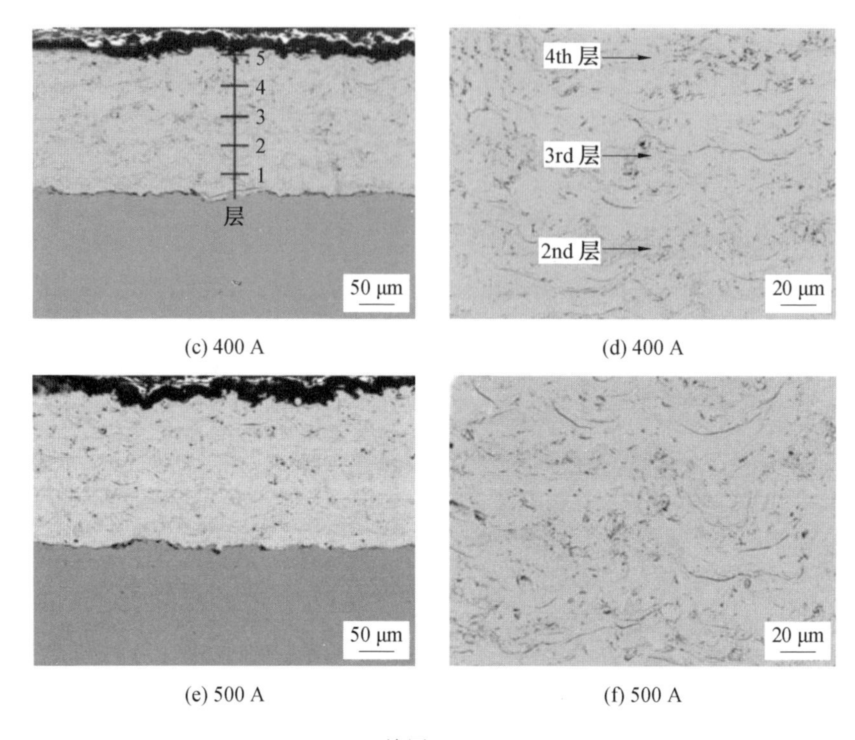

(c) 400 A　　(d) 400 A

(e) 500 A　　(f) 500 A

续图 4.29

许多半熔颗粒构成的块状结构中包含一些孔隙，而后沉积的扁平颗粒不能很好地将其填充。喷涂过程中飞溅的细小颗粒使后来的颗粒与已沉积的扁平颗粒接触不紧密，也会因此产生孔隙。从图 4.29(b)、(d)、(f) 可以看出，涂层由扁平颗粒、半熔颗粒、氧化物和孔隙组成。较大的半熔颗粒中有灰色相分布，细长黑色氧化物的数量随着电弧电流的增加而增加。

2. 涂层相成分分析

采用能谱仪(EDS，Bruker，德国)分析了涂层的化学成分，通过使用 Cu－Kα 辐射源的X射线衍射(XRD，D8 Advance，Bruker，德国)分析原始粉末、喷涂涂层和时效涂层的物相组成。测试的扫描速率为 5(°)/min，衍射角范围为 30°～100°，结果如图 4.30 所示。

位于 43.30°、50.41°、74.11° 和 90° 的峰分别与 α－Cu 的(111)、(200)、(220)和(311)晶面相对应。肩峰出现在 Cu－15Ni－8Sn 粉末衍射峰的左侧，这说明除了 α－Cu 固溶体之外，粉末中可能还存在具有 FCC 结构的其他相。Cu－15Ni－8Sn 粉末的 EDS 图像(图 4.27(b))也证明了 Sn 的偏析，合金液滴和

合金成分的缓慢凝固都促进了粉末中 Sn 的微观偏析，但喷涂态涂层是较好的固溶体。峰形狭窄并且对称表明大多数颗粒完全熔化并且在喷涂过程中偏析的 Sn 被溶解。涂层冷却速度较快也可以有效地防止 Sn 偏析的现象。在 370 ℃ 下时效处理 2 h 后，涂层的衍射峰没有明显变化。在(111) 峰的底部(图 4.30 中用黑色箭头示出)略微变宽，(200) 峰强度增强，这表明 Cu－15Ni－8Sn 涂层在时效过程中发生了调幅分解。

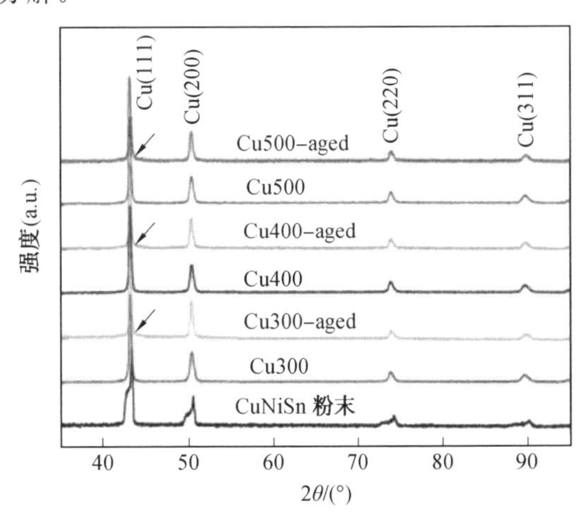

图 4.30　Cu－15Ni－8Sn 粉末及喷涂态 / 时效态涂层的 XRD 光谱

在 Cu－15Ni－8Sn 涂层中，存在一些未熔颗粒和半熔颗粒，这些大颗粒中有大量分散的灰色相，为了分析灰色相和基相之间的成分差异，对此进行了 EDS 分析，较大半熔颗粒的 EDS 图像如图 4.31 所示。从图中可以看出灰色相中 Ni 含量较高而 Sn 较少，与之相反的是在基相中 Sn 含量较高而 Ni 较少。在粉末雾化期间，灰色相应该首先析出，因为 Ni 可以在 Cu 中无限溶解而 Sn 不能。由于这些颗粒在喷涂过程中未充分熔化，灰色相不能完全溶解因此留在颗粒中，粉末的 XRD

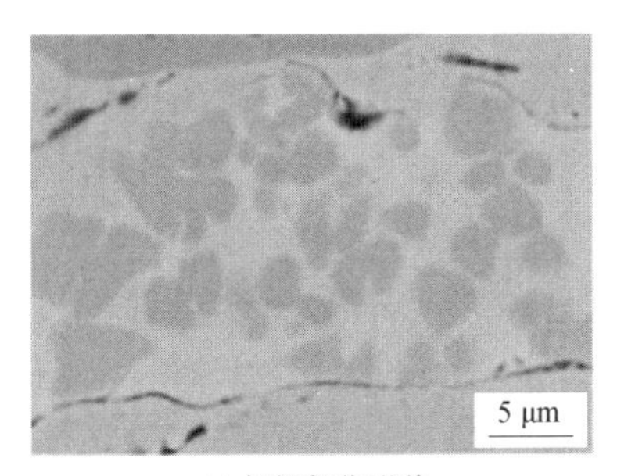

(a) 扫描部位形貌

图 4.31　Cu－15Ni－8Sn 涂层中典型的半熔颗粒的 EDS 面扫图

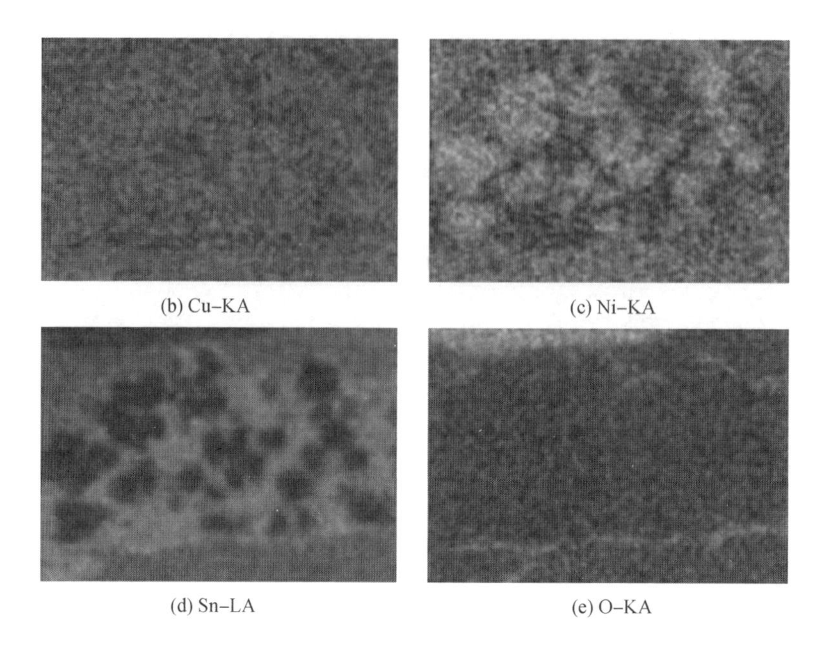

(b) Cu–KA (c) Ni–KA

(d) Sn–LA (e) O–KA

续图 4.31

图像也证明偏析现象的存在。

3. 涂层显微硬度

用显微硬度计(HV－1000,Huaying,中国)在 100 g 载荷下保载 10 s 后,采用显微压痕法测量了涂层和合金的显微硬度,取 10 次测量结果的平均值作为涂层硬度值,结果如图 4.32 所示。喷涂态涂层的硬度范围为 131 ～ 160$HV_{0.1}$。随着电弧电流的增加硬度略有增加,硬度增加的主要原因可能是形成过饱和固溶体,并且高温等离子体射流促使氧化物的形成,从而增加了涂层的硬度。另外,电弧电流增大也可能导致涂层中的孔隙数量的增加(图 4.29),涂层硬度有所降低。

时效处理后 Cu－15Ni－8Sn 涂层的硬度有所提高,时效处理使 Cu500 涂层的硬度从 160$HV_{0.1}$ 增加到 214$HV_{0.1}$,远高于 Cu－15Ni－8Sn 合金(173$HV_{0.1}$)。同样,Cu－15Ni－8Sn－0.4Si 合金在 380 ℃ 时效处理 1 h 后硬度也有所提高,这是由于过饱和固溶体的调幅分解。调幅分解在晶体中产生富 Sn 和贫 Sn 调幅区,产生了相干应力场,这阻碍了位错运动并使涂层硬化。

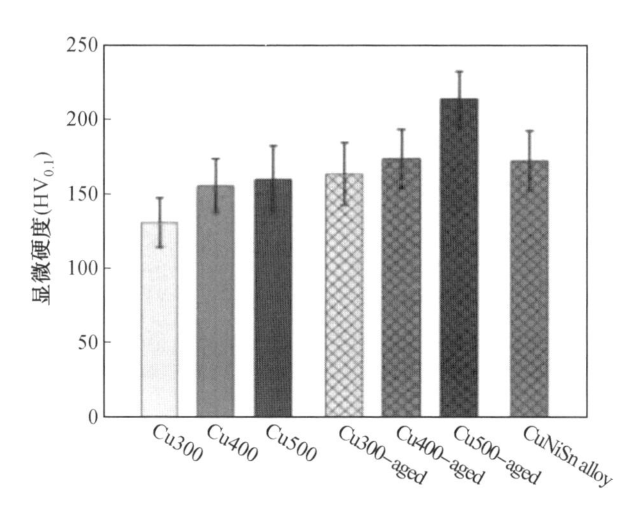

图 4.32　Cu－15Ni－8Sn 喷涂态与时效态涂层的显微硬度

4.4.3　Cu－15Ni－8Sn 涂层摩擦学性能

1. 摩擦磨损试验

采用UMT－2型摩擦磨损试验机对Cu－15Ni－8Sn涂层及合金进行了滑动摩擦磨损试验，对磨球采用直径为 4 mm 的 WC－12Co 球。在测试之前，用 SiC 砂纸抛光涂层表面，涂层的平均表面粗糙度约为 75 nm；随后使用丙酮溶剂清洗试件表面。在试验过程中，对磨球在 4 Hz 的振动频率下进行往复滑动，往复距离为 6 mm，名义接触载荷为 5 N。试验温度约为 20 ℃，相对湿度为 60%。每个涂层样品在相同条件下重复 3 次试验。试验过程中，由计算机自动测量摩擦力并换算成摩擦系数；涂层的磨损体积损失由行程长度和磨痕的平均横截面积计算得出，并进一步计算得到磨损率。

2. Cu－15Ni－8Sn 涂层摩擦磨损试验结果分析

Cu－15Ni－8Sn 喷涂态涂层及合金材料的摩擦系数随滑动距离的变化规律如图 4.33 所示。从图中可以看出，所有涂层的摩擦系数在试验开始时略微增加，随后逐渐增加到平稳状态，并在约 30 m 的摩擦距离后保持恒定，稳态摩擦系数在 0.55 ～ 0.65 范围内，与报道的其他铜合金的摩擦系数变化一致。

摩擦系数在试验开始时增加的原因在于：涂层磨痕的表面随着磨损距离的增加而越来越粗糙。因为 WC－12Co 球具有较高的耐磨性，干摩擦试验后球的表面粗糙化可以忽略，由于 WC－12Co 球的反复摩擦，在磨痕中产生裂纹、犁沟和磨屑，因此接触表面从抛光状态变为粗糙状态。然而，当摩擦趋于平稳状态

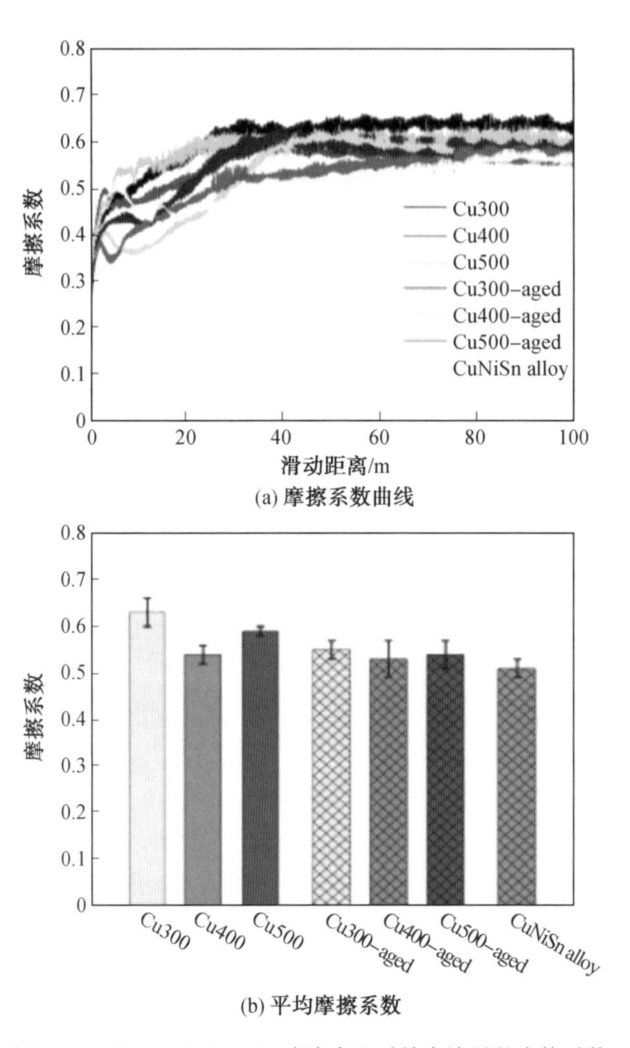

(a) 摩擦系数曲线

(b) 平均摩擦系数

图 4.33　Cu－15Ni－8Sn 喷涂态和时效态涂层的摩擦系数

时，磨痕表面粗糙度将随着摩擦距离的增加而保持不变，然后摩擦系数达到稳定值。

Cu－15Ni－8Sn 喷涂态和时效态涂层的平均摩擦系数如图 4.33(b) 所示。涂层的平均摩擦系数与电弧电流强度的相关性较低，但时效态涂层和合金的平均摩擦系数略低于喷涂态涂层的平均摩擦系数，这可能是因为时效态涂层的磨痕较光滑。

如图 4.34 所示为 Cu－15Ni－8Sn 喷涂态与时效态涂层的磨损率。在 300 A、400 A 和 500 A 的电弧电流下制备的涂层的磨损率分别为

17.8 $mm^3/(N \cdot mm)$、13.9 $mm^3/(N \cdot mm)$ 和 16.9 $mm^3/(N \cdot mm)$；经过时效处理后涂层的磨损率大大降低，分别是 5.9 $mm^3/(N \cdot mm)$、4.2 $mm^3/(N \cdot mm)$ 和3.9 $mm^3/(N \cdot mm)$。结果表明在干摩擦条件下，时效态涂层的磨损率为喷涂态涂层的 1/4 ～ 1/3。Cu－15Ni－8Sn 合金的磨损率与 Cu500－aged 涂层的磨损率接近，达到 3.8 $mm^3/(N \cdot mm)$。这些结果表明，时效态涂层的耐磨性与块状合金相当，时效处理可以显著降低 Cu－15Ni－8Sn 涂层的磨损率，而增加电弧电流对磨损率的改善没有明显作用。

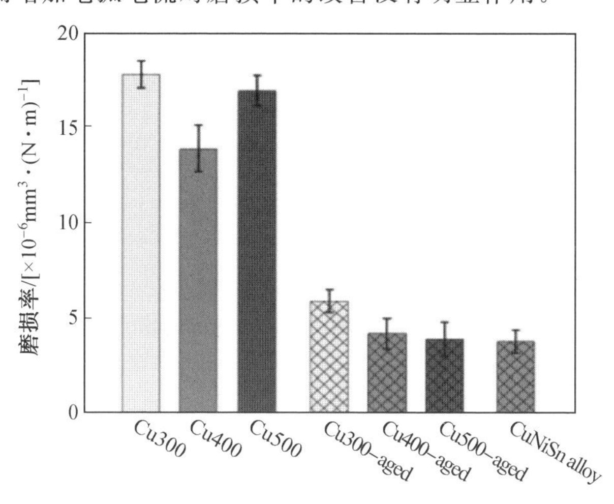

图 4.34　Cu－15Ni－8Sn 喷涂态与时效态涂层的磨损率

3. Cu－15Ni－8Sn 涂层磨损机理分析

为了研究涂层的磨损机理，对磨痕的 SEM 图像进行分析，其结果如图 4.35 所示。因不同电弧电流下制备的涂层磨痕图像相似，Cu400 和 Cu500 的喷涂态与时效态涂层的磨痕图像未给出。图 4.35 中(a)、(b) 为Cu300 涂层的磨痕，经时效处理的 Cu300 涂层的磨痕如图 4.35(c)、(d) 所示。

如图 4.35(a) 所示，在磨痕上观察到一些大的剥落，这些剥落大多数是由半熔或未熔颗粒与周围扁平颗粒之间结合较差引起的，使裂纹容易沿着结合较差的扁平颗粒边界扩展。热喷涂涂层在磨损过程中通常会产生颗粒剥落。此外，从图中可以看出摩擦层沿滑动方向出现脱层，大约一半的磨痕表面被新暴露的表面覆盖，未被覆盖的是光滑的摩擦层，脱层现象可能是喷涂态涂层磨损率高的原因，在磨损表面沿着摩擦方向上出现一些较浅的犁沟，这可能是由对偶球、磨屑或对偶球与磨屑共同作用而引起的磨粒磨损。

与 Cu300 喷涂态涂层的磨痕相比，Cu300 时效态涂层的磨痕更平滑，未熔颗

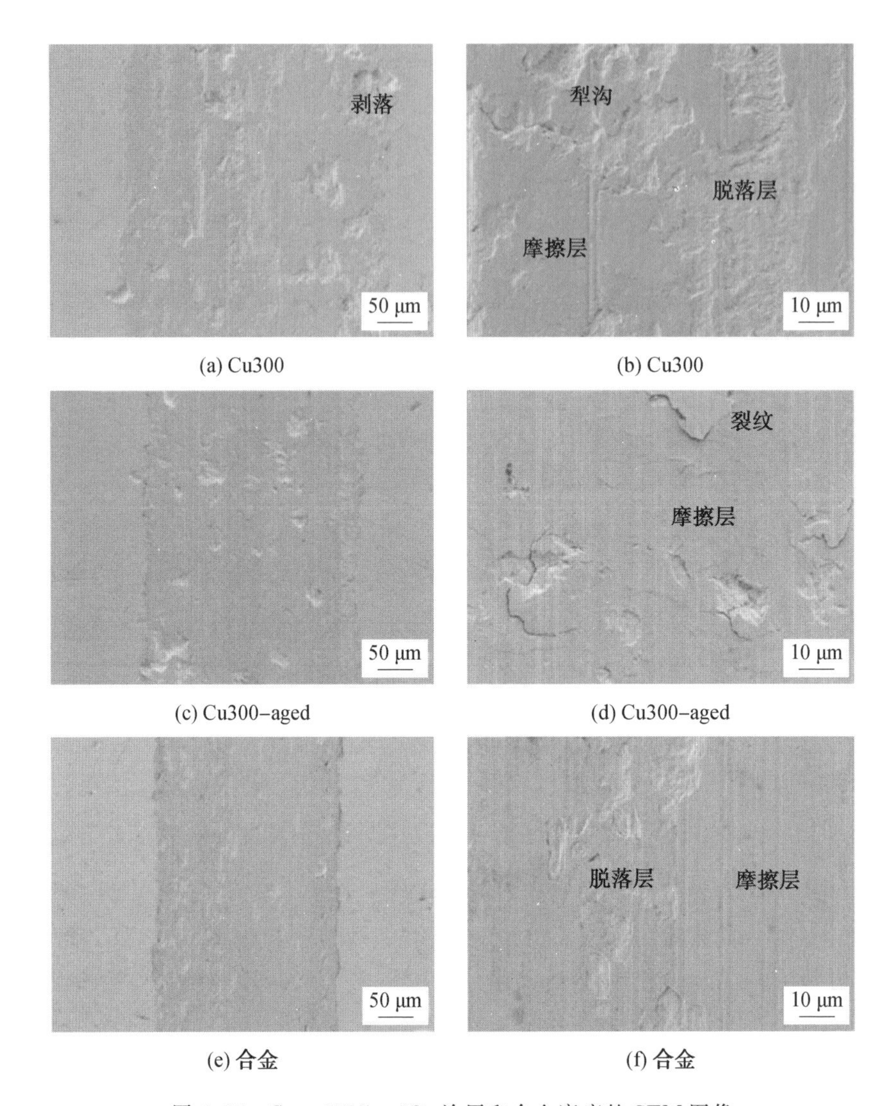

(a) Cu300　(b) Cu300

(c) Cu300-aged　(d) Cu300-aged

(e) 合金　(f) 合金

图 4.35　Cu－15Ni－8Sn 涂层和合金磨痕的 SEM 图像

粒的剥落和摩擦层的脱层现象大大减少。对偶球的反复摩擦导致局部剪切应力的减小从而减少剥落。如果最大剪切应力位于未熔颗粒的顶部，则颗粒不会发生剥落。在涂层表面上反复摩擦产生位错、塑性变形、裂纹和晶粒细化，最终形成纳米结构摩擦层。由于剪切力和压应力的反复作用，摩擦层易发生疲劳失效。随着疲劳裂纹的萌生和扩展，摩擦层与磨损表面产生分离，摩擦层脱层是时效态涂层的主要磨损机理。

对磨损表面进行了 EDS 分析，摩擦层区域 A 的氧含量(原子数分数)为 42%，而在脱层区域 B 上检测到的氧含量只有 12%。为了证实这一发现，对涂层磨痕进行了 EDS 面扫，结果如图 4.36 所示，摩擦层区域中的氧含量远高于脱落层区域中的氧含量。这一结果表明，摩擦层区域经历了长时间的反复摩擦，这为表面材料的氧化提供了足够的能量和时间，而脱落层区是展露的新表面。此外，从图 4.35(e)、(f) 中观察到 Cu－15Ni－8Sn 合金的磨痕，将喷涂态涂层和时效态涂层的磨痕进行比较。时效态涂层的磨痕上没有剥落现象，磨痕的大部分区域由光滑的摩擦层覆盖，只有少部分区域脱层，层状剥落仍然是合金磨损的主要磨损机制。

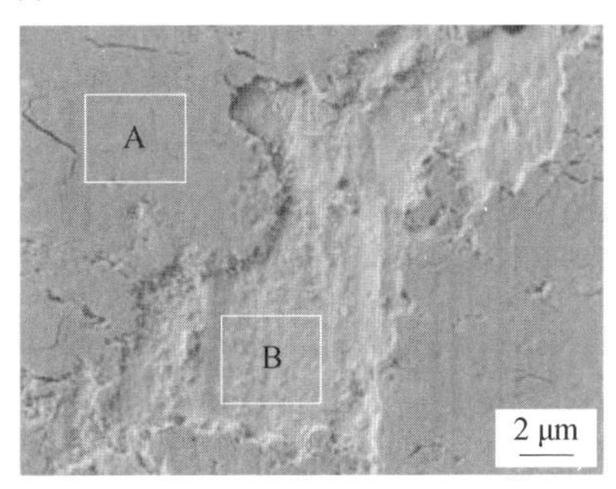

(a) SEM图像

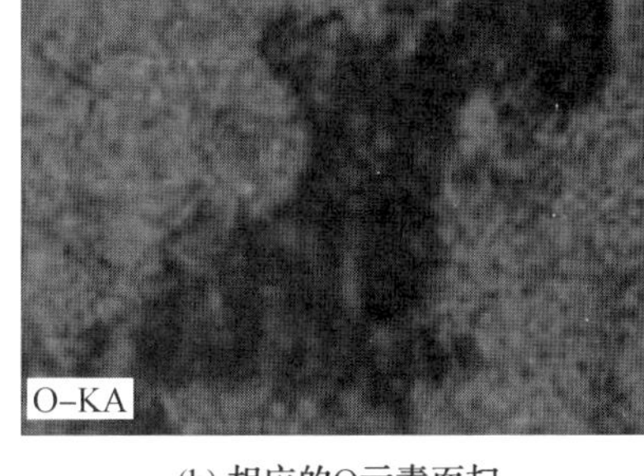

(b) 相应的O元素面扫

图 4.36　Cu300－aged 涂层磨痕的 EDS 分析

如图 4.37 所示分别为 Cu300 喷涂态涂层、Cu300 时效态涂层和 Cu－15Ni－8Sn 合金的磨损碎片的 SEM 图像。在所有磨痕中都存在片状磨屑和细小的等轴碎片颗粒，说明碎片颗粒在磨痕中大量分布。

Cu300 喷涂态涂层的碎片尺寸(图 4.37(a))远大于 Cu300 时效态涂层(图 4.37(b))，这与磨损率的结果一致。摩擦层脱落产生片状磨屑，形态和尺寸与 Cu300 时效态涂层相近(图 4.37(c))。在亚表层形成的裂纹会平行于摩擦面扩展并最终到达表面，导致表层涂层剥落。Singh 等观察到的亚表层孔洞及裂纹位于 Cu－15Ni－8Sn 合金磨损表面以下几微米处，并证实这些裂纹的形核和扩展是形成大块片状磨屑的原因，显然，摩擦层剥落越快，试样磨损越严重。在摩擦层和片状磨屑上观察到大量的微裂纹，这些裂纹会促使细小圆形磨屑的形成。细小圆形磨屑是由摩擦层的断裂或者两个摩擦面之间的片状磨屑产生的(图 4.37(d))，而这些细小圆形磨屑的形成是材料在干摩擦磨损过程中具有高耐磨性的重要因素。

上述试验结果表明：随着电弧电流的增加，Cu－15Ni－8Sn 涂层表面未熔和

(a) Cu300　(b) Cu300-aged

(c) Cu-15Ni-8Sn合金　(d) Cu300-aged

图 4.37　Cu－15Ni－8Sn 涂层和合金磨屑 SEM 图像

半熔颗粒的数量减少，而表面粗糙度和孔隙率增加。由于调幅分解的作用，时效后涂层的硬度有所提高。此外，时效处理也大大提高了 Cu－15Ni－8Sn 涂层的耐磨性。时效后涂层的磨损率仅为未时效处理涂层的 1/4 ～ 1/3，与合金相当。

本章参考文献

[1] 张华健，孙中刚，李峰，等．激光熔覆铁基复合涂层组织与性能影响[J]．表面技术，2018，47(12)：127-133.

[2] 吴庆丹，肖金坤，张嘎，等．热喷涂金属基防滑耐磨涂层的研究进展[J]．表面技术，2018，47(4)：251-259.

[3] 刘新乾，周后明，赵振宇，等．TiB_2 含量对激光熔覆钴基涂层组织和性能的影响[J]．金属热处理，2018，43(10)：168-172.

[4] 种法力，纪素艳，陈俊凌，等．铜基等离子体喷涂钨涂层性能[J]．宇航材料工艺，2018，48(6)：68-71.

[5]ZHU L N, XU B S, WANG H D, et al. On the evaluation of residual stress and mechanical properties of FeCrBSi coatings by nanoindentation[J]. Materials Science and Engineering: A, 2012, 536: 98-102.

[6] 王召煜，李国禄，王海斗，等. 超音速等离子喷涂 FeCrBSi 涂层组织和残余应力分析[J]. 材料热处理学报，2012，33(1)：146-149.

[7]TREVISIOL C, JOURANI A, BOUVIER S. Effect of hardness, microstructure, normal load and abrasive size on friction and on wear behaviour of 35NCD16 steel[J]. Wear, 2017, 388/389: 101-111.

[8]LUO W, SELVADURAI U, TILLMANN W. Effect of residual stress on the wear resistance of thermal spray coatings[J]. Journal of Thermal Spray Technology, 2016, 25(1): 321-330.

[9]ASSADI H, GÄRTNER F, STOLTENHOFF T, et al. Bonding mechanism in cold gas spraying [J]. Acta Materialia, 2003, 51(15): 4379-4394.

[10] GÄRTNER F, STOLTENHOFF T, VOYER J, et al. Mechanical properties of cold-sprayed and thermally sprayed copper coatings[J]. Surface and Coatings Technology, 2006, 200(24): 6770-6782.

[11] 杨德明，高阳，孙成琪，等. 热处理对等离子喷涂 316L 不锈钢涂层组织和性能的影响[J]. 材料热处理学报，2015，36(S1)：187-191.

[12]ZHANG Y, XIAO Z, ZHAO Y Y, et al. Effect of thermo-mechanical treatments on corrosion behavior of Cu-15Ni-8Sn alloy in 3.5 wt% NaCl solution[J]. Materials Chemistry and Physics, 2017, 199: 54-66.

[13]WANG Y, WANG M, HONG B, et al. Microstructure and properties of Cu-15Ni-8Sn-0.4Si alloy[J]. Transactions of Nonferrous Metals Society of China, 2003, 13: 1051-1055.

[14]ZHAO J C, NOTIS M R. Spinodal decomposition, ordering transformation, and discontinuous precipitation in a Cu-15Ni-8Sn alloy [J]. Acta Materialia, 1998, 46: 4203-4218.

[15]PENG G W, GAN X P, JIANG Y X, et al. Effect of dynamic strain aging on the deformation behavior and microstructure of Cu-15Ni-8Sn alloy[J]. Journal of Alloys and Compounds, 2017, 718: 182-187.

[16]WANG Y H, WANG M P, HONG B, et al. Microstructure and

properties of Cu-15Ni-8Sn-0. 4Si alloy [J]. Transactions of Nonferrous Metals Society of China, 2003, 13(5): 1051-1055.

[17]HERMANN P H, MORRIS D G. Relationship between microstructure and mechanical properties of a spinodally decomposing Cu-15Ni-8Sn alloy prepared by spray deposition[J]. Metallurgical and Materials Transactions A-Physical Metallurgy and Materials Science, 1994, 25(7): 1403-1412.

[18]FINDIK F. Improvements in spinodal alloys from past to present[J], Materials & Design,2012, 42: 131-146.

[19]CHEN X, HAN Z, LI X Y, et al. Lowering coefficient of friction in Cu alloys with stable gradient nanostructures[J]. Science Advances, 2016, 2(12): e1601942.

[20]ZHOU K C, XIAO J K, ZHANG L, et al. Tribological behavior of brass fiber brush against copper, brass, coin-silver and steel [J]. Wear, 2015, 326/327: 48-57.

[21]ZHANG C, LIU L M, XU H F, et al. Role of Mo on tribological properties of atmospheric plasma-sprayed Mo-NiCrBSi composite coatings under dry and oil-lubricated conditions [J]. Journal of Alloys and Compounds, 2017, 727: 841-850.

[22]LIU L M, XU H F, XIAO J K, et al. Effect of heat treatment on structure and property evolutions of atmospheric plasma sprayed NiCrBSi coatings [J]. Surface and Coatings Technology, 2017, 325: 548-554.

第5章 镍基耐磨涂层的结构及性能

镍(Ni)是一种耐蚀且韧性较好的金属,且表面容易被氧化形成具有较好可塑性和附着性的NiO层,这有益于降低材料的磨损,而且NiO本身还是一种高温固体润滑剂。因此,Ni基合金具有良好的耐热、耐蚀和耐磨等特点,是最为常见的金属复合涂层之一,广泛应用于机械设备的表面强化与再制造修复,也是制备高温自润滑耐磨合金的主要材料。

Ni基合金是以Ni为基体(质量分数一般大于50%)加入Cr、W、Ti、Co等金属,形成的具有较高的强度和良好的抗氧化、抗燃气腐蚀能力的合金。Ni基合金可以在保持稳定性的前提下溶解较多的合金元素,可以形成有序的A_3B型金属间化合物强化相,从而获得更高的性能:加入铬元素(Cr)能使其有更好的抗氧化能力和抗燃气腐蚀能力;加入W、Ti、Co、Mo等金属的Ni基合金则通常具有高硬度、耐磨性好、耐高温性能好的特点。本章将以Ni基自熔性合金NiCrBSi为主要研究对象,讨论Ni基耐磨涂层及其强化涂层的制备、结构表征和性能测试。

5.1 镍基涂层概述

Ni基合金粉末有非自熔性合金粉末与自熔性合金粉末两类。前者是指不含B、Si或B、Si含量较低的Ni基合金粉末,包括Ni-Cr合金粉末、Ni-Cr-Fe合金粉末、Ni-Al合金粉末等。这一类合金粉末的氧含量通常较高,从而影响到涂层的结合强度、氧化物夹杂及孔隙率等性能，限制了其进一步的发展与应用。

Ni基自熔性合金具有很好的流动性，通常小于25 s/50 g，同时具有很好的耐磨损、耐腐蚀、耐高温、抗氧化等特性。其熔点在950 ～ 1 150 ℃之间，固液相温度区间宽，因此十分适合热喷涂，也是热喷涂领域应用最广泛的一类自熔性合金材料。Ni基自熔性粉末分为Ni－B－Si和Ni－Cr－B－Si两个系列，其中NiCrBSi具有耐磨损、耐腐蚀、耐高温氧化，且与基体润湿性好和结合强度高等特性；同时，考虑到电镀硬铬涂层在制备过程中会产生对人体和环境有害的六价铬及其制品，热喷涂制备NiCrBSi已成为替代电镀硬铬镀层的最佳工艺。因此，NiCrBSi是应用较为广泛的Ni基合金材料，NiCrBSi涂层材料的成分设计、热喷涂工艺和后处理也日益成为研究热点之一。

NiCrBSi是以Ni、Cr为主的Ni基自熔性合金，由$Ni_{80}Cr_{20}$高温合金发展而来，合金中的Cr用来提高Ni基体的抗高温氧化性能和抗腐蚀性能，富余的Cr易与B、C形成CrB、Cr_7C_3、$Cr_{23}C_7$等硬质相弥散分布于镍基中，提高合金的硬度和摩擦学性能。粉末中的B、Si元素具有很强的脱氧和“造渣”能力，在涂覆过程中B、Si被氧化生成B_2O_2、SiO_2薄膜，既能防止合金中其他元素被氧化，又能优先与氧及氧化物反应生产低熔点的硼酸盐熔渣，从而获得氧化物含量低、孔隙率低的涂覆层。B、Si元素还可以降低合金的熔点、改善合金的流动性以及基体表面的润湿性；此外，Si具有固溶强化作用，B元素则能形成高硬度金属间化合物，具有弥散强化作用，可提高合金耐磨性能。因此镍基自熔性合金材料是目前极具使用前景的涂层材料之一，被广泛应用于机械设备和零部件表面的修复及长效防护。

5.2 NiCrBSi耐磨涂层制备、结构及性能

采用热喷涂技术容易得到具有层状堆叠结构的NiCrBSi涂层，且层状堆积的交界处存在少量孔隙及氧化物。这是因为NiCrBSi粉末经热喷枪加热熔融后会以较高的速度沉积在基体上，熔融颗粒与基体碰撞过程中向四周扩展并冷却，从而形成扁平颗粒。Planche等分别采用火焰喷涂、等离子喷涂和超音速火焰喷涂3种方法制备NiCrBSi涂层，形貌如图5.1所示。涂层中扁平颗粒厚度依次减小，这是由于以上3种涂层制备中粉末颗粒的飞行速度依次增大，分别为39 m/s、137 m/s和439 m/s，较高的速度有利于颗粒扁平化。NiCrBSi具有较好的润湿性和流动性，因此热喷涂工艺制备的NiCrBSi涂层具有较高的致密度和较低的孔隙率(通常低于3%)。

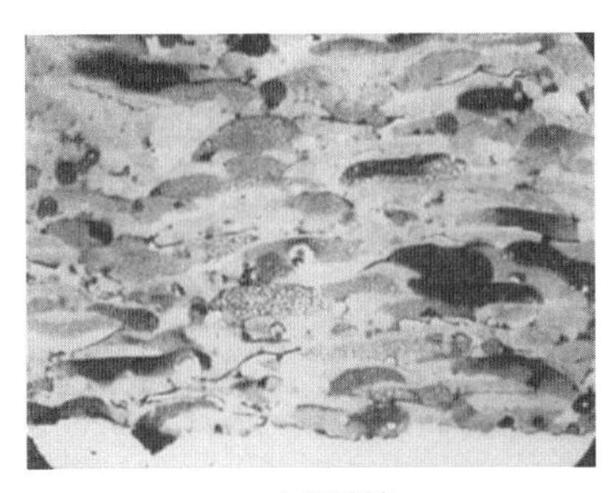

(a) 火焰喷涂

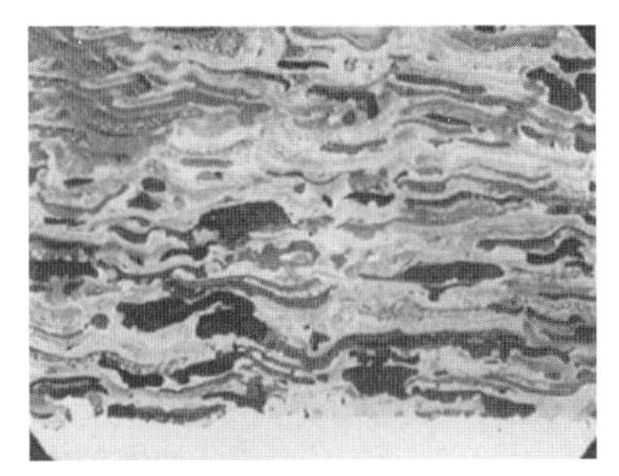

(b) 等离子喷涂

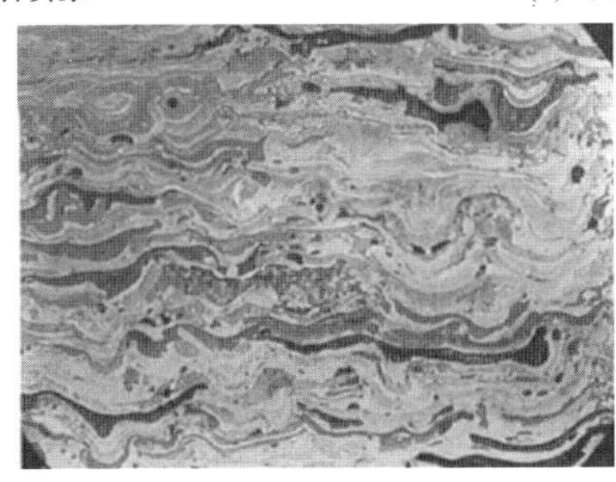

(c) 超音速火焰喷涂

图 5.1　3 种热喷涂方法制备的 NiCrBSi 涂层

5.2.1　NiCrBSi 涂层制备

1. 基体材料

喷涂试验采用 304 不锈钢试样作为基材，待喷涂试样为 40 mm × 60 mm × 2.5 mm 块体，在喷涂完成后将制品线切割成 15 mm×15 mm 块体，前者用于切割制品及表征，后者用于摩擦试验。

2. 喷涂粉末

本试验采用的镍基粉末为益阳先导公司生产的 NiCrBSi 粉末，牌号 PR3117，粒径 −195 ～ +365 目(40 ～ 75 μm)，其中大于 75 μm 粉末不超过 3.91%、40 ～ 75 μm 约占 90.04%、0 ～ 40 μm 约占 6.05%。检测方法为：取粉末样品 3 g，利用激光粒度分析，取 5 次结果的平均值。

厂家提供 Scott 容量计测量松装密度为 4.24 g/cm^3，熔点为 1 050 ～ 1 100 ℃，Hall 流动仪测量流动性为 14.0 s/50 g。该类粉末具有硬度高、自熔性好、耐腐蚀、抗高温氧化和耐金属间磨损等优良特性，粉末化学成分见表 5.1。

表 5.1 NiCrBSi 粉末 PR3117 化学成分

元素	Cr	B	Si	Fe	C	Ni
成分（w/%）	17.53	3.27	4.01	4.43	0.82	Bal.

3.涂层制备及后处理

（1）涂层制备。

喷涂前用丙酮在超声波清洗机中清洗半小时以清除表面油污，然后用 24# 棕刚玉砂对试样喷涂面进行喷砂粗化处理，直至样品表面无金属光泽且均匀粗化。

喷涂过程中，采用纯度99.99%的Ar作为主气（等离子气体）和送粉载气，次气（辅助气体）为纯度 99.99% 的 H_2，采用经过干燥过滤的压缩空气作为冷却气体。具体喷涂参数见表5.2，涂层厚度控制在100～150 μm之间。喷涂时样品利用结构件垂直固定于转台上。

表 5.2 NiCrBSi 涂层等离子喷涂参数

H_2 流量 /(L·min^{-1})	电流 /A	电压 /V	Ar 气流量 /(L·min^{-1})	喷枪竖直移动间距 /mm	送粉速度 /(g·min^{-1})	喷涂距离 /mm	喷枪速度 /(mm·s^{-1})
7.5	516	64	55	3	60	140	200

（2）涂层后处理。

为了研究热处理工艺对 NiCrBSi 涂层耐磨性的影响，采用与 3.2 节相同的涂层后处理工艺得到不同热处理温度下的 NiCrBSi 涂层。

5.2.2 NiCrBSi 涂层组织结构与力学性能测试

1. NiCrBSi 粉末结构及成分

如图5.2所示为NiCrBSi粉末截面和扫描电镜照片。NiCrBSi粉末为金属合金，其制备方式主要是气体雾化法，因此粉末颗粒形状主要为球形或近似球形，且具有金属光泽。大气等离子喷涂对粉末粒径的要求一般在15～100 μm之间，直径过大容易导致粉末在等离子焰流中无法完全熔化，影响涂层层间结合；而粉末粒径过小时容易导致粉末团聚堵塞送粉管，且粒径过小导致粒子动能过小，粒子不容易注入等离子中，影响涂层性能。从图中标尺可以看出，粉末粒径范围为30～90 μm。

原始 NiCrBSi 粉末 XRD 图谱如图 5.3 所示。分析表明，原始粉末中主要由 γ－Ni、Ni_3B、CrB、Cr_2B 等相组成，根据式(5.1)计算 NiCrBSi 粉末中 γ－Ni 晶格

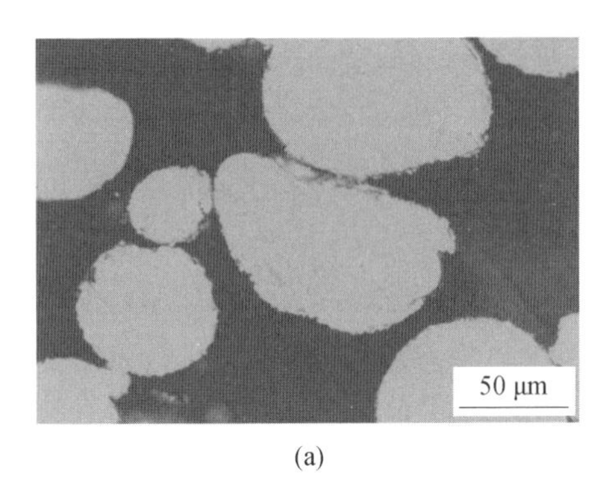

图 5.2　NiCrBSi 粉末截面及扫描电镜图

常数为 3.532 6×10⁻¹ nm(PDF 卡片标准值为 3.523 8×10⁻¹ nm)，晶格常数的增加可能由晶粒中较多的 B、Si、Cr 等元素引起。此外，根据 Jade 软件计算，粉末平均结晶率为 95.14%；平均晶粒尺寸为 40 nm。

$$D=\frac{\lambda}{2\sin\theta} \tag{5.1}$$

式中，D 为晶格常数；λ 为靶材波长(0.154 056 nm)；θ 为衍射峰角度。

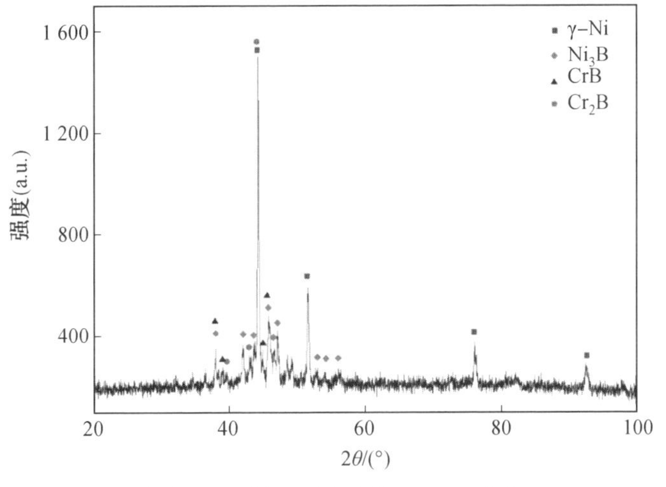

图 5.3　原始 NiCrBSi 粉末 XRD 图谱

2. NiCrBSi 涂层微观形貌

图 5.4 所示为喷涂态及经过热处理后的 NiCrBSi 涂层截面金相显微图。从图中可以看出，大气等离子喷涂的 NiCrBSi 涂层结构较为致密，粒子在喷涂过程中熔化状态良好，在涂层扁平颗粒间分布一些孔洞和黑色细条状氧化物，经测量

涂层的厚度在 370 μm 左右，涂层表面粗糙度为 $Ra = 10.6$ μm。

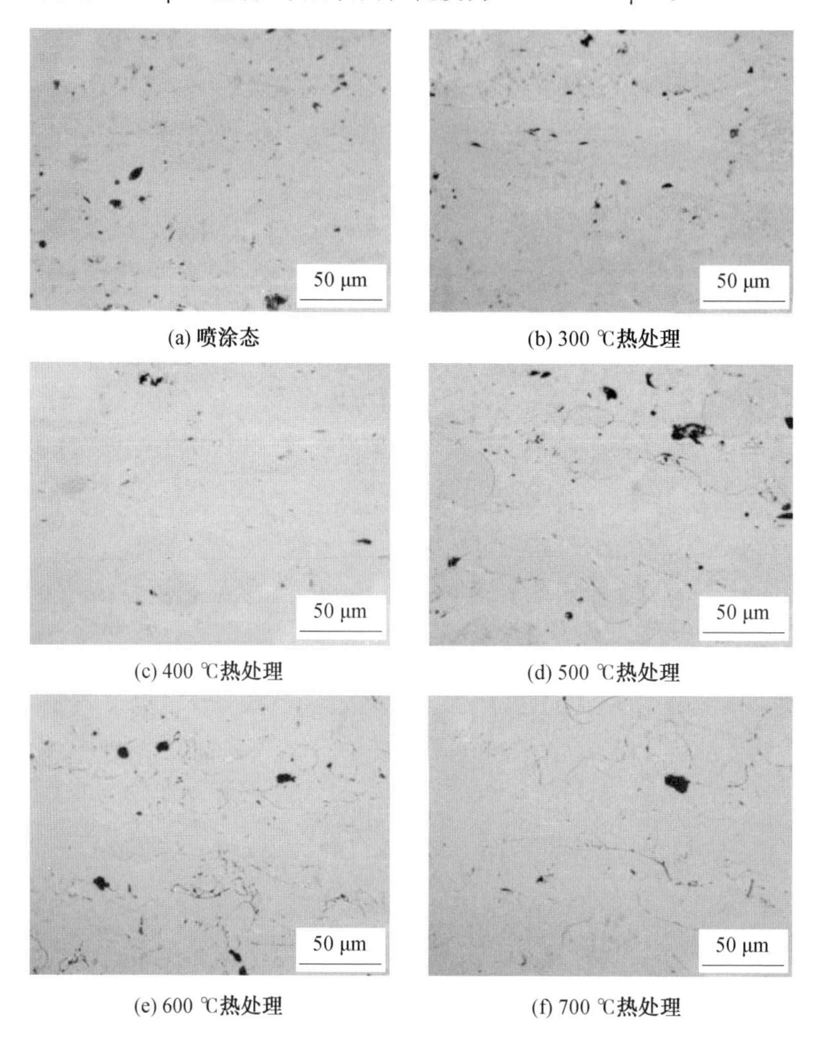

(a) 喷涂态　(b) 300 ℃热处理
(c) 400 ℃热处理　(d) 500 ℃热处理
(e) 600 ℃热处理　(f) 700 ℃热处理

图 5.4　喷涂态及经过热处理后的 NiCrBSi 涂层截面金相显微图

后处理得到的喷涂态 NiCrBSi 涂层截面二值图像如图 5.5 所示，计算可知：喷涂态涂层和热处理后的 NiCrBSi 涂层的孔隙率稳定在 3.5% 左右，说明 300～700 ℃ 的热处理温度对于涂层的孔隙率没有太大影响。镍基自熔性合金的流动性和延展性均优于铁基自熔性合金，当熔融颗粒撞击到基体表面时，扁平颗粒的铺展程度较铁基涂层好，层状结构间的缝隙相比铁基涂层少，这也是导致其孔隙率较低的原因。

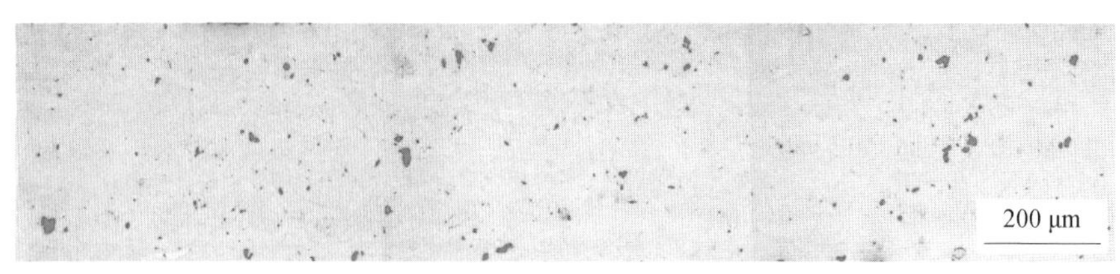

图 5.5　喷涂态 NiCrBSi 涂层截面二值图像

通过图 5.4 可以进一步观察到，随着热处理温度的提高，涂层中固有的孔隙由开始的细小孔逐渐变为较为粗大的孔隙。当然，并不能完全认为图中黑色区域都是喷涂形成的孔隙，也可能是在抛光过程中，结合不牢固的颗粒剥落而形成的孔洞。总之，通过 APS 工艺制备的 NiCrBSi 涂层具有很好的致密性。

为了进一步研究热处理温度对于涂层层间氧化现象的影响，采用扫描电镜观察喷涂态 NiCrBSi 涂层和在 700 ℃ 下热处理后的 NiCrBSi 涂层截面，结果如图 5.6 所示。可以看到，700 ℃ 下涂层层间黑色条状物质显著增多，利用 EDS 分别在黑色条状物质 A 区域和正常 B 区域处进行点扫描，半定量分析结果显示，O 元

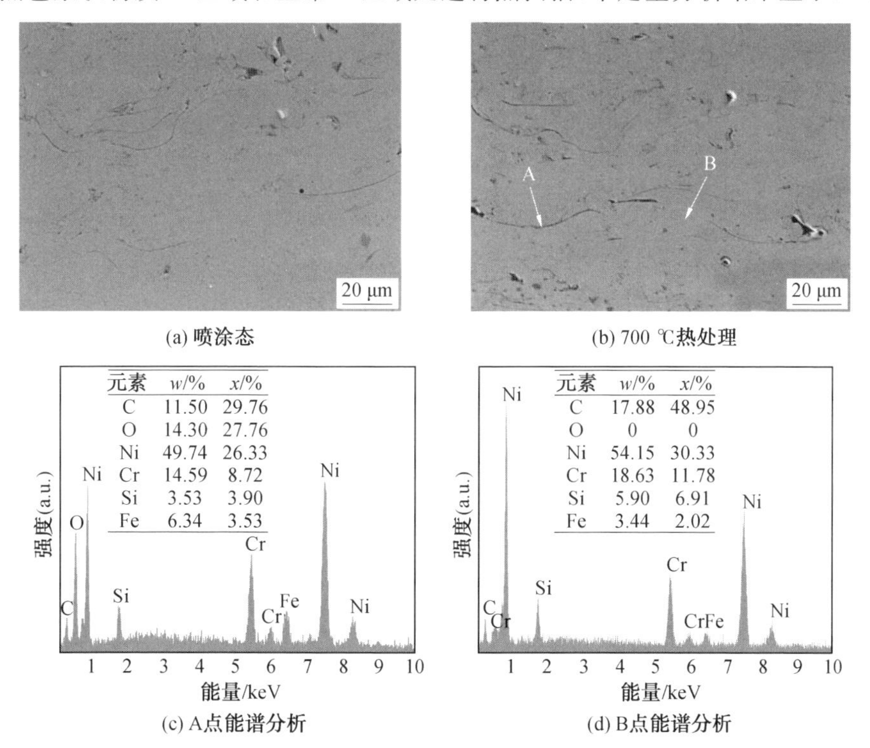

(c) A点：

元素	w/%	x/%
C	11.50	29.76
O	14.30	27.76
Ni	49.74	26.33
Cr	14.59	8.72
Si	3.53	3.90
Fe	6.34	3.53

(d) B点：

元素	w/%	x/%
C	17.88	48.95
O	0	0
Ni	54.15	30.33
Cr	18.63	11.78
Si	5.90	6.91
Fe	3.44	2.02

图 5.6　NiCrBSi 涂层截面 SEM 图

（w 为质量分数；x 为原子数分数）

素含量在 B 区域是 $w(O)=0\%$，A 区域是 $w(O)=14.3\%$，这表明随着热处理温度的升高，扁平颗粒间的氧化行为越来越严重。

3. 涂层的相成分分析

不同热处理温度下 NiCrBSi 涂层的 XRD 图谱如图 5.7 所示，热处理温度在 500 ℃ 以下的 NiCrBSi 涂层的相组成和喷涂态 NiCrBSi 涂层的相组成很相似，都由 $\gamma-Ni$ 固溶体相和 $FeNi_3$ 金属间化合物相组成，但是当热处理温度升高到 600 ℃ 和 700 ℃ 时，Ni_3B 和 CrB 相析出。

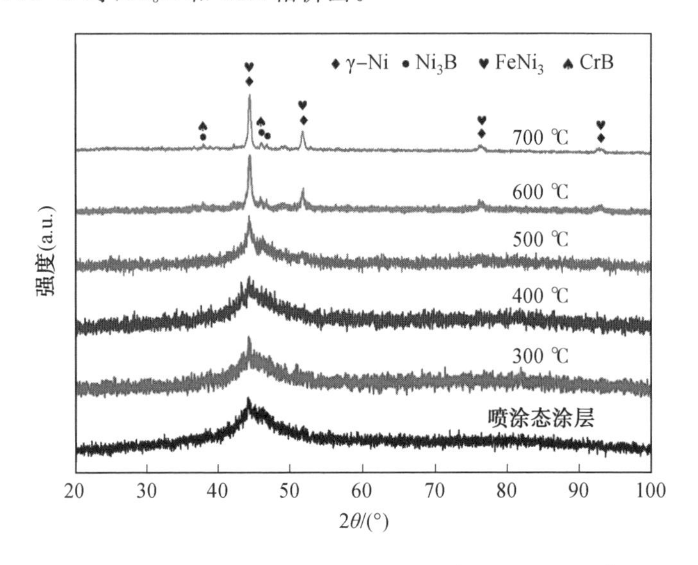

图 5.7 不同热处理温度下 NiCrBSi 涂层的 XRD 图谱

NiCrBSi 粉末短暂停留在焰流中是不可能完全形成这些硼化物相的。当热处理温度升高，原子扩散活跃，B 原子扩散并且和 Ni、Cr 原子结合形成 Ni_3B 和 CrB 相，这些硼化物相的形成可以减少 $\gamma-Ni$ 固溶体相的过度饱和并且能够减轻晶型结构的变形。

如图 5.8 所示为 NiCrBSi 涂层在 700 ℃ 热处理后截面的高倍扫描电镜图和对应红色箭头方向的能谱线扫描结果。从图 5.8(a) 中可以看出，深色的相随机分布在扁平颗粒中，由于 B 是轻质元素，无法在 EDS 中被检测到，因此无法表征其分布情况。通过线扫描结果图 5.8(b) 可知，在深色相区域 Cr 元素含量明显多于其他区域，这表明深色的相含有 Cr 的化合物较多，结合图 5.7 的 XRD 结果间接可以得知，CrB 相均匀析出在扁平颗粒中。至于 Ni_3B 相，虽然在截面图中无法观察到，但通过查阅文献可知，B 元素可以和 Ni 元素在颗粒中形成 Ni_3B 相。

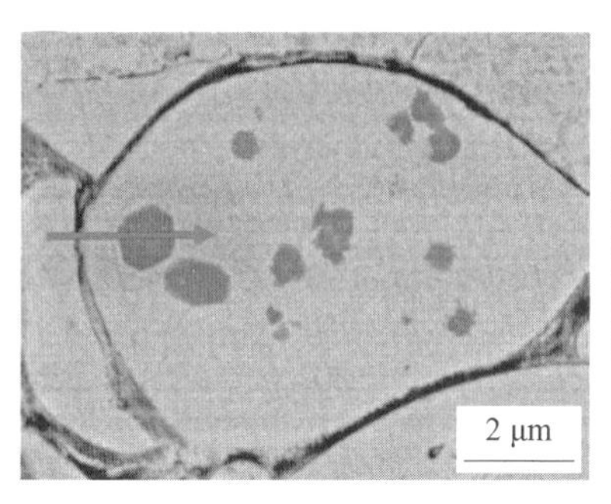

(a) 700 ℃热处理后NiCrBSi涂层截面SEM图

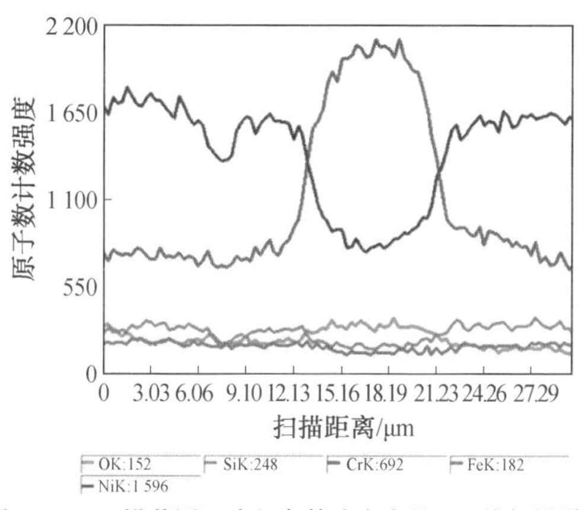

(b) 沿着图(a)中红色箭头方向的EDS线扫描谱

图 5.8　700 ℃ 热处理下 NiCrBSi 涂层截面 SEM 图

XRD 图证实了涂层在经过热处理之后发生了再结晶，熔融颗粒的快速冷却导致喷涂态涂层较低的结晶度。喷涂态 NiCrBSi 涂层和热处理后的涂层在主峰处(35° ~ 55°) 的慢扫描(1(°)/min)XRD 图谱如图 5.9 所示。从图中可以观察到：在 600 ℃ 热处理之前，涂层均呈现较宽的晶型，这表明在涂层中存在大量非晶相。

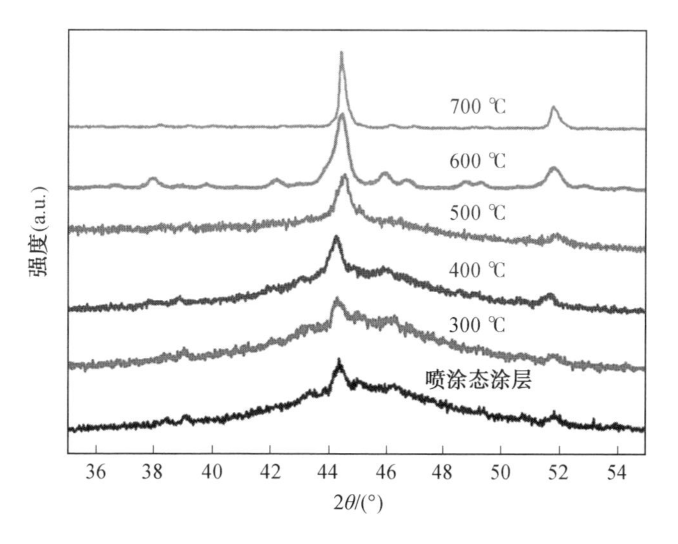

图 5.9　不同热处理温度下 NiCrBSi 涂层的局部慢扫 XRD 图谱

据报道，等离子喷涂涂层中的非晶相具有不稳定性，这些非晶相可以转化成Ni_4Si、Ni_3Si和Ni_3B等晶相，分解温度从500 ℃开始到700 ℃结束。非晶态涂层由于其自身独特的结构特点，具有传统晶态金属材料无法比拟的优点，因此采用APS制备的气缸套内壁NiCrBSi涂层具有更高的硬度、耐磨耐蚀性以及良好的抗高温氧化性。根据Jade软件计算，喷涂态NiCrBSi涂层及经过300 ℃、400 ℃、500 ℃热处理后的结晶度分别为12%、16%、19%和24%。在600 ℃和700 ℃热处理后，涂层发生再结晶，非晶相基本完全转化为硼化物、碳化物和γ－Ni相。

4. 涂层显微硬度测试

喷涂态和不同热处理温度下NiCrBSi涂层显微硬度测量结果如图5.10所示。从图中可以观察到，热处理明显提高了NiCrBSi涂层的机械性能，喷涂态涂层的显微硬度值约为728$HV_{0.1}$，但经过700 ℃热处理1 h后，涂层的显微硬度相对于喷涂态涂层增加了43%，达到了1 046$HV_{0.1}$。显微硬度的大幅增加主要得益于热处理后涂层中析出相的弥散强化作用，例如，CrB和Ni_3B及一些未知的纳米尺寸的析出物。之前的研究证明，CrB陶瓷相(纳米硬度20.31 GPa)明显要比γ－(Ni,Fe)固溶体相(纳米硬度5.09 GPa)更硬一些。纳米硬度值是显微硬度值的94.5倍。

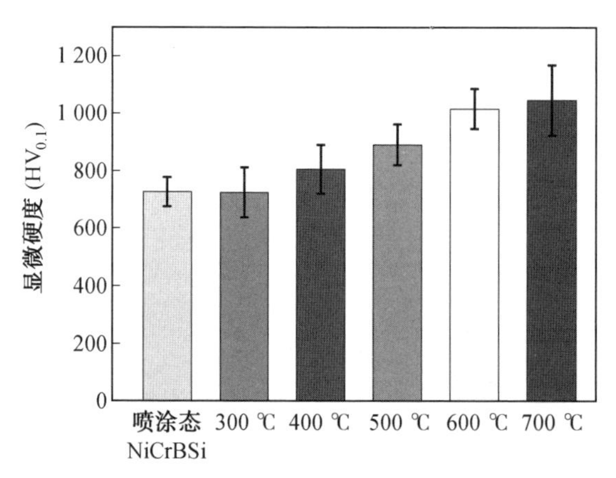

图5.10 喷涂态和热处理态NiCrBSi涂层的显微硬度

300 ℃热处理后和喷涂态涂层的显微硬度基本一致，这是因为300 ℃的温度不足以引起涂层内部晶型变化，涂层结构和喷涂态相差不大。当热处理温度升高到400 ℃和500 ℃时，涂层的显微硬度值分别增加到806$HV_{0.1}$和891$HV_{0.1}$，因为随着温度的提高，涂层中一小部分硼化物硬质相开始析出，并充当硬质增强相提高涂层的综合硬度。当温度升高到600 ℃和700 ℃时，非晶相

已经基本完全发生再结晶，涂层中析出大量的硬质相，导致涂层硬度进一步提高到1 016$HV_{0.1}$和1 045$HV_{0.1}$。

5.2.3　干摩擦条件下的NiCrBSi涂层摩擦磨损性能分析

1. 摩擦磨损试验

试验方法及参数与4.2.2节相同。

2. 摩擦系数

喷涂态和经过热处理后的NiCrBSi涂层的摩擦系数如图5.11所示，从图中可以看出，所有涂层的摩擦系数基本稳定在0.6左右。摩擦系数在最开始的磨合磨损阶段上升得非常快，伴随着摩擦系数的快速升高，在这个阶段涂层的磨损情况通常是最严重的。热处理并没有对NiCrBSi涂层的摩擦系数产生较为明显的影响。

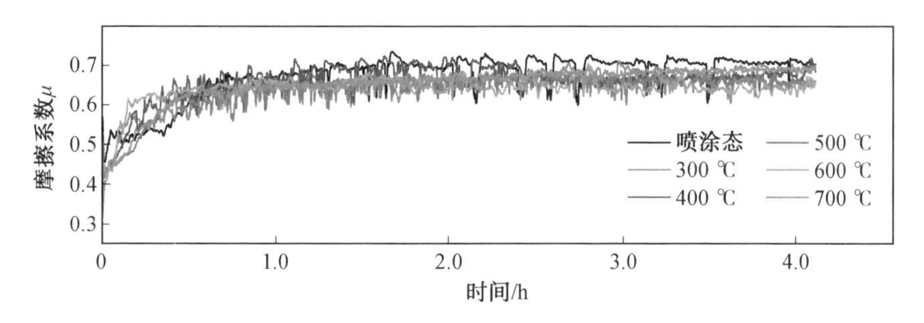

图5.11　喷涂态以及不同热处理温度下NiCrBSi涂层的摩擦系数

3. 磨损率

如图5.12所示为喷涂态和热处理后NiCrBSi涂层的磨损率。从图中可以看出，非晶涂层展现出很好的耐磨性能，原因是非晶涂层中颗粒边界较少，因此减少了裂纹的传播。尽管热处理对于涂层的摩擦系数没有太大影响，但是对于涂层的磨损率有较为明显的影响。起初随着热处理温度的升高，涂层的磨损率逐渐增加，到了500 ℃和600 ℃热处理时，磨损率又进一步降低，值得注意的是，当温度升高到700 ℃时，涂层的耐磨性能最差，磨损率呈现迅速上升的趋势。还有一个明显的趋势是，根据误差棒的大小可以判断，在高温热处理下(600 ℃和700 ℃)，涂层摩擦试验的重复性很好，涂层组织结构的稳定性最佳。

4. 磨痕微观形貌及深度

为了更直观地观察各个涂层的磨损情况，测量干摩擦结束后NiCrBSi涂层的

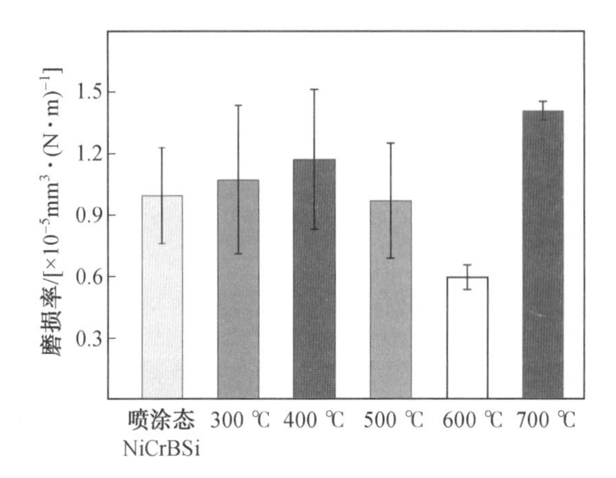

图 5.12 喷涂态以及不同热处理温度下 NiCrBSi 涂层的磨损率

磨痕三维形貌和磨痕深度曲线，结果分别如图 5.13 和图 5.14 所示。从图中可以看出，磨痕三维形貌、二维深度曲线和磨损率受热处理温度影响的规律一致。值得注意的是，尽管 700 ℃ 热处理后涂层的维氏硬度是最高的，但其磨痕深度最深约为 18 μm，是 600 ℃ 热处理后涂层的 3 倍左右。

结合 NiCrBSi 涂层在不同热处理温度下微观形貌、相成分的变化，热处理温度对 NiCrBSi 涂层耐磨性能的影响可以从以下几方面加以表述：

(1) 较低的热处理温度(400 ℃ 以下)不足以使涂层发生再结晶现象，涂层中没有硬质相析出，无法起到弥散强化的作用，但可以使涂层扁平颗粒间发生氧化现象，引起颗粒间结合强度降低，最终导致涂层的耐磨性下降。

(2) 较高的热处理温度(500 ～ 700 ℃)促使涂层由非晶结构转化为晶态结构，涂层中析出碳化物和硼化物等硬质相，使涂层硬度提高，因此对于涂层的耐磨性能有强化作用。与此同时，温度的升高同样会引起涂层层间氧化行为更加严重，扁平颗粒间的黑色氧化带的增多致使涂层的内聚结合强度不断降低，对于涂层的耐磨性有弱化作用。

(3) 涂层在不同热处理条件下的摩擦过程中，随着温度的升高，刚开始是氧化起主要作用，因此涂层磨损率先是升高。随着进一步升高温度，析出物的强化作用占主导作用，使涂层的耐磨性能有所提高。当热处理温度到达 700 ℃ 时，扁平颗粒间氧化作用占据主导地位，涂层颗粒间结合强度大幅降低，致使涂层耐磨性能陡然下降。

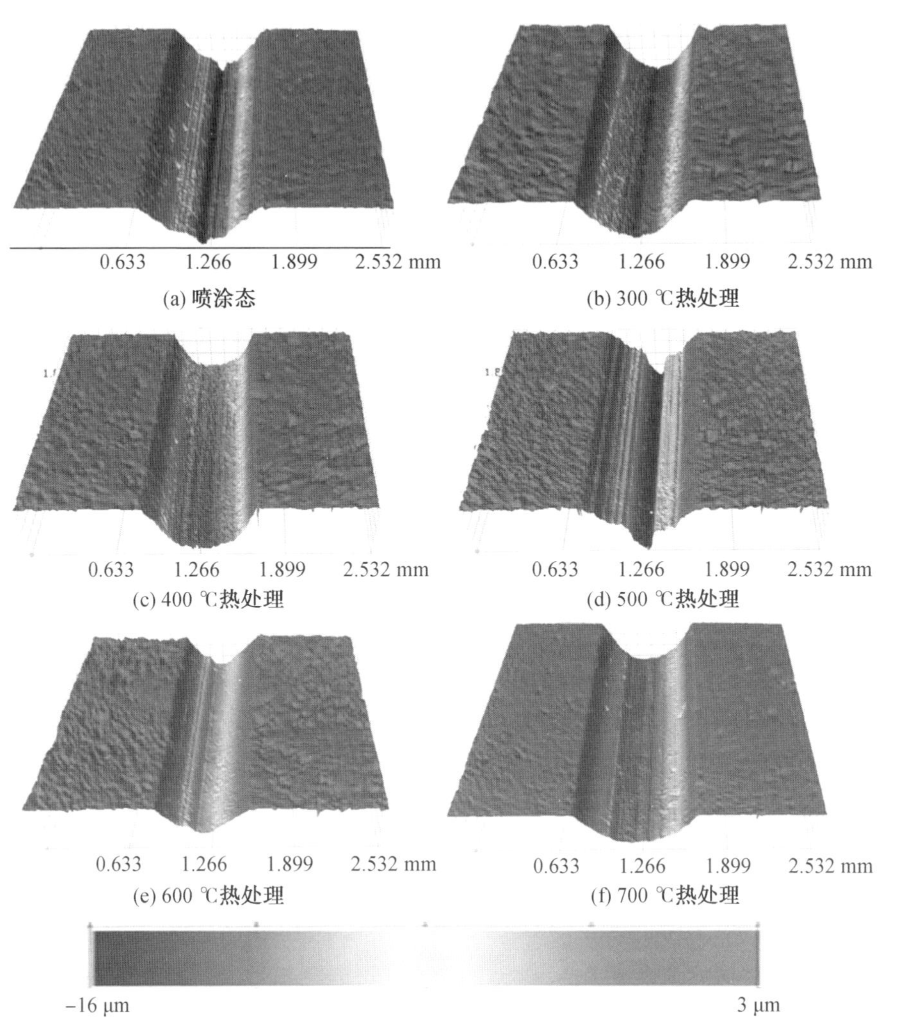

图 5.13　NiCrBSi 涂层磨痕三维形貌

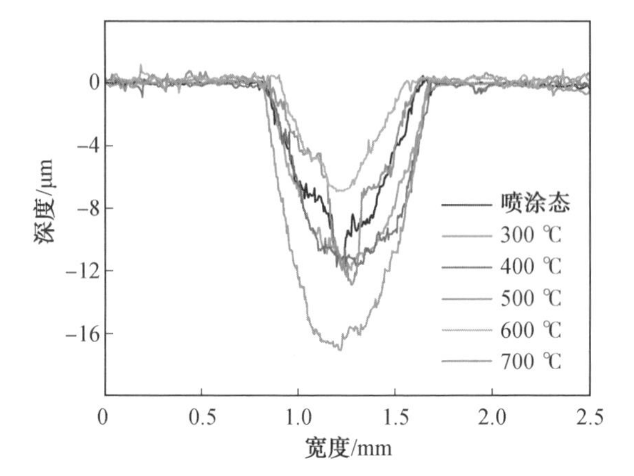

图 5.14　NiCrBSi 涂层磨痕深度曲线图

5.2.4　磨损机理分析

如图 5.15 所示为 NiCrBSi 涂层磨痕扫描电镜图，喷涂态和 400 ℃ 以下热处理后的涂层磨痕表面显现出严重的断裂变形和撞击摩擦后呈现的盘状颗粒，磨痕表面扁平颗粒间发生分层现象。

剥落的颗粒继续滚落到对磨摩擦副中然后又被撞击压平，在这种情况下，涂层的耐磨性能由扁平颗粒间的结合强度主导，涂层的磨损机制主要是黏着磨损和疲劳磨损。当热处理温度继续升高到 600 ℃，随着涂层硬度的提高，摩擦过程中可以在一定程度上加强涂层的抗微切削能力，与此同时，扁平颗粒间的氧化现象并不是很明显，扁平颗粒的剥落程度也没有涂层在 700 ℃ 热处理下严重。值得注意的是，500 ℃ 和 600 ℃ 热处理并没有使涂层完全发生再结晶，涂层中硬质

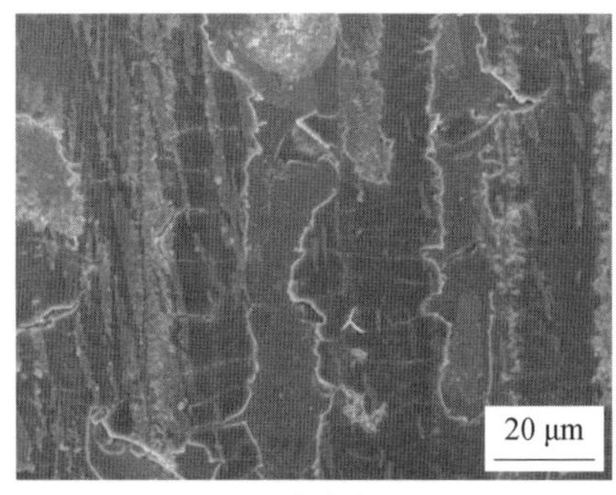

(a) 喷涂态

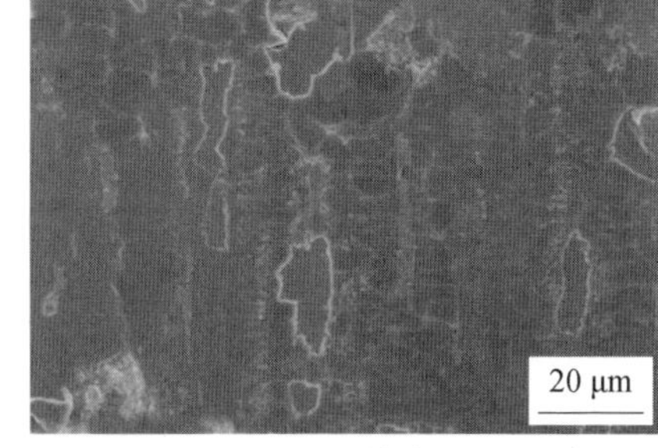

(b) 300 ℃热处理

图 5.15　NiCrBSi 涂层磨痕扫描电镜图

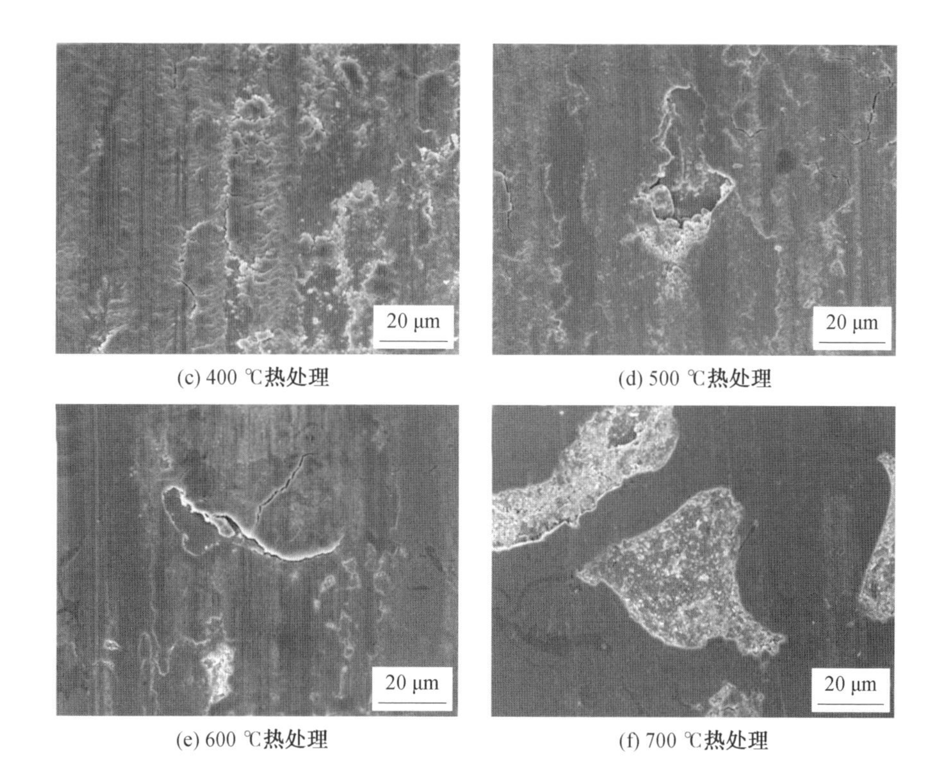

(c) 400 ℃热处理　(d) 500 ℃热处理

(e) 600 ℃热处理　(f) 700 ℃热处理

续图 5.15

析出相并没有达到最大化。从图 5.15(d)、(e) 分析,涂层的磨损机制主要是脆性断裂和热疲劳磨损。

当热处理温度升高到 700 ℃ 时,磨痕表面颗粒严重剥落,如图 5.15(f) 所示。高温热处理导致大量硬质相析出的同时增加了涂层显微硬度,另外,高温同时带来更加严重的层间氧化现象,这将会降低涂层颗粒间的结合强度。高温热处理后涂层中析出的大量硬质相也会导致涂层韧性降低,在摩擦过程中,硬质颗粒剥落充当磨粒,对涂层造成严重磨损。在这种情况下,涂层的磨损机制主要是磨粒磨损。

5.2.5　N_2 保护热处理 NiCrBSi 涂层结构与性能

由于喷涂态 NiCrBSi 涂层组织较为致密,涂层内部几乎不存在通孔,因而在热处理过程中,N_2 只能保护涂层表面减少氧化,对于涂层内部组织结构影响不明显。热处理气氛对涂层的硬度、摩擦系数和磨损率的影响可以忽略(表 5.3),温度对其影响规律亦如前文常规热处理。

表 5.3 空气和 N_2 热处理条件下 NiCrBSi 涂层的硬度、摩擦系数和磨损率

涂层	硬度($HV_{0.1}$)		摩擦系数		磨损率 /[$\times 10^{-5}$ $mm^3 \cdot (N \cdot m)^{-1}$]	
	空气	N_2	空气	N_2	空气	N_2
喷涂态 NiCrBSi	728		0.67		0.995 ± 0.23	
NiCrBSi－300 ℃	725	743	0.65	0.59	1.072 ± 0.36	0.863 ± 0.39
NiCrBSi－400 ℃	806	817	0.66	0.62	1.172 ± 0.34	1.107 ± 0.32
NiCrBSi－500 ℃	891	1 013	0.64	0.60	0.970 ± 0.28	0.884 ± 0.25
NiCrBSi－600 ℃	1 016	1 059	0.64	0.58	0.597 ± 0.06	0.478 ± 0.17
NiCrBSi－700 ℃	1 046	1 043	0.65	0.61	1.409 ± 0.05	1.135 ± 0.13

5.3 Mo－NiCrBSi 耐磨涂层制备、结构及性能

为提高合金性能，NiCrBSi 中还会添加少量其他元素（如 Nb、Ta、C、Fe、W、Al、Co、Ti 和稀土元素等），例如，碱土元素和稀土元素具有较高的化学活性，在合金冶炼过程中起到良好的脱氧去气作用，显著改善合金的晶界结构，达到晶界强化的目的。

钼（molybdenum，Mo）是一种贵重的稀有金属，具有熔点高（2 625 ℃）、密度大、硬度高、高温强度高及耐电弧烧蚀、耐腐蚀和耐磨损等优良特性，同时还具备热导率高、热膨胀系数低等性能。Mo 材料质地坚韧，光洁度高，具有良好的抗咬死性能，在高温（350 ℃）下耐磨性能好，抗擦伤性能优良，能承受瞬时摩擦高温，热喷涂中能与多种金属和合金结合较好。Mo 元素最早是作为合金钢的添加剂被应用于钢铁工业，以提高材料的硬度、强度、韧性及可焊性等；随着工业技术的发展，Mo 逐步广泛应用于航空航天、电子工业、冶金石化、军事装备及核工业等领域。

在某些条件下，工件既需要高的硬度也需要低摩擦系数，在 NiCrBSi 涂层中添加 Mo 元素，一方面有效改善了涂层的抗咬死性能；另一方面，在干摩擦条件下，金属 Mo 可以迅速被空气氧化生成一层钼氧化物薄膜，不仅具有良好的润滑效果，同时也能阻碍摩擦副接触表面的直接黏着，起到减摩耐磨作用。此外，将 Mo 加入到 NiCrBSi 中还能提高涂层的防堵塞性能。在边界润滑条件下，涂层中的 Mo 还会与润滑剂中的 S 元素反应生成 MoS_2，在涂层表面形成 $MoO_x－MoS_2$ 润滑膜，润滑作用更好。研究结果表明：质量分数为 25% 的 Mo－NiCrBSi 涂层

具有比纯 NiCrBSi 涂层更低的硬度、更高的孔隙率和更好的耐磨性能。然而，过量的 Mo 会降低层间黏附力，导致涂层失效。

5.3.1　Mo－NiCrBSi 涂层制备

1. 喷涂材料

(1) 镍基自熔性合金粉末(NiCrBSi)，与 5.2.1 节相同。

(2) 金属钼粉末(Mo)。益阳先导公司生产，牌号 PR4210，粒径 －195 ～ ＋385 目(38 ～ 74 μm)，熔点 2 610 ℃，纯度 ＞ 99%。其扫描电镜形貌如图 5.16 所示。

Mo 粉末颗粒虽近似为球状，但与 NiCrBSi 粉末的不同之处很明显，Mo 粉末没有 NiCrBSi 粉末的光滑表面，相反，是无数个细小颗粒组成的球状，这与它们的制备工艺有关：NiCrBSi 粉末通过喷雾法制得，熔融粒子在空气中冷却固化；而 Mo 粉末则是通过研磨＋烧结的方式制备得到的，因而粉末具有棱角。

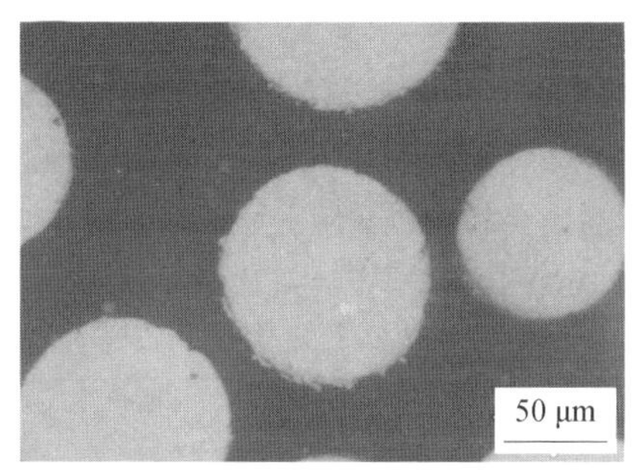

(a) 截面

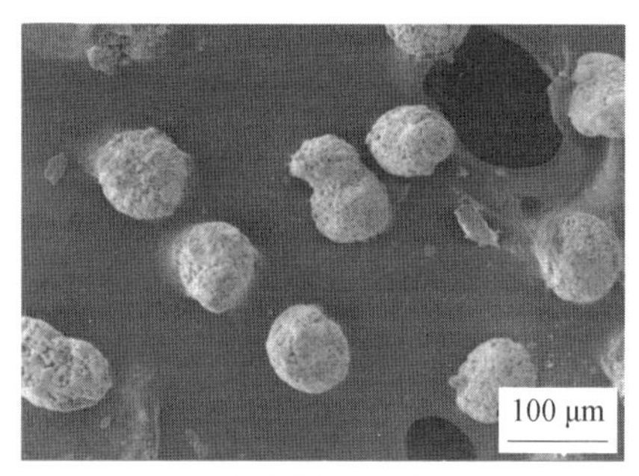

(b) 扫描电镜图

图 5.16　Mo 粉末

如图 5.17 所示为 Mo 粉末 XRD 图谱，由于 Mo 粉末为高纯度的金属粉末，因此其 XRD 相组成较为简单，可以看到较强的 Mo 峰。

2. Mo－NiCrBSi 复合粉末制备

由于 Mo 和 NiCrBSi 粉末密度相近，两种粉末可以均匀混合，因而采用机械混粉法制备 Mo－NiCrBSi 复合粉末。机械混粉法是将原始粉末按照设计比例放入高能球磨机中，进行机械混合以制备所需粉末。该方法仅用于混合粉末，因此不需要放置磨球。混粉时间与设备功率，所用粉末密度、质量等因素有关。一般情况下，粉末混合时间过短容易导致混合不均匀，影响喷涂效果；而混合时间过长也有弊端，首先工作效率较低，其次粉末在球磨罐内碰撞时间过长容易使粉末

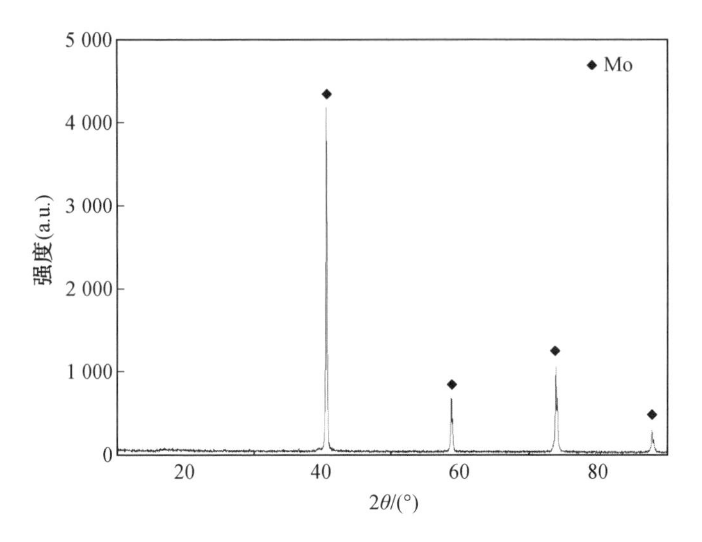

图 5.17 Mo 粉末 XRD 图谱

破碎细化，影响流动性。

Mo 和 NiCrBSi 粉末的混合在球磨机上进行，球磨机转动速度和工作时间通过控制系统调整。为了研究 Mo 质量分数对涂层性能的影响，先后以质量分数为 5%、10%、20%、30% 的 Mo 与 NiCrBSi 分别均匀混合，按 Mo 在复合粉末中的质量分数将这些预混粉末分别标记为 M5、M10、M20、M30。

3. Mo－NiCrBSi 涂层制备

喷涂前对于基体 304 不锈钢，用丙酮在超声波清洗机中清洗半小时以清除表面油污，然后用 24# 棕刚玉砂对喷涂面进行喷砂粗化处理，直至样品表面无金属光泽且均匀粗化。分别采用 M5、M10、M20、M30 混合粉末制备不同质量分数 Mo 的 Mo－NiCrBSi 复合涂层，喷涂参数见表 5.4。

表 5.4 Mo－NiCrBSi 复合涂层等离子喷涂参数

H_2 流量 /(L·min^{-1})	电流 /A	电压 /V	Ar 气流量 /(L·min^{-1})	送粉载气流量 /(L·min^{-1})	送粉速度 /(g·min^{-1})	喷涂距离 /mm	喷枪速度 /(mm·s^{-1})
9	550	65	40	3	35	100	300

5.3.2 Mo－NiCrBSi 涂层组织结构与力学性能测试

1. Mo－NiCrBSi 涂层微观形貌

如图 5.18 所示为 Mo－NiCrBSi 涂层抛光断面图。从图中可以看出涂层厚

度比较稳定，制备的 Mo－NiCrBSi 涂层厚度为 150 μm 左右。浅色部分为 Mo 的扁平化粒子，均匀分布在涂层中，Mo 颗粒的形状都是带状，说明等离子喷涂过程中 Mo 颗粒的熔化和铺展较好。此外，从截面图中还可以看到很多黑色部分，主要是涂层中存在的孔隙，以及涂层中的氧化物颗粒在金相制样过程中脱落所致。

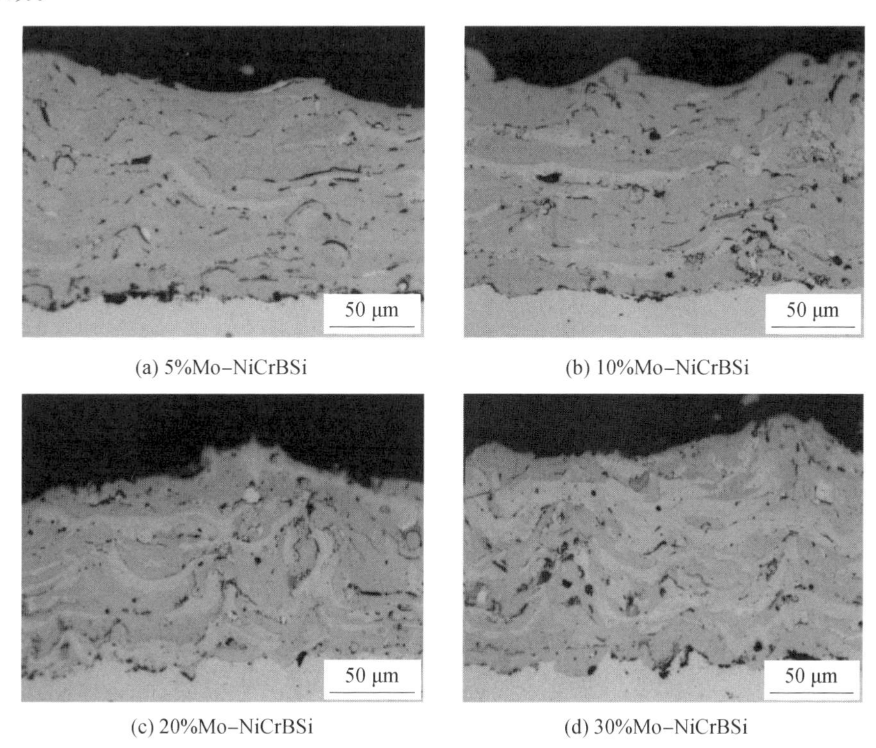

(a) 5%Mo-NiCrBSi　(b) 10%Mo-NiCrBSi

(c) 20%Mo-NiCrBSi　(d) 30%Mo-NiCrBSi

图 5.18　Mo－NiCrBSi 涂层抛光断面图

2. Mo－NiCrBSi 涂层相成分分析

采用 D8 Advance 型多晶 X 射线衍射仪（Bruker－AXS，德国）对涂层进行物相分析，所采用扫描衍射角为 20°～100°，扫描速度为 5(°)/min，选用 Mo 靶作为靶材，随后利用 Jade 6.0 软件对分析结果进行处理，测量结果如图 5.19 所示。

从 XRD 图谱中可以看出，主峰是处于 40.54° 处的 Mo 峰和 44.38° 处的 γ－Ni 峰，涂层中还出现了 $Cr_{13}Ni_5Si_2$、Ni_3B、Cr_2B、Cr_3C_2 等硬质相，同样，非晶宽化现象也比较明显，这些相的存在对涂层耐磨损性能有一定影响。Mo 特征峰强度随着 Mo 含量增加而增加，涂层中 Mo 含量的变化规律和粉末中 Mo 含量一致。

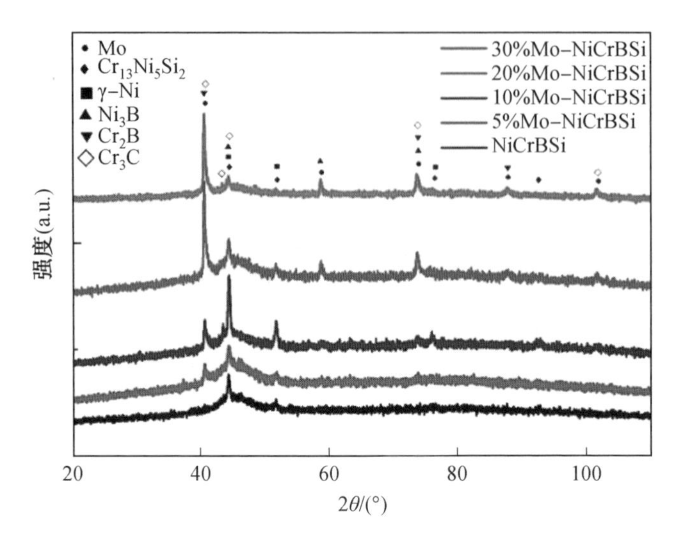

图 5.19　5 种 Mo－NiCrBSi 涂层的 XRD 图谱

3. Mo－NiCrBSi 涂层显微硬度

对涂层横截面进行显微硬度测试，两个测量点之间的距离应大于压痕对角线的3倍，两个测量点之间的距离为0.04 mm，测量结果如图5.20所示。从图中可以看到，纯 NiCrBSi 涂层的硬度较高。随着 Mo 含量增加，涂层硬度逐渐降低，这是因为 Mo 硬度小于 NiCrBSi，当其被混合于 Ni 基涂层中后，涂层硬度显著降低。

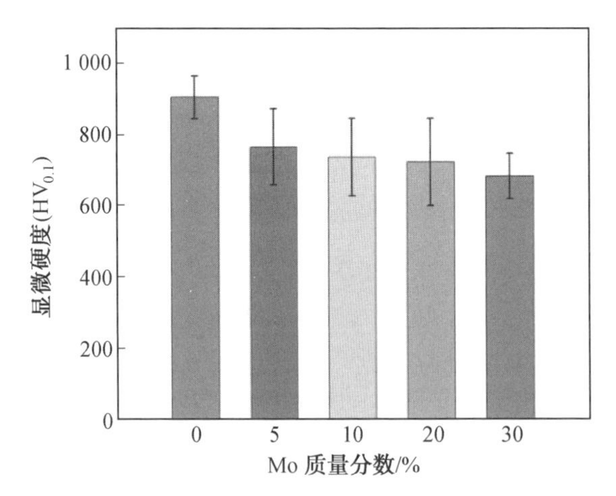

图 5.20　不同 Mo 质量分数 Mo－NiCrBSi 涂层的显微硬度

5.3.3　不同润滑条件下的 Mo－NiCrBSi 涂层摩擦磨损性能分析

1. 摩擦磨损试验

在 UMT－2 摩擦试验机上开展 Mo－NiCrBSi 复合涂层的摩擦磨损试验。选用直径为 4 mm，硬度为 1 272HV 的 Si_3N_4 球作为对磨球。在试验之前依次用 W7～W0 金相砂纸打磨涂层表面并抛光以降低表面粗糙度。试验中主要针对干摩擦、浸油润滑和边界润滑三种情况进行摩擦磨损分析，试验参数见表 5.5。涂层的体积损失由布鲁克公司的三维轮廓仪（contour－GT）测定。

表 5.5　摩擦磨损试验参数

润滑状态	载荷/N	往复速度/(mm·s^{-1})	时间/s	往复距离/mm	摩擦行程/m
干摩擦		32	7 200		230.4
浸油润滑	10	32	14 400	8	460.8
边界润滑		80	54 000		4 320

2. 干摩擦条件下 Mo－NiCrBSi 涂层的摩擦学性能

（1）摩擦系数。

不同含量 Mo－NiCrBSi 涂层摩擦系数随试验时间的演化规律如图 5.21 所示，由于涂层表面致密性不够而存在一定的磨合期，此时摩擦系数缓慢上升。并且，磨合期的长短与 Mo 含量有着直接的联系，Mo 具有 2 620 ℃ 的高熔点和 170HV 的低硬度，在干摩擦条件下，可以在接触表面上形成 MoO_2 自润滑层。作为固体润滑剂，MoO_2 能显著降低涂层和对磨材料之间的摩擦系数。Mo 含量较高时，MoO_2 的减摩特性能使涂层较快进入稳定磨损阶段，稳定后涂层摩擦系数在 0.6～0.7 之间。稳定后，涂层的摩擦系数随 Mo 含量的增加而降低，说明 Mo 的加入能显著降低涂层摩擦系数。

（2）磨损率。

通过三维光学显微镜检测体积损失，由摩擦速度和时间计算得到摩擦距离，计算得到在干摩擦条件下涂层的磨损率，结果如图 5.22 所示。在干摩擦条件下，纯 NiCrBSi 涂层为 4 359 $\mu m^3/(N \cdot m)$，当 Mo 的质量分数为 30% 时，其磨损率降低到1 422 $\mu m^3/(N \cdot m)$，表明 Mo 具有良好的抗磨损性能。

为了更直观地显示 Mo 含量对复合涂层的耐磨性能影响，进一步测量五种不同涂层在相同条件下的磨痕深度数据，结果如图 5.23 所示。从图中可以看出，磨

痕最深的样品为 NiCrBSi 涂层，其深度约为 10 μm；当涂层中添加金属 Mo 后，涂

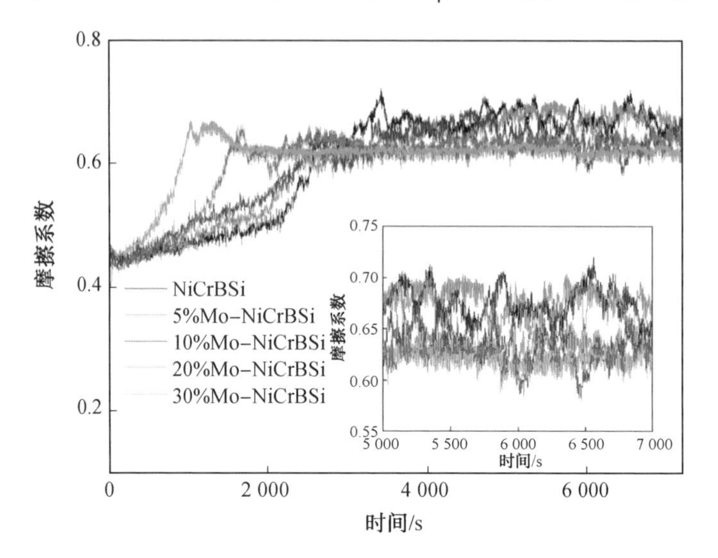

图 5.21　干摩擦条件下 Mo－NiCrBSi 涂层摩擦系数

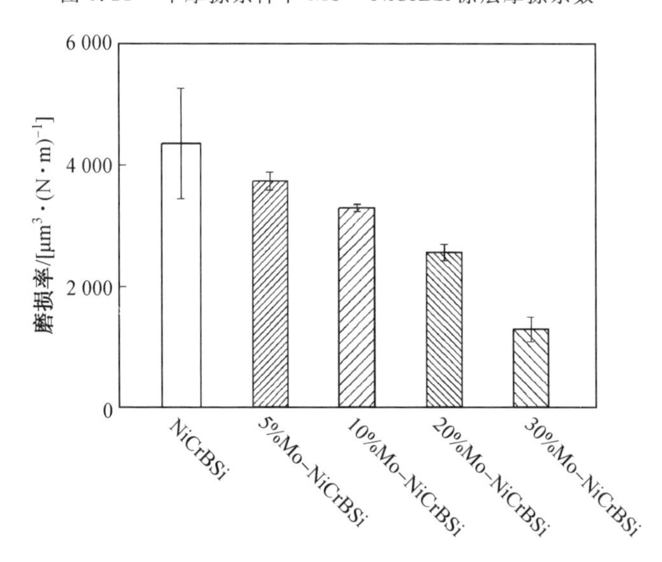

图 5.22　干摩擦条件下 Mo－NiCrBSi 涂层磨损率

层深度存在显著降低(7 μm 左右)，随着 Mo 质量分数的逐步增加，磨痕深度呈现规律减小的趋势，但是降低幅度仅为 1 μm 左右。结果表明：Mo 元素的加入及其质量分数对涂层摩擦学性能有重要影响。

上述摩擦系数及磨损率测量结果证明了 Mo 相的掺杂有效提升了 NiCrBSi

涂层的耐磨性，且随着 Mo 元素含量的增加，复合涂层耐磨性的改善愈加显著。

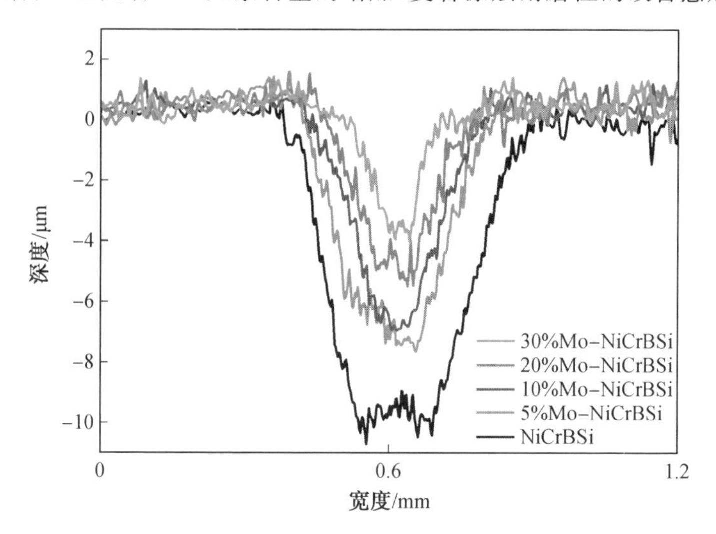

图 5.23　Mo 含量对 Mo-NiCrBSi 涂层磨痕深度的影响

(3) 磨损机理分析。

涂层表面的摩擦必定会导致磨损，除使用之前的“磨合”磨损是有益于延长制品使役寿命的，其他形式的磨损均是不利的，如磨料磨损产生的磨料颗粒可能犁削涂层，黏着磨损可能会导致涂层失效，电化学磨损可能会腐蚀涂层，前期研究结果表明：添加复合组分以在摩擦过程中形成自润滑膜可以显著降低磨损，如 MoO_2 便是一种常见的自润滑膜。为了确认摩擦试验过后涂层表面上 MoO_2 的存在，对如图 5.24 所示的摩擦试验前（A 点）和试验后的磨痕处（B 点）进行了 EDS 扫描并对结果进行对比。从表中可以看出摩擦试验后，氧的质量分数从 0 增加到 1.1%，这表明在摩擦过程中涂层表面中的 Mo 与 O_2 反应并形成了 MoO_2 层。

为进一步研究 Mo－NiCrBSi 涂层摩擦过程中的物相变化，对摩擦试验前后样品进行了 XPS 分析，以 C1s 284.5 eV 峰位作为标定，结果如图 5.25 所示。通过比较标准图谱手册，图 5.25(a) 中 228 eV 和 231.1 eV 处分别有 $Mo3d_{5/2}$ 和 $Mo3d_{3/2}$ 强峰；图 5.25(b) 中 531.8 eV 处有 O1s 强峰，可知在摩擦过程中成功生成 MoO_2 润滑膜。虽然在非磨痕部位也存在两种离子，但两者的强度差别较大，事实上 Mo 在空气中也能被氧化，摩擦过程主要使这一过程更加剧烈，使氧化现象更加严重。

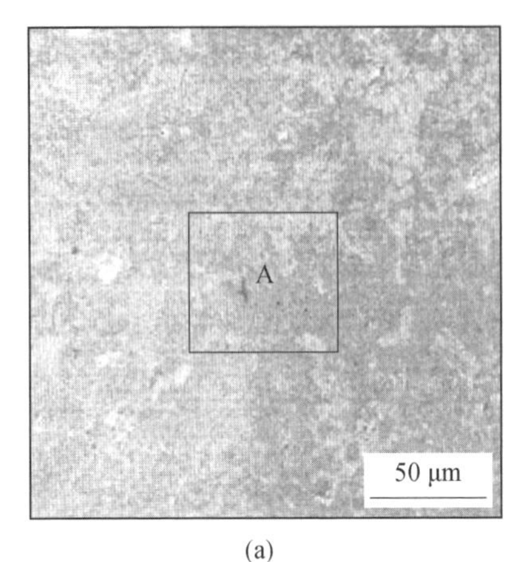

(a)

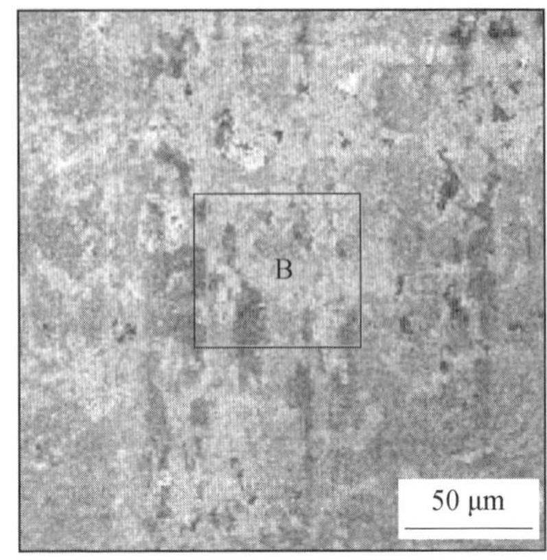

(b)

	w(O)/%	w(Si)/%	w(Cr)/%	w(Fe)/%	w(Ni)/%	w(Mo)/%
A点	0.0	3.0	14.7	4.3	47.6	30.3
B点	1.1	2.2	9.3	3.0	33.3	51.0

图 5.24　30%Mo－NiCrBSi 涂层干摩擦前后能谱扫描

为进一步证明这一结论，本节对磨痕部位进行了 EDS 面扫描以探究其 O 元素分布，结果如图 5.26 所示。图 5.26(a) 为被扫部位磨痕形貌，图 5.26(b) 为此处 O 元素分布情况。结果表明：磨痕部位的 O 元素要明显高于非磨痕部位，且呈带状分布。磨痕内氧元素分布较多这一现象结合 XPS 分析，证明 Mo 在摩擦过程中被大量氧化形成 MoO_2，这对研究 Mo 元素的减摩机理有着重要意义。

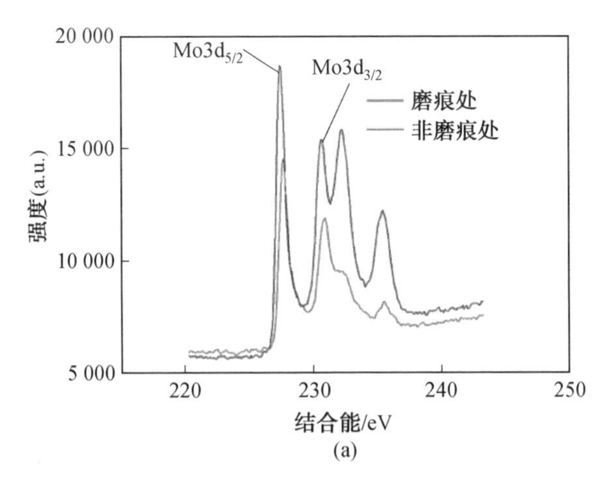

(a)

图 5.25　30%Mo－NiCrBSi 涂层干摩擦前后 XPS 分析

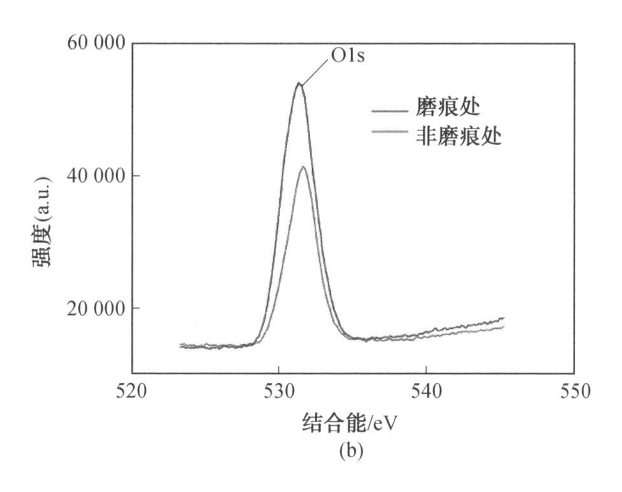

(b)

续图 5.25

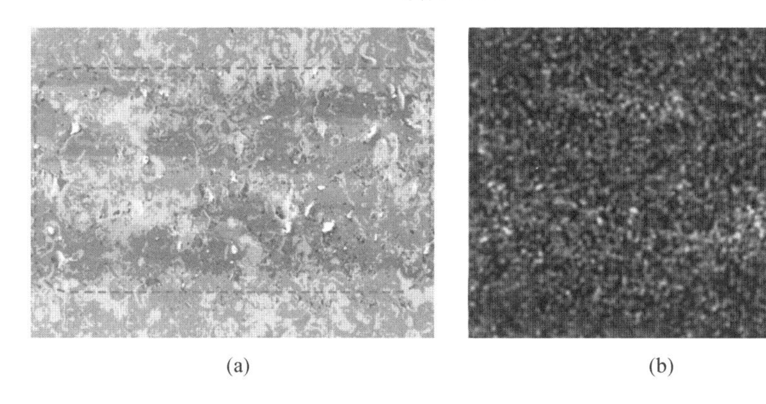

(a)　　　　(b)

图 5.26　30%Mo－NiCrBSi 涂层磨痕 EDS 面扫分析

与纯 NiCrBSi 涂层相比，Mo 的存在明显改变了涂层的磨损机理。如图 5.27 所示为干摩擦后 Mo 质量分数为 5%、10%、20% 和 30% 的 Mo－NiCrBSi 涂层的磨损表面扫描电镜形貌。如上所述，摩擦系数和磨痕三维轮廓数据表明质量分数 30% 的 Mo 具有更好的耐磨性能。当 Mo 质量分数为 5% 时，如图 5.27(a) 所示，磨损的表面仍具有与纯 NiCrBSi 涂层类似的颗粒剥落和凹槽；但是当 Mo 质量分数增加时，颗粒剥落情况明显减少，同时由于高温和反复挤压，层状的 MoO_2 膜开始出现，因而已经具备了良好的润滑性能。在摩擦过程中，MoO_2 在涂层和对摩球这对摩擦副之间形成润滑层，有效地降低了摩擦系数并避免了磨粒的形成。因此，Mo－NiCrBSi 涂层中的主要磨损机制是黏着磨损。

在 SEM 图中也观察到一些其他有用的信息，如图 5.27(c) 和(d) 所示，可以观察到润滑膜上存在很多鱼鳞状裂纹，这是由于在摩擦过程中产生的高温条件下 MoO_2 薄膜本是连续的，但是在摩擦过程之后，温度迅速下降，由于 MoO_2 和 NiCrBSi 之间的热膨胀系数的差异较大，因此裂纹产生。

(a) 5%Mo-NiCrBSi

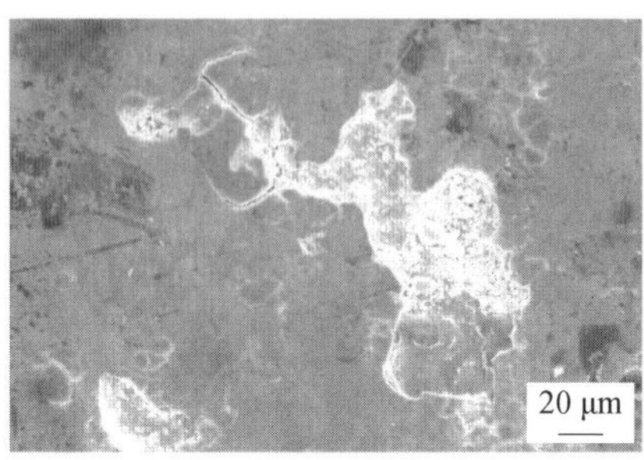

(b) 10%Mo-NiCrBSi

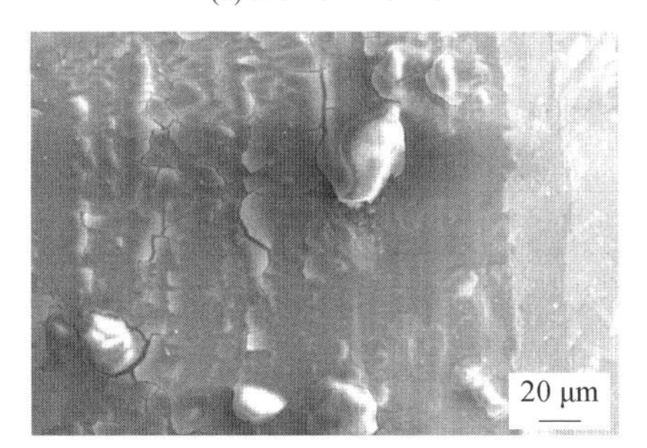

(c) 20%Mo-NiCrBSi

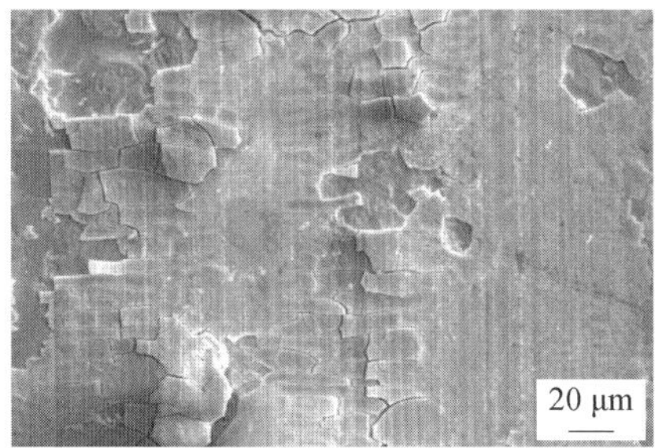

(d) 30%Mo-NiCrBSi

图 5.27　干摩擦条件下 Mo－NiCrBSi 涂层磨痕扫描电镜形貌

3. 浸油润滑条件下 Mo－NiCrBSi 涂层的摩擦学性能

(1) 摩擦系数与磨损率。

如图 5.28(a) 所示为浸油润滑条件下 Mo－NiCrBSi 涂层的摩擦系数，其数值有明显降低，稳定在0.1左右。与干摩擦类似，Mo 含量对降低涂层摩擦系数影响规律且明显。不同的是，浸油润滑状态下，涂层的摩擦系数远小于干摩擦状态，且波动相对平稳，摩擦系统的稳定性得到显著提升。

造成这种现象的原因主要在于：涂层中固有的孔隙存在，干摩擦时磨球受涂层表面不平整因素影响较大。浸油润滑时，孔隙中封存的机油与对磨球产生反向作用力，有效降低磨球路线的不平整性。类似地，浸油润滑条件下的磨损率数据与干摩擦时规律一致(图 5.28(b))，也显示 Mo 的减摩效果，并且由于油润滑的摩擦系数非常低，油磨试验中各涂层的磨损率降低非常明显，仅为干摩擦条件的 1/20。当试验条件改为油润滑时，5 组涂层的摩擦系数相比干摩擦时大大降

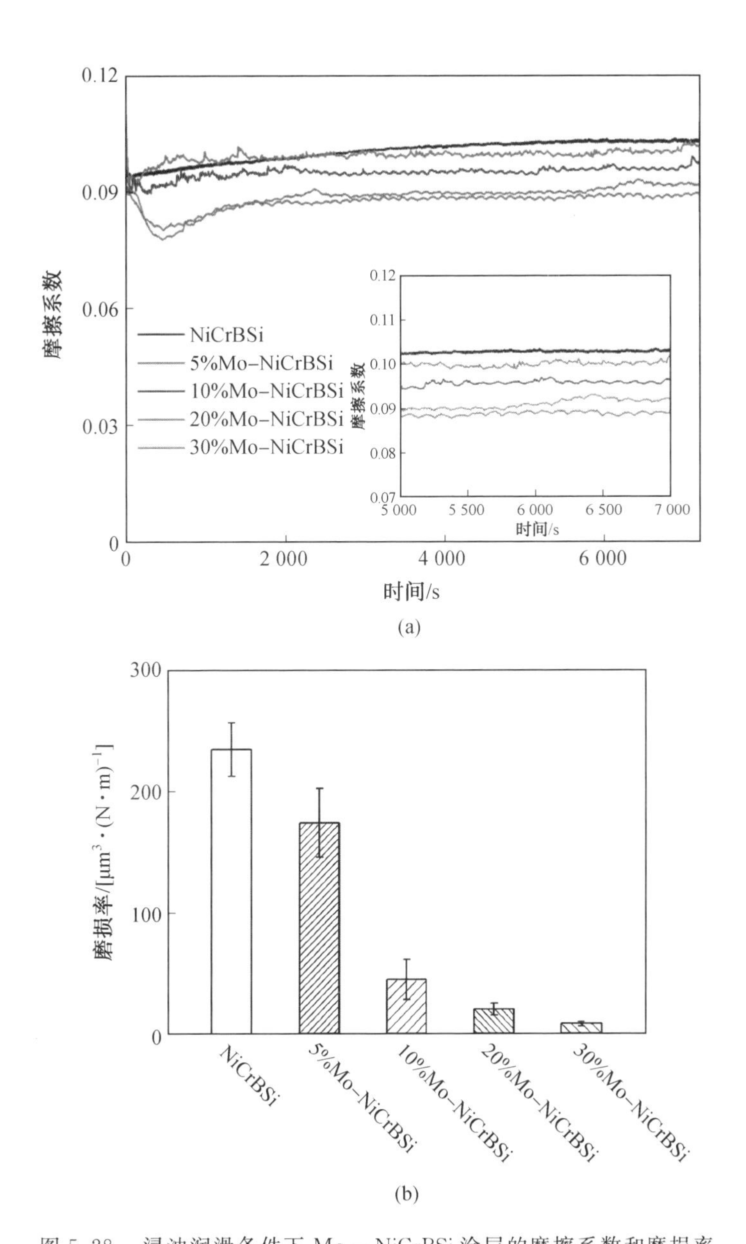

图 5.28　浸油润滑条件下 Mo－NiCrBSi 涂层的摩擦系数和磨损率

低，且数据变化幅度减小，这是由于摩擦副之间油膜分布均匀，此外机油也能起到缓冲应力的作用，因此摩擦系数小而稳定。

为了更直观地观察浸油润滑条件下不同比例 Mo－NiCrBSi 涂层耐磨性质，需要针对不同涂层的磨痕进行进一步观察和分析。如图 5.29 所示为浸油润滑条件下 Mo－NiCrBSi 涂层磨痕图像，可得到 Mo 有助于改善涂层耐磨性能的原因。

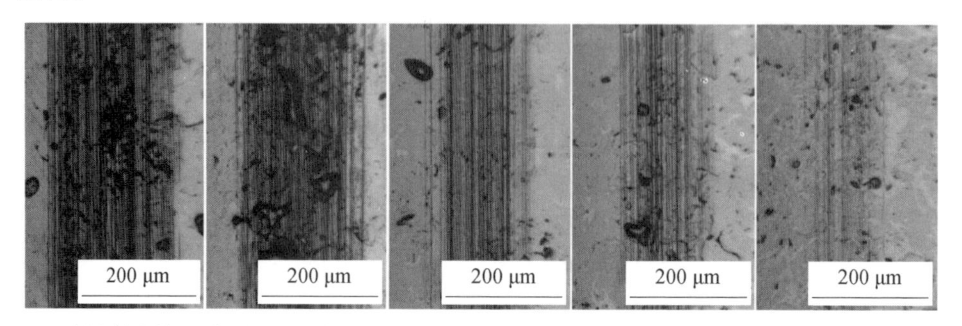

(a) NiCrBSi　(b) 5%Mo-NiCrBSi　(c) 10%Mo-NiCrBSi　(d) 20%Mo-NiCrBSi　(e) 30%Mo-NiCrBSi

图 5.29　浸油润滑条件下 Mo－NiCrBSi 涂层磨痕图像

(2) 磨损机理分析。

在浸油润滑条件下，摩擦磨损特性变得好很多，因为油可以形成油膜并有效地降低摩擦系数。同时，Mo 与润滑介质中的 S 元素反应产生的 MoS_2 膜，有效降低了摩擦系数。由涂层浸油润滑摩擦试验前后能谱扫描结果(图 5.30)可以看出，在浸油润滑条件下的主要磨损机制仅剩下犁削作用，这归结于 Mo 及其硫化物在涂层中的自润滑作用。

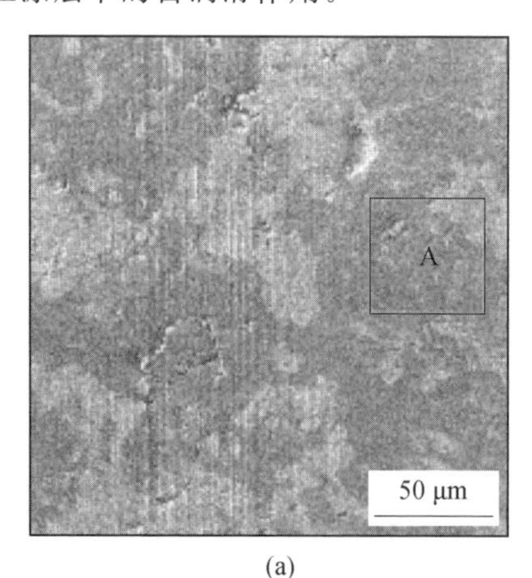

(a)

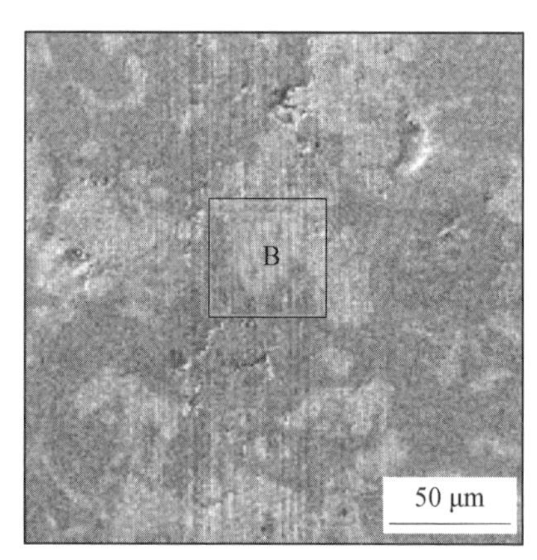

(b)

	w(Si)/%	w(S)/%	w(Cr)/%	w(Fe)/%	w(Ni)/%	w(Mo)/%
A 点	3.4	0.0	18.1	4.7	56.6	17.2
B 点	2.5	0.3	11.2	4.0	39.7	42.3

图 5.30　30%Mo－NiCrBSi 涂层浸油润滑摩擦试验前后能谱扫描

如图5.30(a)、(b)所示，在磨损后的涂层表面中可以发现大量类似于干摩擦条件的剥落，出现这种情况的主要原因可能是涂层中Mo比例较少，生成的MoS_2润滑膜不能完全阻隔摩擦副。随着Mo含量的增加，颗粒剥落情况得以改善，磨痕越来越不明显。此外，磨损轨迹的深度随Mo含量的增加而减小，最浅的M30仅为800 nm，而最深的纯NiCrBSi为1.5 μm。

由于空气中大多数氧被机油隔绝，涂层中的Mo无法与氧气反应生成MoO_2，反而与油中的S元素反应产生具有更好润滑性能的MoS_2润滑膜。油润滑前后的元素质量分数变化通过图5.30中的能量色散光谱(EDS)分析。为确保不会因机油的存在而影响检测结果，试验前使用丙酮在超声波清洗机中清洗5 h。EDS结果表明，机油摩擦试验过后(B点)磨痕表面有质量分数0.34%的S元素。相反，在相同条件下的非摩擦部分(A点)中S的质量分数为0，这表明S在磨损表面中处于化合物MoS_2的状态(注：表中A点的Mo含量较低是由不同的选择点引起的)。

同样对浸油润滑摩擦试验后的磨痕进行了XPS元素分析，并以C1s 284.5 eV峰位作为标定，结果如图5.31所示。结果表明：图5.31(a)中228 eV和231.1 eV处分别有$Mo3d_{5/2}$和$Mo3d_{3/2}$强峰。图5.31(b)中162.2 eV处有S2p强峰，验证了MoS_2的存在。对比涂层磨痕的EDS面扫结果可知，Mo峰的强度明显弱化，由13 000降至8 000左右，其原因主要有以下两方面：(1)S的氧化能力较O_2弱；(2)机油的冷却作用下，浸油润滑条件下摩擦副表面的实际温度低于干摩擦状态下的表面温度，Mo的反应程度也会降低。

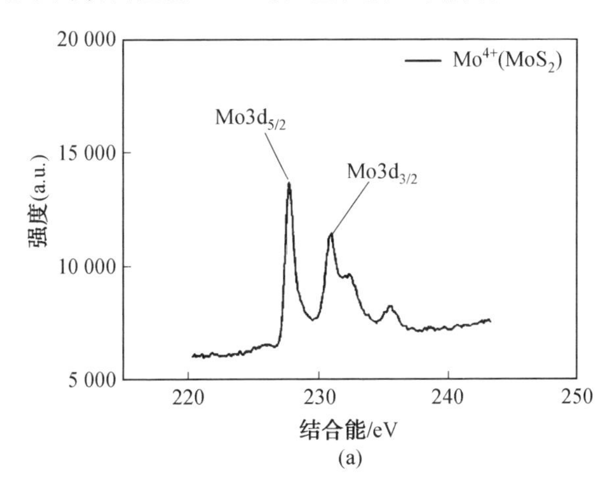

图5.31　30%Mo－NiCrBSi涂层浸油润滑摩擦试验后磨痕处XPS分析

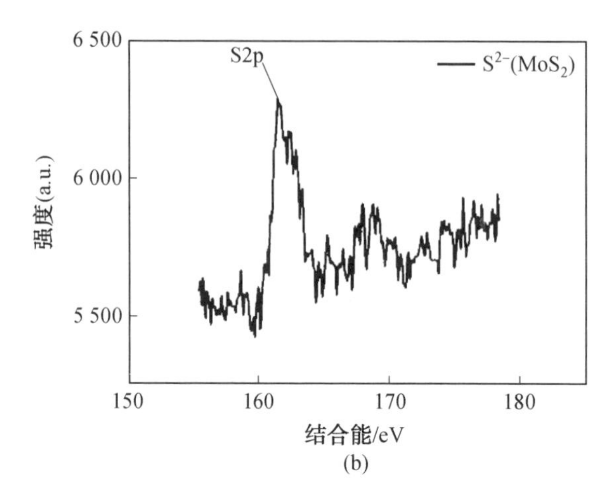

续图 5.31

为了更进一步证实 MoS_2 是在摩擦过程中产生的，还需要对浸油润滑试验样品的非磨痕部位做 XPS 表征。首先利用丙酮浸泡并在超声波清洗机内清洗 2 h 以保证残留机油被完全清除，接下来在同一样品的非磨痕部位选区，结果如图 5.32 所示。最明显的区别是图 5.32(b) 中位于 162.2 eV 处的 S2p 峰消失，这个现象有力证明了 MoS_2 润滑膜产生于摩擦过程中。此时涂层中依然存在 Mo^{4+} 和 O^{2-}，图 5.32(a) 和(c) 证明了 Mo 在空气中存在一定的氧化，但是其峰强低于干摩擦试验后的涂层。

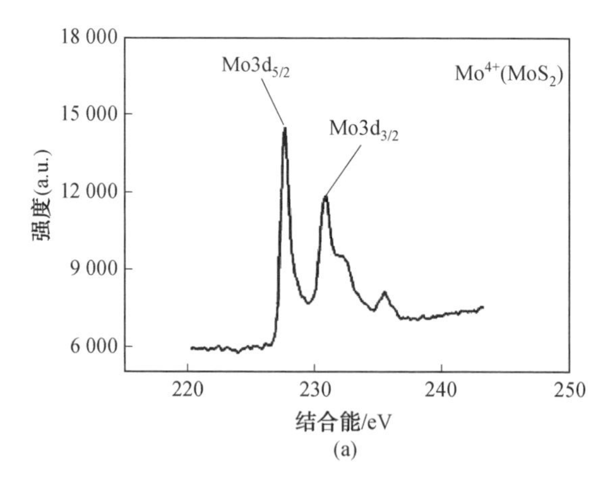

图 5.32　30%Mo－NiCrBSi 涂层浸油润滑摩擦试验后非磨痕处 XPS 分析

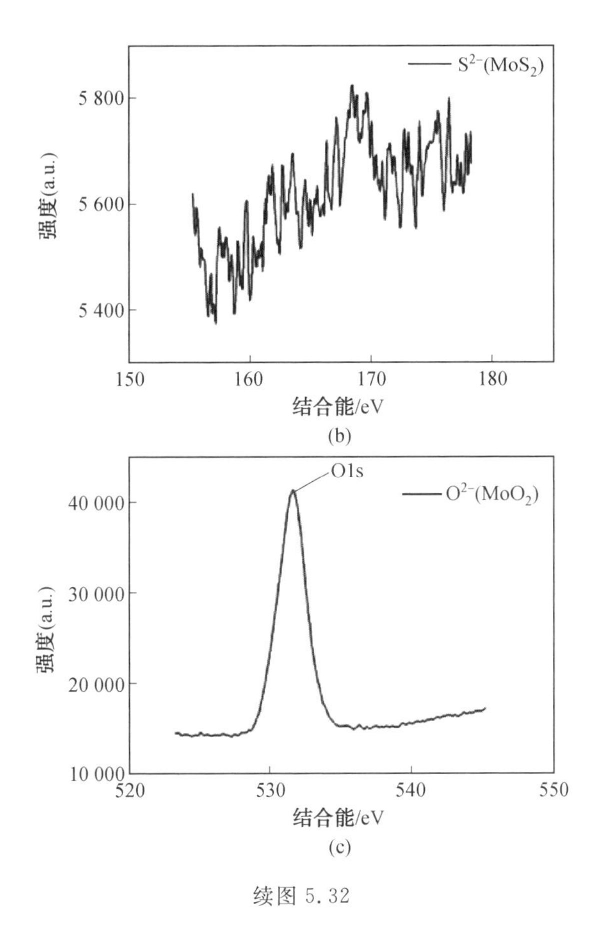

续图 5.32

4. 边界润滑条件下 Mo－NiCrBSi 涂层的摩擦学性能

首先，针对 NiCrBSi 涂层进行比对试验，试验中所用的油为牌号(SAE 5W－40)车用润滑油，机油添加量0.1 μL，摩擦时间15 h，设置频率5 Hz，对磨球材料、尺寸及其他参数与干摩擦时一致。试验过程中采集到的摩擦系数随磨损时间的变化规律如图 5.33 所示。

摩擦系数曲线随滑动距离的变化可描述为：(1) 最初的油润滑阶段：此时摩擦副之间油膜尚未破裂，摩擦机理正常，摩擦系数与浸油摩擦结果类似，约为0.1；(2) 接触表面之间的油膜已部分破裂，摩擦副进入边界润滑状态，但是在自润滑膜和部分油膜的保护下，尚未对涂层进行实质性破坏，其最大特点是起到缓冲作用，能让润滑油有重新补充的缓冲时间，边界润滑周期的长短对摩擦副材料非常重要，此时摩擦系数略有提升，大约在 0.15；(3) 润滑油已近乎失效，摩擦副材料近乎进入干摩擦状态，且这个阶段周期较短，只有 10 min 左右，摩擦系数特征急剧上升；(4) 随着摩擦过程的持续进行，油膜已经完全消耗，摩擦系数恢复到干摩擦状态，磨损机理也与干摩擦类似，工件未处于油膜保护状态。

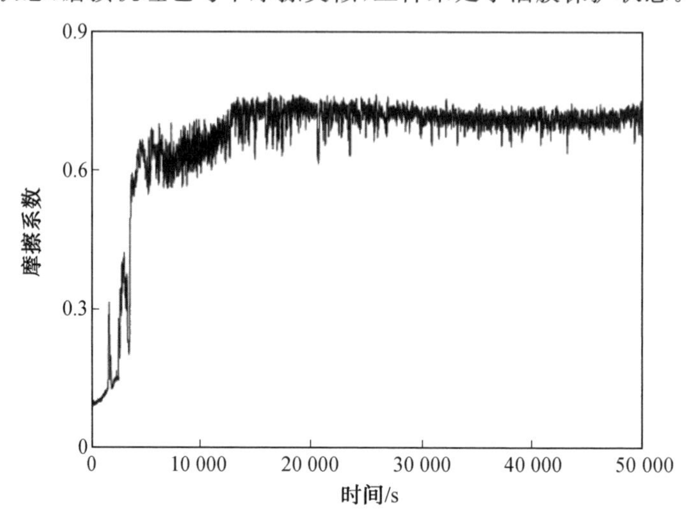

图 5.33　NiCrBSi 涂层边界润滑下的摩擦系数

在纯 NiCrBSi 涂层中得到的规律是否也能适用于 Mo－NiCrBSi 复合涂层对工业生产有着至关重要的意义，并且其中的摩擦系数关系以及摩擦状态的改变也非常值得探讨。此外，从前几种涂层中我们得到了一个非常有用的信息：摩擦系数与涂层耐磨性能有着非常密切的联系，因此更有必要对此进行深入分析。

图 5.34 为五种不同 Mo－NiCrBSi 涂层的边界润滑摩擦系数对比图，为保证试验条件的统一性，以全部涂层均进入干摩擦状态并持续一定时间为准则设定实验时长，本试验中为 15 h。从图中可以看出，边界润滑条件比较明显，随着 Mo 含量的增加，摩擦系数突变时间由原始的 3 000 s 逐步增加到 30%Mo－NiCrBSi 涂层的 40 000 s。这证明了 Mo 能有效延迟边界润滑中涂层进入干摩擦状态的时间，这对常处于此类润滑状态的气缸套工件有重要意义。其主要原因在于 Mo 质量分数的增加有效加强了摩擦副界面 MoS_2 自润滑膜的形成，有效加强了涂层的抗摩擦学性能；此外，在摩擦过程的第二阶段，即边界润滑状态中也可以看出 Mo 含量越大，边界润滑时间也越长，这跟 Mo 也有着密不可分的关系。

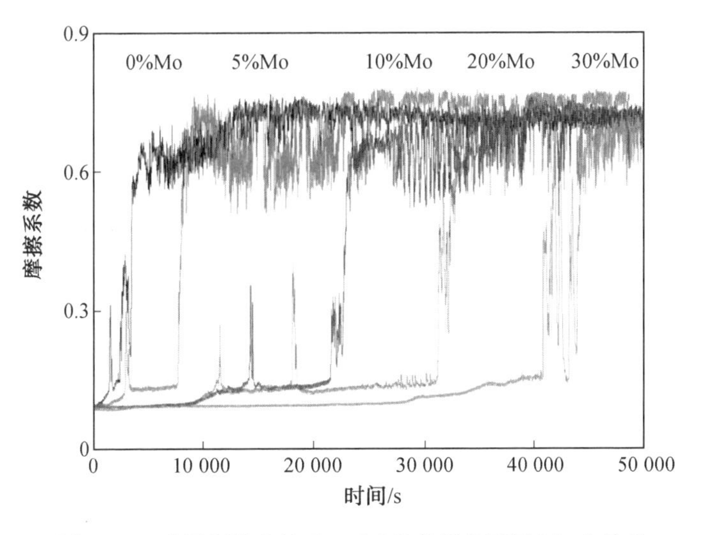

图 5.34　边界润滑条件下 NiCrBSi 涂层及不同 Mo 含量的 Mo－NiCrBSi 复合涂层摩擦系数

5.4　Zr－NiCrBSi 耐磨涂层制备、结构及性能

添加元素以实现合金强化的基本原理可分为三类：晶界强化（Zr、Mg 和稀土元素等）、沉淀强化（Al、Ti、Nb 和 Ta 等）和固溶强化（W、Mo、Co、Cr 等）。晶界强化的本质在于晶界对位错运动的阻碍作用，晶粒越细小，晶界越多，晶界就可以把塑性变形限定在一定的范围内，使其均匀化，从而提高合金的塑性；同时晶界对裂纹扩展的阻碍又有效地提升了合金的韧性。因此，晶界强化是一种不改变材料韧性和塑性的合金强化方法。

锆元素（Zr）在合金中的主要作用则是在晶界偏聚造成局部合金化，降低元素在晶界上的扩散而强化晶界，因此 Zr 合金通常具有较高的耐腐蚀性、良好的生物相容性和出色的辐照稳定性等特点，被广泛应用于核技术与核工业、冶金与石化工业等领域。其中，氢化锆（ZrH_2）是通过粉末冶金法制备金属和陶瓷的良好添加剂，ZrH_2 粉末加热到 300 ℃ 以上会发生分解，从而在热喷涂过程中提供高能量和高内聚力。基于此，本节以 ZrH_2－NiCrBSi 粉末为原料，通过大气等离子体喷涂制备了 Zr－NiCrBSi 涂层，并对其组织结构、力学性能及摩擦磨损性能进行表征研究。

5.4.1 Zr－NiCrBSi 复合涂层制备

使用与前节相同的 NiCrBSi 粉末，向其中加入 ZrH_2 粉末（质量分数为 20%），经 6 h 的机械研磨制备 ZrH_2-NiCrBSi 混合粉末。选用的 ZrH_2 粉末（锦州海鑫金属材料有限公司）为灰黑色角形粉末，熔点为 700 ℃，密度为 5.47 g/cm^3。粉末粒径为 2～10 μm，纯度高于 99.6%。

NiCrBSi、ZrH_2 及混合 ZrH_2－NiCrBSi 粉末的扫描电镜形貌如图 5.35 所示。由于机械混粉过程中未加入黏结剂，体积较大的 ZrH_2 块状粉末并未黏附在 NiCrBSi 球状粉末表面。

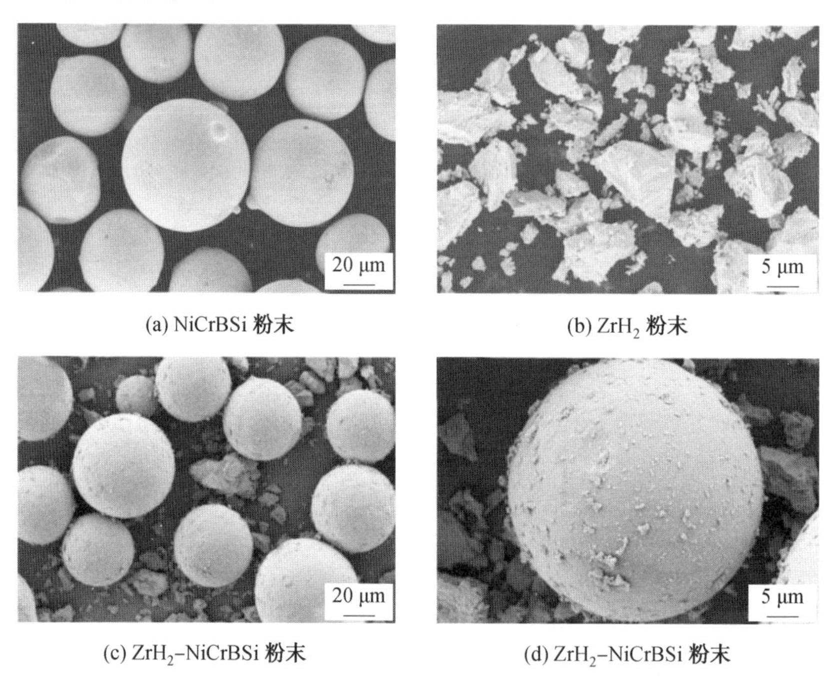

(a) NiCrBSi 粉末　(b) ZrH_2 粉末

(c) ZrH_2-NiCrBSi 粉末　(d) ZrH_2-NiCrBSi 粉末

图 5.35　Zr－NiCrBSi 涂层制备粉末 SEM 图

喷涂前对于基体 304 不锈钢，用丙酮在超声波清洗机中清洗 30 min 以清除表面油污，然后用 24# 棕刚玉砂对喷涂面进行喷砂粗化处理，直至样品表面无金属光泽且均匀粗化。在相同喷涂工艺参数下分别制备 NiCrBSi 涂层和 Zr－NiCrBSi 复合涂层，喷涂参数见表 5.6。喷涂过程中使用压缩空气对基体背面进行冷却。

表 5.6　NiCrBSi 和 Zr－NiCrBSi 复合涂层等离子喷涂参数

H_2 流量 /(L·min^{-1})	电流 /A	电压 /V	Ar 气流量 /(L·min^{-1})	送粉载气流量 /(L·min^{-1})	送粉速度 /(g·min^{-1})	喷涂距离 /mm	喷枪速度 /(mm·s^{-1})
6	500	56	50	3	35	120	200

5.4.2　Zr－NiCrBSi 涂层显微形貌及物相组成

采用扫描电子显微镜(SEM,Zeiss Supra55,德国)和能量色散光谱仪(EDS)对所制备的涂层、磨损表面和腐蚀表面的微观结构和化学成分进行研究。使用 Image J 的图像分析软件估算涂层的孔隙率。为评估孔隙率,分析了抛光截面中观察到的三个以上背散射电子图谱(BSE)图像。通过使用 Cu－Kα 辐射源的 X 射线衍射(XRD,D8 Advance,Bruker,德国)分析原料粉末和涂层的相组成。在测试期间,扫描速率为 5(°)/min,衍射角范围为 20°～80°。

如图 5.36 所示为原料粉末和所得涂层的 XRD 图的对比图。NiCrBSi 粉末的相组成主要为具有少量 Ni_3B 的 γ－Ni 固溶体和 CrB 相。但是,除了 γ－Ni 相,剩余化合物相在喷涂的 NiCrBSi 涂层中没有发现。还应注意,NiCrBSi 涂层的所有衍射峰均比 NiCrBSi 粉末的衍射峰略宽。γ－Ni 峰的加宽表明存在过饱和固溶体。沉积后快速冷却是抑制化合物沉淀并导致形成过饱和 γ－Ni 固溶体的主要原因。Zr－NiCrBSi 涂层除了有 γ－Ni 固溶体之外还包括 Zr 和 ZrO_2 相。Zr－NiCrBSi 涂层的 XRD 图谱中不存在 ZrH_2 的最高强度(101)峰,这表明涂层中不存在 ZrH_2。因此,在喷涂过程中,ZrH_2 颗粒被完全分解。Wu 等研究发现在1 200 ℃ 之前 ZrH_2 已经完全分解为 Zr 和 H_2 气体。ZrO_2 相是由于热 Zr 粒子在等离子流或涂层表面上与周围大气相互作用而产生的。

如图 5.37 所示为 NiCrBSi 和 Zr－NiCrBSi 涂层的 BSE 横截面图像。两次喷涂的涂层厚度在 250～300 μm 之间。

如图 5.37(a)、(b) 所示,NiCrBSi 涂层表现出典型的层状微观结构,含有一些孔隙、氧化物、未熔化的颗粒和未结合的界面。但是,Zr－NiCrBSi 涂层显示出非常致密的微观结构,几乎没有孔隙(图 5.37(c) 和(d)),呈长亮条纹状的 Zr 颗粒均匀分布在涂层中。Zr 的熔点为 1 852 ℃,远高于 NiCrBSi 约 1 025 ℃ 的熔点。涂层中 Zr 颗粒的层状结构显示了它们在沉积过程中的良好熔化,这可能是 ZrH_2 粉末的高能量所致。Zr 片与 NiCrBSi 片的附着力非常好。Zr－NiCrBSi 涂层的平均孔隙率约为 0.6%,明显低于孔隙率为 2.3% 的 NiCrBSi 涂层。20Zr－NiCrBSi 涂层的孔隙率与使用 Mo 包覆的 $Ni_{20}Cr$ 粉末获得的 NiCr－20Mo 涂层的

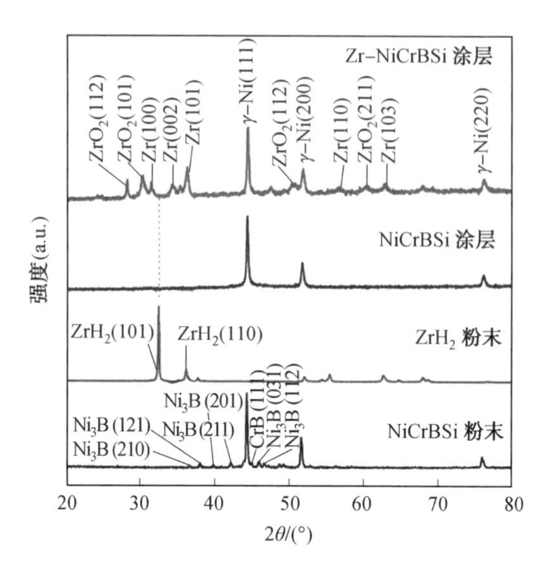

图 5.36　原料粉末和等离子喷涂涂层的 XRD 图谱

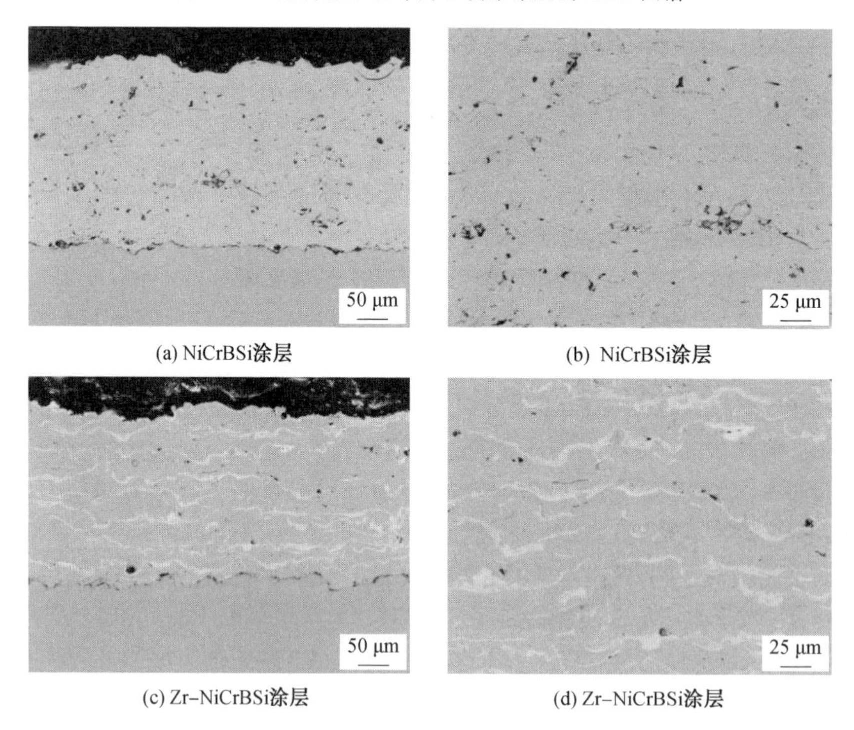

(a) NiCrBSi涂层　(b) NiCrBSi涂层

(c) Zr–NiCrBSi涂层　(d) Zr–NiCrBSi涂层

图 5.37　NiCrBSi 涂层和 Zr－NiCrBSi 涂层的 BSE 横断面图像

孔隙率一样低。因此，可以推断出 Zr 颗粒与 Mo 颗粒在改善层间结合和降低孔隙率方面同样有效。

在高倍放大下涂层微观结构的 BSE 图像如图 5.38 所示。在 NiCrBSi 涂层（图 5.38(a)）中的层间界面处观察到氧化物夹杂和无黏结界面。氧化物是熔融颗粒在沉积和固化过程中与空气反应生成的。无黏结界面可能是由于半熔融颗粒和液滴的快速固化而形成的。显然，这些氧化物夹杂和无黏结界面会显著降低涂层的内聚强度。但是，对于如图 5.38(b) 所示的 Zr－NiCrBSi 涂层，NiCrBSi 和 Zr 颗粒的共沉积将层间界面由 NiCrBSi－NiCrBSi 界面改为 Zr－NiCrBSi 界面。值得注意是，Zr－NiCrBSi 界面处无氧化物夹杂和裂纹出现，证明该处有良好的层间结合。此外，观察到一些界面裂纹在 Zr 片处终止。Zr－NiCrBSi 界面被认为是模糊的，表明它们之间可能发生了原子扩散。因此，应分析元素分布以确认是否形成了冶金结合。

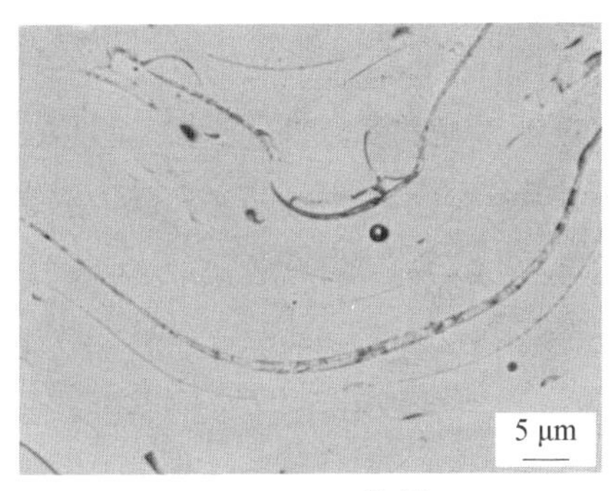

(a) NiCrBSi 涂层

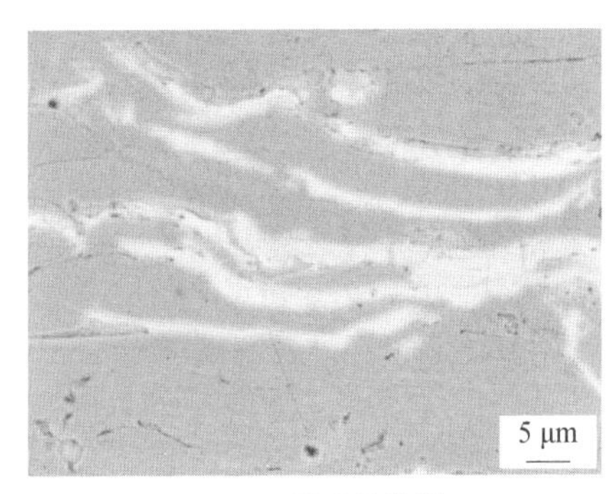

(b) Zr–NiCrBSi 涂层

图 5.38　在高倍放大下涂层微观结构的 BSE 图像

如图 5.39(a) 所示为 Zr－NiCrBSi 涂层中典型区域的元素图。亮条是 Zr 片，周围的灰色区域是 NiCrBSi 颗粒。可以看出，光亮的 Zr 镀层富含 B、C 和 Si 元素，其中 C 和 B 的含量远高于 NiCrBSi 镀层，而 Si 的含量几乎与 NiCrBSi 相同。这表明在 Zr 片和 NiCrBSi 片之间存在原子扩散。但是，在 Zr 片的中心几乎没有发现 Ni、Cr 和 Fe 元素，并且在周围的 NiCrBSi 片中几乎找不到 Zr 元素。图 5.39(b) 为 Zr－NiCrBSi 界面处元素的浓度－距离分布图。S 型 EDS 线扫描显示这些元素的扩散发生在 Zr－NiCrBSi 界面处。因此，表明 Zr 片和 NiCrBSi 片之间的扩散与元素有关。

在沉积过程中，ZrH_2 颗粒通过火焰流时会释放 H_2 并随着热量燃烧，这不仅会增加 Zr 液滴的温度，而且还会将 Zr 液滴的氧化控制在较低程度。同时，这些 Zr 液滴具有高化学活性。当热的 Zr 液滴沉积在 NiCrBSi 片层上时，它们会接触

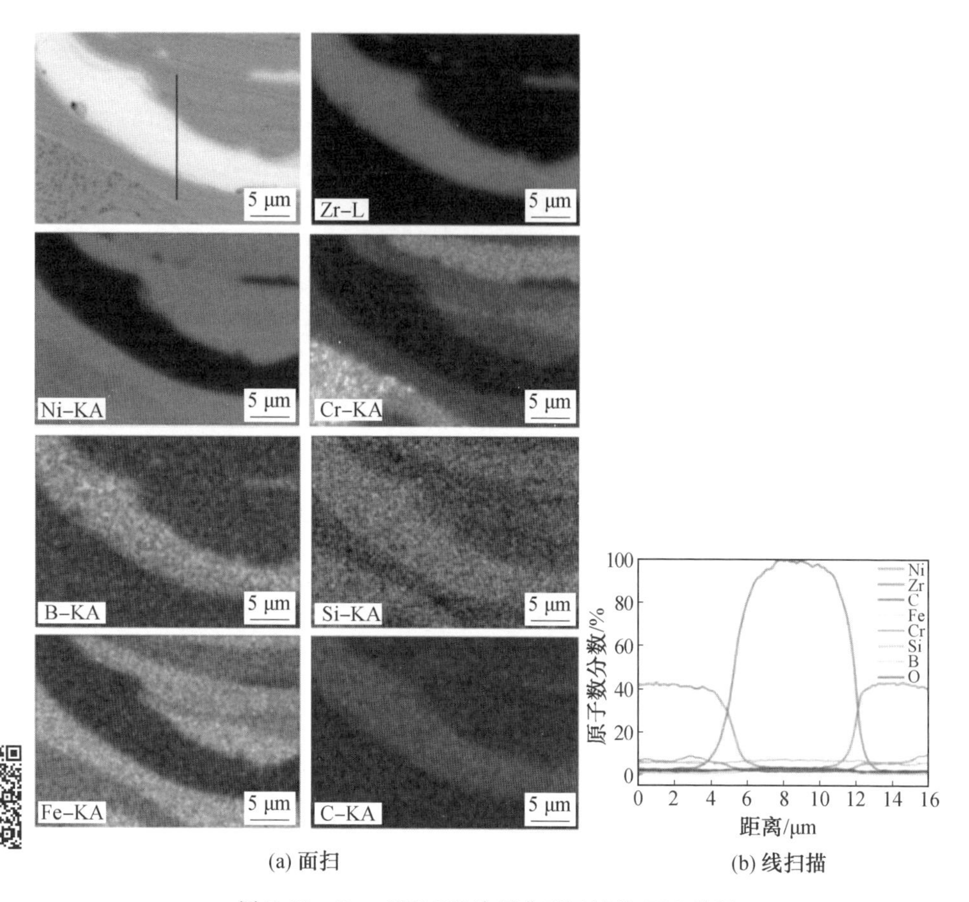

(a) 面扫　　(b) 线扫描

图 5.39　Zr－NiCrBSi 涂层典型区域的 EDS 分析

并形成扩散对。然后,在组成梯度和化学势的驱动下,扩散对两侧的原子将相互扩散。由于冷却速度快,层片的扩散过程受互扩散系数控制。在 NiCrBSi 合金镀层中,小尺寸的溶质原子(例如 C 和 B 原子)适合于间隙位置,而与主体 Ni 原子尺寸相似的 Fe、Cr 和 Si 原子则位于置换位置。

众所周知,间隙原子的移动不会使溶剂原子从其正常晶格位置发生很大的位移,而置换原子则需要较大的变形才能使原子挤压通过。因此,间隙原子的扩散速率远高于置换原子。根据扩散理论,C 和 B 原子可以在快速冷却过程中从 NiCrBSi 片层迅速扩散到 Zr 片层,但是 Ni、Fe 和 Cr 原子由于运动缓慢,只能在很短的距离内与 Zr 原子相互扩散。此外,Zr 与 C 和 B 原子反应性很强,会形成 ZrC 和 ZrB_2 化合物;Zr 还可以与 Si 反应生成 ZrSi 化合物。NiCrBSi 和 Zr 片的原子之间的化学反应是另一个促进原子扩散的驱动因素。因此,在合金中添加间隙溶

质原子或化学反应性原子可以促进涂层的界面结合。

5.4.3　Zr－NiCrBSi 涂层摩擦磨损性能及机理分析

使用显微硬度测试仪(HV－1000,中国华银)在 100 g 的载荷和 10 s 的停留时间下测量涂层的显微硬度。硬度值是由对每个涂层抛光截面进行的 10 次独立测量的平均值确定的。测量结果表明:NiCrBSi 涂层的显微硬度高达 $593 \pm 38HV_{0.1}$,而 Zr－NiCrBSi 涂层的显微硬度为 $571 \pm 52HV_{0.1}$,Zr 颗粒的加入降低了 NiCrBSi 涂层的显微硬度。

采用 UMT－2 型球－面式摩擦磨损试验机,在干摩擦条件下对 Zr－NiCrBSi 和 NiCrBSi 涂层进行往复滑动摩擦磨损试验。分别使用直径为 4 mm 的商用 Si_3N_4、ZrO_2 和 GCr15 钢球作为预抛光平坦样品表面的配对物。试验是在负载为 20 N,往复频率为 4 Hz,往复行程为 5 mm,固定滑动距离为 150 m 的条件下进行的。试验期间的环境温度和相对湿度分别为 20 ℃ 和 60%。

如图 5.40 所示为 NiCrBSi 和 Zr－NiCrBSi 涂层与不同材料的对磨球相对滑动时过程中产生的摩擦系数曲线。可以发现,所有摩擦副都经历了一个初始磨合期,随后或多或少地处于平稳期。所有的摩擦系数都在 0.5～0.8 范围内变化。NiCrBSi 涂层与 GCr15 和 ZrO_2 滑动时的摩擦系数显示出一个较长的磨合阶段,并且在滑动过程中摩擦系数出现细微波动(图 5.40(a));当其与 Si_3N_4 滑动时,摩擦系数曲线相对较平滑,并在短暂的磨合期后保持平稳。Zr－NiCrBSi 涂层与 ZrO_2 和 Si_3N_4 滑动时的摩擦系数与 NiCrBSi 涂层具有相似的趋势(图 5.40(b))。但是,对于 Zr－NiCrBSi/GCr15 摩擦副,摩擦系数在开始时波动很大,但当滑动距离超过 32 m 时,摩擦系数变得相当稳定,并且处于 0.5 的低值,这与 NiCrBSi/GCr15 摩擦副明显不同。与 NiCrBSi 涂层相比,Zr－NiCrBSi 涂层在与不同的对磨球滑动时的摩擦系数较小。

如图 5.41 所示为 NiCrBSi 涂层、Zr－NiCrBSi 涂层和对磨球的磨损率。图 5.41(a) 所示的两种涂层的磨损率均受相应涂层的影响。NiCrBSi 涂层在 GCr15、ZrO_2 和 Si_3N_4 球上滑动时的磨损率分别为 $8.2 \times 10^{-5}\ mm^3/(N \cdot m)$、$7.3 \times 10^{-5}\ mm^3/(N \cdot m)$ 和 $3.4 \times 10^{-5}\ mm^3/(N \cdot m)$。NiCrBSi 涂层的高磨损率是由于合金元素含量低,导致了晶格畸变和高硬度。Zr－NiCrBSi 涂层在与 GCr15、ZrO_2 和 Si_3N_4 球滑动时,磨损率分别为 $0.3 \times 10^{-5}\ mm^3/(N \cdot m)$、$5.2 \times 10^{-5}\ mm^3/(N \cdot m)$ 和 $1.8 \times 10^{-5}\ mm^3/(N \cdot m)$。在所有情况下,Zr－NiCrBSi 涂层比 NiCrBSi 涂层具有更好的耐磨性。

值得注意的是,NiCrBSi 涂层在与 GCr15 滑动时磨损最严重,Zr－NiCrBSi 涂

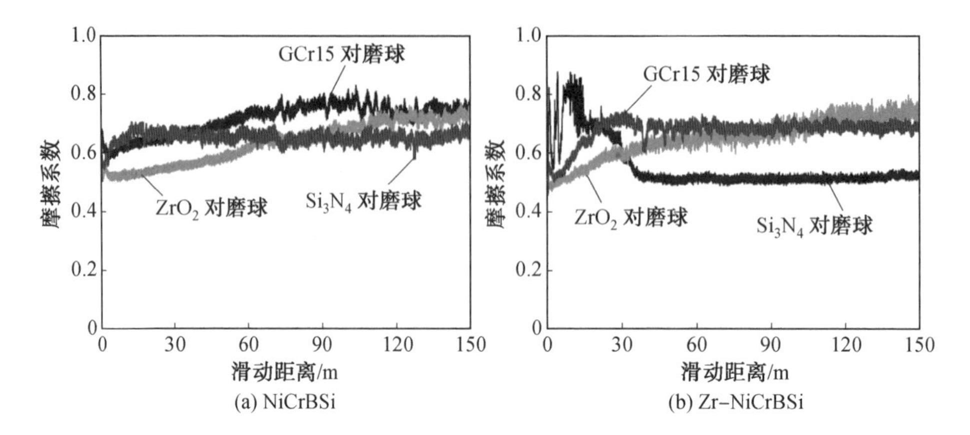

图 5.40 NiCrBSi 和 Zr－NiCrBSi 涂层与不同对摩球的摩擦系数曲线

层在与 ZrO_2 滑动时磨损率最高，这可以归因于摩擦副材料化学成分类似导致的黏着磨损加剧。具体而言，Zr－NiCrBSi/GCr15 摩擦副具有最低的磨损率，比 NiCrBSi/GCr15 摩擦副的磨损率低约一个数量级。

图 5.41(b)示出了不同对磨球的磨损率。与 GCr15 和 Si_3N_4 球相比，ZrO_2 球在两个涂层上滑动的磨损率要低得多。GCr15 在 Zr－NiCrBSi 涂层上滑动时出现的异常高的磨损率应归因于严重的黏着磨损。从图 5.41 可以看出，很难同时将涂层及其对磨球的磨损率保持在较低水平。

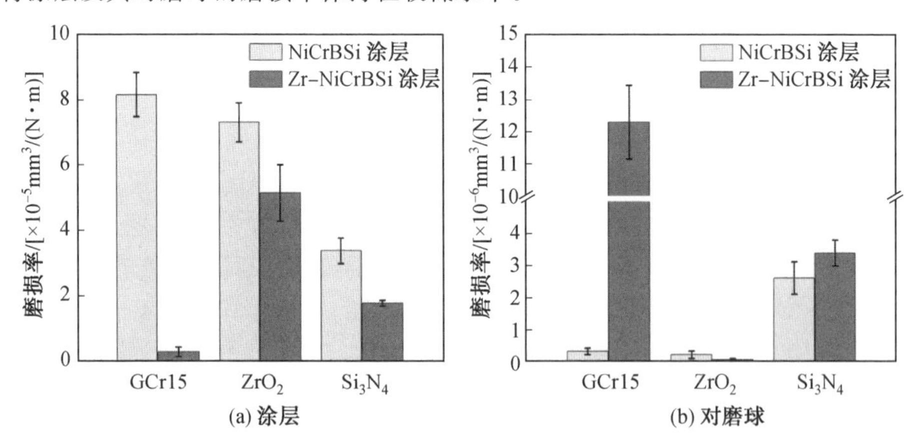

图 5.41 NiCrBSi 涂层、Zr－NiCrBSi 涂层和对磨球的磨损率

如图 5.42 所示为 NiCrBSi 和 Zr－NiCrBSi 涂层与 GCr15、ZrO_2 和 Si_3N_4 滑动后磨损表面的 SEM 图像。图 5.42(a) 和(b) 显示了在 GCr15 球上滑动后的磨损表面。在图 5.42(a) 中，NiCrBSi 涂层的磨损表面上观察到一些裂片分层，这应

该是造成涂层高磨损率的原因。片层的剥落可归因于片层间的低内聚力和高研磨力。

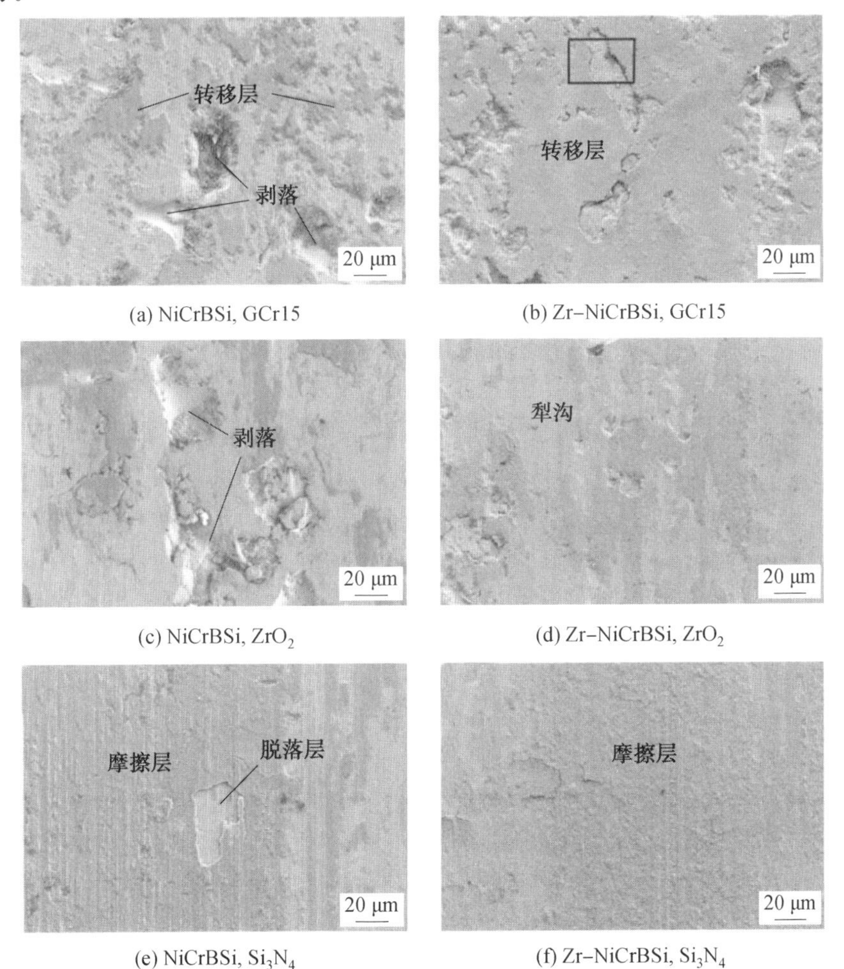

(a) NiCrBSi, GCr15　(b) Zr-NiCrBSi, GCr15

(c) NiCrBSi, ZrO_2　(d) Zr-NiCrBSi, ZrO_2

(e) NiCrBSi, Si_3N_4　(f) Zr-NiCrBSi, Si_3N_4

图 5.42　NiCrBSi 和 Zr－NiCrBSi 涂层在不同的对应物上滑动的 SEM 图像

在摩擦过程中,亚表面的微裂纹将沿着无黏结的层间界面传播,从而导致片层剥落。在磨损的表面上还发现了一些铁转移层的暗斑。来自 GCr15 钢球的转移层表明 NiCrBSi 和 Fe 之间发生了咬合,并且 Fe 黏附在 NiCrBSi 涂层表面上。相反,在图 5.42(b) 的 Zr－NiCrBSi 涂层的磨损表面上观察到很少的片层剥落,这是由于良好的层间结合。取而代之的是,发现磨损表面的大部分区域都被转移层覆盖,这已通过磨损表面的 EDS 分析证实。

如图 5.43 所示，Fe 和 O 元素在摩擦区域富集，而在新暴露的区域则较少。结果表明，在 Zr－NiCrBSi 涂层的磨损表面，大量黏附的 Fe 形成了光滑的转移层，这减少了涂层与 GCr15 钢球之间的直接接触面积，从而导致 Zr－NiCrBSi 涂层的摩擦系数稳定和磨损率低，但 GCr15 球的磨损率高。NiCrBSi 涂层的主要磨损机理是剥落和腐蚀(图 5.42(c))。

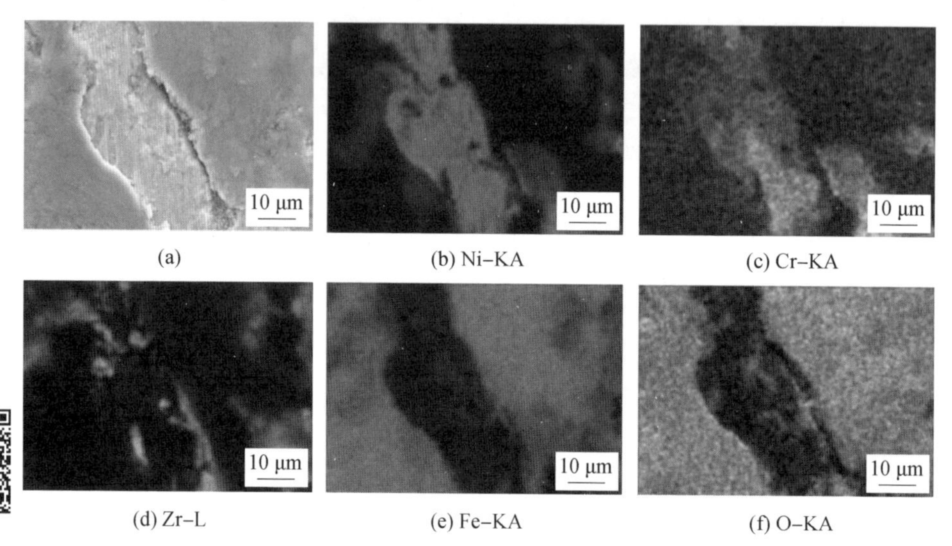

(a)　(b) Ni–KA　(c) Cr–KA

(d) Zr–L　(e) Fe–KA　(f) O–KA

图 5.43　与 GCr15 对磨球的 Zr－NiCrBSi 涂层磨损表面的 EDS 面扫

由于 ZrO_2 的高硬度和脆性，在磨损的表面上看不到转移层。除了剥落外，Zr－NiCrBSi 涂层的磨损表面与 NiCrBSi 涂层的磨损表面相似(图 5.42(d))。磨料磨损是主要的磨损机制。如图 5.42(e) 和(f) 所示，与 GCr15 和 ZrO_2 球造成的粗糙磨损表面相比，两个涂层在 Si_3N_4 球上滑动的磨损表面似乎更加光滑。这与图 5.41 所示的稳定的摩擦系数完全吻合。在 NiCrBSi 涂层的磨损表面上观察到一个摩擦层，这可能是由于在高压下重复往复滑动 Si_3N_4 而导致的严重塑性变形(图 5.42(e))。在磨损的表面上还会出现一些微裂纹和分层，这可能是疲劳引起的脆性断裂。Zr－NiCrBSi 涂层的磨损表面相当光滑，同样有摩擦层覆盖(图 5.42(f))。磨损表面没有分层和粘连，只有沿着滑动方向的浅磨槽。

5.4.4 Zr－NiCrBSi 涂层电化学腐蚀性能表征

采用电化学工作站(CHI 660E,上海晨华),在 3.5% NaCl 的溶液中,对 Zr－NiCrBSi 和 NiCrBSi 涂层进行了电化学腐蚀试验。采用常规的三电极玻璃电池,包括一个工作电极、一个饱和甘汞电极(SCE) 作为参比电极和一个铂箔作为对电极。抛光涂层样品用环氧树脂将其绝缘,并裸露 1 cm^2 的面积作为工作电极。在测试之前,将样品浸入溶液中约 10 min 以稳定开路电势。电化学测试是通过在 3.5% 的 NaCl 溶液中以 1 mV/s 的扫描速率将样品从 －500 mV 极化到 ＋500 mV 来进行。每个涂层重复测试三次。

室温下,NiCrBSi 和 Zr－NiCrBSi 涂层在 3.5%NaCl 溶液中的动电位极化曲线如图 5.44 所示。从图中提取了相应的腐蚀电位(E_{corr}) 和腐蚀电流密度(I_{corr}) 并进行了总结,结果见表 5.7。

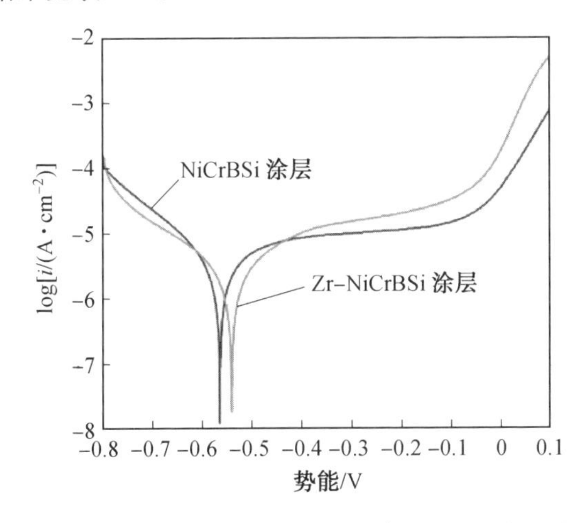

图 5.44　NiCrBSi 和 Zr－NiCrBSi 涂层在 3.5%NaCl 溶液中的动电位极化曲线

表 5.7　在 3.5%NaCl 溶液中 NiCrBSi 和 Zr－NiCrBSi 涂层的动电位极化参数

涂层材料	E_{corr}/mV	I_{corr}/(μA·cm^{-2})
NiCrBSi	－565±9	4.31±0.32
Zr－NiCrBSi	－541±5	3.07±0.24

动电位极化曲线可分为四个不同的电位区域,它们分别是阴极区、过渡区、被动区和过钝化区。从图 5.44 可以明显看出,两个涂层的电位极化曲线显示出相似的变化。但是,与 NiCrBSi 涂层相比((－565±9) mV),Zr－NiCrBSi 涂层的腐蚀电位((－541±5) mV) 更接近正值。此外,Zr－NiCrBSi 涂层的腐蚀电流密

度为(3.07±0.24) μA/cm²,远低于 NiCrBSi 涂层的((4.31±0.32) μA/cm²)。试验结果表明:Zr－NiCrBSi 涂层的耐蚀性优于 NiCrBSi 涂层。

为了更好地了解涂层的腐蚀参数的差异,用 SEM 观察了 NiCrBSi 和 Zr－NiCrBSi 涂层在 3.5% NaCl 溶液中电化学腐蚀试验后的腐蚀表面,如图 5.45 所示。

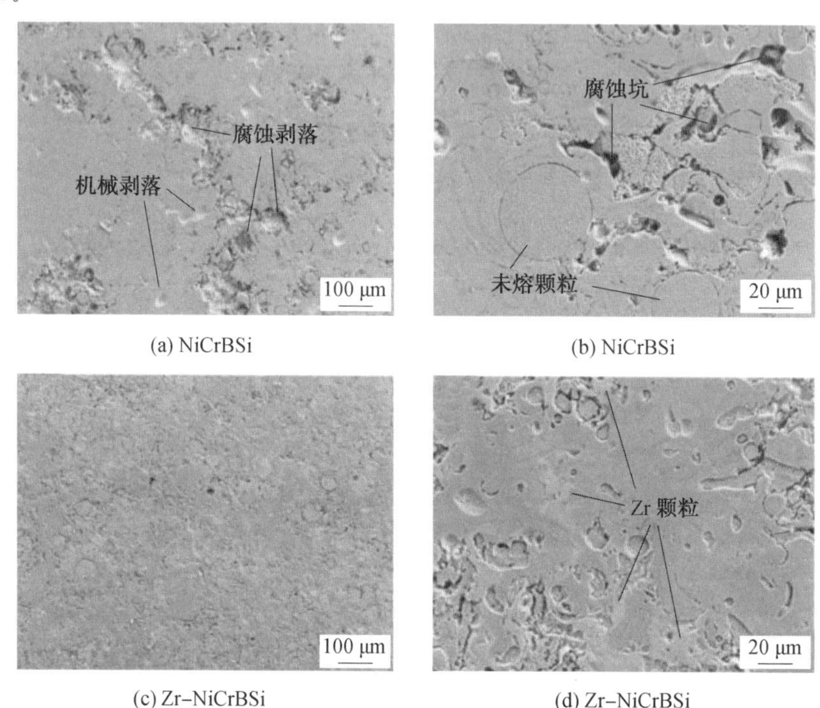

(a) NiCrBSi　(b) NiCrBSi

(c) Zr-NiCrBSi　(d) Zr-NiCrBSi

图 5.45　电位极化测试后 NiCrBSi 和 Zr－NiCrBSi 涂层腐蚀表面的 SEM 图像

可以看出,涂层的择优腐蚀发生在孔隙缺陷、层间界面、半熔或未熔颗粒和微裂纹等处。这与许多热喷涂涂层的腐蚀性能研究结果一致,热喷涂涂层的可渗透缺陷对涂层的腐蚀性能有很强的影响。在 NiCrBSi 涂层的腐蚀表面上观察到一些尺寸约为 50 μm 的大腐蚀坑(图 5.45(a))。因为它们的尺寸几乎相同,所以这些腐蚀的凹坑被认为是由片层的腐蚀剥落引起的,表明腐蚀严重。在腐蚀液中,腐蚀会沿着由孔隙、微裂纹和界面形成的路径发展。随着腐蚀的发展,在腐蚀性介质的作用下,一些结合强度低的片层会与主涂层分离。

此外,进一步检查发现,γ－Ni 树枝状晶也发生了优先腐蚀,如图 5.45(b) 所示。但是,在 Zr－NiCrBSi 涂层的腐蚀表面上没有发现大的腐蚀坑,仅观察到一些均匀分布在表面上的小凹坑(图 5.45(c)),显示出良好的耐腐蚀性。如图

5.45(d) 所示的特写图像，明亮的不连续相是 Zr 片。结果表明，初始腐蚀攻击优先发生在 NiCrBSi 基体上，而 Zr 片不易腐蚀。Zr－NiCrBSi 涂层的较高耐腐蚀性可归因于两个因素。首先，涂层中孔隙率和无黏结界面的减少会阻止金属在孔隙和界面处的优先腐蚀，从而降低腐蚀速率。其次，在涂层中添加抗腐蚀性强的 Zr 颗粒可减小 NiCrBSi 基体的腐蚀面积，从而增强抗腐蚀性。因此，Zr－NiCrBSi 涂层比 NiCrBSi 涂层具有更高的耐腐蚀性。

通过大气等离子喷涂将 ZrH_2－NiCrBSi 粉末制备成具有增强的层间结合力的 Zr－NiCrBSi 涂层。喷涂过程中，由于 ZrH_2 的高能量和分解后 Zr－NiCrBSi 的高化学活性，Zr 片牢固地黏附在 NiCrBSi 片上。原子扩散发生在 Zr－NiCrBSi 层间界面。C 和 B 间隙原子在沉积后迅速扩散到 Zr 片中，而 Ni、Fe 和 Cr 原子仅在很短的距离内与 Zr 原子互相扩散。Zr－NiCrBSi 涂层的孔隙率(0.6%)明显低于 NiCrBSi 涂层的孔隙率(2.3%)。Zr－NiCrBSi 涂层在与 GCr15、ZrO_2 和 Si_3N_4 球滑动时具有比 NiCrBSi 涂层更好的耐磨性。两种涂层的磨损机理都受到对磨球材料的影响。NiCrBSi 涂层中发生了摩擦引起的片层剥落，但在 Zr－NiCrBSi 涂层中没有出现，这归因于 Zr－NiCrBSi 涂层的高内聚强度。另外，与 NiCrBSi 涂层相比，Zr－NiCrBSi 涂层具有相对较低的腐蚀电位和腐蚀电流密度，腐蚀表面更均匀，耐腐蚀性增强。

本章参考文献

[1] SMITH R W. Thermal spray technology. Home study course [R]. Netherlands:ASM International, Materials Engineering Institute, 1992: 21-39.

[2] OTSUBO F, ERA H, KISHITAKE K. Structure and phases in nickel-base self-fluxing alloy coating containing high chromium and boron[J]. Journal of Thermal Spray Technology, 2000, 9(1): 107-113.

[3] 谢素玲. 欧洲“ELV 指引”限制汽车六价铬的使用[J]. 电镀与涂饰, 2002, 21(6): 65-66.

[4] NIRANATLUMPONG P, KOIPRASERT H. Phase transformation of NiCrBSi-WC and NiBSi-WC arc sprayed coatings[J]. Surface and Coatings Technology, 2011,206(2/3): 440-445.

[5] SHIEH Y H,WANG J T,SHIH H C, et al. Alloying and post-heat

treatment of thermal sprayed coatings of self-fluxing alloys[J]. Surface and Coatings Technology, 1993, 58(1): 73-77.

[6] MATSUBARA Y, SOCHI Y, TANABE M. Advanced coatings on furnace wall tubes[J]. Journal of Thermal Spray Technology, 2007, 16(2): 195-201.

[7] 徐海峰，肖金坤，张嘎，等. 热喷涂 NiCrBSi 基耐磨涂层的研究进展[J]. 表面技术，2016，45(2)：109-117，174.

[8] PLANCHE M P, LIAO H L, NORMAND B, et al. Relationships between NiCrBSi particle characteristics and corresponding coating properties using different thermal spraying processes[J]. Surface and Coatings Technology, 2005, 200(7): 2465-2473.

[9] MIGUEL J M, GUILEMANY J M, VIZCAINO S. Tribological study of NiCrBSi coating obtained by different processes[J]. Tribology International, 2003, 36(3): 181-187.

[10] ZHANG D W, LEI T C, ZHANG J G, et al. The effects of heat treatment on microstructure and erosion properties of laser surface-clad Ni-base alloy[J]. Surface and Coatings Technology, 1999, 115(2/3): 176-183.

[11] NAVAS C, COLAÇO R, DAMBORENEA J, et al. Abrasive wear behaviour of laser clad and flame sprayed-melted NiCrBSi coating[J]. Surface and Coatings Technology, 2006, 200(24): 6854-6862.

[12] SKULEV H, MALINOV S, BASHEER P A M, et al. Modifications of phases, microstructure and hardness of Ni-based alloy plasma coatings due to thermal treatment[J]. Surface and Coatings Technology, 2004, 185(1): 18-29.

[13] LI G J, LI J, LUO X. Effects of high temperature treatment on microstructure and mechanical properties of laser-clad NiCrBSi/WC coatings on titanium alloy substrate[J]. Materials Characterization, 2014, 98: 83-92.

[14] HIDALGO V H, BELZUNCE VARELA F J, MENÉNDEZ A C, et al. A comparative study of high-temperature erosion wear of plasma-sprayed NiCrBSiFe and WC-NiCrBSiFe coatings under simulated coal-fired boiler conditions[J]. Tribology International, 2001, 34(3): 161-169.

[15] 杨忠须，刘贵民，闫涛，等. 热喷涂 Mo 及 Mo 基复合涂层研究进展[J]. 表面技术，2015，44(5)：20-30，110.

[16] CHRISTIAN J. Acceptance standards for defects in skirt coatings [J]. Federal Mogul Technical Specification，2008，10：68-69.

[17] WAYNE S F，SAMPATH S，ANAND V. Wear mechanisms in thermally-sprayed Mo based coatings[J]. Tribology Transactions，1994，37(3)：636-640.

[18] 王师，阎殿然，李莎，等. 活塞环表面处理技术的研究现状及发展趋势[J]. 材料保护，2009，42(7)：50-52，74.

[19] NIRANATLUMPONG P，KOIPRASERT H. The effect of Mo content in plasma sprayed Mo-NiCrBSi coating on the tribological behavior[J]. Surface and coatings Technology，2010，205(2)：483-489.

[20] USMANI S，SAMPATH S. Time-dependent friction response of plasma-sprayed molybdenum[J]. Wear，1999，225/226/227/228/229：1131-1140.

[21] ALFONSO J E，GARZÓN R，MORENO L C. Behavior of the thermal expansion coefficient of α-MoO_3 as a function of the concentration of the Nd^{3+} ion [J]. Physica B，2012，407(19)：4001-4004.

[22] 余廷，邓琦林，姜兆华，等. 热处理对钽强化激光熔覆 NiCrBSi 涂层的影响[J]. 稀有金属材料与工程，2013，42(2)：410-414.

[23] WANG Q S，LUO T H，ZHAO Z，et al. Effect of ZrH_2 on electrochemical hydrogen storage properties of $Ti_{1.4}V_{0.6}Ni$ quasicrystal [J]. Journal of Alloys and Compounds，2016，665：57-61.

第6章 陶瓷基耐磨涂层的结构及性能

陶瓷材料是指非金属元素与金属或非金属元素结合形成的固态化合物材料，例如氧化铝(Al_2O_3)、二氧化钛(TiO_2)、氮化硅(Si_3N_4)、碳化钨(WC)等。陶瓷材料多以离子键和共价键结合，具有高熔点、高耐蚀及高硬度等特点，采用热喷涂技术制备陶瓷涂层，可克服金属材料硬度较低、耐磨性能较差等缺点，同时与合金材料基体协同提高材料耐腐蚀与耐磨性能，满足材料在恶劣环境服役下的工况要求，日益成为热喷涂领域新的材料体系与研究热点。然而，单一的陶瓷涂层存在孔隙率大、断裂韧性差、脆性大等不足，且其与金属基体的热膨胀系数差别较大，导致了涂层质量较差，受到较大的应用限制。因此，多相复合涂层(如金属－陶瓷涂层、多组分陶瓷涂层)的研究与应用逐渐受到较多关注。例如，Al_2O_3 和 Cr_2O_3 涂层需要添加 TiO_2 作为黏结相，WC涂层则通常加入Co，使其具有一定的韧性，从而提高涂层性能。

本章首先介绍了等离子陶瓷涂层材料体系，随后分别以氧化铝(Al_2O_3)和氧化铬(Cr_2O_3)耐磨涂层为研究对象，论述了等离子陶瓷基耐磨涂层的粉末制备、喷涂工艺、结构表征和性能测试。

6.1 等离子喷涂陶瓷涂层材料体系

根据组成材料的不同，可将热喷涂耐磨陶瓷涂层划分为氧化物陶瓷耐磨涂

层、碳/氮/硼化物等非氧化物陶瓷涂层、陶瓷/金属复合涂层，这些材料可以对单一组分与一组或多组其他陶瓷材料复合使用，如 $Al_2O_3-13\%\ TiO_2$(AT13)、氧化钇稳定氧化锆(YSZ)等。

1. 非氧化物陶瓷涂层材料

非氧化物陶瓷涂层材料包括 WC、TiN、ZrB_2 等碳/氮/硼化物，通常具有高导电性、高熔点、高硬度和高热稳定性等优点，但碳化物陶瓷存在高温稳定性差的缺点，一般需要用金属作为黏结剂制成金属陶瓷粉末进行喷涂。

(1)WC－Co 系陶瓷涂层。

WC 具有极高的硬度和高耐磨性能，也被称为超硬合金。WC 涂层中硬质相的弥散强化作用可以显著提升涂层的耐磨性，因而适用于各种磨粒、冲蚀和滑动磨损部件的保护。但 WC 脆性较高，在高温下容易氧化，且易发生"脱碳"分解，喷涂时与基体的黏着力较低，因而极少单独用作喷涂材料，通常需加入 Co、Ni－Al 及 Ni 基金属或合金等作为黏结相，使其获得一定的韧性。

Co 元素因其良好的润湿性，对 WC 能够起到良好的保护作用而减少了 WC 的受热分解。WC－Co 基涂层被广泛应用于制备各类耐磨粒磨损、硬面磨损和泥沙磨损等领域，也常用于高速切削刀具的强化。常用的 WC－Co 材料有 WC－12Co、WC－17Co 和 WC－Co－Cr(Cr 元素的加入可显著提升材料的耐腐蚀性能)等。

但 WC 过高的硬度导致其与基体的黏着力较差，为了获得高品质涂层需严格控制送粉质量和喷涂参数；在高于 550 ℃ 的高温工况条件下，空气气氛会导致 WC 发生严重的氧化和"脱碳"分解，且 WC 涂层粉末成本较高。为进一步提高 WC－Co 涂层的减摩耐磨性能，还可以在合金喷涂粉末中加入不同比例的 MoS_2 粉末，研究结果表明当 MoS_2 粉末质量分数为 2% 时，摩擦系数和磨损率分别下降到 WC－Co 涂层的 50% 和 36%，显著提升了涂层的耐磨性。

(2)TiN/TiC 陶瓷涂层。

氮化钛(TiN)作为一种新型的多功能金属陶瓷，具有熔点高、硬度大、耐磨、化学稳定性好、导电导热和光性能好等优异特性，是制造喷气发动机的重要原料。随着科学技术的发展和突破，TiN 在多个领域发挥着重要作用，常用的包括硬质合金刀具的表面改性、封堵器的表面镀膜等。此外，TiN 特有的金黄色金属光泽使其在优化外观和代金装饰领域也有应用。TiC 则具有较高的稳定性和金属相容性，且其还具有低密度、高硬度等特性，因此 TiC 基陶瓷涂层材料也受到越来越多的重视。

喷涂用 TiN 陶瓷粉末呈浅褐色，熔点及硬度很高，化学性能稳定，莫氏硬度大于 9,质脆,高温下容易分解释放出氮而变性。常用纯 TiN 或与 TiC 按一定质量比(3∶7或5∶5)重合、混合喷涂。可采用真空等离子喷涂制备用于1 000 ℃以下使用的耐磨涂层。

(3)Cr_3C_2－NiCr 系陶瓷涂层。

Cr_3C_2－NiCr 系合金的质量分数一般为 25% 左右,在温度低于 900 ℃ 时具有优异的耐冲蚀及耐磨损性能。由于 Cr_3C_2 具有良好的抗氧化性能,Cr_3C_2－NiCr 系金属陶瓷涂层常用于 550 ～ 850 ℃ 的高温环境工况,表现出良好的耐磨损特性。但受到粉末种类及喷涂条件的影响,Cr_3C_2－NiCr 系涂层在喷涂过程中同样易发生脱碳现象。研究结果表明:喷涂过程中较大粒径的碳化物脱落是造成失碳的主要原因。

2. 氧化物陶瓷涂层材料

常用热喷涂用氧化物陶瓷粉末的成分见表 6.1,其中最具代表性的涂层材料包括 Al_2O_3、Cr_2O_3、ZrO 等氧化物,以及这些陶瓷与玻璃料的混合物。氧化物陶瓷粉末的制备主要采用熔炼粉碎法,制得的粉末多呈角形形貌;也可采用喷涂干燥法制备球形陶瓷粉末。

表 6.1　常用热喷涂用氧化物陶瓷粉末的成分(均为质量分数)

材料体系	材料名称	成分	材料体系	材料名称	成分
氧化铝系	白色氧化铝	Al_2O_3	氧化锆系	氧化钇稳定氧化锆	$6\%Y_2O_3-ZrO_2$
	氧化铝－氧化钛	$Al_2O_3-3\%TiO_2$			$7\%Y_2O_3-ZrO_2$
		$Al_2O_3-13\%TiO_2$			$8\%Y_2O_3-ZrO_2$
		$Al_2O_3-15\%TiO_2$			$10\%Y_2O_3-ZrO_2$
		$Al_2O_3-40\%TiO_2$			$12\%Y_2O_3-ZrO_2$
氧化钛系	氧化钛	TiO_2			$20\%Y_2O_3-ZrO_2$
氧化铬系	氧化铬	Cr_2O_3		氧化钙稳定氧化锆	$5\%CaO-ZrO_2$
		$Cr_2O_3-3\%TiO_2-5\%SiO_2$			$8\%CaO-ZrO_2$
其他	氧化镁－尖晶石	$20\%Al_2O_3-80\%MgO$			$31\%CaO-ZrO_2$
	莫来石	$Al_2O_3-20\%SiO_2$		氧化镁稳定氧化锆	$20\%MgO-ZrO_2$
	氧化镁－石英	$40\%MgO-60\%SiO_2$			$24\%MgO-ZrO_2$

(1)Al_2O_3 基陶瓷涂层。

Al_2O_3 基陶瓷涂层是目前使用最为广泛的一类陶瓷涂层。纯 Al_2O_3 粉末为白色粉末结晶体，主要成分为 $\alpha-Al_2O_3$，熔点为 2 053 ℃，在耐火氧化物中化学性质最稳定，机械强度最高。热喷涂 Al_2O_3 陶瓷涂层呈片层重叠结构，有少量孔隙、微裂纹与杂质，在此过程中 $\alpha-Al_2O_3$ 会发生转变，以亚稳相 $\gamma-Al_2O_3$ 存在。Al_2O_3 陶瓷涂层具有良好的绝热性，在高温中能保持稳定，当处于静滑动时，因其较高的硬度和稳定的化学性能，涂层具有较小的摩擦系数和较高的耐磨性能。

Al_2O_3 陶瓷材料刚玉型的晶体结构和原子间强方向性的离子键、共价键，导致 Al_2O_3 涂层脆性较大、韧性差，当局部遭到碰撞，涂层极易发生刮伤和脱落，因此需要加入 SiO_2、TiO_2 以改善涂层韧性和耐冲击性。研究结果表明 APS 制备的涂层主要由锐钛矿型 TiO_2、金红石型 TiO_2、Magneli 相和 $\gamma-Al_2O_3$ 组成，还含有少量的 $\alpha-Al_2O_3$ 和微晶或非晶。由于 TiO_2 熔点比 Al_2O_3 低，且润湿性较好，TiO_2 的加入使陶瓷涂层更加致密，韧性更好，抗裂纹扩展能力更强。因此，$Al_2O_3-TiO_2$ 复合涂层具有较低的孔隙率、较好的耐磨性和化学稳定性。

常见的 $Al_2O_3-TiO_2$ 组合为 97/3(AT3)、87/13(AT13)、60/40(AT40)，随着 TiO_2 含量的增高，复合涂层的致密度和韧性得到显著改善，涂层硬度有所降低，但耐磨性有所改善，以 TiO_2 质量分数 13% 为最佳。

(2)Cr_2O_3 基陶瓷涂层。

Cr_2O_3 是一种墨绿色粉末，属六方晶体或无定型晶体，属于中性氧化物。Cr_2O_3 具有优异的耐蚀性，化学性能十分稳定，不溶于酸、碱等各类溶剂，对大气、淡水、海水及光照等都极其稳定。APS 制备的 Cr_2O_3 涂层化学性能稳定，具有优异的耐化工介质腐蚀性能；还具有高硬度、高温稳定性、优异的自配合和耐磨特性，适用于喷涂质地坚硬的耐磨涂层。

相较于 Al_2O_3 基涂层，APS 过程中 Cr_2O_3 易被氧化生成其他类型的氧化物，对操作人员健康危害较大，且其较低的导热系数决定了热喷涂沉积 Cr_2O_3 涂层效率较低，在一定程度上限制了 Cr_2O_3 涂层的应用。此外，与 Al_2O_3 基耐磨陶瓷涂层类似，需要在 Cr_2O_3 涂层中添加 TiO_2 等其他陶瓷成分，以改善其脆性较大、韧性较差的缺点。常见的 Cr_2O_3 基复合氧化物陶瓷材料为 $Cr_2O_3-SiO_2-TiO_2$ 三元系复合氧化物，其等离子喷涂涂层的抗磨粒磨损性能比纯的 Cr_2O_3 涂层提高 1.5 倍，是已知纯 Cr_2O_3 基涂层中最耐磨的。

6.2 AT13耐磨涂层制备、结构及性能

6.2.1 AT13粉末及涂层制备

1. 喷涂粉末

采用的陶瓷粉末为益阳先导公司生产的 Al_2O_3/13%TiO_2 粉，牌号为PR5122。

2. 基体材料

选用304不锈钢板材作为喷涂基材，其尺寸为60 mm×40 mm×3 mm，随后采用线切割法将喷涂好的基板切割成10 mm×10 mm×3 mm方块，作为摩擦试样。

3. 喷砂材料

喷涂试验所采用的不锈钢基板表面粗糙度较低，为提高涂层沉积效率，需对其表面喷砂粗化处理。所采用的喷砂材料为20目棕刚玉砂，喷砂后基体表面出现许多微小凹坑，提高了材料的比表面积，进而提升基体对于熔融液滴的附着力，粗化后基体表面粗糙度 *Ra* 不低于7.0 μm。

4. 涂层制备工艺

制备AT13陶瓷涂层等离子喷涂参数见表6.2。

表6.2 制备AT13陶瓷涂层等离子喷涂参数

参数	喷涂电流/A	喷涂电压/V	Ar气流量/(L·min^{-1})	H_2流量/(L·min^{-1})	喷涂距离/mm	枪平移速度/(mm·s^{-1})	枪竖直移动距离/mm	喷涂次数
数值	517	58	50	8	120	300	3	5

6.2.2 AT13涂层相成分分析与组织结构

1. 涂层显微形貌及孔隙率

因喷涂粉末为陶瓷材料，所以在SEM观察前先对试样进行喷金处理，提高其导电性，以便于样品观察；随后采用德国蔡司公司生产的GeminiSEM 300型场发射扫描电子显微镜对涂层截面、断面及磨痕显微形貌进行观察。采用

Image J 软件对涂层孔隙率进行测量：首先将连续多张涂层截面扫描电镜照片拼合成一张完整照片，随后在 Image J 软件中打开该图片进行测量获得涂层孔隙率值。

抛光后 AT13 涂层显微形貌如图 6.1 所示，由图 6.1(a) 可以观察到涂层平均厚度在 220 ～ 240 μm 之间，与基体结合良好；从图 6.1(b) 中可以观察到涂层由深灰色区域以及亮灰色区域两部分组成，且深灰色区域为涂层基体材料，亮灰色区域含量较少，扁平化分布于涂层基体当中，呈层状分布。此外涂层中还存在大量孔隙，孔隙分布不均匀，大小不一。

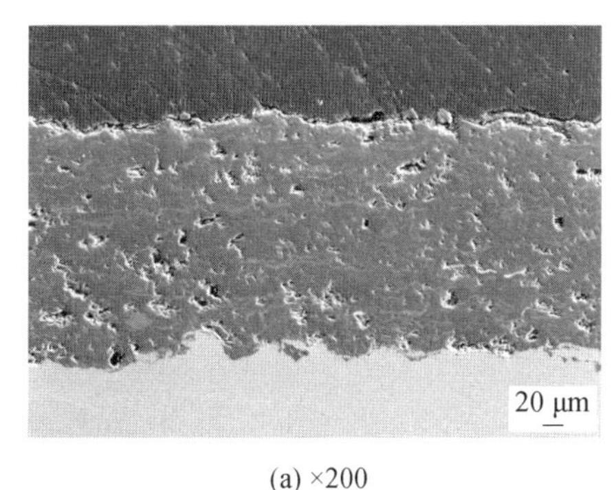

(a) ×200

20 μm

(b) ×1 000

图 6.1　AT13 涂层横截面照片

将涂层放大到 500 倍后测量其截面孔隙率，得到其二值图像如图 6.2 所示，经计算测得其孔隙率为 4% ～ 5.5%，这与陶瓷颗粒熔点较高，在等离子体焰流中熔融时间较短形成未熔或半熔颗粒有关，这种颗粒沉积于基体时未能扁平化，颗粒间结合方式为机械铆合，在抛光作用下未熔或半熔颗粒易从涂层基体脱出，形成连续孔隙。

图 6.2　AT13 涂层截面二值图像

将截面形貌放大至3 000倍并检测其元素分布如图6.3所示，EDS研究分析发现O元素均匀分布于涂层基体中，亮灰色区域Ti元素富集，暗灰色区域Al元素富集，由此可知亮灰色区域为TiO_2，暗灰色区域为Al_2O_3。TiO_2熔融状态较好，层间分布于Al_2O_3基体中，与涂层基体结合良好，此外孔隙主要存在于TiO_2区域以及两种材料结合处。

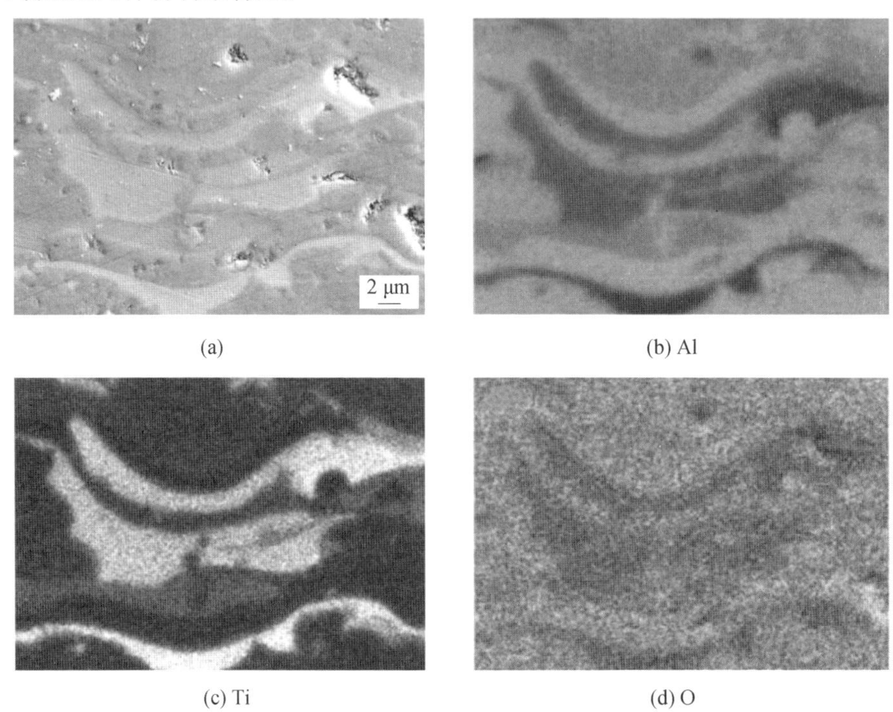

(a) (b) Al

(c) Ti (d) O

图6.3 AT13涂层截面形貌与能谱面扫分析

如图6.4所示为AT13涂层断口形貌，由图6.4(a)观察到涂层在微观上由扁平化粒子堆积而成，夹杂着部分未熔陶瓷颗粒。由放大后微观形貌(图6.4(b))可观察到扁平化粒子内部在纵向上呈现为枝状晶结构，在横向上呈现为层片状结构，形成较薄扁平化粒子，扁平化粒子表面光滑，层片之间断口相互独立，涂层断口平整，每一个扁平化粒子的断裂都为典型的脆性断裂，且未熔或半熔颗粒夹杂于扁平化粒子之间，显著降低了颗粒间的结合强度，表现为颗粒间存在间隙。

(a) ×1 000

(b) ×3 000

图 6.4　AT13 涂层断口形貌

2. 涂层物相成分分析

采用扬州大学测试中心 D8 Advance 型多晶 X 射线衍射仪(Bruker－AXS，德国)对涂层进行物相分析，所采用扫描衍射角为 10°～100°，扫描速度为 5(°)/min，选用 Cu 靶作为靶材，随后试验结果利用 Jade 6.0 软件进行分析。

如图 6.5 所示为 AT13 涂层 XRD 图谱，涂层主要由 $\gamma-Al_2O_3$、$\alpha-Al_2O_3$ 和 Ti_xO_y 相等物相组成。形成的新相 $\gamma-Al_2O_3$ 相衍射峰强度较高，为主晶相。此外 TiO_2 与 Al_2O_3 形成固溶体，导致 Ti_xO_y 衍射峰强度较低，固溶体含量越高，涂层硬度越低。

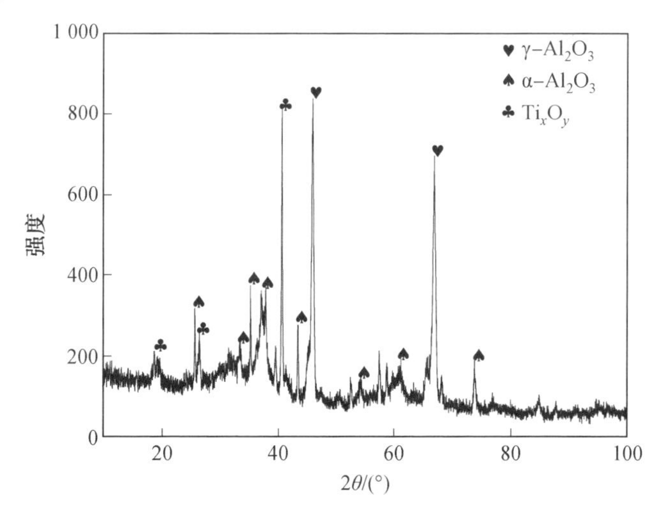

图 6.5　AT13 涂层 XRD 图谱

3. 涂层显微硬度

本节采用维氏显微硬度法测试涂层的显微硬度。显微硬度法是在一定静载荷作用下金刚石压头压入涂层基体当中,得到正方角锥体压痕,经目镜放大后测量其对角线长度以测得其硬度值。因为涂层表面为熔融液滴沉积的最后部位,其硬度值并不能代表涂层整体硬度值,因此选择于截面处进行测量。

如图 6.6 所示为 AT13 涂层显微硬度在涂层厚度方向的分布,其平均硬度值为 799.5$HV_{0.1}$,沿基体到涂层表面硬度值先升后降,涂层与基体结合处硬度值比涂层中间部位约减小 100$HV_{0.1}$,这是由于结合处熔融扁平颗粒与基体材料温差较大,沉积时易于产生孔隙裂纹等缺陷。涂层表面处硬度降低与表面沉积颗粒松散分布有关,而中间部分多层扁平化粒子受到未喷颗粒的喷丸、挤压使其结合致密,因此其硬度值较高,达到 862.8$HV_{0.1}$。

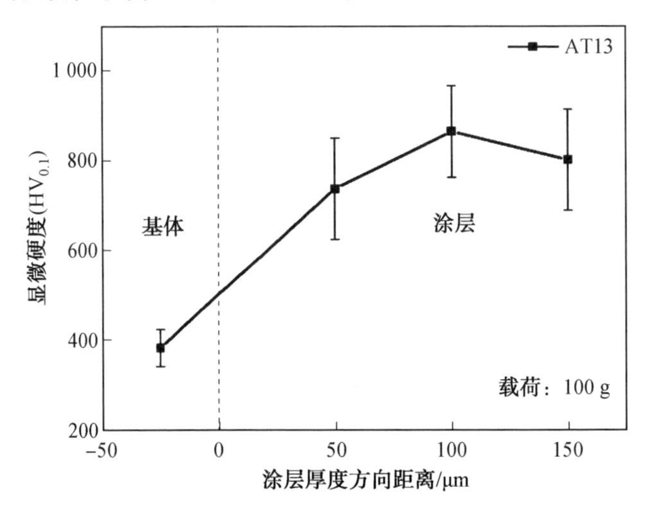

图 6.6　AT13 涂层显微硬度在涂层厚度方向的分布

6.2.3　AT13 涂层的摩擦学性能及机理

1. 不同润滑条件下的 AT13 涂层摩擦磨损试验

采用 UMT－2 型摩擦磨损试验机开展不同润滑条件的往复式摩擦磨损试验。试验开始前,对镶嵌好的试样进行抛光处理,随后将涂层试件安装在工作台上,并在电机驱动下做往复运动。3 组润滑条件下摩擦磨损试验原理图如图6.7 所示,其中边界润滑状态下的润滑油体积为 0.1 μL。所有试验均在室温环境下进行,不同润滑条件下磨损试验各重复 3 次。具体试验参数详见表 6.3。

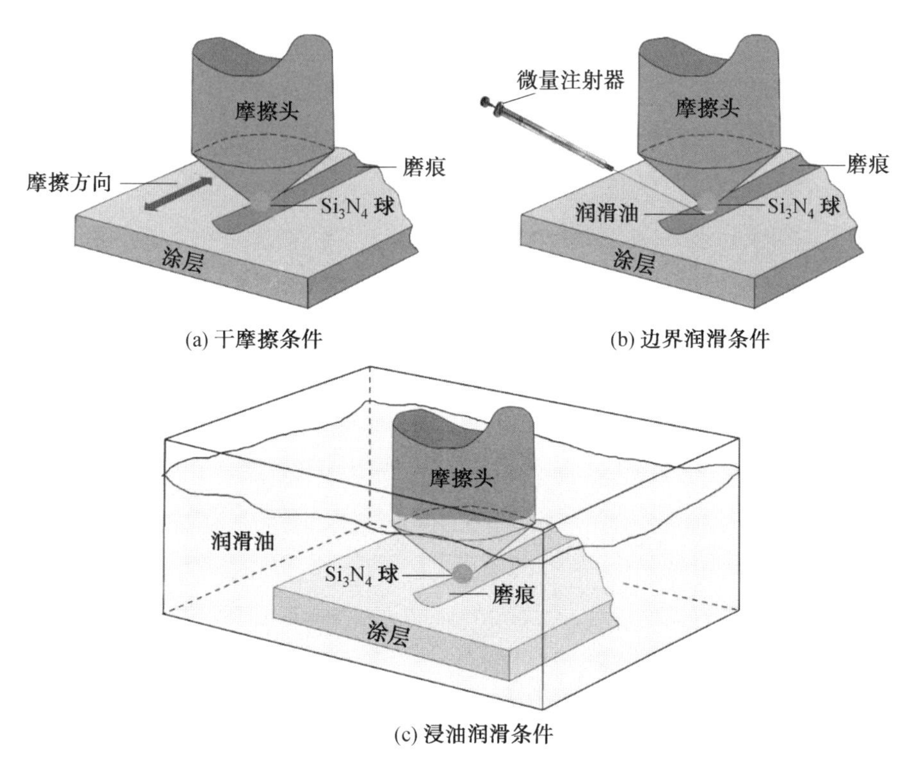

图 6.7　3 组润滑条件下摩擦磨损试验原理图

表 6.3　AT13 涂层摩擦磨损试验参数

润滑条件	对磨球 (Φ = 5 mm)	载荷 /N	滑动速度 /(mm·s^{-1})	试验时间 /s	往复距离 /mm
干摩擦	钨钢、Si_3N_4	10/15/20	40	14 400	5
浸油润滑	Si_3N_4	20		28 000	
边界润滑				36 000	

2. 干摩擦条件下 AT13 涂层的摩擦系数及磨损率

如图 6.8 所示为干摩擦条件下，不同载荷和对磨球条件下 AT13 涂层的摩擦系数随滑动时间的变化规律。

当选择钨钢作为配副时，从图 6.8(a) 中可显著观察到每种载荷下涂层的摩擦系数曲线都经历了一个急剧上升的阶段，随后出现下降，最后波动平稳。在摩擦起始阶段，对磨球与光滑涂层表面为点接触，随着磨损进一步加剧，涂层光滑表面磨损严重，对磨球与涂层表面由点接触变为面接触，且接触面积急剧增大，

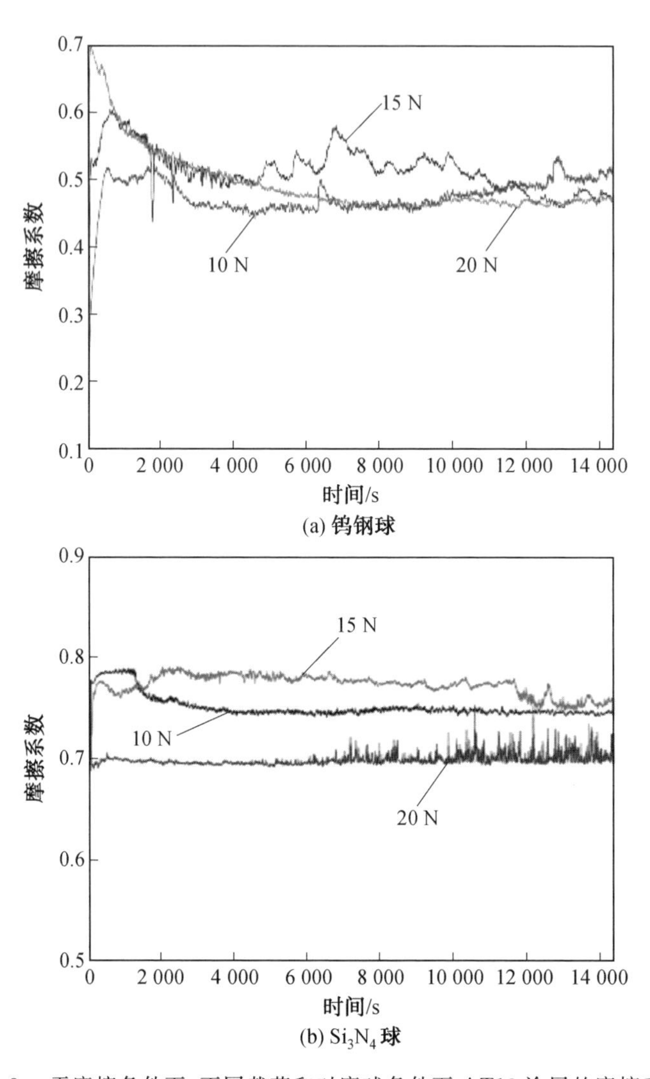

(a) 钨钢球

(b) Si_3N_4 球

图 6.8　干摩擦条件下，不同载荷和对磨球条件下 AT13 涂层的摩擦系数

载荷越大就更易转化为此状态，因此 20 N 载荷下涂层摩擦系数急剧增大到0.7。在摩擦系数下降阶段，10 N 与 20 N 载荷下摩擦系数下降幅度较为一致，而20 N 载荷下涂层摩擦系数下降较多，且到达平稳时间较长，约为 7 000 s，这是由于摩擦副之间的面接触状态趋于稳定，结合较弱的陶瓷颗粒脱落，承载了一部分载荷。在波动平稳阶段，10 N 与 20 N 载荷下涂层摩擦系数曲线较为平滑，10 N 载荷较小，扁平颗粒或未熔、半熔粒子剥落较少，因此曲线相对平稳；20 N 载荷大，能将剥落下来的颗粒压碎并铺展在摩擦接触面，并承载载荷，因此摩擦过程进行

到 10 000 s 后，摩擦系数降为最低；而 15 N 载荷下涂层摩擦系数曲线波动较为显著，这与颗粒剥落较多和载荷较小不能压实破碎颗粒有关。

图 6.8(b) 所采用的对磨球为 Si_3N_4 球，其摩擦系数变化曲线与图 6.8(a) 相似，都经历了上升 — 下降 — 平稳的过程，不同的是在 15 N 载荷下摩擦系数在 2 000 s 时出现了跳跃上升，随后趋于平稳。这是由于破碎剥落的陶瓷颗粒存在于对磨球和磨损面之间，一方面摩擦表面陶瓷颗粒脱落量介于 10 N 与 20 N 载荷之间，并且 15 N 载荷下这些颗粒不如 20 N 载荷下将其压碎形成细小磨屑；另一方面 10 N 载荷下配副间接触压力小，在对磨球往复运动下颗粒易被推至磨损轨迹两边，减少对往复摩擦过程的阻碍。除此之外，由两张图可以观察到采用钨钢球作为配副摩擦系数更低，摩擦系数波动更小。

干摩擦条件下 AT13 涂层的磨损率计算结果如图 6.9 所示。从图中可以清楚地看出：随载荷增大，钨钢球作为对磨球涂层磨损率逐渐增大；而 Si_3N_4 作为对磨球时，涂层磨损率先上升后下降，但 10 N 载荷下磨损率最低，在对磨球往复运动时载荷越小，摩擦表面的破坏越小。此外，采用钨钢球作为对磨球所得涂层磨损率远低于采用 Si_3N_4 球作为对磨球所得的磨损率，这主要是由于涂层材料为 AT13 陶瓷材料，钨钢球为硬质合金材料；而 Si_3N_4 球同样为陶瓷材料，同种材料在配副时会发生黏着磨损，磨损破坏较为恶劣，因此采用 Si_3N_4 球作为摩擦副时涂层磨损率更高，可见配副材料的选择对摩擦状况影响极大。

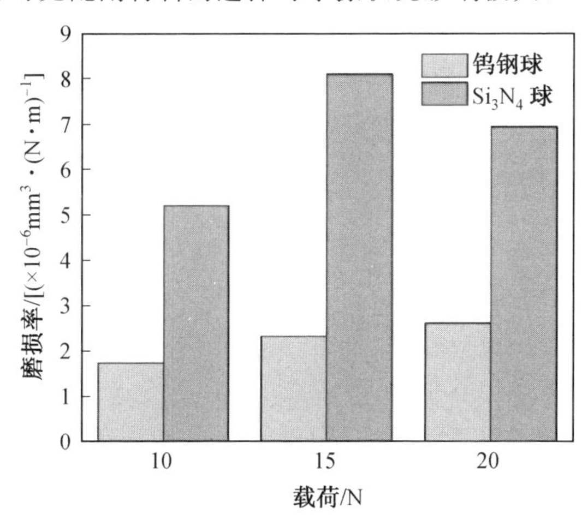

图 6.9　干摩擦条件下 AT13 涂层的磨损率计算结果

进一步分析干摩擦试验结束后 AT13 涂层表面磨痕的三维形貌，如图 6.10 所示。由图可以看到随着接触载荷的增大，涂层表面磨痕深度更深，且 Si_3N_4 球磨损条件下磨痕宽度更宽，这也与磨损率变化相一致。

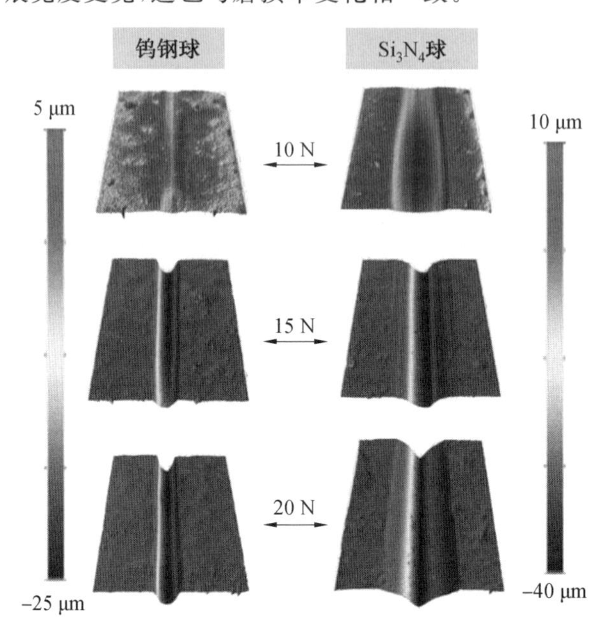

图 6.10　不同载荷和对磨球条件下 AT13 涂层磨痕三维形貌

3. 浸油润滑条件下 AT13 涂层摩擦系数及磨损率

如图 6.11 所示为浸油润滑试验结束后涂层的摩擦系数曲线，从图中可以发现：AT13 涂层摩擦系数比较平稳，在摩擦初始阶段曲线快速上升，试验进行到 1 800 s 后摩擦系数曲线逐渐下降，摩擦时间达到 7 200 s 后，摩擦系数逐渐平稳，幅值大小约为 0.127。

初始阶段摩擦系数迅速上升是由于对磨副两表面间突然接触，Si_3N_4 球与涂层始终保持点接触，两表面接触处的对磨面积变化较小，随着摩擦过程的持续进行，对磨球逐渐破坏，对磨面积增大，涂层摩擦系数逐渐下降并伴随波动，这是由于两者配副达到一个稳定状态，虽然涂层表面破坏，但润滑油起到减摩作用，随后摩擦系数趋于稳定。

如图 6.12 所示为浸油润滑条件下 AT13 涂层磨痕三维形貌，可以清晰地观察到绿色区域即为呈微弧形的磨痕，其深度较浅且宽度较窄。此外测量涂层磨痕深度如图 6.13 所示，磨痕深度大约 3 μm。与此相对干摩擦条件下涂层破坏严重，磨痕形貌呈三角锥形，宽度较宽且深度较深。这是由于摩擦过程中油膜承载载荷且剪切强度低，有效降低涂层磨损。同时观察到磨痕内部深度不一，深浅间

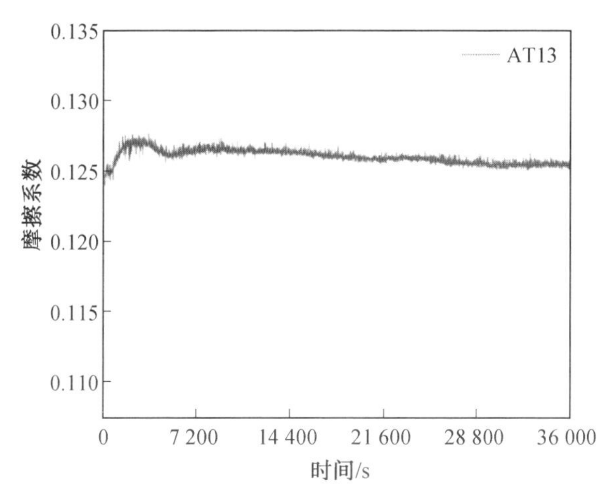

图 6.11　浸油润滑条件下 AT13 涂层摩擦系数曲线

隔分布，这是由于喷涂时颗粒沉积状态不同，部分未熔或半熔颗粒沉积于涂层表面导致结合强度较低。在摩擦起始阶段，结合较弱的部位首先受到破坏易发生剥落，导致磨痕表面深浅分布不均，在随后往复摩擦过程中，润滑油始终充满磨痕内部，起承载减摩作用。

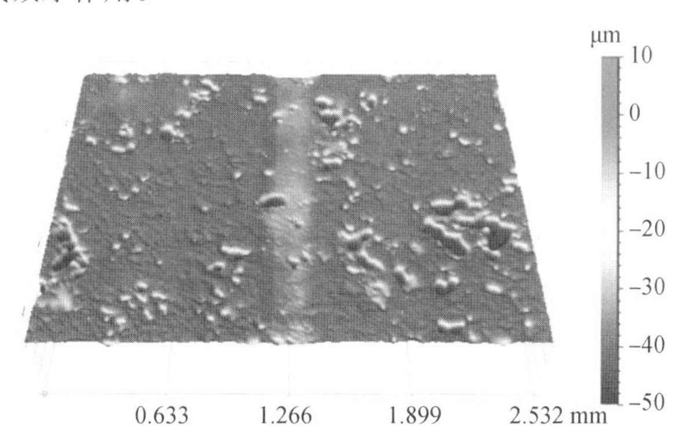

图 6.12　浸油润滑条件下 AT13 涂层磨痕三维形貌

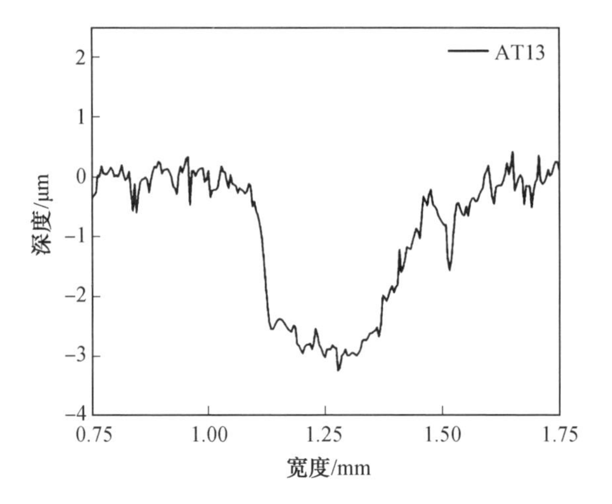

图 6.13　浸油润滑条件下 AT13 涂层磨痕截面深度曲线图

4. 边界润滑条件下 AT13 涂层摩擦系数

如图 6.14 所示为 AT13 涂层在边界润滑条件下摩擦系数图，从图中可以清楚观察到在 16 000 s 后涂层由边界润滑转变为干摩擦，边界润滑下摩擦系数较为平滑，摩擦系数为 0.15，进入干摩擦后摩擦系数波动较大，摩擦系数为 0.6。AT13 涂层边界润滑性能良好。

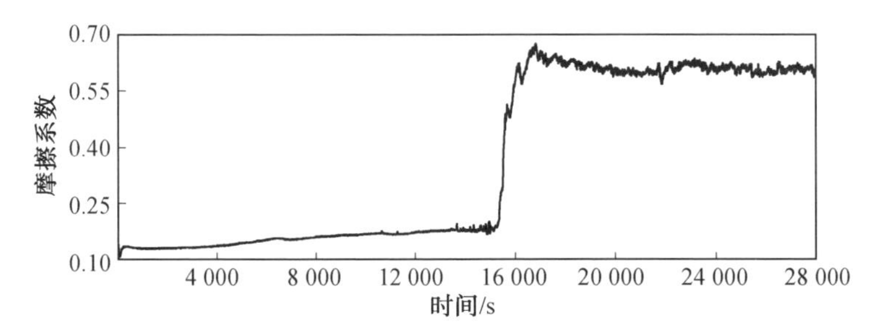

图 6.14　边界润滑条件下 AT13 涂层摩擦系数曲线

从边界润滑理论角度解释，在该过程中表面润滑油膜的厚度较薄，此时摩擦副几乎接近完全接触，摩擦进入边界润滑状态，随着时间的增加在磨痕表面生成了一层边界润滑膜，该边界膜由吸附膜和化学反应膜构成，在较长时间内承载了恶劣的摩擦磨损过程，使摩擦过程还是在润滑状态下进行。随后在摩擦副的作用下边界膜逐渐破裂，表现为摩擦系数的波动，在边界膜破裂极其严重时，摩擦过程在较短时间内由边界润滑状态突然转变为干摩擦状态，摩擦系数出现陡增并伴随着剧烈的波动，涂层磨损加剧。

5. 边界润滑条件下 AT13 涂层磨损机理分析

如图 6.15 所示为 AT13 涂层在边界润滑条件下磨损后的磨痕形貌。图 6.15(a) 是磨痕整体形貌，磨痕宽约 1 mm，涂层剥落严重，几乎布满整条磨痕，一部分完全剥落裸露出未磨涂层表面，形成大量凹坑；另一部分层片剥落未完全发生，产生大量裂纹。图 6.15(b) 为磨痕中未磨损区域放大图，因为边界润滑作用显著，未磨损区域观察到深度较浅的犁沟，以及黏结在磨痕表面的磨屑颗粒，同时有部分颗粒被压实后形成片状薄膜黏结在磨痕表面。图 6.15(c) 为磨痕边界处被破坏区域形貌放大图，图中可以看到大量磨屑积聚于剥落坑内，且磨屑主要存在于磨痕剥落处，这是由于强度较低区域在循环载荷作用下产生龟裂，裂纹逐渐扩展后产生剥落，掉落下来的层片状涂层基体在随后的摩擦过程中被挤压破碎，形成磨屑积聚于凹坑内。图 6.15(d) 为磨痕受破坏的区域，从图中可以清晰地看到该凹坑深度较深，大约三层扁平颗粒厚度，说明剥落十分严重，且在纯 AT13 涂层中存在较多。

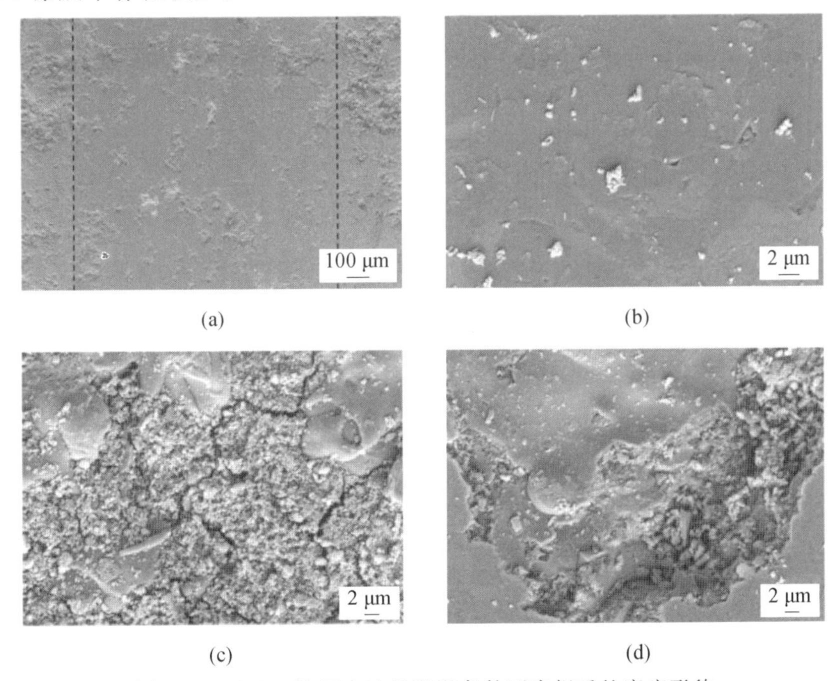

图 6.15　AT13 涂层在边界润滑条件下磨损后的磨痕形貌

随后对磨痕表面进行 EDS 能谱分析，结果如图 6.16 所示。可以观察到 SEM 图中的黑色区域为 Al_2O_3，灰色区域为 TiO_2，在摩擦试验过程中，润滑油中 S 元素未在涂层表面检测到，S 元素并未与纯 AT13 涂层材料发生反应，对磨球上一部分Si元素与N元素转移到摩擦表面,形成Si转移膜,Si元素产生的硬质转移膜在一定程度上提高了涂层的耐磨性,但该摩擦膜随着试验的进行会逐渐剥落,存在时间较短。

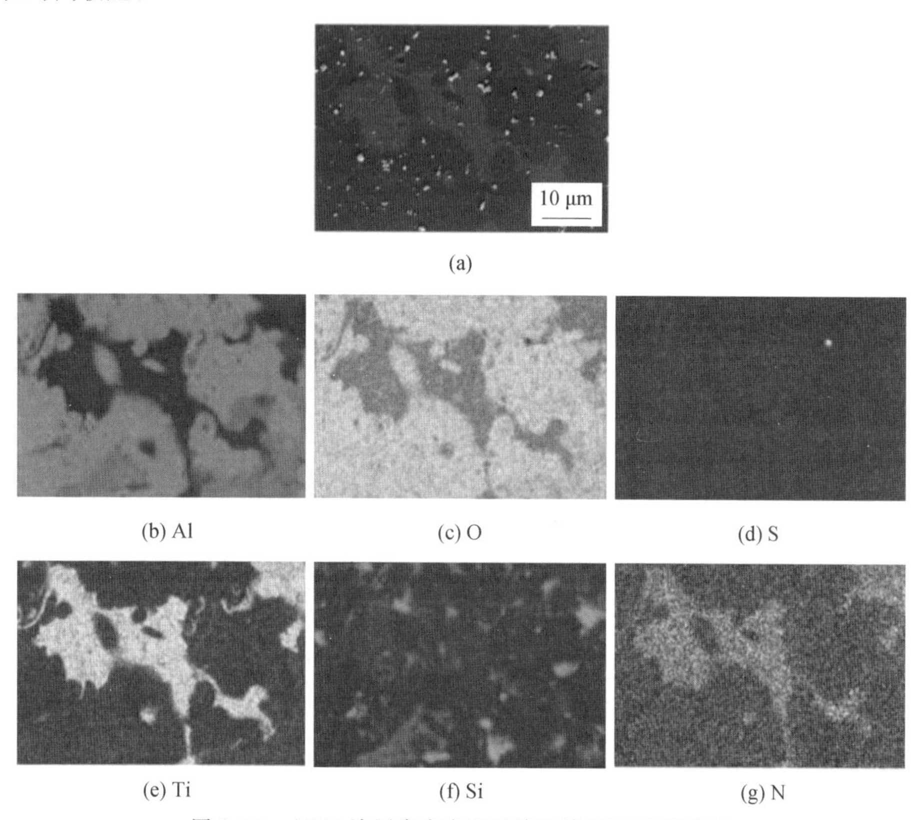

图 6.16　AT13 涂层磨痕表面形貌及其 EDS 能谱分析

6.3　AT13/Mo 复合耐磨涂层结构及性能

内燃机服役时一方面要保证缸套内部处于较高温度状态,使其具有一定的隔热性能,从而确保活塞环能够稳定地往复移动,减少热损失并节省燃油消耗;另一方面,因缸套外表面直接与冷却水接触,其内部温度又不至于过高。此外,相对恶劣的服役环境要求缸套具有一定的强度。基于此设计出 Al_2O_3 - 13% TiO_2/Mo 涂层(以下简称 AT13/Mo 涂层),这种涂层以硬质相为主要涂层成分,硬度较高,耐冲击耐磨损性能较好。此外,其热导率在陶瓷中较高,既能隔

热,又能将高缸套内部温度稳定在一定范围,有效保护缸套免受恶劣的高温磨损,减小缸套磨损损失。

在上述制备 AT13 陶瓷涂层所用陶瓷基粉末中掺杂润滑相 Mo 粉,其余基体材料、喷涂参数均保持一致,制备得到 AT13/Mo 复合涂层,分析其结构、力学性能及摩擦磨损性能。

6.3.1　AT13/Mo 涂层结构表征

1. 微观结构分析

AT13/Mo 涂层横截面 SEM 形貌如图 6.17 所示,涂层层状结构显著,且与基材结合良好。图 6.17(a) 为放大 200 倍后的涂层截面形貌,涂层厚度为 180 ~ 200 μm。图 6.17(b) 为放大 300 倍的涂层截面形貌,涂层中白色区域面积较大,既有条带状分布,也有块状分布,孔隙均匀弥散分布于涂层基体中,削弱沉积颗粒间的结合性能。如图 6.17(c) 所示,涂层中存在白色区域、黑色区域以及灰色区域,孔隙主要存在于不同区域间的结合处,推测是因为大量未熔或半熔的粉末颗粒沉积于基板表面,在抛光过程中剥离而产生微孔。图 6.17(d) 为放大 3 000 倍的涂层截面形貌,白色区域结构致密,与涂层基体结合良好。

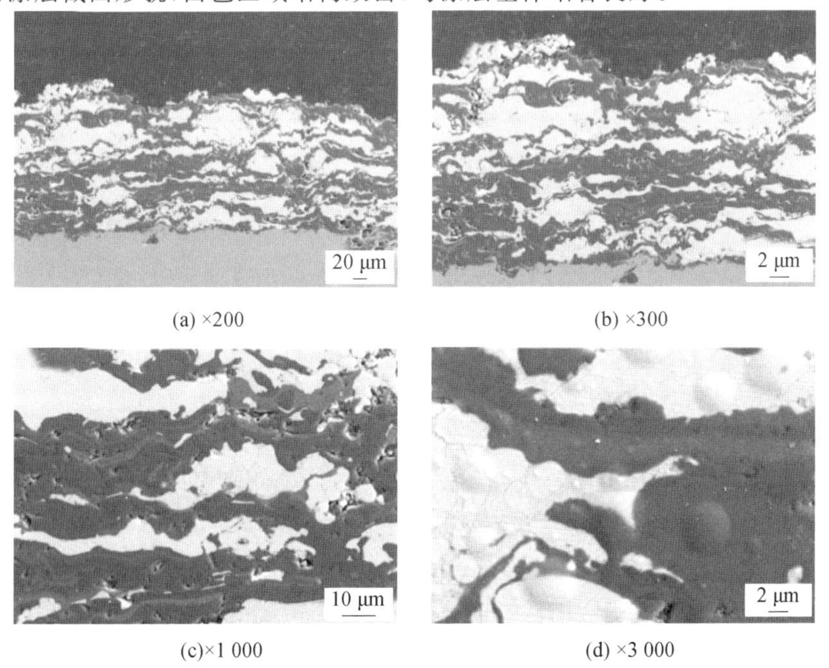

(a) ×200　(b) ×300

(c)×1 000　(d) ×3 000

图 6.17　AT13/Mo 涂层横截面扫描电镜形貌

如图6.18所示为AT13/Mo涂层截面形貌与能谱面扫分析结果。由图中元素分布可知，亮色区域富集Al元素（图6.18(b)），灰色区域富集Ti元素（图6.18(d)），这两个区域均富集有O元素（图6.18(c)），因此暗色部分为AT13基体涂层区域，而白色区域为Mo合金元素富集区（图6.18(e)），此外由图6.18(a)观察可知AT13与Mo合金颗粒结合良好，两者协同提升涂层性能。

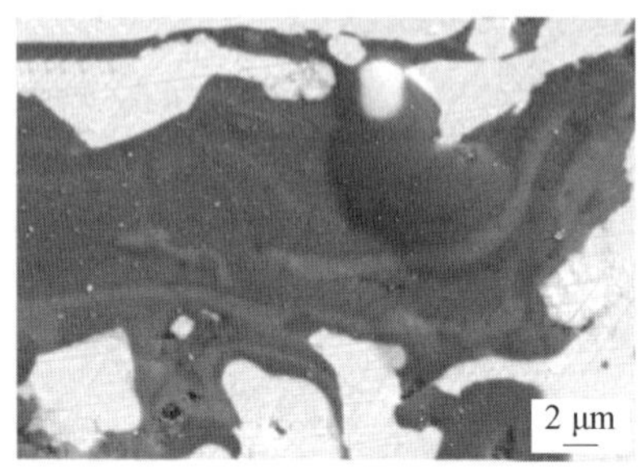

(a) 截面局部放大扫描电镜图

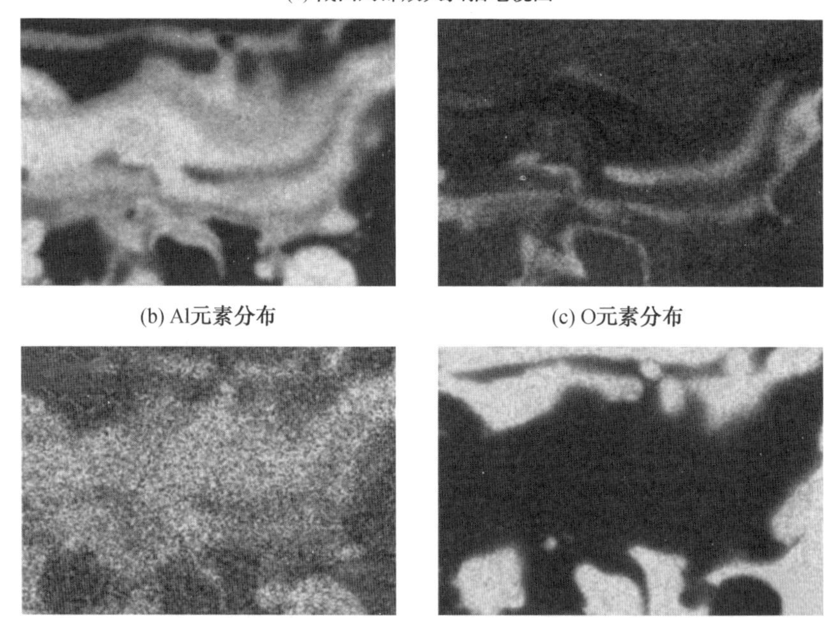
(b) Al元素分布

(c) O元素分布

(d) Ti元素分布

(e) Mo元素分布

图6.18　AT13/Mo涂层截面形貌与能谱面扫分析结果

如图6.19所示为AT13/Mo涂层断面显微形貌，由图6.19(a)虚线区域可观察到熔融扁平颗粒的存在，其均匀沉积于涂层表面，推测可能为熔融Mo合金颗粒，在扁平颗粒左下方存在断裂区域，可以清楚观察到断口沿涂层断裂方向呈阶

梯状分布，延展至扁平颗粒，此区域断裂方式为韧性断裂，具有较高的抗断裂性能。

图 6.19(b) 中间区域为脆性断裂，与纯 AT13 涂层一致，断口较为平整，且陶瓷颗粒间结合较差，在剪切力的作用下沿颗粒扁平化方向产生孔隙。如图 6.19(c) 和图 6.19(d) 所示为典型脆断区放大图，因断裂应力作用裂纹萌生于扁平颗粒内部，且存在大量孔洞，这是由于涂层沉积时堆叠的熔融颗粒间夹杂少量空气，在未逸出时保留在涂层内部。

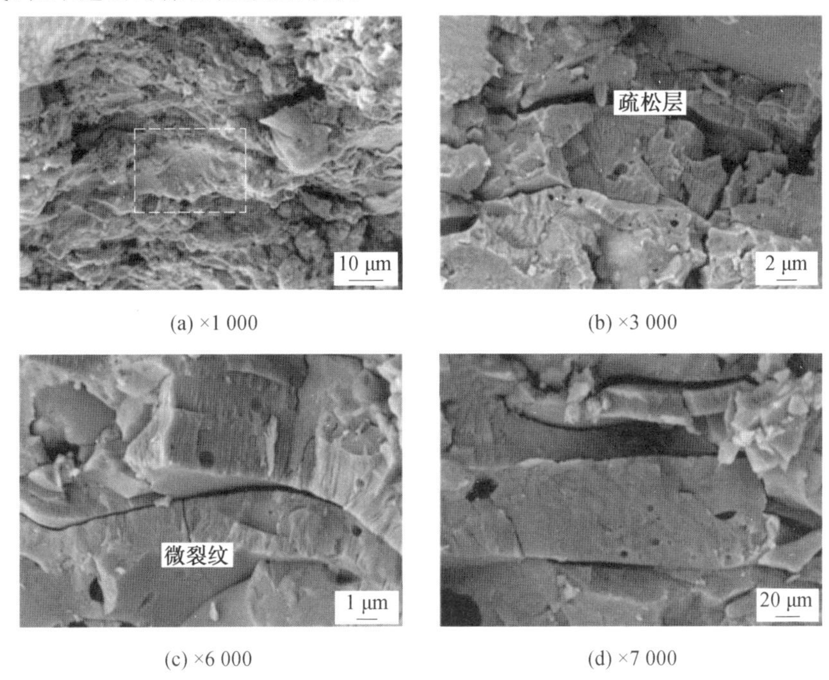

(a) ×1 000　(b) ×3 000

(c) ×6 000　(d) ×7 000

图 6.19　AT13/Mo 涂层断面显微形貌

2. 涂层相成分分析

如图 6.20 所示为 AT13 基涂层 XRD 图谱。可以观察到两种涂层中均存在 $\gamma-Al_2O_3$ 相、$\alpha-Al_2O_3$ 相和 Ti_xO_y 相，纯 AT13 涂层主晶相为 $\gamma-Al_2O_3$ 相，在衍射角为 46° 和 67° 时可以检测到其强峰。此外，AT13 涂层中还存在 $\alpha-Al_2O_3$ 相以及 Ti_xO_y 相，Ti_xO_y 相可显著提高涂层韧性，改善陶瓷涂层力学性能。而 AT13/Mo 涂层的主晶相为衍射角 40° 的 Mo 合金相，其峰强较高，削弱了 $\gamma-Al_2O_3$、$\alpha-Al_2O_3$ 以及 Ti_xO_y 峰，这三种物相分布与 AT13 涂层一致。

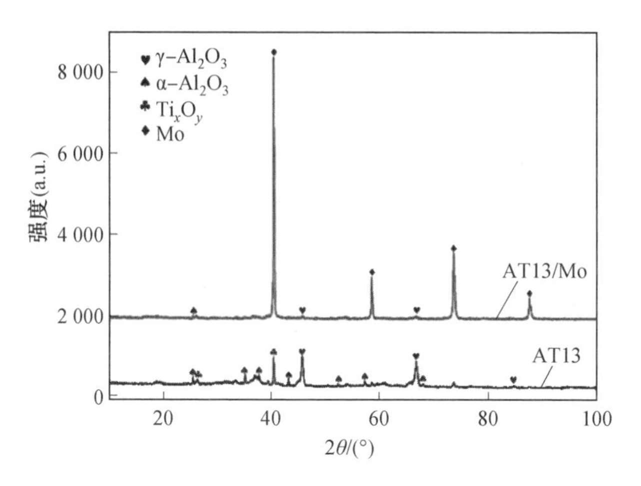

图 6.20 AT13 基涂层 XRD 图谱

3. 显微硬度

如图 6.21 所示为 AT13/Mo 涂层显微硬度在涂层厚度方向的分布，其中基材的显微硬度值为 379.8$HV_{0.1}$，复合涂层显微硬度值比基材高约 200$HV_{0.1}$。涂层硬度值离散度较大，这与涂层中存在的孔隙、较弱的粒子间结合以及不同相之间硬度有关。复合涂层硬度值随涂层厚度增加而增加，其平均硬度值为 616.3$HV_{0.1}$，此外 Mo 硬度低于 AT13 陶瓷材料，显著降低了 AT13/Mo 涂层显微硬度值。

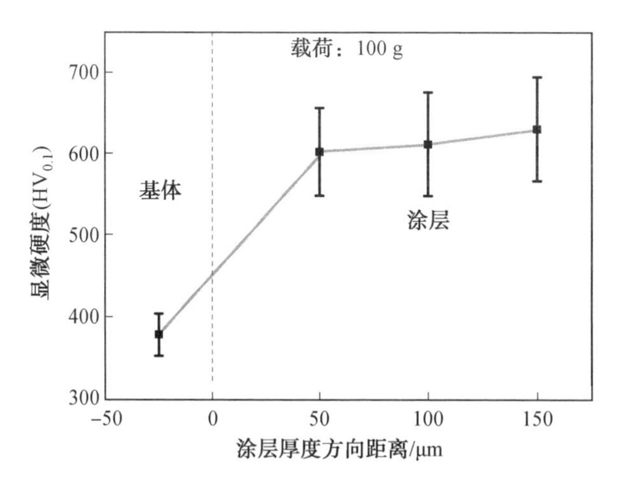

图 6.21 AT13/Mo 涂层显微硬度在涂层厚度方向的分布

6.3.2　不同润滑条件下 AT13/Mo 涂层的摩擦磨损试验

参照 6.3.1 节的试验设计方法开展不同润滑条件下的 AT13/Mo 涂层的摩擦磨损试验，试验参数与 6.2.3 节中 AT13 涂层的摩擦磨损试验一致。

1. 干摩擦条件下 AT13/Mo 涂层的摩擦系数及磨损率

如图 6.22 所示为不同载荷和对磨球条件下 AT13/Mo 涂层的摩擦系数曲线，可以清楚地观察到对磨球不同时摩擦系数会发生显著变化。在钨钢球配副时摩擦系数磨合时间较长，相较于 Si_3N_4 球配副时摩擦曲线波动更为显著。此外

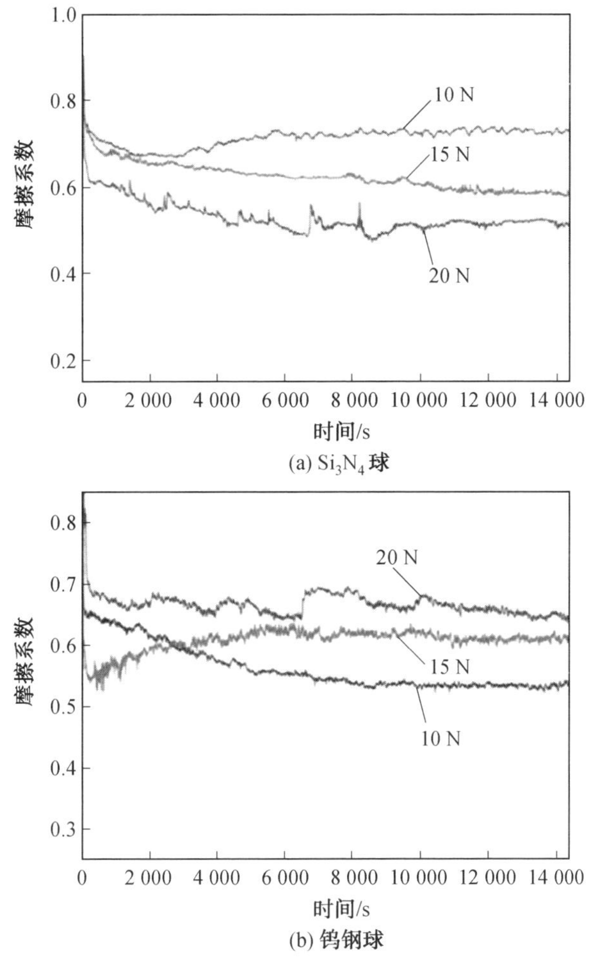

图 6.22　不同载荷和对磨球条件下 AT13/Mo 涂层的摩擦系数曲线

陶瓷涂层中掺杂大量 Mo 合金，其在摩擦过程中不如陶瓷相耐磨，在沉积时由于两种喷涂材料不同其结合强度不如单一材料，因此较大载荷下容易将结合不良的颗粒剥出，导致摩擦系数波动。

如图 6.23 所示为不同载荷和对磨球条件下 AT13/Mo 涂层磨损率，可以观察到载荷越高，复合涂层磨损率越大，此外以钨钢球为配副时涂层磨损率较高，在 10 N 与 20 N 载荷条件下是以 Si_3N_4 球为配副时涂层磨损率的两倍，原因是钨钢球硬度值比 Si_3N_4 球更高，在摩擦过程中更易破坏涂层表面颗粒结合较差区域，使涂层摩擦损耗加大，并且涂层中掺杂 Mo 合金较多，在与钨钢球配副时因材质相近更易磨损破坏，因此在以钨钢球为配副时对 AT13/Mo 涂层破坏更大，20 N 载荷下涂层磨损率达到 44.2×10^{-6} $mm^3/(N\cdot m)$。

为了更直观观察 AT13/Mo 涂层磨损状况，测量干摩擦后涂层磨痕三维形貌，结果如图 6.24 所示。可以观察到钨钢球作为摩擦副时，涂层表面磨痕更宽且更深，说明以钨钢球为配副的涂层磨损破坏较严重。同时，20 N 载荷下同一磨痕不同位置宽度不一致，说明磨痕不同位置磨损情况不同。这是由于载荷较大导致磨损工况恶劣，磨痕内部某些区域为陶瓷相，承载能力较强，但某些区域为硬度较低的 Mo 合金相，更易受到摩擦破坏，此外 Mo 在陶瓷基体中弥散分布，颗粒间结合强度不一，重载剥落颗粒进一步加剧了涂层的破坏。

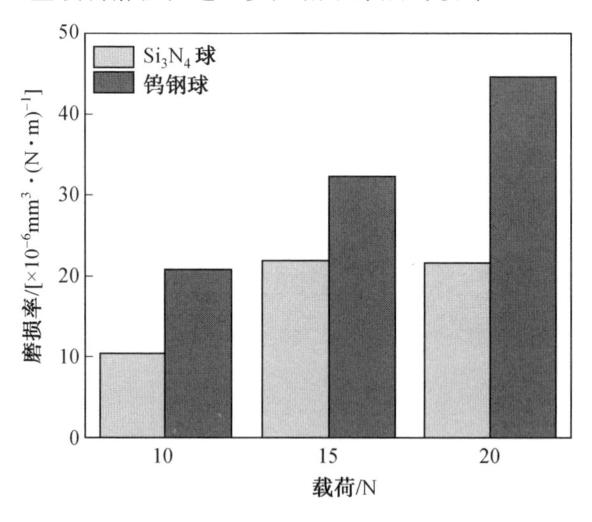

图 6.23　不同载荷和对磨球条件下 AT13/Mo 涂层磨损率

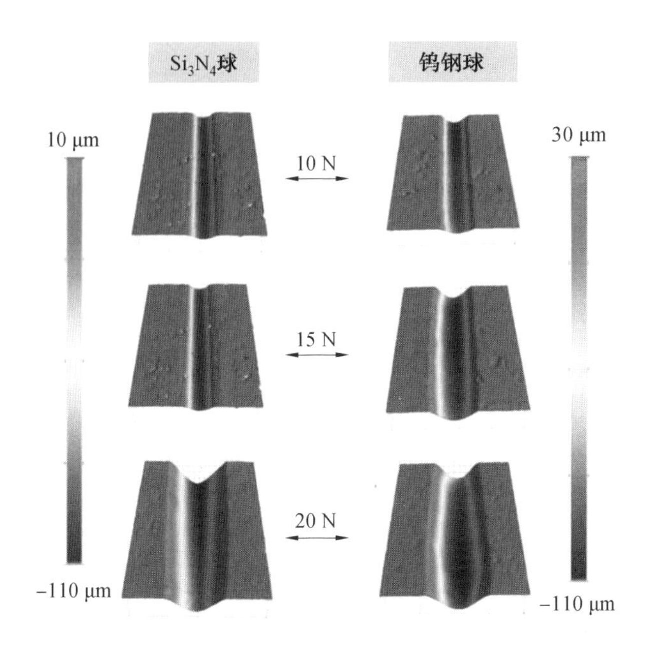

图 6.24　不同载荷和对磨球条件下 AT13/Mo 涂层磨痕三维形貌

2. 浸油润滑条件下 AT13/Mo 涂层摩擦系数及磨损率

如图 6.25 所示为浸油润滑条件下 AT13 与 AT13/Mo 涂层的摩擦系数曲线，其摩擦系数较干摩擦大幅降低，且幅值变化均较为平稳。AT13/Mo 涂层摩擦系数较低，为 0.123，而 AT13 涂层摩擦系数为 0.127；除此之外，AT13/Mo 涂层摩擦系数曲线更为光滑，波动较小。

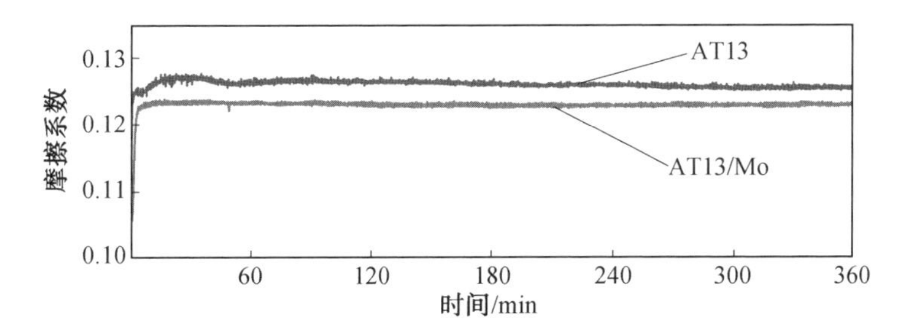

图 6.25　浸油润滑条件下 AT13 与 AT13/Mo 涂层的摩擦系数曲线

如图 6.26 所示为浸油润滑条件下 AT13 与 AT13/Mo 涂层磨痕三维形貌，可以观察到 AT13/Mo 涂层磨痕宽度较窄且较浅，其磨损破坏较小，除此之外 AT13 涂层表面孔隙较多，孔隙率较大。

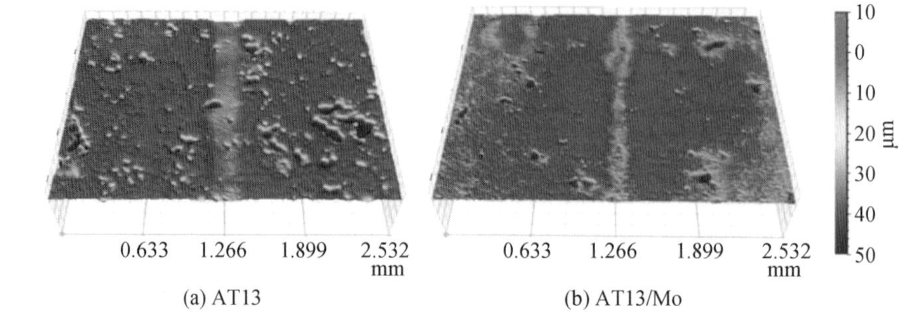

图 6.26　浸油润滑条件下 AT13 与 AT13/Mo 涂层磨痕三维形貌

如图 6.27(a) 所示为 AT13 涂层磨损率大小，AT13/Mo 涂层磨损率较低，为 2.28×10^{-8} $mm^3/(N\cdot m)$，而 AT13 涂层磨损率为 5.38×10^{-8} $mm^3/(N\cdot m)$，此外从磨痕深度也可说明掺杂 Mo 合金后涂层耐磨性更佳；如图 6.27(b) 所示为 AT13 与 AT13/Mo 涂层磨痕深度对比图，AT13 涂层磨痕深度约为 AT13/Mo 涂层的 2 倍。

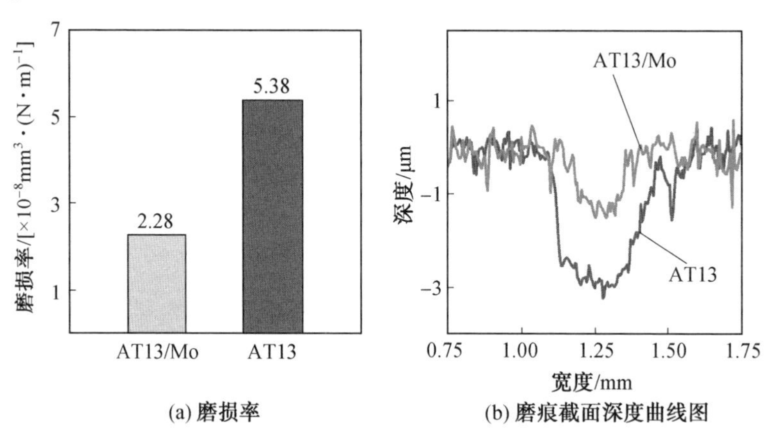

图 6.27　浸油润滑条件下 AT13 与 AT13/Mo 涂层摩擦磨损试验结果

3. 边界润滑条件下 AT13/Mo 涂层摩擦系数

如图 6.28 所示为边界润滑条件下 AT13 与 AT13/Mo 涂层摩擦系数曲线，在 4 000 s 内时，两种涂层摩擦系数曲线变化一致，且较为平稳，随后 AT13 涂层边界润滑曲线缓慢上升，上升约 0.05，当摩擦过程进行到 250 min 时曲线发生转变，进入干摩擦状态；与之对应 AT13/Mo 涂层边界润滑曲线较为平稳，至约 375 min 时曲线发生转变。AT13/Mo 涂层较 AT13 涂层边界润滑曲线转变时间较晚，且两种涂层在转变前都经历了波动振荡的阶段，进入干摩擦过程后，AT13 涂层

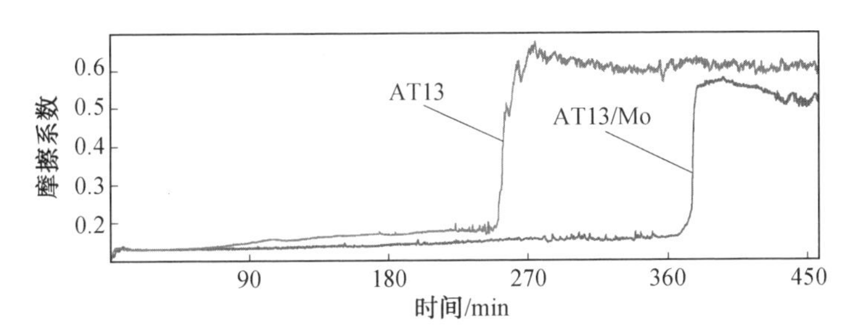

图 6.28　边界润滑条件下 AT13 与 AT13/Mo 涂层摩擦系数曲线

摩擦系数较高,约为 0.6,而 AT13/Mo 涂层在曲线平稳后摩擦系数约为 0.5。

如图 6.29 所示为 AT13/Mo 涂层在边界润滑条件下磨损后磨痕形貌,由图 6.29(a) 可以看到磨痕区域呈黑白相间形貌同时存在剥落区域,白色区域表面相对平滑,剥落主要存在于黑色区域。图 6.29(b) 为剥落坑放大图,与纯 AT13 涂层相比,复合涂层剥落区深度较浅,且附着有大量磨屑,这些磨屑一定程度上减缓了磨损的进行,同时观察到裂纹扩展区存在于黑色区域,这些层片状涂层材料在随后的摩擦试验过程中会剥落破裂,形成新的凹坑。在循环载荷作用下涂层

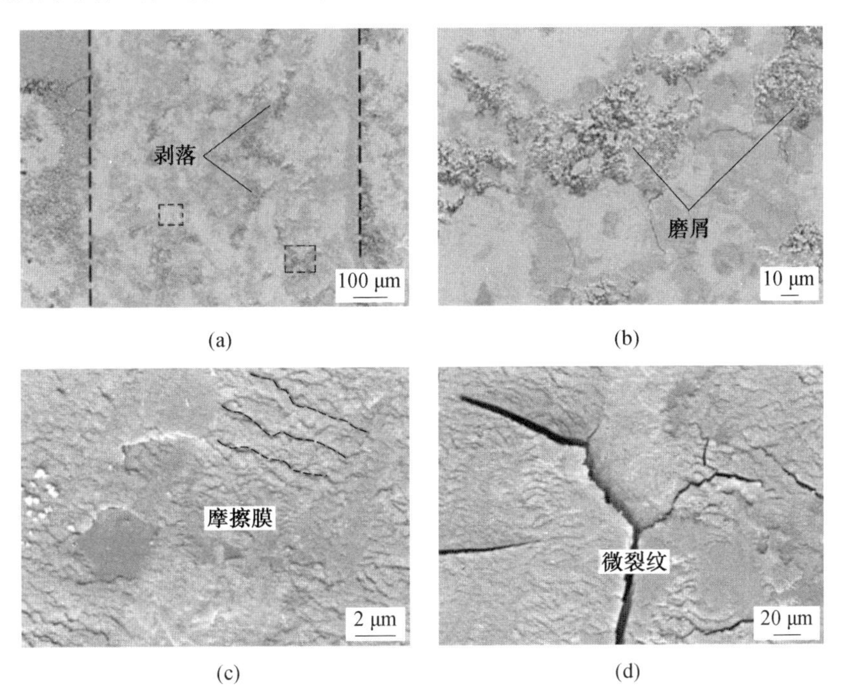

图 6.29　AT13/Mo 在涂层边界润滑条件下磨损后磨痕形貌

材料与润滑油形成如图 6.29(c) 所示的一层摩擦膜，这层摩擦膜呈河流花纹状，与滑动方向垂直，这是由对磨球往复运动过程中挤压固液混合物形成，摩擦膜大大延缓了油润滑一干摩擦的转变时间，提升涂层的边界润滑性能。图 6.29(d) 为裂纹萌生区放大图，除了裂纹萌生于未覆盖摩擦膜区域，还存在于受到保护的摩擦膜区域，这主要是由于摩擦膜河流状花纹方向不一致，在两种方向摩擦膜的接触区应力集中易产生裂纹。

如图 6.30 所示为 AT13/Mo 涂层磨痕表面形貌与能谱面扫分析结果，图中灰色区域富含 S元素与 Mo元素，该摩擦膜为 MoS_2 边界润滑膜；而白色方框内为 Al_2O_3 和 TiO_2 陶瓷相，该区域未观察到有 S 元素的存在，没有形成摩擦膜，且存在少量 Si 元素，与纯 AT13 磨痕 EDS 能谱元素分布一致。

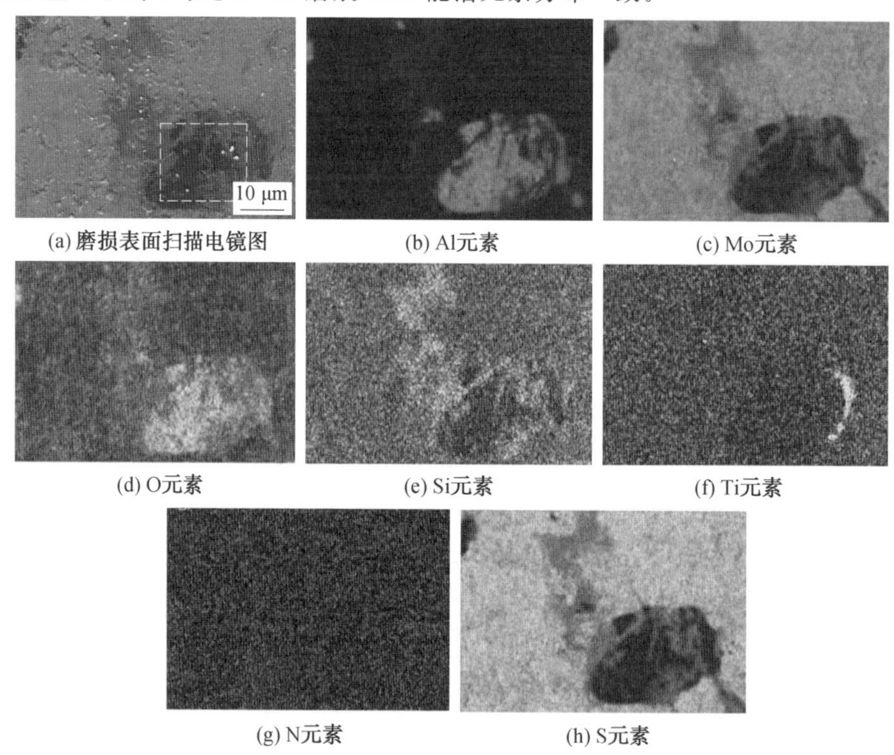

(a) 磨损表面扫描电镜图　(b) Al元素　(c) Mo元素
(d) O元素　(e) Si元素　(f) Ti元素
(g) N元素　(h) S元素

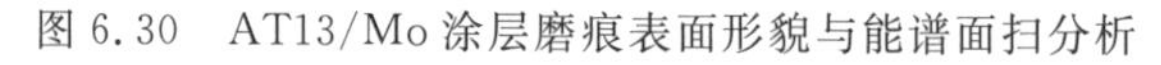
图 6.30　AT13/Mo 涂层磨痕表面形貌与能谱面扫分析

4. 边界润滑条件下 AT13/Mo 涂层磨损机理分析

为了揭示AT13/Mo涂层在边界润滑条件下的磨损机理，通过 XPS 测试确定了典型元素在磨损表面的化学结合状态，结果如图 6.31 所示。

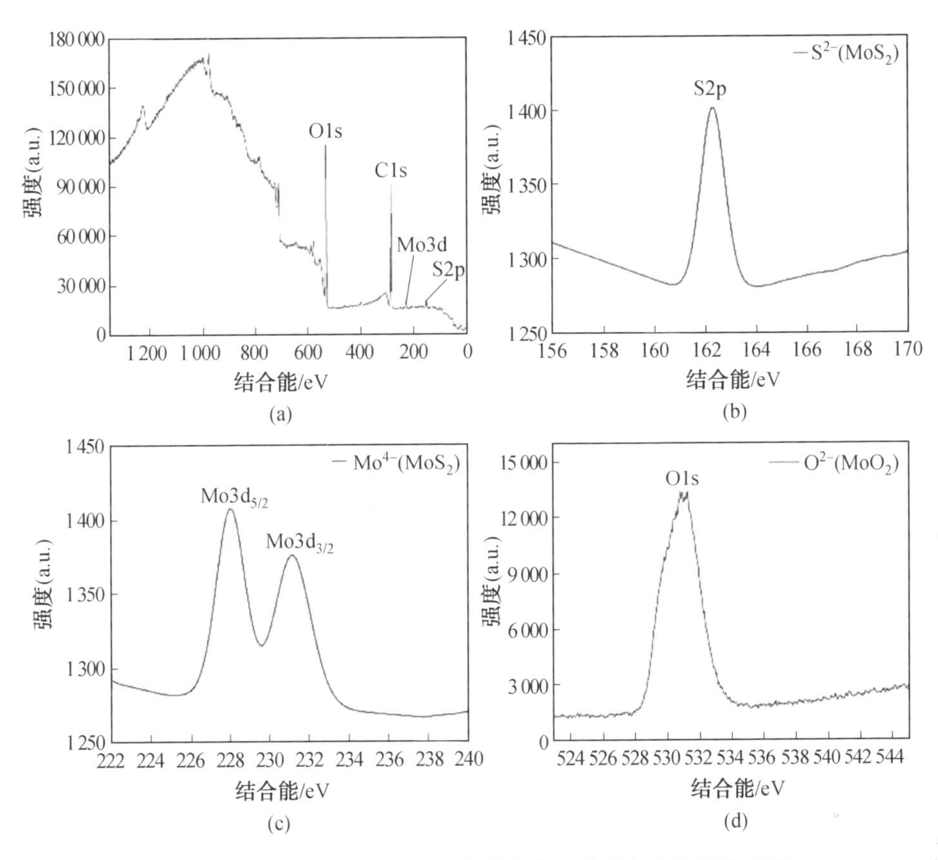

图 6.31　AT13/Mo 涂层边界润滑摩擦试验后磨痕处 XPS 分析

摩擦试验过后涂层置于丙酮中浸泡并对进行超声清洗，以防止磨痕内残留的润滑油影响测试结果，以 284.5 eV 的 C1s 峰作为标定峰，如图 6.31(a) 所示，还存在 O1s 峰、Mo3d 峰以及 S2p 峰。图 6.31(b) 中显示 S2p 峰存在于 162.2 eV 处，说明 S^{2-} 的存在。图 6.31(c) 中 228 eV 和 231.1 eV 处分别有 $Mo3d_{5/2}$ 和 $Mo3d_{3/2}$ 峰，说明 Mo^{4+} 的存在，这两者形成了自润滑膜 MoS_2。图 6.31(d) 中在531.7 eV 处存在 O1s 峰，且峰强较高，说明涂层中存在 MoO_2，这是由于在喷涂过程中部分 Mo 粉在高温焰流中与空气中 O_2 接触形成，在一定程度上它也起到减摩的作用。

如图 6.32 所示为 AT13/Mo 涂层边界润滑机理分析，从图 6.32(a) 中可清楚地观察到边界润滑过程结束后，有山峰状固体堆积于涂层表面，断断续续分布在磨痕两侧，而在图 6.32(b) 中 AT13/Mo 涂层三维形貌中未观察到此现象。分析原因知，在摩擦试验开始后，对磨球与涂层表面接触处，润滑油均匀涂覆于磨痕表面，随试验的进行，涂层表面形成磨痕，由于磨损较为严重，磨痕内部产生大量细小磨屑，其与润滑油混合形成黏稠状液体存在于磨痕内部，对磨球与磨痕表面接触处较为密实，这种黏稠状液体随对磨球往复运动被逐渐挤推至磨痕两侧，大量润滑油因此被快速消耗，涂层磨损状态主要为黏着磨损，因此 AT13 涂层边界润滑时间较短，涂层磨损严重。

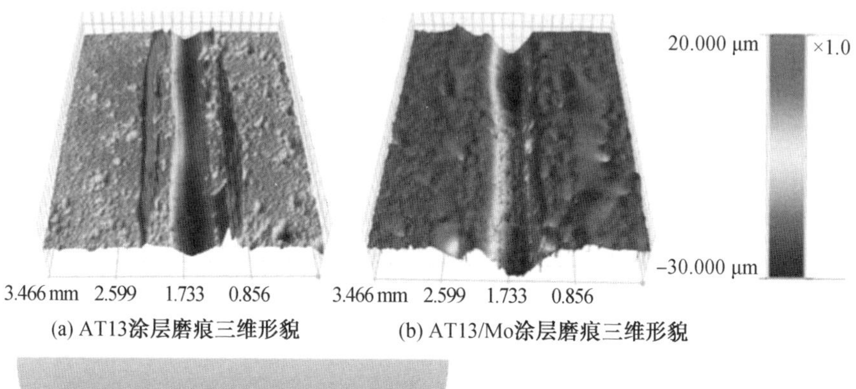

(a) AT13涂层磨痕三维形貌　(b) AT13/Mo涂层磨痕三维形貌

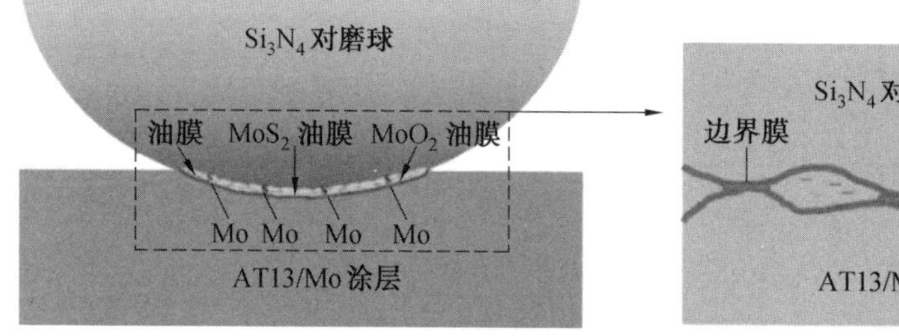

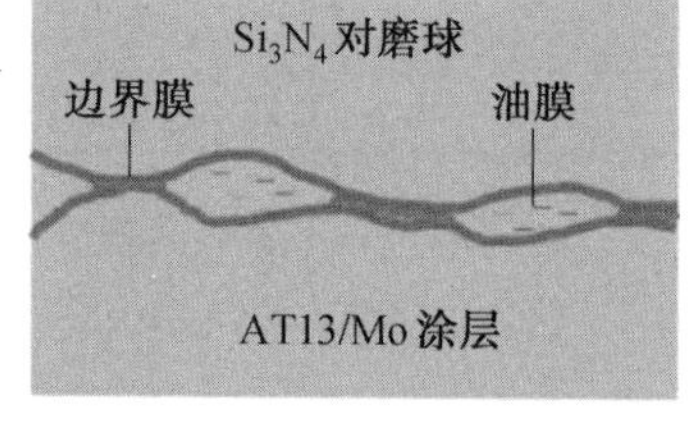

(c) AT13/Mo涂层边界润滑模型图　(d) 边界润滑过程中对磨面细节放大图

图 6.32　AT13/Mo 涂层边界润滑机理分析

为进一步分析 AT13/Mo 涂层边界润滑磨损机理，建立如图 6.32(c) 所示模型。涂层表面在摩擦副的往复作用下产生较高能量，使得润滑油中的S元素与涂层中Mo元素发生化学反应，迅速地生成厚的无机物膜 MoS_2。除此以外，喷涂过程中也形成少量 MoO_2 膜以及在对磨副间存在油膜。生成的 MoS_2 自润滑膜起主要承载作用，这种化学反应膜熔点高，与磨痕表面结合牢固，可有效保护涂层不发生黏着磨损，有效防止对磨副接触。

图 6.32(d) 为 AT13/Mo 涂层边界润滑细节放大图，如图所示在摩擦副接触处形成两种润滑膜：一种是油膜，摩擦副两表面相距较远，此处边界膜彼此不接触，运动中产生流体动压或挤压效应而承受一部分载荷；另一种为边界润滑膜，形成于磨痕表面与对磨球接触处，承受较大载荷，边界膜为最易发生磨损的部

位，在往复摩擦过程中，边界膜不断被磨损又不断生成，因而它的润滑效果取决于这两个过程的动态平衡。如果边界膜被破坏以后不能及时生成新膜，润滑效果也会丧失。因此随试验的进行润滑油被消耗，无法形成边界膜，摩擦状态由边界润滑转变为干摩擦。

6.4　$Cr_2O_3-Al_2O_3$ 复合耐磨涂层制备、结构及性能

Cr_2O_3 陶瓷涂层具有高表面硬度和耐磨性，通过使用大气等离子喷涂可以获得更好的界面黏结强度。然而，Cr_2O_3 粉末对等离子喷涂参数比较敏感，因为喷涂参数（电流、电压、氩气流量和氢气流量）对粉末的熔化状态有显著影响。此外，喷涂的 Cr_2O_3 涂层通常在孔隙率和黏合强度方面存在缺点。由于润湿性差、脆性大、环境污染，纯 Cr_2O_3 涂层很少大规模应用；而 $Cr_2O_3-Al_2O_3$ 复合涂层通过大气等离子喷涂加入 Al_2O_3 粉末作为增强相，可以有效提高韧性和润湿性。此外，在摩擦和磨损方面，纯 Cr_2O_3 陶瓷涂层的制备相当昂贵，添加 Al_2O_3 可以在提高性能的同时有效降低生产成本。

为探讨 Cr_2O_3 基陶瓷涂层的微观结构、力学性能及摩擦磨损特性，本节将以 Cr_2O_3 粉末为基体，加入不同质量分数的 Al_2O_3 粉末，制备 $Cr_2O_3-Al_2O_3$ 复合粉末。采用大气等离子喷涂 APS 工艺在 304 不锈钢表面制备减摩耐磨 $Cr_2O_3-Al_2O_3$ 复合涂层。同时，比较了干摩擦状态下复合涂层的摩擦磨损性能。此外，还建立了在细化颗粒的帮助下保护剥落坑免受可持续破坏的模型图。

6.4.1　$Cr_2O_3-Al_2O_3$ 复合涂层制备

1. 喷涂粉末

以 Cr_2O_3 粉末为基体，采用机械混合法制备掺杂不同质量分数 Al_2O_3 的复合喷涂粉末，本试验使用的球形粉末均购自 Winnerput 科技公司，粒径分布为 15～45 μm。

2. 涂层制备

选择 304 不锈钢作为基材，经线切割制成尺寸为 80 mm×50 mm×3 mm 的试样。在喷涂之前，对不锈钢基板进行喷砂、清洗和烘干，将切割好的不锈钢基板置于喷砂机中进行表面粗化处理，喷砂材料选择 46 和 60 混合的棕刚玉砂，喷砂压力设定 0.8 MPa，角度为 90°，粗糙度控制在 2.2～8 μm，所用喷砂设备型号

仍为干式 GP－1。完成后将基板浸于丙酮中超声 30 min，置入烘箱低温干燥后固定在夹具台上待用。

采用大气等离子喷涂工艺沉积涂层，喷枪固定在六轴机械臂上进行轨迹运动。喷涂过程中，送粉速度由 D－57629(GTV，德国）送粉机控制。为了提高陶瓷涂层与基材之间的黏合强度，首先喷涂了 NiAl 涂层作为黏结层。喷涂参数汇总见表 6.4，每次重复喷涂三次以确保涂层的高效沉积。

表 6.4　$Cr_2O_3-Al_2O_3$ 复合涂层喷涂工艺参数

喷涂角度/(°)	喷枪距离/mm	喷枪平移距离/mm	转盘转速/(rad・min^{-1})	喷枪速度/(mm・s^{-1})	喷涂电流/A	气体流量/(L・min^{-1})	
						H_2	Ar
90	120	3	2	200	600	6	35

为了便于描述，现将掺杂不同质量分数 Al_2O_3 制备得到的 $Cr_2O_3-Al_2O_3$ 复合涂层简称为 C、CA5、CA10、CA20 和 CA30，依次对应 Al_2O_3 质量分数为 0(即纯 Cr_2O_3 陶瓷涂层)、5%、10%、20% 和 30%。

6.4.2　$Cr_2O_3-Al_2O_3$ 复合涂层微观形貌与相成分

1. 涂层截面微观形貌

如图 6.33 所示为五组涂层的 SEM 横截面测量结果。由图中可以观察到：NiAl 黏结层、304 基体及陶瓷涂层均紧密结合，且界面清晰，黏结层的厚度为 20～60 μm，陶瓷涂层的厚度为 150～300 μm。图中浅灰色区域、阴影和白色区域分别对应涂层中 Cr_2O_3、Al_2O_3 与孔隙/裂缝。沉积后，两种陶瓷颗粒形成典型的层状堆叠结构，这是 Cr_2O_3 和 Al_2O_3 颗粒在熔融状态下碰撞基体时产生的扁平化现象。两种陶瓷颗粒之间的结合界面也非常紧密，表明等离子体彻底熔化了两种粉末。

此外，图 6.33(b)、(d)、(f)、(h) 和(j) 表明 Cr_2O_3 和 Al_2O_3 熔融颗粒紧密结合。在没有过渡区域的情况下可以观察到高倍率的边界，这表明 Cr_2O_3 和 Al_2O_3 之间的结合形式为机械结合。

与纯 Cr_2O_3 陶瓷涂层中横向分布的细长孔隙不同的是，$Cr_2O_3-Al_2O_3$ 复合涂层内部的孔隙和裂缝多分布在 Al_2O_3 硬质颗粒附近。此外，复合涂层 CAs 内部孔隙的尺寸相对较大，且大多与裂缝重合；而裂纹的数量和尺寸都比较小，且分布相对分散，即使偶尔出现的大尺寸裂纹也会在硬质颗粒附近消失。可以认

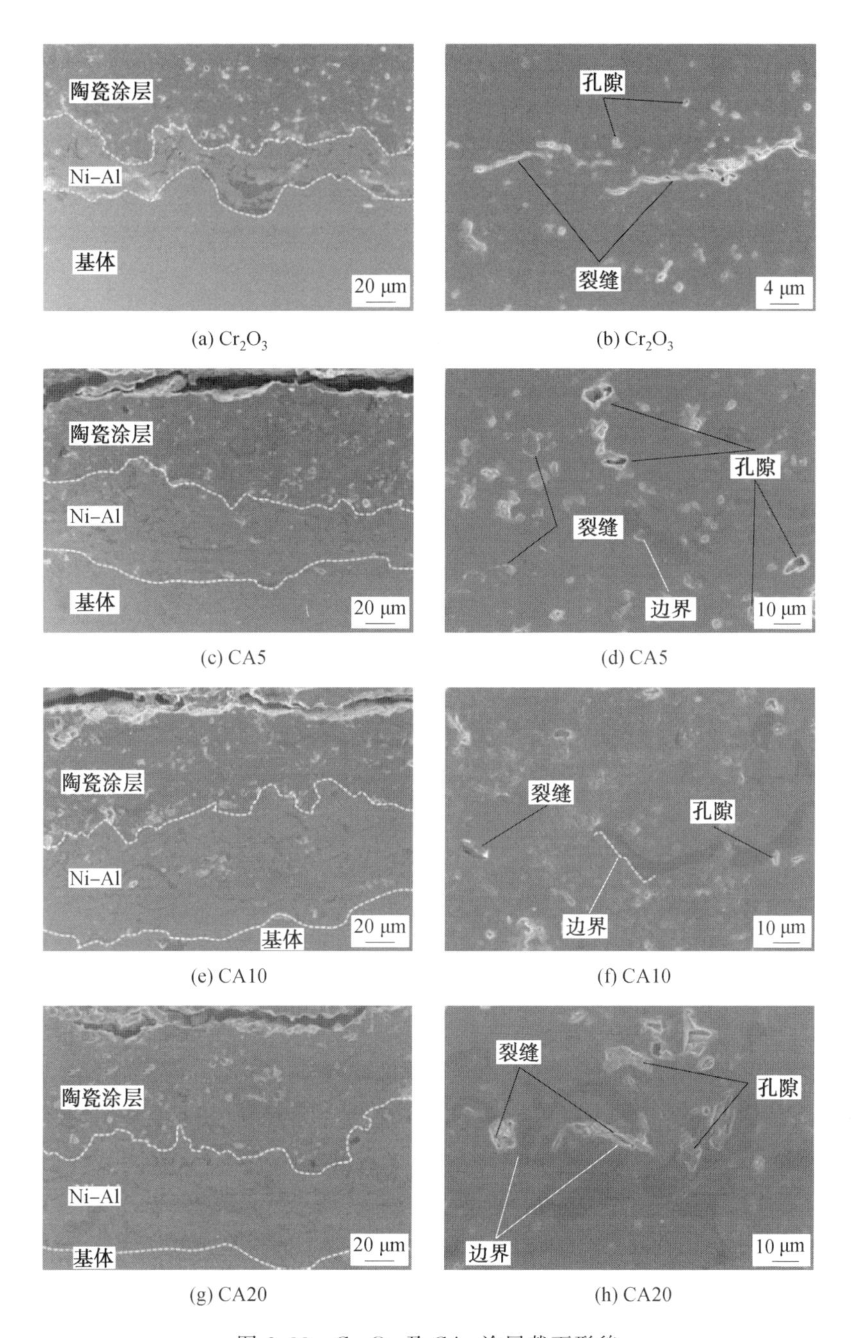

图 6.33　Cr_2O_3 及 CAs 涂层截面形貌

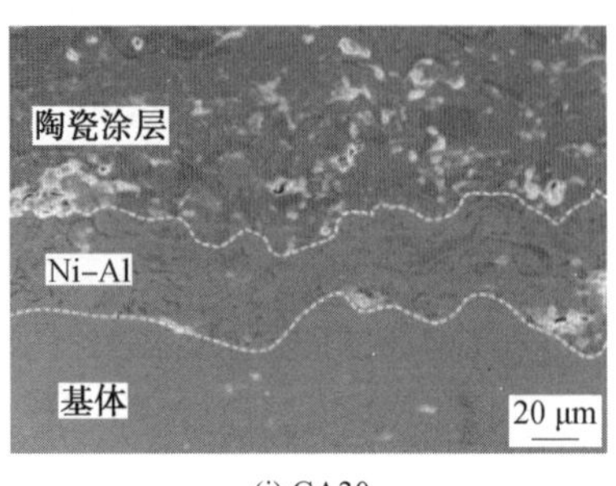

(i) CA30

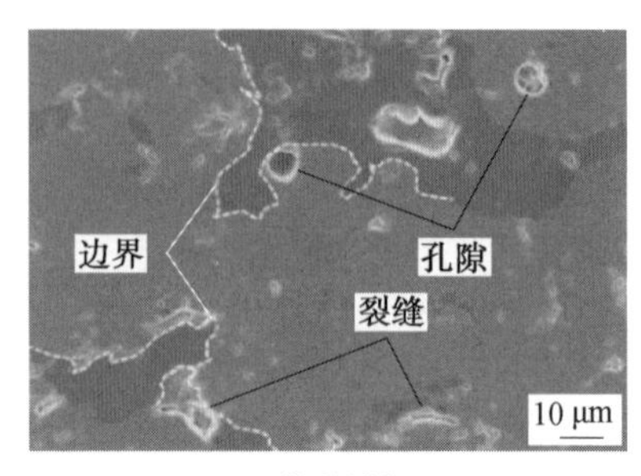

(j) CA30

续图 6.33

为孔隙与微裂纹的出现没有直接关系。相较于纯 Cr_2O_3 陶瓷涂层，Al_2O_3 硬质颗粒的掺杂有效抑制了涂层内部裂纹的形成及扩展，随着 Al_2O_3 质量分数的增加，复合涂层 CAs 内部的孔隙密度和单个孔隙尺寸均呈现先减小、后增大的趋势，当 Al_2O_3 质量分数为 20% 时达到极小值。进一步计算五组涂层的孔隙率可知，CA5、CA10 和 CA20 涂层的孔隙率分别为 7.02%、5.79% 和 4.27%；当质量分数进一步增加到 30% 后，涂层 CA30 的孔隙率增加到 7.44%，但仍小于纯 Cr_2O_3 涂层的15.76%。因此，可以认为 Al_2O_3 的加入显著改善了单相陶瓷裂纹的缺点，并且对孔隙起到细化的作用，有望提高涂层滑动摩擦磨损过程的稳定性。

2. 涂层相成分分析

如图 6.34 所示为五组涂层的 XRD 测量结果，可以看出五种涂层的主相都是 Cr_2O_3 相。除了 CA 涂层中主要的 Cr_2O_3 晶相外，还检测到 $\alpha-Al_2O_3$，该相可有效提高韧性和机械性能。Cr_2O_3 和 Al_2O_3 具有相同的刚玉晶体结构，加入 Al_2O_3 后未发现新的化合物，因此可以确定 Cr_2O_3 和 Al_2O_3 之间存在化学惰性，Al_2O_3 仅作为增强相存在。

现有研究发现，等离子喷涂制备纯 Al_2O_3 涂层的相组成是以 $\gamma-Al_2O_3$ 为主、$\alpha-Al_2O_3$ 为辅的双相复合结构。这是因为在高温喷涂过程中，Al_2O_3 会优先向形核能较小的 $\gamma-Al_2O_3$ 转变，因此纯 Al_2O_3 涂层的主要晶相是 $\gamma-Al_2O_3$。然而，图 6.34 中 CAs 涂层的相成分并未检测到 $\gamma-Al_2O_3$，仅能检测到微弱的 $\alpha-Al_2O_3$ 峰。其机理可描述为：在高温条件下，Al^{3+} 取代 Cr^{3+} 形成固溶体 $(Cr,Al)_2O_3$，稳定了 $\alpha-Al_2O_3$ 的晶格，抑制了 $\gamma-Al_2O_3$ 的形成。Cr_2O_3 在高温下对 Al_2O_3 有稳定作用。Al^{3+} 的离子半径小于 Cr^{3+}，在等离子体条件下 Al^{3+} 和 Cr^{3+} 进行置换后，晶面间距减小，产生压应力，使得衍射峰随着 Al_2O_3 掺杂量的增加而向更高的角度偏移。如图 6.35 所示为 Cr_2O_3 及 CAs 涂层的 XRD 分析结果，

Cr_2O_3 相峰在 33°～35°之间的偏移也证实了上述猜想。当 Al_2O_3 质量分数为20%时，位移反应达到极限，右移最远；当 Al_2O_3 质量分数为30%时，过度掺杂会导致晶格产生拉应力，衍射峰向左移动。因此，由于掺杂了 Al 元素，CAs 复合涂层比 Cr_2O_3 涂层具有更好的结构和热稳定性。

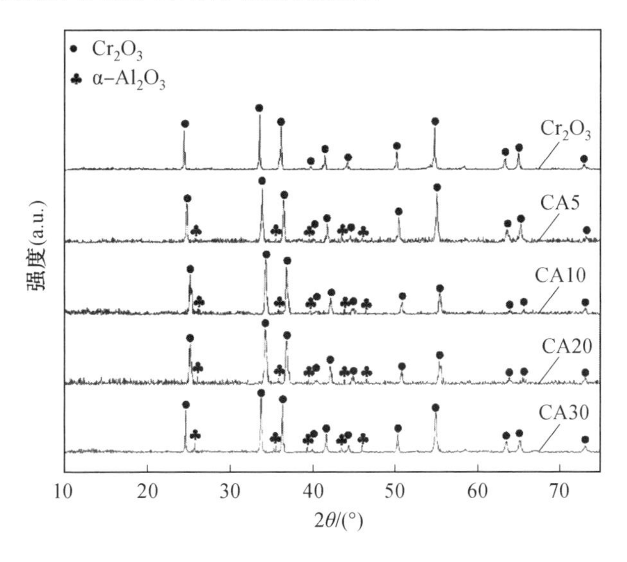

图 6.34　纯 Cr_2O_3 陶瓷涂层与 CAs 涂层的 XRD 测量结果

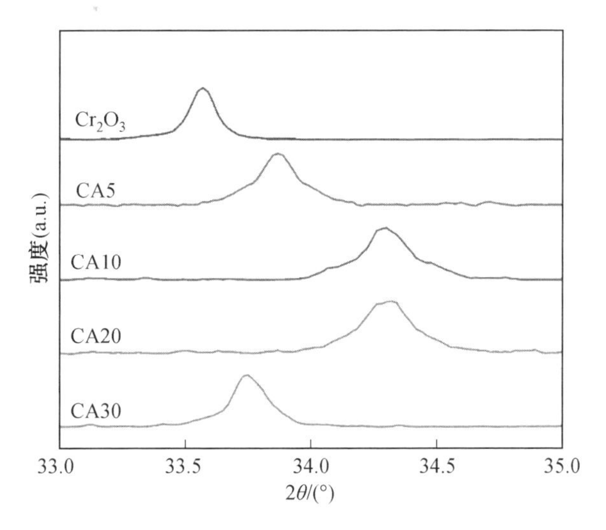

图 6.35　Cr_2O_3 及 CAs 涂层的 XRD 分析结果

6.4.3 $Cr_2O_3-Al_2O_3$ 复合涂层摩擦学性能

1. 干摩擦条件下 $Cr_2O_3-Al_2O_3$ 复合涂层的摩擦学性能测试及磨损机理

在干摩擦条件下，选用直径为 5 mm 的 Si_3N_4 陶瓷球作为对磨上试件，在 UMT－2 型摩擦磨损试验机上开展往复式滑动摩擦磨损试验。试验前，将五组喷涂制品线切割制成 15 mm×15 mm×3 mm 并抛光以消除表面粗糙度的影响。随后，丙酮超声清洁持续 10 min 以清洁表面。

如图 6.36 所示为干摩擦滑动试验摩擦系数随时间的变化曲线，试验参数详见表 6.5。初始阶段系数在短时间内迅速增加，归于摩擦的黏附或微凸之间的碰撞和破坏，将表面上的大微凸体切割并剥离，然后细化并填充到剥离坑中。随着摩擦过程的继续，尖锐的微凸被磨掉，摩擦副表面的实际接触面积增加，摩擦系数的振幅和波动都会趋于平稳。

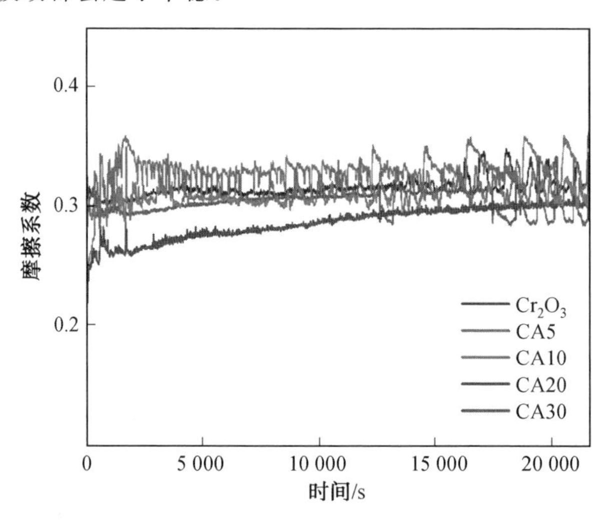

图 6.36　干摩擦条件下五组往复摩擦过程摩擦系数随时间的变化规律

表 6.5　CA 复合涂层滑动摩擦磨损试验参数

润滑条件	法向载荷 /N	往复速度 /($mm\cdot s^{-1}$)	单次往复行程 /mm	试验时间 /s
干摩擦	40	40	5	21 600

试验结束后，观察涂层形貌发现五组涂层表面均未产生变质，表面保持完好。使用3D轮廓仪测量并计算得到五组涂层的磨损率，结果如图 6.37 所示。可

以看到，Al_2O_3 的加入可以显著提高耐磨性，减少涂层的磨损损失。例如当 Al_2O_3 质量分数为20%时，与纯 Cr_2O_3 涂层相比，磨损率降低了43.8%。

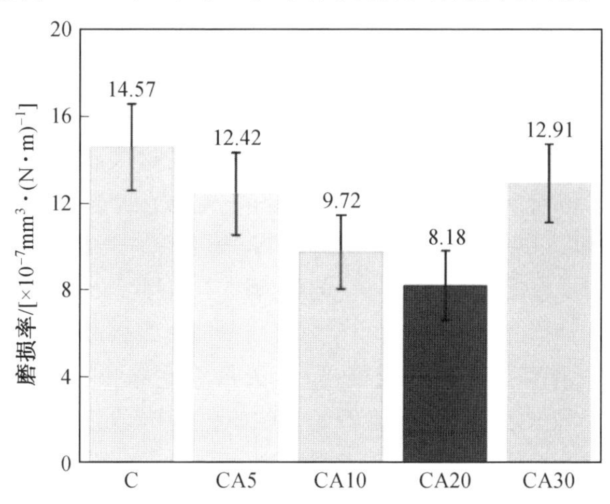

图6.37　Cr_2O_3 和CAs涂层在干摩擦下的磨损率对比

使用维氏硬度计（HV－1000A，华银，中国山东）测量五组涂层抛光横截面与对磨球材料 Si_3N_4 陶瓷的显微硬度，测量条件为1 000 g负载、15 s负载保持时间。每组涂层测量15次以计算得到显微硬度均值和标准偏差。显微硬度计算结果如图6.38所示。

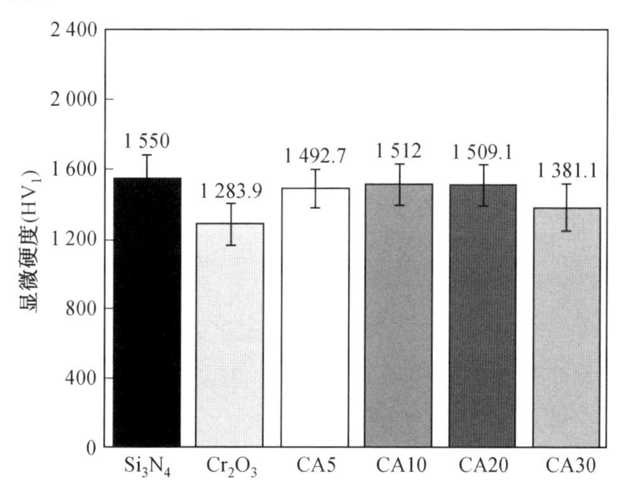

图6.38　Si_3N_4 对磨球、Cr_2O_3 与CAs涂层的表面显微硬度

与 Si_3N_4 和四种CAs复合涂层相比，纯 Cr_2O_3 涂层的硬度值明显较低，因此

很容易预见到，当其与高硬度的 Si_3N_4 发生相对滑动时，其表面易出现更多的切屑和犁沟。该分析与摩擦系数和磨损率的分析是一致的（图6.36 和图6.37）。CA10 和 CA20 表现出比其他涂层更高的硬度，特别是与 CA30 相比；同时，Si_3N_4 和 CA20、CA10 之间的差异要小得多，因此摩擦副之间的适配性更好。

CA10 和 CA5 涂层的摩擦系数在初始阶段表现出周期性波动，归因于摩擦副之间静态和动态摩擦系数的差异，而球形 Si_3N_4 的强度远大于分层堆叠 Cr_2O_3 的强度，当涂层的微凸体与 Si_3N_4 前端接触时，迅速发生脆性断裂，剥离的微凸体被包裹在涂层 Si_3N_4 之间；同时一些磨屑附着在 Si_3N_4 的一侧。当移动到这一侧时，Si_3N_4 的阻力增加；而相反方向运动时，Si_3N_4 的阻力减小，因此两个方向上的摩擦系数产生差异。纯 Cr_2O_3 和 CA30 在 15 000 s 之前的摩擦曲线相似且平滑，平均摩擦系数几乎相等。CA20 的摩擦系数曲线最平稳，最低平均摩擦系数为0.28，这归因于 CA20 涂层具有最高的表面硬度和最低的孔隙率（如图 6.38 和图 6.33）。

Cr_2O_3 和 CAs 涂层磨损表面形貌分别如图 6.39 和图 6.40 所示。裂纹的产生和扩大是导致陶瓷涂层发生脆性断裂的最重要因素。

硬度较高的涂层在承受载荷时往往更容易出现微裂纹，原因在于：一是熔融颗粒沉积过程形成的孔隙导致结构缺陷，它削弱了涂层的法向承载强度，导致涂层在承受临界法向载荷时容易产生内部塌陷；二是与硬颗粒的润湿性有关，如果不添加 Al_2O_3，Cr_2O_3 粉末及其喷涂涂层的整体润湿性和韧性较差，当受到正常的压应力时，接触点周围的应力会进一步扩散，导致涂层的整体厚度被压缩。被压缩的涂层将产生切向拉伸应力从而微观上延长了涂层的长度，且该值与法向压应力值成正比。当法向压应力（载荷）达到一定水平时，切向压力将首先撕裂最显著的形变处（涂层的外部）产生微裂纹。微裂纹不仅沿着法向扩散，而且在高硬度涂层承受法向压应力时更均匀地扩散到周围区域。载荷点相对于周围区域发生变形，使得表面和变形产生对角剪应力。如果剪切应力的方向与运动方向不在同一平面上，则涂层会承受额外的法向拉伸应力，从而导致薄弱区域出现微裂纹。

SEM 高倍率图像（图 6.40(a) ～ (e)）显示了剥落坑的边缘形貌。剥落坑周围呈现出不利于高负载摩擦过程的断层结构。在剥落坑中可以观察到细化颗粒和微裂纹。微裂纹的产生和扩大通常来自两处：一个是熔融颗粒之间的孔隙；另一个是 Cr_2O_3 和 Al_2O_3 之间的界面。从图 6.40 可以看出，剥落坑大多是沿着 Cr_2O_3 和 Al_2O_3 的边界而形成，微裂纹也向硬质颗粒的边缘发展。CAs 涂层比纯 Cr_2O_3 涂层产生更多的磨损颗粒，这有效促进了摩擦膜的形成。图6.40(d) 和 (e) 的能谱分析表明，Si_3N_4 和 Cr_2O_3 之间的往复运动所产生的磨屑混合了两种

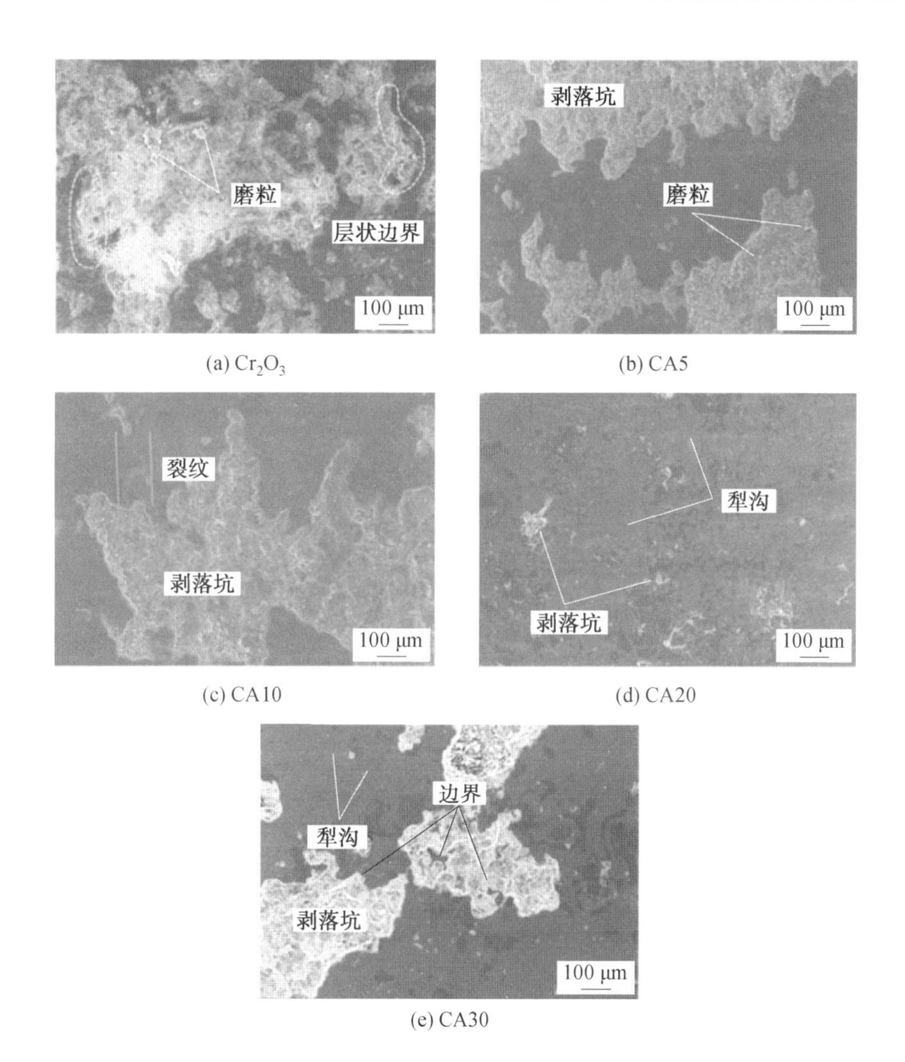

(a) Cr_2O_3　(b) CA5

(c) CA10　(d) CA20

(e) CA30

图 6.39　Cr_2O_3 和 CA_s 涂层在低倍率下干摩擦表面的形貌

材料。此外,硬质颗粒的堆积并没有完全覆盖在磨损表面。硬质颗粒黏附在对偶件一侧,在摩擦副之间产生第三体磨粒磨损。磨痕部分磨屑的能谱分析表明,纯 Cr_2O_3、CA10 和 CA5 涂层中颗粒的元素组成主要是 Cr、Al、O,但未检测到明显的 Si_3N_4 材料转移(图 6.40(a)、(b)、(c))。然而,在 CA20 涂层众多磨屑的能谱分析中可以看到 Si_3N_4 的材料转移(图 6.40(d))。可以看出材料转移增加了磨屑的数量,进一步防止了对偶件与涂层之间的直接接触,从而提高了涂层的耐磨性。

与其他两组相比，可以看出图 6.40(c)～(e) 中的颗粒较多但尺寸较小，尤其是 CA20。这些颗粒自深坑剥落后，在摩擦副之间充满了这些细颗粒，这些颗粒分散了来自对偶件的法向压力。虽然这些颗粒的细化效率不高，但这些颗粒

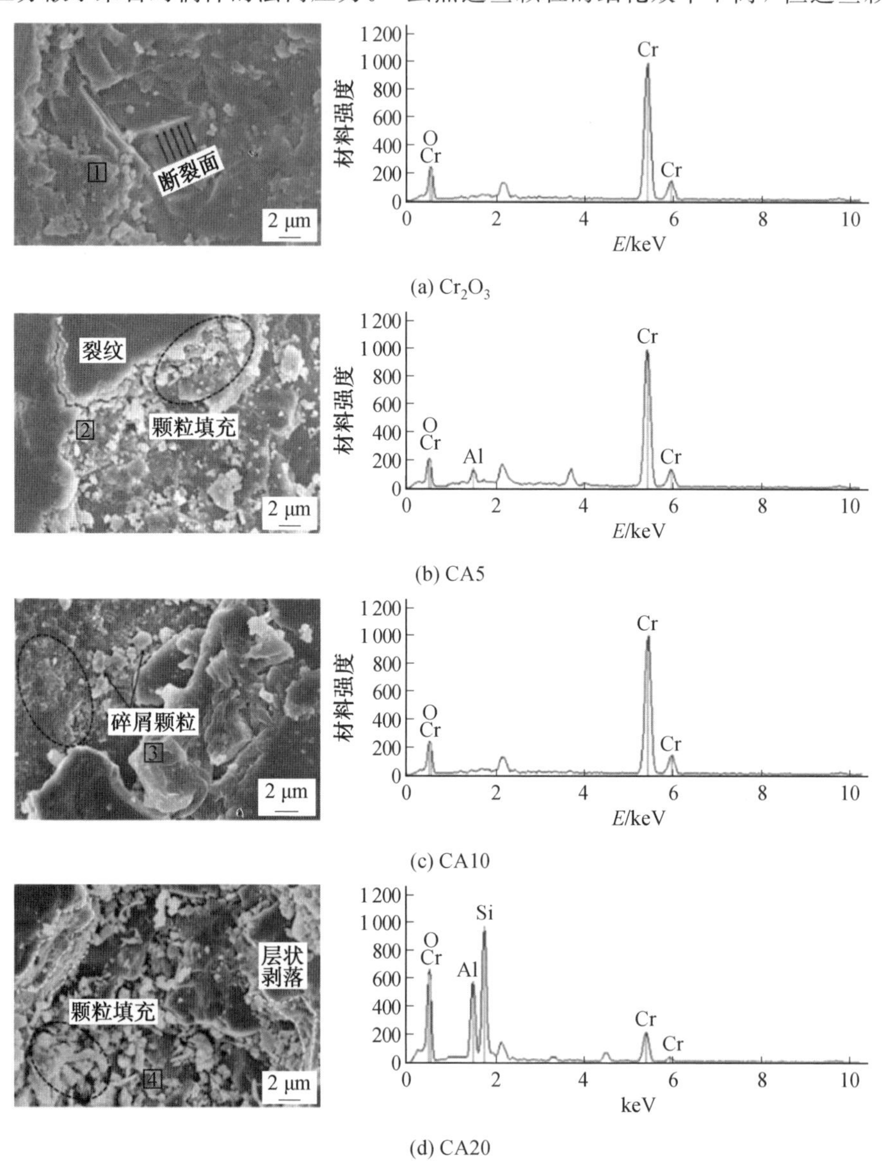

图 6.40 高倍率下纯 Cr_2O_3 和 CAs 涂层干摩擦表面的形貌和能谱

（右侧为左侧图方框处能谱）

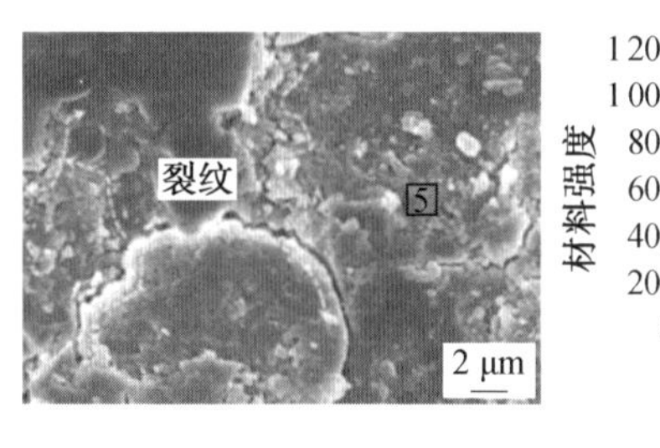

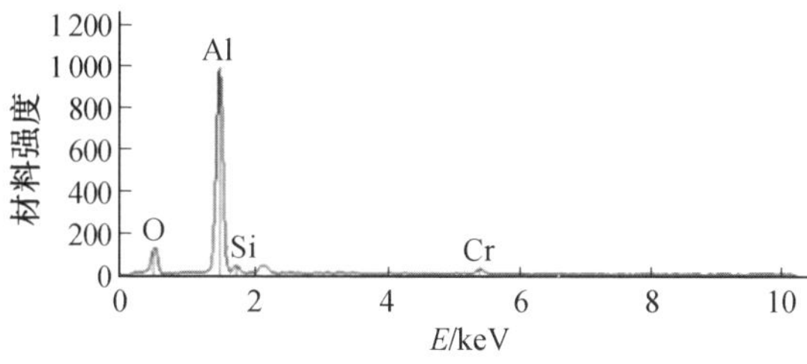

(e) CA30

续图 6.40

被覆盖在初级平台上立刻起到了不完整摩擦膜的作用，这有利于减少摩擦初期的磨损损失。然而，$\alpha-Al_2O_3$ 的高结构强度无法避免陶瓷颗粒的剥离，这种填充行为分散了载荷方向上的应力。结合涂层能谱分析结果，可以发现纯 Cr_2O_3 涂层和 CAs 涂层在粒径和数量上存在显著差异。纯 Cr_2O_3 涂层的断裂表面呈现出突出的尖锐结构。相比之下，添加 Al_2O_3 后涂层的剥离表面光滑，这提高了对偶件与硬质颗粒经过剥落坑时的通过性。因此可以得出结论，Al_2O_3 的添加有效弥补了单相 Cr_2O_3 涂层的脆性剥落缺陷。

根据以上对涂层形貌的分析，复合涂层的磨损行为模型图如图 6.41 所示。当 Si_3N_4 球与具有内部缺陷的微凸体碰撞时，微凸体出现脆性断裂。剥落的微凸体被压碎并在 Si_3N_4 和涂层之间被细化成更小的颗粒。细小颗粒积聚在剥离坑的边缘，在对偶件与缺陷边缘碰撞之前充当底部垫高和缓冲的作用。对照 CA20 的摩擦系数曲线，摩擦副在 17 000 s 内进入稳定阶段。如图 6.41(b) 所示，通过部分放大剥落坑，当对应物和碎屑暴露于缺陷位置时，会产生垂直于接触点切线方向的力 F。缺陷处涂层的再次破坏是由其水平分力 τ 引起的(分层涂层上剪切应力的撕裂结果)。填充在剥落坑中的颗粒越多，F 与垂直方向的夹角越小，导致 τ 越小，涂层抵抗剪应力再破坏的能力越强。

2. 边界润滑条件下 $Cr_2O_3-Al_2O_3$ 复合涂层的摩擦学性能测试及磨损机理

在试验开始之前在涂层表面均匀涂抹 0.2 μL 的润滑油以模拟边界润滑条件，选用与干摩擦相同的工况开展摩擦磨损试验，五组涂层边界润滑条件下摩擦系数信号随试验时间演化规律如图 6.42 所示。

可以看出，五组涂层的摩擦系数曲线都经历了初期缓慢上升的阶段，该阶段持续 12 000 s，这是因为润滑剂与涂层表面形成了一层分子膜，在开始的一段时间内，由于摩擦表面的不完整性和润滑剂分子间的摩擦阻力，润滑剂分子膜会逐渐形成并加强，使得摩擦系数缓慢上升。 在润滑剂分子膜形成之后，摩擦系数才

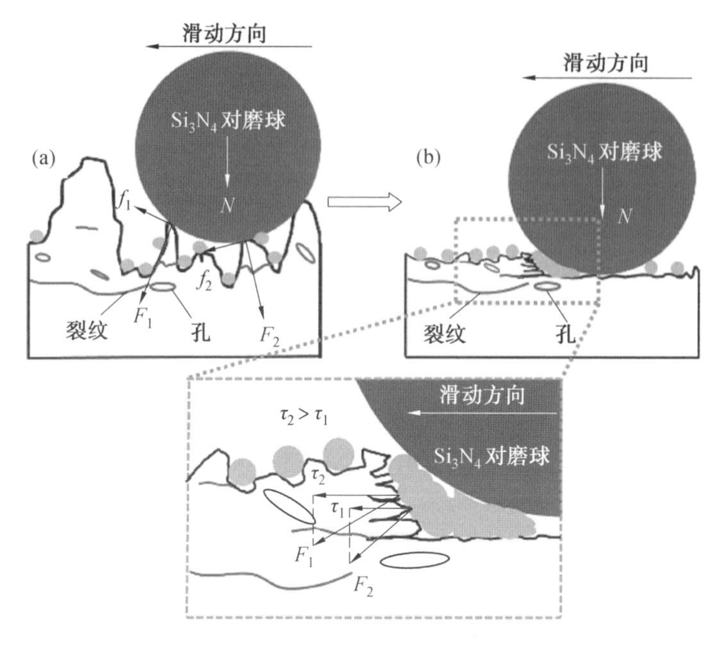

图 6.41　磨损机理示意图

((a) 磨屑的产生和细化;(b) 稳定磨损阶段和剥离坑边缘硬质颗粒的应力分析)

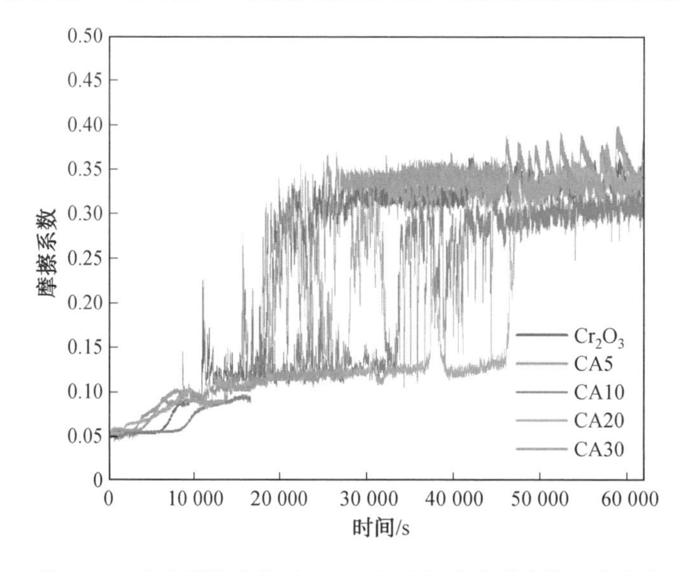

图 6.42　边界润滑条件下 Cr_2O_3 与 CAs 涂层的摩擦系数曲线

会逐渐降低并保持较为稳定的水平。对比五组涂层油润滑－干摩擦转变时间发现，随着 Al_2O_3 的添加，转变时长逐渐增加，其中 CA20 涂层展现最佳的边界润滑性能，时长为 48 000 s，继续增加 Al_2O_3 含量时，转变时长大幅缩短，因此认为 Al_2O_3 添加量为 20％ 时，涂层即可获得最佳边界润滑性能。

随着摩擦过程的持续进行，润滑油被消耗，摩擦副逐渐进入干摩擦状态，涂层与对磨球直接接触导致涂层表面被破坏，磨损加剧。

如图 6.43 所示为五组涂层边界润滑试验后的磨损形貌。观察到纯 Cr_2O_3 涂层表面有明显剥落以及残留的黑色区域，为对磨球经过剥落坑时的残留碎片。添加 Al_2O_3 后的涂层表面可以观察到深色区域 Al_2O_3 的未熔颗粒，但剥落坑消失，因此添加 Al_2O_3 减少了涂层内部颗粒的脆性断裂与剥落。图6.43(b)、(c)、(e) 表面产生较多犁沟与划痕，这是由于摩擦状态转变后 Si_3N_4 硬质颗粒的切削作用。而当 Al_2O_3 质量分数为 20％ 时，涂层表面光滑平整，此时的摩擦行为起到了抛光效果，因此认为质量分数为 20％ 的 Al_2O_3 颗粒在润滑剂的作用下具有良好的支撑性。

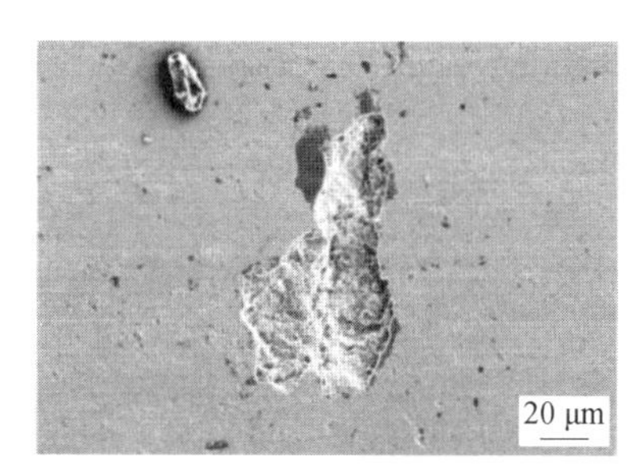

(a) Cr_2O_3

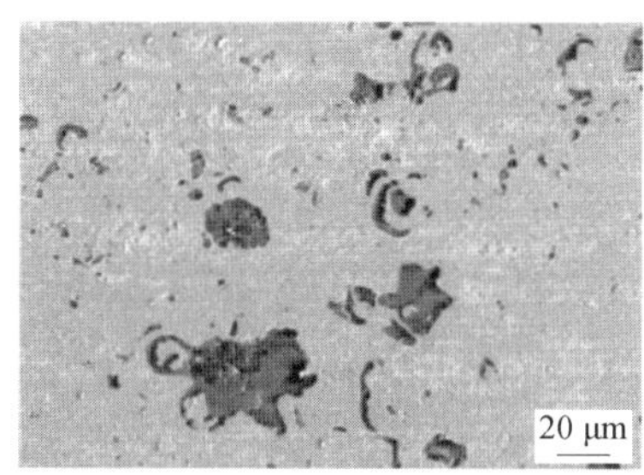

(b) CA5

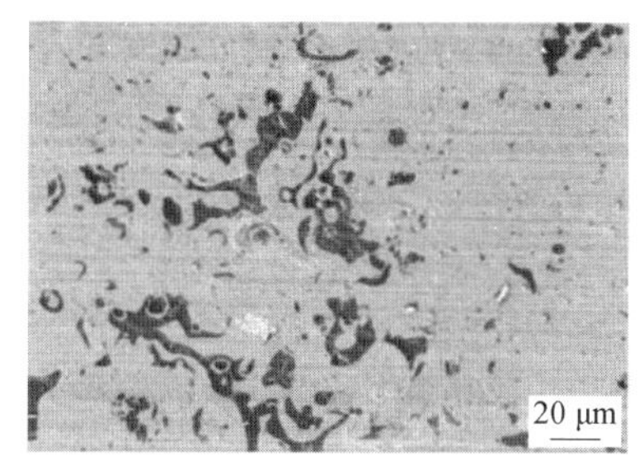

(c) CA10

图 6.43　Cr_2O_3 与 CAs 涂层边界润滑条件下的磨痕形貌

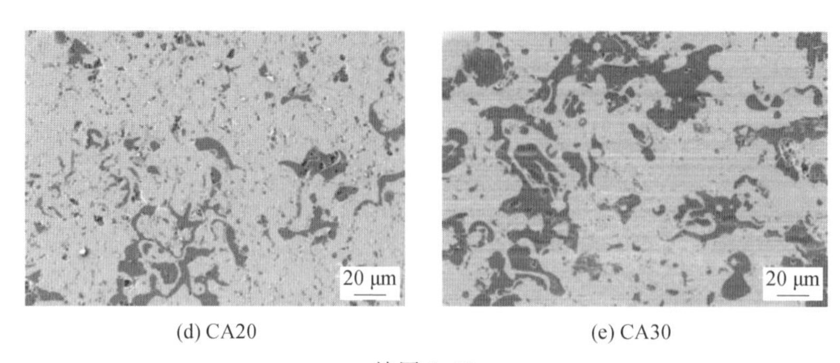

(d) CA20 (e) CA30

续图 6.43

对 CA20 涂层磨痕形貌进行放大并扫描元素分布，结果如图 6.44 所示。放

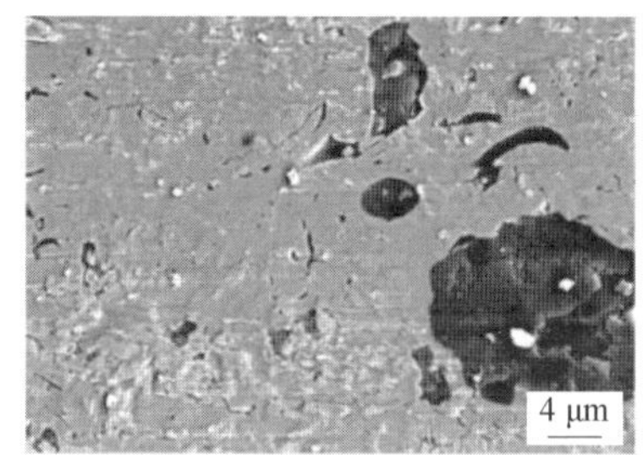

(a)

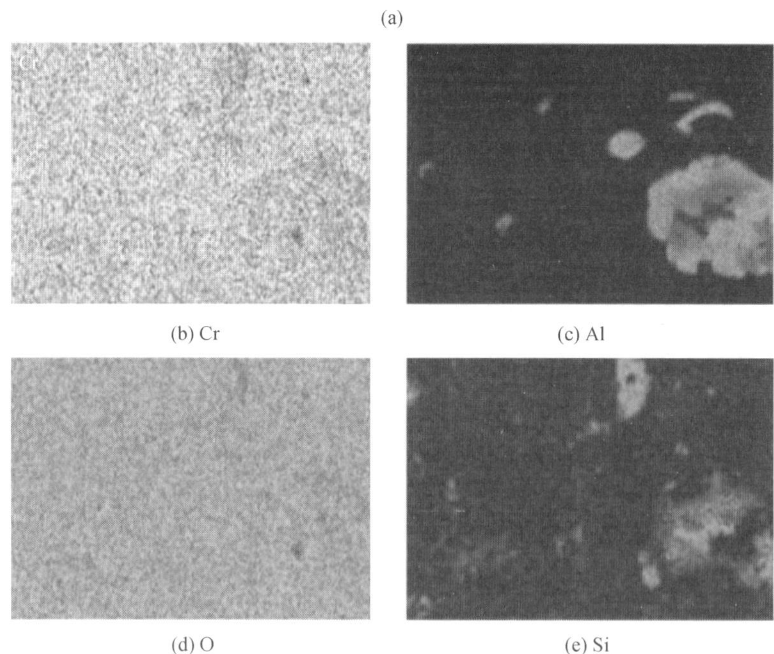
(b) Cr (c) Al
(d) O (e) Si

图 6.44 CA20 涂层高倍磨痕形貌与面扫描能谱图

大后的磨痕仅有少量磨屑，表面黑色区域除了涂层本身的 Al_2O_3 外，还检测到对偶件材料转移的Si，这是由于α－Al_2O_3 硬度较高，对磨球在经过 Al_2O_3 时受到反作用力造成材料损失，此时的磨损机制是以磨粒磨损为主的微抛光。

6.5　Cr_2O_3 － TiO_2 复合耐磨涂层制备、结构及性能

缸套内壁表面要求涂层同时具有耐磨耐蚀特性。纯 Cr_2O_3 陶瓷脆性大，颗粒熔融不充分易导致涂层冷却剥落，并带有诸多气孔。致密相 TiO_2 具有细化晶粒的作用，与 Cr_2O_3 复合可填充晶间间隙，提高复合涂层内部致密性。基于此，设计出 Cr_2O_3 －65 %TiO_2 涂层，该涂层除了韧性较高，致密的层状结构也是其优点。另外，TiO_2 在等离子喷涂过程中对喷涂参数较为敏感，本节采用不同 H_2 流量制备出 Cr_2O_3 －65%TiO_2 涂层，探究涂层性能与 H_2 流量之间的关系。

采用安徽盈锐优公司生产的商用 Cr_2O_3 －65%TiO_2 粉末，采用与上述复合涂层相同的基体预处理与喷涂工艺，在 H_2 流量为4 L/min、6 L/min、8 L/min条件下制备得到三组 Cr_2O_3 －65%TiO_2 复合涂层。

6.5.1　Cr_2O_3 － TiO_2 复合涂层微观形貌与相成分

H_2 流量4 L/min、6 L/min、8 L/min喷涂的 Cr_2O_3 － TiO_2 涂层的横截面扫描电镜图像如图6.45所示(下文简称CT65－4、CT65－6、CT65－8)。可以看出，三种 H_2 流量喷涂涂层的两种氧化物分布均匀，排列规律，按照层状堆叠结构平铺在基体表面。通过对三组涂层的能谱面扫发现深色区域富集Ti元素，同时含有少量的Cr与O元素；而浅色区域富集Cr元素与O元素，并未观察到Ti元素，说明喷涂过程中的 TiO_2 发生相变，与Ti及O元素共同形成某化合物。

此外，CT65－4对应的图6.45(a)截面形貌较为混乱，Cr_2O_3 与 TiO_2 的扁平度并不理想。随着 H_2 流量增加，熔融颗粒的扁平化愈发明显，扁平化粒子厚度减小。同时，三组涂层整体沉积厚度横向分布均匀，CT65－4涂层和CT65－6涂层的厚度为200～300 μm，而CT65－8涂层的厚度明显减小，为150～200 μm，这是喷涂结束涂层冷却过程中的迅速剥落导致。因此认为，H_2 流量的增加使得等离子焰流的温度提高，Cr_2O_3 与 TiO_2 颗粒加热熔融更充分，液滴扁平化效果更明显，期间 TiO_2 与 Cr_2O_3 形成固溶体。然而，温度更高的熔融液滴在冷却过程中的热应力与残余应力超出陶瓷层状结构的强度极限，极易萌生微裂纹导致断裂。

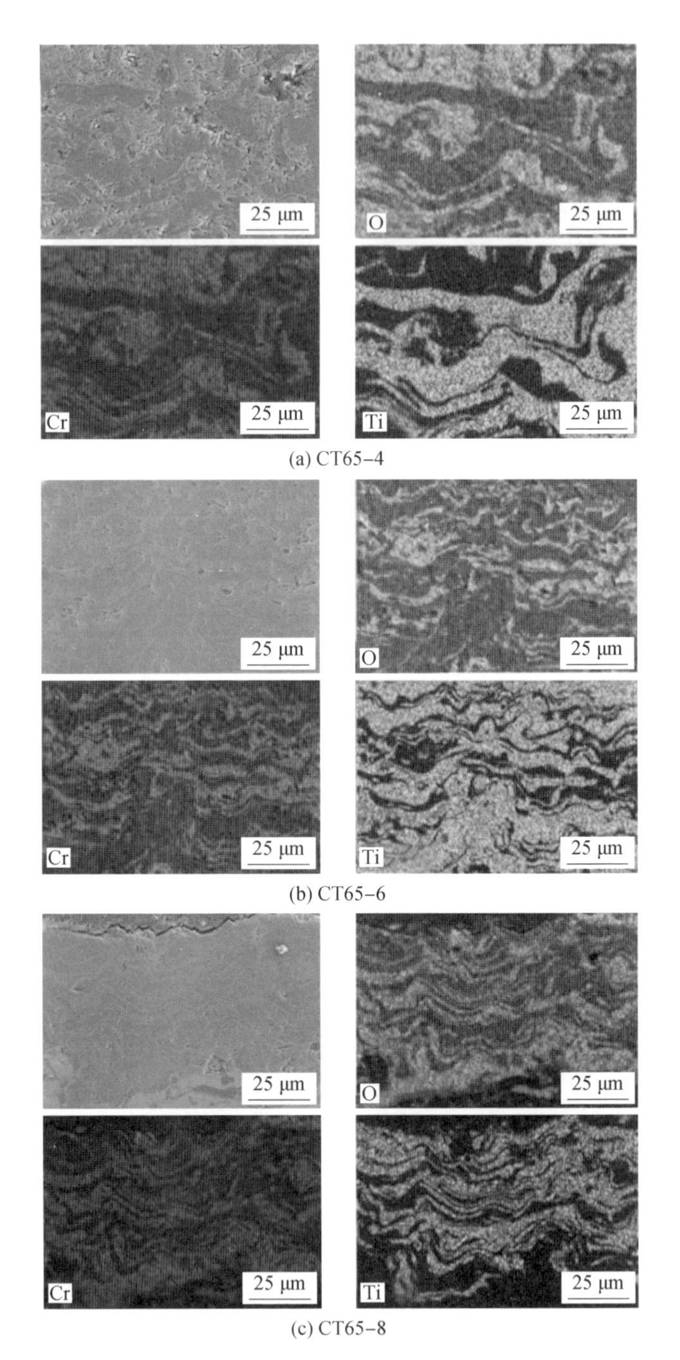

(a) CT65-4

(b) CT65-6

(c) CT65-8

图 6.45　不同 H_2 流量沉积 CT65 涂层截面形貌图

图 6.45(a) ~ (c) 的形貌图显示出不同的截面光滑度与孔隙程度，进一步测量三组涂层的截面孔隙率值，结果如图 6.46 所示。随着 H_2 流量增加，涂层孔隙率逐渐下降。相比于 CT65－4 涂层，CT65－6 涂层孔隙率下降了 19.3%，CT65－8 涂层更是下降了 46.3%，致密的内部结构有利于提高涂层在高负载工况下的耐磨性与使用寿命。

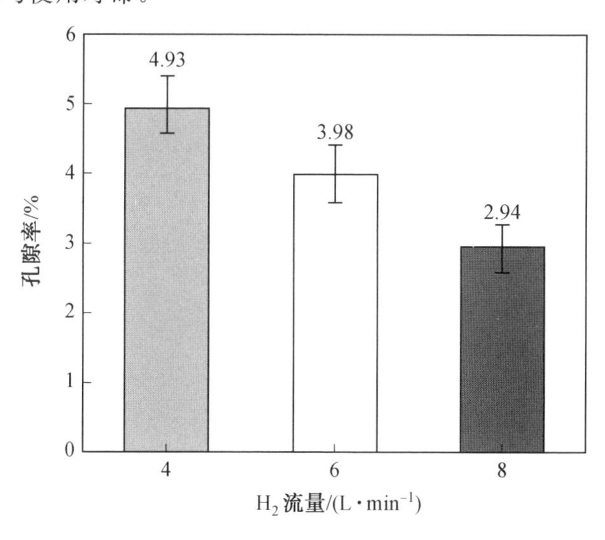

图 6.46　不同氢气流量沉积 CT65 涂层孔隙率对比

如图 6.47 所示为 CT65 涂层归一化后的相图。可以看出，随着 H_2 流量增加，首先是位于 27.5° 的金红石相峰强逐渐下降，这说明 TiO_2 在高温条件下发生转变，其次是角度 24.5°、33.6°、50.3°、54.8° 与 65.1° 的衍射峰强度明显增加，PDF 卡片检索得出该物相组成为 Cr、Ti、O 三元素的固溶体，由此发现提高 H_2 流量除了提高两种氧化颗粒的熔融程度，也导致 Ti 与 Cr 元素之间的置换愈发明显。

如图 6.48 所示为三种 H_2 流量沉积 CT65 涂层的显微硬度对比图。三组涂层的硬度值变化区间相近，印证了涂层内部扁平化粒子分布均匀，沉积效果良好。相比于 CT65－4 涂层，CT65－6 涂层的显微硬度大幅提升，增加了约 72.3%。CT65－8 涂层显微硬度的上升趋势有所减缓，仅提高了 8.3%，由此可见提高 H_2 流量可以一定程度提高涂层的显微硬度，但当 H_2 流量增至一定值后，CT65 涂层的显微硬度无法进一步提升。由于粉体中 TiO_2 弥散相比例大于 Cr_2O_3 陶瓷相，CT65 涂层的显微硬度相比于纯 Cr_2O_3 陶瓷涂层较低。此外，涂层中部分缺陷与孔隙也使测量到的硬度值偏低。

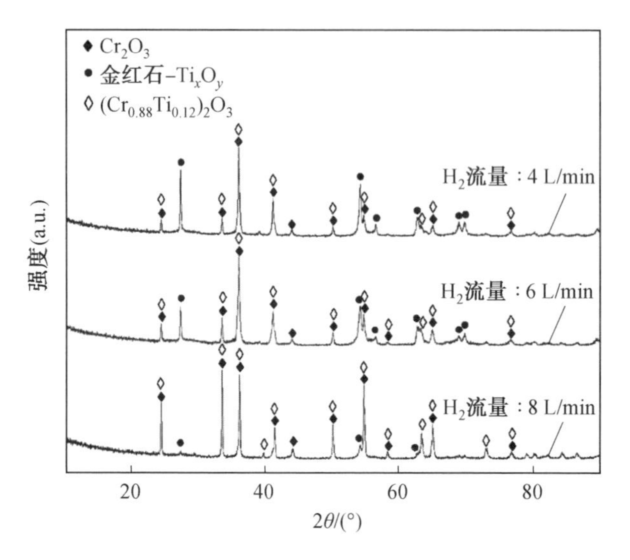

图 6.47　不同 H_2 流量沉积 CT65 涂层的 XRD 图谱

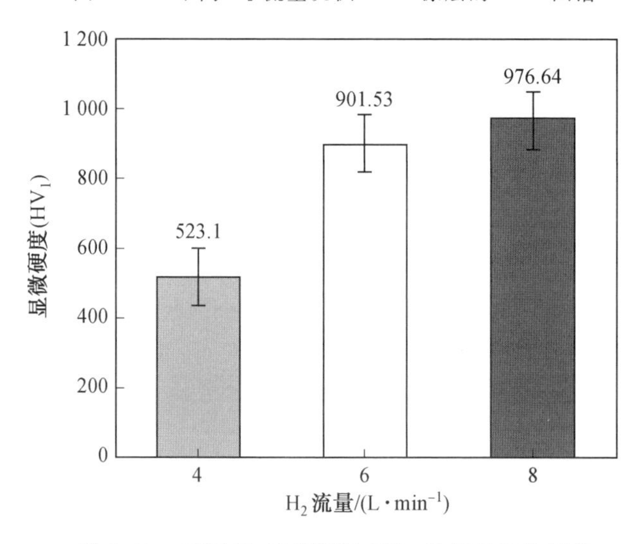

图 6.48　不同 H_2 流量沉积 CT65 涂层的显微硬度

6.5.2　$Cr_2O_3-TiO_2$ 复合涂层摩擦学性能

1. 干摩擦条件下 $Cr_2O_3-TiO_2$ 复合涂层的摩擦学性能测试及磨损机理

如图 6.49 所示为三种氢气流量沉积 CT65 涂层在干摩擦条件下的摩擦系数曲线。对磨球为 Si_3N_4，负载 40 N，时长 6 h，速度 40 mm/s。三条摩擦曲线均在

短时间内经历了摩擦系数快速上升阶段，约历时 2 500 s，随后摩擦系数进入稳定阶段。可以看出 CT65－6 和 CT65－8 涂层的摩擦系数曲线在前期波动相比 CT65－4 更小，在后期更是呈现规律性的跳跃波动，而 CT65－4 涂层的摩擦系数曲线在后期更为光滑。总体而言，CT65－6 和 CT65－8 涂层的平均摩擦系数值(0.31 与 0.32)略低于 CT65－4 涂层(0.36)，曲线呈规律性波动。

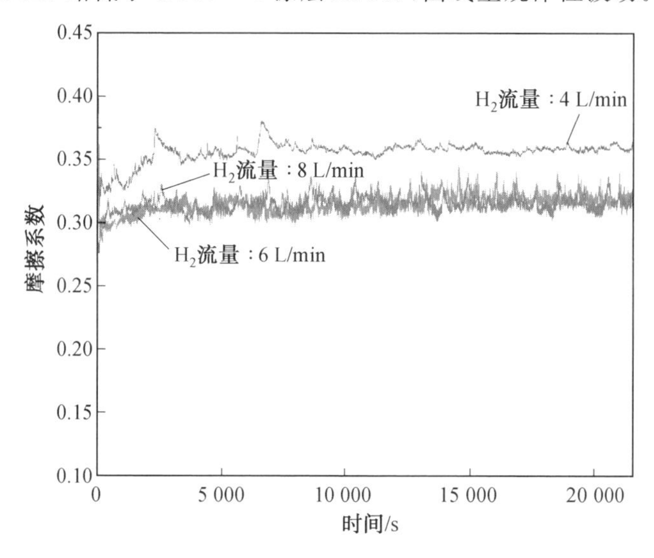

图 6.49　干摩擦条件下不同 H_2 流量沉积 CT65 涂层的摩擦系数曲线

摩擦副之间的碰撞碎裂是早期磨损加剧的主要原因，在较大负载状态下，初始磨损阶段时长被缩短，有利于干摩擦条件下摩擦副更早进入稳定阶段。但同时稳定阶段的波动更加剧烈，接触面的塑性形变在重载时随着两种氧化颗粒的分布而产生波动。

三组涂层在干摩擦条件下的磨损率对比如图 6.50 所示。不同氢气流量沉积涂层的磨损率变化明显，随着 H_2 流量增加，磨损率呈大幅下降趋势。相比于磨损率达到 10^{-7} 数量级的 CT65－4 涂层，CT65－6 涂层的磨损率下降了约 52.2%。虽然二者同属一个数量级，但 CT65－6 较 CT65－4 更低的磨损率也符合其平均摩擦系数略低于 CT65－4 涂层的规律。较于前二者，CT65－8 涂层展现出较高的耐磨性，磨损率达到 10^{-8} 数量级，相比于 CT65－4 和 CT65－6 分别降低了 81.8% 和 61.1%。

为了观察磨痕的整体形貌与磨损率的关系，采用三维轮廓仪扫描三组 CT65 涂层的 3D 磨痕形貌，如图 6.51 所示。可以看出图 6.51(a)显示出 CT65－4 涂层磨痕的纺锤形特征，这是由于中间部位相比两端经历了更多的负载与摩擦，磨痕

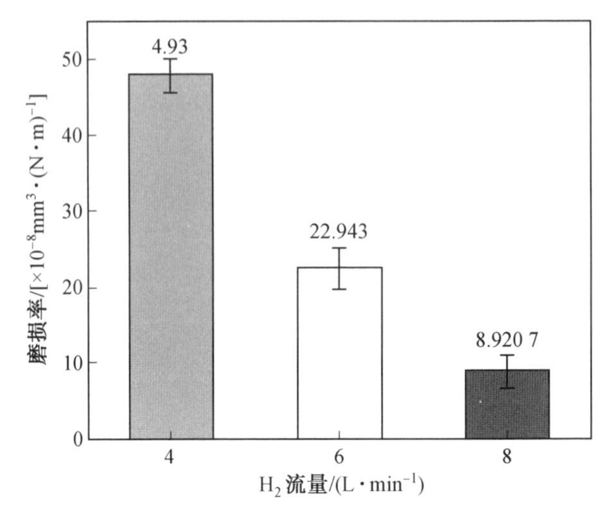

图 6.50　不同氢气流量沉积 CT65 涂层在干摩擦条件下的磨损率

表面也呈现凹凸不平的剥落坑。图 6.51(b) 的整体磨痕较为均匀，磨痕深度相对较浅，但同样出现了较为明显的大面积剥落。而图 6.51(c) 在深度方面并不具有优势，但磨痕的宽度以及摩擦深度的梯度变化明显较前二者较浅和平缓，表面也未发现明显的剥落与凹坑。此外，在三组涂层 3D 磨痕中都发现了笔直的犁沟，说明三组涂层在与 Si_3N_4 对偶件对磨过程中由于硬度相对较低受到了严重切削。

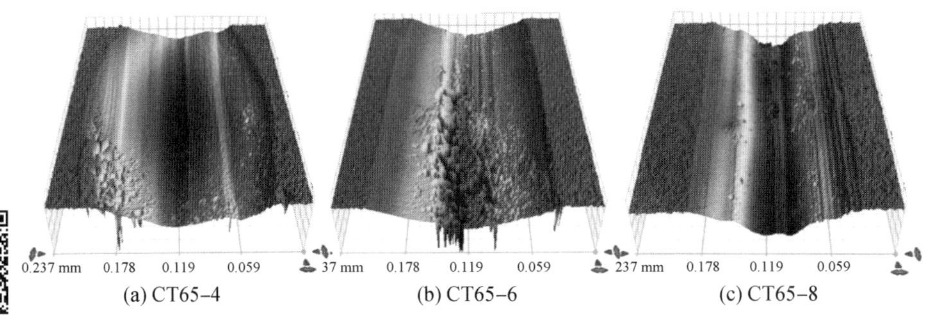

图 6.51　干摩擦条件下三组涂层的 3D 磨痕形貌

三组涂层干摩擦条件下的磨痕形貌如图 6.52 所示。图 6.52(a)、(c)、(e) 分别为 CT65－4、CT65－6、CT65－8 涂层在 250 倍下的形貌。CT65－4 表面产生较多的剥落坑，尺寸较大且裂纹明显，剥落边缘具有明显棱角，剥落多发生于 TiO_2 与 Cr_2O_3 结合界面处，因此二者之间的结合并不牢固，这符合 XRD 分析中较低氢气流量使 TiO_2 与 Cr_2O_3 未能生成足量固溶体的结果，从而导致结合应力薄弱。在剥落坑内部观察到细密的微裂纹，这说明 CT65－4 涂层在表面硬质相

产生剥落时微裂纹更容易向涂层内部扩散。

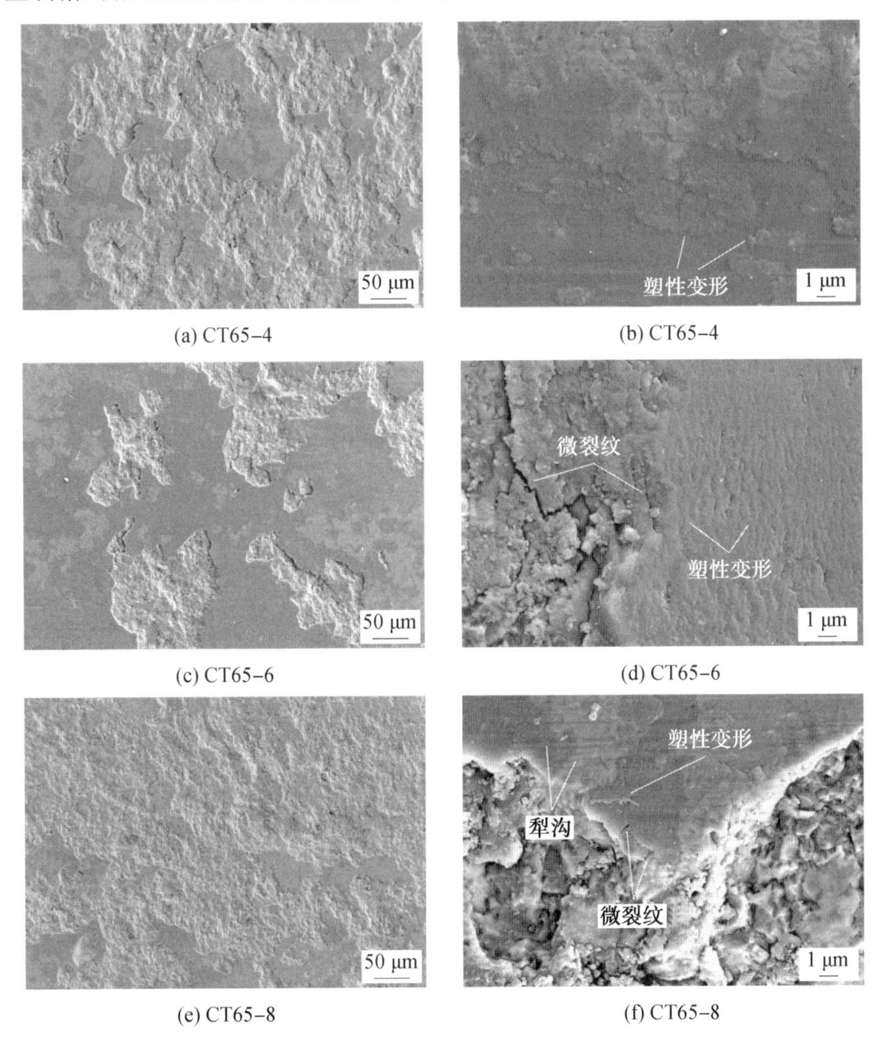

(a) CT65-4　(b) CT65-4

(c) CT65-6　(d) CT65-6

(e) CT65-8　(f) CT65-8

图 6.52　干摩擦条件下不同氢气流量沉积 CT65 涂层磨痕形貌扫描电镜图

CT65－6 涂层的剥落问题有所好转，相同倍率下未观察到剥落坑内部的微裂纹，而是在剥落坑边缘发现微裂纹的分布，大部分涂层表面保存完整且较为光滑，观察剥落边缘发现凹坑并非完全沿着 Cr_2O_3 与 TiO_2 界面分布，并且磨痕表面保留下来的大多为深色区域。相比之下，CT65－8 涂层的磨损形貌具有明显差异，磨痕表面剥落明显，但大多为细屑状且布满磨痕表面，观察发现剥落处与表面涂层的边界并不明显，而是模糊的过渡区域。

对三组涂层剥落坑附近位置形貌放大至 5 000 倍，图 6.52(b) 观察到了典型的黏着磨损特征，黏着磨损产生的层状物质覆盖在磨损表面起到了摩擦膜减少材料损失的作用，同时沿摩擦运动方向的犁沟也生成明显；图 6.52(d) 表面观察到与 CT65－4 涂层不同的黏着形貌，呈规则的水波状。CT65－8 除了剥落坑边缘的黏着水波纹外，还能观察到较为明显的犁沟，犁沟深浅与涂层的截面硬度值分布相对应；但微裂纹数量较少，即使是在剥落坑边缘处也未发现微裂纹发生明显的萌生与扩展。

当 H_2 流量达到 6 L/min 以上时，CT65－6 涂层的结构稳定性显著提高，孔隙率降低，这符合涂层干摩擦条件下磨损率较低的现象。但由于沉积粉体的主要成分为 TiO_2，氢气流量对涂层硬度的增加有限，因此在与硬度较高的对偶件对磨时磨粒磨损产生的切削不可避免，三组涂层的磨损形貌都能观察到明显的磨粒碎屑，这也是图 6.51 中三组图像都观察到明显犁沟的原因。

为了探究氢气流量的增加对磨损机制的影响，在 1 000 倍率下对 CT65－8 涂层的磨损形貌进行能谱分析，扫描结果如图 6.53 所示。首张电镜图像可以观察到明显的黏着与剥落，图像表面的 Cr、O 元素均匀分布，深色区域富集 Ti 元素但

(a) CT65-8

(b) Cr

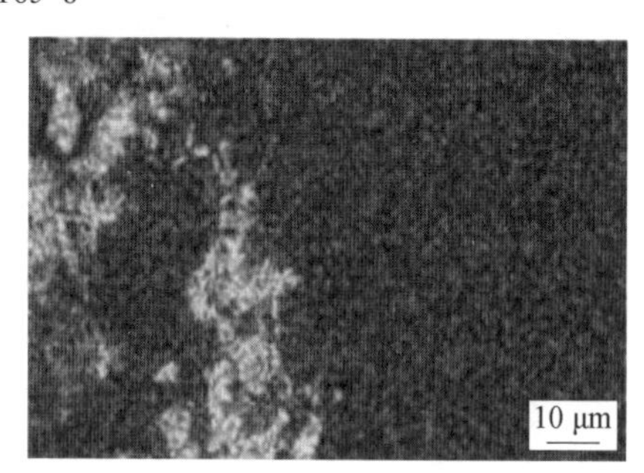

(c) Ti

图 6.53　干摩擦条件 8 L/min 氢气流量沉积 CT65－8 涂层的能谱图

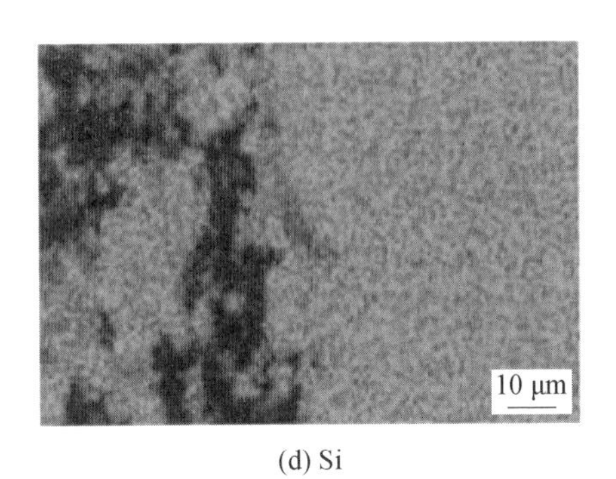

(d) Si

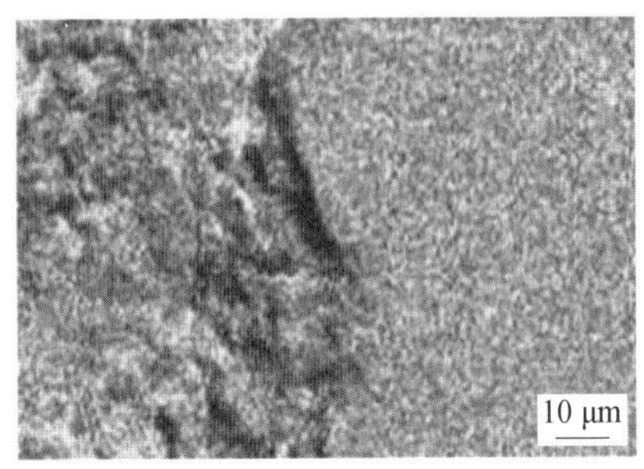

(e) O

续图 6.53

同时未剥落表面检测到大量 Si 元素，这些 Si 元素显然来自于 Si_3N_4 对磨球，摩擦磨损过程中发生了材料转移，即黏着磨损。剥落坑裸露区域主要为 Ti、Cr、O 元素，证明固溶体参与了摩擦过程并与对偶件直接接触。材料转移形成的摩擦膜在形貌图中主要为浅色区域，因此整个摩擦过程产生的黏着磨损对象还包括硬度较低的固溶体。

随着摩擦过程进入稳定阶段，硬度较高的颗粒被排出。氢气流量较低未能使 TiO_2 与 Cr_2O_3 置换足量的固溶相，因此二者间的结合强度较低，这也是萌生纵向微裂纹导致颗粒剥落的原因之一。此外，喷涂过程产生的孔隙与液滴扁平化过程产生的孔洞属于应力薄弱处，极易导致微裂纹的横向扩散。

2. 边界润滑条件下 $Cr_2O_3-TiO_2$ 复合涂层的摩擦学性能测试及磨损机理

如图 6.54 所示为不同 H_2 流量沉积 CT65 涂层在边界润滑条件下的摩擦系数曲线。10 h 摩擦时长内，三组涂层边界润滑曲线都完成了从油润滑到干摩擦的转变。摩擦初期三组涂层的初始摩擦系数接近，在 5 000 s 内经历了稳定的初始磨合阶段。随着磨合结束，各涂层均进入了不稳定的油润滑阶段，此时的摩擦系数曲线有所上升并产生明显波动，其中 CT65－8 涂层曲线的上升与波动最为明显，摩擦系数上升了约 0.05。此后，CT65－4 涂层最早在 10 000 s 左右开始从油润滑转变至干摩擦，该过程持续时长较长约为 8 000 s，变化过程摩擦系数曲线波动性较大；CT65－6 涂层在 25 000 s 左右开始转变。图中可以看出，尽管 CT65－6 涂层的转变时长较短，但在转变至干摩擦状态后短时间内并不稳定，摩擦系数曲线的异常降低仍然存在。相比之下，CT65－8 涂层在此过程表现良好，在 28 000 s 左右开始从油润滑进入干摩擦状态，转变后摩擦系数曲线依然平稳，且此时的平均摩擦系数约为 0.26，均低于 CT65－4 与 CT65－6 涂层的 0.35 和 0.32。

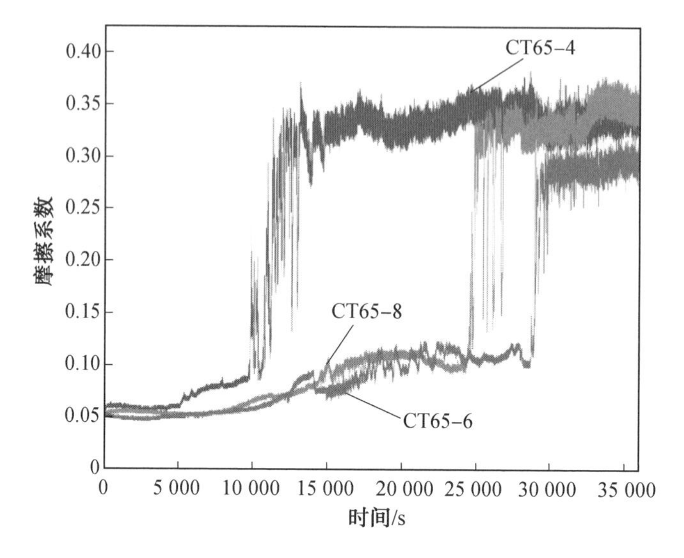

图 6.54　边界润滑条件下三组涂层的摩擦系数曲线

曲线变化过程经历了以下阶段：在摩擦初始阶段，机油开始均匀分布并在对偶件之间起到油润滑作用，此时摩擦稳定进行且阻力较小。随着时间增加，油膜产生破裂导致摩擦系数波动，但对偶件与涂层表面并不完全接触，化学形成的摩擦膜以及边界膜同样起到了降低磨损的作用；随着磨损加剧，边界膜破损严重，此时的润滑效果不足以分隔配副接触面从而导致边界润滑向干摩擦的转变，摩擦系数曲线伴随振荡陡然上升。

如图 6.55 所示为三组涂层边界润滑磨痕的 3D 磨痕形貌。由图 6.55(a) 可以看到 CT65－4 涂层的磨痕深度与宽度较大，磨痕内部观察到明显的犁沟与凹坑。图 6.55(b) 在磨痕深度与宽度方面较前者明显较小，不同的是磨痕两边堆砌着摩擦过程排出的部分磨屑，内部的凹坑与犁沟也逐渐减少。边界润滑时长最长的CT65－8涂层在图 6.55(c) 磨痕两边中展现出更多的磨屑堆积，由于较晚进入干摩擦阶段，涂层的磨痕深度更浅，边界润滑性能也更好。此外，CT65－6 与 CT65－8 涂层两边堆砌的磨屑在三维轮廓扫描下光滑连续，磨屑尺寸较小且均由细小颗粒聚集而成，说明颗粒细化效果显著。

为了探究不同氢气流量沉积的 CT65 涂层边界润滑条件下的磨损机制，采集了三组涂层磨痕形貌 250 倍率的扫描电镜图，结果如图 6.56 所示。由于边界润滑时长较长，图 6.56(a) 具有明显的疲劳剥落特征，未完全脱落的碎片黏附在涂层表面，边缘翘起且裂纹沿着深浅区域的边缘扩散，表面磨损破坏严重；该现象同样出现在图 6.56(b) 中，整体磨损形貌表面的剥落主要为深色区域，相比于

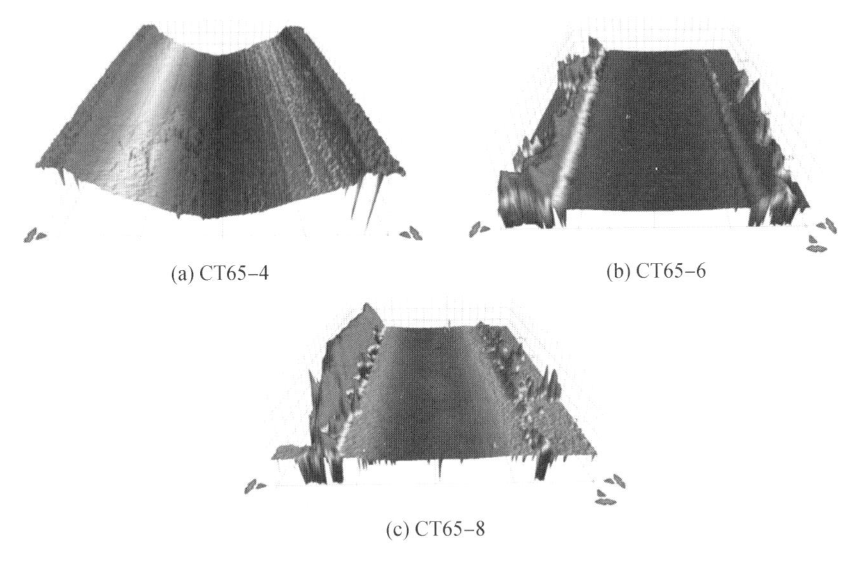

(a) CT65-4　　(b) CT65-6

(c) CT65-8

图 6.55　边界润滑条件下三组涂层的 3D 磨痕形貌

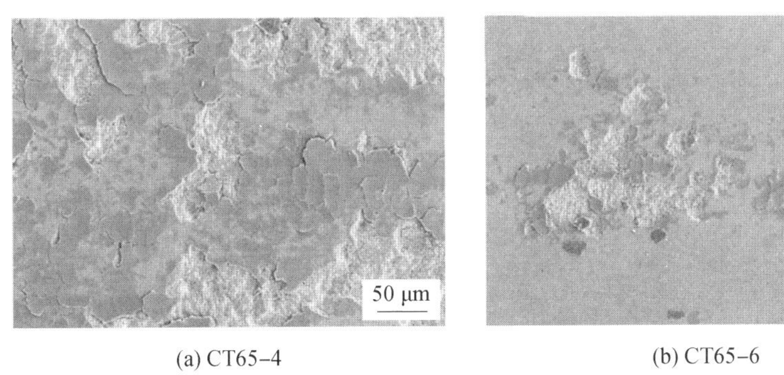

(a) CT65-4　　(b) CT65-6

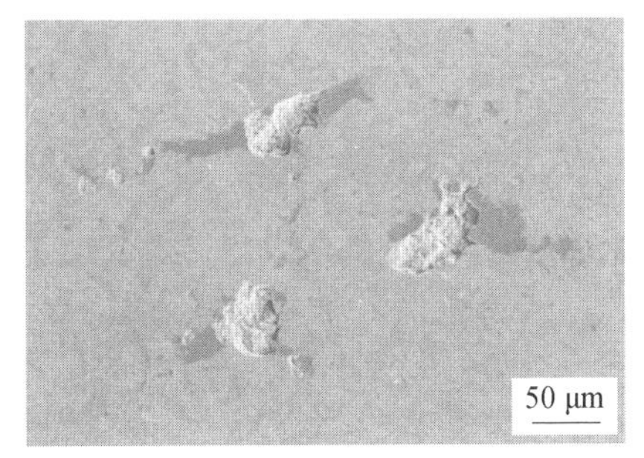

(c) CT65-8

图 6.56　边界润滑条件下三组涂层低倍磨痕形貌扫描电镜图

CT65－4，涂层的表面完整性有所改善，耐磨性得到提升。由此可见剥落常发生于形貌表面深色区域，且该区域的面积与氢气流量有关。图 6.56(c) 显示的CT65－8 涂层具有更少的深色区域和剥落坑，表面平整光滑，边界润滑耐磨性最佳。

对三组涂层表面形貌放大后的剥落坑附近进行能谱扫描，探究边界润滑耐磨性与摩擦膜的关系，结果如图 6.57 所示。分别选取了 CT65－4 涂层剥落表面、CT65－6 涂层剥落坑内磨屑以及 CT65－8 涂层磨痕表面位置。

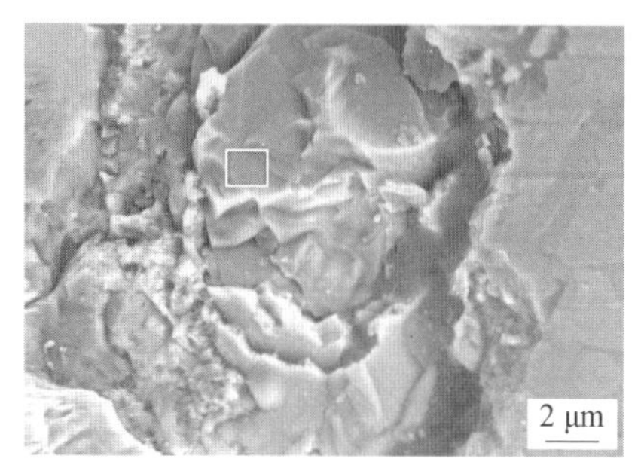

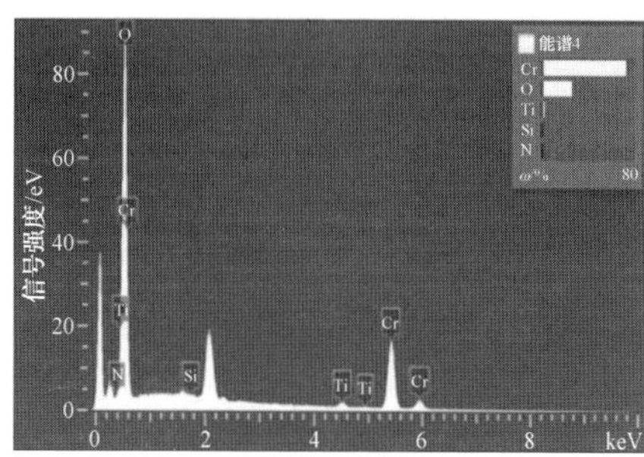

(a) CT65-4

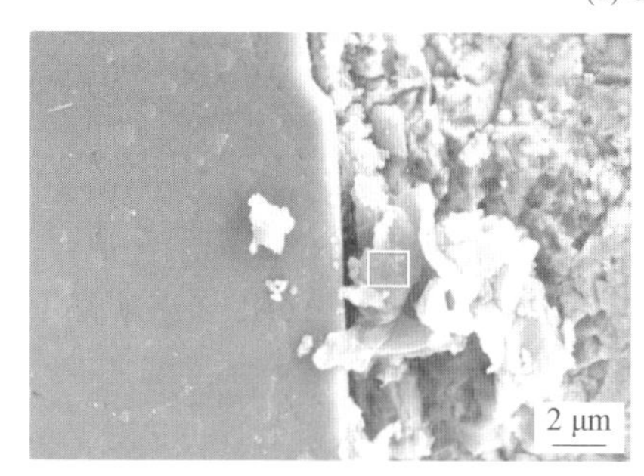

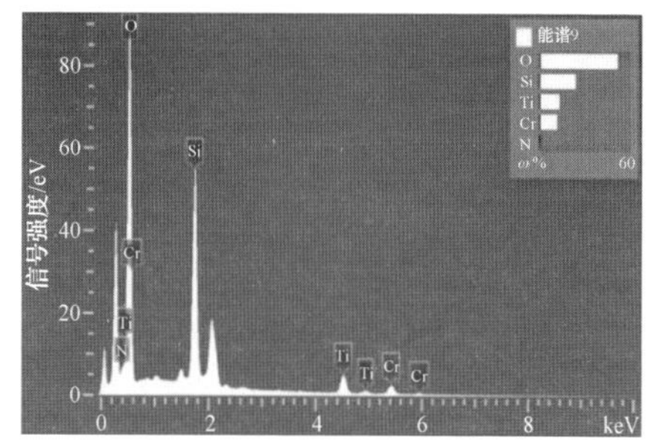

(b) CT65-6

图6.57(a) 的能谱分析表明剥落表面裸露出的内部物质为Cr_2O_3，并非TiO_2或固溶体，剥落面棱角明显属于硬质陶瓷相的脆性断裂，并且坑内磨屑数量较少，机油是边界润滑过程摩擦膜的主要成分。随着油膜被破坏，此时的磨损机制主要为陶瓷相的脆性断裂和长时间疲劳损伤引起的断裂。图 6.57(b) 显示的涂层剥落坑边缘观察到明显细小颗粒，能谱分析发现磨屑主要为 Si 的材料转移以及涂层固溶相组成的 Cr、Ti、O 混合物。因此边界润滑过程中除了机油的参与外，转移膜和固溶体也组成了摩擦膜，在此过程中产生的磨屑不断被细化排出至两侧。此时的磨损机制主要为颗粒的微切削和固溶相的疲劳磨损。图 6.57(c) 由于更高氢气流量生成更多的固溶相，磨损形貌表面覆盖了不完整的物质膜，能谱扫描结果为 Si 的转移以及固溶体。与图 6.57(b) 不同，转移 Si、固溶体与机油

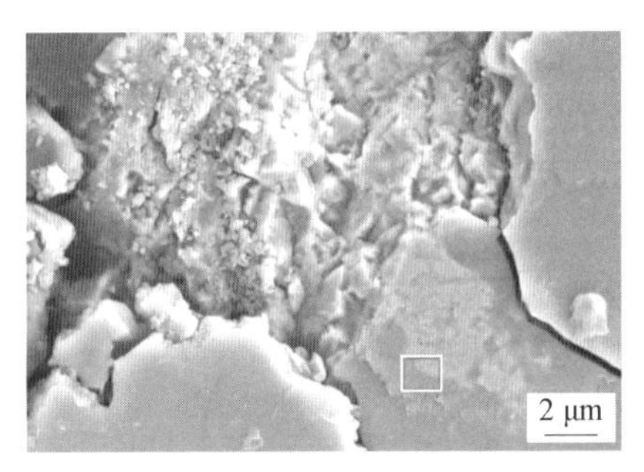

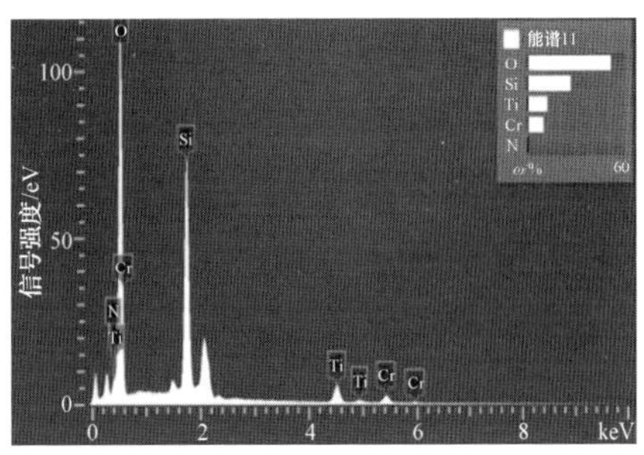

(c) CT65-8

图 6.57　边界润滑条件下三组涂层高倍磨痕形貌扫描电镜与点扫能谱图

共同组成了固液混合物分隔了涂层与对磨球，黏性较大且稳定附着在涂层表面，无法以颗粒形式被排出，随着配副间的相互运动涂覆在磨痕表面。随着摩擦时间增加，机油不断被消耗导致固液混合物无法维持完整形态，摩擦状态随之转变为干摩擦，此时的磨损机制主要为残留摩擦膜作用的黏着磨损和不断产生磨屑的微切削。

6.6　$Cr_2O_3-Y_2O_3$ 复合耐磨涂层制备、结构及性能

Y_2O_3 具有热膨胀系数高、耐蚀等优点，十分适合与耐磨材料结合用于制备缸套内壁的高温耐磨涂层，并有效降低铝合金缸套与陶瓷涂层之间的热膨胀差异。本节采用与上述两节相同的表面预处理、制粉及喷涂工艺，制备得到添加质量分数为 5%、10%、20%、30%、50% Y_2O_3 的 $Y_2O_3-Cr_2O_3$ 复合陶瓷涂层（下文简称 CY5、CY10、CY20、CY30、CY50），以研究 Y_2O_3 含量对复合涂层结构及磨损性能的影响。

6.6.1　$Cr_2O_3-Y_2O_3$ 复合涂层微观形貌、相成分及显微硬度

如图 6.58 所示为 CY5、CY10、CY20、CY30、CY50 五组复合涂层截面扫描电镜形貌图，可以看出：在等离子高温下，Cr_2O_3 与 Y_2O_3 粉末充分熔化，涂层截面呈规则波浪层状结构，熔融颗粒扁平化良好。同时，随着 Y_2O_3 含量增加，颗粒分布更为均匀，Cr_2O_3 与 Y_2O_3 熔滴交错高速撞击在基体表面，扁平化粒子的截面尺寸相差无几。

涂层与基体结合良好，结合面附近未观察到明显裂纹与孔洞，界限明显，说

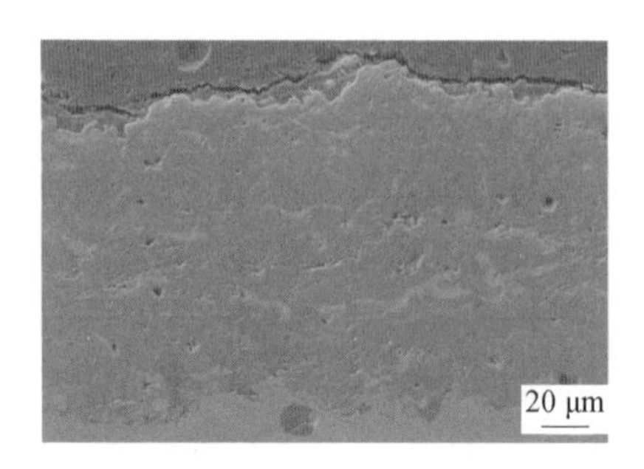

(a) CY5

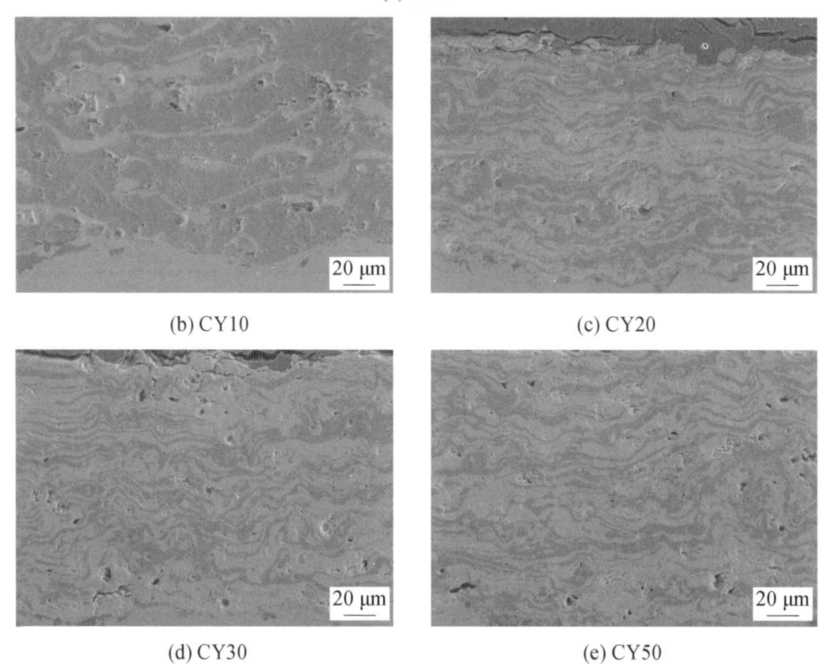

(b) CY10　(c) CY20

(d) CY30　(e) CY50

图 6.58　五组 $Cr_2O_3-Y_2O_3$ 复合涂层截面扫描电镜形貌图

明添加 Y_2O_3 后的 Cr_2O_3 陶瓷涂层可在不使用金属黏结相的基础上获得与基体间的良好结合，厚度范围均在 150 ～ 200 μm 之间，且相对均匀。

此外，从图 6.58 中不难看出：CY5 涂层白色区域较少，只有较少颗粒呈典型的条状分布，这与 Y_2O_3、Cr_2O_3 之间的粉末密度有关。随着 Y_2O_3 含量增加，涂层中的浅色区域逐渐增加，大多呈带状或条状，也有部分呈块状或漩涡状。当 Y_2O_3 质量分数达到 10% 以上，在涂层截面中段位置可以观察到未熔颗粒，尺寸相较原始粉末小，数量随着 Y_2O_3 含量增加。

将五组复合涂层局部放大后对其进行面扫描能谱分析，结果如图 6.59 所示。

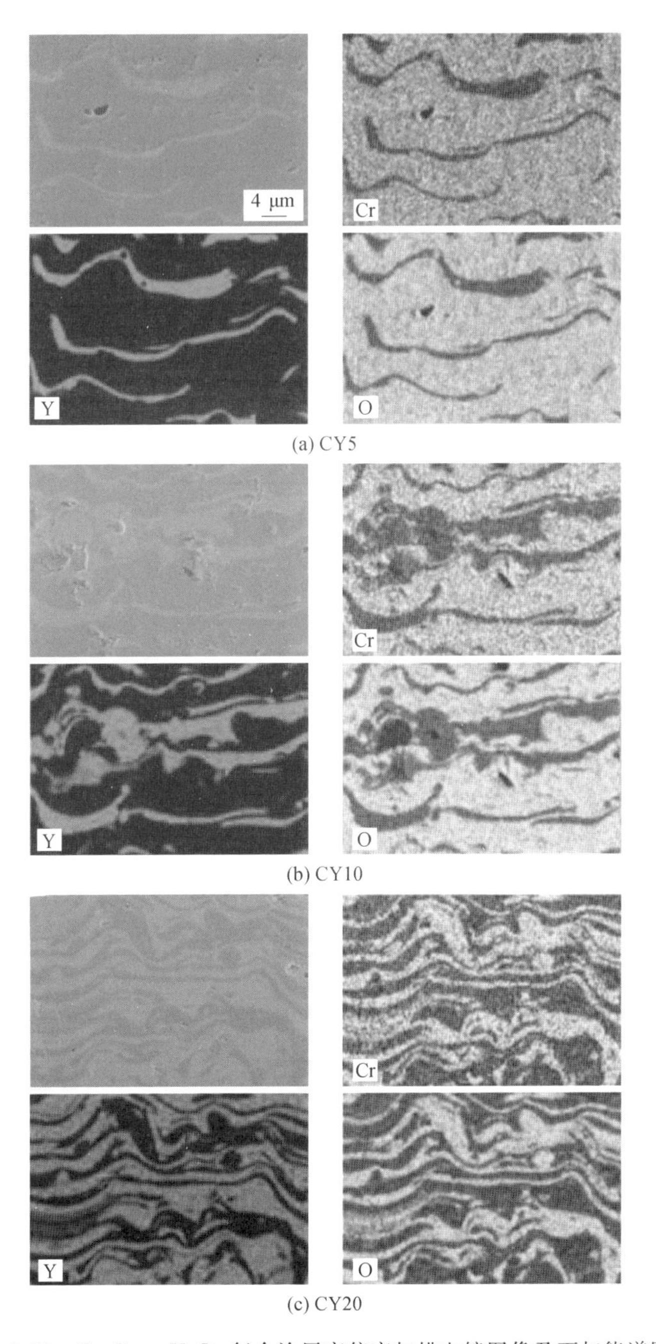

图 6.59　$Cr_2O_3-Y_2O_3$ 复合涂层高倍率扫描电镜图像及面扫能谱图

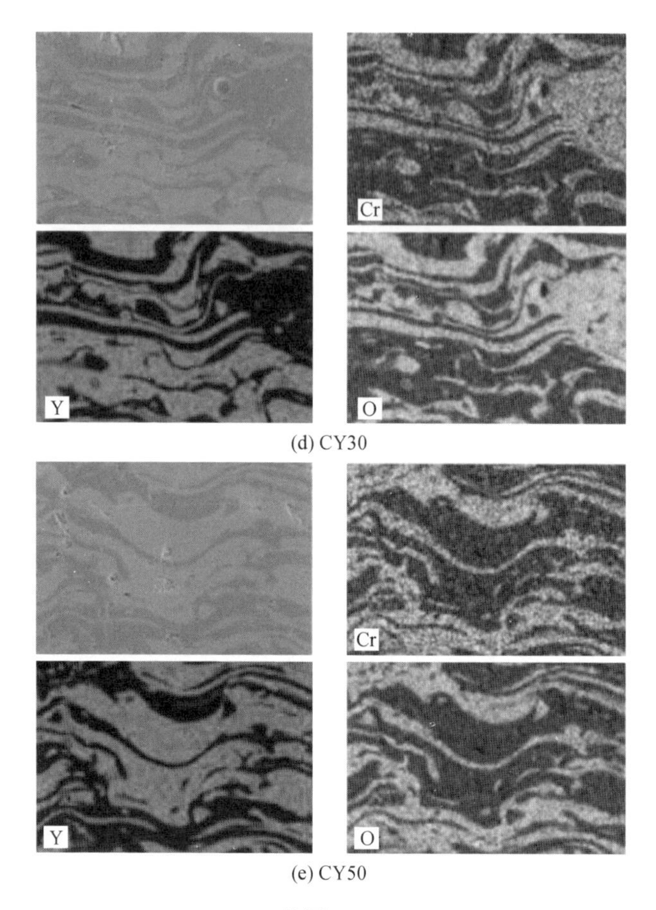

(d) CY30

(e) CY50

续图 6.59

可以清楚看到:截面图像中的深色区域为 Cr、O 元素,浅色区域为 Y 元素并伴随少量Cr和O元素。两种陶瓷颗粒界限分明,结合紧密,层层堆叠构建成稳定的典型陶瓷复合涂层。同时,颗粒间的界面并未检测到新化合物的生成,颜色区分明显,因此两种陶瓷颗粒间的结合方式为机械结合。Y_2O_3 含量的增加导致未熔颗粒团聚效应突出,尤其是未熔 Y_2O_3 的液滴尺寸明显增大,相比于CY5涂层,后四组复合涂层扫描结果中浅色 Y_2O_3 的横向与纵向尺寸均显著增大,弥散分布完整,整个喷涂过程较为成功,涂层结构良好。

相较于金属或金属陶瓷涂层,陶瓷涂层的孔隙率高,首要因素是陶瓷材料的熔点更高,未熔颗粒数量的增加必然导致固液相之间的气孔无法全部被排出,随后在镶嵌抛光过程中未熔或半熔颗粒脱出产生较大孔洞;其次是陶瓷颗粒脆性较大,尤其是冷却过程产生的残余应力无法及时传递,聚集在薄弱处易导致裂

纹。传统金属或合金的孔隙率为 4％～8％，五组 $Cr_2O_3-Y_2O_3$ 陶瓷复合涂层的孔隙率对比结果如图 6.60 所示，结果显示 CY10 涂层的孔隙值最低仅为 5.41％，相较 CY50 涂层减少约 76.6％。

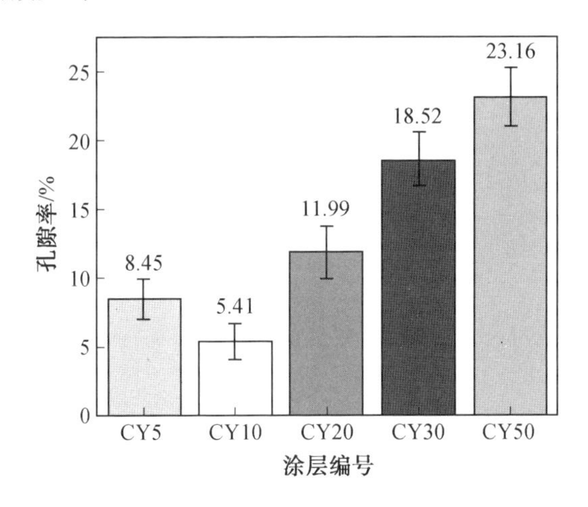

图 6.60　$Cr_2O_3-Y_2O_3$ 涂层孔隙率对比图

随着 Y_2O_3 的质量分数增加(达到 30％ 时)，涂层与基体界面处的孔洞增多，该类孔洞属于“盲孔”，即处于涂层内部未暴露于表面，不与涂层以及基体相连的孔洞。孔洞的类型与数量不仅影响涂层的纵向承载能力，其分布位置也对摩擦过程造成潜在威胁。孔洞大多分布在未熔颗粒周边以及 Cr_2O_3、Y_2O_3 过渡区域，导致涂层在高负载条件下两种材料之间易产生微裂纹的萌生与颗粒剥落。

本节制备的复合涂层采用 Ar 和 H_2 作为发生气，等离子喷涂过程中 Y_2O_3 粉体可能与 H_2 产生还原反应，使 Y_2O_3 处于缺氧状态，形成氧空位。如图 6.61 所示为 $Cr_2O_3-Y_2O_3$ 复合陶瓷涂层归一化后的 XRD 图谱，涂层由衍射角为 24.6°、33.7°、36.2°、41.5° 的绿铬矿相，和衍射角为 20.6°、29.2°、54.9° 的 Y_2O_3 陶瓷相组成，无其他新相生成，这印证了两种陶瓷颗粒间的机械结合方式。Cr_2O_3 与 Y_2O_3 之间具有化学稳定性，晶间间隙差异明显，因此无法发生晶粒置换反应。

观察复合涂层 XRD 图谱各曲线趋势发现：Y_2O_3 主峰随着含量增加峰强逐渐增强，Cr_2O_3 随之减弱，图谱的衍射主峰也逐渐从 Cr_2O_3 相转变为 Y_2O_3 相。在复合陶瓷涂层中，Y_2O_3 相不仅具有良好的弥散效果，也能在高温下提供良好的耐磨与耐蚀性能。

为了探究两种陶瓷颗粒在机械性能方面的差异，对抛光后的五组涂层截面进行维氏显微硬度测试，五行点阵选取的纵向跨度为整个涂层厚度，随后去除首末点并绘制图像，结果如图 6.62 所示。通过对比纯 Cr_2O_3 涂层的截面显微硬度

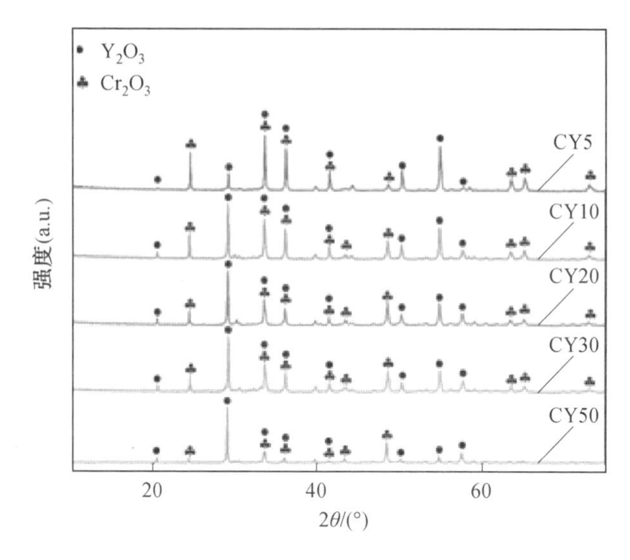

图 6.61　$Cr_2O_3-Y_2O_3$ 涂层归一化后的 XRD 图谱

发现，添加 Y_2O_3 后的 Cr_2O_3 复合陶瓷涂层硬度出现阶段性降低，其中 CY5 和 CY10 涂层的显微硬度差异性不明显，当 Y_2O_3 质量分数达 20% 时，硬度下降至另一阶段并与 CY30 持平，而 CY50 涂层的硬度值仅为 543.9HV_1，仅为 CY10 涂层的 49.7%。

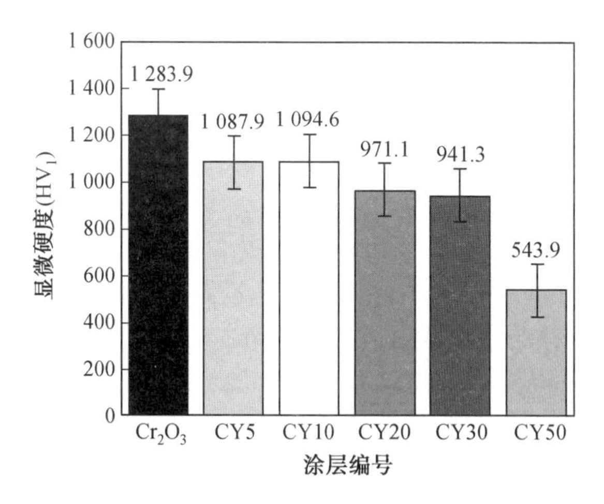

图 6.62　纯 Cr_2O_3 涂层与 $Cr_2O_3-Y_2O_3$ 涂层的维氏显微硬度对比

Y_2O_3 的弥散效果在浓度较低时对涂层硬度影响不大，此时硬度测量的主要区域依旧是硬度较高的 Cr_2O_3，Y_2O_3 在涂层中的层状分布尺寸较小；而当 Y_2O_3

含量增加，涂层截面中的浅色 Y_2O_3 团聚明显，在压头保荷时占据更多面积，从而影响了涂层硬度。Y_2O_3 与 Cr_2O_3 存在化学惰性，作为添加剂可有效缓解 Cr_2O_3 脆性断裂与高温易疲劳的缺陷，提升 Cr_2O_3 涂层高温高压条件下的摩擦学性能。

6.6.2　$Cr_2O_3-Y_2O_3$ 复合涂层摩擦学性能

选用 Si_3N_4 为对磨试样，在UMT－2摩擦磨损试验机上分别开展干摩擦和边界润滑条件下的摩擦磨损试验，具体参数同6.4～6.5节所述摩擦试验一致。采集试验过程中产生的摩擦系数信号，并使用BURKER Contour GT－K三维轮廓仪扫描试验结束后的涂层表面形貌并计算得到磨损率。

1. 干摩擦条件下 $Cr_2O_3-Y_2O_3$ 复合涂层的摩擦学性能测试及磨损机理

如图6.63所示为纯 Cr_2O_3 涂层与CY复合涂层干摩擦条件下的摩擦系数曲线。所有涂层的摩擦系数曲线都经历了初期快速增长的阶段，这是由于较软的涂层表面与 Si_3N_4 接触时接触面较小，涂层表面受到破坏使对磨球接触到涂层内部。随着摩擦过程的持续进行，实际接触面积逐渐增大从而导致摩擦系数增加。所有涂层摩擦系数曲线在2 500～5 000 s进入稳定状态，摩擦系数值保持在0.29～0.40之间，其中CY10涂层的摩擦系数较其余涂层较低，CY50涂层摩擦系数最高。

进一步分析各组试验得到的摩擦系数曲线可以看出，Y_2O_3 质量分数为5%和10%时的复合涂层摩擦系数在稳定后更低。CY10摩擦系数曲线光滑且波动稳定，而CY5涂层磨损后期摩擦系数曲线呈现出与纯 Cr_2O_3 涂层类似的剧烈波动，摩擦界面可能会出现不稳定现象，碎片无法排出、表面缺陷等。这些不稳定因素可能会引起摩擦力的瞬时变化，此外，摩擦界面的几何形貌对摩擦系数的大小和稳定性有着很大的影响，尤其是表面产生切削或剥落时摩擦系数曲线可能会出现规律性波动。总体来说，虽然添加 Y_2O_3 后的五组涂层的摩擦系数曲线变化较大，但仅有 Y_2O_3 质量分数为5%和10%时涂层的摩擦系数率低于纯 Cr_2O_3 涂层，能够达到降低摩擦系数和磨损量的效果。

使用三维轮廓仪对六组涂层干摩擦条件下的磨损率进行测定，结果如图6.64所示。Y_2O_3 的添加对涂层干摩擦条件下的磨损率影响较大，其中CY10涂层磨损率最低，相较纯 Cr_2O_3 涂层降低了81.8%，这是由于 Y_2O_3 具有较好的耐侵蚀性能，在不影响涂层整体硬度的情况下起到减摩耐磨的效果，同时降低单相陶瓷脆性大易断裂的风险。随着 Y_2O_3 含量增加，磨损率产生较大变化，尤其是质量分数10%与20%之间的过渡，磨损率剧烈上升七倍，而CY50涂层的磨损率

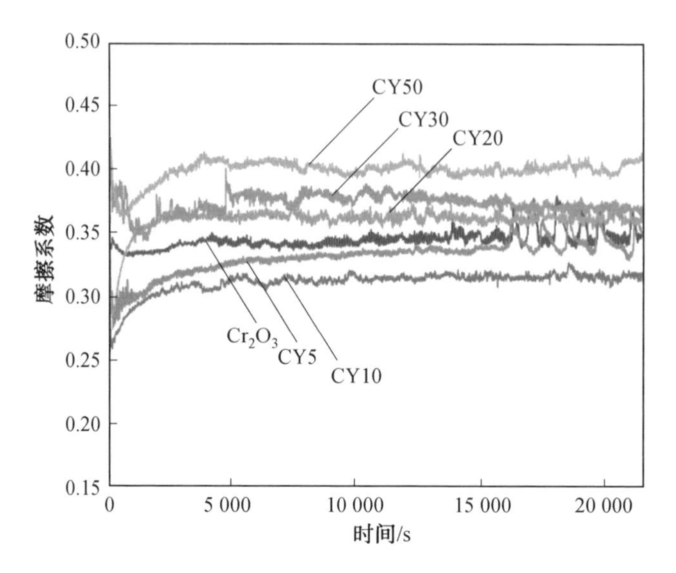

图 6.63　纯 Cr_2O_3 涂层与 $Cr_2O_3-Y_2O_3$ 涂层干摩擦条件下的摩擦系数曲线

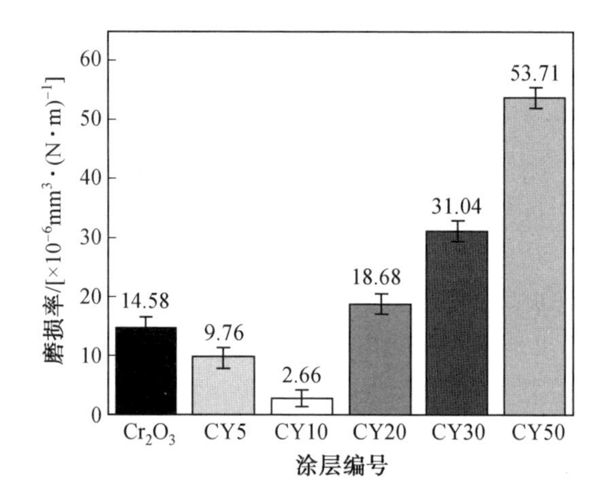

图 6.64　纯 Cr_2O_3 涂层与 $Cr_2O_3-Y_2O_3$ 涂层干摩擦条件下的磨损率对比

相较 CY10 涂层提高了 120%。此时 Y_2O_3 的弥散趋于饱和，持续添加对涂层的机械性能影响较大，相比于单相陶瓷易于断裂的特点，沉积后的 Cr_2O_3 与 Y_2O_3 之间的机械结合强度高于其本身，摩擦过程产生的磨屑与剥落颗粒较大，从而导致磨损率高于纯 Cr_2O_3 涂层。

干摩擦条件下涂层磨损率的明显变化主要与硬度有关，少量 Y_2O_3 对涂层硬度影响不大，此时涂层抵抗切削能力较强，材料损失较少；但含量过高时，硬度较软的 Y_2O_3 弥散在涂层中极大影响了整体硬度，这导致涂层在与高硬配副对磨时

受到更多硬质颗粒的切削，从而导致磨损率急剧上升。

为了探究添加 Y_2O_3 后的 Cr_2O_3 涂层磨损率与磨损机制间的关系，对五组涂层的磨痕形貌截面进行三维扫描并绘制出磨痕深度曲线，如图 6.65 所示。从图中可以看出，经过 6 h 干摩擦过程，CY5、CY10 涂层的磨痕深度较浅，表面可以观察到细微的锯齿状结构，而其余三组涂层的磨痕深度曲线呈现出明显的凹坑与犁沟，这是硬度较低受到高硬配副颗粒切削所导致。

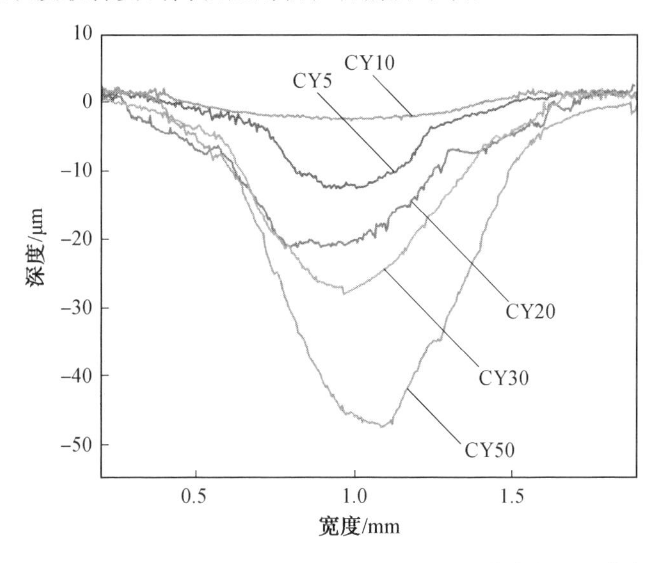

图 6.65　纯 Cr_2O_3 涂层与 $Cr_2O_3-Y_2O_3$ 涂层干摩擦条件下的磨痕深度曲线

如图 6.66 所示为扫描电镜拍摄五组涂层的磨痕形貌。可以看出：除 CY10 外，五组涂层表面主要分为深色、灰色、浅色三部分区域，通过截面形貌分析得知灰色区域为 Cr_2O_3，浅色为 Y_2O_3，深色区域面积与涂层剥落程度有关。图 6.66(a) 所示 CY5 涂层的表面观察到部分剥落，剥落坑呈现出深色而非喷涂态的灰色或浅色，磨痕表面还观察到磨粒磨损产生的犁沟及部分残留于表面的细微磨屑。相比之下 CY10 涂层(图 6.66(b))的表面剥落较少，并且未发现如其余四组涂层一样的深色物质，涂层表面光滑平整，尺寸较小的磨屑与犁沟是涂层干摩擦条件下的主要结果/产物。当 Y_2O_3 含量继续升高，图 6.66(c)～(e) 对应涂层表面的磨痕形貌破坏严重，剥落坑内部也并非如 CY5 涂层一样的黑色，而是裸露出涂层内部层状结构，黑色物质不均匀涂覆在涂层表面，剥落也随着 Y_2O_3 含量的增加持续加重。

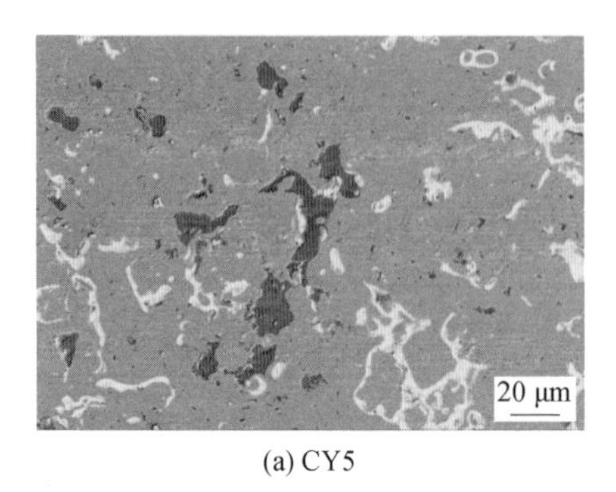

(a) CY5

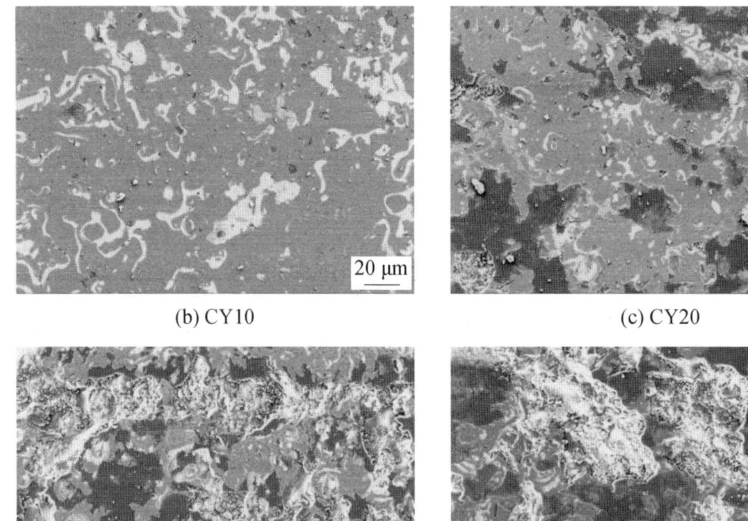

(b) CY10　　(c) CY20

(d) CY30　　(e) CY50

图 6.66　干摩擦条件下 CY 涂层磨痕形貌

为探究涂层干摩擦条件下的磨损机理，使用能谱扫描获得了五组涂层高倍状态下的 EDS 图像，结果如图 6.67 所示。首先五组涂层中的 Cr、O、Y 元素分布均匀，涂层本身未观察到明显裂纹，说明涂层沉积效果良好，颗粒间结合牢固；其次能谱结果发现深色物质主要为对偶件 Si_3N_4 的材料转移。图 6.67(a) 中的转移 Si 主要分布在剥落坑内部，说明此时摩擦过程产生的磨屑附着性较差，随着配副间的运动被排出或者填入剥落坑内部，在剥落坑成膜后的转移 Si 承载对磨球的负载，提高对磨球在剥落坑的通过性，因此摩擦系数较低，此时的磨损机制主

要为颗粒细化过程产生的磨粒磨损。图 6.67(c) ~ (e) 三组涂层表面的转移 Si 则在涂层表面附着形成不完整摩擦膜，一定程度上起到了减摩耐磨的作用，但当 Y_2O_3 含量较高时涂层表面黏着性增强，硬度下降，这也导致摩擦过程的不稳定，摩擦系数提高波动剧烈，此时的磨损机制主要为对磨球材料转移参与的黏着磨损。

(a) CY5

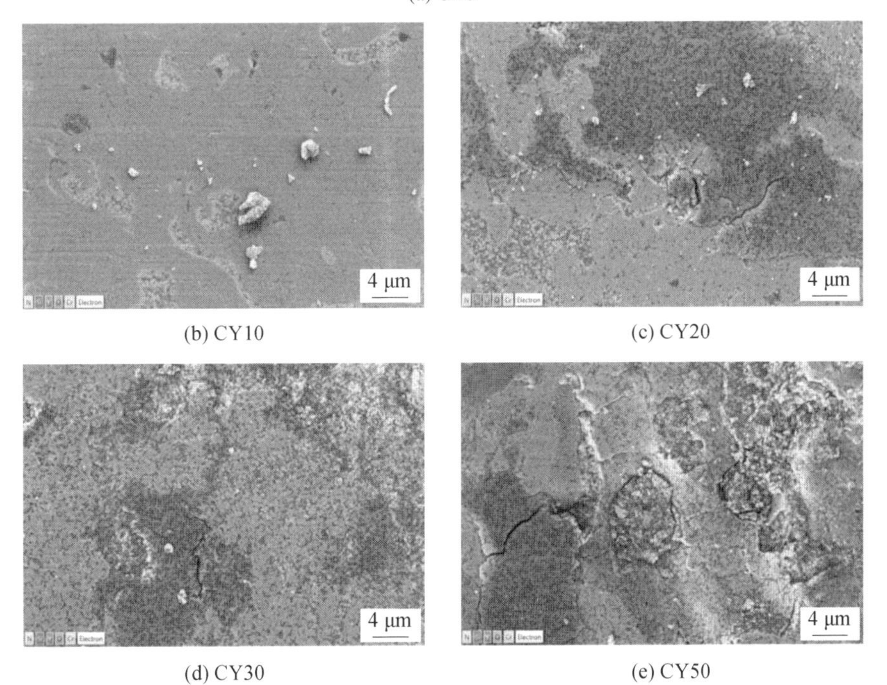

(b) CY10　　(c) CY20

(d) CY30　　(e) CY50

图 6.67　干摩擦条件下 CY 涂层 EDS 分层图像

2. 边界润滑条件下 $Cr_2O_3-Y_2O_3$ 复合涂层的摩擦学性能测试及磨损机理

在边界润滑条件下对五组涂层的摩擦学性能进行了测试，其摩擦系数曲线随磨损时间演化规律如图 6.68 所示。五组涂层中从边界润滑转变为干摩擦时长均超过 25 000 s，其中 CY10 涂层的转变时长最久，为 45 000 s。除了边界润滑向干摩擦转变时长具有差异外，五组涂层在前期都经历了摩擦系数略微升高的过程，CY10 和 CY20 摩擦系数上升最为缓慢，这是由于摩擦初期的主要润滑介质为机油。随着摩擦持续进行，涂层中黏着性较大的 Y_2O_3 逐渐参与润滑，润滑效果减弱。总体来说，CY10 涂层的边界润滑性能最优，边界润滑曲线持久稳定，即使进入干摩擦后的摩擦系数仅为 0.32 左右，说明此时涂层在较高载荷下依然能够长期保持良好的耐磨性。

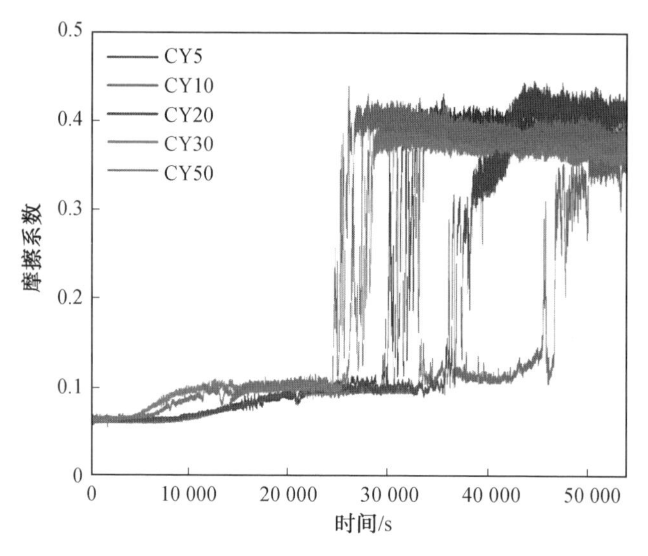

图 6.68　CY 涂层在边界润滑条件下摩擦系数曲线

对边界润滑摩擦试验后的五组 CY 涂层磨痕形貌进行扫描电镜观察，结果如图 6.69 所示。可以明显看出，所有涂层表面仍可分为三种色域，Y_2O_3 含量较低涂层的深色区域主要为剥落坑，随着含量增加，深色区域除了在剥落坑内被检测，未剥落涂层表面发现大量深色区域。涂层破损情况对比明显，CY10 具有最完整磨损表面，图中观察到大量磨屑，尺寸为 0.5 ～ 1 μm。

对区域进行局部放大并扫描能谱，结果如图 6.70 所示。元素分布与干摩擦一致，深色、灰色、浅色区域分别为转移 Si、Cr_2O_3、Y_2O_3。图 6.80(a)、(b) 的转移 Si 主要以磨屑和膜形式存在；图 6.80(c) ～ (e) 中的 Si 则以摩擦膜形式存在，尤其是 CY50 涂层未剥落表面覆盖了大量转移膜与反应膜，说明足量 Y_2O_3 可与机油混合并为摩擦过程提供完整的润滑膜。

随着 Y_2O_3 含量增加，涂层表面的黏着现象增多，犁沟与切削特征减少，因此

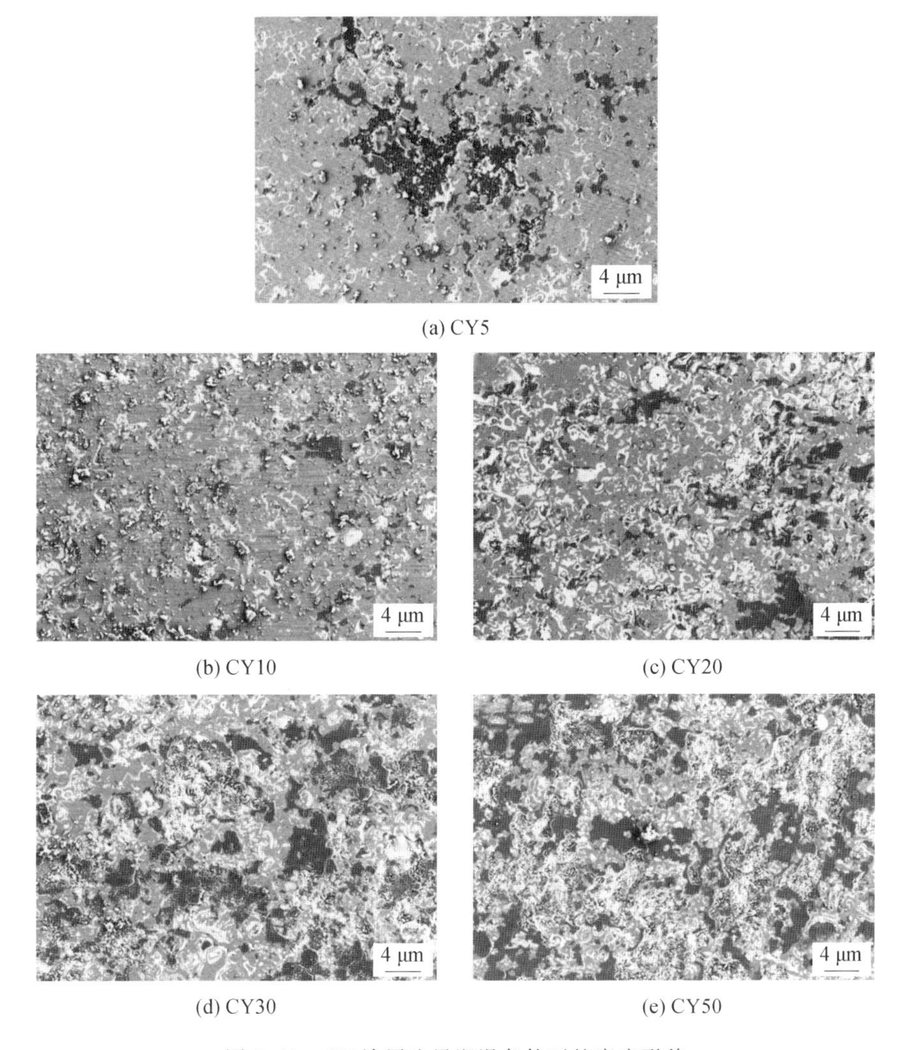

(a) CY5

(b) CY10

(c) CY20

(d) CY30

(e) CY50

图 6.69　CY 涂层边界润滑条件下的磨痕形貌

认为 Y_2O_3 的添加使 Cr_2O_3 陶瓷复合涂层在边界润滑条件下抵抗高硬配副切削的性能提升，磨损机制从磨粒磨损转变为黏着磨损，润滑介质除机油外，还包括 Si_3N_4 材料转移和 Y_2O_3 磨屑混合而成的摩擦膜。摩擦持续进行，油膜逐渐被破坏，涂层与对磨球接触面积陡然增大，摩擦进入干摩擦状态，涂层在高负载状态下持续进行导致未熔颗粒产生剥落，而油膜中未完全排出的转移 Si 和涂层磨屑不断被细化填充进剥落坑，减少配副间的撞击从而提高了通过性，因此边界润滑后的干摩擦阶段相比于未经润滑的干摩擦曲线相对稳定得多。

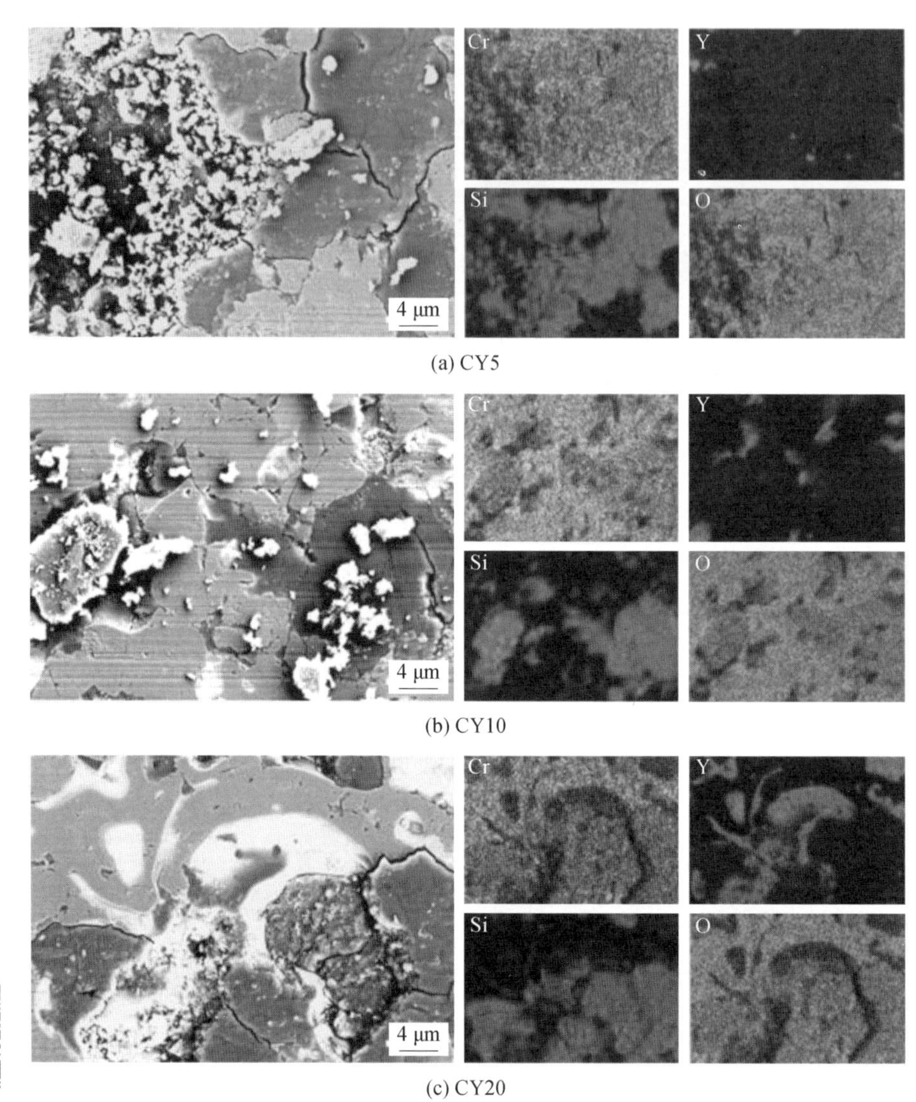

图 6.70　CY 涂层高倍磨痕形貌与面扫描能谱图

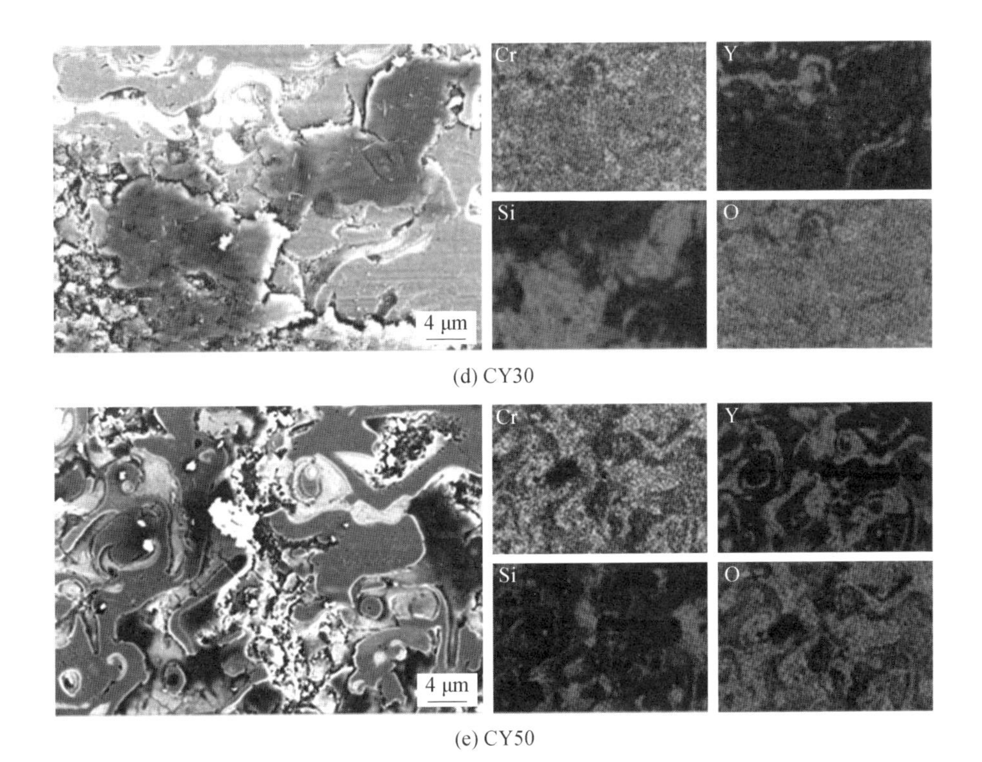

(d) CY30

(e) CY50

续图 6.70

本章参考文献

[1] 张继豪，宋凯强，张敏，等. 高性能陶瓷涂层及其制备工艺发展趋势[J]. 表面技术，2017，46(12)：96-103.

[2] CHAGNON P，FAUCHAIS P. Thermal spraying of ceramics[J]. Ceramics International，1984，10(4)：119-131.

[3] 陈林，杨冠军，李成新，等. 热喷涂陶瓷涂层的耐磨应用及涂层结构调控方法[J]. 现代技术陶瓷，2016，37(1)：3-21.

[4] RODRIGUEZ J，RICO A，OTERO E，et al. Indentation properties of plasma sprayed Al_2O_3-13% TiO_2 nanocoatings[J]. Acta Materialia，2009，57(11)：3148-3156.

[5] 李长久. 超音速火焰喷涂 WC－Co 涂层结构的研究[J]. 西安交通大学学

报，1994，28(4)：39-45.

[6]WAHLSTRÖM J，LYU Y Z，MATJEKA V，et al. A pin-on-disc tribometer study of disc brake contact pairs with respect to wear and airborne particle emissions [J]. Wear，2017，384/385：124-130.

[7] 王海军. 热喷涂实用技术[M]. 北京：国防工业出版社，2006.

[8] 王海军. 热喷涂技术问答[M]. 北京：国防工业出版社，2006.

[9]SUNDGREN J E. Structure and properties of TiN coatings[J]. Thin Solid Films，1985，128(1/2)：21-44.

[10] SAROJ S，SAHOO C K，TIJO D，et al. Sliding abrasive wear characteristic of TIG cladded TiC reinforced Inconel825 composite coating [J]. International Journal of Refractory Metals and Hard Materials，2017，69：119-130.

[11] CAI Y C，LUO Z，FENG M N，et al. The effect of TiC/Al_2O_3 composite ceramic reinforcement on tribological behavior of laser cladding Ni60 alloys coatings[J]. Surface and Coatings Technology，2016，291：222-229.

[12] BELEI C，FITSEVA V，DOS-SANTOS J F，et al. TiC particle reinforced Ti-6Al-4V friction surfacing coatings [J]. Surface and Coatings Technology，2017，329：163-173.

[13] 魏世丞，王玉江，梁义，等. 热喷涂技术及其在再制造中的应用[M]. 哈尔滨：哈尔滨工业大学出版社，2019.

[14] 李乔磊. 等离子喷涂金属 /Al_2O_3 − TiO_2 涂层界面的微观结构及结合机理研究[D]. 昆明：昆明理工大学，2020.

[15] LI C，OHMORI A. Relationships between the microstructure and properties of thermally sprayed deposits[J]. Journal of Thermal Spray Technology，2002，11(3)：365-374.

[16] 韩耀武. 等离子喷涂复合材料涂层(WCp、Al_2O_{3p}/NiCrBSi) 的组织与性能研究[D]. 长春：吉林大学，2010.

第7章

陶瓷增强镍基耐磨涂层的结构及性能

热喷涂金属基或陶瓷基耐磨涂层已被人们广泛熟知，单一组分的材料有其材料本身的特性，如金属材料表面导电且与基体结合良好，适用于中高载荷、疲劳环境；陶瓷涂层则多应用于耐磨、耐蚀、隔热等工程领域。随着机械设备日益趋于集成化、大功率、小体积的发展趋势，对工件在相对恶劣的服役环境下的耐磨性能提出了新的要求，因此需要制备复合涂层来进一步提升设备的耐磨性能。

陶瓷颗粒增强金属基复合材料是用金属或合金作黏结相，用一种或数种陶瓷颗粒作为增强体，经烧结、破碎、团聚、重合、包覆、混合等工艺处理而制成的一类重要的涂层材料。金属组分的加入使金属基陶瓷增强复合材料涂层与基体材料的结合强度增加，涂层的陶瓷颗粒之间的黏聚强度增大，涂层孔隙率降低。其综合了金属涂层的高韧性、高塑性和陶瓷涂层的高硬度，从而使金属－陶瓷复合涂层具有比纯金属或陶瓷涂层更好的力学性能及机械性能，能够应用于更大应力或疲劳等工况条件下，获得相当理想的使用效果。

多相复合涂层中添加硬质相可以提高涂层硬度，添加黏结相则是提高涂层韧性，添加润滑相是通过润滑相的增韧作用抑制裂纹的萌生与扩展，从而达到减少摩擦、降低磨损的目的。添加多组润滑相不仅可以保障多个温度区间内的润滑效果，还可以表现出协同润滑作用，改善涂层的磨损状况。本章研究 YSZ、Al_2O_3、SiO_2 和 SiC 等陶瓷相对 Ni 基自熔性合金 NiCrBSi 涂层耐磨性能的影响，介绍了金属／陶瓷复合涂层的制备，并对各复合涂层的微观结构、力学性能与摩擦学性能进行评定与表征。

7.1 NiCrBSi - YSZ 复合耐磨涂层制备、结构及性能

现代高性能发动机的工作温度可高达 1 400 ℃,为了保证其正常、可靠地运转,需要采用热障涂层技术降低零部件的工作温度。质量分数为 7% ~ 8% 的 Y_2O_3 部分稳定 ZrO_2(yttria stabilized zirconia,YSZ) 具有低热导、高热膨胀系数、高温下相稳定和抗腐蚀等综合性能,是热障涂层工作层的常用材料。YSZ 涂层可用于降低零部件的工作温度,从而有效提升设备的运转稳定性、提高系统工作效率、延长零部件的使役寿命。然而,普通微米结构的 YSZ 涂层与一般陶瓷涂层一样存在韧性不足的问题;同时,由于其热膨胀系数与基体金属材料间差异较大,往往会产生层间热应力,因此涂层与基体的结合强度较差,从而降低了涂层的使用性能和寿命。

Ni 基自熔合金粉 NiCrBSi 具有优异的耐磨性能和润湿性能,且具有良好的喷涂能力,是理想的缸套涂层基体材料。在 NiCrBSi 涂层基体材料中添加 YSZ 硬质陶瓷粉,制备 NiCrBSi - YSZ 的陶瓷 / 金属复合涂层,可以改善涂层内部组元(或成分) 的分布情况,提高涂层与基体的结合强度,并能够减缓因温度梯度造成的热应力,提升涂层的抗热震性,提高涂层基体的高温耐磨防腐性能。

7.1.1 NiCrBSi - YSZ 涂层制备

1. 试验材料

(1) 基体材料。

在热喷涂技术中,用来沉积涂层的材料称作基体。本次试验选用 304 不锈钢板材作为喷涂基材,其尺寸为 60 mm×40 mm×3 mm,随后采用线切割法将喷涂好的基板切割成 10 mm×10 mm×3 mm 方块,作为摩擦试样。

为提高涂层沉积效率,需对基体表面进行喷砂粗化处理,以提高零件的比表面积,进而提升基体对于熔融液滴的附着力。所采用的喷砂材料为 20 目棕刚玉砂,喷砂后基体表面出现许多微小凹坑,粗化后基体表面粗糙度 *Ra* 不低于7.0 μm。

(2) 喷涂粉末。

采用的金属粉末为益阳先导公司生产的 NiCrBSi(Ni60) 粉,掺杂粉末为 YSZ 陶瓷粉,粉末的成分和规格参数见表 7.1。

表 7.1　喷涂粉末的成分及规格参数

粉末	成分(质量分数)/%						粒度 /μm
NiCrBSi	Cr	B	Si	Fe	C	Ni	40 ～ 60
	17.53	3.27	4.01	4.43	0.89	Bal.	
YSZ	$ZrO_2-8Y_2O_3$						15 ～ 53

(3) 其他材料。

等离子喷涂过程中采用 Ar 为等离子气体(主气),并同时用作送粉载气,纯度为99.99%;采用纯度为99.99% 的 H_2 作为辅助气体(次气);采用0.2 MPa的压缩空气用于待喷涂基体的冷却。

2.涂层制备

传统大气等离子喷涂复合涂层技术是预先将合金粉和陶瓷粉进行球磨混合。实践表明,在合金粉末与陶瓷粉末密度或粒径相差较大时,两种粉末难以均匀混合,球磨过程还会破坏原始粉末形貌;另外,采用团聚粉末作为喷涂粉末,虽然喷涂效果较好,但是成本较高。因此,本节采用双路送粉工艺,通过如图7.1(a)所示的ZB－80F双路送粉器,采用左右双筒送粉,首先通过预送粉测得所需涂层配比的送粉速度,通过送粉气(氩气)将粉末同时送入喷枪内部,在等离子焰流中熔融颗粒,并加速喷射至基材表面形成复合涂层,通过调节送粉参数,能获得不同配比的复合涂层。

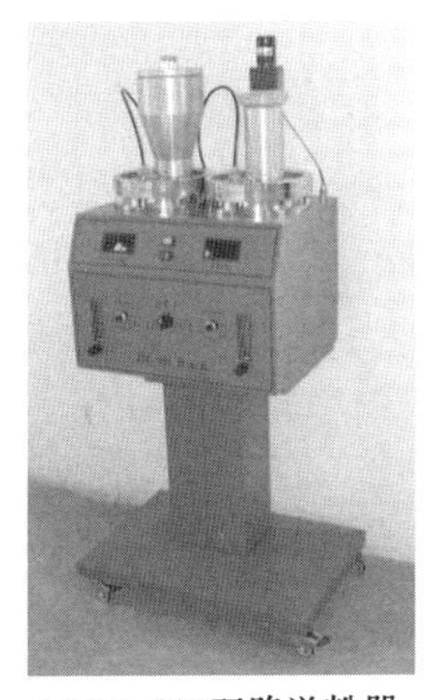

(a) ZB-80F双路送粉器

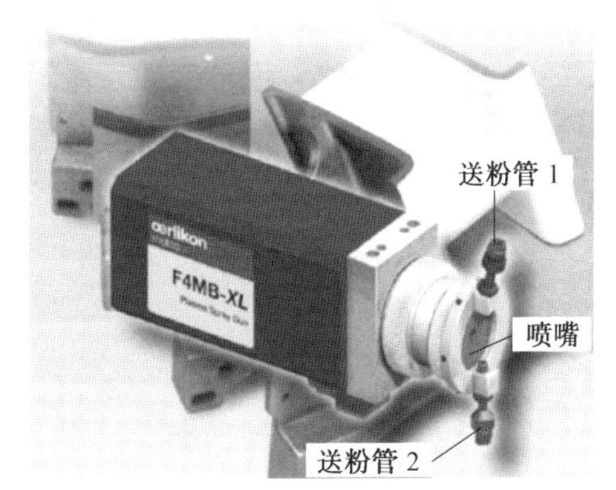

(b) F4MB-XL等离子喷枪

图 7.1　ZB－80F 双路送粉器和 F4MB－XL 等离子喷枪

如图7.1(b) 所示为F4MB－XL 等离子喷枪,两根送粉管安装于喷枪喷嘴处,其中送粉管1是陶瓷粉送粉管,送粉管2是合金粉送粉管,分别位于喷嘴上方和下方，且均垂直于等离子弧焰流轴心，通过调节氩气流量，优化粉末在等离子弧焰流中的运动轨迹。

通过调整 NiCrBSi 自熔合金粉和 YSZ 陶瓷粉送粉率，采用双路送粉方式制得四种不同 YSZ 成分的复合涂层(0、10%、20%、30%)，分别记为 C1、C2、C3、C4。具体喷涂参数详见表 7.2。

表 7.2　等离子喷涂 NiCrBSi－YSZ 涂层喷涂参数

参数	喷涂电流 /A	喷涂电压 /V	Ar 气流量 /(L·min^{-1})	H_2 流量 /(L·min^{-1})	喷涂距离 /mm	喷枪平移速度 /(mm·s^{-1})	喷枪竖直移动距离 /mm	喷涂次数
数值	517	58	50	8	120	300	3	5

7.1.2　NiCrBSi－YSZ 涂层结构与显微硬度

1. 涂层显微形貌及相成分

本节采用德国蔡司公司生产的 GeminiSEM 300 型场发射扫描电子显微镜对涂层截面、断面及磨痕显微形貌进行观察。因喷涂粉末包含 YSZ 陶瓷粉，所以在 SEM 观察前先对试样进行喷金处理，以提高其导电性，便于样品观察。

四组涂层横截面的扫描电镜图如图 7.2 所示。由图 7.2(a) 可见，在未添加 YSZ 的 Ni 基涂层 C1 中，等离子喷涂产生的较高温度($>10^4$ K) 使原料粉末充分熔融，并随着高速等离子焰流以极快的速度撞击基体表面，铺展成扁平化粒子，形成层状结构堆叠而成 NiCrBSi 涂层；在添加 YSZ 后，由图 7.2(b) 可以观察到陶瓷相在涂层基体中的分布并不连续，靠近涂层与基体结合部位陶瓷相较厚，而涂层外部无法观察到明显的陶瓷相；从图 7.2(c) 可以看到 C3 涂层中具有四层陶瓷相，分布于基体涂层当中，且涂层外部分布有一定的陶瓷相；在添加 30%YSZ 后，如图 7.2(d) 所示，C4 涂层中陶瓷相的厚度明显增加，陶瓷相分布连续且均匀，涂层与基体结合很好。

如图 7.3 所示为抛光后的 NiCrBSi－30%YSZ 涂层截面形貌与能谱面扫分析图，从图中可以清楚地看到白色条带状区域主要富集 Zr、Y、O、B 元素，说明白色区域为熔融 YSZ 相；此外喷涂过程中还生成了硼化物，而深色区域富集 Ni、Cr、Si 元素，说明该区域为 NiCrBSi 基体涂层。

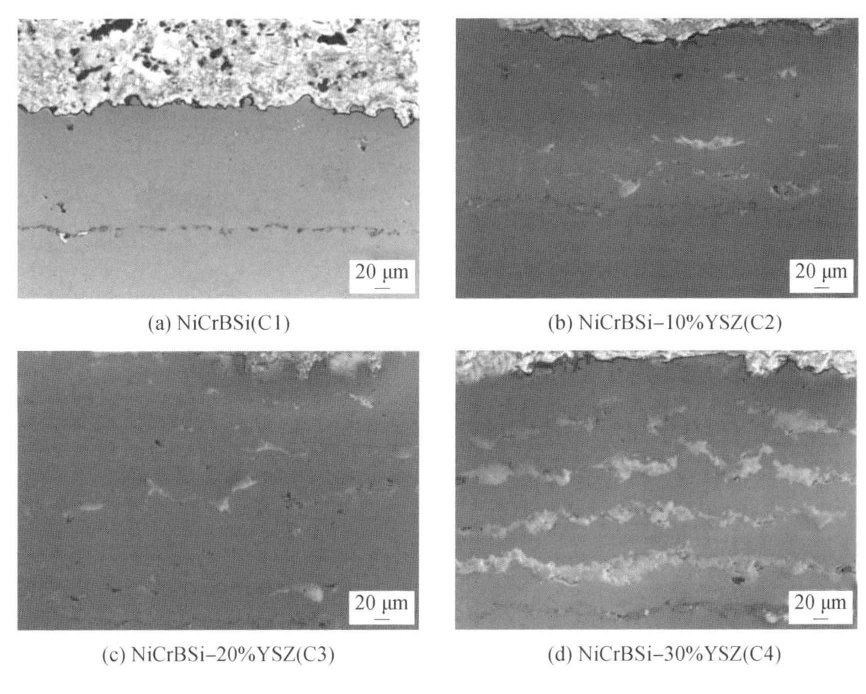

(a) NiCrBSi(C1)　(b) NiCrBSi-10%YSZ(C2)

(c) NiCrBSi-20%YSZ(C3)　(d) NiCrBSi-30%YSZ(C4)

图 7.2　涂层横截面抛光照片

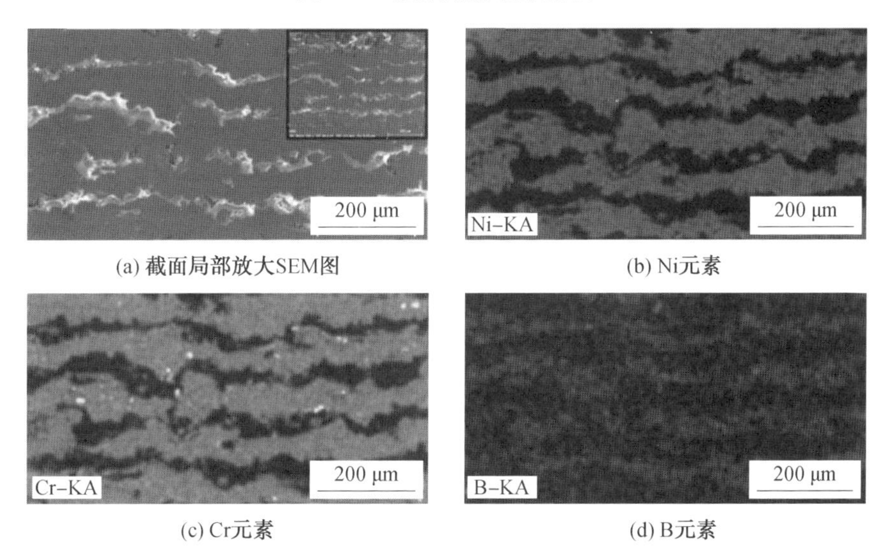

(a) 截面局部放大SEM图　(b) Ni元素

(c) Cr元素　(d) B元素

图 7.3　NiCrBSi－30%YSZ(C4) 涂层截面抛光形貌与能谱面扫分析

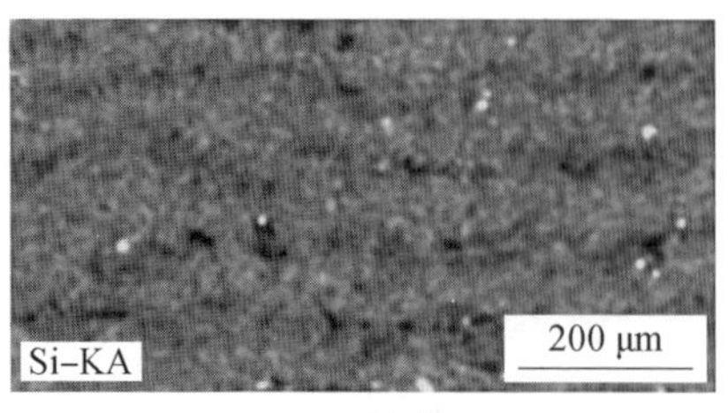

(e) Si元素　　(f) Zr元素

续图 7.3

如图 7.4 所示为添加 YSZ 后复合涂层的 XRD 图谱。对比发现：纯 NiCrBSi 涂层峰型较为简单，只存在一个强度较低的单峰，对比 PDF 卡片后得知该衍射峰为 γ－Ni 相，且以非晶形式存在。在添加陶瓷相后，峰型变得复杂，经研究发现该衍射峰主要是$((ZrO_2)_{0.94}(Y_2O_3)_{0.06})_{0.943}$相，除此之外，在衍射角为 28° 的位置还存在 ZrO_2 相。该衍射图谱证实了涂层的硬度和耐磨性的提高，是由于陶瓷相有效嵌入到基体涂层中。

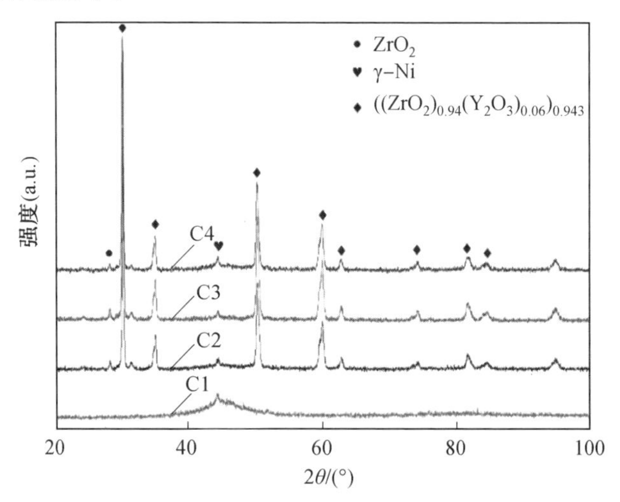

图 7.4　NiCrBSi－YSZ(0、10％、20％、30％)涂层 XRD 分析

2. 涂层显微硬度测试

采用 HV－1000A 型维氏显微硬度仪测量涂层显微硬度，使用 100 g 载荷进行测量，保荷时间 15 s，两测量点之间距离为压痕对角线长度的 3 倍，每种试样沿涂层厚度方向随机测量 16 个点，随后计算所测值的平均值作为涂层显微硬度值，结果如图 7.5 所示。测量结果表明：未添加 YSZ 的 NiCrBSi 涂层硬度值最低，为 759.7$HV_{0.1}$；随着 YSZ 添加相含量的升高，涂层硬度也显著升高；当 YSZ 质量分

数为 30% 时，涂层硬度达到最大，为 833.98$HV_{0.1}$。显微硬度的大幅增加主要得益于在涂层基体中弥散分布的 YSZ 陶瓷相硬度较高。

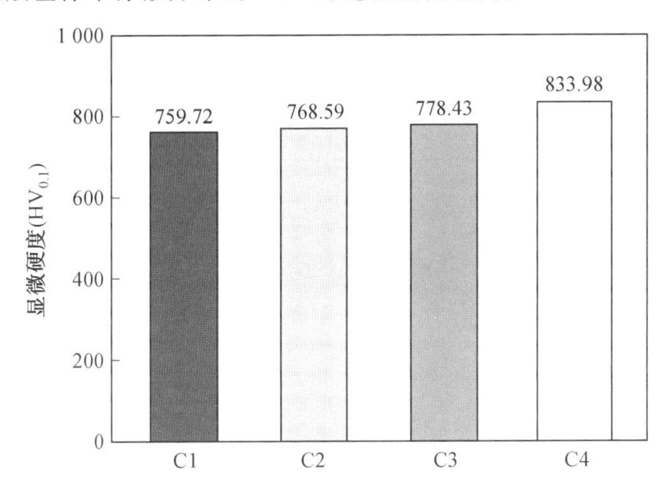

图 7.5　NiCrBSi－YSZ(0、10%、20%、30%) 涂层的显微硬度

7.1.3　不同润滑条件下 NiCrBSi－YSZ 涂层摩擦磨损试验

1. 摩擦磨损试验

采用 UMT－2 型摩擦磨损试验机开展不同润滑条件的往复式摩擦磨损试验。试验开始前，对镶嵌好的试样进行抛光处理，随后将涂层试件安装在工作台上，并在电机驱动下做往复运动。使用直径为 5 mm 的 Si_3N_4 对磨球作为上试件，载荷设定为 20 N，往复距离和滑动速度分别为 5 mm 和 40 mm/s。开展干摩擦、边界润滑和浸油润滑等 3 种润滑条件下摩擦磨损试验，其中边界润滑状态下的润滑油体积为 0.1 μL，采集试验过程中产生的摩擦系数信号，并在试验结束后测量磨损量。所有试验均在室温环境下进行，不同润滑条件下磨损试验各重复 3 次。

2. 摩擦系数随滑动距离的变化曲线

如图 7.6～图 7.8 所示分别为干摩擦、浸油润滑和边界润滑条件下 4 组涂层的摩擦系数随试验时间(滑动距离)的变化规律，其中边界润滑条件下只包含 C2、C3 和 C4 等 3 种涂层的摩擦系数曲线。

干摩擦条件下，4 种涂层的摩擦曲线都经历了一个急剧上升的阶段，随后出现波动，最终趋于稳定。C2 和 C4 涂层相较于 C1 和 C3 涂层摩擦系数上升较快，达到稳定的时间较短，其中 C1 涂层摩擦系数曲线达到稳定需要 1 500 s，且在曲

线稳定后C1和C3涂层摩擦系数曲线波动较大，而C2和C4涂层较为平滑。比较发现C2和C4涂层摩擦系数较低，其中C2涂层摩擦系数最低，约为0.64。浸油润滑条件下，可清晰观察到摩擦系数在试验进行到5 h时均趋于稳定，10 h稳定后，C1涂层摩擦系数为0.115，低于3种复合涂层。随YSZ添加含量的升高，复合涂层摩擦系数也逐渐升高。

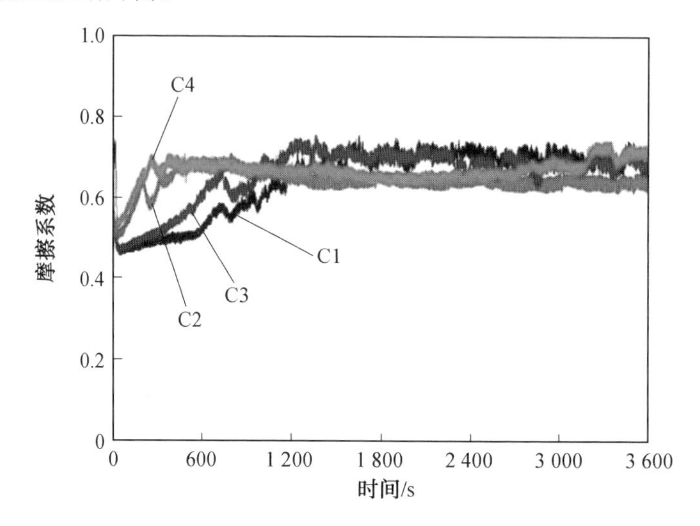

图7.6　干摩擦条件下NiCrBSi－YSZ涂层摩擦系数随试验时间的变化规律

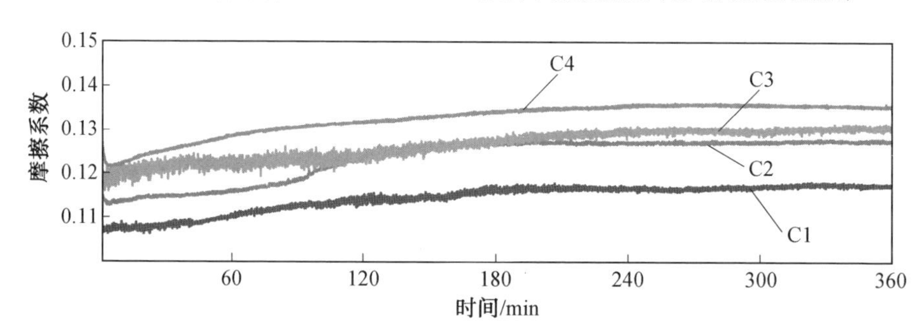

图7.7　浸油润滑条件下NiCrBSi－YSZ涂层摩擦系数随试验时间的变化规律

分析边界润滑条件下摩擦系数曲线可知，3种涂层都经历了油润滑－干摩擦的过程，摩擦曲线在油润滑时较为平滑，在摩擦状态转变点，摩擦系数在几十秒内陡然增大，随后进入波动较大的干摩擦状态，从图7.8中可以清晰地看到，掺杂10%YSZ的复合涂层摩擦状态转变时间较早(约为3 500 s)，而掺杂20%YSZ的复合涂层C3摩擦曲线转变时间最晚，为5 100 s，说明该涂层能在较长时间内承受较高的载荷。

摩擦系数的变化与对磨球和试样表面的接触面大小有关。在开始阶段，对磨球与涂层抛光表面为点接触，随着磨损进程的增加，掺杂的 YSZ 硬质相使对磨球变形严重，对磨球与涂层表面摩擦接触面积逐渐增大，表现为摩擦系数的急剧升高。在摩擦系数曲线趋于稳定后，扁平化粒子或未熔颗粒的剥落阻碍了对磨球的往复运动，表现为摩擦系数的波动。

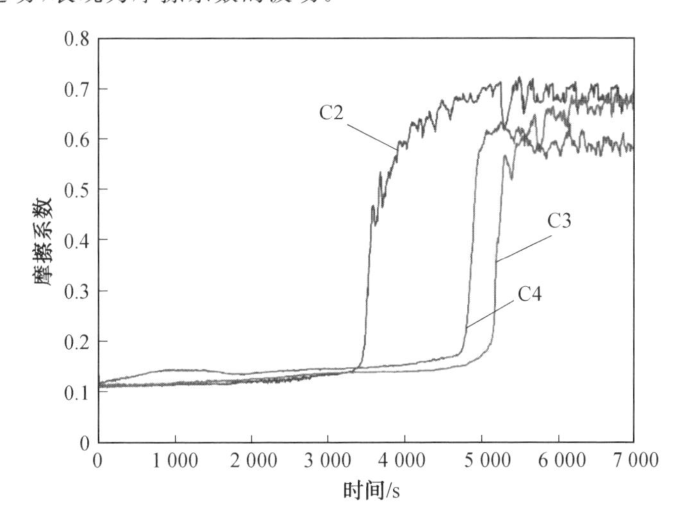

图 7.8　边界润滑条件下 NiCrBSi－YSZ 涂层摩擦系数随试验时间的变化规律

干摩擦与浸油润滑条件下，硬质相 YSZ 较高的硬度可有效提高较软涂层基体的承载性能，但由于其熔点与 NiCrBSi 相差较大，因此与涂层基体结合强度较低，在经历较长时间的循环载荷后硬质相会发生剥落，加剧了摩擦破坏。

3. 不同润滑条件下磨损率变化规律

通过 GT－K 三维光学轮廓仪测得试验结束后的涂层磨痕的三维形状并计算得到磨损量。如图 7.9 所示为干摩擦条件下 4 组涂层磨痕截面深度曲线图，从图中可以看出，在经过 1 h 干摩擦试验后，C2 和 C3 涂层的磨痕深度较浅，均低于 C1 涂层，这是由于陶瓷相硬度较高，掺杂后使得涂层耐磨性能得到提升。

如图 7.10 和图 7.11 所示，分别给出了浸油润滑状态下，NiCrBSi－YSZ 复合涂层磨痕的三维轮廓形貌和磨痕深度曲线。从图中可以看出涂层磨损情况与磨损率表现一致。此外图 7.10(b) 和(c) 示出了 C2 和 C3 涂层磨痕内部磨损情况，从图中观察到造成磨损的原因可能是硬质相 YSZ 的剥落，而绿色区域即未剥落区域为涂层基体部分，其在硬质相的承载下并未发生破坏，且 C2 涂层磨痕破坏最小，C3 涂层呈现较宽犁沟型磨损破坏。从图中也可以看出 C2 涂层深度最浅，

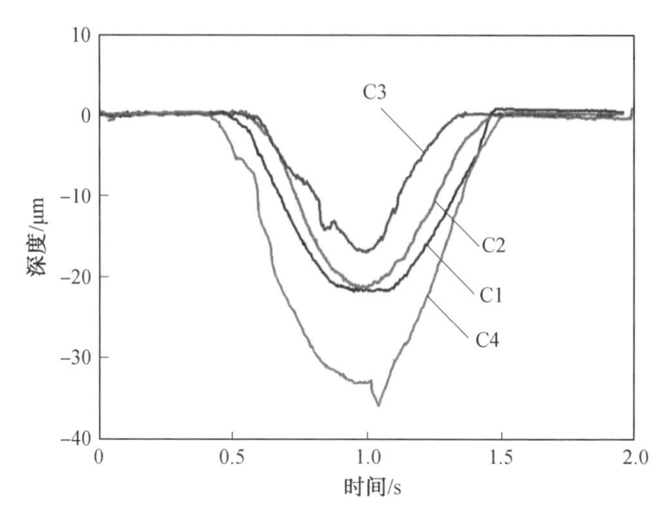

图 7.9 干摩擦条件下 NiCrBSi－YSZ 涂层磨痕截面深度曲线图

弥散分布的硬质相有效提高了复合涂层耐磨性能。

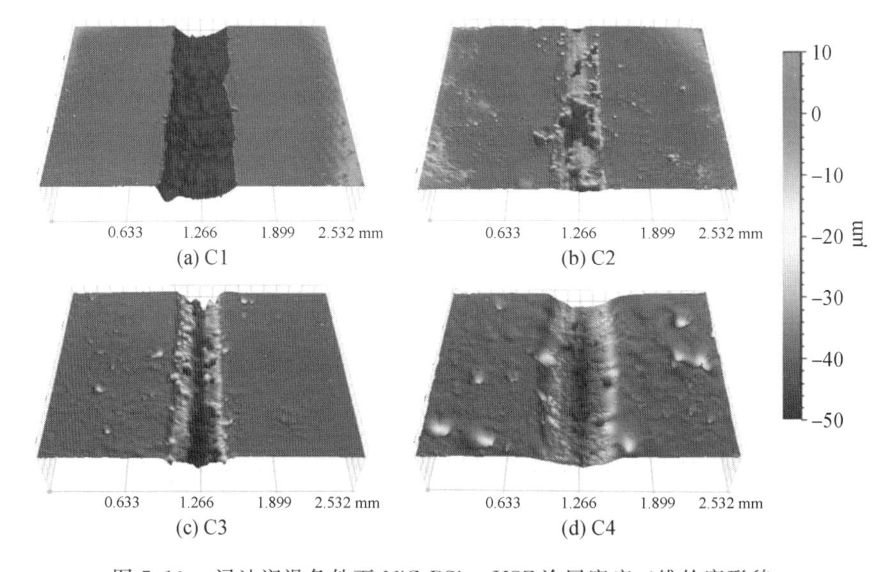

图 7.10 浸油润滑条件下 NiCrBSi－YSZ 涂层磨痕三维轮廓形貌

干摩擦和浸油润滑条件下不同涂层的磨损率如图 7.12 所示。在干摩擦条件下，随着添加相含量的提高，复合涂层的磨损率逐渐降低，但 C4 涂层磨损率显著高于其他三种涂层，这是由于大量陶瓷相的剥落导致磨损率的增加。添加 20%YSZ 的复合涂层 C3 的磨损率最低，耐磨性最佳，经计算其磨损率为

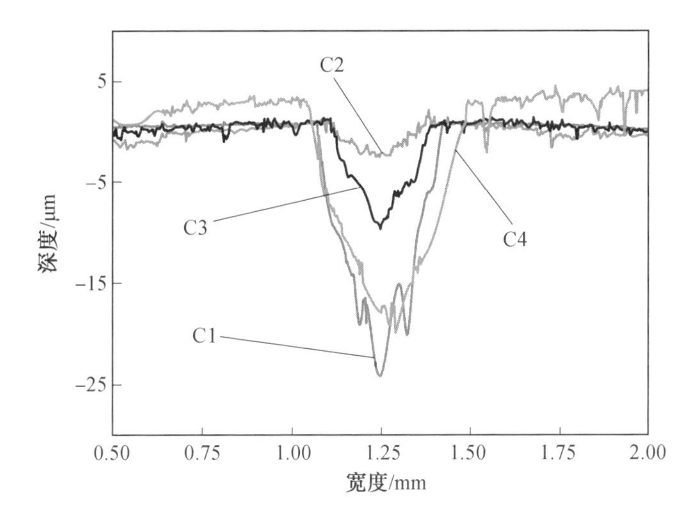

图7.11　浸油润滑条件下NiCrBSi－YSZ涂层磨痕截面深度曲线图

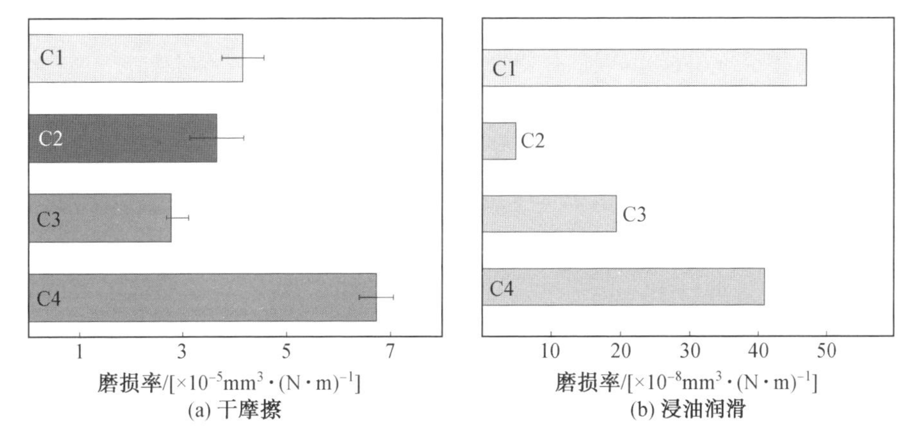

图7.12　NiCrBSi－YSZ涂层磨损率

2.77×10^{-5} $mm^3/(N\cdot m)$。

浸油润滑条件下，四种涂层磨损率比干摩擦条件下涂层磨损率低两个数量级，复合涂层磨损率均低于C1涂层，且随添加相YSZ含量的升高，涂层磨损率逐渐升高，其中C2涂层磨损率最低，为 4.86×10^{-8} $mm^3/(N\cdot m)$，说明添加10%YSZ涂层油润滑性能最佳。此外，复合涂层磨损率与其摩擦系数表现一致，但C1涂层摩擦系数最低，其磨损率却最高，原因是其硬度较低，在与 Si_3N_4 硬质材料配副时，经历长时间的循环载荷极易磨损破坏，导致磨损率显著增大，而造成复合涂层摩擦系数较高的原因是少量结合较弱的YSZ相发生剥落，但大量

YSZ 在涂层表面依然具有较高的承载作用。

7.1.4 磨损机理分析

1. 干摩擦条件下的涂层磨损机理

如图 7.13 所示为干摩擦试验结束后 NiCrBSi－YSZ 涂层磨痕表面扫描电镜结果。对 C1 涂层(图 7.13(a)、(b)),可以观察到涂层剥落严重,几乎布满整条磨痕,一部分完全剥落裸露出未磨涂层内表面,形成大量凹坑;另一部分层片剥落未完全发生,产生大量裂纹。除此之外,磨痕中存在大量暗色区域,这些区域为大量磨屑堆积在犁沟或剥落坑内部,在对磨球往复摩擦作用下形成摩擦膜,导致磨痕的犁沟形貌被覆盖,形成的摩擦膜在一定程度上可以保护涂层减少磨损。

对添加 10%YSZ 后 C2 涂层(图 7.13(c)、(d)),磨痕宽度相较于纯 NiCrBSi 涂层显著变宽,磨痕中虽未出现明显的犁沟形貌,但涂层剥落严重,能观察到亮色区域存在疲劳裂纹,即将发生片状剥落。除此之外,大量的亮色凹坑也由陶瓷相在循环应力下剥落产生。磨痕中还存在大量暗色摩擦膜,由图可以观察到在区域摩擦膜保护涂层免受磨损,摩擦膜下的涂层表面平整,在一定程度上对涂层起到良好的保护作用。

如图 7.13(e)、(f) 所示,干摩擦试验后的 C3 涂层相较于 C2 涂层更加平整,疲劳剥落坑较少,这可能是由于硬质相含量提高,在往复摩擦试验时起主要的承载作用,减缓涂层磨损,另外,磨痕中摩擦膜分布较为均匀,对涂层的减摩也起到重要作用。当涂层中添加相质量分数增大到 30% 时,如图 7.13(g)、(h) 所示,涂层 C4 存在硬质相的区域剥落严重,这与 YSZ 含量较高有关,结合较弱的陶瓷颗粒在循环载荷作用下脱落形成凹坑,且其深度较深,磨痕表面形成大量孔洞,许多细小的磨屑堆积在凹坑内,影响涂层耐磨性能。

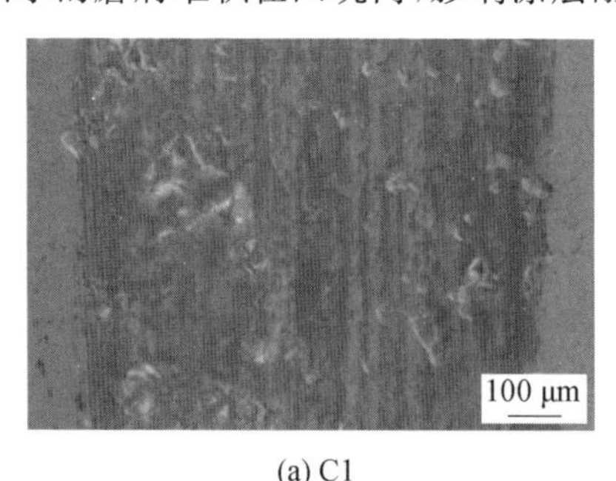

(a) C1

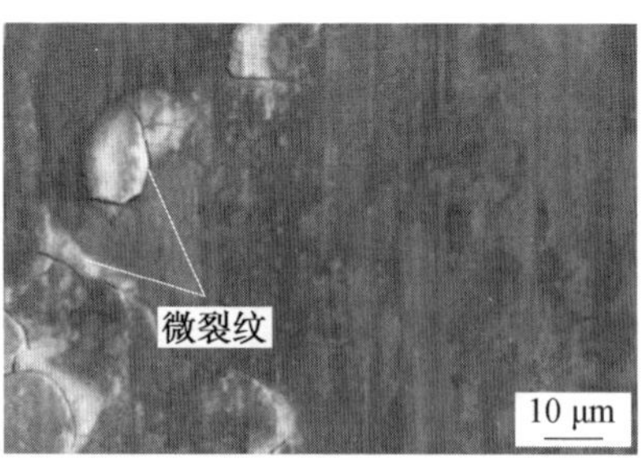

(b) C1

图 7.13　四种涂层磨痕扫描电镜图

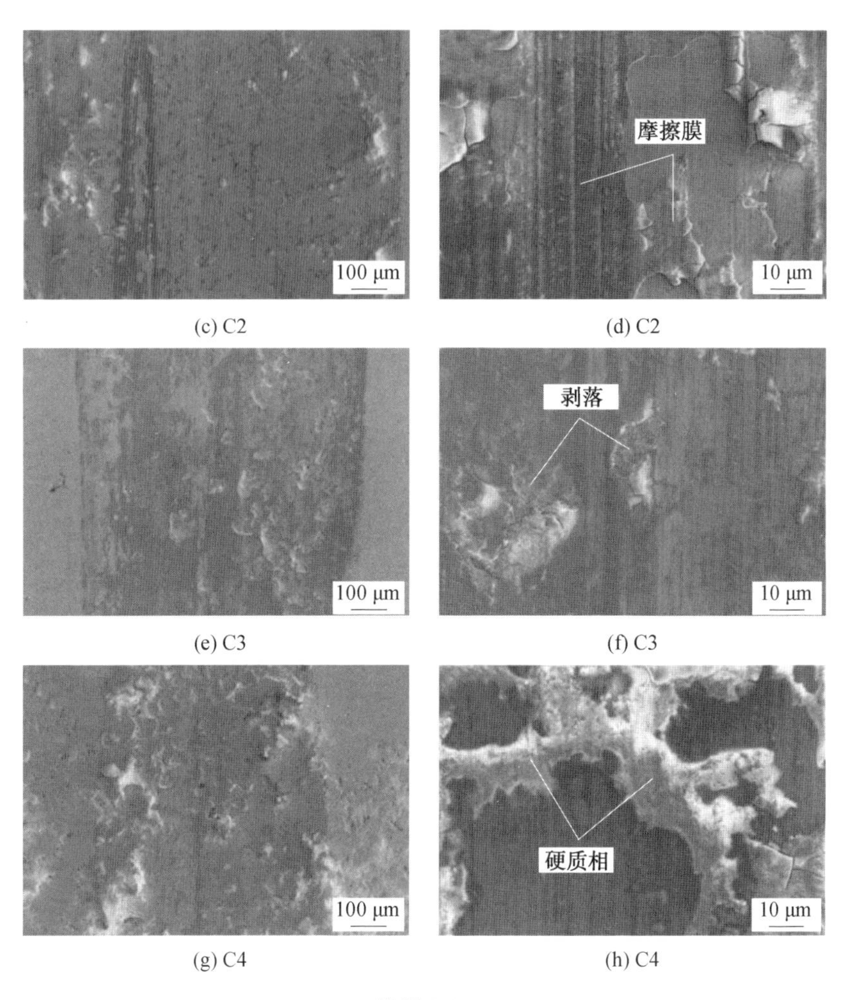

(c) C2　(d) C2

(e) C3　(f) C3

(g) C4　(h) C4

续图 7.13

对摩擦系数最小的C1涂层进行能谱分析，结果如图7.14所示。从元素分布图可以观察到磨痕表面Ni、Cr、Fe等元素分布均匀，未发生富集。Si、N、O元素在暗色摩擦膜区域呈现出显著的亮带，说明这三种元素在摩擦膜处发生了富集，Si、N元素的富集说明在循环载荷作用下对磨球Si_3N_4上一部分N、Si元素转移到摩擦表面，形成Si基转移膜，Si元素产生的硬质转移膜在一定程度上提高了涂层的耐磨性。

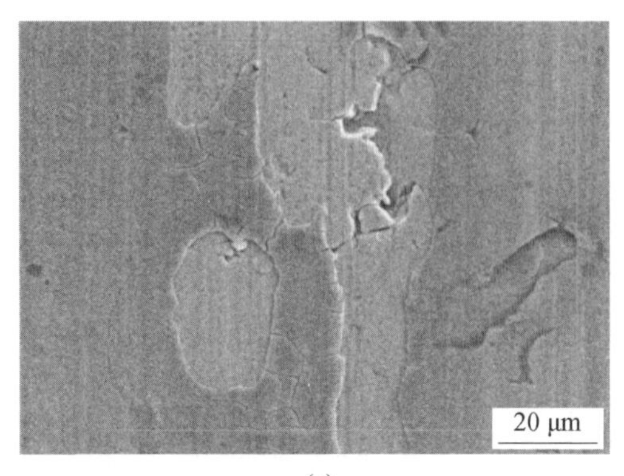

(a)

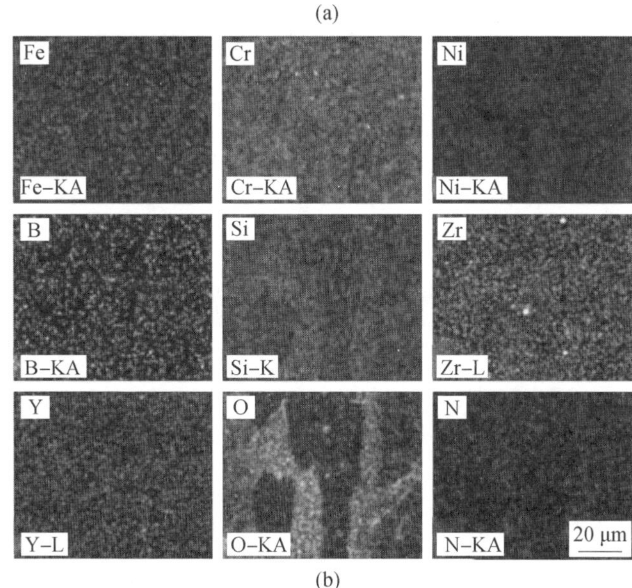

(b)

图 7.14　C1 涂层磨痕表面形貌及其能谱面扫

2. 浸油润滑条件下的涂层磨损机理

如图 7.15 所示为浸油润滑条件下四种涂层的磨痕形貌。从图 7.15(a) 中可以看出 C1 涂层表面破坏严重，扁平化粒子在循环载荷下呈片层状剥落，并且漂浮于润滑油中，并未黏接在摩擦副表面。这种情况下，结合较弱的扁平化粒子首先被拉拔出涂层表面，在随后的摩擦过程中剥落下来的颗粒进一步加剧磨损，即使颗粒结合较强区域，浮于油中的颗粒也会在磨球推力作用下将其挤出接触表面，源源不断的剥落颗粒使得对磨副无法及时将其压碎磨平，因此磨损越来越剧烈，磨痕表面破坏严重。

从图 7.15(b) 中可以看出 C2 涂层中剥落区域覆盖有大量磨屑，说明在复合涂层中剥落颗粒较少，对磨球将其压碎填平剥落坑，摩擦损失减少。图 7.15(c) 示出了存在硬质相 YSZ 区域磨痕表面情况，发现其表面只是存在较浅的犁沟，YSZ 承载能力较强，显著提高涂层耐磨性能。图 7.15(d) 为添加 30%YSZ 的涂层磨痕形貌，可以看到 YSZ 相发生了剥落，这是由于喷涂时添加 YSZ 含量较大，熔融程度不高，一些半熔或未熔颗粒沉积于基体表面时结合较弱，因此易发生剥落加剧磨损，这与图 7.12(b) 中 C4 磨损率较大的结果一致。四种涂层的磨损机制主要为磨粒磨损。

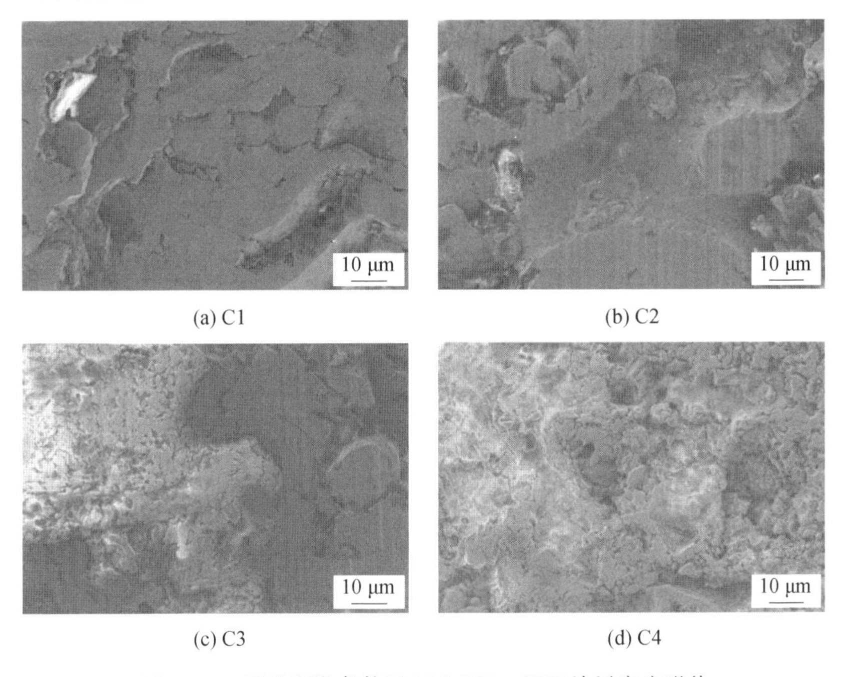

(a) C1　(b) C2　(c) C3　(d) C4

图 7.15　浸油润滑条件下 NiCrBSi－YSZ 涂层磨痕形貌

7.2　NiCrBSi－Al_2O_3 复合耐磨涂层制备、结构及性能

如何提高硬度，降低摩擦副的摩擦系数、变形量以及磨损率一直是摩擦材料的探索方向。当涂层的硬度提高时，摩擦副上由于犁削或磨粒磨损导致的破坏效应也随之降低，此外，温度的增加也能导致某些氧化反应破坏组织结构，化学磨损往往加速涂层失效。许多具有极高硬度的金属或非金属陶瓷被广泛应用于

摩擦涂层，Al_2O_3 正是其中性能比较好的材料之一。

基体相 Ni 金属韧性好、耐热、耐蚀、抗氧化；而硬质陶瓷相熔点高、硬度高、化学性稳定，能起到抗高温磨粒磨损、黏着磨损等的支撑与骨架作用，具有很好的抗高温磨损性能。用 Al_2O_3 颗粒作为增强体，制备的 Al_2O_3 陶瓷增强金属基复合涂层（如 NiCrBSi－Al_2O_3 涂层）与基体金属的黏结强度较高、涂层致密。

7.2.1 NiCrBSi－Al_2O_3 涂层制备

1. 试验材料

（1）基体材料。

喷涂试验采用 304 不锈钢试样作为基材，待喷涂试样为40 mm×60 mm×2.5 mm块体，随后使用线切割工艺将喷涂制品加工成 15 mm×15 mm×2.5 mm块体。

（2）喷涂材料。

① 镍基自熔性合金粉末（NiCrBSi），与 5.2.1 节的粉末相同；② 氧化铝陶瓷粉末（Al_2O_3）：本试验同样采用益阳先导公司生产的 Al_2O_3 粉末，牌号 PR5111，粒径－195～＋385 目（38～74 μm），松装密度 0.9 g/cm^3，熔点 2 038 ℃，纯度＞99%，该类粉末具有硬度高、耐磨损、耐腐蚀、耐高温、隔热性能优良和摩擦系数较低等特性，是优良的抗磨粒磨损、硬面磨损、纤维磨损、粒子侵蚀和气蚀的涂层材料。

氧化铝粉末一般生产方法为烧结破碎法，因此粉末形貌为图 7.16(a) 所示的不规则形状。根据标尺可得出 Al_2O_3 粉末尺寸范围为 20～50 μm，粒度分布较小，这是因为 Al_2O_3 陶瓷熔点比较高，粒度过大时容易熔化不完全，因此在制备过程中尽量选取粒度较小的粉末颗粒。此外，在胶黏过程中较小的 Al_2O_3 颗粒能更好地黏附于 NiCrBSi 颗粒表面，增加黏着性。

如图 7.16(b) 所示为本试验中所用 Al_2O_3 粉末 XRD 图谱。从衍射峰中可以看出，粉末主要成分是 α－Al_2O_3，夹杂少量 β－Al_2O_3。烧结制备的过程中 β－Al_2O_3 以原料的形式存在，因此难免有部分未转化为 α－Al_2O_3。β－Al_2O_3 较容易转化为 α－Al_2O_3，因此随着喷涂试验的进行，β－Al_2O_3 可能会在等离子体中自行转化。XRD 分析 Al_2O_3 粉末中 α－Al_2O_3 质量占比 99.8%，符合使用标准。

(a) SEM形貌

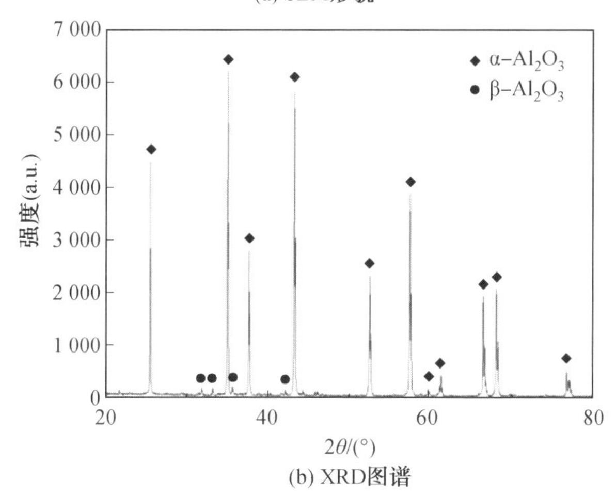

(b) XRD图谱

图 7.16　Al_2O_3 粉末

2. 复合粉末及涂层制备

(1) NiCrBSi－Al_2O_3 复合粉末制备。

由于 NiCrBSi 粉末和 Al_2O_3 粉末密度差别较大,传统机械混粉法无法将两者均匀混合;即使混粉过程中能将复合粉末均匀混合,在实际喷涂过程中仍会由于较大的密度差,导致经等离子焰流加速后的 Al_2O_3 和 NiCrBSi 粉末具有不同的射流速度,因而到达目标基体的时间不一样,且由于 NiCrBSi 密度较大,受重力影响,熔融 NiCrBSi 粉末大部分位于焰流下半部分,导致涂层分层现象严重。因此,本节采用胶黏法制备 Al_2O_3－NiCrBSi 复合粉末。

胶黏法是一种用 PVA 胶水将不同密度粉末黏结,以在焰流中保持稳定送分状态的方法,将均匀混合后的粉末,置于烘箱内烘至微黏合状态,然后依次利用网筛、固化、烘干等步骤制备具有良好流动性的热喷涂复合粉末。相比于球磨法，胶黏法避免了在球磨过程中的粉末细化和球磨不均匀现象，同时初始阶段的胶水黏合可以保证两种粉末运动轨迹相似且可控，喷涂效果更好。

用适量 PVA 胶水将 NiCrBSi 粉末和 Al_2O_3 粉末黏合，置于烘箱内烘至微黏合状态，用 130 目筛网将黏结粉末筛至合适粒度并烘干，从而获得 Al_2O_3 + NiCrBSi 复合粉末。先后将 Al_2O_3 质量分数设定为 5%、10%、20%、30% 与 NiCrBSi 分别均匀混合，按 Al_2O_3 在复合粉末中的质量分数将这些预混粉末分别标记为 A5、A10、A20、A30。由于 PVA 胶水在超过 300 ℃ 条件下会燃烧成气体，因而不会在涂层中留下杂质，同时初始阶段的胶水黏合可以保证两种粉末运动轨迹相似且可控。

(2) 涂层制备。

分别采用 A5、A10、A20、A30 混合粉末作为喷涂原料，通过等离子喷涂 NiCrBSi－Al_2O_3 涂层。喷涂前对基体 304 不锈钢，用丙酮在超声波清洗机中清洗半小时以清除表面油污，然后用 24＃ 棕刚玉砂对待喷涂面进行喷砂粗化处理，直至样品表面无金属光泽且均匀粗化。喷涂过程中，利用 0.2 MPa 压缩空气对基体进行冷却。涂层厚度控制在 100 ～ 150 μm 之间。喷涂参数见表 7.3。

表 7.3　等离子喷涂 Al_2O_3 － NiCrBSi 复合涂层喷涂参数

H_2 流量 /(L·min^{-1})	电流 /A	电压 /V	Ar 气流量 /(L·min^{-1})	送粉载气流量 /(L·min^{-1})	送粉速度 /(g·min^{-1})	喷涂距离 /mm	喷枪速度 /(mm·s^{-1})
9	550	65	40	3	35	100	300

7.2.2　NiCrBSi － Al_2O_3 涂层结构与相成分

如图 7.17 所示为 A5、A10、A20、A30 四种涂层的截面图，图中黑色部分即为均匀分布在涂层中的 Al_2O_3 相。从图中不难看出，随着粉末中 Al_2O_3 含量的逐步提高，涂层中黑色部分比例逐步增加。虽然 Al_2O_3 熔点较高，但是在涂层中仍然可以看出绝大多数粉末都已足够扁平化，因此复合粉末的两种组成都已在焰流中充分熔化。由于 Al_2O_3 粉末密度较小，因此当其质量分数达到 30% 时，截面图上显示的体积占比甚至超过了 50%。

为对比喷涂前后的物相变化，试验中针对四种复合涂层做了 XRD 衍射分析，结果如图 7.18 所示。从图中可以看出，衍射角在 40° ～ 50° 时，衍射峰出现宽化，表明涂层出现非晶，且非晶来源主要为 NiCrBSi。与 Al_2O_3 粉末不同的是，NiCrBSi－Al_2O_3 涂层中相主要为 α－Al_2O_3 和 γ－Al_2O_3，相比于 Al_2O_3 粉末 XRD 图谱(图 7.16(b))，涂层中多了 γ－Al_2O_3 而 β－Al_2O_3 却消失了。这是由于在焰流加热过程中，β－Al_2O_3 很容易转化为 α－Al_2O_3，而进一步的熔化导致部分

$\alpha-Al_2O_3$ 转变为 $\gamma-Al_2O_3$。但是随着熔融颗粒沉积到基体上，温度迅速下降，粒子在很短时间内凝固，这抑制了 $\gamma-Al_2O_3$ 的逆向转变，因而涂层中有少量的 $\gamma-Al_2O_3$ 残留。

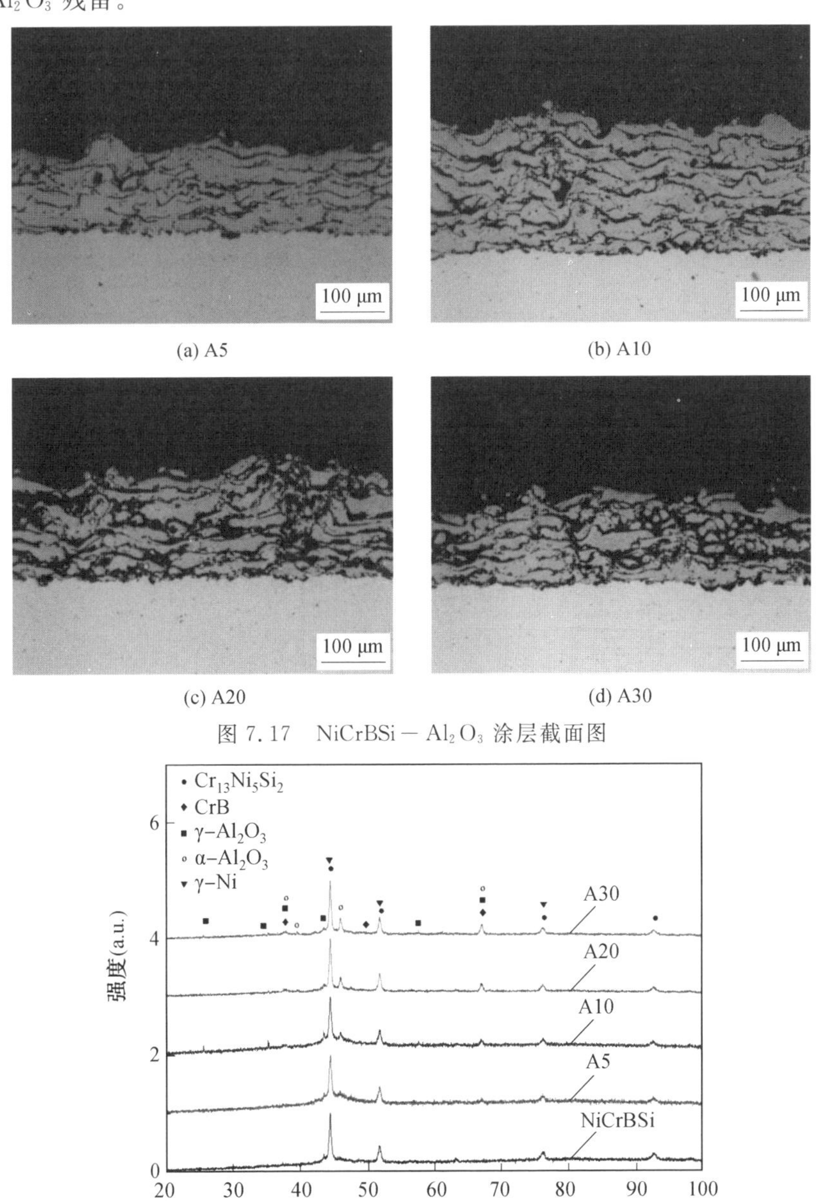

图 7.17　NiCrBSi－Al_2O_3 涂层截面图

图 7.18　NiCrBSi－Al_2O_3 涂层 XRD 图谱

7.2.3 干摩擦条件下 NiCrBSi－Al_2O_3 涂层摩擦磨损试验

将 NiCrBSi－Al_2O_3 涂层试件线切割成边长 15 mm 的正方形平面，抛光至表面无明显划痕，选用直径 4 mm 的 Si_3N_4 球(硬度为 1 272HV)作为对磨球，在干摩擦条件下使用 UMT－2 摩擦磨损试验机开展复合涂层的耐磨性试验。法向接触载荷、相对滑动速度和往复距离分别为 10 N、32 mm/s 和 8 mm，试验持续时间为 4 h。此外，在相同试验条件下，开展纯 NiCrBSi 涂层的摩擦磨损试验作为对比，以分析 Al_2O_3 对涂层摩擦学性能的影响。

如图 7.19 所示为 A5 ～ A30 及纯 NiCrBSi 等五组涂层的摩擦系数随滑动时间的变化规律，从放大图中可以看出，随着 Al_2O_3 质量分数的增加，涂层的摩擦系数也逐渐降低，从涂层结构分析 NiCrBSi－Al_2O_3 的主要减摩机理，这是由 Al_2O_3 性质决定的，NiCrBSi 由于硬度比较低，其黏着性比 Al_2O_3 高很多，因此涂层中主要摩擦阻力由 NiCrBSi 材料提供。随着 Al_2O_3 比例的逐渐增多，硬度较大的 Al_2O_3 材料慢慢成为摩擦副的主要对磨相，因此涂层的摩擦系数逐渐下降。

硬度较高的氧化物颗粒(如 Al_2O_3、Cr_2O_3 等)，作为一种硬质相，很好地镶嵌在涂层中，在涂层中起到提高涂层硬度和耐磨性能作用，作为主要的受力点承受摩擦行为以减少摩擦副对涂层其他材料的压力，有效减少涂层的磨损。

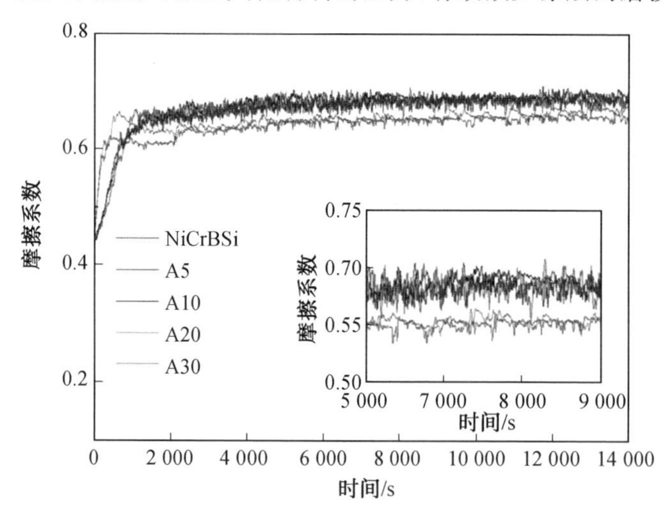

图 7.19 不同 Al_2O_3 含量的 NiCrBSi－Al_2O_3 复合涂层摩擦系数随时间的变化规律

通过三维光学显微镜检测体积损失，并通过相对滑动速度和试验时间计算滑动距离，根据 Archard 磨损模型，计算干摩擦条件下 NiCrBSi－Al_2O_3 涂层的磨损率，结果如图 7.20 所示。

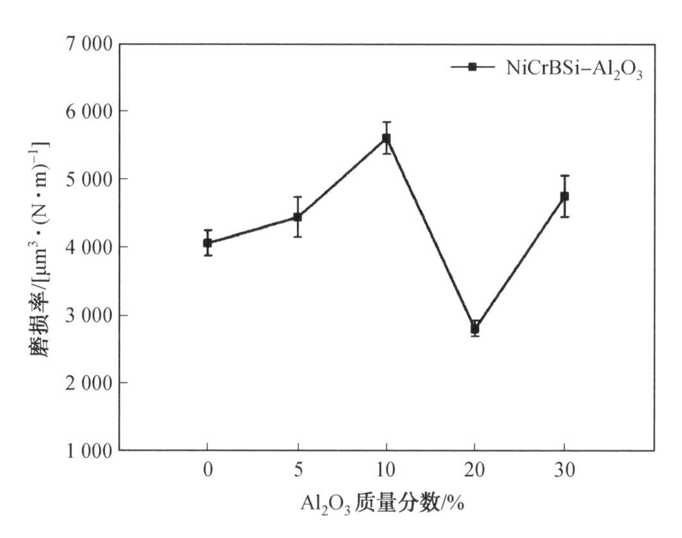

图 7.20　干摩擦条件下不同 Al_2O_3 含量 NiCrBSi－Al_2O_3 复合涂层磨损率计算结果

在干摩擦条件下，纯 NiCrBSi 涂层为 4 054 $\mu m^3/(N \cdot m)$，与不同质量分数 Al_2O_3 的复合涂层摩擦系数变化不同的是，涂层磨损率并非一味随着 Al_2O_3 质量分数的增加而降低，而是经过了一个“初期增大－中期减小－终期上升”的过程，其中 A20 涂层磨损率仅为 2 800 $\mu m^3/(N \cdot m)$，呈现最优值，也就是说在 Al_2O_3 质量分数为 20% 时涂层的耐磨性最好。究其原因：当 Al_2O_3 含量过少时，NiCrBSi－Al_2O_3 复合涂层中无法形成一个稳定的支撑结构，在摩擦副的作用下很容易脱落，形成磨粒，反而加剧磨损；然而，过高的 Al_2O_3 含量极大增加了涂层的脆性，容易整块断裂并脱落形成磨粒；此外 NiCrBSi 含量会随着 Al_2O_3 增加而减少，当没有足够的 NiCrBSi 材料稳定涂层，涂层组织结构会更差，致密性更低。

为了更直观地显示各涂层磨损情况，如图 7.21 和图 7.22 所示，分别为 NiCrBSi 以及 A5～A30 等五组涂层的磨痕深度数据和磨痕表面三维轮廓形貌照片。从图 7.21 中可以看出 4 h 试验后，涂层磨痕深度相对于涂层中 Al_2O_3 含量的规律与磨损率一致，最深的为 A10，与 A30 涂层，其深度均接近 20 μm；而深度最小的为 NiCrBSi 和 A20 涂层，只有约 10 μm。五组试验样品磨痕宽度相差不大，但最深与最浅的磨痕深度相差近两倍，这更能说明涂层中主要磨损机制为磨粒剥落而产生的犁削效应。

分析试验结束后五组涂层的磨损表面三维形貌，可以发现颗粒剥落情况更为明显。磨粒磨损是表面涂层摩擦磨损过程中最主要的磨损方式之一，也是造成工件机构破坏的主因。图 7.22 中黑色部分在图像拍摄原理上是样品拍摄目标区域存在坡度非常大的深孔，白光干涉无法接收到返回信号形成的，因此这一现

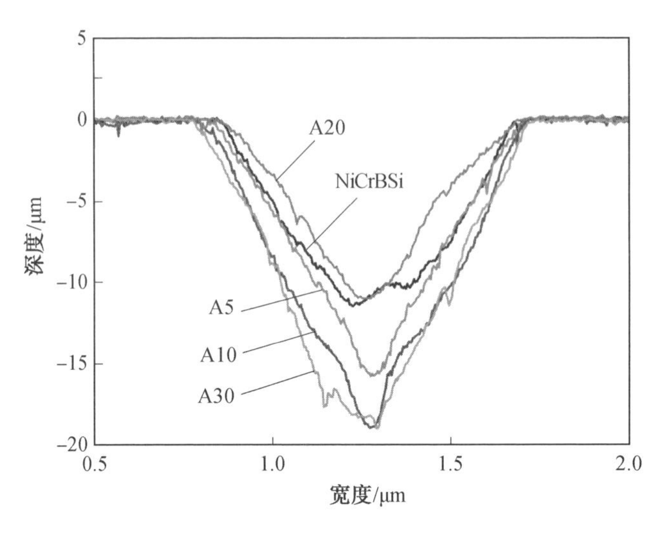

图 7.21　Al_2O_3 含量对涂层磨痕深度的影响

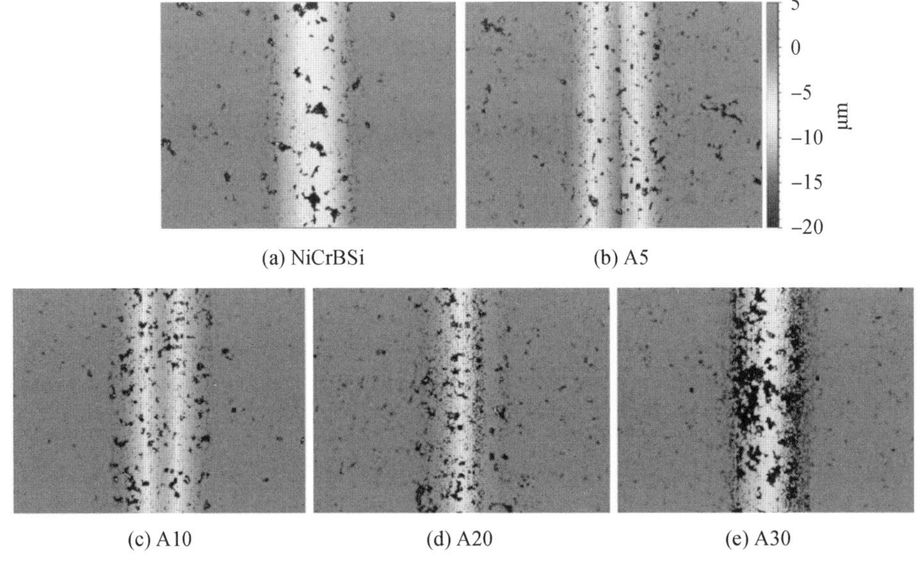

图 7.22　不同比例 Al_2O_3-NiCrBSi 涂层磨痕三维轮廓形貌

象证明了此处存在坡度较大的孔隙或剥落。

对比五组涂层的磨痕三维形貌图，可知在 7.22(a) ～ (c) 三个样品上的黑色部分是逐渐增加的，可以推断出这个阶段涂层磨粒磨损情况越来越严重；当 Al_2O_3 质量分数达到 20% 时黑色部分明显变得小而密（图 7.22(d)），这是由于

NiCrBSi 的固定以及 Al_2O_3 的内部作用力互相影响，涂层中的硬质颗粒不会大块脱落，因而起到第二项增强的作用；当 Al_2O_3 质量分数达到 30% 时，过量的 Al_2O_3 导致的涂层结构破坏变得非常明显(图 7.22(e))。因而，Al_2O_3 质量分数 20% 左右的 NiCrBSi－Al_2O_3 涂层具有更好的耐磨效果。

7.3　NiCrBSi－SiC 复合耐磨涂层制备、结构及性能

除了在 NiCrBSi 涂层(Ni60) 中添加 Mo、Zr 等金属元素和 Al_2O_3 等氧化物外，还可以基于 C 元素与 Ni、Cr 等生成化合物，在涂层中复合 SiC、WC、TiC 等高硬度碳化物粉末的原理，制备“NiCrBSi＋碳化物”复合涂层以提高其硬度和耐磨性。另外，纳米颗粒也可显著提高材料的摩擦学性能，性能的提高主要是纳米颗粒会填充材料表面的缺陷，并且在水润滑条件下发生水解在材料表面形成一层保护膜。基于此，本节采用机械球磨法制备了 SiC 质量分数为 5% 的 NiCrBSi－SiC 复合粉末，并采用等离子喷涂在 304 基体表面制备 Ni60－5%SiC 复合涂层。粉末及涂层的制备流程如图 7.23 所示。

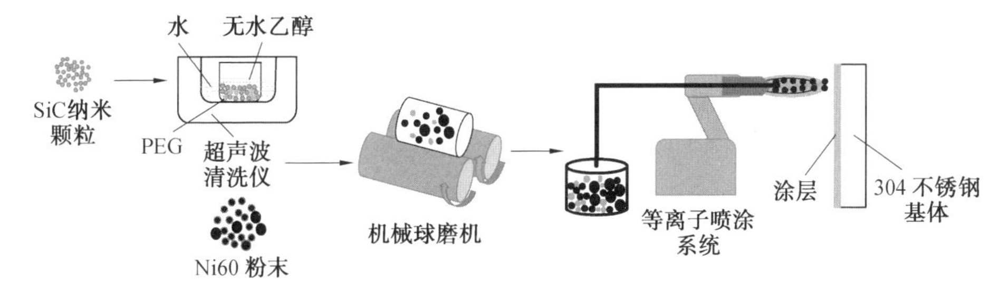

图 7.23　NiCrBSi－SiC 涂层制备流程示意图

由于 SiC 纳米颗粒的比表面积大、表面活性强，颗粒间易出现严重的团聚现象，因此，球磨过程中选用聚乙二醇 PEG 的无水乙醇溶液作为黏结剂，以抑制纳米颗粒的团聚。制备的 Ni60－5%SiC 复合粉末形貌如图 7.24 所示，喷涂工艺参数见表 7.4，在此条件下制备纯的 NiCrBSi 涂层做对比分析。

(a) (b)

图 7.24 Ni60－5%SiC 复合粉末形貌图

表 7.4 Ni60－5%SiC 复合涂层制备喷涂参数

H_2 流量 /(L·min^{-1})	电流 /A	电压 /V	Ar 气流量 /(L·min^{-1})	送粉速度 /(g·min^{-1})	喷涂距离 /mm	喷枪速度 /(mm·s^{-1})
4	516	50	40	50	100	200

7.3.1 Ni60－5%SiC 复合涂层显微形貌与物相组成

1.涂层显微形貌

经 Zeiss_Supra55 场发射扫描电子显微镜测得两组涂层抛光截面形貌如图 7.25 所示。涂层的平均厚度为 350 ～ 400 μm，与基体间的结合层存在明显的孔洞与裂纹，属机械结合。由图 7.25(b) 可知，随着 SiC 纳米颗粒的加入，Ni60 晶粒的尺寸减小，这主要是由于纳米颗粒的存在有利于晶粒成核，涂层微观组织结构较为致密。同时由于高温未熔、半熔和熔融粒子以较高速度撞击基体表面时发生扁平化，制备涂层的层状结构较为明显。除此之外，涂层抛光截面中存在一些不规则的孔洞等表面缺陷，其中一部分是涂层制备时形成的，另一部分是在金相抛光过程中氧化物颗粒剥落后造成的。

2.涂层物相组成

采用 X 射线衍射仪对涂层的物相组成进行测定，扫描速度为 0.24(°)/step，扫描角度为 20° ～ 100°，同时使用 Jade 5.0 对扫描结果进行数据分析，结果如图 7.26 所示。

由图可知两种涂层的物相组成大致相同，γ－Ni 衍射峰最高，这表明涂层相成分主要为奥氏体镍基。除此之外，其他物相组成主要为 NiC、Cr_2B、Cr_7C_3 和 $Cr_{23}C_6$ 等硬质相，这些硬质相使涂层的显微硬度和耐磨性能大大提高。

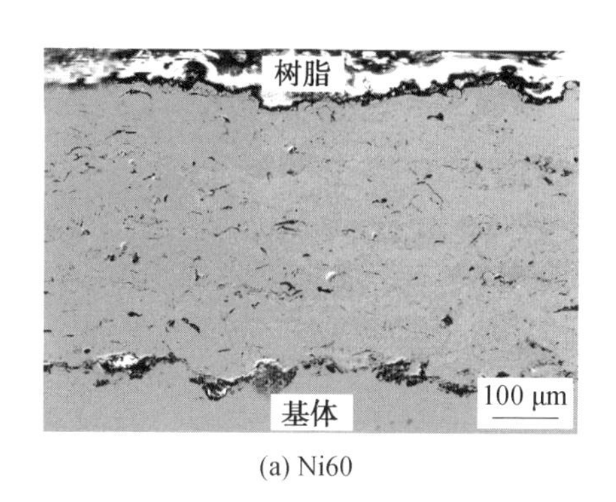

(a) Ni60

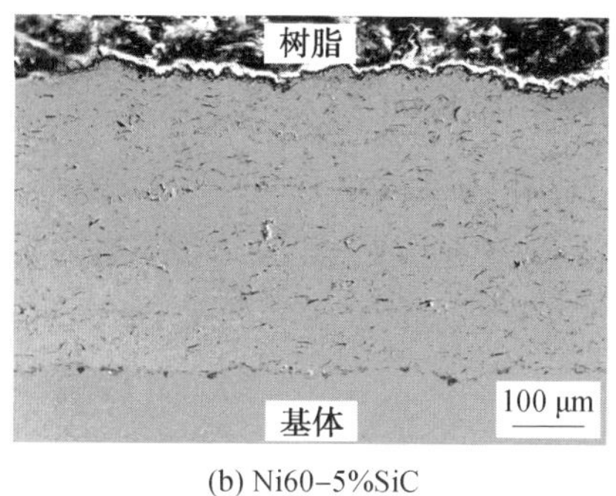

(b) Ni60-5%SiC

图 7.25　Ni60－5%SiC 涂层的横截面形貌

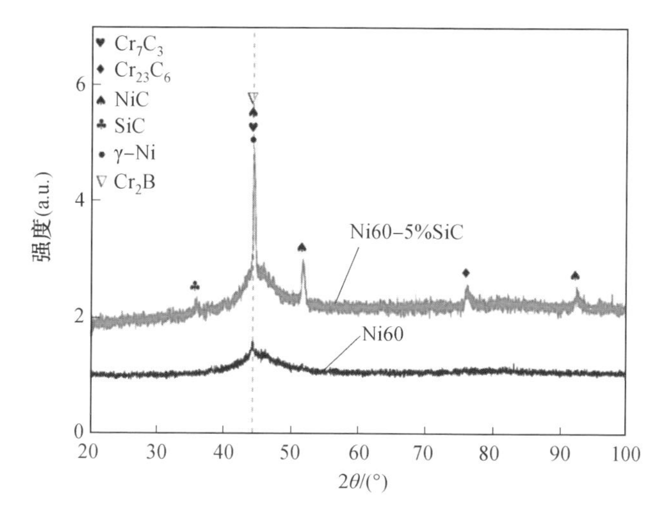

图 7.26　涂层的 X 射线衍射图谱

Ni60－5%SiC 涂层的 X 射线衍射图谱中发现少量 SiC 相的存在，可以推断出 SiC 纳米颗粒在喷涂过程中未完全分解。与 Ni60 涂层相比，复合涂层的衍射峰略微向更高的衍射角偏移，这就表明纳米粒子均匀溶解和分布于 Ni60 合金。同时，涂层 X 射线衍射图谱中 Fe 的氧化物等衍射峰强度较弱，说明在制备过程中涂层中的金属元素极少被氧化，这主要是由于喷涂时采用氩气作为惰性气体防止喷涂材料氧化。

7.3.2　NiCrBSi－SiC 复合涂层磨损性能表征

采用 HV－1000A 显微维氏硬度计在 100 g 载荷条件下进行维氏压痕试验，沿涂层横截面方向依次选取 4 个测量位置，其中每个测量位置处选取 9 个测量点，并计算每个测量位置的平均硬度作为该位置处涂层的显微硬度，结果如图7.27所示。

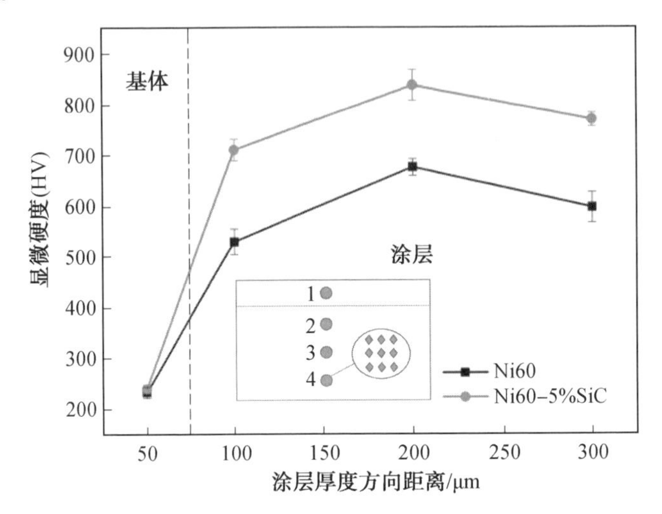

图7.27　涂层显微硬度在涂层厚度方向的分布

随着SiC纳米颗粒的加入，涂层的显微硬度提高了27%。对比分析涂层的XRD结果分析可知涂层显微硬度的提高主要是由于涂层中含有Cr_2B、Cr_7C_3、$Cr_{23}C_6$等硬质相，这些硬质相对基体的强化作用主要为第二相粒子的弥散强化作用。

1. Ni60－5%SiC复合涂层摩擦学试验结果分析

选用直径为5 mm的ZrO_2球作为对磨副，设定接触载荷和滑动速度分别为10 N和40 mm/s，在干摩擦和水润滑条件下开展NiCrBSi涂层和Ni60－5%SiC复合涂层的摩擦磨损试验，滑动总行程均为288 m，采集试验过程中的摩擦系数信号，并在试验结束后测定涂层的磨痕轮廓形貌、磨损体积和磨损界面上部分元素的化学状态，以揭示复合涂层的摩擦磨损特性，以及SiC纳米颗粒的减摩耐磨机理。

两组涂层在不同润滑条件下的摩擦系数信号随往复时间的变化规律如图7.28所示。摩擦开始阶段，光滑涂层表面被磨损，对偶球接触面增加，导致涂层的摩擦系数急剧上升；随后，干摩擦条件下(图7.28(a))，随着摩擦时间的增加，涂层中部分结合较弱的硬质相颗粒剥落，在接触表面留下凹坑，导致涂层的摩擦系数波动较大。

Ni60－5%SiC复合涂层的摩擦系数明显小于纯净的NiCrBSi涂层，表明SiC

纳米颗粒的加入降低了涂层的摩擦系数，这主要是纳米颗粒会对涂层表面的凹坑进行填充，使其表面平整，起到减摩的作用。这种减摩效果在水润滑状态更加显著，一方面是因为水介质承载了部分法向载荷，因此摩擦副表面接触状况得到显著改善；另一方面，SiC 纳米颗粒在摩擦过程中会发生水解反应，在磨痕表面形成 SiO_2 和 $Si(OH)_4$ 表面反应膜，增强润滑效果。

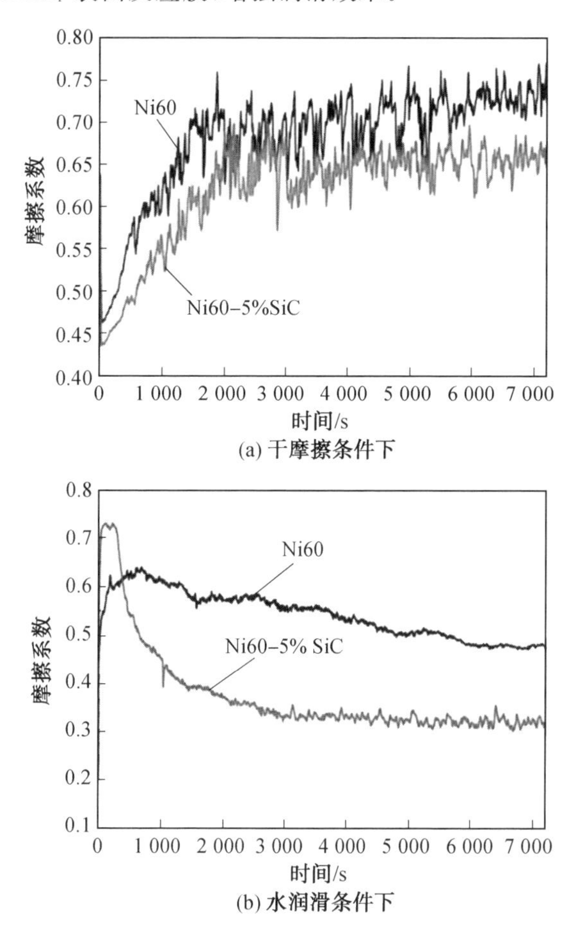

图 7.28　干摩擦条件和水润滑条件下涂层的摩擦系数曲线

根据测得的磨损体积，计算得到不同润滑条件下两组涂层的磨损率如图 7.29 所示。在两种摩擦条件下，SiC 陶瓷纳米颗粒的加入均可有效地降低 Ni60 复合涂层的体积磨损率：在干摩擦过程中，部分结合较弱的硬质相颗粒逐渐剥落或形成疏松的磨损颗粒。此时，涂层的磨损率大小主要取决于喷涂材料的硬度、硬质相颗粒的分布和涂层显微结构等。使用硬度为 1 380$HV_{0.1}$ 的 ZrO_2 球作为摩擦试验的对偶球，其显微硬度远高于涂层，因此硬度较低的涂层的体积磨损率较大。而在水润滑条件下，Ni60－5%SiC复合涂层中的陶瓷纳米颗粒会吸收水分子在摩擦接触表面发生水解反应以形成表面反应膜，抑制硬质相颗粒的剥落，起着减摩润滑的作用，从而显著降低涂层的体积磨损率。

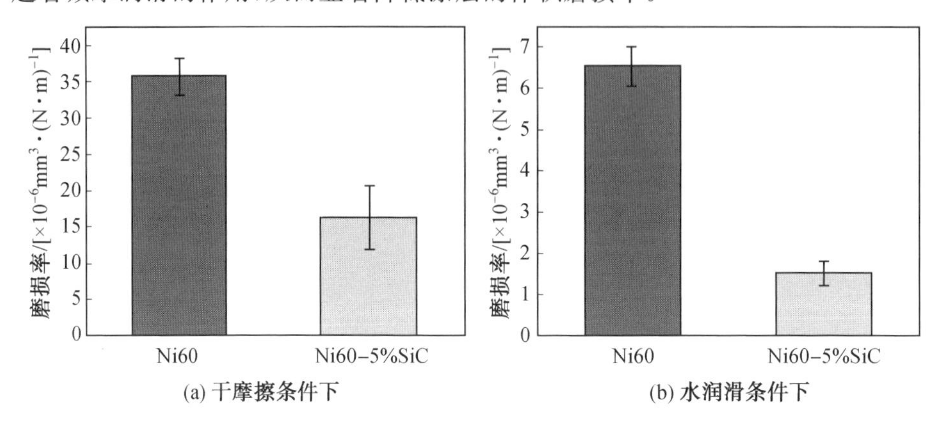

图 7.29　干摩擦条件和水润滑条件下涂层的磨损率

摩擦试验结束后，采用EDS检测涂层中部分元素分布，结果如图7.30所示。Si和O元素主要分布于涂层剥落区域和犁沟内，说明Ni60－5%SiC复合涂层在水润滑过程中发生水解反应，推断出涂层中的SiC纳米颗粒在摩擦过程中与H_2O发生反应生成SiO_2等覆盖在磨痕表面以形成反应膜，改善了摩擦副的接触状况，进而降低涂层的摩擦系数和体积磨损率。同时摩擦反应生成的SiO_2等表面反应膜，在摩擦过程中不断被破坏暴露出新鲜表面，不断重新生成润滑膜，加之SiC的韧性较差，其表面易发生断裂磨损，故对涂层耐磨性能的提升有一定的局限性。

随后，采用X射线光电子能谱仪对磨痕部分元素的化学状态进行分析，测得Ni60－5%SiC涂层的XPS全谱图和Si2p谱图如图7.31所示。摩擦表面检测到Ni、Cr、C、O和Si等元素存在。Si2p峰在101.9 eV和100.6 eV处的结合能分别对应于SiO_2和SiC，且SiO_2的衍射强度高于SiC，这意味着涂层中的大部分SiC纳米颗粒已发生水解反应生成SiO_2，然后SiO_2与水结合形成水凝胶。SiC和SiO_2纳米颗粒水解形成的SiO_2及其水凝胶都会在摩擦过程中形成边界膜，因此含有SiO_2及其水凝胶的摩擦膜是降低摩擦系数和提高涂层耐磨性的重要因素。

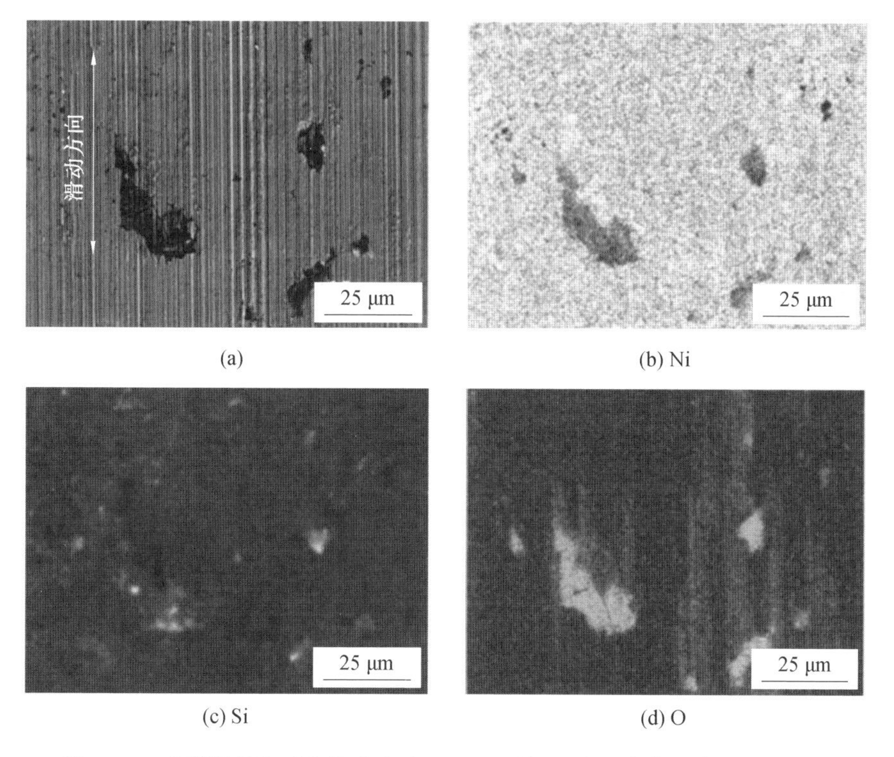

(a)　(b) Ni

(c) Si　(d) O

图7.30　水润滑条件下摩擦试验后 Ni60－5%SiC 涂层磨痕形貌及元素分布

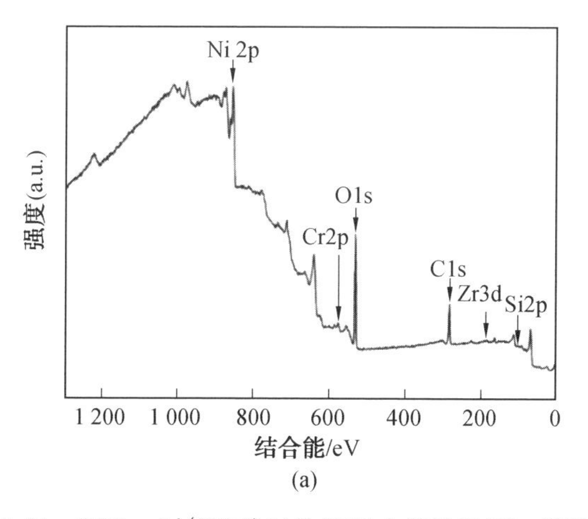

(a)

图7.31　Ni60－5%SiC 涂层的 XPS 全谱图和 Si2p 谱图

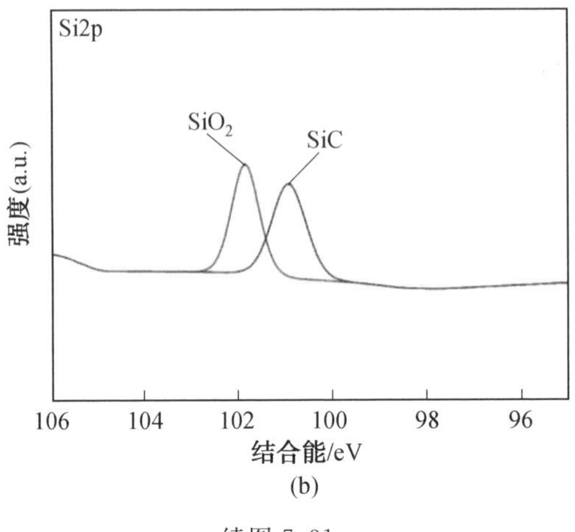

(b)

续图 7.31

2. 磨损机理分析

通过 SEM 表征涂层的磨痕形貌以研究其在不同摩擦条件下的摩擦机理。如图 7.32 所示为干摩擦试验后 Ni60 和 Ni60－5%SiC 涂层的磨痕形貌。Ni60 涂

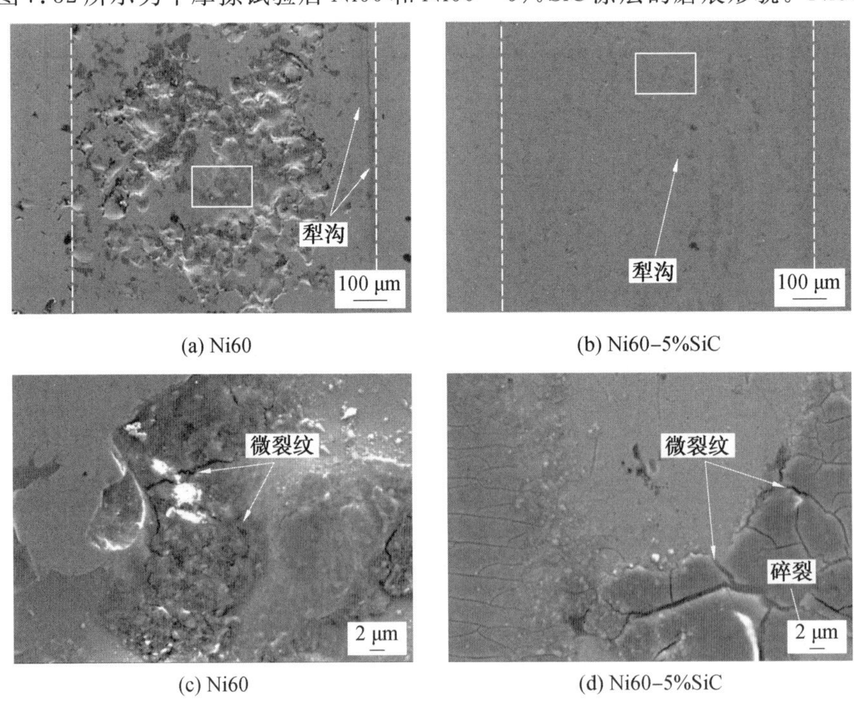

(a) Ni60 (b) Ni60-5%SiC
(c) Ni60 (d) Ni60-5%SiC

图 7.32　干摩擦试验后涂层的磨痕形貌

层磨痕表面表现为大量的颗粒剥落和少量犁沟。大量颗粒的剥落主要是由于涂层中裂缝的延伸，并且在试验过程中许多微小裂缝可以相互连接，从而导致颗粒在摩擦副施加的剪切应力下发生剥落；而犁沟主要是由于涂层中硬质相颗粒剥落后在对偶球的作用下在表面滑动形成的。上述结果表明 Ni60 涂层的磨损机理主要为磨粒磨损。相比于 Ni60 涂层，SiC 纳米颗粒的加入改变了涂层的磨损机理。Ni60－5％SiC 复合涂层磨痕表面除了一些片状剥落和裂纹外，涂层的犁沟相比于 Ni60 涂层较浅，可以推断出在摩擦过程中只有少量的硬质相颗粒发生剥落，表现出较高的黏着强度，因此 Ni60－5％SiC 涂层的磨损机理主要为黏着磨损和磨粒磨损。

在水润滑条件下，涂层的摩擦系数和磨损率显著降低，主要是因为结合处涂层表面被 H_2O 分子覆盖，H_2O 分子承受相当大的负荷，避免摩擦副直接与涂层表面相接触。此外，SiC 与 H_2O 反应生成 SiO_2 及其凝胶覆盖磨痕表面，可以提供边界润滑的效果，改善摩擦副与涂层表面的接触状况，有效地提高了复合涂层的耐磨损性能。如图 7.33 所示为水磨试验后 Ni60 和 Ni60－5％SiC 涂层的磨痕形貌。在水润滑条件下，涂层表面产生明显的犁沟以及少量的颗粒剥落和裂纹，因

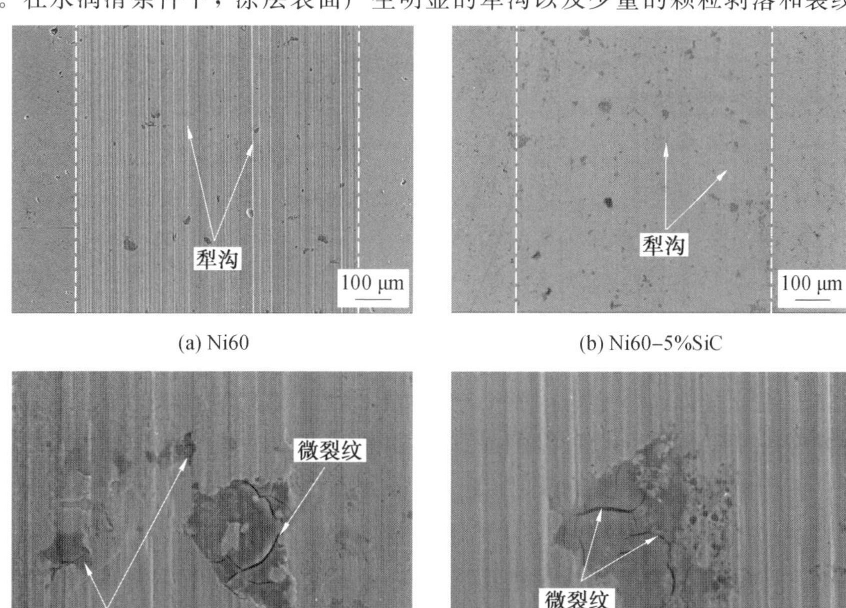

(a) Ni60　(b) Ni60-5%SiC

(c) Ni60　(d) Ni60-5%SiC

图 7.33　水润滑条件下摩擦试验后涂层的磨痕形貌

此两种涂层的磨损机理主要是磨粒磨损。Ni60－5%SiC 涂层中的犁沟深度比 Ni60 涂层浅，表明 SiC 纳米粒子对涂层中的凹坑进行填充，使其摩擦接触表面平整，从而减少磨损面积和摩擦阻力，起到增强润滑效果、减摩抗磨作用。综合 SiC 纳米颗粒的边界润滑效应和填埋效应，使得其相比于 Ni60 表现出优异的摩擦学性能。

7.4 NiCrBSi－SiO_2 复合耐磨涂层制备、结构及性能

水润滑条件下，Ni60－5%SiC 涂层中的 SiC 纳米颗粒经水解反应生成的 SiO_2，以及 SiC 纳米颗粒与水结合形成的水凝胶都是提高涂层耐磨性的重要因素。因此，本节将以 Ni60 粉末与 SiO_2 纳米颗粒为原料，制备 NiCrBSi－5%SiO_2 复合涂层(5SiNi60)，进一步揭示 SiO_2 纳米颗粒对 NiCrBSi 合金涂层组织、结构及性能的影响。5SiNi60 复合粉末制备过程及复合涂层的喷涂参数与 NiCrBSi－5%SiC 涂层基本一致。

7.4.1 5SiNi60 复合涂层显微形貌与物相组成

1.涂层显微形貌

如图 7.34 所示为平均厚度为 350～400 μm 的纯 Ni60 涂层和 5SiNi60 复合涂层的显微组织，两种涂层都呈现出层状结构，这主要是由于在沉积过程中高温板的扁平。此外，基于 Image J 软件对两种涂层的孔隙率进行计算，5SiNi60 复合涂层的孔隙率约为 3%，远低于纯 Ni60 涂层(11%)，因此 5SiNi60 复合涂层更加致密。可以推断 SiO_2 纳米粒子的存在有利于晶粒成核。此外，在 5SiNi60 复合涂层表面还发现了一些随机分布的孔洞，可能是由沉积过程中产生的孔洞，或是因试样制备过程中硬质未熔化颗粒的剥落引起的。

2.涂层物相组成

如图 7.35 所示为纯 Ni60 和 5SiNi60 复合涂层的 XRD 谱图。结果表明：在 44.38°、51.59°和 76.05°处，两种涂层的主相均为 γ－Ni，而涂层的增宽峰则表明非晶相的存在。在 XRD 谱中还发现了 $Cr_{23}C_6$、Cr_7C_3、Cr_2B 和 NiC 等硬质相，这些硬质相能显著提高涂层的力学性能和抗磨性能。同时，与纯 Ni60 涂层相比，5SiNi60 复合涂层谱图中 Ni 衍射峰减弱，表明 SiO_2 纳米颗粒的加入促进了晶粒细化。此外，两种涂层中金属氧化物的峰值强度相对较弱，说明涂层开始氧化，

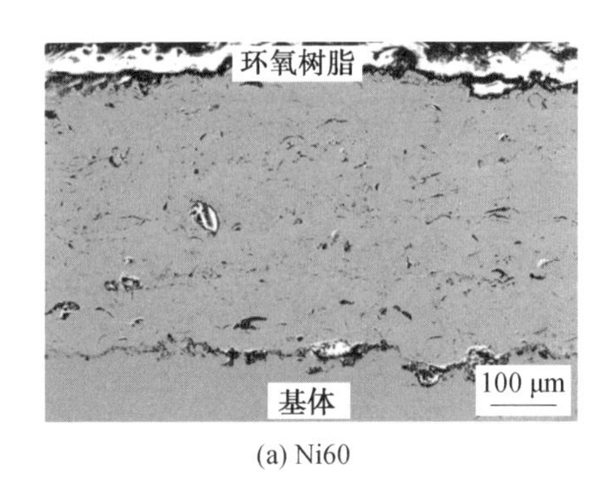

(a) Ni60

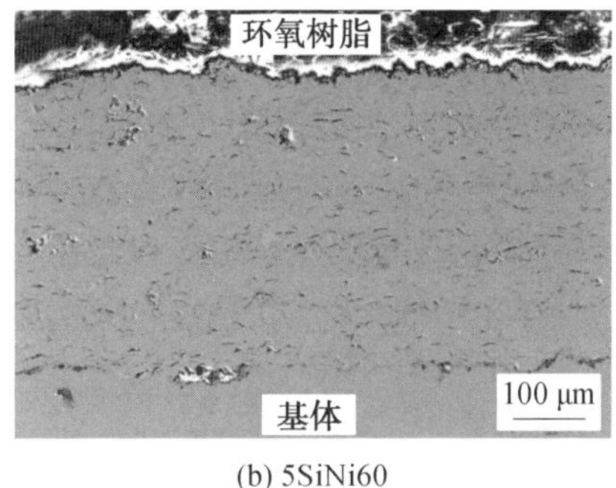

(b) 5SiNi60

图 7.34　涂层的横截面形貌

而粉末几乎没有被氧化，这主要是由于在喷涂中使用了 H_2 作为等离子体形成气体。

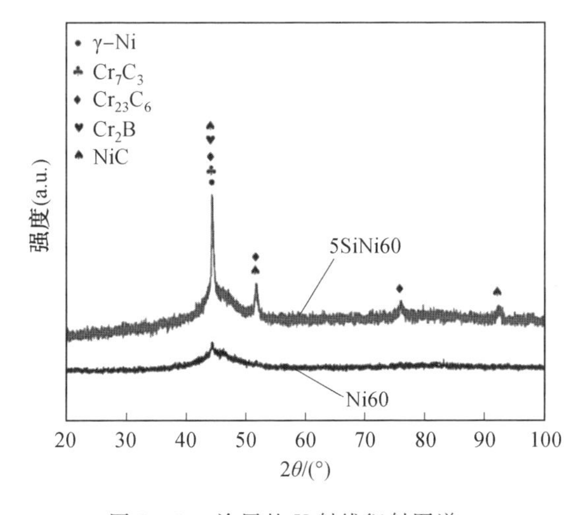

图 7.35　涂层的 X 射线衍射图谱

7.4.2 NiCrBSi－SiC 复合涂层磨损性能表征

如图 7.36 所示为基体材料、Ni60 涂层和 5SiNi60 复合涂层的显微硬度测试结果，从图中不难看出，Ni60 涂层和 5SiNi60 复合涂层的显微硬度相较 304 基体都有显著提升，分别达到 619.38±18.19$HV_{0.1}$ 和 744.98±17.79$HV_{0.1}$。根据物相分析结果可知，硬度提升的原因归结于涂层中存在的 $Cr_{23}C_6$、Cr_7C_3 和 Cr_2B 等硬质相所起到的弥散强化作用。此外，5SiNi60 复合涂层显微硬度的测试结果波动相对较小，表明 SiO_2 纳米颗粒在涂层中的分布相对均匀，5SiNi60 复合涂层的组织更加致密。

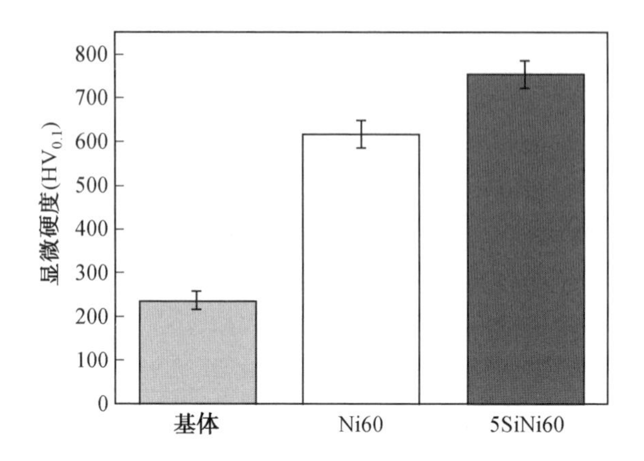

图 7.36　基体、Ni60 涂层及 5SiNi60 复合涂层显微硬度测试结果

1. 5SiNi60 涂层摩擦学试验及试验结果分析

通过采用 UMT－2 摩擦机分别在干摩擦和水润滑条件下以相同参数对试样进行往复式摩擦试验，选用直径 5 mm 的氧化锆球作为摩擦对偶球。试验条件：法向载荷 10 N，滑动速度 40 mm/s，总行程 288 m。磨痕轮廓形貌以及磨损体积通过三维光学显微镜进行表征和测量；利用 X 射线光电子能谱仪对摩擦截面上部分元素的化学状态进行分析。

304 不锈钢基体及两组涂层在不同润滑条件下的摩擦系数曲线如图 7.37 所示，纯 Ni60 涂层在干摩擦下的平均值约为 0.65。而加入 SiO_2 增强颗粒后，摩擦系数降至 0.61 左右。这通常是因为释放到界面上的 SiO_2 纳米颗粒起到了减少摩擦的作用。与干摩擦相比，水润滑条件下的减摩效果更为显著。从图7.37(b)中可以看出，由于润滑介质的存在，两种涂层的实时曲线急剧下降，并在一个稳定值附近波动，有效地转移了涂层与摩擦界面之间的直接接触。

两组涂层不同润滑条件下的磨损率及磨痕深度如图 7.38 所示，结果表明：5SiNi60 复合涂层的宽度和深度均小于 Ni60 涂层，特别是在水润滑条件下，表明 SiO_2 纳米颗粒在降低磨损中起着至关重要的作用。在所研究的条件下，SiO_2 纳米颗粒可根据不同的机理不同程度地降低涂层的磨损率。在干摩擦滑动过程中，一些黏接较弱的颗粒会逐渐脱落，形成松散的磨损碎片。两种涂层的磨损量还取决于添加颗粒的分布、涂层的相组成和涂层的组织。与纯 Ni60 涂层相比，5SiNi60 复合涂层在水润滑条件下的磨损率减小约 75%，这主要是由于 5SiNi60 复合涂层的硬质相和致密组织的存在。此外，纳米粒子还可以有效填充磨损表面，通过润滑介质的流动起到抛光作用，将碎屑磨成一个相对平坦的表面，也降低了涂层表面的损耗。

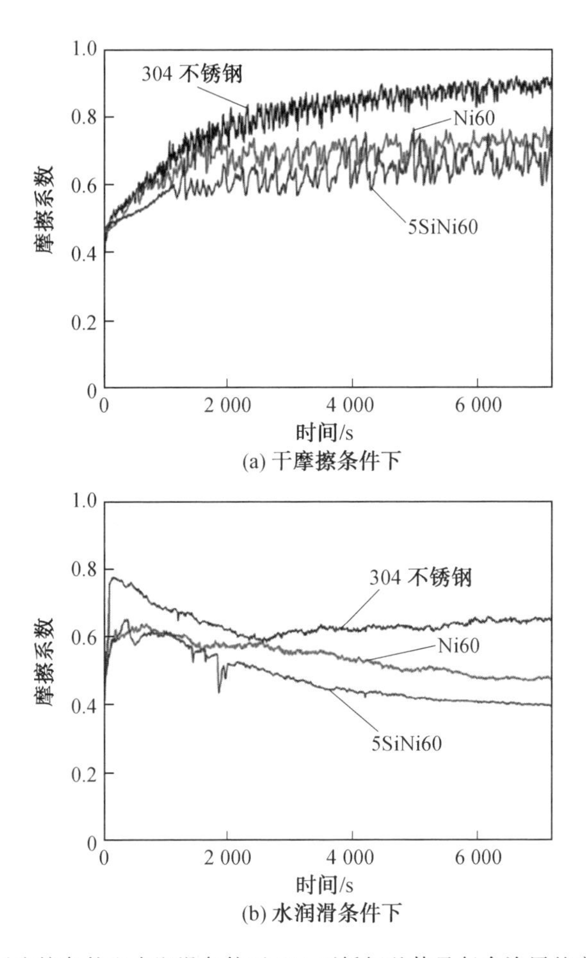

图 7.37　干摩擦条件和水润滑条件下 304 不锈钢基体及复合涂层的摩擦系数曲线

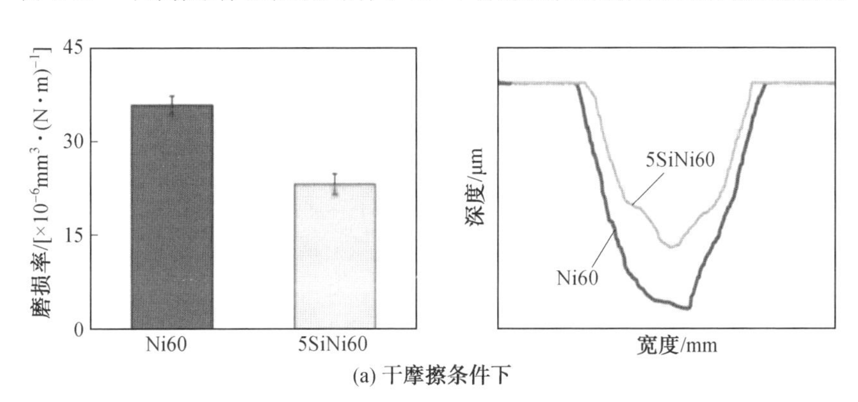

图 7.38　干摩擦条件和水润滑条件下涂层的磨损率及磨痕深度

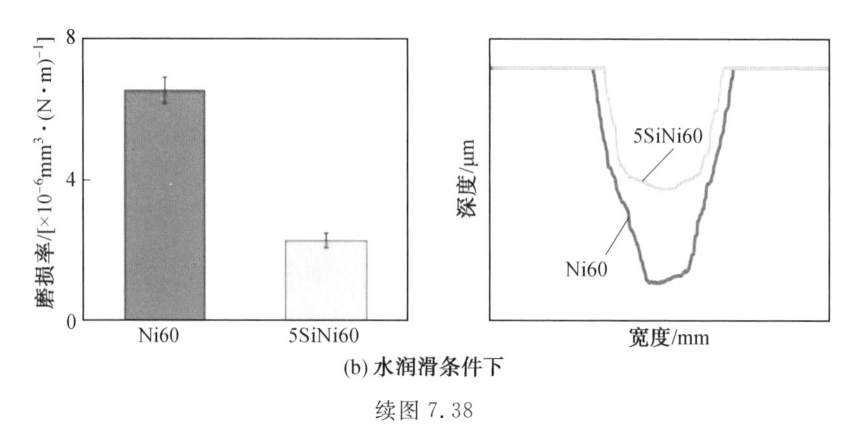

(b) 水润滑条件下

续图 7.38

2. 磨损机理分析

为了研究两种涂层在不同润滑条件下的磨损机理，采用扫描电镜(SEM)对两种涂层的表面组织进行了观察，结果分别如图 7.39 和图 7.40 所示。

如图 7.39(a) 所示，Ni60 涂层在干摩擦后出现了不连续的犁沟和大量的剥落。颗粒剥落导致微坑的形成，最终导致两种涂层的摩擦系数波动较大。此外，纯 Ni60 涂层的摩擦界面也出现了微裂纹。因此，磨损机理主要为磨粒磨损。然而，SiO_2 的加入导致了完全不同的磨损机制。从图 7.39(b) 和图 7.39(d) 可以看出，5SiNi60 涂层在微裂纹和犁沟不明显的情况下，呈现出微小的层状剥落，表现出优异的耐磨性能。几乎没有硬质相粒子复合涂层从界面脱落，显示出较高的黏接强度。试验结果表明 5SiNi60 复合涂层的主要磨损机制是磨料参与的黏着磨损。

如图 7.40 所示为水润滑条件下磨损涂层的 SEM 显微组织。两种涂层均存在犁沟、少量颗粒的剥落和微裂纹的扩展。其中，少量颗粒剥落引起的凹坑保留了润滑介质，因此在水润滑条件下获得了较低的摩擦系数。在法向载荷作用下，磨损碎片压入涂层中，形成微裂纹。由于去离子水的冷却和水润滑作用，因此摩擦过程中温度迅速下降，有效地阻止了摩擦磨损过程中微裂纹的扩展。在这种情况下，两种涂层的磨损机理主要确定为磨料磨损。与 Ni60 涂层相比，5SiNi60 复合涂层犁沟深度较浅，表明 SiO_2 纳米颗粒对凹坑具有自填充作用。由于 SiO_2 纳米颗粒的抛光作用，在干摩擦和水润滑条件下，SiO_2 纳米颗粒对磨损行为的改善有很大的影响。

根据以上对两种涂层形貌的分析，构建涂层磨损行为模型如图 7.41 所示。Ni60 基体与 SiO_2 纳米颗粒之间的结合机制为机械结合。在滑动摩擦试验中，接触界面会同时产生水平剪应力和垂直压应力，前者的应力作用会使磨屑发生弹

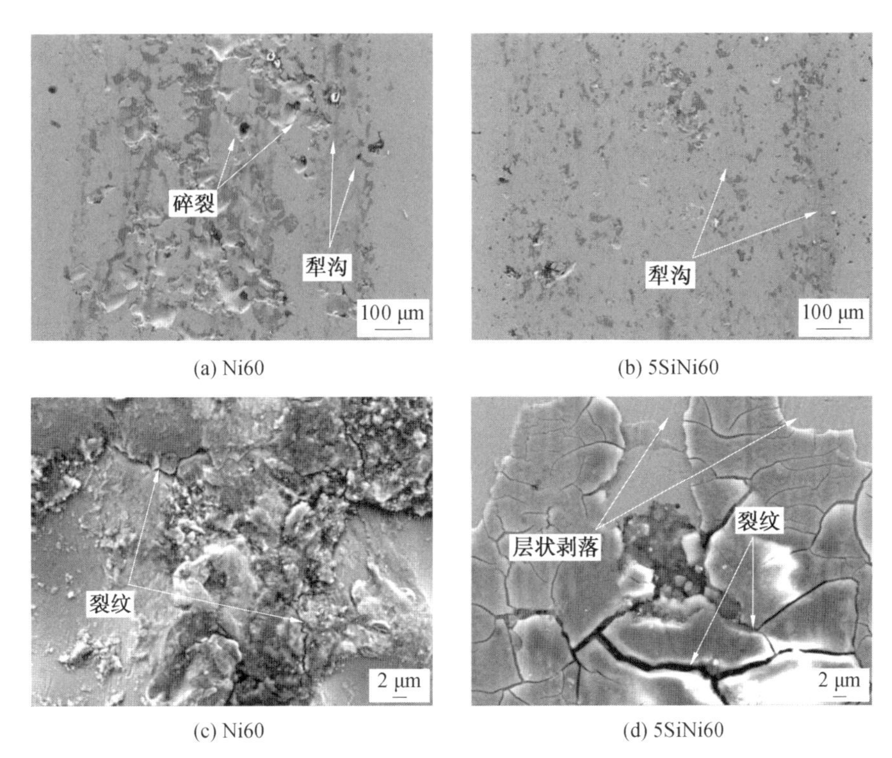

(a) Ni60　(b) 5SiNi60

(c) Ni60　(d) 5SiNi60

图 7.39　干摩擦条件下复合涂层磨损表面 SEM 显微形貌

塑性变形甚至剪切；而后者的应力作用会使磨屑被压入涂层中，形成犁沟和微裂纹。此外，Cr_7C_3、$Cr_{23}C_6$ 和 Cr_2B 等硬质相的存在可以有效地阻止摩擦过程中的裂纹扩展。

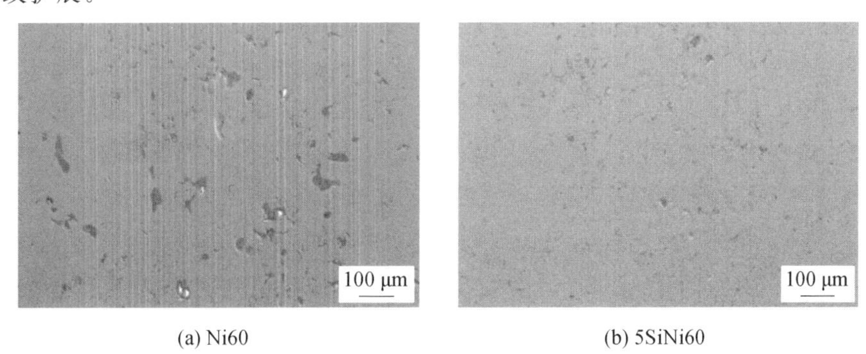

(a) Ni60　(b) 5SiNi60

图 7.40　水润滑条件下 Ni60、5SiNi60 涂层磨损表面 SEM 显微形貌

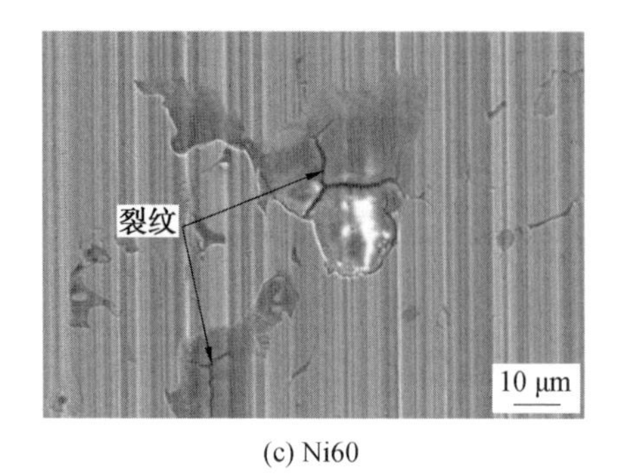

(c) Ni60

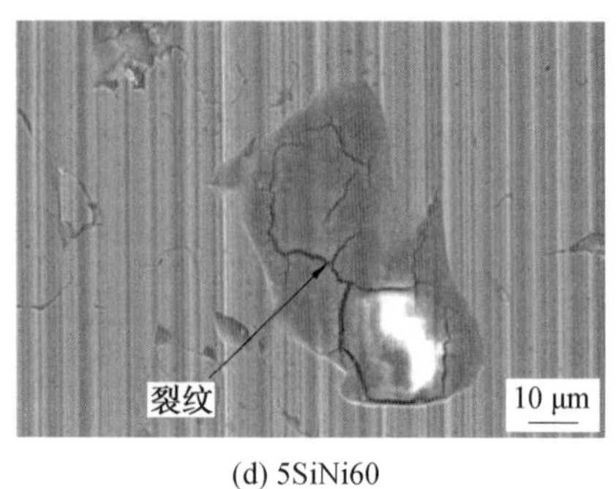

(d) 5SiNi60

续图 7.40

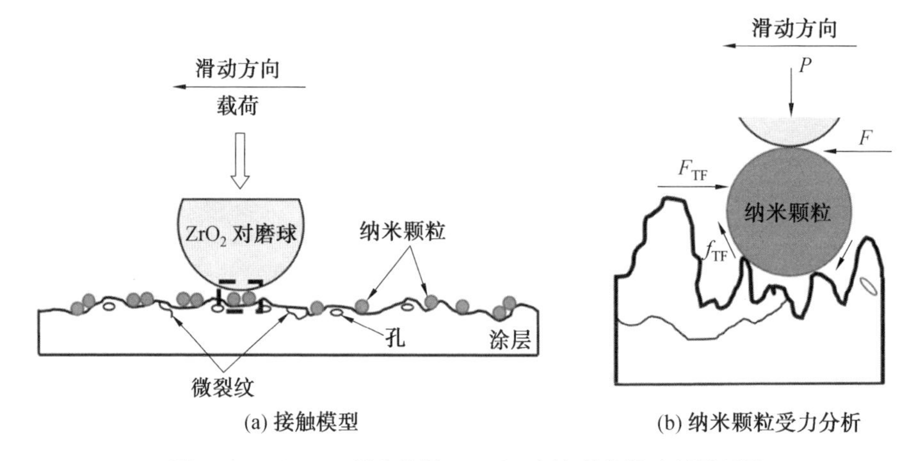

(a) 接触模型
(b) 纳米颗粒受力分析

图 7.41　5SiNi60 复合涂层－ZrO_2 摩擦副磨损过程原理图

本章参考文献

[1] 韩耀武. 等离子喷涂复合材料涂层（WCp、Al_2O_{3p}/NiCrBSi）的组织与性能研究[D]. 长春：吉林大学，2010.

[2]PEREPEZKO J H. The hotter the engine, the better[J]. Science，2009，326(5956)：1068-1069.

[3]ALI DILAWARY S A，MOTALLEBZADEH A，ATAR E，et al. Influence of Mo on the high temperature wear performance of NiCrBSi hardfacings[J]. Tribology International，2018，127：288-295.

[4]GUO H J, LI B, LU C, et al. Effect of WC-Co content on the microstructure and properties of NiCrBSi composite coatings fabricated by supersonic plasma spraying[J]. Journal of Alloys and Compounds, 2019, 789: 966-975.

[5]LUO T, WEI X W, HUANG X, et al. Tribological properties of Al_2O_3 nanoparticles as lubricating oil additives[J]. Ceramics International, 2014, 40(5): 7143-7149.

[6]HUANG S Q, HE A S, YUN J H, et al. Synergistic tribological performance of a water based lubricant using graphene oxide and alumina hybrid nanoparticles as additives[J]. Tribology International, 2019, 135: 170-180.

[7]ZHANG C, PEI S, JI H J, et al. Fabrication of Ni60-SiC coating on carbon steel for improving friction, corrosion properties[J]. Materials Science and Technology, 2017, 33(4): 446-453.

[8]HONG S, WU Y P, LI G Y, et al. Microstructure characteristics of high-velocity oxygen-fuel (HVOF) sprayed nickel-based alloy coating[J]. Journal of Alloys and Compounds, 2013, 581: 398-403.

[9]MATSUKAWA Y, YANG H L, SAITO K, et al. The effect of crystallographic mismatch on the obstacle strength of second phase precipitate particles in dispersion strengthening: bcc Nb particles and nanometric Nb clusters embedded in hcp Zr[J]. Acta Materialia, 2016, 102: 323-332.

[10] LARIBI M, VANNES A B, TREHEUX D. Study of mechanical behavior of molybdenum coating using sliding wear and impact tests [J]. Wear, 2007, 262(11/12): 1330-1336.

[11]HUI Z C, LI Z J, JU P F, et al. Comparative studies of the tribological behaviors and tribo-chemical mechanisms for AlMgB14-TiB_2 coatings and B_4C coatings lubricated with molybdenum dialkyl-dithiocarbamate [J]. Tribology International, 2019, 138: 47-58.

[12]YU X L, JIANG Z Y, ZHAO J W, et al. Effects of grain boundaries in oxide scale on tribological properties of nanoparticles lubrication [J]. Wear, 2015, 332/333: 1286-1292.

[13]MATSUKAWA Y, YANG H L, SAITO K, et al. The effect of

crystallographic mismatch on the obstacle strength of second phase precipitate particles in dispersion strengthening: bcc Nb particles and nanometric Nb clusters embedded in hcp Zr[J]. Acta Materialia, 2016, 102: 323-332.

[14] WANG X L, WANG Y P, SU Y, et al. Synergetic strengthening effects on copper matrix induced by Al_2O_3 particle revealed from micro-scale mechanical deformation and microstructure evolutions[J]. Ceramics International, 2019, 45(12): 14889-14895.

第 8 章

高熵合金耐磨涂层的结构及性能

近年来，高熵合金(high-entropy alloys，HEAs)由于其独特的多元固溶结构和优异的综合性能，引起了科研人员的极大关注。传统合金涂层设计的基本思想是以一种或两种元素为主，通过添加少量的其他元素来改善和提高合金粉末及涂层的性能，属于一种低熵涂层。随着HEAs的出现，高熵合金涂层(high-entropy alloy coatings，HECs)的研究进入快速发展阶段。研究结果表明：HECs不仅具有HEAs优异的性能，甚至某些性能还得到了显著的提升，在耐腐蚀涂层、高硬度涂层等领域都具有重要的应用前景。采用等离子喷涂技术在基体表面沉积合金涂层是制造领域的研究热点，高熵合金是一种新型的合金材料，将等离子喷涂技术与高熵合金材料结合，研究其微观组织与性能之间的关联，这对高熵合金涂层的制备技术、合金组织性能研究具有很高的研究价值，并且对于推进高熵合金在工业领域应用具有重要的指导意义。本章首先介绍高熵合金及高熵合金涂层的基本概念，随后以常见的FeCoNiCr－X系高熵合金为例，研究了其涂层制备、结构测试及摩擦学性能，重点探讨了元素掺杂及组分变化对FeCoNiCr－X系高熵合金涂层结构及性能的影响。

8.1 高熵合金概述

8.1.1 高熵合金定义及其核心效应

传统合金的设计理念是以一至两种元素为主元，通过添加少量其他元素实现合金性能的改善与提升，例如，以 Fe 元素为主元的钢铁合金体系和以 Al 元素为主元的铝合金体系等。该理念认为：合金体系中组元数量的增多会导致脆性金属间化合物以及其他复杂相的出现，使得材料性能恶化并难以分析。传统合金体系的设计范式导致了合金化学复杂性会随着成分的增加呈上升趋势。

20 世纪 90 年代，学者叶均蔚在研究非晶合金的基础上，突破传统合金的束缚，首次提出了等摩尔多主元合金的概念，并于 2004 年将其定义为高熵合金，也有学者将其称为多主元高熵合金、多组元高混乱度合金或等原子比多组元合金等。

高熵合金（HEAs）是一种超级固溶体合金，一般由 5 ～ 13 种元素组成，合金体系中没有主要组元，各组元之间按等原子比或近等原子比组成，合金的每种元素的原子数分数在 5% ～ 35% 之间。如图 8.1 所示即为传统合金和一类由 5 种元素构成的 HEA 原子结构差异对比，图中不同的圆圈颜色及符号代表了不同的元素类别。

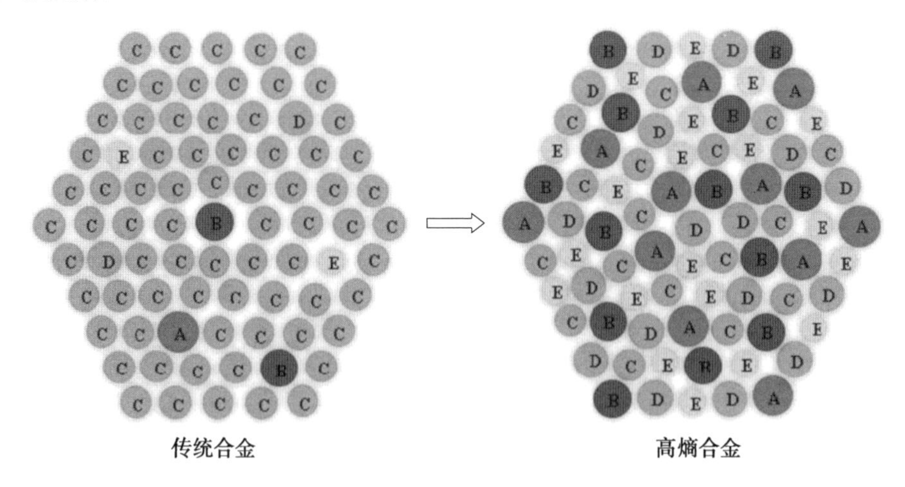

图 8.1　传统合金和高熵合金的原子结构差异

由于高熵合金内不存在原子数分数超过50%的元素作为主要元素，其特性由各组元集体领导。从热力学角度出发，HEAs的强化机理是以降低吉布斯自由能来实现的，即合金系统的混合熵提高会降低系统的自由能，从而抑制金属间化合物的生成，于是自由原子趋于固溶形式存在与合金体系中，得到较为稳定的简单固溶体。

叶均蔚等根据玻尔兹曼(Boltzmann)方程建立了高熵合金理论，认为当 N 种元素形成固溶体时，合金体系的位行熵(configurational entropy，ΔS_{conf})可表示为

$$\Delta S_{\mathrm{conf}} = -k\ln \omega = -R\sum_{i=1}^{N} X_i \ln X_i \tag{8.1}$$

式中，k 为玻尔兹曼常数，$k=1.038\times10^{-23}$ J/K；ω 为这一状态的热力学概率；R 为摩尔气体常数，$R=8.314\ 4$ J/(mol·K)；X_i 表示第 i 个元素的摩尔分数。

A. Takeuchi 等认为当 N 种组元按等摩尔比混合时，形成的合金体系位行熵达到最大值 $\Delta S_{\mathrm{conf}}=R\cdot\ln N$。由此可见，元素种类数目越多，合金系统的混合熵越大，如图8.2(a)所示。两种元素等摩尔比合金的熵为 $R\cdot\ln 2=0.693R$；5种元素等摩尔比合金的混合熵为 $R\cdot\ln 5=1.61R$。如图8.2(b)所示，以 $0.693R$ 和 $1.61R$ 为界将合金划分为低熵合金(low-entropy alloys，LEAs，一种组元)、中熵合金(medium-entropy alloys，MEAs，2～4种组元)和高熵合金(≥5种组元，但通常不多于13种)。

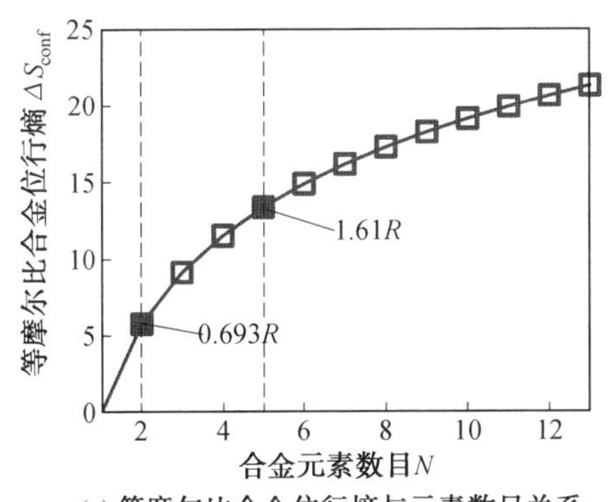

(a) 等摩尔比合金位行熵与元素数目关系

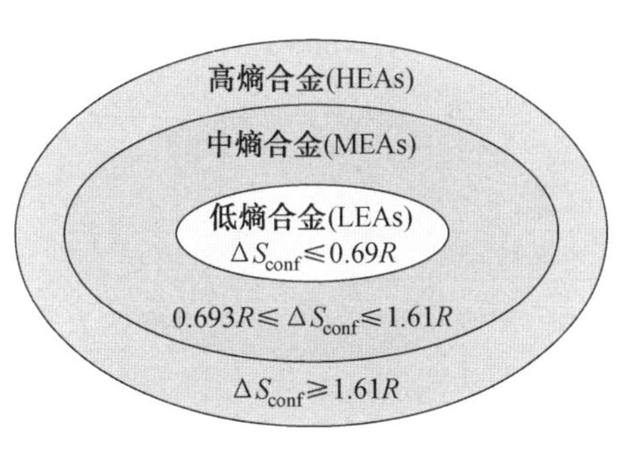

(b) 根据位行熵值合金材料分类

图8.2　等摩尔比合金位行熵与元素数目关系和根据位行熵值合金材料分类

对传统的非晶合金而言，其主要是通过控制合金的冷却速度来抑制新核的形成与长大，从而使固态合金长程无序化；而高熵合金则是通过合金元素间的相互作用来提高合金的混乱度及黏度，使得系统中原子的长程扩散更加困难，抑制

了合金中晶体的形核和长大。因此在熔炼时高熵合金常常倾向于形成面心立方(FCC)或体心立方(BCC)简单固溶体,而不易形成金属间化合物或者其他复杂有序相,并且具有纳米析出物的特征。

高熵合金独特的合金设计理念和显著的高混合熵效应,使其呈现出许多杰出的性能,例如,高强度、高韧性以及优异的耐磨性、耐腐蚀性和热稳定性。在很多性能方面具有潜在的应用价值,有望用于耐热耐磨涂层、模具内衬、磁性材料、硬质合金和高温合金等。

HEAs的定义随着研究的推进也有所改变,例如,Senkov等制备了一种W—Nb—Mo—Ta的四元难熔HEA;Nagase等制备了一种Zr—Hf—Nb的三元抗辐照HEA,二者均具有简单的BCC结构。因此对HEAs的定义不应只局限于主元的数量,而是要综合考虑合金是否具有HEAs的典型特点。科研人员针对HEAs的热力学、动力学、结构及性能总结出其四大核心效应。

(1) 热力学上的高熵效应。

根据吉布斯自由能 $G=H-TS$,一个系统的自由能是由系统的焓值 H 和熵值 S 两部分决定的。熵 S 是热力学中的重要概念,用于表征系统混乱程度,一个系统的混乱程度越高,其对应的熵值越大,则系统所具有的自由能越低。

高熵合金的高熵效应在微观层面上可解释为:合金系统中的各组分原子均匀混合,系统处于低自由能状态,使其具有较高的稳定性;同时,合金较低的自由能有效降低了合金有序化倾向,并有益于合金中各主元之间的相互溶解,最大程度上抑制脆性金属间化合物的形成,从而更易形成以固溶体为主的显微组织结构(FCC、BCC或HCP)。

(2) 动力学上的迟滞扩散效应。

与纯金属和传统合金相比,高熵合金的扩散速率比较缓慢。这是因为高熵合金由五种或五种以上元素作为主要组元,合金中原子所受周围原子作用产生的晶格畸变较大,不同原子的熔点大小及键结合强度各不相同,原子发生迁移时需要克服极大的晶格势垒,导致高熵合金固溶体的扩散速率及相变速率降低。

(3) 结构上的晶格畸变效应。

高熵合金所含原子种类众多并且原子半径大小差异明显,各元素原子随机占据晶体中点阵位置,与传统合金不同,高熵合金中的原子并无溶剂原子和溶质原子之分,这使得高熵合金具有较高的混合熵,原子之间相互作用会产生应力,为了保持局部原子的应力平衡,这势必会造成巨大的晶格畸变。高熵合金的这种严重的晶格畸变不仅对高熵合金材料的力学有影响,在电学、光学、热学等方面都会产生显著的影响,具有BCC结构的高熵合金普遍具有很高的强度和硬度,

在很大程度上取决于高熵合金显著的固溶强化作用及严重的晶格畸变所导致的内部应力的增加，从而阻碍了位错的运动。

(4) 性能上的“鸡尾酒”效应。

Ranganathan 指出：高熵合金具有“鸡尾酒”效应，是指合金中各组元的基本特性及它们之间的相互作用使得高熵合金呈现出一种复杂的效应。换言之，合金的一些微观性质会最终反映到合金的宏观性能上；而合金的性能会受到组成相的综合影响，包括晶粒形貌、尺寸、晶界及每个相的性能。因此，“鸡尾酒”效应更多强调的是任一主元不具备而通过混合带来的意想不到的性能效果。

高熵合金蕴藏着丰富的研究价值，近几年在高熵合金理论及性能研究方面发表的论文数量逐年递增，高熵合金已然成为金属材料领域的研究热点之一。

8.1.2　高熵合金涂层制备技术

传统块状高熵合金的制备主要采用熔铸法(或真空熔炼技术)制备，即在真空条件下，利用电极间产生的电弧热或者交变磁场产生的感应电流，按照设计好的高熵合金配比，将金属原料进行熔炼后得到块状高熵合金。根据加热源不同，可分为真空电弧熔炼和真空感应熔炼，现有的针对高熵合金组织、性能及应用研究大多也是基于熔铸法展开的。该方法制备的高熵合金晶粒细小且致密度高，化学成分比较均匀。但真空熔炼技术仍存在一些不足，如制备工艺烦琐、易生成难溶化合物、铸件耗材严重、制备成本高、铸件内易产生内应力等，限制了其在工业生产中的实际应用。

用于制备高熵合金涂层的材料不少于5种，不同金属原子的还原电位差异很大，导致难以用电镀、化学镀以及化学气相沉积技术制备出均匀的高熵合金涂层。表面涂层技术是以较低成本赋予零部件表面特殊性能和材料成形的有效手段，在高熵合金材料制备领域同样有着重要应用。

根据高熵合金的基本理论可知，可以分别从合金涂层体系的组元数量和位行熵值两个方面定义高熵合金涂层：一方面，高熵合金涂层是一种至少包含5种原子数分数为5% ~ 30% 合金元素的涂层，因此又可称为多主元合金涂层；另一方面，根据合金涂层体系的位行熵 ΔS_{conf} 将合金涂层分为低熵合金涂层(low-entropy coatings，LECs，$\Delta S_{conf} \leqslant R$)、中熵合金涂层(medium-entropy coatings，MECs，$R < \Delta S_{conf} \leqslant 1.5R$)和高熵合金涂层(high-entropy coatings，HECs，$\Delta S_{conf} \geqslant 1.5R$)3类。目前，HECs主要有以下3类：单一高熵合金涂层(如AlCoCrCuFeNi涂层)、高熵合金化合物涂层(如(TiZrNbHfTa)N涂层)和高熵合金基复合材料涂层(如高熵合金基陶瓷涂层)。

制备高熵合金涂层粉末通常采用机械合金法、粉末冶金法和气雾法等。其中机械合金法是指金属或合金粉末在高能球磨机中通过粉末颗粒与磨球之间长时间激烈地冲击、碰撞，使粉末颗粒反复产生冷焊、断裂，导致粉末颗粒中原子扩散，从而获得合金化粉末的一种粉末制备技术。采用机械合金法制备 HEA 粉末具有工艺简单、成本低廉等优点，且更容易得到纳米晶和非晶结构，从而进一步提高合金的性能。

目前用于制备高熵合金涂层的技术主要有放电等离子烧结技术(SPS)、激光熔覆技术、热喷涂技术等。此外，当需要制备高熵合金物理功能涂层、高熵合金纳米结构涂层等，要求厚度在 1 μm 以下的涂层时，还可选用物理气相沉积技术。具体制备原理如下：

(1) 放电等离子烧结技术。

放电等离子烧结技术(SPS)是将高熵合金粉末置于模具中，利用承压导电模具中通－断直流脉冲电流产生的放电等离子体，使粉末颗粒内部自身发热熔化，经过热塑变形与冷却工艺获得高熵合金块体。SPS技术集等离子活化、电阻加热和热压烧结为一体，能够在较低的烧结温度和较短的烧结时间内制备出具有致密度高、组织均匀和无成分偏析等特点的合金材料。但制备过程中受限于模具强度及尺寸，具有一定的局限性；且 SPS 烧结过程中对模具及耗材的消耗量较大，制备成本较高。

(2) 激光熔覆技术。

激光熔覆是一种利用高能密度激光束辐照，以一定方式将放置在基体表面上的涂层材料和基体表面的薄层同时熔化并快速凝固，涂层与基体间实现冶金结合的技术方法，其在工艺和理论上都具有制备高熵合金涂层的可行性。一方面，激光熔覆法使涂覆材料快速熔凝，能够阻止元素的扩散以及脆性的金属间化合物的形核与长大，保证高熵合金涂层具有简单的相结构；另一方面，对基体材料的特性影响很小，使得其对基体材料的要求不高，并且制备的高熵合金涂层与基体之间为冶金结合，结合强度很高。

激光熔覆技术是目前制备较厚高熵合金涂层的首选，此技术能够改善基层表面的耐蚀、耐磨、抗氧化等性能，目前采用此技术已制备出一系列高熵合金体系，如 $Al_{0.5}FeCu_{0.7}NiCoCr$、$AlCoCrFeNiTi_{0.5}$、FeCoCrBNiSi 等。

(3) 热喷涂技术。

热喷涂技术通过喷枪中阴阳极产生高频火花引燃工作气体，气体被加热并使之电离产生等离子弧，送粉气将粉末送入等离子射流中，跟随射流加速并加热至熔融或半熔融状态，以一定速率喷射至预处理后的基体形成特殊性能的涂

层。采用等离子喷涂技术制备高熵合金涂层,不仅可以以较低的成本在工件表面制备优异性能的高熵合金涂层,还便于推进高熵合金在工业生产的应用,开创了高熵合金制备工艺的新领域。Huang 等于 2004 年最早利用等离子喷涂技术制备了 $AlSiTiCrFeCoNiMo_{0.5}$ 和 $AlSiTiCrFeNiMo_{0.5}$ 两种涂层,发现制备的高熵合金涂层具有良好的抗氧化性和耐磨性,为热喷涂制备高熵合金涂层的后续研究奠定了基础。

目前常见的 HECs 的热喷涂制备技术包括等离子喷涂(APS)、超音速火焰喷涂(HVOF)、高速电弧喷涂(HVAS)等,制备出的 HECs 主要有 AlCrFeCoNi、AlTiCrFeCoNi、CrFeCoNi(Mn/Nb/Mo)、AlSiCrFeCoNi 等。相较于其他 HECs 的制备技术,热喷涂具备易于控制、成本较低、对基体的影响较小、便于工业量产等优点,虽仍存在涂层质量较差、易产生氧化物、组织结构不稳定等不足,但大量研究结果表明,热喷涂技术是制备高熵合金涂层的有效方法之一。

针对高熵合金及其涂层的研究仍主要以传统合金涂层理论为指导,尚缺乏更为科学的理论指导体系,上述涂层制备技术虽已成功应用于高熵合金涂层的制备,但仍存在各自的问题;此外,对涂层合金成分的设计多是基于"鸡尾酒"效应进行的反复尝试与试验,可能会造成资源的浪费和研发成本的提高。

因此,科研人员也提出了高熵合金涂层的发展目标:首先是深入研究高熵合金涂层的相关科学基础,形成完备的、科学的高熵合金理论体系,用于指导生产实践;其次,应致力于制备工艺的改进,甚至是新工艺的开发,从而充分挖掘高熵合金涂层的性能,以实现其在工业上的大范围应用;最后,可以考虑将分析建模与数值仿真等技术手段引入高熵合金涂层的成分设计与性能预测中,为精确高效地设计与制备出优质高熵合金涂层体系奠定基础,以实现高熵合金涂层优异性能的充分挖掘、降低涂层制备成本和涂层组织结构的精确控制等。

8.1.3　高熵合金涂层的减摩耐磨机理

材料的摩擦学性能主要包括耐磨和减摩两个方面,根据 Archard 磨损模型,材料的磨损量不仅反比于材料屈服极限及硬度,且与涂层界面的结合质量也密切相关;而涂层的减摩性能则更多地依赖于磨损过程中接触界面特殊物相或织构所形成的润滑性。高熵合金涂层对零部件材料的减摩、耐磨主要依靠合金材料主元设计、第二相掺杂和工艺处理等 3 类方法实现,其主要机理可归结为以下 4 点。

(1) 高熵合金中较强的固溶强化效应及硬质化合物产生的第二相强化,有效提升了涂层的抗塑性变形能力。

(2) 合金中大量纳米晶或非晶的存在优化了材料的微观结构与性能。

(3) 采用相容性较好的合金元素及合理的制备工艺有效提高了涂层的表面质量,例如,高熵合金涂层的时效处理可以起到释放残余应力、析出目标硬质相的作用,从而改善微观结构、提升涂层性能。

(4) 涂层中存在或在磨损过程中原位生成了固体润滑剂,通过以在高熵合金粉末中掺杂萤石、WS_2、石墨烯等固体润滑剂作为润滑相加以实现。

8.2 等离子喷涂 $FeCoNiCrSiAl_x$ 高熵合金涂层的摩擦学性能

高熵合金因其独特的设计理念而具有 4 大性能及结构上的特征,在耐蚀性、耐磨性、抗氧化性能等方面表现出不同于传统合金的优异性,弥补了非晶合金在应用中的室温脆性大、使用工况仅限低温等不足,在耐磨耐高温涂层、模具内衬、航天等领域具有广阔的应用前景。

Miracle 等统计了文献报道的 408 类合金,共计使用包括过渡金属、基本金属和镧系金属等在内的 37 组元素,平均每种 HEA 含有的元素种类约为 5.6 种。此外,统计结果表明 Fe、Ni、Co、Cr、Al、Cu、Ti、Mn 等元素出现的频次要远高于其余元素(表 8.1)。参照组织结构及组成元素将 HEAs 分为 4 类,如图 8.3 所示。

表 8.1 元素出现频次

元素	Fe	Ni	Co	Cr	Al	Cu	Ti	Mn
频次	348	341	301	301	274	186	121	101

FeCoNiCr－X 系高熵合金是研究最为广泛、综合性能最为优异的一类高熵合金,如 $Co_{1.5}CrFeNi_{1.5}Ti$ 和 $Al_{0.2}Co_{1.5}CrFeNi_{1.5}Ti$ 合金具有优良的耐磨性能,其硬度与耐磨钢 SUJ2 和 SKH51 相当,但耐磨性至少是传统耐磨钢 SUJ2 和 SKH51 的两倍。

8.2.1 $FeCoNiCrSiAl_x$ 高熵合金粉末与涂层制备

1. $FeCoNiCrSiAl_x$ 高熵合金粉末制备

选用电解的 Fe、Co、Ni、Cr、Si、Al 的纯元素粉末作为原料(粉末纯度 ≥ 99.5%,粉末粒径 < 38 μm),采用机械合金法制备 $FeCoNiCrSiAl_x$ 系高熵合金粉末。参照表 8.2 设计合金成分配比,采用精度为 0.001 g 的电子天平称取合金元素粉末,将粉末倒入滚筒球磨罐中,并在罐中放入 Al_2O_3 球(球料比为

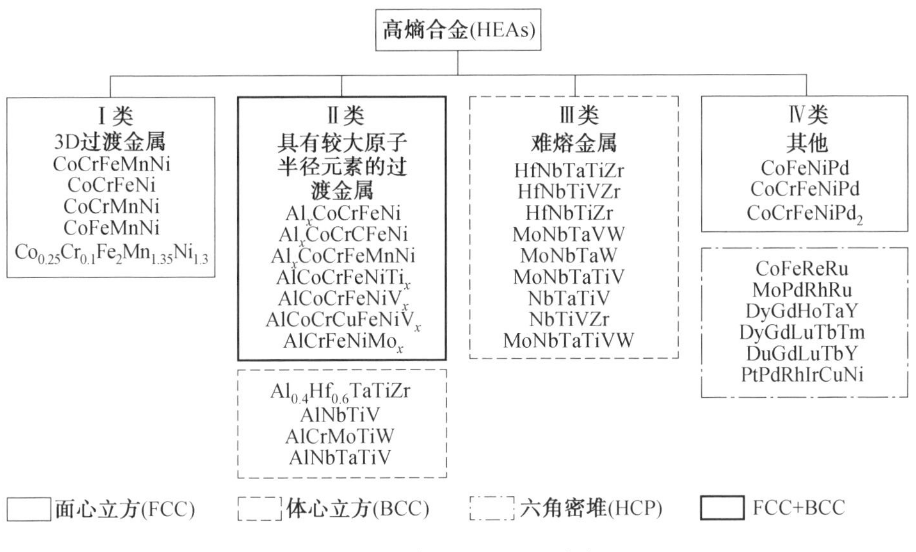

图 8.3　常见 HEAs 的分类

5∶1)，置于滚筒球磨机上将粉末混合至均匀。

表 8.2　$FeCoNiCrSiAl_x$ 高熵合金粉末的各组元成分配比(原子数分数)

x	Fe	Co	Ni	Cr	Si	Al
0.5			18.18 %			9.09%
1.0			16.67 %			16.67%
1.5			15.38 %			23.08%

将混合均匀的合金粉末采用高能球磨的方法制备了 $FeCoNiCrSiAl_x$ (x = 0.5、1.0、1.5) 高熵合金粉末。球磨采用真空不锈钢罐和 WC－12Co 球，球料比为 10∶1，在 Ar 气氛中以 250 r/min 的速度研磨了 15 h。为了使粉末在球磨过程中更好地进行合金化过程，每隔 5 h 中断一次，刮除黏附于球磨罐壁上的粉末。为保证粉末在热喷涂过程中具有良好的流动性，将研磨后的高熵合金粉末粒径进一步筛分至 38 ～ 75 μm。

2. $FeCoNiCrSiAl_x$ 高熵合金涂层制备

基体材料选用 304 不锈钢，喷涂前用 Al_2O_3 砂对其进行喷砂处理，使其变得粗糙。采用 F4MB－XL 枪对制备的 $FeCoNiCrSiAl_x$ 粉末进行喷涂，等离子枪由 ABB 机器臂操纵，并在喷涂过程中通过压缩空气来冷却。具体的喷涂参数见表 8.3。

表 8.3　$FeCoNiCrSiAl_x$ 高熵合金涂层等离子喷涂参数

喷涂参数	H_2 流量 /(L・min^{-1})	电流 /A	喷涂功率 /kW	Ar 气流量 /(L・min^{-1})	送粉速度 /(g・min^{-1})	喷涂距离 /mm
数值	6	500	30	40	30	120

3. 喷涂后处理

在 800 ℃ 的管式炉中，保护气氛为连续流动的 N_2，对喷涂的 $FeCoNiCrSiAl_x$ 高熵合金涂层进行 2 h 的热处理，以 10 ℃/min 的速度将温度升至目标温度进行保温。热处理后，关闭管式炉，使试样随炉冷却至室温。

8.2.2　$FeCoNiCrSiAl_x$ 高熵合金涂层的结构

1. 机械合金化粉末结构

如图 8.4 所示为 $FeCoNiCrSiAl_x$ 系高熵粉末经高能球磨后的 XRD 图谱。在原始混合粉末的 XRD 衍射图中可以清楚地找到所有合金元素对应的衍射峰，经过 15 h 的球磨过程后，各主元的衍射峰强度急剧减弱和拓宽。Si 和 Al 元素衍射峰基本消失，而属于 FCC 晶体结构(111)、(200)、(311) 和 BCC 晶体结构(110)、(200)、(211) 的峰均可从图 3.1 中清楚地识别出来。

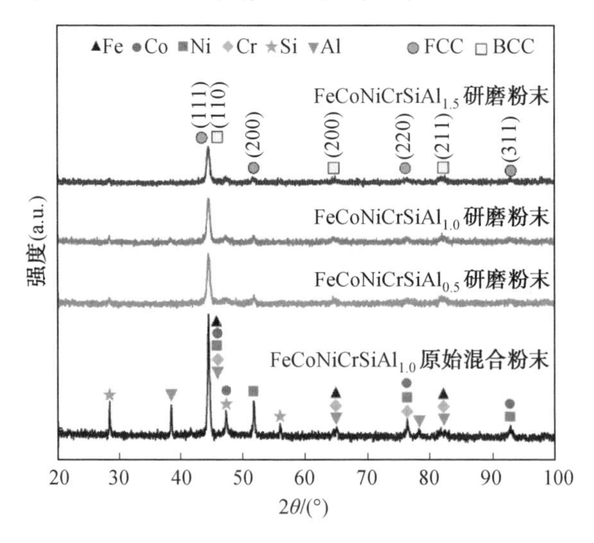

图 8.4　研磨后的 $FeCoNiCrSiAl_x$ 粉末的 XRD 图谱

FCC相(111)的最强峰与BCC相(110)的最强峰重合,随着Al原子数分数从9.09%增加到23.08%,除了43.4°处的峰值强度略有下降外,衍射图中没有发生明显的相位变化,所得结果与其他经球磨制备的高熵合金粉的XRD分析结果一致。合金粉末经过反复挤压、破碎会产生晶格畸变、应变和缺陷。一般认为元素峰强度的降低及其随后的消失可能与合金中产生较高的晶格畸变、晶粒的细化和结晶度降低有关。

如图8.5所示为球磨后的$FeCoNiCrSiAl_{1.0}$粉末的微观结构,从图8.5(a)可以看出球磨制备的$FeCoNiCrSiAl_{1.0}$粉末表面粗糙,呈颗粒状,粒子的平均尺寸约为55 μm。如图8.5(b)所示,利用SEM图和EDS图谱对$FeCoNiCrSiAl_{1.0}$单个颗粒进行了进一步表征观察,可以发现各主元元素均匀地分布在颗粒中。在球磨过程中,粉末间通过不断地挤压和破碎,使各合金元素冷焊接在一起,并且该过程可以减小混合粉末的尺寸,所得粒子的组分基本是均匀分布的。显然,经过长时间的球磨,颗粒的结构会被细化,并且粒径会减小。但是,通常认为热喷涂的最佳喷涂粒径在35～100 μm范围内。因此为了使球磨后的粉末更适合于等离子喷涂,将球磨时间设置为15 h,而无须进一步延长。

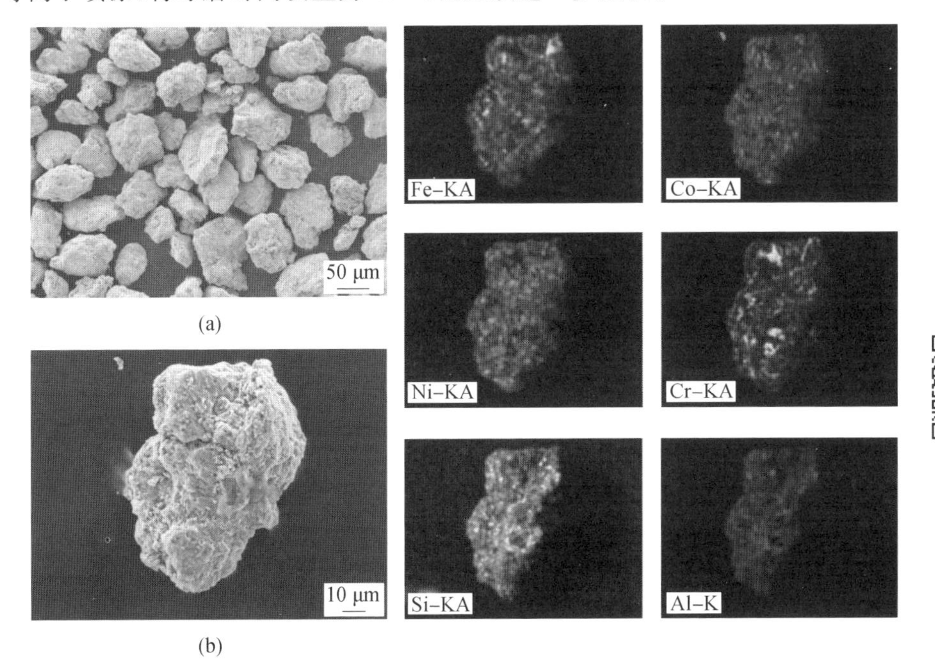

图8.5　研磨后的$FeCoNiCrSiAl_{1.0}$粉末和高倍率的SEM图和EDS图

2. 涂层结构表征

如图 8.6(a) 和图 8.6(b) 所示，分别为喷涂态和 800 ℃ 热处理 2 h 后的 $FeCoNiCrSiAl_x$ 涂层的 XRD 图谱。为方便比较，将球磨后的 $FeCoNiCrSiAl_{1.0}$ 粉末和喷涂后的 $FeCoNiCrSiAl_{1.0}$ 涂层的 XRD 图谱也置于图 8.6 底部。

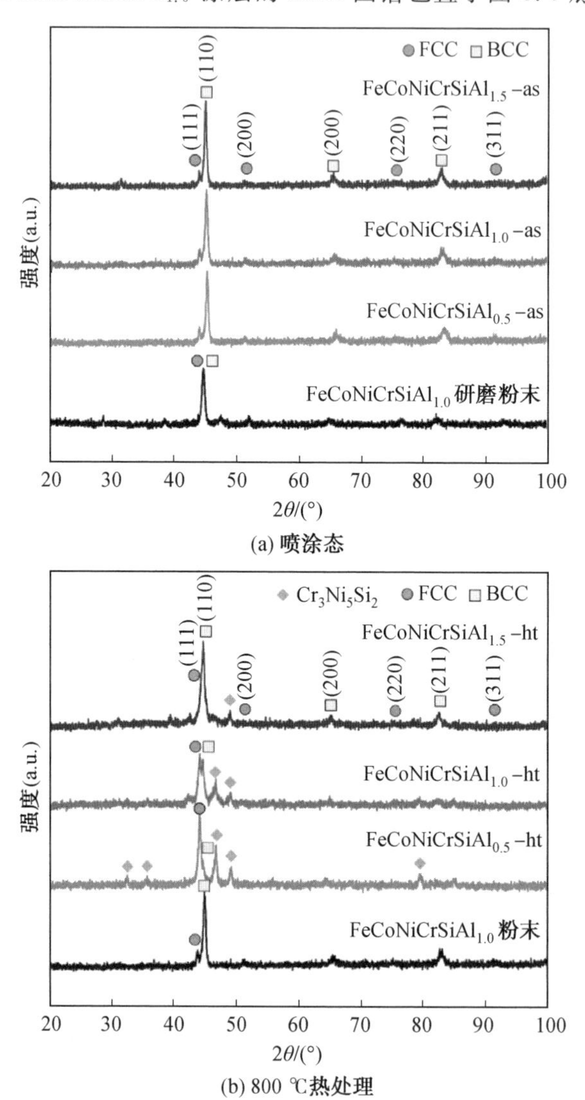

(a) 喷涂态

(b) 800 ℃热处理

图 8.6　等离子喷涂 $FeCoNiCrSiAl_x$ 高熵合金涂层的 XRD 图谱

as— 喷涂态；ht— 热处理

如图 8.6(a) 所示，在等离子喷涂之后位于 43.4° 的衍射峰分为在 43.1° 的 FCC(111) 峰和在 43.9° 的 BCC(110) 峰，并且 BCC 对应的峰值比 FCC 相的峰值强得多，这意味着等离子喷涂 $FeCoNiCrSiAl_x$ 涂层的主要相为 BCC 相，而 FCC 相的含量则较少。发生相变是由于在高温等离子喷涂过程中球磨后的合金粉末转变成更稳定的相。Al 含量的增加对喷涂态 $FeCoNiCrSiAl_x$ 层的微观结构没有明显影响。然而，值得注意的是 Al 的添加使衍射峰发生了较小角度的偏移，这可能是由于 Al 的原子半径较大，Al 含量的增加加剧了涂层内部的晶格畸变。

从图 8.6(b) 中可以看出涂层在热处理过程中发生了明显的相变。热处理 $FeCoNiCrSiAl_{0.5}$ 涂层的主要相为 FCC，而 BCC 相的量非常低，这与喷涂态涂层的相组成截然相反。除了 FCC 和 BCC 峰外，还可以清楚地看到与 $Cr_3Ni_5Si_2$ 相对应的另一组峰。热处理的 $FeCoNiCrSiAl_{1.0}$ 涂层的 FCC 峰和 BCC 峰的强度是相似的，这说明 FCC 和 BCC 两相在涂层中的含量大致相同，而且与 $FeCoNiCrSiAl_{0.5}$ 涂层相比，$Cr_3Ni_5Si_2$ 相的含量降低。但热处理的 $FeCoNiCrSiAl_{1.5}$ 涂层的 XRD 图谱与喷涂涂层没有显著差异，BCC 仍是主要相。这意味着热处理不会产生明显的结构变化，并且所有相都保持稳定。$Cr_3Ni_5Si_2$ 金属间化合物的形成需要较长的时间和较高的扩散温度，在热喷涂过程中，喷涂温度足够达到扩散要求，但是粉末在等离子火焰中的飞行时间不够长，而热处理可以促进不完全反应的进行。

如图 8.7 所示为喷涂态 $FeCoNiCrSiAl_x$ 涂层的横截面微观结构图，涂层的厚度约为 160 μm。如图 8.7(a)～(c) 所示，三种涂层均表现为典型的层状微结构，这是由于完全熔融颗粒与基板碰撞而形成扁平化粒子，随后迅速淬火而使得涂层厚度不断增加形成层状结构。图 8.7(d) 为高倍下 $FeCoNiCrSiAl_{1.0}$ 涂层的 BSE 横截面图，图中沿层片边界的黑色区域是气孔和氧化物，在喷涂冷却过程中，颗粒间的扩散受到限制并且颗粒流动受到阻碍，因此在喷涂涂层中的单个颗粒之间形成了孔隙。在层片边界附近聚集的氧化物是由于在飞行中氧化而产生的。此外，在图 8.7(d) 中发现了两个呈灰色区域的纯金属颗粒，这可能是将纯金属冷焊到不锈钢球磨罐壁上而产生的。

利用 EDS 分析各元素在 $FeCoNiCrSiAl_{1.0}$ 涂层横截面上的分布，如图 8.8 所示，可以看出 Fe、Co、Ni、Si 元素在涂层中的分布较为均匀。值得注意的是，Cr、Al、O 元素主要富集在层片边界处，这是由于 Cr 和 Al 元素的化学活性高，在等离子喷涂期间形成了 Cr_2O_3 和 Al_2O_3 相。根据图 8.6(a) 所示的 XRD 结果无法确定氧化物的峰，这表明氧化物的含量非常低。涂层中的氧化物一方面可以增加涂层的硬度并改善其耐磨性，另一方面会降低层间界面黏结强度，从而降低其耐磨性。

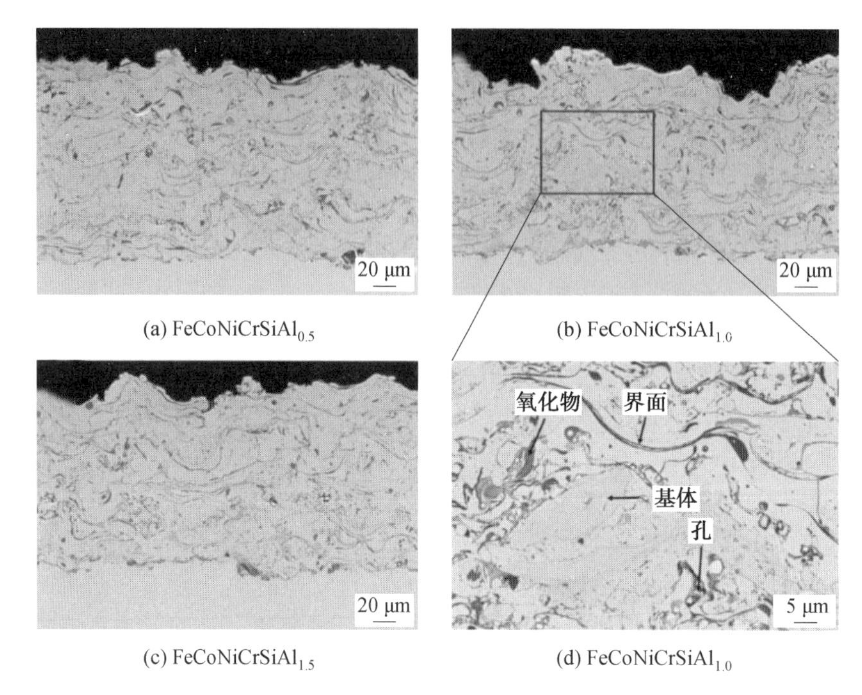

(a) $FeCoNiCrSiAl_{0.5}$ (b) $FeCoNiCrSiAl_{1.0}$

(c) $FeCoNiCrSiAl_{1.5}$ (d) $FeCoNiCrSiAl_{1.0}$

图 8.7 喷涂态 $FeCoNiCrSiAl_x$ 涂层的横截面微观结构图

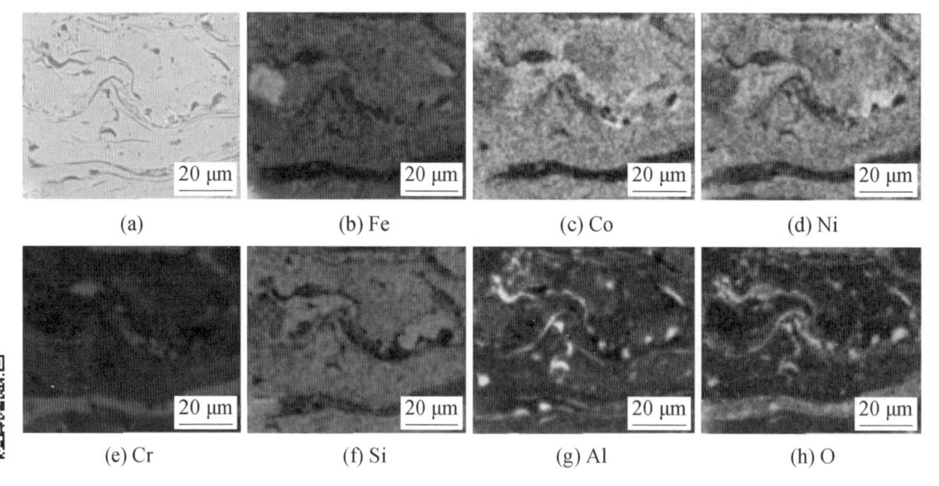

(a) (b) Fe (c) Co (d) Ni

(e) Cr (f) Si (g) Al (h) O

图 8.8 $FeCoNiCrSiAl_{1.0}$ 高熵合金涂层典型区域的 EDS 图

8.2.3 $FeCoNiCrSiAl_x$ 高熵合金涂层性能研究

1. 涂层显微硬度

如图 8.9 所示为喷涂和热处理的 $FeCoNiCrSiAl_x$ 高熵合金涂层的显微硬度。可以看出，喷涂的 $FeCoNiCrSiAl_x$ 涂层的显微硬度分别为 418±61HV(x=0.5)、439±63HV(x=1.0) 和 426±45HV(x=1.5)。在 FeCoNiCrSi 体系中添加 0.5～1.5 的 Al 对硬度影响不大，结合 XRD 结果分析，可以看出喷涂态涂层具有几乎相同的相结构(图 8.6(a))。显然，硬度随 Al 含量的变化与报道的高熵合金结果不一致。此外，热处理的 $FeCoNiCrSiAl_x$ 涂层的显微硬度分别可以达到 655±38HV(x=0.5)、666±55HV(x=1.0) 和 568±91HV(x=1.5)，热处理涂层的显微硬度至少是喷涂态涂层的 1.3 倍。

显微硬度的提高可归因于组成相的变化(图 8.6(b))。相硬度的顺序为：$Cr_3Ni_5Si_2$ 化合物＞BCC＞FCC。因此，由于存在 BCC 和 $Cr_3Ni_5Si_2$ 相，热处理的 $FeCoNiCrSiAl_{1.0}$ 涂层可获得最高的显微硬度。由于有大量的 $Cr_3Ni_5Si_2$ 相存在，$FeCoNiCrSiAl_{0.5}$ 涂层的硬度与 $FeCoNiCrSiAl_{1.0}$ 涂层相当。

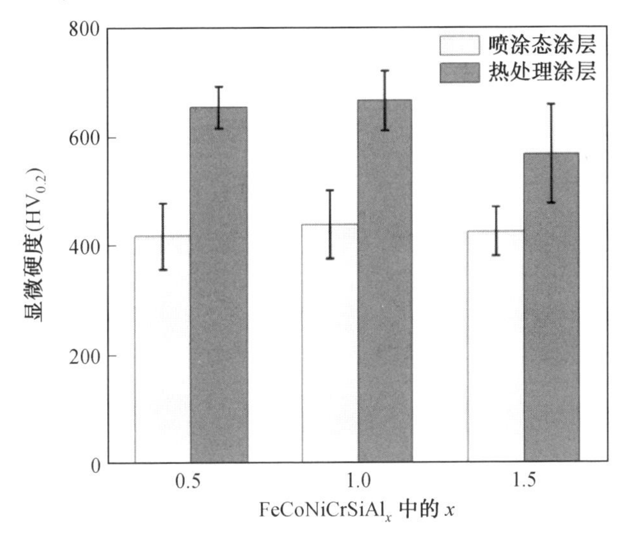

图 8.9　喷涂和热处理的 $FeCoNiCrSiAl_x$ 高熵合金涂层的显微硬度

2. 摩擦磨损试验

$FeCoNiCrSiAl_x$ 高熵合金涂层有潜力应用于修复球阀中磨损的球，根据其工作条件开展模拟试验。摩擦副选用直径为 4 mm 的 WC－12Co 球，设定法向载荷为 20 N，对应理论初始赫兹接触压力为 1.8 GPa，往复频率为 4 Hz，往复行程长度为5 mm，相应的滑动速度为40 mm/s。分别在干摩擦和水润滑条件下进行了测试，滑动距离分别设置为 100 m 和 800 m。在水润滑条件下设置更长的滑动距离是为了获得可测量磨损深度的磨痕。

3. 干摩擦条件下涂层摩擦学性能

如图 8.10 所示为在干摩擦条件下的喷涂和热处理后的 $FeCoNiCrSiAl_x$ 高熵合金涂层的摩擦系数曲线。如图 8.10(a) 所示，喷涂的 $FeCoNiCrSiAl_x$ 涂层的摩擦系数呈现出持续增大的趋势，并且在初始磨合期过后摩擦系数变得不稳定，平均摩擦系数在 0.55 ～ 0.65 之间，而摩擦系数的波动很可能是由于摩擦后期磨屑的产生与不断累积造成的。图 8.10(b) 表明：热处理的 $FeCoNiCrSiAl_x$ 涂层的平均摩擦系数与喷涂涂层相当，但经过短暂的磨合期后，热处理后的涂层可以获得稳定的摩擦系数，在滑动过程中，热处理后涂层的摩擦系数比喷涂涂层更加稳定，这可能是由于某些硬质相的产生保护涂层表面免受严重磨损和表面粗糙化的影响。

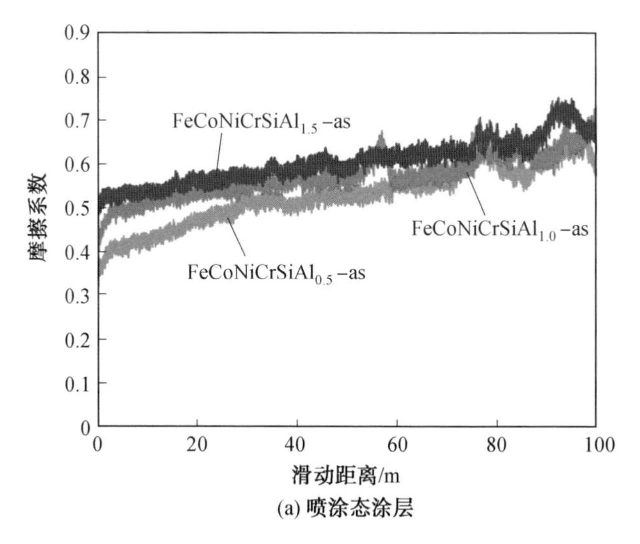

(a) 喷涂态涂层

图 8.10　干摩擦条件下喷涂和热处理后的 $FeCoNiCrSiAl_x$ 高熵合金涂层的摩擦系数曲线

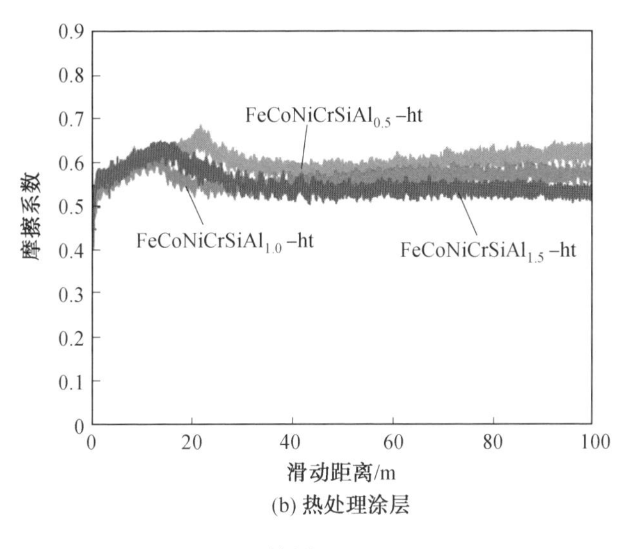

(b) 热处理涂层

续图 8.10

如图 8.11(a) 所示为在干摩擦条件下喷涂和热处理后的 $FeCoNiCrSiAl_x$ 涂层的磨损率，磨痕深度的轮廓线如图 8.11(b) 所示。随着 Al 原子数分数从 9.09% 增加至 23.08%，喷涂态 $FeCoNiCrSiAl_x$ 涂层的磨损率逐渐降低。$FeCoNiCrSiAl_{1.5}$ 涂层的磨损率最低，为 $3\times10^{-5}\ mm^3/(N\cdot m)$，约为 $FeCoNiCrSiAl_{0.5}$ 涂层的磨损率($5.5\times10^{-5}\ mm^3/(N\cdot m)$) 的 55%，由此可知在高熵合金中加入较多的 Al 会提高涂层的耐磨性能。

$FeCoNiCrSiAl_x$ 涂层经过热处理后，所有涂层的耐磨性都得到了极大的改善。$FeCoNiCrSiAl_{1.0}$ 涂层最低 ($6.7\times10^{-6}\ mm^3/(N\cdot m)$)，其次分别为 $FeCoNiCrSiAl_{1.5}$($8.1\times10^{-6}\ mm^3/(N\cdot m)$) 和 $FeCoNiCrSiAl_{0.5}$($1.6\times10^{-5}\ mm^3/(N\cdot m)$)；热处理的 $FeCoNiCrSiAl_{1.0}$ 涂层的耐磨性是其喷涂态涂层($4.3\times10^{-5}\ mm^3/(N\cdot m)$) 的 6.4 倍。

热处理过的 $FeCoNiCrSiAl_{1.0}$ 涂层的高耐磨性可归因于 BCC 和 $Cr_3Ni_5Si_2$ 相的形成。值得注意的是，所制备涂层的磨损率远低于 HVOF 喷涂的 $Al_{0.6}TiCrFeCoNi$ 高熵合金涂层 ($1\times10^{-4}\ mm^3/(N\cdot m)$)、激光熔覆的 CoCrBFeNiSi 高熵合金涂层 ($5.7\sim6.9\times10^{-4}\ mm^3/(N\cdot m)$)、铸态的 AlCoCrFeNi 合金 ($1.8\times10^{-4}\ mm^3/(N\cdot m)$) 和 $Al_{0.1}CoCrFeNi$ 合金 ($1.9\times10^{-4}\ mm^3/(N\cdot m)$)，说明 $FeCoNiCrSiAl_x$ 高熵合金涂层作为工作部件的保护涂层具有很大潜力。

如图 8.12 所示为喷涂态和热处理的 $FeCoNiCrSiAl_x$ 系高熵合金涂层在干摩

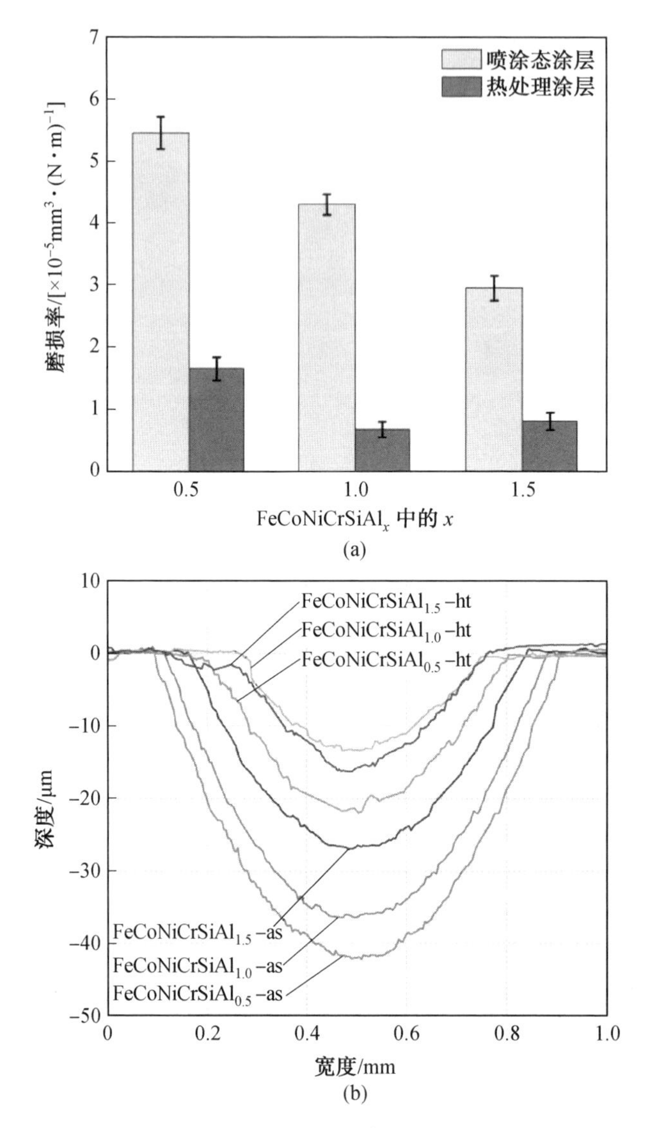

图 8.11　干摩擦条件下喷涂和热处理的 $FeCoNiCrSiAl_x$ 涂层的磨损率和磨痕轮廓线

擦条件下磨损表面的 SEM 图。图 8.12(a)、(c)、(e) 分别为喷涂的 $FeCoNiCrSiAl_x$($x=0.5$、1.0、1.5) 涂层的磨损表面。图 8.12(b)、(d)、(f) 分别为热处理的 $FeCoNiCrSiAl_x$($x=0.5$、1.0、1.5) 涂层的磨损表面。

如图 8.12(a) 所示，在磨损的表面上可以观察到一些由于片层剥落而形成的凹坑，在摩擦表面或剥落凹坑中存在少量磨屑，显然磨痕表面由于其硬度低而产

生严重的塑性变形。这些磨损特性导致喷涂态 $FeCoNiCrSiAl_{0.5}$ 涂层的磨损率较高。但从图 8.12(c)、(e) 中可以看出，由于较高的接触压力，喷涂态 $FeCoNiCrSiAl_{1.0}$ 和 $FeCoNiCrSiAl_{1.5}$ 涂层的表面比较光滑，在磨痕中心处观察到黏着磨损现象。

如图 8.12(b) 所示，在 $FeCoNiCrSiAl_{0.5}$ 涂层的磨损表面上观察到微裂纹和剥落坑。微裂纹由于在法向载荷下多次往复作用而引发，主要分布在片层界面处，因为热喷涂涂层具有一个共同特征 —— 层间的内聚结合强度较弱。由于涂层的硬度高且磨损率低，微裂纹在磨损之前有足够的时间引发和扩散，这可以解释为什么热处理涂层微裂纹的数量明显高于喷涂态涂层，而涂层的磨损率却低得多。微裂纹的不断扩展最终导致碎片剥落，与 $FeCoNiCrSiAl_{0.5}$ 涂层相比，$FeCoNiCrSiAl_{1.5}$ 涂层的剥落要轻微得多（图 8.12(f)），其次是 $FeCoNiCrSiAl_{1.0}$(图 8.13(d))，这与它们的磨损率结果一致。热处理的 $FeCoNiCrSiAl_{1.0}$ 涂层的磨损表面光滑的原因可能是相组成为 FCC + BCC + $Cr_3Ni_5Si_2$，特殊的相结构组成使得涂层在塑性与硬度之间达到了良好的平衡。

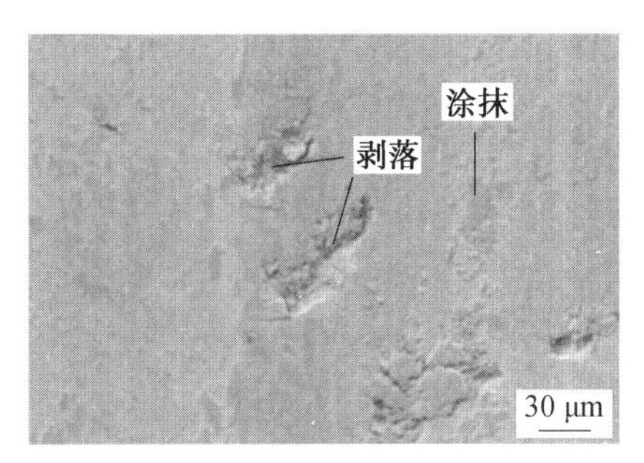

(a) $FeCoNiCrSiAl_{0.5}$-as

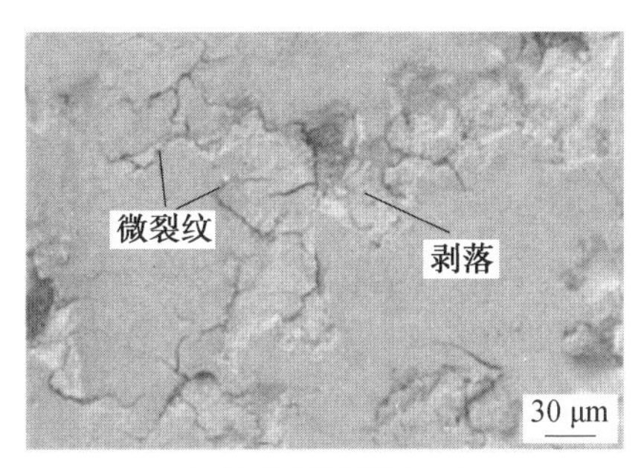

(b) $FeCoNiCrSiAl_{0.5}$-ht

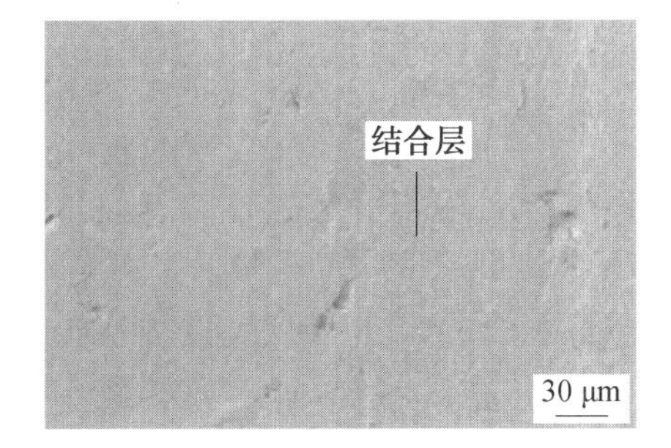

(c) $FeCoNiCrSiAl_{1.0}$-as

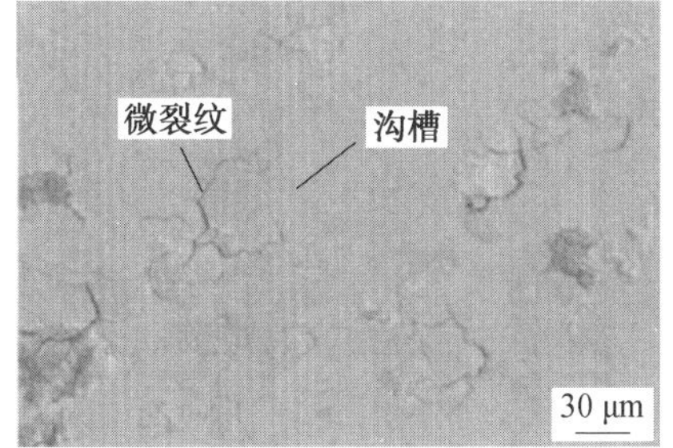

(d) $FeCoNiCrSiAl_{1.0}$-ht

图 8.12　喷涂态和热处理的 $FeCoNiCrSiAl_x$ 高熵合金涂层在干摩擦条件下磨损表面的 SEM 图

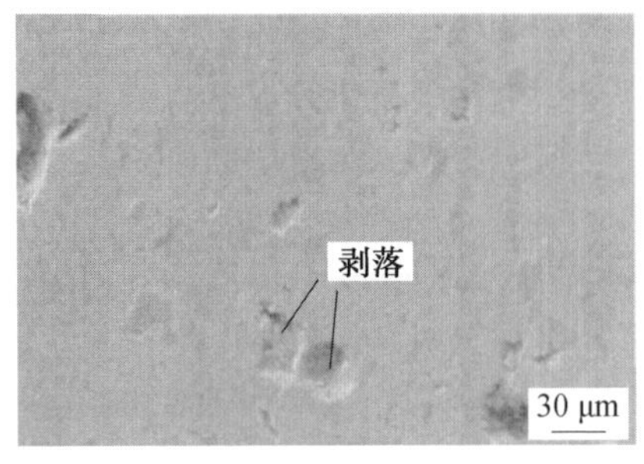

(e) $FeCoNiCrSiAl_{1.5}$-as

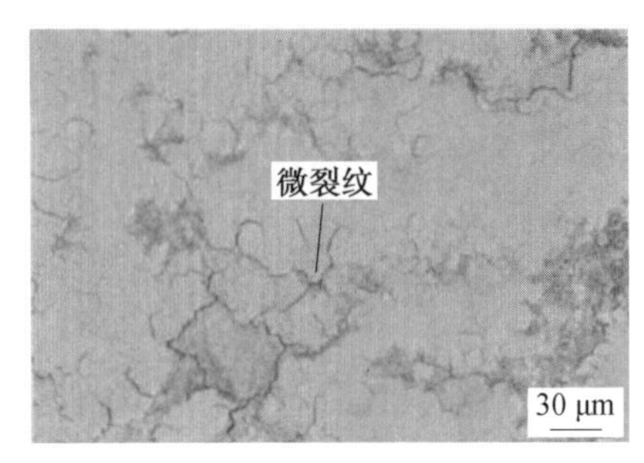

(f) $FeCoNiCrSiAl_{1.5}$-ht

续图 8.12

4. 水润滑条件下涂层摩擦性能

如图 8.13 所示为在水润滑条件下测试的喷涂态和热处理的 $FeCoNiCrSiAl_x$ 涂层的摩擦系数曲线。在喷涂态涂层中(图 8.13(a)),三种涂层的摩擦系数表现出相似的变化,均在初始磨合期时摩擦系数显著增加,随着滑动距离的增加逐渐达到约 0.45 的平稳状态,随着涂层中 Al 含量的增加,磨合期逐渐缩短。

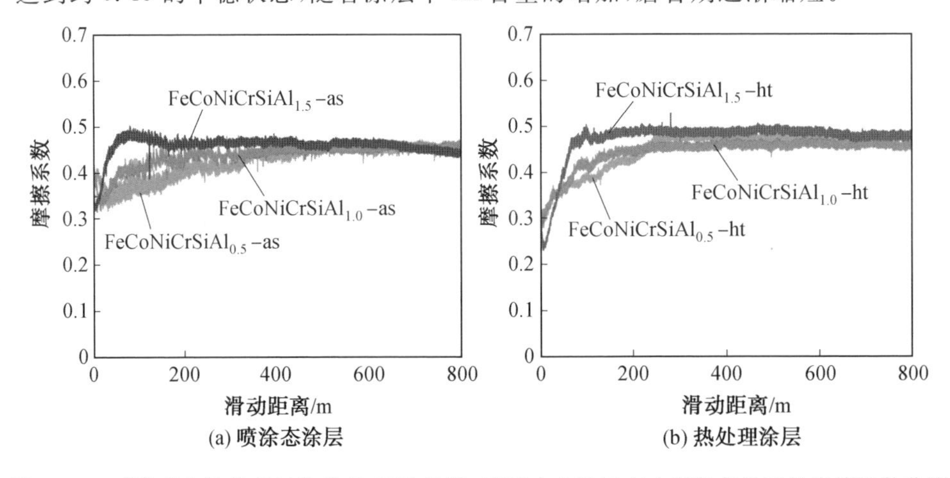

图 8.13 喷涂态和热处理过的 $FeCoNiCrSiAl_x$ 高熵合金涂层在水润滑条件下的摩擦系数曲线

与喷涂态涂层相比,热处理涂层摩擦系数(图 8.13(b))的波动较小,磨合时间较短。随着 Al 的添加,摩擦系数保持不变。将测试环境从干摩擦状态转变为水润滑状态会导致摩擦系数降低,这是因为水可以钝化暴露的摩擦表面并清除摩擦表面的磨屑,从而有助于减少摩擦表面的附着力,获得稳定的摩擦系数。

如图 8.14 所示为喷涂态和热处理的 $FeCoNiCrSiAl_x$ 系涂层在水润滑条件下的磨损性能。图 8.14(a) 为涂层的磨损率,虽然热处理的涂层具有较高的硬度,

但是喷涂态涂层和热处理涂层的磨损率相差不大，其磨损率在$(7.4 \sim 10) \times 10^{-7}\ mm^3/(N \cdot m)$之间。此外，Al 元素的添加对磨损率影响不大，$FeCoNiCrSiAl_{1.0}$ 涂层的磨损率仍然最低。涂层在水润滑条件下的磨损率明显低于在干摩擦条件下的磨损率，这说明涂层在水润滑条件下与在干摩擦条件下的磨损机理存在显著差异。磨痕轮廓线如图 8.14(b) 所示，由于磨屑与摩擦表面相对滑动造成磨损，在磨痕中间部分有较深的凹槽。

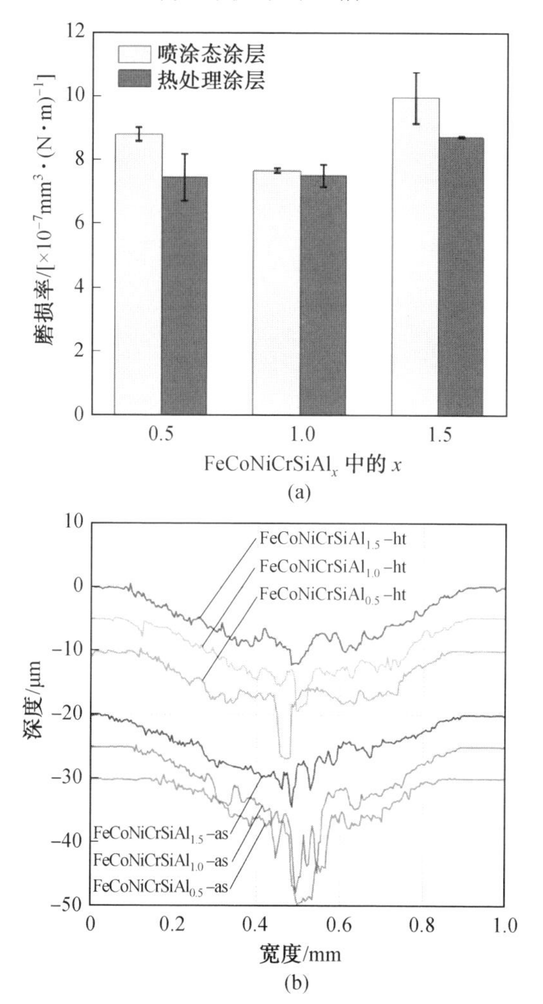

图 8.14　水润滑条件下喷涂态和热处理的 $FeCoNiCrSiAl_x$ 涂层的磨损率和磨痕轮廓线

如图 8.15 所示为喷涂态((a)、(c)、(e))和热处理((b)、(d)、(f))的 $FeCoNiCrSiAl_x$ 系涂层在水润滑条件下磨损表面的 SEM 图，所有的磨损表面都相当光滑，沿滑动方向上有一些细而浅的凹槽，这是由于磨屑与涂层之间的相对磨损导致的。与干摩擦条件下的剥落程度不同，水润滑条件下磨痕表面十分光滑并很少发生剥落。

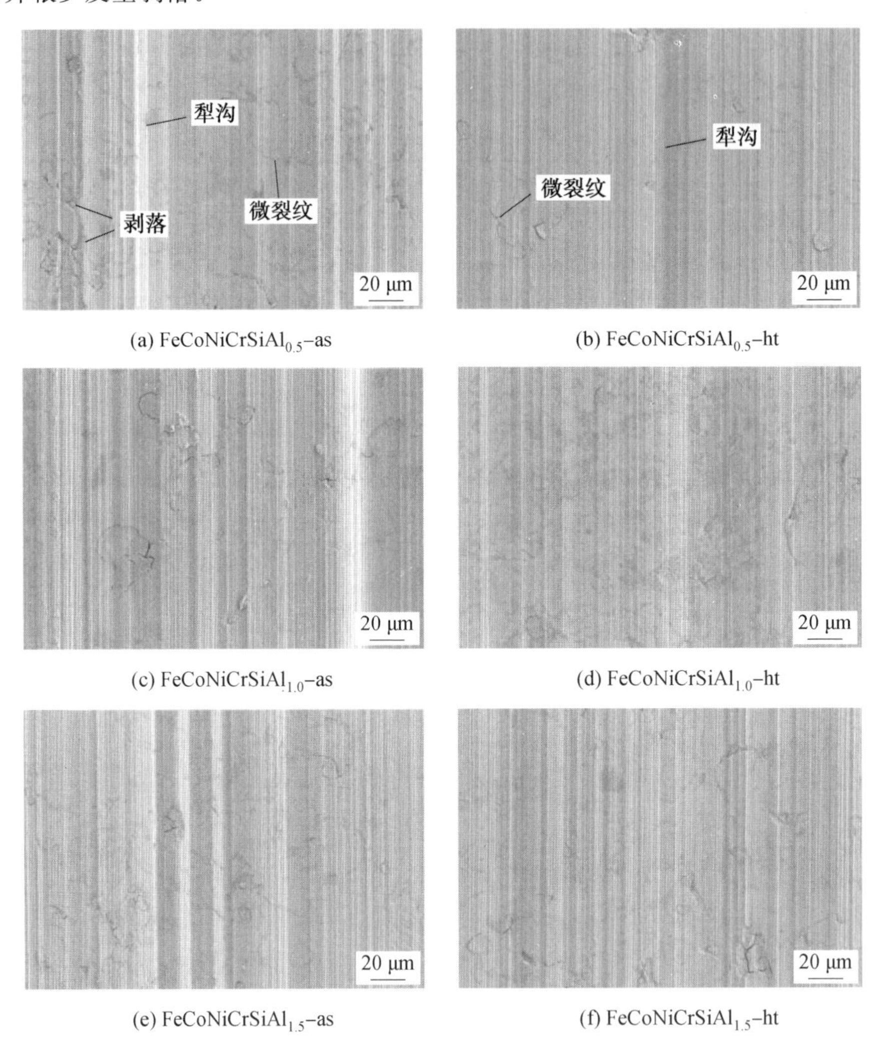

(a) $FeCoNiCrSiAl_{0.5}$-as (b) $FeCoNiCrSiAl_{0.5}$-ht

(c) $FeCoNiCrSiAl_{1.0}$-as (d) $FeCoNiCrSiAl_{1.0}$-ht

(e) $FeCoNiCrSiAl_{1.5}$-as (f) $FeCoNiCrSiAl_{1.5}$-ht

图 8.15 喷涂态和热处理 $FeCoNiCrSiAl_x$ 涂层在水润滑条件下磨损表面的 SEM 图

此外，在磨损表面仍能观察到沿片层界面扩展的微裂纹，磨损表面的塑性变形减弱。这些磨损特性表明，涂层在水润滑条件下与在干摩擦条件下的磨损机理存在显著差异。试验结果表明：水在滑动摩擦过程中起着重要的作用，水不仅可以起到润滑、冷却的作用，还可以向摩擦副传递介质。在水润滑条件下，在摩

擦界面之间会形成一层薄薄的水膜，将相对摩擦面分开，从而防止涂层产生严重磨损，此外，水不仅作为冷却液降低摩擦表面温度，水流会带走一部分磨屑，水润滑条件下的磨损机理主要为磨粒磨损，因此大大降低了涂层的磨损。

8.3　元素掺杂对 FeCoNiCr－X 系高熵合金涂层结构与性能的影响

高熵合金有异于传统的合金理念，尽管高熵合金体系中合金元素众多，由于其独特的高熵效应和晶格畸变效应，在凝固后更容易形成热稳定性较高的简单的 BCC、FCC 相结构以及纳米结构。在同一高熵合金体系中，若元素含量发生变化或者添加特定元素，对于合金的相结构、微观组织及性能均有较大影响。大量研究表明，通过改变高熵合金中的化学组分能够有效地控制合金相结构选择和纳米析出物生成，从而获得特殊性能的高熵合金。

高熵合金中元素含量的变化对其相结构与性能产生较大的影响。比如 Ti、Al、Cr 等元素能够促进生成BCC固溶体；Zr、Nb 等元素可能导致金属间化合物的生成但可以增加合金的耐蚀性；Co、B 等元素可提高合金的耐磨性。除了元素含量的变化对高熵合金性能产生影响，研究者发现将某种特定元素添加或者替换至合金体系中，可调节合金的组织性能。

8.3.1　FeCoNiCr－X 系高熵合金涂层制备与结构

1. FeCoNiCr－X 系高熵合金粉末及涂层制备

(1)FeCoNiCr－X 系高熵合金气雾化粉末的制备。

同样采用纯度高于99.5％的 Fe、Co、Ni、Cr、Al/Mo/Mn 纯金属原料制备 FeCoNiCr－Al/Mo/Mn 粉末，每种金属原料的原子数分数均为20％。采用电子天平称取合金元素粉末，通过感应加热真空炉将纯度大于99.9％的 Fe、Co、Ni、Cr、Mn/Mo/Al 纯金属进行熔炼，之后通过高纯 Ar 气体在 3 MPa 压力下雾化熔融 FeCoNiCr－Al/Mo/Mn 高熵合金，熔滴冷却并凝固成粉末。机械筛分粒度在 15～53 μm 之间的 FeCoNiCr－Al/Mo/Mn 高熵合金粉末作为等离子喷涂的原料。

(2)FeCoNiCrMn 涂层的制备。

通过改变等离子喷涂参数，研究 H_2 流量及热处理工艺对 FeCoNiCrMn 高熵合金涂层组织以及性能的影响。采用 F4MB－XL 喷涂枪将气体雾化法制备的

FeCoNiCrMn 粉末沉积到基体表面，喷涂时氢气流量分别设定为 3 L/min 和 6 L/min，将两种涂层分别称为 FeCoNiCrMn－3 和 FeCoNiCrMn－6。具体的喷涂参数见表 8.4。

表 8.4　FeCoNiCrMn 高熵合金涂层等离子喷涂参数

喷涂参数	喷涂电流/A	喷涂功率/W	Ar 气流量/$(L \cdot min^{-1})$	H_2 流量/$(L \cdot min^{-1})$	送粉率/$(g \cdot min^{-1})$	喷涂距离/mm
数值	500	30	50	3/6	30	120

喷涂后将两种工艺下得到的部分试件置于管式炉中，在 800 ℃ 温度中采用 Ar 作为保护气氛保温 2 h 之后随炉冷却至室温，将热处理后得到涂层分别称为 FeCoNiCrMn－3a 和 FeCoNiCrMn－6a。

(3)FeCoNiCr－Al/Mo/Mn 涂层的制备。

为研究不同元素掺杂对 FeCoNiCr－X 系高熵合金涂层的组织结构与摩擦及腐蚀性能的影响，采用气体雾化法制备得到 FeCoNiCr－Al/Mo/Mn 粉末，并喷涂得到 FeCoNiCrAl、FeCoNiCrMo、FeCoNiCrMn 高熵合金涂层，三种涂层采用相同的喷涂参数，具体的参数见表 8.5。

表 8.5　FeCoNiCr－Al/Mo/Mn 高熵合金涂层等离子喷涂参数

喷涂参数	喷涂电流/A	喷涂功率/W	Ar 气流量/$(L \cdot min^{-1})$	H_2 流量/$(L \cdot min^{-1})$	送粉率/$(g \cdot min^{-1})$	喷涂距离/mm
数值	500	30	50	6.5	30	120

2. FeCoNiCrMn 高熵合金粉末及涂层组织结构

使用 SEM 和 EDS 等方法分析气体雾化法制备的 FeCoNiCrMn 高熵合金粉末的微观组织结构，结果如图 8.16 所示。从图可以看出，采用气体雾化法制备的粉末表面光滑且具有良好的球形度，这种球状结构能够保证在等离子喷涂过程中连续送粉。粉末的平均粒径为 33 μm，粒径分布如图 8.16(a) 所示，采用 EDS 对粉末的化学成分进行分析，其结果见表 8.6，FeCoNiCrMn 高熵合金粉末中各元素的原子比接近 1∶1∶1∶1∶1。

图 8.16(b) 为单个 FeCoNiCrMn 高熵合金颗粒的表面形貌，在颗粒表面可以观察到一些枝晶凝固组织和等轴晶，这是由于熔融态高熵合金通过高速气流分散成小液滴后，晶体首先在液滴表面成核，然后开始沿晶体的择优生长方向形成树枝状。枝晶的形成可能引起元素的偏析，因此，选取单个颗粒的横截面进行 EDS 映射，如图 8.16(c) 所示，所有合金成分分布均匀，没有明显的偏析。

图 8.16　气体雾化法制备的 FeCoNiCrMn 高熵合金粉末的 SEM 图和 EDS 能谱图

从图 8.17(a)、(c) 可以看出，涂层由多种尺寸松散的颗粒组成，这与 Cu－15Ni－8Sn 涂层的微结构有很大不同，说明无论氢气流量为 3 L/min 或 6 L/min，在喷涂过程中仍存在过热颗粒，过热颗粒会在撞击基板时产生细小的球形液滴呈放射状向周围飞溅，最终形成细小颗粒沉积在涂层中。

图 8.17(b) 和(d) 分别为高倍下 FeCoNiCrMn－3 和 FeCoNiCrMn－6 涂层的 SEM 图，两种涂层的表面均被大量绒状结构所覆盖，FeCoNiCrMn－6 涂层的表面的绒状更多，这可能是 Mn 元素的挥发所致。纯 Mn(2 061 ℃) 的沸点明显低于其他元素(Fe(2 861 ℃)、Co(2 927 ℃)、Ni(2 913 ℃)、Cr(2 671 ℃))。等离子喷涂焰流温度在(8 ～ 10) × 10^3 K 范围内，而焰流中的受热粒子的温度远低于此，当颗粒温度逐渐接近其熔化温度时粒子便开始熔化和挥发，并且随着颗粒温度升高向沸腾温度接近，挥发速率也随之增加。显然，Mn 元素在喷涂过程中挥发速率最高，Mn 元素挥发所产生的 Mn 蒸气与空气中的氧发生反应，在涂层表

面形成绒状结构的氧化锰。

表 8.6 FeCoNiCrMn 高熵合金粉末和涂层的 EDS 元素分析(质量分数) %

材料	Fe	Co	Ni	Cr	Mn	O
气雾化粉末	20.11	20.18	19.81	19.11	19.79	—
FeCoNiCrMn－3	20.68	21.66	19.40	19.70	14.24	4.32
FeCoNiCrMn－6	20.59	21.37	19.64	19.53	15.00	3.87
FeCoNiCrMn－3a	20.81	21.64	19.86	19.67	13.2	4.82
FeCoNiCrMn－6a	22.62	20.62	19.94	18.71	14.16	4.44

如图 8.17 所示为 H_2 流量分别为 3 L/min 和 6 L/min 沉积的喷涂态 FeCoNiCrMn 高熵合金涂层的表面微观结构。

(a) 3 L/min (b) 3 L/min (c) 6 L/min (d) 6 L/min

图 8.17 喷涂态 FeCoNiCrMn 涂层的表面微观结构

为了进一步研究涂层表面绒状结构的化学成分组成，对 FeCoNiCrMn－6 涂层的表面进行了 XPS 分析，其结果如图 8.18 所示。

图 8.18(a) 为 XPS 的测量图谱，结果表明：O、Mn 元素的峰最强，Fe、Co、Ni、Cr 元素的峰较弱。证实了涂层表面主要被 Mn 的氧化物所覆盖。图 8.18 (b) ~ (g)

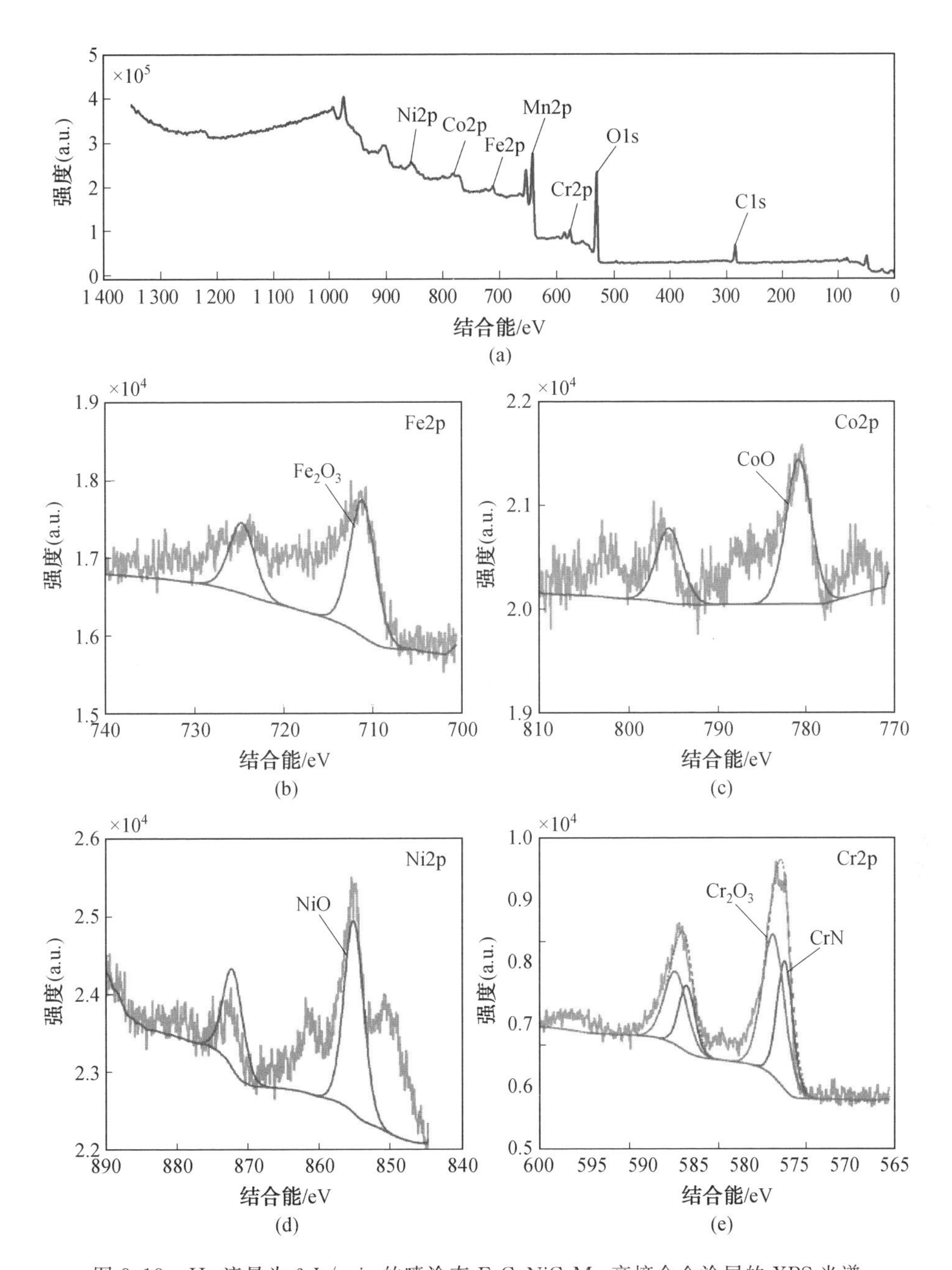

图 8.18　H_2 流量为 6 L/min 的喷涂态 FeCoNiCrMn 高熵合金涂层的 XPS 光谱

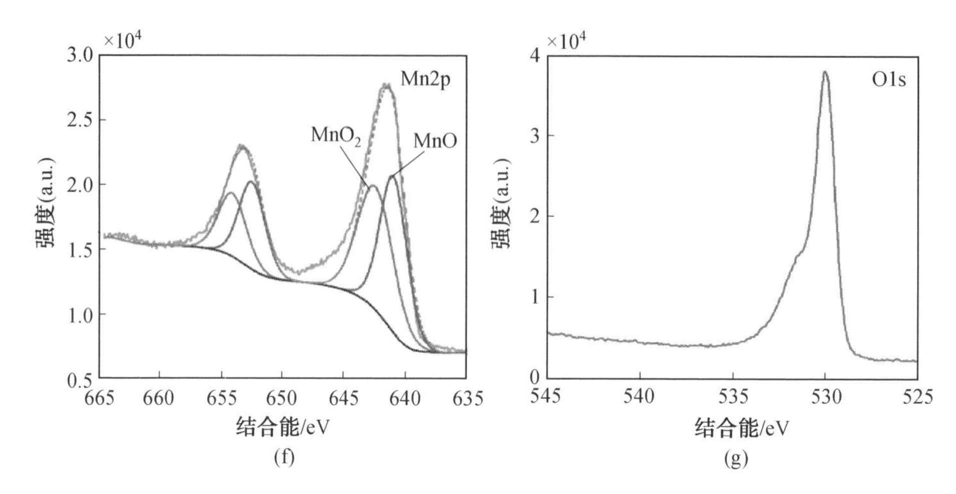

续图 8.18

给出了各元素的窄 XPS 光谱。利用 Thermo Avantage 软件对各元素的 XPS 谱进行高斯－洛伦兹曲线拟合，为了确保合适的峰拟合，拟合前减去光谱背景，根据参比光谱考虑了峰位及半高宽，通过分析可以看出，喷涂层表面上形成的氧化物为 Fe_2O_3、CoO、NiO、Cr_2O_3、CrN、MnO_2 和 MnO。由于 MnO_2 和 MnO 的峰面积没有明显差异，因此可以认为主要的氧化物是 Mn_2O_3。CrN 形成的原因是送粉气体为 N_2。当 N_2 进入高温等离子体焰流时后，产生活性极高的氮原子，并与铬元素反应生成 CrN 化合物。

如图 8.19 所示为不同 H_2 流量下沉积的 FeCoNiCrMn 涂层的 BSE 截面图，FeCoNiCrMn－3 高熵合金涂层的厚度约为 150 μm，FeCoNiCrMn－6 涂层的厚度约为 195 μm(图 8.18(a)、(c))，FeCoNiCrMn－6 涂层的沉积厚度比 FeCoNiCrMn－3 涂层高约 30%。说明将 H_2 流量从 3 L/min 提高到 6 L/min，可以显著提高涂层的沉积效率，等离子喷涂的工作气体中含有主气体 Ar 和辅助气体 H_2 以改善热传递，H_2 流量越大则颗粒的熔融程度越高，沉积效率在很大程度上取决于颗粒的温度。图 8.19(b)、(d) 为高倍下的微观结构，显然涂层主要由扁平化粒子、球形颗粒和深色氧化区组成，具有极高动能的熔融颗粒与基体相碰撞形成扁平化粒子，撞击的同时，熔融颗粒向四周飞溅形成细小的球形颗粒，深色区是氧含量较高的区域，氧化程度相对较重。图 8.19(e)、(f) 分别为热处理的 FeCoNiCrMn 涂层的显微组织，与喷涂态涂层相比，热处理涂层的氧化区域明显增多。

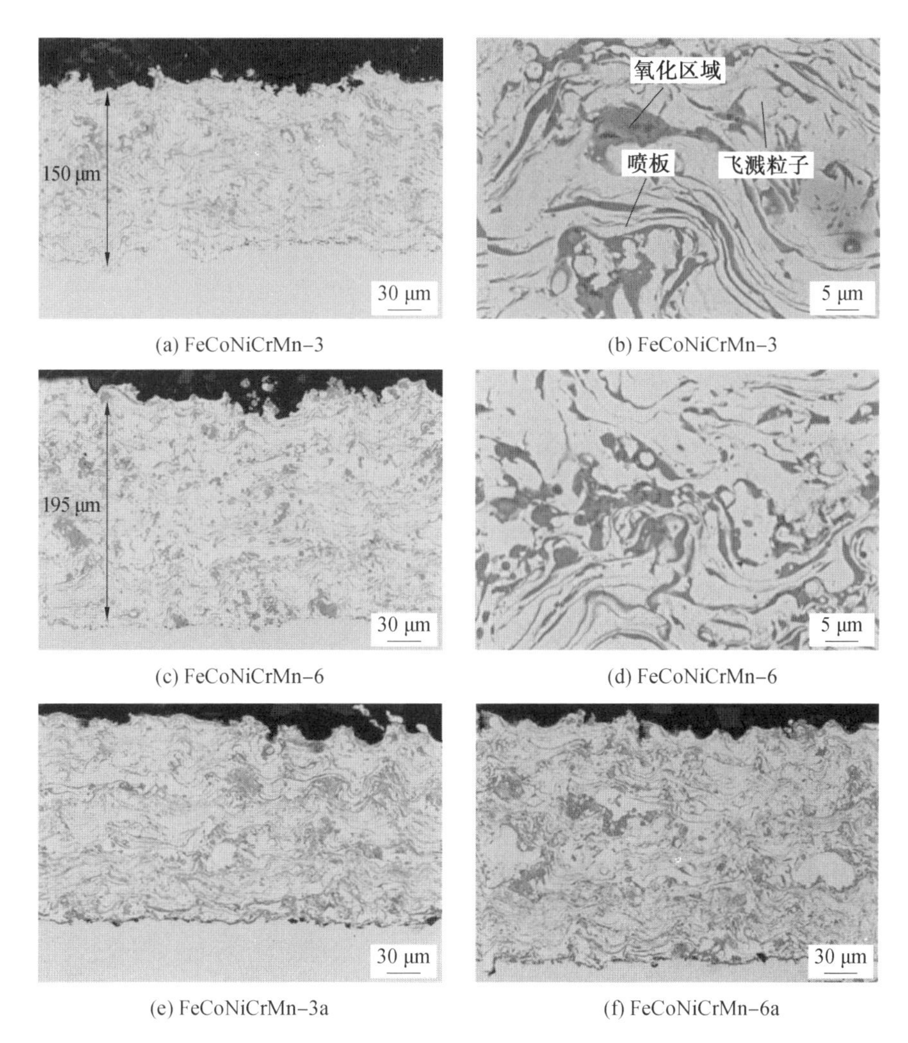

(a) FeCoNiCrMn-3　(b) FeCoNiCrMn-3
(c) FeCoNiCrMn-6　(d) FeCoNiCrMn-6
(e) FeCoNiCrMn-3a　(f) FeCoNiCrMn-6a

图 8.19　高熵合金涂层的 BSE 截面图

为了确定涂层的化学成分变化，对FeCoNiCrMn涂层截面进行EDS分析，结果表明四种涂层中 Fe、Co、Ni、Cr 元素的质量分数均在 20% 左右，与原始粉末中元素含量基本保持一致，而Mn元素质量分数由20%降低到13%～15%，O元素的质量分数增加到约4%，说明 FeCoNiCrMn 颗粒在等离子喷涂过程中发生了严重的烧损和氧化。喷涂态与热处理涂层的氧含量差异不明显，这可能是由于EDS对轻元素不敏感，采用 Image J 测量涂层的氧化面积，FeCoNiCrMn－3、FeCoNiCrMn－6、FeCoNiCrMn－3a 和 FeCoNiCrMn－6a 的相对氧化含量分别为21.57%、20.53%、26.26%、25.68%。热处理涂层的氧化物含量远高于喷涂态涂层，显然，尽管在 Ar 气中进行热处理，依旧会导致部分氧化物的产生。

为了观察图 8.19(d) 中元素的分布，对其进行了 EDS 面扫分析，结果如图 8.20 所示。Fe、Co、Ni 元素主要分布在图 8.19(d) 的亮区，而 Mn、Cr、O 元素主要集中在暗区，这表明 Mn 和 Cr 元素在等离子喷涂时更易发生氧化，这与 XPS 分析结果一致(图 8.18)。涂层中的氧化物具有两面性，一方面，氧化物会增加涂层的硬度，提高其耐磨性能；另一方面，氧化物会削弱层与层间的结合强度，在外部应力作用下将导致涂层发生剥落。

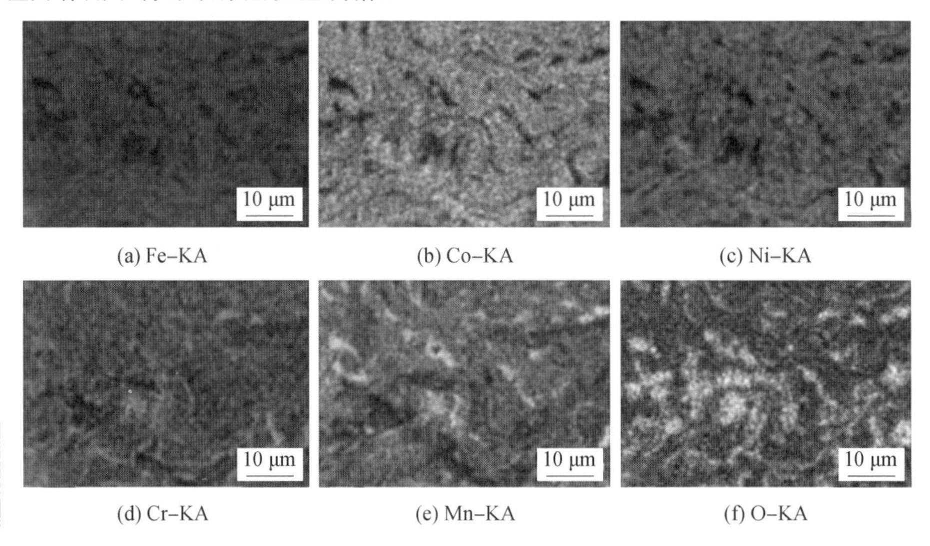

(a) Fe–KA (b) Co–KA (c) Ni–KA

(d) Cr–KA (e) Mn–KA (f) O–KA

图 8.20 与图 8.19(d) 相对应的 FeCoNiCrMn－6 涂层的 EDS 面扫图

如图 8.21 所示为 FeCoNiCrMn 高熵合金粉末、喷涂态涂层和热处理涂层 XRD 图谱，为了比较各相的相对含量，通过 Origin 软件对 XRD 图谱进行归一化处理。位于 43.6°、50.7°、74.6° 和 90.6° 的衍射峰均与 FCC 相的(111)、(200)、(220) 和(311) 晶面相关。

因此，气雾化 FeCoNiCrMn 粉末是一种 FCC 单相固溶体。两种涂层的主峰与原始粉末基本相同，说明涂层制备时相结构没有发生明显变化。但在 35.6° 处出现一个弱氧化物峰，与喷涂态涂层相比，热处理涂层具有更强的氧化峰，这意味着热处理后涂层中氧化物含量更高，其结果与图 8.20 的结果一致，可见涂层中的氧化物主要由 $MnCr_2O_4$ 和 MnO 组成，这与 EDS 分析的结果一致。

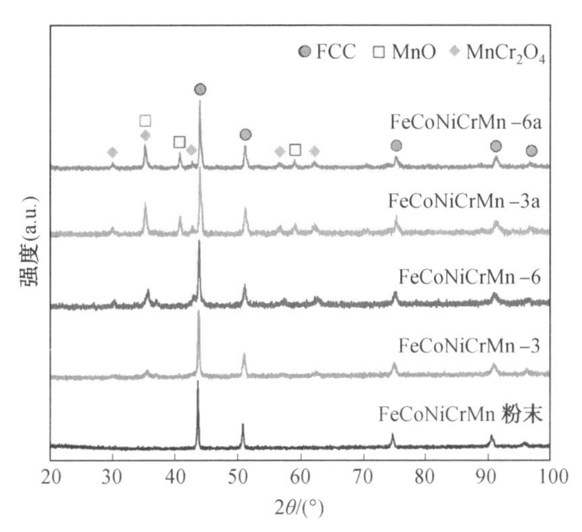

图 8.21　FeCoNiCrMn 高熵合金粉末、喷涂态涂层和热处理涂层的 XRD 图谱

8.3.2　FeCoNiCrMn 高熵合金涂层性能

1. 显微硬度

如图 8.22 所示为喷涂态和热处理的 FeCoNiCrMn 涂层的显微硬度。喷涂态 FeCoNiCrMn－3 和 FeCoNiCrMn－6 涂层的显微硬度分别为 $273 \pm 35HV_{0.2}$ 和 $272 \pm 20HV_{0.2}$。等离子喷涂时 H_2 流量的变化对 FeCoNiCrMn 涂层的硬度影响不大，因为涂层的相结构和氧化物含量与 H_2 流量无关。另外，两种热处理 FeCoNiCrMn 涂层的硬度分别达到 $332 \pm 43HV_{0.2}$ 和 $322 \pm 32HV_{0.2}$，明显高于喷涂态。显微硬度的增加可以归因于层状结构间的结合强度以及高硬度氧化物含量的增加。

2. 划痕试验

喷涂态和热处理 FeCoNiCrMn 涂层的划痕试验结果如图 8.23 所示，图 8.23(a) 为在 20 N 载荷下得到的划痕沟槽组织，划痕沟槽的特征是沿着滑动方向均匀变形，在 FeCoNiCrMn－3 涂层的划痕沟槽有凹坑是由碎片剥落产生的，在热处理涂层中未曾观察到剥落。划痕沟槽轮廓线如图 8.23(b) 所示，对于喷涂态涂层，其横截面最大深度达到 12 μm，而热处理涂层的最大划痕深度仅有 9 μm。图 8.23(c) 为涂层划痕的体积磨损量，FeCoNiCrMn－6a 涂层最少，其次是 FeCoNiCrMn－3a、FeCoNiCrMn－6 和 FeCoNiCrMn－3，热处理涂层的划痕体积磨损量与喷涂态涂层相比略有降低，这可能是因为热处理涂层的硬度与内部结合强度较高。

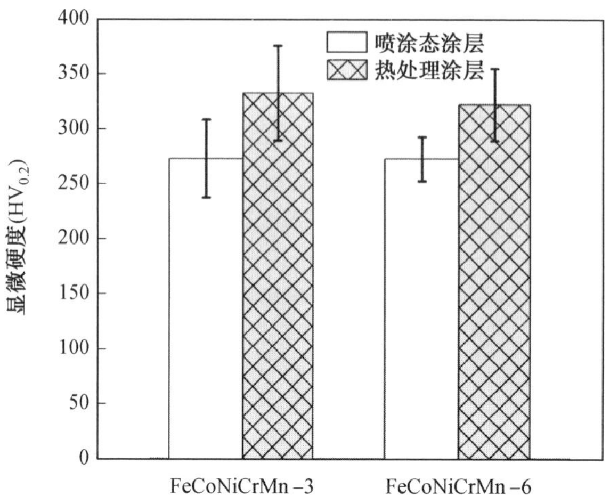

图 8.22　喷涂态和热处理后的 FeCoNiCrMn 涂层的显微硬度

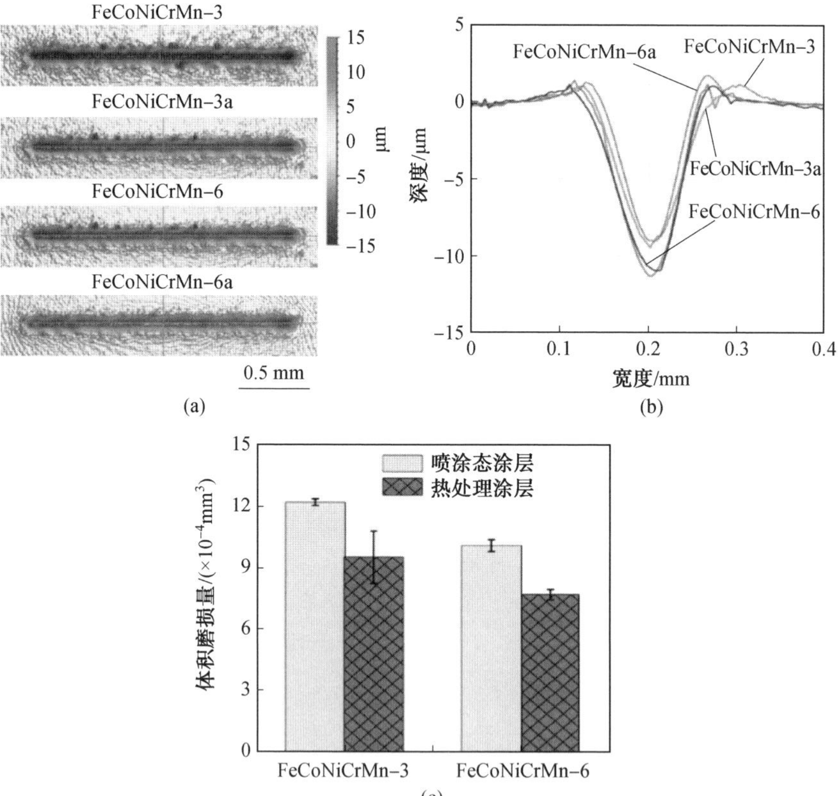

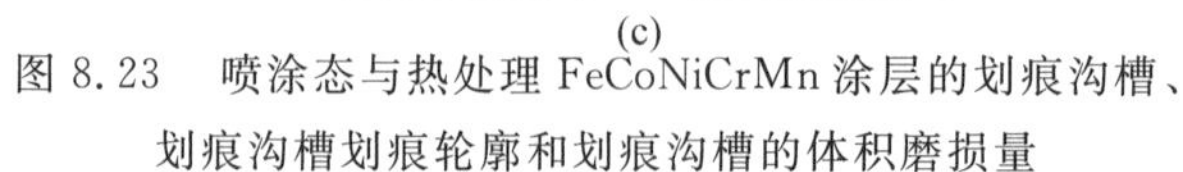

图 8.23　喷涂态与热处理 FeCoNiCrMn 涂层的划痕沟槽、划痕沟槽划痕轮廓和划痕沟槽的体积磨损量

3. 摩擦磨损性能

如图 8.24 所示为喷涂态和热处理 FeCoNiCrMn 涂层的摩擦系数曲线，从图可以看出，磨合过程中摩擦系数先增大后减小，较低的初始摩擦系数是预处理涂层表面覆盖了一层氧化薄膜，在滑动摩擦的作用下，表面氧化膜发生破裂，摩擦表面间的黏着作用加剧，摩擦系数急剧增大。同时，摩擦热促进了摩擦表面氧化膜的形成，随后摩擦系数略有下降。当氧化膜的形成和磨损达到动态平衡时，摩擦系数保持稳定。两种喷涂态 FeCoNiCrMn 涂层的摩擦系数几乎相同，平均摩擦系数约为 0.8。FeCoNiCrMn 涂层在干摩擦中表现出较高的摩擦系数和稳定的摩擦特性，这在其他高熵合金涂层中也有发现。FeCoNiCrMn－3a 和 FeCoNiCrMn－6a 涂层的平均摩擦系数分别为 0.73 和 0.72，均低于喷涂态涂层。涂层中氧化物含量的增加能够降低摩擦时的附着力并提供自润滑作用，这可能还与磨痕的粗糙度和摩擦层的形成有关。

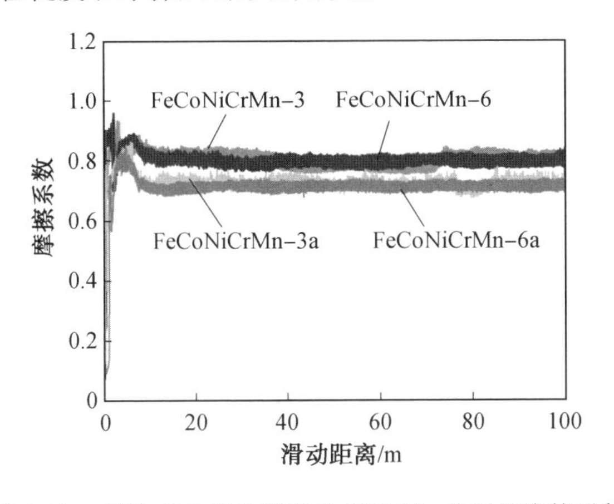

图 8.24　喷涂态和热处理 FeCoNiCrMn 涂层的摩擦系数

喷涂态和热处理 FeCoNiCrMn 涂层的磨损率如图 8.25 所示，喷涂态 FeCoNiCrMn－6 涂层的磨损率（2.7×10^{-4} $mm^3/(N\cdot m)$）仅为 FeCoNiCrMn－3 涂层（5.3×10^{-4} $mm^3/(N\cdot m)$）的一半。在等离子喷涂过程中提高 H_2 流量可以提高扁平颗粒间的结合强度，因此在摩擦过程中减少剥落，提高了涂层的耐磨性。这两种喷涂态涂层磨损率均高于超音速火焰喷涂 $Al_{0.6}TiCrFeCoNi$ 涂层（1.04×10^{-4} $mm^3/(N\cdot m)$）和 $CoCrFeNiCu_x$ 高熵合金（$(2.3\sim2.5)\times10^{-5}$ $mm^3/(N\cdot m)$），但远低于 CuMoTaWV 高熵合金（4.0×10^{-3} $mm^3/(N\cdot m)$）。

热处理涂层的磨损率明显降低，FeCoNiCrMn－3a 的磨损率为 5.6 ×

10^{-5} $mm^3/(N\cdot m)$，FeCoNiCrMn－6a的磨损率为5.4×10^{-5} $mm^3/(N\cdot m)$。高温热处理能够对涂层起到烧结作用，使层状结构间产生冶金结合，从而提高涂层结构间的结合强度，大大提高涂层的耐磨性，另外涂层中氧化物含量的增加对降低磨损率也起到积极影响，且热处理FeCoNiCrMn－3a和FeCoNiCrMn－6a涂层的磨损率几乎相同，进而说明热处理可提高层状结构间的黏结强度。

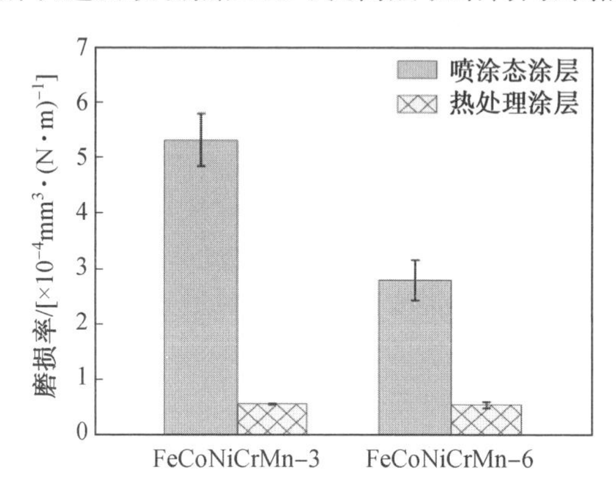

图8.25　喷涂态和热处理FeCoNiCrMn涂层的磨损率

如图8.26所示为FeCoNiCrMn涂层磨痕的三维光学显微镜和扫描电镜图。从三维光学显微图可以看出，FeCoNiCrMn－3涂层磨痕最深、最宽，其次分别为FeCoNiCrMn－6、FeCoNiCrMn－3a和FeCoNiCrMn－6a，两种热处理涂层的磨痕相似，具有相当低的磨损量，这与图8.25中的磨损率结果一致。

对比两种喷涂态涂层的SEM图可以看出，FeCoNiCrMn－3涂层的磨痕极其粗糙，表面有许多凹坑(图8.26(a)、(b))。尤其是大多数凹坑的表面是光滑的而非粗糙不平，说明这些凹坑是在滑动摩擦过程中黏结强度较弱的碎屑剥落形成，这是造成涂层产生严重磨损的主要原因。与FeCoNiCrMn－3高熵合金涂层相

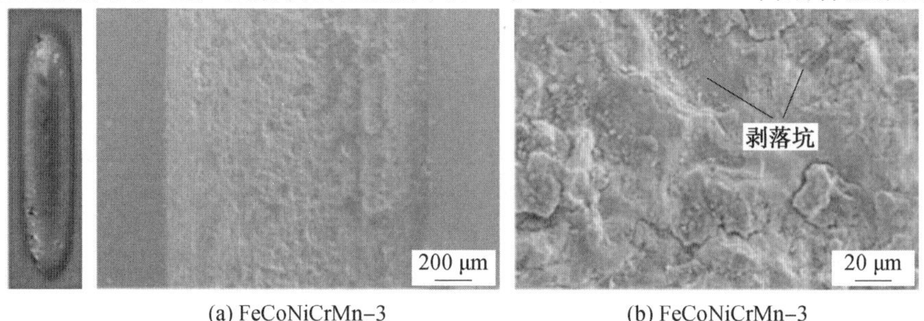

图8.26　FeCoNiCrMn涂层磨痕的三维光学显微镜和扫描电镜图

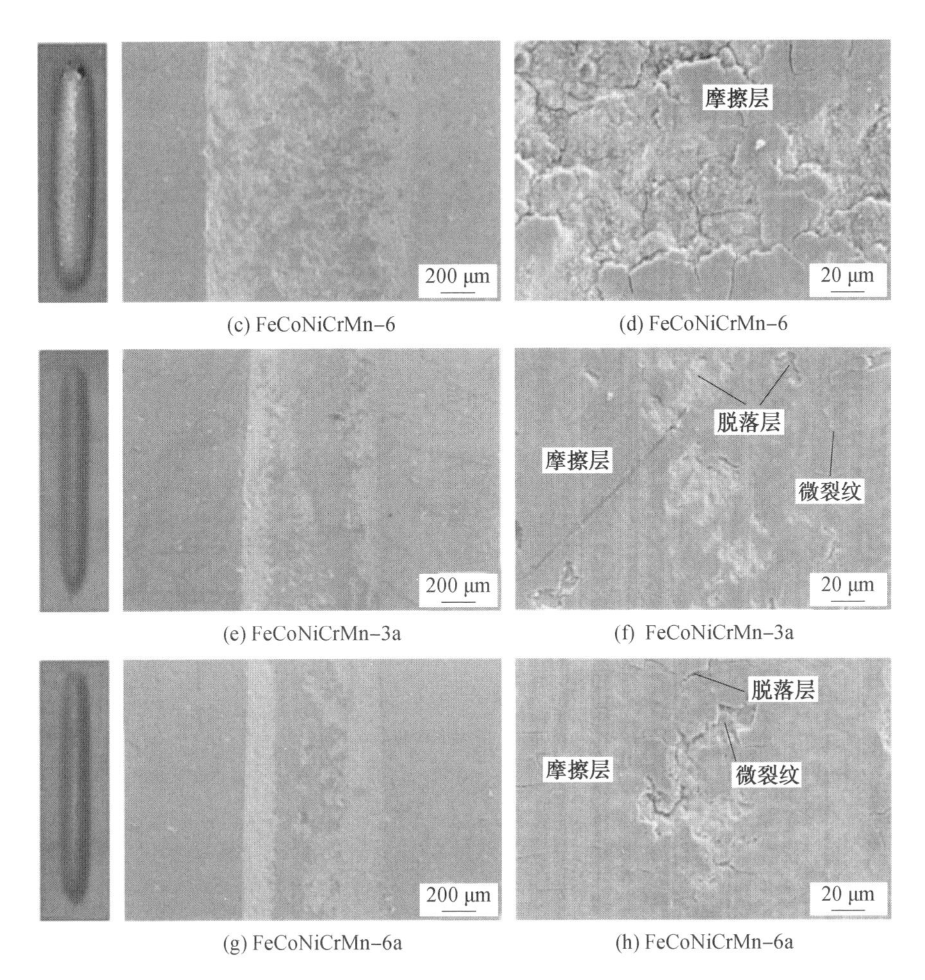

(c) FeCoNiCrMn-6　(d) FeCoNiCrMn-6

(e) FeCoNiCrMn-3a　(f) FeCoNiCrMn-3a

(g) FeCoNiCrMn-6a　(h) FeCoNiCrMn-6a

续图 8.26

比，FeCoNiCrMn－6 磨痕上剥落产生凹坑的数量明显减少，并且可以发现光滑的黑色摩擦层面积明显增大(图 8.26(c)、(d))。

摩擦层是由于摩擦界面间反复滑动引起大量的塑性变形、加工硬化和氧化而产生，由此可见摩擦层可以为涂层提供良好的防磨保护。两种热处理涂层的磨痕形貌非常相似，磨损表面除了连续的摩擦层几乎观察不到剥落坑。从图 8.26(f)、(h) 可以看出，摩擦层相当光滑，并伴有一些微裂纹，这些微裂纹是由于加工硬化使涂层的塑性变形下降而引起的，当微裂纹之间相互连接时，摩擦层将从表面脱落形成片状磨屑，显然摩擦层对降低涂层的摩擦系数和磨损率具有极其重要的作用，然而形成摩擦层的两个重要条件是层状结构间较强的黏结强度和摩擦表面间较低的黏着力。

为了分析磨痕的成分和化学态，对其表面进行了 XPS 分析。如图 8.27 所示为 FeCoNiCrMn－6 涂层磨痕的 XPS 光谱。由图 8.27(a) 可知，O 峰远强于 Fe、Co、Ni、Cr 和 Mn 峰。图 8.27 的(b)～(g) 表明磨痕表面被各种氧化物以及一些金属所覆盖。磨损表面上氧含量高的原因是摩擦界面间的高速滑动产生热能，摩擦热促进新暴露的金属原子与空气中的氧发生反应形成氧化物。显然，摩擦层经历的反复滑动次数越多，其含氧量越高。这有利于减少摩擦界面之间的黏着力，为涂层表面提供有效保护层，进而提高涂层的耐磨性。

为进一步研究 FeCoNiCrMn 涂层的磨损机理，对其磨痕的横截面进行进一步的检测及分析，如图 8.28 所示为 FeCoNiCrMn 涂层磨痕横截面的 SEM 图片。

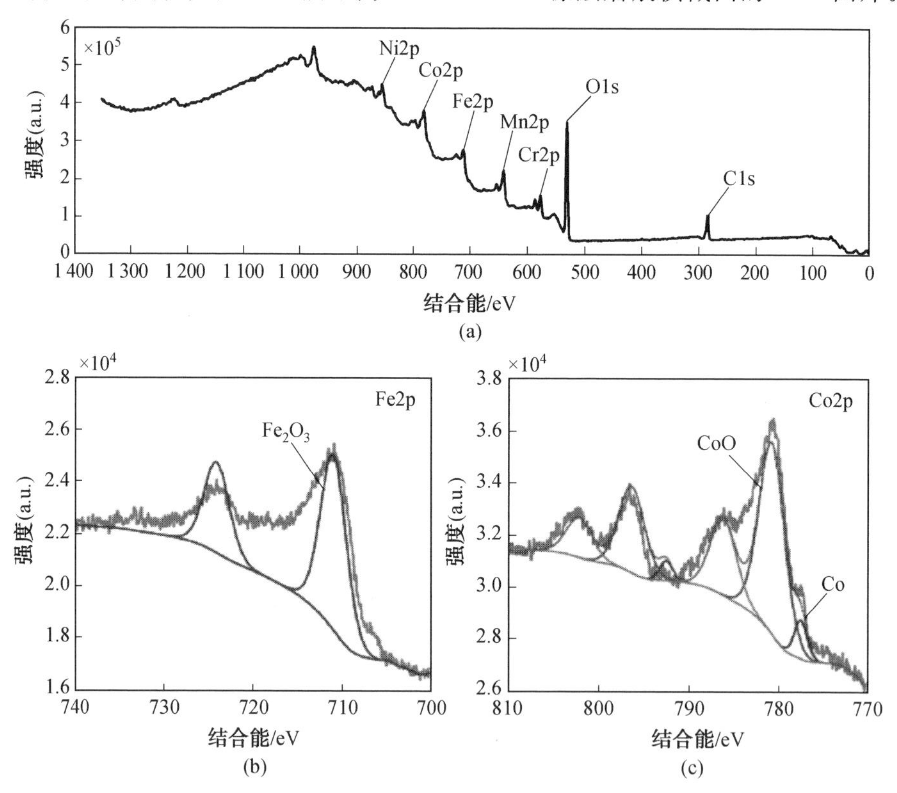

图 8.27　H_2 流量为 6 L/min 时 FeCoNiCrMn 涂层磨痕的 XPS 谱图

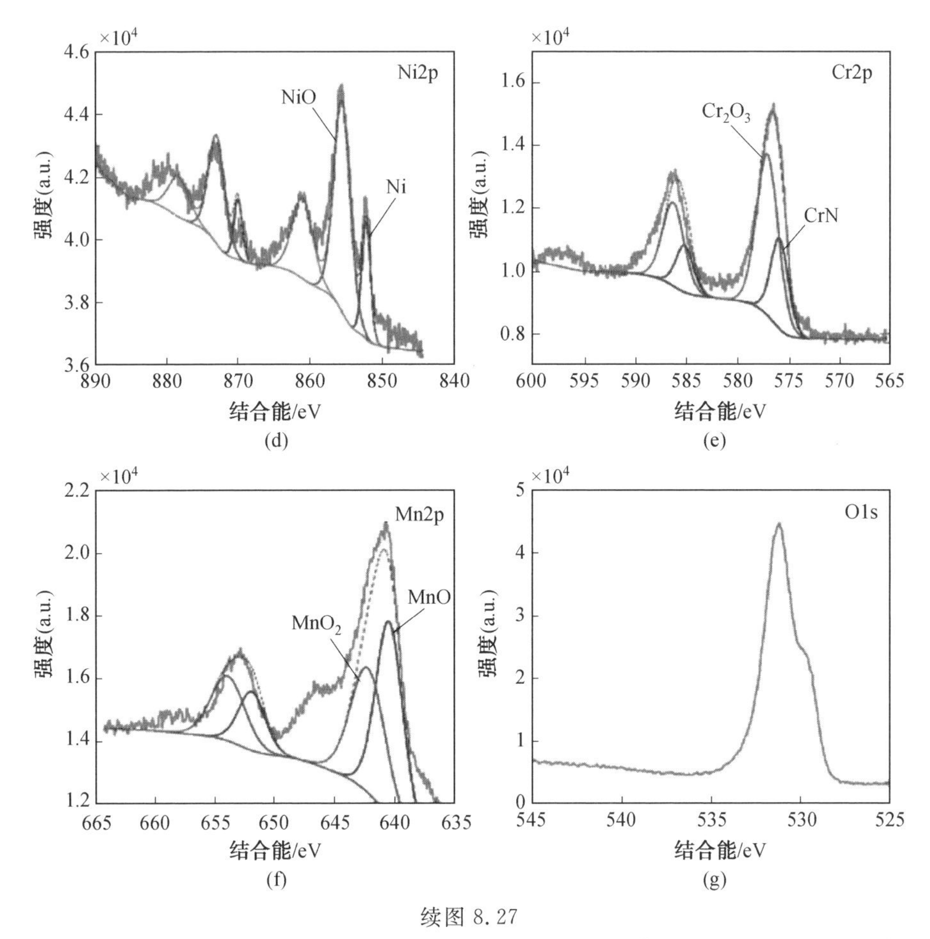

续图 8.27

在 FeCoNiCrMn－3 涂层截面(图 8.28(a))上观察到沿扁平粒子界面方向产生了裂纹(方向如箭头所示)。此外在亚表层顶部边缘可以观察到代表剥落坑横截面的轮廓线。从喷涂态 FeCoNiCrMn－3 涂层亚表层的出现可以看出,由于层状结构间黏结强度较低,涂层的磨损是通过裂纹沿扁平粒子界面的扩展来实现的。图 8.28(b) 为 FeCoNiCrMn－6 涂层的磨痕横截面,在最上面出现了由细小磨屑形成的摩擦层,这是由于亚表层发生塑性变形和断裂而产生的。相反,热处理 FeCoNiCrMn 涂层的亚表面并没有观察到开裂、脆性断裂或磨损(图 8.28(c)、(d))。磨损痕迹表面(图 8.26(f)、(g))的摩擦层太薄,无法从截面上清晰识别。这种具有较好黏聚力和较多氧化物的次表层结构具有较好的抗反复滑动稳定性,涉及剪应力的均匀分布。因此,热处理后的 FeCoNiCrMn 涂层表面光滑,磨损率较低。

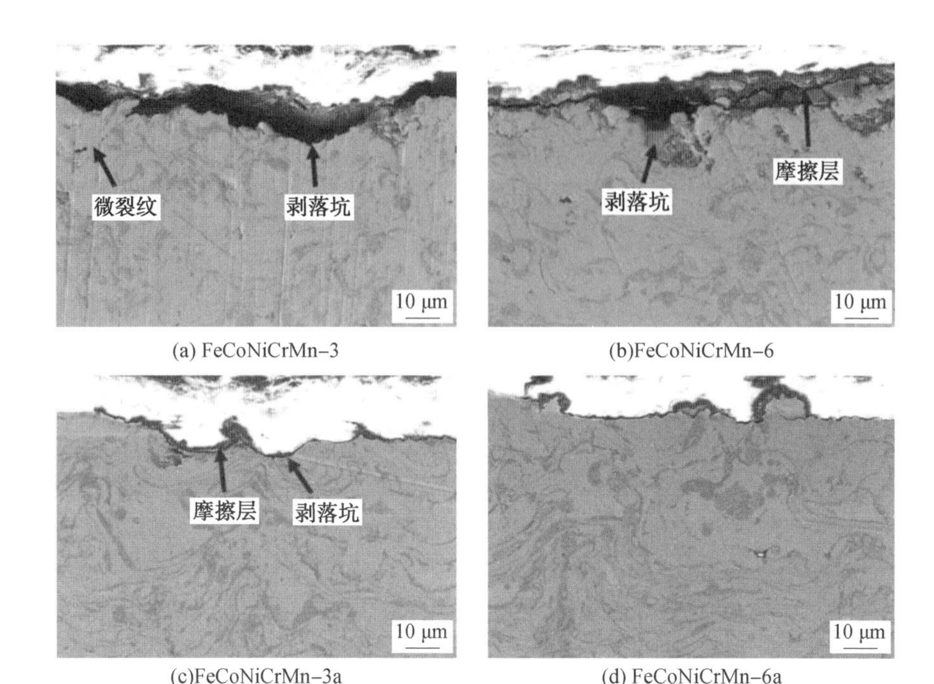

(a) FeCoNiCrMn-3　(b)FeCoNiCrMn-6

(c)FeCoNiCrMn-3a　(d) FeCoNiCrMn-6a

图 8.28　FeCoNiCrMn 高熵合金涂层磨痕横截面的 SEM 图

8.3.3　元素掺杂对 FeCoNiCr－X 系涂层摩擦学性能的影响

1.涂层显微形貌

如图 8.29 所示为 FeCoNiCrAl、FeCoNiCrMo、FeCoNiCrMn 三种涂层横截面的微观形貌。从图 8.29(a)、(c)、(e) 可以看出，在喷涂参数相同的情况下，三种涂层的沉积效率有所差异，其中 FeCoNiCrMo 涂层厚度最高(约 350 μm)，其次是 FeCoNiCrMn(约 300 μm)、FeCoNiCrAl(约 280 μm)，这是由于高熵合金的"鸡尾酒"效应，Al、Mn、Mo 三种元素在不同程度上改变了 FeCoNiCr 系高熵合金的熔点，使得合金粒子在等离子焰流中的熔化状态不一，导致高熵合金粒子的沉积效率不同。高温熔融液滴撞击基板时发生扁平化，三种涂层均为典型的层状结构。

图 8.29(b)、(d)、(f) 为高倍下的微观结构，可以看出，三种涂层中均产生了氧化现象，FeCoNiCrAl 涂层由深灰、浅灰及黑色氧化物三种区域组成，说明该涂层在高温喷涂过程中发生了相变，而氧化物在涂层中分布较为均匀，但在氧化物附近产生了少量的气孔，这将对涂层的摩擦性能产生不利影响。本章采用的喷

涂参数对于 FeCoNiCrMn 合金粉末来说温度较高，因此喷枪在每次行程作业时，涂层底部产生团聚氧化物，这在 Cu－Ni－Sn 涂层中有类似的组织。FeCoNiCrMo 涂层的扁平粒子界面处的氧化物明显减少，涂层结构比较致密。

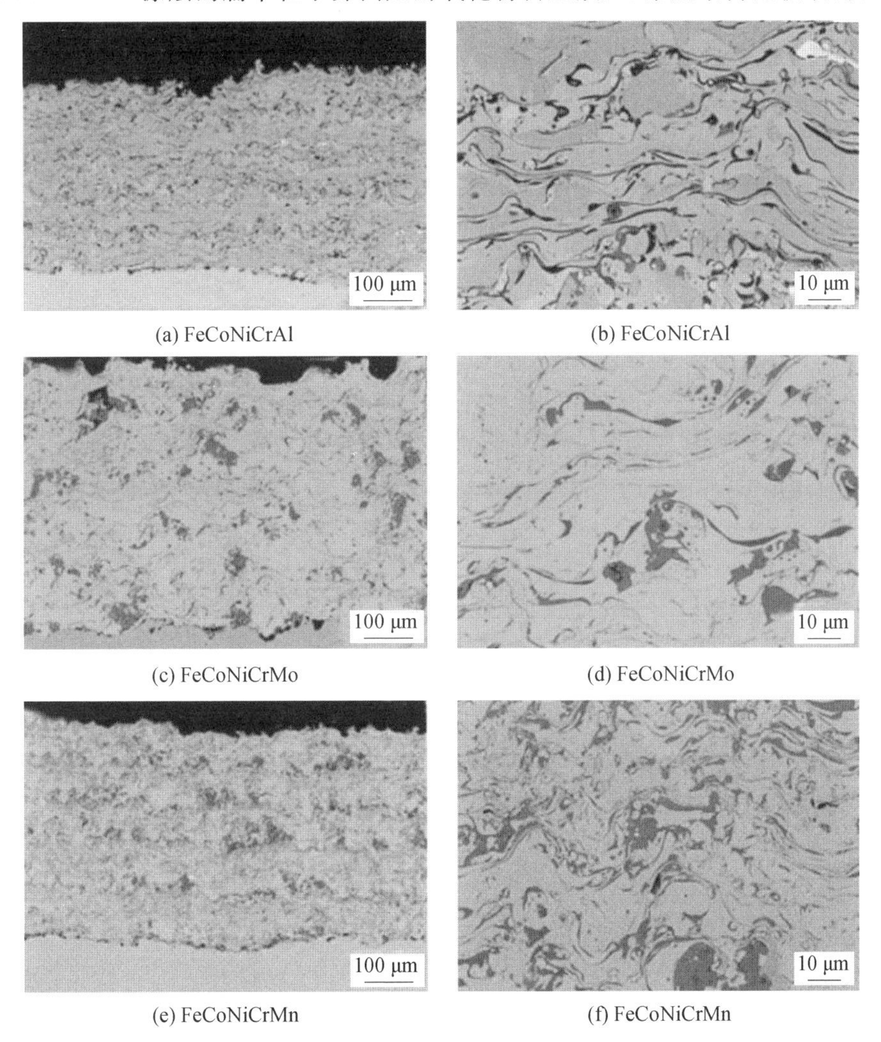

(a) FeCoNiCrAl　(b) FeCoNiCrAl

(c) FeCoNiCrMo　(d) FeCoNiCrMo

(e) FeCoNiCrMn　(f) FeCoNiCrMn

图 8.29　高熵合金涂层的 SEM 横截面图

为了进一步分析三种涂层中的化学元素分布，分别对涂层进行了 EDS 面扫分析，结果如图 8.30 所示。Fe、Co、Ni、Cr 元素在涂层中均匀分布，而 Al 和 O 元素分布区域一致，由此可知图 8.30(b) 中观察的黑色氧化物主要为 Al 的氧化物，说明尽管气雾化制备的 FeCoNiCrAl 粉末成分十分均匀，粒子中 Al 元素相对于

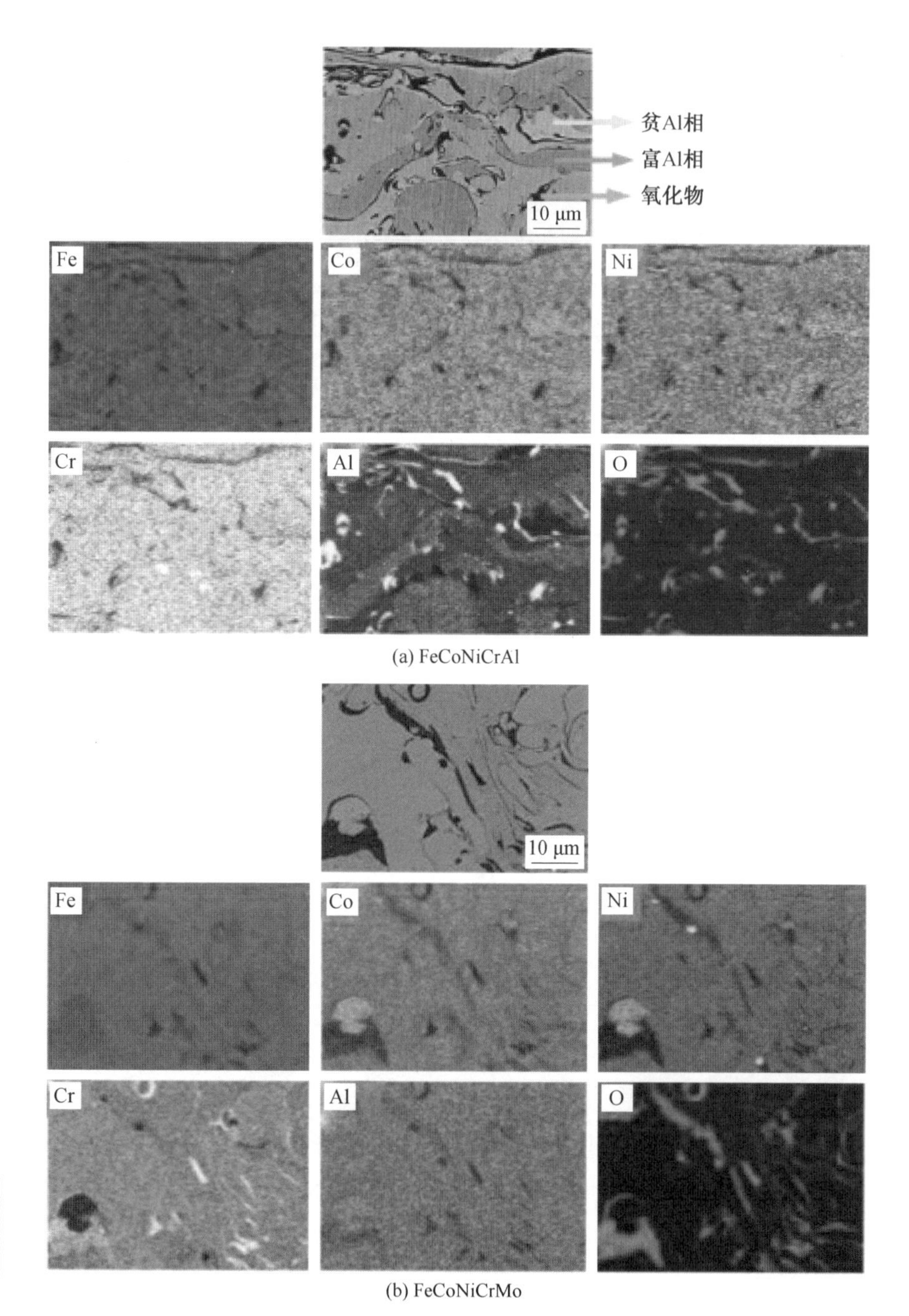

图 8.30　高熵合金涂层的 EDS 面扫图

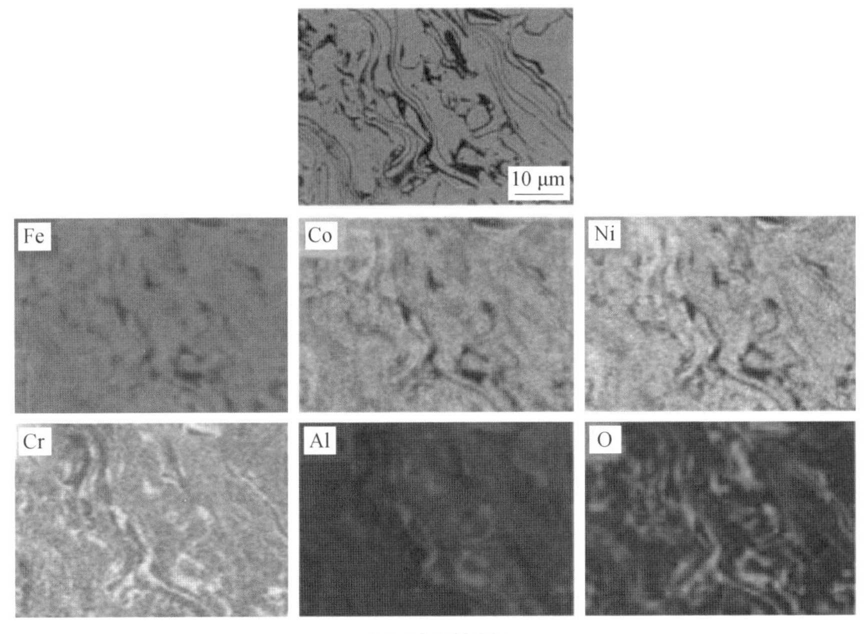

(c) FeCoNiCrMn

续图 8.30

其他合金元素仍更易发生氧化，导致涂层中元素发生偏析。根据 EDS 图谱分析，深灰区域为富 Al 相，浅灰色区域 Al 含量较少，另外还观察到少量 Cr 元素的亮区与 O 元素重合，说明部分 Cr 元素发生氧化。从 FeCoNiCrMn 高熵合金涂层的 EDS 图谱中可以观察到，Fe、Co、Ni 元素分布比较均匀，涂层中主要是 Mn、Cr 与 O 元素富集在扁平粒子结合处，而 FeCoNiCrMo 涂层中只有少量的 Cr 元素发生氧化，涂层中其他合金主元分布十分均匀。

如图 8.31 所示为 FeCoNiCrAl、FeCoNiCrMo 和 FeCoNiCrMn 粉末及涂层的 XRD 图谱，由图可知，三种高熵合金粉末具有简单的相结构，未出现合金元素的衍射峰，说明气雾化制备的粉末合金化程度较好。

然而 FeCoNiCrAl 粉末是典型的 BCC 相结构，经过喷涂后，FeCoNiCrAl 涂层相结构转变为 BCC＋少量 FCC 相，发生相变主要是因为含 Al 高熵合金中，随着 Al 含量增加，其合金的稳定相结构为 BCC ＋ FCC 相。而 FeCoNiCrMn 和 FeCoNiCrMo 粉末的相结构极为相似，通过比对 PDF 卡分析发现：FeCoNiCrMn 和 FeCoNiCrMo 高熵合金中(111)、(200)、(220)、(311) 晶面对应的衍射峰为 FCC 相的特征峰(100)，从侧面更加证明 Al 元素是 BCC 相稳定元素。FeCoNiCrMn 和 FeCoNiCrMo 涂层的主峰与原始粉末一致，均未发生明显偏移

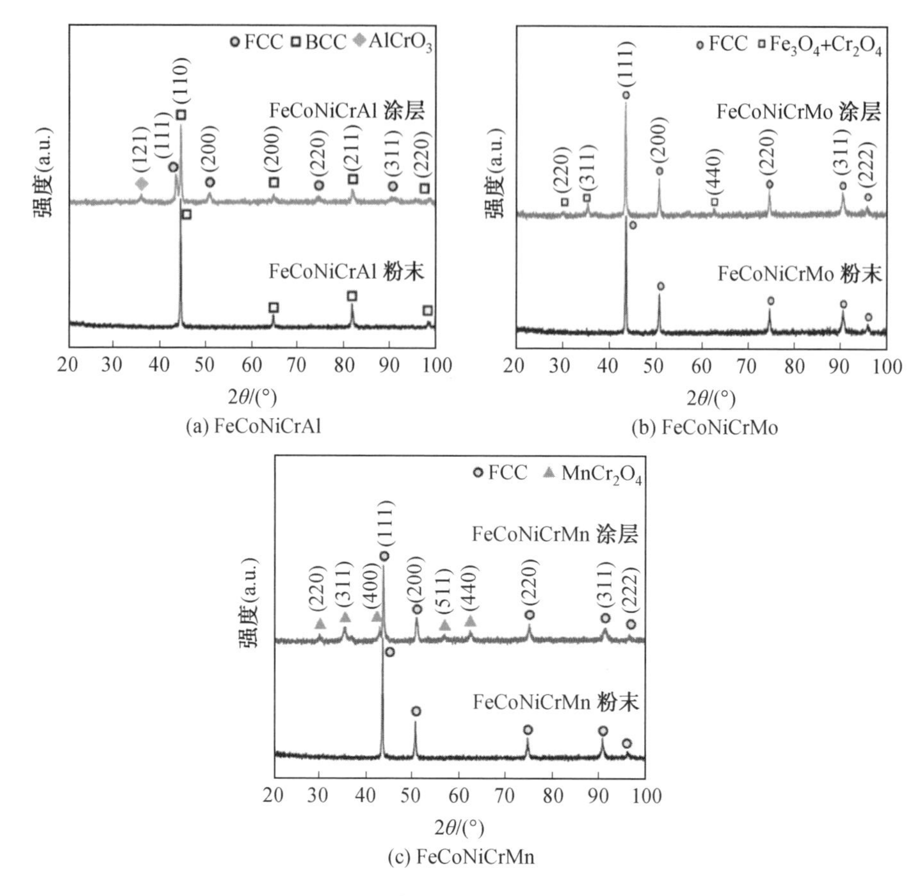

(a) FeCoNiCrAl

(b) FeCoNiCrMo

(c) FeCoNiCrMn

图 8.31　高熵合金的 XRD 图谱

和相变。两种涂层的氧化行为不同，FeCoNiCrMn 涂层中主要生成了 $MnCr_2O_4$ 氧化物，而 FeCoNiCrMo 涂层中只检测到少量的 Cr_2O_4，说明在高温等离子焰流中，Mn 相对 Mo 元素比较活跃，在喷涂过程中易发生氧化。

2. 显微硬度

如图 8.32 所示为不同合金元素 FeCoNiCr 高熵合金涂层的显微硬度。从图中可以看出，FeCoNiCrMo、FeCoNiCrMn、FeCoNiCrAl 高熵合金涂层的显微硬度依次增高，分别是 $312\pm33HV_{0.1}$、$359\pm27.9HV_{0.1}$ 和 $383\pm32.6HV_{0.1}$。三种涂层硬度的差异与涂层中相结构和氧化物含量及其分布形态有关，当硬度计压头施加载荷时，涂层中均匀的氧化物作为硬质相能够提供有力的支撑。结合 SEM 结果分析，可以看出 FeCoNiCrMn 与 FeCoNiCrMo 涂层中的氧化物发生团聚，并且 EDS 结果显示 FeCoNiCrMo 涂层中只有少部分 Cr 元素发生氧化，根据

XRD 图谱分析，FeCoNiCrAl 涂层中以 BCC 相结构为主，而具有 BCC 结构的合金具有较高的硬度与强度，因此在三种涂层中 FeCoNiCrAl 涂层平均硬度最高。

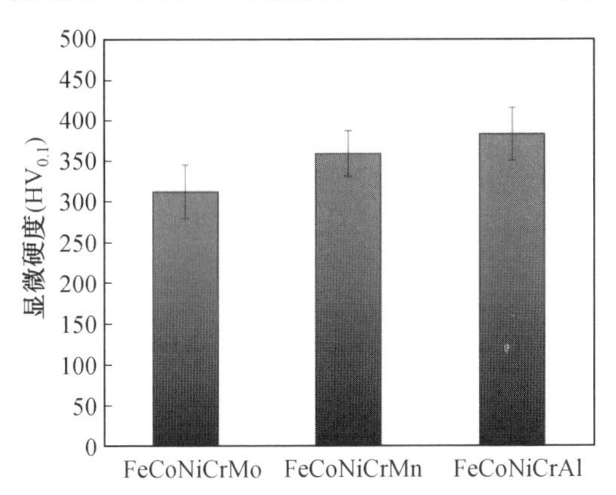

图 8.32　FeCoNiCr－Al/Mo/Mn 高熵合金涂层的显微硬度

3. 腐蚀性能

室温条件下，FeCoNiCr－Al/Mo/Mn 涂层在 3.5% NaCl 溶液中的电位动力学极化曲线如图 8.33 所示。可以看出三种涂层都存在明显的钝化区，说明三种涂层在开路电位下形成了保护性的钝化膜，从而防止涂层发生进一步的金属腐蚀溶解。

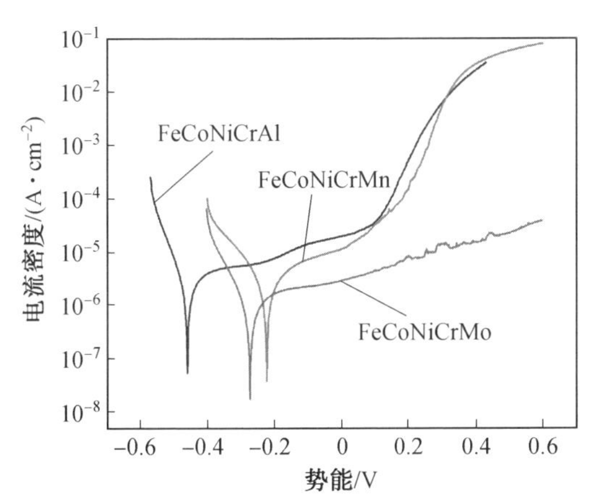

图 8.33　FeCoNiCr－Al/Mo/Mn 涂层在 3.5%NaCl 溶液中的电位动力学极化曲线

三种涂层的各电化学参数的具体数值见表 8.7。结合极化曲线图可以看出，与 FeCoNiCrAl 涂层相比，FeCoNiCrMo 和 FeCoNiCrMn 涂层的腐蚀电位(E_{corr})更接近正位，涂层的自腐蚀电位越高，说明这两种涂层在 3.5%NaCl 溶液的腐蚀环境中稳定性较好；腐蚀电流密度（I_{corr}）代表材料均匀腐蚀的速率，FeCoNiCrMo 涂层的腐蚀电流密度为（1.9 ± 0.24）$\mu A/cm^2$，远低于 FeCoNiCrMn 涂层，这是由于 FeCoNiCrMo 涂层组织致密度最高。

Dai 等发现 Mo 的添加能够提高钝化膜中 Cr_2O_3/Cr(OH) 的比例，并且钝化膜中氧化钼以 MoO_4^{2-} 形式存在于合金表面，作为隔离膜抑制电化学腐蚀。而 FeCoNiCrAl 涂层的组织结构中产生空隙较多，涂层腐蚀倾向较大，但合金主元中的 Al 元素是优异的耐腐蚀合金元素，因此 FeCoNiCrAl 涂层的腐蚀电流密度为（4.8 ± 0.32）$\mu A/cm^2$，优于 FeCoNiCrMn 涂层。综上试验结果表明，FeCoNiCrMo 涂层的耐腐性能最佳，这与涂层结构的致密性和合金主元有关。

表 8.7 FeCoNiCr－Al/Mo/Mn 高熵合金涂层的动电位极化测试所得电化学参数

涂层	E_{corr}/mV	I_{corr}/($\mu A \cdot cm^{-2}$)
FeCoNiCrAl	-472 ± 5	4.8 ± 0.32
FeCoNiCrMo	-270 ± 10	1.9 ± 0.24
FeCoNiCrMn	-224 ± 10	7.5 ± 0.28

4. 干摩擦性能

如图 8.34 所示为 FeCoNiCr－Al/Mo/Mn 涂层的摩擦系数曲线，从图中可以看出，改变高熵合金体系中一个合金主元，对 FeCoNiCr 系合金的摩擦性能产生极大影响。其中 FeCoNiCrAl 涂层摩擦系数表现最高，约为 0.76。随着摩擦距离的增加，摩擦系数呈现上升趋势，在摩擦后期由于磨屑不断增加，摩擦系数出现轻微波动。从 FeCoNiCrMn 涂层的摩擦曲线中可以看出，该涂层经过前期的磨合过程后，摩擦系数逐渐降低并趋于稳定，平均摩擦系数约为 0.51，与 FeCoNiCrAl 涂层相比降低了约 30%。FeCoNiCrMo 涂层的摩擦系数介于 FeCoNiCrAl 与 FeCoNiCrMn 涂层之间，约为 0.56，这是由于 FeCoNiCrMo 涂层中氧化物分布不均匀，并且伴随着磨屑不断积累，对其摩擦系数影响较大，因此摩擦系数出现了较大波动。如图 8.35 所示为在干摩擦条件下 FeCoNiCr－Al/Mo/Mn 涂层的磨损率，从图中可以看出，虽然三种涂层中 FeCoNiCrAl 涂层具有最高的硬度，但其磨损率反而最大（2.6×10^{-4} $mm^3/(N \cdot m)$）。一方面是由于 FeCoNiCrAl 涂层中大多数扁平粒子间生成氧化物阻碍了扁平粒子间的流动和扩散，因此涂层在高速冷却的过程中易产生孔隙，使得涂层内部层状结构间的结合强度降低；另一方面该涂层的硬度更高，因此涂层的塑性相对较低，在剪切力的作用下涂层易发生剥落。FeCoNiCrMn 涂层的磨损率最低（3.18×10^{-5} $mm^3/(N \cdot m)$），约为 FeCoNiCrMo 涂层（1.27×10^{-4} $mm^3/(N \cdot m)$）的 24%。

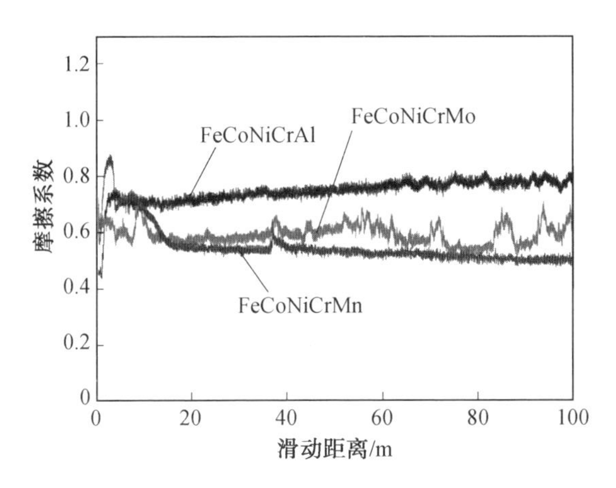

图 8.34　FeCoNiCr－Al/Mo/Mn 高熵合金涂层的干摩擦系数曲线

从显微组织上分析，两种涂层中氧化物含量和成分不同，涂层中氧化物对涂层性能影响具有双向性，一方面氧化物可提高涂层的硬度改善涂层的耐磨性；另一方面氧化物会降低涂层内部扁平粒子界面间的黏结强度，降低涂层的耐磨性能。结合 SEM 分析，FeCoNiCrMn 涂层中氧化物呈“夹芯”结构，使得该涂层不仅具有较高的塑性，并且在摩擦过程中由于高熵合金的缓慢扩散效应容易诱发纳米孪晶，涂层产生加工硬化现象，从而提高涂层的耐磨性能。

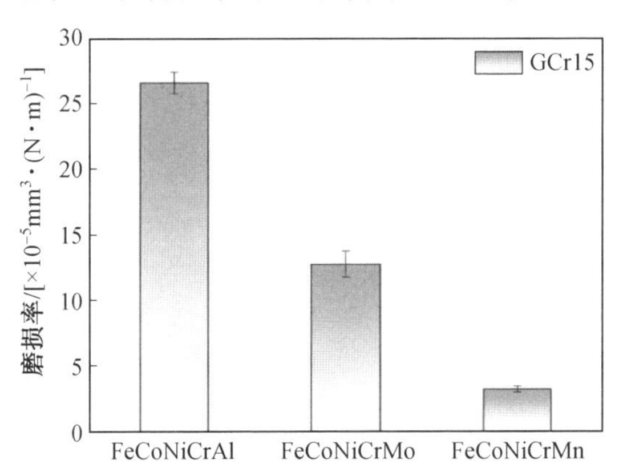

图 8.35　FeCoNiCr－Al/Mo/Mn 高熵合金涂层的磨损率

如图 8.36 所示为 FeCoNiCr－Al/Mo/Mn 涂层磨痕的扫描电镜图，从图 8.36(a)、(c)、(e) 中可以看出，FeCoNiCrAl 涂层的磨痕最宽，其次是 FeCoNiCrMo 和 FeCoNiCrMn，这与涂层的磨损率呈现的结果一致。

从图 8.36(a)、(b) 可以看出，FeCoNiCrAl 涂层的磨痕表面没有明显的犁沟，

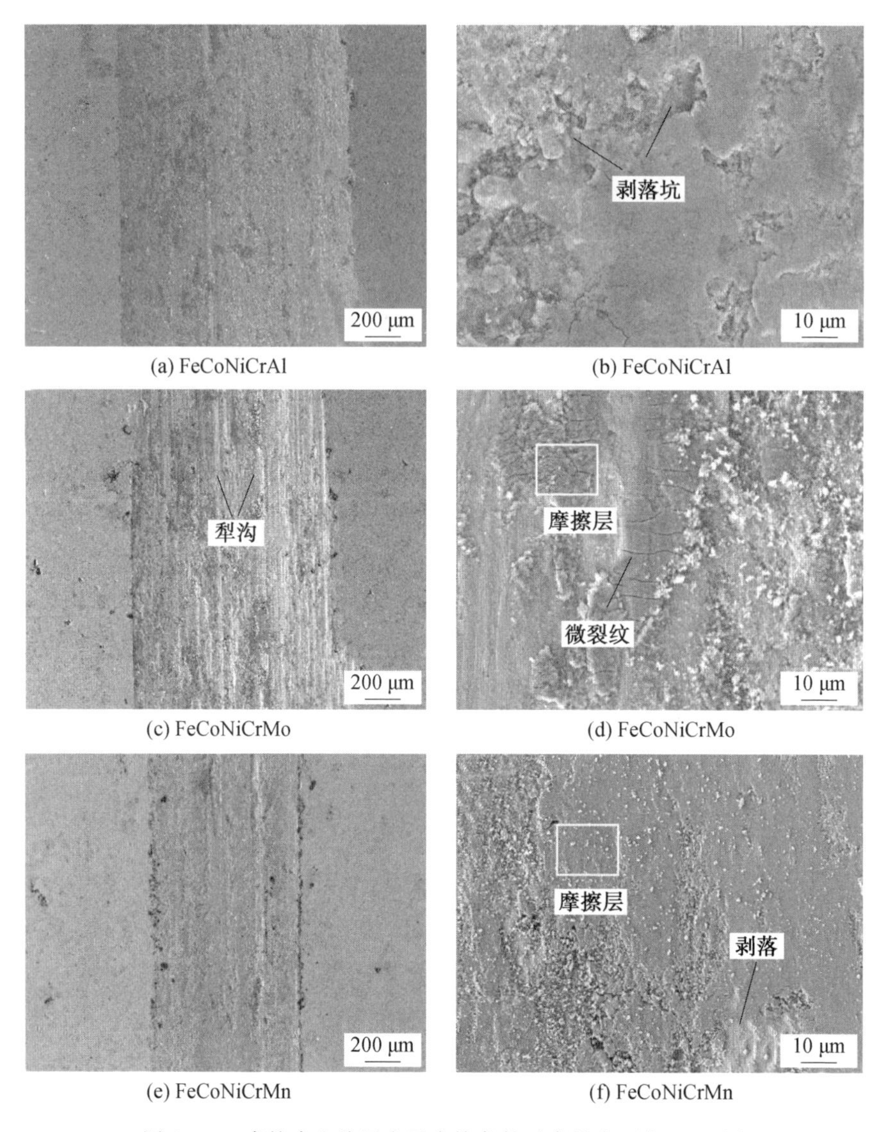

(a) FeCoNiCrAl (b) FeCoNiCrAl

(c) FeCoNiCrMo (d) FeCoNiCrMo

(e) FeCoNiCrMn (f) FeCoNiCrMn

图 8.36 高熵合金涂层在干摩擦条件下磨损表面的 SEM 图

黏着磨损的现象明显，通过高倍 SEM 图片可看出表面有许多凹坑，这是由于涂层内部聚合力低而涂层又具有较高的硬度，在载荷的往复作用下，涂层因脆性而易产生片层结构的剥落。FeCoNiCrMo 涂层的磨痕表面呈现典型的犁沟形貌(图 8.36(c)、(d))，磨屑尺寸为 2～3 μm，由于 FeCoNiCrMo 涂层的硬度较低，产生的磨屑颗粒未及时排出并作用于涂层，使得涂层的磨损机制以磨粒磨损为主，

另外在摩擦热的作用下，磨痕表面形成少量的氧化层，能够起到一定的减摩作用，由于生成的氧化层并不连续，在摩擦过程中氧化层一直处于形成－破坏的状态，这也是该涂层的摩擦系数出现较大波动的原因(图 8.34)。

FeCoNiCrMn 涂层的磨损表面十分平滑，磨屑尺寸明显减小(≤1 μm)，而且在磨痕表面观察到连续的氧化层形貌，由于涂层经过磨合期后，磨损机制主要为氧化磨损，因此 FeCoNiCrMn 高熵合金具有最低的摩擦系数和磨损率。

通过对比分析三种涂层的磨损性能以及磨痕形貌，不难发现 Al、Mo、Mn 三种元素改变了 FeCoNiCr 系合金的磨损机制，FeCoNiCrAl 高熵合金在滑动过程中难以形成氧化膜，其磨损机制以剥落磨损为主；FeCoNiCrMo 涂层能够形成少量氧化膜，涂层以磨粒磨损为主，FeCoNiCrMn 涂层能够形成连续的氧化膜，因此该涂层以氧化磨损为主。

5. 油润滑摩擦性能

如图 8.37 所示为 FeCoNiCr－Al/Mo/Mn 涂层在油润滑条件下的摩擦系数曲线。在油润滑条件下，三种涂层的摩擦系数均显著降低，随着摩擦距离的增加，摩擦系数逐渐稳定在 0.1 左右，FeCoNiCrMn 和 FeCoNiCrMo 涂层的摩擦系数相差无几，而 FeCoNiCrAl 涂层的摩擦系数稍低于其他两种涂层。在整个油润滑试验中，三种涂层的摩擦系数均未发生突变或者较大的波动，说明在 GCr15 球与涂层之间形成了连续的吸附油膜，避免了摩擦副之间的直接接触，抑制了黏着磨损的发生，从而保护涂层免受剧烈的磨损。

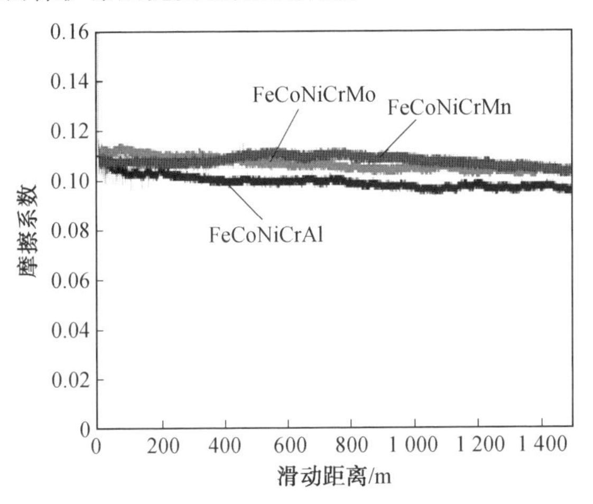

图 8.37　FeCoNiCr－Al/Mo/Mn 涂层在油润滑条件下的摩擦曲线

如图 8.38 所示为 FeCoNiCr－Al/Mo/Mn 涂层在油润滑条件下的磨损率。

从图中可以看出，FeCoNiCrAl 涂层的磨损率最高($1.57\times10^{-6}\ mm^3/(N\cdot m)$)，其次是 FeCoNiCrMo($1.32\times10^{-6}\ mm^3/(N\cdot m)$)、FeCoNiCrMn($1.04\times10^{-6}\ mm^3/(N\cdot m)$)，与干摩擦的磨损规律一致。油润滑试验的摩擦距离延长至干摩擦试验的 15 倍，法向载荷亦增加两倍，但油润滑试验中涂层的磨损率比干摩擦降低了一个数量级，说明摩擦副之间形成了连续且稳定的吸附油膜，极大程度上提高了涂层的耐磨性能。

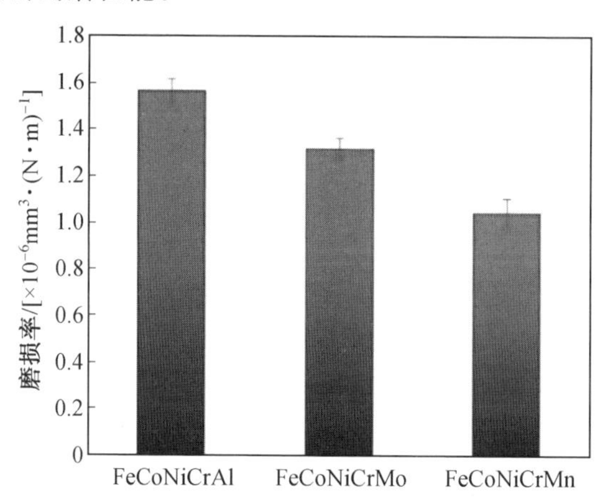

图 8.38　FeCoNiCr－Al/Mo/Mn 涂层在油润滑条件下的磨损率

如图 8.39 所示为 FeCoNiCr－Al/Mo/Mn 涂层在油润滑条件下磨痕的显微形貌。从图 8.39(a)、(b) 可以看出：FeCoNiCrAl 涂层的磨痕表面没有明显的黏着痕迹和磨屑堆积现象，但在表面存在剥落并分布着犁沟和塑性变形，FeCoNiCrAl 涂层层状结构间的结合强度薄弱，涂层受到正压力、剪切力的相互作用产生塑性变形和剥落，涂层剥落形成的磨屑一部分被润滑油带走，一部分留在摩擦副中间被反复碾碎、嵌入涂层表面产生犁削，造成涂层的磨损形成犁沟。将 Mo 元素代替 Al 元素后，FeCoNiCrMo 涂层中的氧化物较少，涂层的抗塑性变形能力有所提高，磨痕表面未发现明显的剥落现象，因此其磨损机制以塑性变形引起的磨粒磨损为主。FeCoNiCrMn 涂层磨痕表面十分光滑，表面未观察到明显的微坑和犁沟，磨损机制以疲劳磨损为主伴随着氧化磨损，因此该涂层的耐磨性能最好。如图 8.39(d)、(f) 中的 A、B 区域所示，涂层中出现了雕镂状形貌，说明 Mo 和 Mn 元素添加到 FeCoNiCr 系合金中得到相似的组织，由于 Mn 元素能够促进合金发生氧化，因此涂层生成较多硬质氧化物，从而提高了涂层的力学性能和耐磨性能。

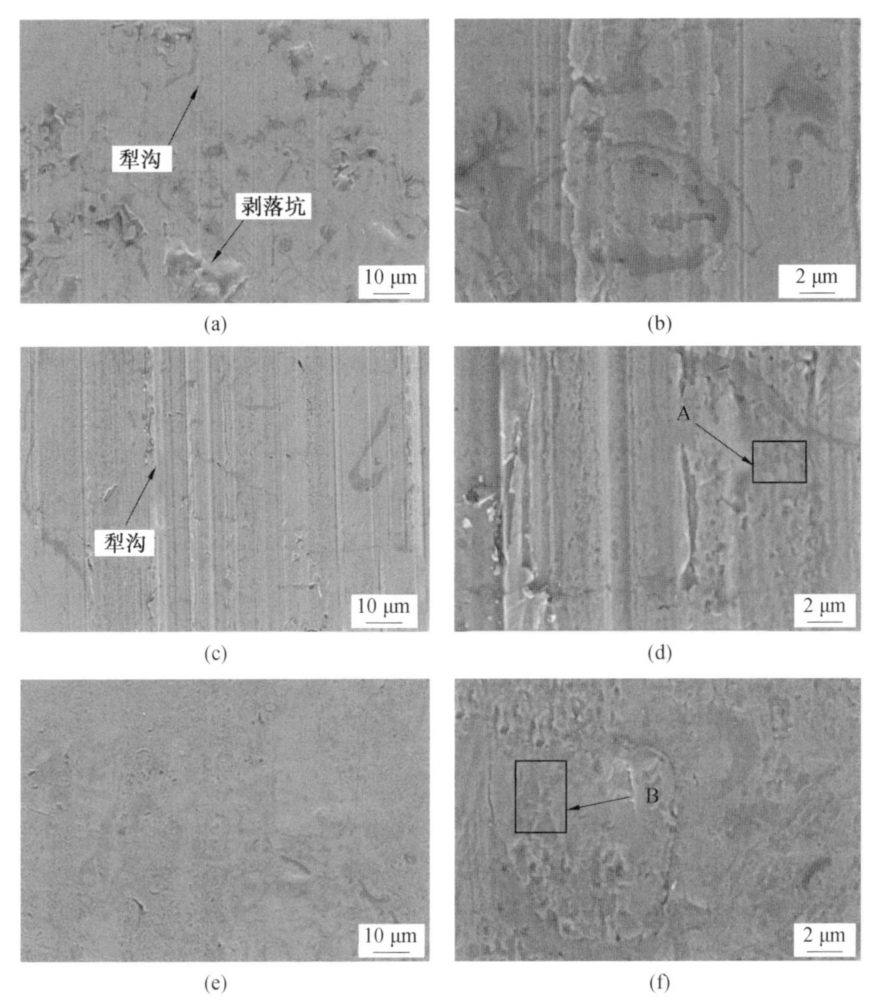

图 8.39　油润滑条件下 FeCoNiCr－Al/Mo/Mn 涂层磨痕 SEM 图

本章参考文献

[1] 龙琼，罗君，李小丽，等. 高熵合金涂层的研究现状[J]. 电镀与涂饰，2018，37(8)：359-366.

[2] 安继儒，田龙刚. 金属材料手册[M]. 北京：化学工业出版社，2008.

[3] 梁秀兵，魏敏，程江波，等. 高熵合金新材料的研究进展[J]. 材料工程，

2009(12):75-79.

[4]HE Q F, DING Z Y, YE Y F, et al. Design of high-entropy alloy: a perspective from nonideal mixing[J]. JOM, 2017, 69: 2092-2098.

[5]ZHANG W R, LIAW P K, ZHANG Y. Science and technology in high-entropy alloys[J]. Science China Materials, 2018, 61: 2-22.

[6]YEH J W, CHEN S K, LIN S J, et al. Nanostructured high-entropy alloys with multiple principal elements: novel alloy design concepts and outcomes [J]. Advanced Engineering Materials, 2004, 6(5): 299-303.

[7]RUFFA A R. Thermal potential, mechanical instability, and melting entropy[J]. Physical Review B, 1982, 25(9): 5895-5900.

[8]TAKEUCHI A, INOUE A. Calculations of mixing enthalpy and mismatch entropy for ternary amorphous alloys[J]. Material Transcation, 2000, 41(11): 1372-1378.

[9]YEH J W, CHEN Y L, LIN S J, et al. High-entropy alloys-a new era of exploitation [J]. Materials Science Forum: Advanced Structural Materials Ⅲ, 2007, 560: 1-9.

[10] JO Y H, DOH K Y, KIM D G, et al. Cryogenic-temperature fracture toughness analysis of non-equi-atomic $V_{10}Cr_{10}Fe_{45}Co_{20}Ni_{15}$ high-entropy alloy [J]. Journal of Alloys and Compounds, 2019, 809: 151864.

[11]YU Y, WANG J, YANG J, et al. Corrosive and tribological behaviors of AlCoCrFeNi-M high entropy alloys under 90 wt.% H_2O_2 solution [J]. Tribology International, 2019, 131: 24-32.

[12]YANG T, ZHAO Y L, TONG Y, et al. Multicomponent intermetallic nanoparticles and superb mechanical behaviors of complex alloys [J]. Science, 2018, 362(6417): 933-937.

[13]ZHANG Y, ZUO T T, TANG Z, et al. Microstructures and properties of high-entropy alloys [J]. Progress in Materials Science, 2014, 61: 1-93.

[14]NAGASE T, ANADA S, RACK P D, et al. MeV electron-irradiation-induced structural change in the bcc phase of Zr-Hf-Nb alloy with an approximately equiatomic ratio[J]. Intermetallics, 2013, 38(3):70-79.

[15]SENKOV O N, WILKS G B, MIRACLE D B, et al. Refractory high-entropy alloys[J]. Intermetallics, 2010, 18(9):1758-1765.

[16] 辛蔚，王玉江，魏世丞，等. 热喷涂制备高熵合金涂层的研究现状与展望[J]. 工程科学学报，2021,43(2)：170-178.
[17] RANGANATHAN S. Alloyed pleasures：multimetallic cocktails [J]. Current Science：A Fortnightly Journal of Research，2003，85(10)：1404-1406.
[18] LU Y P，DONG Y，GUO S，et al. A promising new class of high-temperature alloys：eutectic high-entropy alloys [J]. Scientific Reports，2014，4：6200.
[19] 隋艳伟，陈霄，戚继球，等. 多主元高熵合金的研究现状与应用展望[J]. 功能材料，2016，47(5)：5050-5054.
[20] MA L L，LI C，JIANG Y L，et al. Cooling rate-dependent microstructure and mechanical properties of $Al_xSi_{0.2}CrFeCoNiCu_{1-x}$ high entropy alloys [J]. Journal of Alloys and Compounds，2017，694：61-67.
[21] 李安敏，史君佐，谢明款. 高熵合金力学性能的研究进展[J]. 材料导报，2018，32(3)：461-466,472.
[22] 赵钦，马国政，王海斗，等. 高熵合金涂层制备及其应用的研究进展[J]. 材料导报 A：综述篇，2017，31(7)：65-71.
[23] 韩杰胜，吴有智，孟军虎，等. 放电等离子烧结制备 MoNbTaW 难熔高熵合金[J]. 稀有金属材料与工程，2019，48(6)：2021-2026.
[24] HUANG P K，YEH J W，SHUN T T. Multi-principal-element alloys with improved oxidation and wear resistance for thermal spray coating [J]. Advanced Engineering Materials，2004，6(1/2)：74-78.
[25] 刘一帆，常涛，刘秀波，等. 高熵合金涂层的摩擦学性能研究进展[J]. 表面技术，2021，50(8)：156-169.
[26] MIRACLE D B，SENKOV O N. A critical review of high entropy alloys and related concepts [J]. Acta Materialia，2017，122：448-511.
[27] CHUANG M H，TSAI M H，WANG W R，LIN S J，YEH J W. Microstructure and wear behavior of $Al_xCo_{1.5}CrFeNi_{1.5}Ti_y$ high-entropy alloys [J]. Acta Materialia，2011，59(16)：6308-6317.
[28] DIAO H Y，FENG R，DAHMEN K A，et al. Fundamental deformation behavior in high-entropy alloys：an overview [J]. Current Opinion in Solid State and Materials Science，2017，21(5)：252-266.
[29] JI W，WANG W M，WANG H，et al. Alloying behavior and novel

properties of CoCrFeNiMn high-entropy alloy fabricated by mechanical alloying and spark plasma sintering [J]. Intermetallics, 2015, 56: 24-27.

[30]MOHANTY S, MAITY T N, MUKHOPADHYAY S, et al. Powder metallurgical processing of equiatomic AlCoCrFeNi high entropy alloy: microstructure and mechanical properties [J]. Materials Science and Engineering: A, 2017, 679: 299-313.

[31]XIAO J K, WU Y Q, ZHANG W, et al. Microstructure, wear and corrosion behaviors of plasma sprayed Zr-NiCrBSi coating[J], Surface and Coatings Technology, 2019, 360: 172-180.

[32]SENKOV O N, WILKS G B, SCOTT J M, et al. Mechanical properties of $Nb_{25}Mo_{25}Ta_{25}W_{25}$ and $V_{20}Nb_{20}Mo_{20}Ta_{20}W_{20}$ refractory high entropy alloys [J]. Intermetallics, 2011, 19(5): 698-706.

[33]TSAO L C, CHEN C S, CHU C P. Age hardening reaction of the $Al_{0.3}CrFe_{1.5}MnNi_{0.5}$ high entropy alloy [J]. Materials & Design (1980-2015), 2012, 36: 854-858.

[34]CHEN L J, BOBZIN K, ZHOU Z, et al. Wear behavior of HVOF-sprayed $Al_{0.6}TiCrFeCoNi$ high entropy alloy coatings at different temperatures [J]. Surface and Coatings Technology, 2019, 358: 215-222.

[35]SHU F Y, ZHANG B L, LIU T, et al. Effects of laser power on microstructure and properties of laser cladded CoCrBFeNiSi high-entropy alloy amorphous coatings [J]. Surface and Coatings Technology, 2019, 358: 667-675.

[36]XU X D, LIU P, TANG Z, et al. Transmission electron microscopy characterization of dislocation structure in a face-centered cubic high-entropy alloy $Al_{0.1}CoCrFeNi$ [J]. Acta Materialia, 2018, 144: 107-115.

[37]WANG Y X, YANG Y J, YANG H J, et al. Microstructure and wear properties of nitrided AlCoCrFeNi high-entropy alloy [J]. Materials Chemistry and Physics, 2018, 210: 233-239.

[38]ZHANG L J, YU P F, ZHANG M D, et al. Microstructure and mechanical behaviors of $Gd_xCoCrCuFeNi$ high-entropy alloys [J].

Materials Science & Engineering A, 2017, 707: 708-716.

[39]WANG W R, WANG W L, YEH J W. Phases, microstructure and mechanical properties of $Al_xCoCrFeNi$ high-entropy alloys at elevated temperatures [J]. Journal of Alloys and Compounds, 2014, 589: 143-152.

[40]LI C, LI J C, ZHAO M, et al. Effect of alloying elements on microstructure and properties of multiprincipal elements high-entropy alloys [J]. Journal of Alloys and Compounds, 2009, 475(1/2): 752-757.

[41]JOSEPH J, HAGHDADI N, SHAMLAYE K, et al. The sliding wear behaviour of CoCrFeMnNi and $Al_xCoCrFeNi$ high entropy alloys at elevated temperatures [J]. Wear, 2019, 428/429: 32-44.

[42]DAI C D, ZHAO T L, DU C W, et al. Effect of molybdenum content on the microstructure and corrosion behavior of $FeCoCrNiMo_x$ high-entropy alloys [J]. Journal of Materials Science & Technology, 2020, 46: 64-73.

[43]TSAI M H, WANG C W, TSAI C W, et al. Thermal stability and performance of NbSiTaTiZr high-entropy alloy barrier for copper metallization [J]. Journal of the Electrochemical Society, 2011, 158(11): 1161-1165.

第9章

等离子喷涂耐磨涂层的应用

以等离子喷涂为代表的热喷涂技术最大的优势在于：可以在基体表面制备出远优于本体材料的高性能功能化涂层，其厚度通常只有几微米到几毫米，仅为结构尺寸的百分之一，却可以显著提升本体材料的耐磨性、耐腐蚀性和耐高温性能。采用等离子喷涂工艺制备得到的耐磨涂层具有硬度高、熔点高、热稳定性好及化学稳定性好等特性，可以明显提升材料的耐磨性、耐腐蚀、耐高温及抗氧化等性能，从而有效保护基体材料，因而在汽车、航空、船舶、工程设备等等诸多领域取得了广泛的应用。

本章将从大量的等离子喷涂耐磨涂层的应用实例中选取一些典型的例子供读者参考，希望起到抛砖引玉的作用，感兴趣的或专门从事该领域研究的读者可以阅读相关专业文献。

9.1 等离子喷涂耐磨涂层在汽车摩擦学中的应用

汽车是一个非常复杂的摩擦学系统，其内部各运动构件间存在多种形式的摩擦磨损现象。磨损不仅造成了大量的材料损失、零件精度降低，导致发动机、变速器等关键零部件易发生早期失效，还会造成大量的燃料损耗。相关调查数据显示：汽车行驶过程中约有10.5%的燃料损耗发生在各类摩擦副的磨损过程，如活塞、曲轴、变速器等；此外，过度磨损还会造成机械效率下降、燃气未充分燃

烧，废气等污染物的排放将远超过标准值，从而引起环境污染等问题。Holmberg等在2012年前后针对全球的汽车为例分析了摩擦对于能源消耗、材料损耗及环境的影响，研究结果表明：全球的轿车每年需要消耗总燃料的约33%以克服各类运动副的摩擦，全世界每年因克服摩擦所造成的 CO_2 排量达到70亿t。但另一方面，汽车部分零部件，如制动器、轮胎等则需要利用摩擦来实现正常的工作，其安全性和可靠性往往依赖于较大的摩擦系数。

因此，针对不同摩擦副的具体工作状况，采用等离子喷涂等技术制备高性能的功能性表面涂层，将摩擦学知识合理运用于汽车的设计与使用过程中，对于汽车行业中节约能源与材料、提升汽车的安全性及环境保护等问题都将提供有效的解决方案。

发动机缸套内壁耐磨涂层是耐磨涂层最典型的应用之一，为了实现轻量化、提高燃油效率、降低能耗，轻质的铝及铝合金材料已成为发动机零部件的主要材料，但同时也降低了气缸的耐磨性。然而Al本身的特点导致了铝合金缸体的磨损性能较差，常用的提升气缸耐磨的方法大致包括以下三类：一是在气缸内嵌入一定厚度的铸铁缸套或添加Cr、Ni等元素的过共晶铝硅合金缸套；二是在铝合金中加入Ti、B等稀土元素；三是通过等离子喷涂等热喷涂工艺在气缸内壁涂覆一层起到耐磨作用的功能性涂层。

第一种方法可以有效解决铝合金的摩擦磨损问题，但是由于重新嵌入铸铁或合金缸套，不仅会增加气缸的质量与体积，还会因铸铁本身较差的热传导性能导致发动机整机效率的下降；同时硅铝合金的制备技术也尚不成熟。第二种方法同样存在制备成本大，应用受到局限等问题。相较于前两种方法，热喷涂制备耐磨涂层不会显著改变零件的质量和尺寸，不涉及零部件装配精度等问题；再者，几乎所有的金属基、陶瓷基及复合材料均可用作发动机缸套内壁耐磨涂层的制备，喷涂材料选择灵活，可以获得较好的摩擦学性能。

采用等离子喷涂工艺制备气缸表面涂层的主要环节包括：铸造和初始机加工、表面激活、清洗、喷涂涂层、冷却和最终机加工（金刚石珩磨等），主要工序如图9.1所示。

对于铸造得到的铝合金或铸铁发动机气缸，在喷涂前必须将气缸孔直径适当加大以容纳涂层，可以采用镗孔、单点钻孔和珩磨等方式完成扩孔，直径增加的程度取决于最终珩磨后需要达到的目标涂层厚度。随后，对机加工得到的气缸进行彻底的清洗，以去除表面残留的机油及加工残余物。表面激活的目的是增加基体的表面积及表面粗糙度，从而形成一种易于使涂层与基体实现机械黏结的表面结构，常用的表面激活工艺包括 Al_2O_3 磨料打磨、高压喷水表面激活和

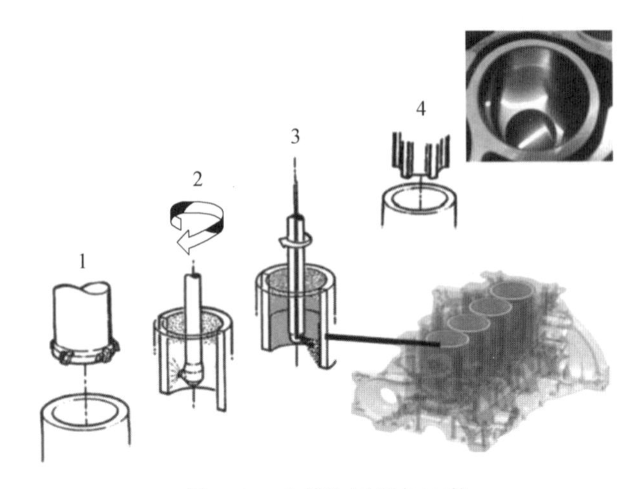

图 9.1　内壁涂层制备工序

1— 铸造与初始机加工；2— 表面激活；3— 喷涂涂层；4— 金刚石珩磨

机械方式表面激活等。喷涂过程中既可以用旋转的等离子火焰喷枪对发动机缸套进行喷涂，也可以采用工件旋转喷枪，以垂直上、下移动的方式进行涂层制备，多采用粉末状材料作为喷涂原材料，其成分包括合金钢、氧化物陶瓷及复合物等。对喷涂制备的涂层通常采用金刚石珩磨完成最终机加工，以达到镜面光洁程度。

Uozato 等在柴油机气缸内壁表面采用 APS 喷涂制备了铁基 Fe－C－Ni－Cr－Cu－V－B涂层，试验结果表明：相较于常用的铸铁缸套，铁基缸套涂层以及对磨销试件的磨损深度均显著减小，说明该涂层不仅可以提升气缸内壁的耐磨性，还可以减少活塞环的磨损；此外，试验过程中还考察了 Ni 元素含量对涂层耐蚀性与耐磨性的影响，结果表明：当 Ni 粉的质量分数介于 4% ～ 14% 时，涂层在硫酸溶液中的耐蚀性与 Ni 粉含量呈正相关，且选优于传统的铸铁材料，但 Ni 含量的增加会降低涂层硬度，导致其耐磨性能降低。除了金属基涂层之外，近年来采用等离子喷涂制备的陶瓷涂层也被广泛用于汽车发动机，如 TiC、ZrO_2 和 TiO_2 等，这些陶瓷涂层不仅赋予了发动机足够的强度和韧性，也能够满足耐高温、低散热等目标。

Schramm 等采用等离子体转移弧喷涂工艺在发动机气缸内壁喷涂铁基 Al、Cr 合金涂层，合金元素的掺杂可以有效增强涂层的耐磨耐腐蚀性。摩擦试验对比了三种材料的活塞环以寻求最佳涂层组合，分别是氮化钢活塞环、类金刚石碳膜(DLC) 涂层活塞环、氮化铬铝涂层活塞环。试验结果表明，和灰铸铁缸套相比，高铬、铝含量的铁基材料 PTWA(等离子体转移弧线材喷涂) 涂层与 CrAlN

涂层活塞环间的平均摩擦系数从0.11降到0.066，表现出很大的减摩潜力，该涂层与活塞环组合应用于发动机将更加经济和环保。

除了针对缸套常用材料开展的喷涂实验室试验外，越来越多的国外汽车制造商开始选用热喷涂技术制备发动机气缸内壁涂层。早在20世纪90年代，瑞士Sulzer Metco公司便设计了旋转等离子内孔喷涂系统，可用于发动机气缸内壁的清理、喷砂及喷涂作业。该系统于2000年左右实现生产应用，制备的陶瓷气缸套涂层材料耐磨性可达原始材料的2倍以上，每天可喷涂发动机缸套200件，多用于高级赛车等高档车型；到2013年前后市面上已经有名为“SUMEBore”的气缸表面涂层。

美国Sandia国家实验室与通用汽车公司联合开发出内孔超音速火焰喷涂技术，随后研究人员提出PTWA技术方案。福特汽车公司采用该技术对一批高里程磨损发动机缸套内壁进行修复，发现比起制造新发动机降低50%的碳排放量且可恢复其最初性能。柯马同样将该技术运用到铝合金气缸套上，以降低车辆质量和动力传动体系的摩擦损耗，提高车辆综合效率。

纽约长岛火焰喷涂企业和福特汽车公司联合研发的等离子转移弧线材喷涂工艺应用于2011年生产的野马V8 5.4型铝合金气缸，新款发动机的质量与传统采用铸铁缸体的2010款GT500 V8发动机相比减轻了46 kg。

2019年日产公司采用PR25DD缸套代替传统QR25DE型铸铁缸套，PR25DD通过内孔等离子转移弧线材喷涂技术在缸孔内壁喷涂熔融铸铁材料，随后经抛光获得0.2 mm厚镜面铸铁涂层，通过从纯铸铁缸套转变为喷涂缸套，日产公司从每台发动机上降低2 kg，有效减轻了整车质量。宝马B38、B48系列，奔驰M270系列等高端发动机已采用内孔热喷涂技术实现减排和轻量化目标。

热喷涂技术用于气缸内壁耐磨涂层制备过程中也推动了内孔等离子喷涂技术的发展。常见的内孔等离子喷涂技术主要分为平移式和旋转式两类，如图9.2所示。

平移式内孔等离子喷涂技术的特点是等离子喷枪沿其中心轴线做升降运动进行喷涂，而内孔零部件则装夹于立式转台卡盘上，在伺服机构操控下沿自身中心轴线旋转，这种喷涂方式较为传统，应用广泛。但该技术对所喷涂内孔零件旋转要求较高，夹装时零件中心轴线需与平台旋转轴线一致，否则喷涂时喷涂距离不一致，导致零件内表面不同位置涂层沉积效率不同。采用旋转式喷涂时，内孔零件固定，而等离子喷枪在零件内部同时旋转并做升降运动，其中旋转机构带动主轴旋转，旋转主轴下方连接等离子喷枪并带动其旋转，实现对内孔零件的喷涂。

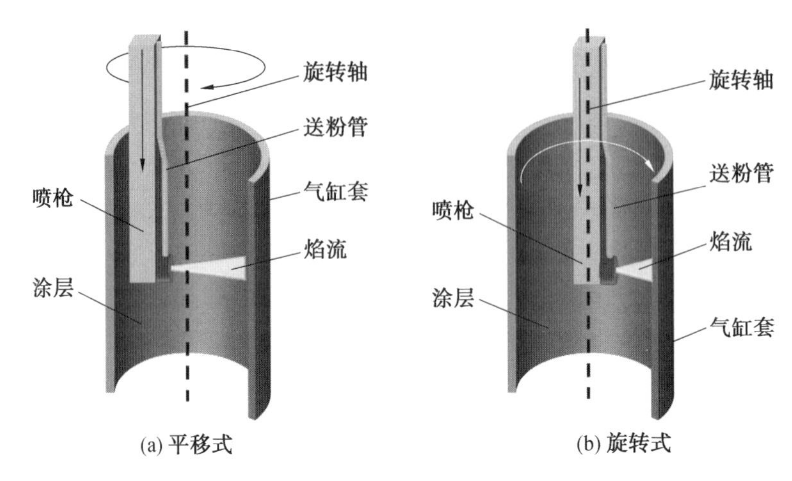

图 9.2　内孔等离子喷涂示意图

王海军等以大功率柴油机气缸套(Φ150 mm)为研究对象,设计了一种同时具有排尘、防尘和冷却机制的内孔等离子喷涂机构,其中内孔喷枪安装于升降机构上并置于抽风隔尘筒内部,而抽风隔尘筒置于气缸内部,间隔 2.5 mm,其作用是吸走焰流外部未熔粉末粒子及大量粉尘,保持涂层的均匀与致密性,缸套外部装有冷却气环对缸套进行冷却。

黄勇等采用 SUMEBore 内孔旋转等离子喷涂工艺,在铝合金气缸体内表面制备 Fe 基涂层,涂层中氧化物与碳化物形成自润滑,减摩耐磨作用显著,对于传统铸铁直列四缸机,在提高耐磨性的基础上实现减重 2.5 kg。

某发动机气缸材料为 38CrMoAl 合金,刘明等在该合金材料表面制备 Ni45 −15%Mo 复合涂层,摩擦试验后与传统 38CrMoAl 渗氮层进行比较,研究发现喷涂涂层的摩擦系数与磨损量均小于渗氮层,原因在于:涂层中包含的 Mo 元素与润滑剂中的 S 及环境中的 O 元素反应产生的 MoS_2 与 MoO_2 具有良好的减摩性能。

以等离子喷涂工艺为代表的热喷涂技术不仅可以实现车用气缸套的强化处理,还是一种高质量的气缸套修复工艺。该修复工艺的具体操作步骤为:将因磨损而报废的气缸套先进行镗孔,使其具有统一尺寸;随后在专用设备上涂敷上一层高合金钢涂层;最后再次镗孔并珩磨到规定尺寸,在此过程中需结合附加工艺以确保涂层与制造气缸套用的铸铁形成良好的结合。莫斯科铁路局早在 2002 年便使用等离子喷涂工艺修复了约 2 000 个气缸套并投入使用,次年更是将 Д1 型内燃动车组全部改用修复型气缸套,运行结果表明:装有修复型缸套的内燃机车行走里程 38 万 km,未出现拉缸现象,工作良好。

除了等离子喷涂外，其他热喷涂技术也被广泛应用于气缸内壁的耐磨涂层制备，如福特汽车于2015年宣布：利用PTWA技术可以让因磨损报废的发动机“重获新生”。一方面，试验表明该技术可以在铝制发动机缸体表面制备性能优异的耐磨涂层，降低发动机质量的同时可以显著降低其制造成本和废品率；另一方面，通过PTWA技术对失效发动机进行修复，不仅可以减轻对环境的污染，与新发动机相比其二氧化碳排放量降低了50%，同时经过加工的发动机缸体在性能等方面的表现不逊色于全新发动机。

综合上述研究成果可知：采用热喷涂涂层技术对发动机等汽车零部件进行表面处理，有效降低了传统铁铸缸套的油耗、提升了发动机的使用寿命和服役性能。因此，热喷涂技术有望在未来车辆轻量化发展过程中起到重要的促进作用，为实现节能减排、节约资源奠定坚实的基础。然而，虽然我国当前的热喷涂研究学术产出已成为“世界大国”，但市场产出相对较少，因此该市场仍处于待开发领域，如何将实验室研究成果成功应用于生产实际依然任重道远。

9.2 等离子喷涂耐磨涂层在航空摩擦学中的应用

在内燃机技术发展及装置出现的同一时期，流体力学和空气动力学的相关理论研究与试验验证也取得了长足的进步，为飞机这一重于空气的航空器的诞生奠定了坚实的技术基础。飞机是一项复杂的系统工程，它代表着现代科学技术众多领域的最新成就，是科学技术与国家基础工业紧密结合的产物，也是一个国家科学技术和工业水平的重要标志。飞机等航空航天产品内部同样存在大量极其复杂的摩擦副系统，尤其是航空发动机。作为设备的动力装置，其运行性能的优劣制约着飞机的能力，是航天航空事业安全稳定运行的重要保障。航空发动机产业是国防科技战略的核心产业，也是民用航空产业的基石。

自1903年机械师布朗研制的航空活塞发动机应用于莱特兄弟的飞机以来，航空发动机经历了飞跃式的发展，在推重比、增压比、涡轮前进口温度、热效率和可靠性等方面都发展到了较高的水平。第四代以后的航空发动机要求更高的发动机推重比和热效率，根据美国先进战斗歼击机研究计划和综合高性能发动机技术研究计划，发动机推重比要达到20，而其油耗比要比目前再降低50%，这就要提高涡轮叶片的耐高温性能，从而提升涡轮前进口温度。航空发动机零件的工作条件十分恶劣，除了在高温、高速、重载条件下运转外，还受到转子的振动影响，极易发生磨粒磨损、黏着磨损和疲劳磨损等众多类型的磨损失效，显著降低发动机的性能和使用寿命。随着航空发动机向高性能、高翻修寿命、高可靠性、低耗油率和低成本的方向发展，热喷涂技术在航空发动机上的应用越来越多。

表面工程技术因其具有难度低、快捷、成本低等优势，在航空发动机行业具有广泛应用。据统计，每台新型航空发动机内上千个零部件的 3 000 多处表面均需要采用热喷涂涂层，包括耐磨涂层、热障涂层、封严涂层和高温防护涂层等，如图 9.3 所示。本节将重点介绍等离子喷涂技术在耐磨涂层制备中的相关研究进展。

航空发动机及起落架等零部件在实际运行过程中均存在较为显著的磨损，例如，发动机在服役期间的转速可达 5 000 ～ 15 000 r/min，并且在极高载荷和多个频率的振动下工作，进而产生了大量的磨损，这些磨损是无法通过改变基体材料或形状来避免的，采用热喷涂技术对各零部件进行抗磨强化是十分有效的技术措施。相关数据表明：采用涂层后可以使航空发动机中因磨损而报废的零部件比例下降至 33%，常用的航空发动机耐磨涂层材料体系及特点 / 用途详见表 9.1。

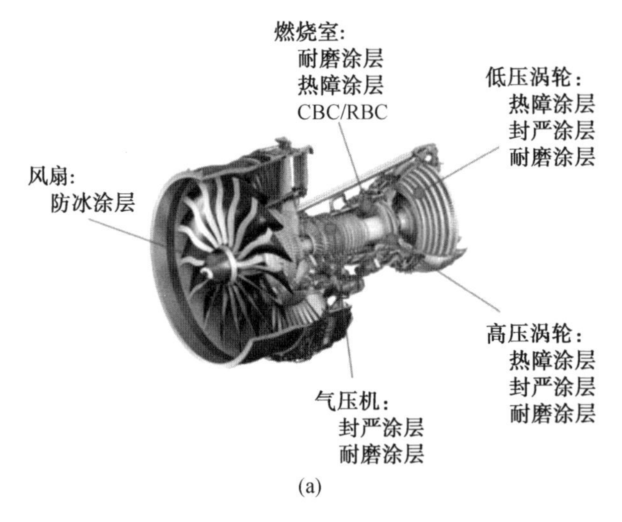

(a)

图 9.3　航空发动机中涉及的热喷涂涂层示例及热障涂层典型结构

CBC— 抗结焦涂层；RBC— 抗辐射涂层

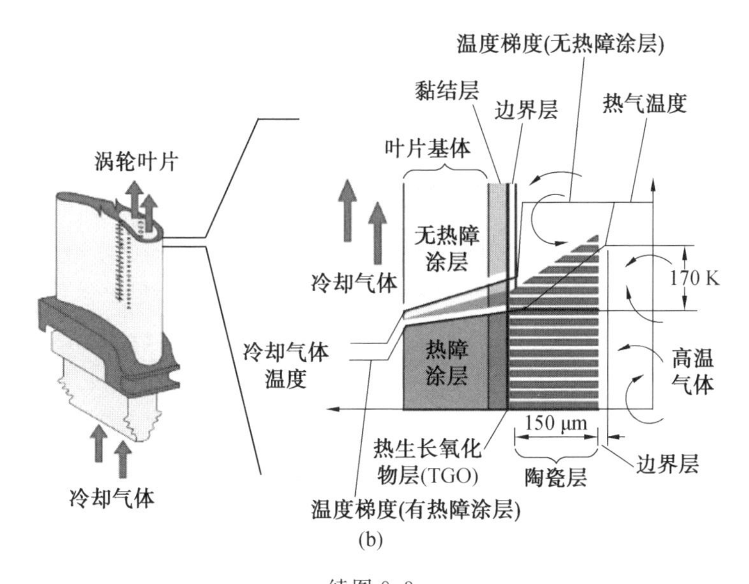

(b)

续图 9.3

表 9.1　航空发动机常用耐磨涂层

涂层种类	特点及用途
WC－12Co	≤450 ℃,钛合金叶片、空气导管、起落架等
CoNiCrW(X－40)	≤840 ℃,涡轮叶片叶冠、高压涡轮后机匣
NiCrBSi	≤900 ℃,风扇叶片阻尼凸台
NiCr－Cr_3C_2	≤980 ℃,风扇叶片阻尼凸台、涡轮部分
TiC	≤800 ℃,涡轮叶片叶冠
CoCrMoSi(T－400)	370～650 ℃,涡轮壳体 ≤800 ℃,高压压气机部分密封环
CuNiIn	≤450 ℃,转子榫头
NiAlWBKHA	≤650 ℃,收扩喷口部分零件

同样地,航空航天技术的发展和需求极大地推动了热喷涂材料及技术的研发与应用,美国国家航空咨询委员会(National Advisory Committee for Aeronautics,NACA)的科学家和工程师研究了氧化物陶瓷涂层的性能、与金属合金基体间的结合以及陶瓷涂层对汽轮机涡轮叶片寿命的影响等,这一系列研究工作奠定了陶瓷涂层在航空航天领域的应用;随后,WC、YSZ 等材料逐步取得了广泛的应用。

钛合金由于其高比强度、低密度，可以在中高温的环境下完成服役的优点，已经成为航空航天零件的重要材料，针对其存在硬度低、耐磨性差的缺点，工业界采用各种手段在钛合金表面涂覆硬质涂层，包括有沉积涂层、喷涂涂层、激光熔覆涂层、镀层等，通过涂覆硬质涂层可以很好地形成“硬壳软心”结构，赋予基体材料表层新的使用性能，满足航天产品耐磨和受载的服役需求，延长零部件的使用寿命。王俊等先采用等离子喷涂在钛合金表面制备氧化物涂层，接着利用激光熔覆方法有效提高了氧化物涂层硬度，大大提高了钛合金表面耐磨性。Richard等利用热喷涂法在钛合金表面制备 $ZrO_2-Al_2O_3-TiO_2$ 纳米陶瓷涂层，发现与单一 ZrO_2 涂层相比，$ZrO_2-Al_2O_3-TiO_2$ 纳米陶瓷涂层摩擦系数更低，耐磨性和耐腐蚀性更好。Koshuro 等利用等离子喷涂 Al_2O_3 结合后续微弧氧化方法在 VT6 钛合金表面制备金属氧化物涂层，使得钛合金表面的硬度提高到 1 640HV，表面耐磨性得到提高。郭华锋等用等离子喷涂工艺选用 NiCrAl 粉末作为黏结层，在 TC4 钛合金表面获得了 WC－12Co/NiCrAl 复合涂层，磨损试验得到涂层体积磨损量约为合金的 1/10，通过分析发现：由于涂层与基体间出现局部微冶金结合方式，因此基体表现出良好的减摩耐磨性能。张学萍等用发动机前轴颈 TC4 为基体，等离子喷涂法制备 WC－Co 涂层，涂层最低结合强度值达到 38.45 MPa，合金基体的耐磨耐蚀性得到极大提高。

航空发动机压气机壳体中的耐磨涂层在提高其提供飞机推力、速度和灵活性的能力方面起着至关重要的作用。然而，在冲击载荷的作用下，叶片尖端会严重损坏机壳表面，为保护叶片和机壳，开发了一种耐磨损涂层，确保即使在极小间隙时，叶片尖端对壳体表面的破坏不至于过分严重。Mallick 等用统计学的理论概念和等离子喷涂技术的知识对此耐磨涂层进行了一项研究，旨在优化等离子喷涂参数，试验最后得出一项结论：“氢流量”和“喷射距离”是重要因素，这为提高耐磨涂层的性能提供了参考依据，也将大大提高车间生产率。此外，该研究过程中使用和产生的想法在“热障等离子体涂层”“爆震涂层”“火焰涂层”等领域也有巨大的借鉴空间。

机闸作为航空发动机中的重要组成零件之一，工作时内部与涡轮燃烧室链接，外部与排气装置、冷却装置等连接，常处于振动工况下，引起与部件表面之间发生微米量级的位移运动，导致其表面形成微动磨损。而铝合金作为机闸常用的材料，由于其硬度低，耐磨性差，在微动磨损过程中易发生氧化而不断生成新的氧化层，导致基体不断损耗，最终提前失效，目前，可以通过一些表面涂覆技术来提高机闸的抗微动磨损性能，如热喷涂、气相沉积等，常用的涂层材料有铝青铜、CuNiIn、TiN、MCrAlY、Co－WC、Cr_2O_3 等。路阳等开展试验研究了粒度与

高铝青铜涂层的微观结构之间的关系，结果发现粉体粒度的粗细与超音速等离子喷涂制备的涂层性能成正比，粒度越细，涂层的组织越致密，耐磨性越好。

发动机工作时叶片产生的强烈振动会导致阻尼面的磨损，磨损后的叶冠之间间隙增大，会造成叶片榫头断裂等重大飞行事故。目前，涡轮叶片主要采用等离子喷涂技术进行修复和强化，一方面，可以恢复已经磨损的阻尼叶片的尺寸，另一方面通过等离子喷涂合适的涂层来提高叶片的耐磨性能，延长服役寿命。但仅仅使用等离子喷涂一种技术来制备高性能阻尼面耐磨涂层对于一些新型号发动机来说是不够的，在微动磨损下，等离子喷涂层易发生疲劳剥落，且等离子喷涂层和基体层之间可能会由于高温而发生整体剥落，为从根本上解决等离子喷涂层的层间结合强度、层间氧化物和孔隙问题，提高涂层质量，可以采取一些后处理。如采用激光或电子束重熔技术，可以很好地降低层间氧化物量和孔隙率，提高层间结合强度，消除涂层缺陷，有效提高阻尼面涂层的耐磨性和使用寿命。林晓燕等对涂层进行过后处理，对45钢等离子喷涂层进行激光处理，处理后的组织相较于处理前更加细化，涂层中的裂纹、气孔等缺陷得以消除，孔隙率降低，硬度提高，涂层组织和性能得到明显改善。H. Sohi等采用等离子喷涂技术在普通钢上成功沉积了WC－12Co涂层，完成喷涂后采取后处理，即把涂层置于不同温度的氩气氛围中，通过此试验来研究其摩擦磨损性能，发现经过后处理的涂层的硬度和耐磨性更高，尤其是经过900 ℃氩气氛围处理过的涂层表现出了异常优秀的硬度和耐磨性。

除耐磨涂层外，使用等离子喷涂制备的热障涂层和耐磨封严涂层也在航空发动机领域取得了长足的进步，碍于篇幅所限，本节不再赘述，感兴趣的读者可以自行查阅相关文献。

9.3　等离子喷涂耐磨涂层在海洋摩擦学中的应用

占地球总面积71％的海洋区域蕴含着丰富的矿物、生物和油气资源，且开采潜力巨大，因此，无论是船舶等航海设备的应用，还是海洋资源开采平台的建设，都日益成为摩擦学及材料科学的重要分支，不仅形成了诸如船舶摩擦学、海洋摩擦学等研究分支，还极大地推动了相关学科的工业应用。

我国有着广阔无边的海域，相关数据调查表明，在国民经济的116个产业部门中，船舶产业排列在16位，并与其他产业关联性紧密，影响范围较大，船舶工业是国民经济发展的一个重要要道和命脉。船舶工业的快速发展将带动其他产业的有益发展，并且发展船舶产业能够为海洋开发、交通运输、水产捕捞和海洋边防建设等提供重要的技术支持和装备，是国家工业装备制造业不可缺少的重要组成部分，船舶机械技术的提高对提高国民经济综合实力，保障交通运输安全和维护国家海域安全具有重要的意义。这些舰船或是海上构筑物及装备运行过程中不仅受到海水和盐雾的电化学腐蚀，还经常遭受因人员活动及机械作业引起的摩擦和磨损，造成的摩擦副失效问题同样日益突出。

船舶工业包含众多的技术领域，是一个庞大而复杂的系统，随着船舶部件机械化程度增加，船舶机械零部件服役条件复杂且恶劣，船舶部件在服役过程中容易遭受磨损而发生失效甚至发生故障损坏。相关调查数据显示：在所有的船舶机械部件的故障损坏，40% 的故障损坏是由于各类磨损引起的，如轴承、曲轴、活塞、齿轮和传动轴等重要部件在不断的高速运转和长期的工作，会使相关零部件发生磨损故障，从而影响船舶的结构功能和使用寿命，进一步造成资源和经济浪费。在提高材料表面耐磨损及耐腐蚀性能的诸多方法及工艺中，表面处理技术是延长海洋装备服役寿命的重要措施之一。以等离子喷涂为代表的各类热喷涂工艺，在大型舰船传动轴、减速齿轮以及钻井平台等设备的表面强化及维修与再制造中应用广泛。

在工程船舶的发展过程中，为提高船舶机械零件的耐磨性能，运用等离子喷涂技术在基体表面制备出特定的涂层材料，改善原有基体的性能使其具备某种所需的新特性。近年来常用的典型涂层材料分为金属涂层、陶瓷涂层、有机涂层和复合涂层等，等离子喷涂典型耐磨涂层材料体系见表 9.2。充分利用其具有的优良性能，运用到零部件表面，可延长部件寿命，降低投资成本。

表 9.2　等离子喷涂典型耐磨涂层材料体系

耐磨涂层	涂层材料
金属基耐磨涂层	Fe 铁基耐磨涂层
	Ni 镍基耐磨涂层
	Mo 钼基耐磨涂层
陶瓷基耐磨涂层	氧化物陶瓷涂层 Al_2O_3、ZrO_2、Cr_2O_3、SiO_2、TiO_2、MgO 等
	氮化物陶瓷涂层 Si_3N_4、TiN、BN、AlN 等
	碳化物陶瓷涂层 TiC、WC、ZrC、SiC 等
多相复合耐磨涂层	金属与硬质相复合涂层
	金属与润滑相复合涂层
	陶瓷与润滑相复合涂层

铁基合金涂层因其具有耐腐蚀性、耐磨损性能、较强的非晶形成能力等优点，在轴承、柱塞等应用广泛。高碳钢常用于发动机，铸钢、球墨铸铁常用于轴颈表面，而不锈钢材料用于气缸套内表面；船舶输送管以采用常规的低碳钢为主，但这种材料的耐磨性能和耐腐性能较差，在短时间内易出现严重磨损，具有低合金属性的锰钢板在受到外部冲击力的作用下具有加工硬化的反应，耐磨性能相比低碳钢较好，但是它不适用于工程船舶中载荷作用较小的区域内。

雷阿利等在碳钢表面制备铁基耐磨涂层进行耐磨性试验，结果表明等离子喷涂法制备的 $Fe_{80}P_{13}C_7$ 合金涂层具有较好的耐磨损性能。铁基非晶合金涂层具有高强度、高硬度、高耐磨性，在工业上具有巨大的应用价值，但是其在室温下脆性较高容易发生断裂，将其在粉末状态下喷涂到一些零部件上，如齿轮、滚轴、海上钻井头等，Qiao 等运用等离子喷涂技术在 Q235 钢基体上制备超硬超疏水铁基非晶合金涂层，当喷涂功率为 30 kW 时，涂层在 10 kPa 的压力下表现出优异的抗磨性能。解路等通过运用不同的喷涂技术在不锈钢基体上制备 $Fe_{48}Mo_{14}Gr_5Y_2C1_5B_6$ 非金涂层，并探讨喷涂技术、涂层非金含量、孔隙率与耐磨性之间的关系，结果表明基体的磨损机制为黏着磨损和磨粒磨损，而等离子喷涂涂层表面磨损机制为疲劳磨损伴有黏着磨损，由此可见等离子喷涂技术制备铁基非金涂层具有较高的耐磨性。将运用等离子喷涂技术将其作为涂层材料有效提高零部件的耐磨性和疲劳断裂强度，从而解决铁基非金合金室温脆性高，制备尺寸和成本所带来的问题。

镍基合金在腐蚀环境中具有高强度、优异的耐腐蚀性和耐磨性，在船舶工业中广泛使用。镍基合金中铬具有固溶强化的作用，可以阻止位错传播，主要用于发动机活塞环、阀座、阀门、凸轮等零部件。另外其他合金，如 Cr 合金等离子喷涂层主要用于缸套和活塞环，它能使边界润滑条件下的耐磨性及抗咬合性能改善，并能改进配磨材料的耐磨性；Co 基合金的最大特点是在高温下的耐腐蚀性和耐磨性十分突出，抗气蚀性能好，因此可用于高温排气阀、汽轮机叶片等的修复或预保护。顾小龙等在研究等离子喷涂 NiCrBSi 合金时，耐磨性能随着 Ni60 含量增加而降低，将具有高硬度 Mo 和 Co 及能显著提高涂层耐磨性的 Cr 作为添加合金粉，涂层中钴和铬含量越高，涂层的耐磨性能越好，另外还需抑制喷涂过程中非晶化现象。

NiAl 金属化合物由于其低密度、高弹性模量以及优异的耐腐蚀性和抗氧化性，被认为是海洋环境中有前途的材料。但 NiAl 的实际应用受到其在环境温度下固有的较差延展性的限制。作为固溶强化相，Mo 可以有效地提高材料的强度，并且可以提高 NiAl 金属间化合物在室温下的延展性。然而，NiAl 涂层的硬度较低，在室温下会遭受严重磨损。因此，可以向 NiAl 保护涂层中添加优异的耐磨硬质相，如 Cr_2O_3 可以解决 NiAl 涂层耐磨性较差的问题。在 Li 等的研究中，采用 APS 的方式向 NiAl 涂层中添加 Cr_2O_3 以及 Mo 来改善原涂层的力学性能，摩擦磨损试验结果如图 9.4 所示。添加硬质相 Cr_2O_3 和强化相 Mo 后，复合涂层的硬度由原涂层的 195.1HV 提高到 362.2HV；且涂层的腐蚀程度和磨损率明显降低，显著提升了 NiAl 涂层在海洋环境下抗腐蚀耐磨损的性能。

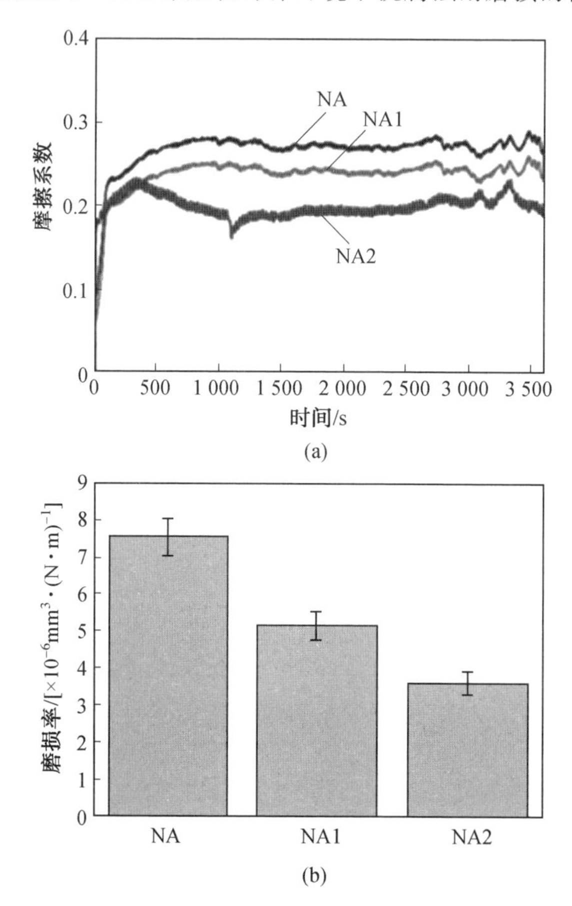

图 9.4　三种涂层的摩擦系数和磨损率

NA—NiAl；NA1—NiAl－Cr_2O_3；NA2—NiAl－Mo

陶瓷材料在提高耐磨性能上具有一定的优势，主要用于船舶的易磨损的关键零件内衬区域，如排气阀面、活塞顶面、活塞环工作面上，它是以碳化物为基体的涂层，即使在恶劣的运转条件下，活塞环与缸套的磨损均较低，但金属陶瓷价

格昂贵、延展性低、脆性较大。而钛合金材料具有耐腐蚀、耐高温、强度高、密度小、质量轻等特点，一种优秀的理想船舶材料，广泛应用于船舶船体、动力装置、舰船泵、阀、管道、螺旋桨等部件，但是当钛合金材料用于摩擦、冲蚀工况下的船体的螺旋桨、喷水推进装置和海水泵等部位时，钛合金硬度偏低、耐磨性差、高温易氧化的特点限制了它的应用，需要对其进行表面处理，提高表面的耐磨性能。运用等离子喷涂技术在钛合金表面喷涂氧化物陶瓷涂层、碳化物陶瓷涂层、氮化物陶瓷涂层或其他耐磨涂层，主要以喷涂氧化物陶瓷涂层较多。

Richard 等对钛合金表面等离子喷涂纳米 $Al_2O_3-13\%TiO_2$ 涂层(AT13)，纯 Ti 涂层平均摩擦系数约为 0.5，AT13 纳米涂层的则约为 0.3，显著地提高了钛合金的耐磨性。纳米涂层体系是在传统的涂层材料上发展起来的，可有效改善涂层的性能，并且改善涂层工艺可以发挥涂层的最大性能；除了表面等离子喷涂除氧化物陶瓷之外，针对碳化物陶瓷、氮化物陶瓷等涂层材料也开展了相应的研究工作。李新芽运用等离子喷涂技术在钛合金表面制备 N－AT13 陶瓷涂层，并优化了 NiCrAlY 过渡层和 N－AT13 陶瓷涂层的制备工艺参数，N－AT13 陶瓷涂层摩擦系数和体积磨损率较低。Liu 等探索热喷涂 WC/Ni60 涂层 316L 在人工海水中的性能。试验证明，WC/Ni60 涂层的硬度明显高于 316L；在模拟海洋环境下，WC/Ni60 涂层的摩擦腐蚀性能明显优于 316L 不锈钢。这归功于 WC/Ni60 表面由 WC、$Ni(OH)_2$ 以及 FeOOH 形成了钝化膜，起到了良好的防护作用。

运用复合材料技术和固体润滑技术在摩擦副构件表面制备良好的减摩耐磨性能的涂层技术，可以解决在高温、高速、高载荷条件下，且无法进行常规润滑流体润滑的机械装备摩擦副部件。因此，复合涂层体系逐渐成为新的研究热点。目前应用较多是将固体润滑材料与基体金属复合，如在镍基合金基体中添加 WC、TiC、(W，Ti)C、Si C 等硬质相材料的涂层，或者在金属基体中添加石墨、MoS_2 等固体润滑材料的涂层。蔡滨等运用等离子喷涂技术将具有耐磨性能的金属陶瓷材料(W，Ti)C 和固体润滑材料(石墨)在 45 钢基体上制备了(W，Ti)C/石墨 / 镍基合金复合涂层，系统地比较了在干摩擦条件下与 Si_3N_4 和 GCr15 对摩时的摩擦磨损性能，摩擦系数分别较纯镍基合金涂层降低了 35% 和 38%，耐磨性分别为纯镍基合金涂层的 3 倍和 3.5 倍，以实现减摩耐磨涂层在机械轮轨、推送机构以及海上桥梁设备中的架设摩擦机构中的应用。

朱希玲采用等离子喷涂粉末 Al_2O_3 和 Cr_2O_3 方法对油膜轴承密封件表面进行处理，并讨论了不同的喷涂粉末在相同的工艺参数下的硬度和耐磨性能，发现粉末 Al_2O_3 和 Cr_2O_3 应用到动压轴承密封环和密封挡板中可以提高使用寿命。

运转件都需要具有良好的耐磨性、抗疲劳强度、耐蚀性以及抗擦伤性能。由于 Ni 和 C 材料是一种新型固体润滑剂，$NiCr/Cr_2C_3$ 材料具有抗高温氧化性、高温稳定性和高温耐磨、耐蚀性能，等离子喷涂工艺将两者结合起来，使基体表面形成一层结合能强、组织均匀的致密涂层，则提高材料表面的耐磨性能。肇国锋等通过等离子喷涂技术制备 Cr_3C_2-NiCr 涂层，并成功应用于发动机前的轴承机匣零部件。张楠楠等采用等离子喷涂工艺在不锈钢表面制备了 $NiCr/Cr_2C_3$ 涂层、Ni/C 涂层以及 $NiCr/Cr_2C_3$ 和 Ni/C 复合涂层；其中复合涂层既保留 CrC 硬质相又具有 Ni/C，起到自润滑作用，从而磨损程度最低。另外为避免过度磨损，对缸套、活塞顶部，以及活塞环的结构设计、材料选用和加工精度都有一定的要求；在缸套、活塞顶部，以及活塞环换新后要按照要求进行磨合，从而有效地消除部件原有的粗糙度，从而能达到降低摩擦系数、形成稳定油膜和良好的配合间隙的目的。

刘前等采用大气等离子喷涂技术制备了 $Al_2O_3-TiO_2$ 陶瓷涂层，测试并分析了该涂层的微观结构、显微硬度、孔隙率及干摩擦条件下的摩擦磨损性能，分析发现：涂层与基体的结合强度、硬度降低；干摩擦条件下涂层的磨损量远低于 45 钢，研究结果为舰船关重部件的绿色维修与再制造提供了技术支持与理论参考，基于该等离子喷涂技术，对某舰艇主机正时齿轮密封部位进行改性修复，恢复其原始尺寸后运行效果良好。

除了舰船外，海上作业装备同样是研究和开发海洋的重要工具，因此大力发展海洋装备制造业对探索海洋具有重要意义。海洋环境的强腐蚀性会增加金属机械零件的侵蚀磨损，从而会造成腐蚀与磨损的耦合破坏。另外，海水中的天然悬浮泥沙和硬颗粒会加速聚醚醚酮、聚四氟乙烯等软质材料的磨损。因此，“软硬”材料组合不是海水液压部件中关键摩擦副的最佳选择。幸运的是，由于增强的强度和硬度以及优异的耐磨性，金属陶瓷和陶瓷涂层受到了极大的关注，并在工业中得到广泛应用。为了延长工程设备在海洋环境中的使用寿命，迫切需要开发适用于腐蚀性海洋环境的耐磨涂层。

海水淡化技术通过去除海水中的盐分，生产淡水用于工业生产和居民生活，是解决淡水资源短缺的有效途径。此外，海水反渗透淡化具有效率高、经济性好、维护方便等优点，在海水淡化领域得到了广泛应用。海水柱塞泵是海水淡化装置中重要原件，它为海水淡化装置提供高压海水。但由于长期在海水中工作，柱塞泵中往复运动的摩擦副受到严重的磨损失效，从而其服役寿命短，需要频繁更换零部件，不仅降低了工作效率，并且提高了生产成本。等离子喷涂 Al_2O_3/TiO_2 已成为最受认可的硬质涂层之一，适用于高韧性、高耐磨等诸多领域。然而，由于 TiO_2 的添加，尽管提高了断裂韧性，但硬度和耐磨性却急剧下

降。因此为了消除涂层硬度和韧性之间的矛盾,并以获得最佳性能为目标,研究人员试图通过加入各种碳质纳米填料来提高陶瓷涂层的硬度、韧性和耐磨性。

石墨烯纳米片(GNPs)作为陶瓷基体中的增强体,由于其优异的机械和润滑性能而受到广泛关注。Verma 等采用 APS 制备了 GNPs 增强的 Al_2O_3/TiO_2(AT)涂层。在模拟海水的环境下进行摩擦磨损试验,磨损后涂层表面如图 9.5 所示。试验结果表明:添加 1.5% 的 GNP 后,涂层复合材料的磨损失重和比磨损率分别降低了约 61% 和 63%。此外,GNPs 在涂层中均匀分散,改善了涂层抵抗裂纹扩展性能。并且,GNPs 也有助于涂层表面的长期润滑,使得涂层在海水环境下表现出更好的机械性能,拥有更长的服役寿命。

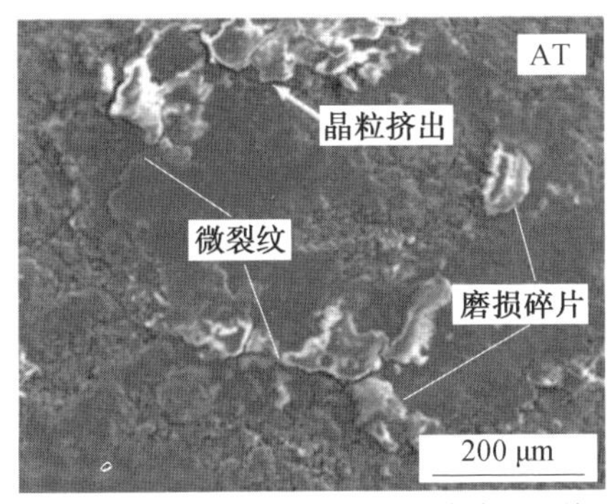

(a) AT磨损轨迹有明显的磨损碎片、晶粒以及裂纹

(b) AT-1.5GNP 磨损轨迹较为平滑

图 9.5　在模拟海水的环境下进行摩擦磨损试验,磨损后涂层表面

易茂中等通过等离子喷涂技术在 35CrMo 钢基体表面喷涂一层 Fe－Ni－Co－WC 复合涂层,以实现石油钻机盘式刹车片的表面修复。试验结果表明:相较于同一种类型的摩擦副,热喷涂复合涂层的摩擦系数较高,制动时间短,制动效率和耐磨性都得到了显著改善。

海洋环境下极易形成电解质溶液,大部分遭受腐蚀的钢桥均为电化学腐蚀,且腐蚀过程受到多方面因素的影响,其中盐雾环境、干湿循环、氯化物等对钢桥腐蚀影响较大,海洋摩擦学中所对应的磨损机理多为腐蚀磨损。因此,等离子喷涂耐磨涂层在海洋环境中的应用相对较少,得到较为广泛应用的是耐蚀涂层、防滑涂层。例如,目前世界各国在海洋防护设备表面所采用主要是以富锌涂料作为底漆,以 Pb 系防锈涂料或氯化橡胶、聚氨酯等合成树脂涂料为主题的涂装系统。总体来说,制造业中的每一项技术应该使其具有实际应用,热喷涂技术制造耐磨涂层应用也和实际应用结合起来,实现表面质量和性能的进一步提升。

9.4 等离子喷涂耐磨涂层在工程机械中的应用

工程机械是装备工业的重要组成部分,可用于国防建设工程、交通运输建设、能源工业建设、矿山原料开采及生产、农林水利、城建和环境保护等诸多领域。工程装备的种类、数量和质量都将直接影响一个国家生产建设的发展,因此得到了工业生产及科研工作的极大重视。工程机械装备通常需要在高速重载、高频振动的复杂工况条件下运转;且大部分设备都需要在室外环境下工作,还容易受到气候、地理等环境因素的严重影响。因此,如何采取有效的耐磨措施,防止和减少工程机械设备的磨损损失,从而提高设备的使用可靠性与寿命,对国民经济的可持续发展具有重要意义。

人类目前使用的能源、工业原材料和农业生产资料多来自于矿产资源,矿产资源的开发利用也已成为我国社会经济发展的重要支柱,这都离不开高质量、高效率的矿山机械产品。矿业机械一般包括:钻孔机、掘进机(盾构机、挖掘机、破碎机)、输送机(矿业车辆、传送带)、排风机、排水机等。矿业机械的工作环境极端,包括沙漠、海洋、岩层、湿地等,不同于普通土壤,以上工况对矿业机械的零部件极易造成腐蚀、(微动)磨损等破坏,从而导致材料失效。除了与矿体直接接触的刀具、钻头等前端零部件,矿业机械后端耐磨件,如主轴承、液压系统、缸套活塞组件等,虽然可以通过添加润滑油或润滑剂避免摩擦副直接接触来减少材料损失,但长时间负荷对零部件的使用寿命产生极大影响。一旦内部耐磨件出现损坏,维修与更换成本高昂。精密性较差的再组装过程可能导致工作性能下降,并且全新器件与设备间的适配性无法达到原摩擦副长期磨合后的表现。

矿业机械零部件在服役过程中的失效形式不同于航空与海洋,往往是由多种形式组合作用,包括磨损、腐蚀、微动、高温高压等。以大型钻采设备 TBM 掘进机与盾构机为例,机构刀头向岩层或山体旋进的过程中,刀具与钻采矿体直接接触,承载来自岩壁的重载与冲击,微裂纹、疲劳损伤是主要失效形式,并且摩擦产生的高温非常容易导致刀具表面软化,材料损失与形变不可避免;断刀严重时可能导致施工进度暂停甚至失败。前端硬质岩层与刀具磨粒磨损产生的非切向应力会间接传递至传动轴,降低传动轴使用寿命并增加油耗。此外,矿井中含有的大量 K^{+}、SO_4^{2-}、HCO_3^{-}、CO 与 CO_2 等非中性 pH 的液体或气体,以及相对复杂的高温环境,刀具表面受腐蚀磨损的影响更加显著。而矿业机械后端零部件,比如钻采机抽油杆或动力设备液压冷却系统的防护同样不容小觑。液压系统的

失效形式往往与装配密闭性有关，立柱在初期投入使用时的密闭性较好，但在长期暴露于沙砾与灰尘环境后，密闭性逐渐下降。随着立柱往返运动与润滑剂的黏着作用，细小颗粒等附着物难以避免地进入液压系统内部，密封件与配件或者配件与配件之间的摩擦导致立柱内壁产生划伤、形变以及腐蚀磨损，最终导致缸体破裂。除此之外，磨损失效在矿业机械中还存在于以下场景：前端钻采设备的螺旋叶片、大型破碎机牙具表面、小型牙轮钻头、钻井泵缸套、阀门，甚至所有输送设备结构主体用钢等等。由此可见，在矿业机械领域，摩擦磨损的防护可谓是重中之重。

等离子喷涂制备矿业机械耐磨涂层的体系主要根据设备应用环境分类：钻采工具、(传) 动力工具和输送工具。钻采工具以刀具、刀盘、牙轮钻头等为主，该系统零部件要求具有较高的硬度、韧性以及耐磨性。等离子喷涂刀盘系统耐磨涂层的材料体系以韧性较好的多尺度合金 / 陶瓷为主，多尺度涂层材料包括二元、三元、四元以及多元体系。典型的高硬度二元涂层材料包括 TiN、TiC、CrN、Al_2O_3 以及 Cr_2O_3 等，如图 9.6 所示为 TiN/AlN 涂层 1 000 ℃ 保温 540 min 后的 TEM 图像，依然呈面心立方相结构，纳米层间界面清晰，表纳米层间的共格界面阻碍 FCC－AlN → HCP－AlN 相转变。二元涂层材料的优势在于具有较高硬度的同时，摩擦系数较低且高温稳定性好。

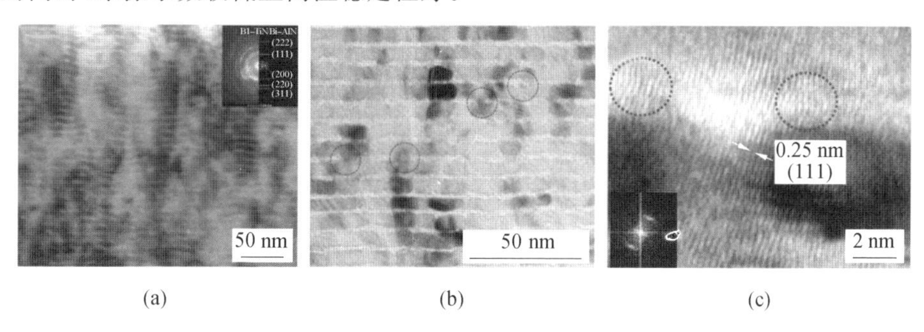

图 9.6　TiN/AlN 纳米多层涂层在 1 000 ℃ 保温 540 min 后的 TEM 图像

为了提高刀具在面对硬质岩层时抵抗切削的能力，同时具有优异的高温抗氧化性，现多采用三元涂层材料制备耐磨涂层。所谓三元涂层材料，是在二元涂层体系中掺杂 C、Ni、Al、Y、Hf 等各类元素，如 TiAlN、TiCN 等，这些掺杂的元素可以起到固溶或晶粒细化的作用，从而增强涂层整体韧性和强度。当三元涂层材料被广泛应用时，各元素间的相互作用开始引起学者们的注意。进一步地，四元或多元涂层材料体系则是在三元涂层材料体系的基础上，不断尝试元素的掺杂，探究元素间的协同作用。喷涂工艺成熟的四元或多元涂层材料具有更细化的晶粒以及更稳定的陶瓷相界面，如 TiAlSiN、TiAlCrN、TiAlYN、AlTiYN、AlTiSiYN 等。四元或多元涂层材料中的金属元素在应用于刀具场景时，能够与环境中的 O 原子结合生成氧致密的氧化物陶瓷，阻止氧化反应在涂层表面的深入。而环境中的 C 元素则以晶态化合物或无定形碳形式存在于涂层表面，这对涂层摩擦磨损性能起到积极作用。制备良好的四元或多元涂层材料体系干摩擦条件下的摩擦系数可低至 0.14 ～ 0.2，大大减少了涂层材料损失。但四元或多元涂层材料体系元素的潜在协同作用有待商榷，由于工作环境中介质的复杂性，目前在刀盘系统中的应用较少。

在多元涂层中材料体系中，高熵合金涂层尤为特殊。高熵合金涂层大致分为两类：一类是纯金属添加的高熵合金；另一类是具有如 C、N 等非金属元素添加的高熵合金，两类高熵合金涂层组成元素都不低于 5 种。纯金属元素高熵合金粉末较易获得，因此目前已经广泛应用于等离子喷涂制备耐磨涂层，具有代表性的包括 FeCoNiCr 系、AlCoCrFeNi 系、NbSiTaTiZr 系等。含非金属元素的高熵合金涂层如 AlCrMoSiTiN、CrNbTiAlV 等，与纯金属元素高熵合金涂层的不同之处在于：除了具有金属键以外，还具有后者不具备的离子键与共价键两种结合键，这大大提升了涂层的硬度、强度、高温稳定性以及耐磨耐蚀性，在刀盘系统中的应用发展更具潜力。但非金属元素的高熵合金涂层缺陷在于难熔和对工艺参数要求较高，常规的表面沉积工艺并不能使非金属元素的高熵合金粉末达到完全熔融，并且高性能高熵合金往往需要通入 CO_2、N_2、C_2H_2 等气体用于生成高熵合金涂层的氧化物、氮化物、碳化物等薄膜，因此相比于等离子喷涂，磁控溅射工艺更多用于非金属元素的高熵合金涂层的制备。

在矿业机械领域内，采用热喷涂制备耐磨涂层的应用实例相对较少，更多的是采用更换零部件的方式提高工作效率。但在基础研究阶段，学者们已获得较为丰硕的成果。以自熔合金为对象，向永华研发出完整的自动化等离子堆焊系统，该系统以 Ni15 为喂料，在大尺寸缸体进行修复与再制造方面获得成功。在缸套内壁喷涂的完整耐磨涂层仅耗粉 40 g，生产成本较原始缸套降低 90%，具有潜在的经济效益。李健采用高能等离子喷涂在铸铁表面制备了 WC－Co 涂层，涂层不仅具有良好的耐磨性能，在盐雾环境下同样具有较好的耐腐蚀性，且表面物相并未产生变化，因此 WC 系涂层在应用于刀具表面具有广泛前景。Reghu 采用大气等离子喷涂在活塞表面制备 8%Y_2O_3－ZrO_2 陶瓷高温耐磨涂层，旨在提高零部件表面的隔热性能以及高温耐磨性。对喷涂态涂层进行热冲击循环试验，温域从室温至最高 550 ℃，并在油润滑条件下进行摩擦磨损试验。试验表明，涂层在剧烈的热冲击循环后展示出优秀的高温耐磨性。

多尺度涂层材料的研究成果令人瞩目。Huang 等重点测评了等离子喷涂 Al_2O_3/ZrO_2 涂层粒子的相变与涂层的界面演化，研究结果表明：等离子喷涂前后，共晶陶瓷颗粒由外层 Al_2O_3 和内层柱状 ZrO_2 组成，内部 ZrO_2 部分显示出从 T 型 ZrO_2 到条状 M 型 ZrO_2 的马氏体转变，在缓解脆性缺陷的同时，形成新的氧化物层增加了涂层的硬度与耐磨性。

李敏为提高随钻测量仪器(MWD)立柱型外筒抵抗冲蚀磨损特性，采用等离子喷涂制备 $NiCrAlY/Al_2O_3-20\%TiO_2$ 涂层，并将 $NiCrAlY/Al_2O_3-20\%TiO_2$ 梯度涂层成功应用于钻采设备，结果表明：该梯度涂层在抵抗颗粒冲蚀磨损具有优异性能；在实际应用中钻采设备工作状况良好，涂层对设备的尺寸与本身性能基本不产生影响，其使用寿命从原本的512 h延长至1 400 h。即使超过预期使用寿命，涂层剥落也并不完全，仍为套筒设备起到减摩耐磨的作用，在矿产勘探与检测环节获得良好的经济效益。

刘麟等采用激光等离子喷涂对已失效的球状阀门进行再制造修复，喷涂制备了 $Al_2O_3-TiO_2$ 与 WC－Co 两种涂层，并分别从显微硬度、结合强度、抗热震性以及耐磨性性能对两组涂层进行对比分析，结果表明：$Al_2O_3-TiO_2$ 的各项参数或指标均优于 WC－Co 涂层，更适合用作高温球阀再制造与防护的优先选择。

Li 等采用大气等离子喷涂工艺在螺旋叶片表面制备 Cr_3C_2-NiCr 涂层，重点分析了 NiCr 弥散相以及喷涂参数对涂层表面抵抗冲蚀磨损性能的影响，结果表明：随着 NiCr 含量的增加，$NiCr-Cr_3C_2$ 涂层内部的相分布变得不均匀，导致显微硬度波动；25% $NiCr-Cr_3C_2$ 涂层的冲蚀速率随冲击角和固体粒径的增大先增大后减小，随着所有冲击角度的侵蚀速度增加，侵蚀速率也迅速提高。在冲击角度较小时，由于微切削失效，$NiCr-Cr_3C_2$ 涂层的耐腐蚀性能随着陶瓷含量的增加而增加。相比之下，在中等和较大冲击角下，涂层的抗侵蚀性可以通过增加金属含量来提高，因为涂层会因疲劳剥落和刚性断裂而受到侵蚀，该研究为螺旋叶片的防护与再制造提供研究基础。

石油化工机械零部件通常需要在腐蚀环境下服役，在腐蚀磨损及机械磨损的耦合作用下，零部件表面磨损加剧，对表面性能也提出了新的特殊要求。针对地面烟气轮机等设备极其苛刻的服役环境，采用等离子喷涂及其他表面处理工艺对其关键零部件进行表面修复及再制造，取得了良好的经济效益。例如，对冲蚀磨损后的国产 YL Ⅱ－6000D 烟气轮机 Ⅰ、Ⅱ 级叶片的修复过程中，分别采用激光熔覆 Ni 基高温合金和等离子喷涂 CoCrW 高温合金涂层，实现叶片的尺寸恢复及表面强化，修复后的叶片服役性能良好。

在油田开采设备中，各类泵的柱塞、叶轮等零部件均可采用等离子喷涂的方法来进行修复。WC基陶瓷不仅具有优异的耐磨性，而且拥有良好的耐腐蚀性能，因此常用于热喷涂制备耐磨涂层的原材料。然而WC脆性高，韧性不足，所以经常在WC涂层中加入Co来增强整体涂层的韧性。一般而言，采用热喷涂技术修复的柱塞、曲轴等零部件的使用寿命高于表面淬火。对于一些直径较大的柱塞而言，由于变形而无法进行焊接时，等离子喷涂就是一种高效并且成本低的最佳修复方法。

在油田开发过程中，压缩机是生产系统的重要组成部分，尤其是离心压缩机。叶轮作为压缩机中的重要零件，在工作过程中会遭受到严重的冲蚀磨损(图9.7)。为了解决叶轮在工作过程中受到冲蚀发生的减薄损伤等问题，李振通过APS在叶轮表面喷涂 $NiCr-Cr_3C_2/NiCrAl$ 复合涂层，来修复叶轮表面损伤的问题。试验发现，在低冲蚀角度下，NiCr含量增多会降低复合涂层整体硬度，抗冲蚀能力降低。然而，在高冲蚀角度下，NiCr含量增多可以有效降低涂层的冲蚀磨损。

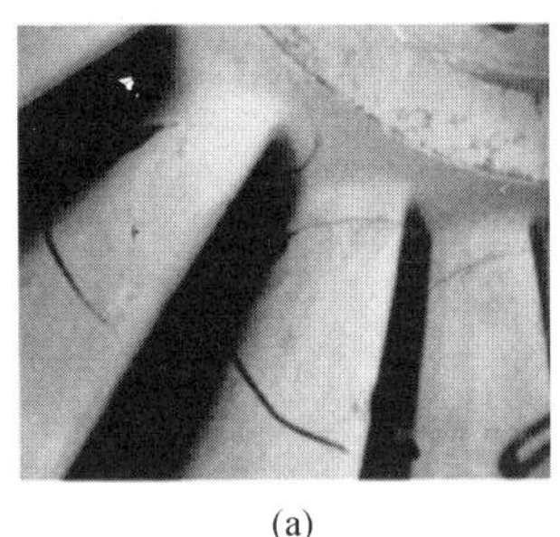
(a)

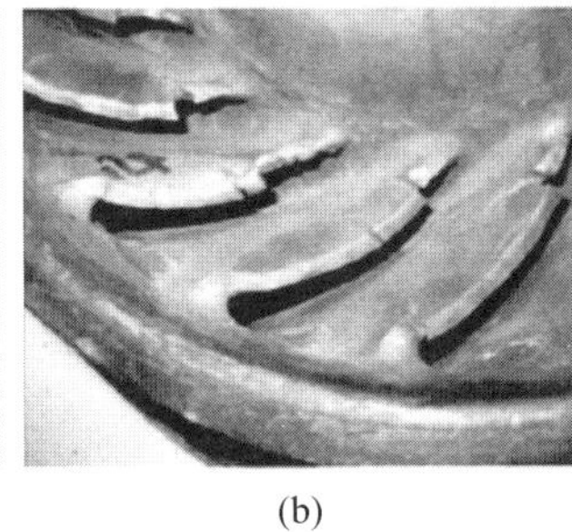
(b)

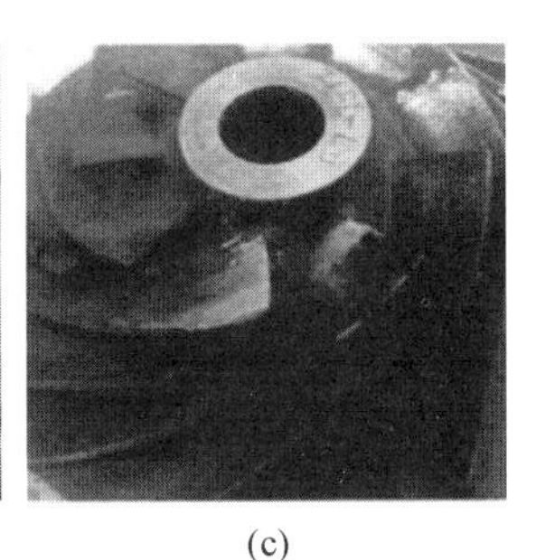
(c)

图9.7 叶轮的裂纹、掉块、变形及冲蚀减薄

近年来，三次采油技术得到了快速的发展，油田产出液的含水率越来越高，超过了90%。单螺杆泵装置是采油系统中的重要组成部分。然而，当螺杆泵进入油藏体系时，这种环境中由于存在大量的矿物质，会与其发生化学反应，生成大量的杂垢(如 Mg^{2+}、Ca^{2+} 等)。随着周围环境中温度、压强、pH值的变化，会打破油藏体系中的酸碱平衡，从而会导致螺杆泵转子表面生成杂垢，这将导致启动螺杆泵需要的输入功率增加，增大了能量消耗，甚至会发生设备损坏等问题，严重影响油田正常的生产作业。这不仅浪费时间，而且提升了开采成本。因此，提高螺杆泵的耐磨性、耐腐蚀性和使用寿命十分必要。

AT13($Al_2O_3-13\%TiO_2$)是一种具有高硬度、高化学稳定性、高硬度、强耐腐蚀性以及优异的耐磨性的陶瓷涂层材料，广泛应用于石油化工、大型设备装置

等工作环境较为苛刻的领域。何俊波采用等离子喷涂的方式在45钢基体表面喷涂了 AT13/CaF_2 复合涂层。CaF_2 可以充当涂层摩擦过程中的固体润滑剂。研究发现，随着 CaF_2 的添加，复合涂层整体摩擦系数降低。在摩擦过程中，CaF_2 会在基体表面形成摩擦膜以降低摩擦系数，减轻磨损程度。

由于油井本身状况的复杂性，因此抽油机井在生产过程中常出现以下问题。首先是抽油杆偏磨，会降低抽油机井的生产时率，增加生产成本。其次，由于偏磨增大了上行程的摩擦力而增大了抽油机的负荷，增加了能源消耗，冲程损失大，泵效率变低，并且出液的含水量的增大造成出液比重增大，这样使油泵的负载增大而漏失，进一步降低泵效。因此，石油钻杆扶正器的出现可以有效解决这些问题。一般而言，钻杆扶正器由42CrMo基体以及YG8硬质合金组成。然而，由于扶正器工作环境恶劣，在重复摩擦过程中，扶正器表面会逐渐磨损，使其尺寸变小，从而影响扶正器的使用效果，以致达不到工况要求，必须对石油钻杆扶正器更换或对其进行再制造。

Cr_3C_2-NiCr 是一种具有良好耐磨、耐腐蚀、抗氧化的高熔点材料。采用等离子喷涂可以制备具有耐高温、耐磨、耐腐蚀等优异特性的涂层。范吉明采用等离子喷涂的方式在扶正器表面喷涂 Cr_3C_2-NiCr 涂层来进行修复。研究发现，Cr_3C_2-NiCr 涂层微观结构致密，组织均匀，具有较低的孔隙率。其次，涂层整体的结合强度较好，涂层在工作过程中不易剥落。并且涂层的显微硬度高达900HV，高于扶正器基体的硬度，增加了涂层的耐磨性能。采用等离子喷涂制备的 Cr_3C_2-NiCr 涂层力学性能优异，并且再制造后的扶正器各方面性能也可以达到使用要求。在后续的加工处理中，可以恢复原遭受磨损作用的区域，消除硬质合金对涂层的不利影响，使用情况良好。

此外，输送管道的冲蚀磨损也是石油化工行业面临的棘手问题。冲蚀磨损是指材料受到小而松散的流动粒子冲击时表面出现破坏的一类磨损现象。携带固体粒子的流体可以是高速气流，也可以是液流，前者产生喷砂型冲蚀，后者则称为泥浆型冲蚀。冲蚀磨损是现代工业生产中常见的一种磨损形式，是造成机器设备及其零部件损坏报废的重要原因之一。为了改善管道面对泥浆冲蚀造成磨损，可以采用热喷涂的方式在管道表面喷涂具有耐冲蚀磨损的涂层。姚梦佳采用等离子喷涂的方式在20钢表面制备了六种涂层（分别是AT13、n－AT13、AT40、Ni60、WC－Co、Fe313），来比较这些涂层抵抗冲蚀磨损的能力。在综合管道内实际工况等复杂情况以及涂层自身特性后，发现WC－Co涂层作为抗冲蚀磨损防护涂层效果最佳。

采用热喷涂技术制备得到的耐高温、耐磨损、防渗碳功能涂层同样可以应用于高炉渣口/风口、高炉水冷炉壁冷却水管等冶金设备的表面强化，以达到提高性能、提高效率、节能减耗、延长服役寿命等目的。例如，采用等离子喷涂对高炉渣口/风口的铸锡青铜材料进行预保护可以提高其寿命3～8倍；综合运用电弧喷涂、等离子喷涂等工艺制备的高炉水冷炉壁冷却管阻渗碳涂层具有良好的热稳定性、抗擦伤性，同时也有效提升了水冷炉壁的阻渗碳效果，该技术已定型批量生产。

在水利机械及装备领域，液压柱阀、水泵轴套等通用机械零部件的表面强化也是等离子喷涂技术应用相对成熟的领域，可以显著提升零部件的耐磨性和服役寿命。采用等离子喷涂技术已成为新品零件的制造工艺，具有良好的技术经济效益。以液压启闭机液压缸活塞杆为例，其运转过程中不仅受重载往复滑动中的摩擦磨损，还需要耐水汽、水温变化导致的腐蚀磨损问题。针对上述问题，德国洪格尔公司采用等离子喷涂陶瓷涂层技术生产活塞杆，成功应用于三峡工程永久船闸人字门部分。涂层材料为Cr_2O_3陶瓷粉末，厚度大于0.35 mm，结合强度≥35 MPa，涂层孔隙率≤3%，其余主要技术指标见表9.3。

表9.3 德国洪格尔生产Cr_2O_3陶瓷涂层活塞杆主要技术指标

技术指标	厚度/μm	硬度(HV)	表面粗糙度/μm	耐冲击性/(N·m)	盐雾试验/h	线胀系数/(×10^{-6} ℃)	弹性模量/GPa	使用寿命/km
数值	200～350	900～1 200	0.30～0.35	7～15	>1 000	7.5	360～410	>1 200

9.5 等离子喷涂耐磨涂层在其他领域中的应用

除了上述传统制造业和重工装备以外，使用等离子喷涂技术制备的耐磨涂层在其他领域(如医学、电气装备、轻工业等)同样有着较为广泛的应用和良好的发展前景。

金属植入体已广泛用于各种硬组织相关疾病的治疗，但金属植入体表面的骨整合和抗菌能力不足，往往导致临床植入手术失败。表面改性能够在保持金属材料优异力学性能的同时，针对性地改善其表面特性，目前广泛用于解决金属植入体存在的骨整合能力差和缺乏抗菌性能等问题。在众多表面改性技术中，等离子喷涂因性价比高、工艺成熟、原料可选择范围广及可大规模生产等优点，目前已在人工关节和牙种植体表面改性方面获得商业化应用。

羟基磷灰石(Hydroxyapatite，HA)因其化学组成和晶体结构与人体骨骼中

的无机盐极为相似，是制备生物陶瓷、玻璃、增强复合材料和涂层等生物材料的重要基材。1987年，K. de Groot等首先公布了用等离子喷涂技术在金属钛表面制备HA涂层的研究工作，开始了在金属合金表面喷涂HA涂层制作医用植入人体的研发与应用。在不锈钢或钛合金基体上采用等离子喷涂HA等生物功能陶瓷涂层，可以有效改善金属人工骨骼与生物组织的兼容性，并提高其耐体液腐蚀磨损的性能，已经在人体髋关节、人造牙齿等方面的临床应用取得良好的应用。随后，中国工程院丁传贤院士等诸多学者先后展开了金属及金属氧化物、氧化物陶瓷等材料复合的HA涂层，对植入体的骨整合性能、生物相容性、抗菌能力、结合强度和致密度等方面都做了大量的深入研究。

超声电机是一种利用压电材料的逆压电效应，使弹性体在超声频段内产生振动，通过定子、转子之间的摩擦作用获得运动和扭矩的新型电机。因具有许多优异的性能被广泛应用机器人、医疗器械等领域。由于超声电机是靠定子、转子间的摩擦传递驱动力，因而摩擦材料的性能对超声电机的机械特性和使用寿命有着至关重要的影响。直线超声电机定子驱动头是金属合金，动子是结构陶瓷，所用材质的硬度相差较大，工作过程中往往会造成定子驱动头表面损伤严重，致使稳定性降低，服役寿命大大缩减，因而摩擦材料的研究成为解决这个问题的关键因素之一。针对直线超声电机定子驱动头磨损严重的问题，张爱华利用大气等离子喷涂技术在定子驱动头表面喷涂了耐磨陶瓷涂层，研究CeO_2掺杂改性$Cr_2O_3-TiO_2$耐磨陶瓷涂层的力学性能和摩擦学性能。结果表明：随着CeO_2质量比的增加，涂层的硬度和结合强度增加；添加4% CeO_2的$Cr_2O_3-TiO_2$涂层具有较好的抗磨损性能，用于定子驱动头，可以明显延长超声电机寿命。

瓦楞辊是造纸业的重要零部件，在生产过程中受重载影响，参与啮合的只是齿轮顶部和沟部的一段很小的范围，相对滑动速率较大，齿顶和齿根磨损相当严重，通过高效能超音速等离子喷涂WC－Co涂层对磨损报废的瓦楞辊进行修复、硬化和耐磨处理，可以使得再制造的瓦楞辊性能超过新品，而且采样喷涂技术的零部件修复及再制造还具有工艺简单、成本较低等优点。热喷涂技术同样广泛应用于印刷机械零件的预强化与再制造领域，赋予印刷辊、激光雕刻网纹辊等零件表面耐磨性、耐蚀性等一种或多种功能的同时，也起到了包括延长使役寿命等作用。20世纪80年代起，采用等离子喷涂NiCr合金结合底涂层和Cr_2O_3陶瓷面层，经磨削、抛光后再用激光雕刻网纹，制备得到的激光雕刻网纹辊具有优异的耐磨耐蚀性能和良好的亲水性，印刷图像清晰、逼真。

为实现“碳达峰－碳中和”的目标，近年来，国家大力发展零碳/低碳排放的生物质发电和生物质－燃料混烧发电锅炉等设备。生物质中富含的硫、氯等元素造成的腐蚀及磨损行为会对锅炉安全长效的稳定运行造成严重威胁，虽然可以通过新型合金材料的开发和使用，一定程度上提高发电锅炉在高温环境下的耐蚀耐磨性能，但相对高昂的成本和整体性能受限决定了新型材料只能部分应用。因此，使用表面工程技术在传统锅炉内壁受热面涂覆耐高温防护涂层，不仅可以提升设备运行安全性和可靠性，还能在保证发电效率的前提下有效降低碳排放。

等离子喷涂技术已经历了多年的发展，在机械零部件表面强化、再制造工程领域等各领域都取得了广泛的应用。随着新技术的进一步应用及相关新兴产业的发展，等离子喷涂技术作为提升材料工作性能和使用寿命的有效技术手段，将更多地应用于工业生产。

本章参考文献

[1] DARUT G, LIAO H L, CODDET C, et al. Steel coating application for engine block bores by plasma transferred wire arc spraying process[J]. Surface and Coatings Technology, 2015, 268: 115-122.

[2] UOZATO S, NAKATA K, USHIO M. Corrosion and wear behaviors of ferrous powder thermal spray coatings on aluminum alloy[J]. Surface and Coatings Technology, 2003, 169-170: 691-694.

[3] UOZATO S, NAKATA K, USHIO M. Evaluation of ferrous powder thermal spray coatings on diesel engine cylinder bores[J]. Surface and Coatings Technology, 2005, 200(7): 2580-2586.

[4] 肖九梅. 关注陶瓷材料在汽车上的热喷涂新技术[J]. 现代技术陶瓷，2015，36(1): 26-32.

[5] SCHRAMM L, VERPOORT C, SCHWENK A, et al. Friction improvement of new generations of engines by PTWA cylinder bore coating and new piston rings[C] // International Thermal Spray Conference. Thermal Spray 2011: Proceedings from the International Thermal Spray Conference. September 27-29, 2011. Hamburg, Germany. DVS Media GmbH, 2011: 495-500.

[6] 王海军，刘明，李绪强，等. 内孔等离子喷涂装置与工艺研究[J]. 热喷涂技术，2011，3(4): 1-5,10.

[7] 王期文，董晓强，王永谦. 内孔等离子喷涂旋转—升降装置的应用[J]. 中国

石油和化工标准与质量，2011，31(7)：42,12.

[8] 黄勇，季强，何勇，等. 无缸套全铝合金气缸体缸孔内壁涂层的制备及性能研究[J]. 汽车工艺与材料，2019(7)：37-43.

[9] 刘明，王海军，韩志海，等. 内孔等离子喷涂 Ni45 − 15%Mo 涂层与38CrMoAl 渗氮层耐磨性研究[J]. 中国表面工程，2007，20(2)：47-50.

[10] ДеМНДОВ В Д. 等离子工艺在柴油机修理中的应用[J]. 顾永麟，译. 国外机车车辆工艺，2006(2)：21-22,25.

[11] 温泉，李亚忠，马薏文，等. 热障涂层技术发展[J]. 复合材料，2021，5：60-64.

[12] HASS D. Thermal barrier coatings via directed vapor deposition[D]. Charlottesville：University of Virginia，2001.

[13] 王欣，罗学昆，宇波，等. 航空航天用钛合金表面工程技术研究进展[J]. 航空制造技术，2022，65(4)：14-24.

[14] 王俊，李崇桂，王一鸣，等. 钛合金表面激光重熔 $Al_2O_3-TiO_2$ 涂层的试验研究[J]. 应用激光，2013，33(3)：219-224.

[15] RICHARD C，KOWANDY C，LANDOULSI J，et al. Corrosion and wear behavior of thermally sprayed nano ceramic coatings on commercially pure Titanium and Ti-13Nb-13Zr substrates[J]. International Journal of Refractory Metals and Hard Materials，2010，28(1)：115-123.

[16] KOSHURO V，FOMIN A，RODIONOV I. Composition，structure and mechanical properties of metal oxide coatings produced on titanium using plasma spraying and modified by micro-arc oxidation [J]. Ceramics International，2018，44(11)：12593-12599.

[17] 郭华锋，田宗军，黄因慧. 等离子喷涂 WC−12Co/NiCrAl 复合涂层的摩擦磨损特性[J]. 中国表面工程，2014,27(1)：33-39.

[18] 张学萍，张佳平. TC4 基体等离子喷涂 WC − Co 涂层的工艺研究[J]. 沈阳理工大学学报,2010,29(1)：64-67.

[19] MALLICK P，BEHERA B，PATEL S K，et al. Plasma spray parameters to optimize the properties of abrasion coating used in axial flow compressors of aero-engines to maintain blade tip clearance[J]. Materials Today：Proceedings，2020，33(8)：5691-5697.

[20] 史周琨，徐丽萍，张吉阜，等. 铝合金机匣抗微动磨损涂层材料及其制备工艺研究进展[J]. 材料研究与应用，2021，15(1)：60-70.

[21] 路阳，郭文俊，杨效田，等. 粒度对超音速等离子喷涂高铝青铜合金微观结构的影响[J]. 功能材料，2013，44(18)：2684-2687,2692.

[22] 林晓燕，谢国治，王泽华，等. 等离子喷涂 Ni 包 WC 陶瓷涂层激光重熔研究[J]. 陶瓷学报，2005,26(4)：257-260.

[23] HEYDARZADEH SOHI M，GHADAMI F. Comparative tribological study of air plasma sprayed WC-12%Co coating versus conventional hard chromium electrodeposit [J]. Tribology International，2010，43(5/6)：882-886.

[24] 雷阿利，冯拉俊，沈文宁，等. 等离子喷涂法制备铁基硬质涂层的力学性能[J]. 焊接学报，2013，34(4)：27-30,114.

[25] QIAO J H，JIN X，QIN J H，et al. A super-hard superhydrophobic Fe-based amorphous alloy coating [J]. Surface & Coatings Technology，2018，334：286-291.

[26] 解路，熊翔，王跃明. 不同热喷涂技术制备铁基非晶涂层的结构和耐磨性能[J]. 粉末冶金材料科学与工程,2019，24(3)：212-219.

[27] 顾小龙，陈卓君，朱魏巍，等. 等离子喷涂镍基合金涂层的摩擦学研究[J]. 机械设计与制造,2019(10):182-184,188.

[28] LI B，LI C，GAO Y M，et al. Microstructure and tribocorrosion properties of Ni-based composite coatings in artificial seawater [J]. Coatings，2019，9(12)：822.

[29] 李新芽. 钛合金等离子喷涂 Al_2O_3 －13wt. %TiO_2 涂层制备及摩擦学性能研究[D]. 镇江:江苏大学，2019.

[30] LIU E Y，ZHANG Y X，WANG X，et al. Tribocorrosion behaviors of thermal spraying WC/Ni60 coated 316L stainless steel in artificial seawater [J]. Industrial of Lubrication and Tribology，2019，71(6)：741-748.

[31] 蔡滨，谭业发，蒋国良，等. (W,Ti)C/石墨/镍基合金复合涂层摩擦磨损性能研究[J]. 兵工学报，2011，32(2)：192-198.

[32] 朱希玲. 等离子喷涂技术在油膜轴承密封件上的应用[J]. 轴承，2011(10)：14-16.

[33] 肇国锋，张佳平，岳阳，等. 用烧结型粉末喷涂的镍铬－碳化铬耐磨涂层[J]. 热喷涂技术，2012，4(2)：16-19.

[34] 张楠楠，曹文慧，林丹阳，等. 等离子喷涂 NiCr/Cr_2C_3、Ni/C 及其复合涂层

的耐磨性能[J]. 沈阳工业大学学报，2019，41(1)：36-41.

[35] 刘前，王优强，苏新勇，等. 大气等离子喷涂 $Al_2O_3-40\%TiO_2$ 涂层的组织与性能[J]. 中国表面工程，2014，27(6)：135-140.

[36] VERMA R, SHARMA S, MUKHERJEE B, et al. Microstructural, mechanical and marine water tribological properties of plasma-sprayed graphene nanoplatelets reinforced Al_2O_3-40wt% TiO_2 coating[J]. Journal of the European Ceramic Society, 2022, 42(6): 2892-2904.

[37] 易茂中，冉丽萍. 制动盘温度的有限元计算与实验研究[J]. 石油机械，1998，26(9)：15-18,57.

[38] 查森林，王东生. 浅谈我国矿山机械再制造现状[J]. 矿山机械，2012，40(3)：1-6.

[39] 李振岗，王海燕，张建勋. 表面改性技术在石油钻采设备零部件中的应用[J]. 热加工工艺，2018，47(22)：27-30.

[40] 范其香，林静，王铁钢. 刀具涂层材料的最新研究进展[J]. 表面技术，2022，51(2)：1-19,28.

[41] ZENG Y Q, ZHEN Y X, BIAN J Y, et al. Cubic AlN with high thermal stabilities in TiN/AlN multilayers [J]. Surface and Coatings Technology, 2019, 364: 317-322.

[42] AHMAD O M, SHABUROVA NATALIYA A, SAMODUROVA MARINA N, et al. Additive manufacturing of high entropy alloys: a practical review [J]. Journal of Materials Science & Technology, 2021, 77:131-162.

[43] 向永华，徐滨士，吕耀辉，等. 自动化等离子堆焊技术在发动机缸体再制造中的应用[J]. 中国表面工程，2009，22(6)：72-76.

[44] 李健，夏建飞. 等离子喷涂 WC/Co 涂层耐中性盐雾腐蚀性能[J]. 腐蚀科学与防护技术，2014，26(1)：35-40.

[45] REGHU V R, SHANKAR V, RAMASWAMY P. Challenges in plasma spraying of 8% Y_2O_3-ZrO_2 thermal barrier coatings on Al alloy automotive piston and influence of vibration and thermal fatigue on coating characteristics[J]. Materials Today: Proceedings, 2018, 5(11): 23927-23936.

[46] HUANG T, DENG C, SONG P, et al. Effect of the interface morphology and initial nanocrack on the fracture property of a ceramic reinforced

plasma-sprayed coating[J]. Ceramics International, 2020, 46(16): 24930-24939.

[47] 李敏. MWD外筒抗冲蚀梯度涂层的制备与性能研究[D]. 常州:常州大学, 2021.

[48] 刘麟,顾伯勤. 高温球阀喷涂 $Al_2O_3-TiO_2$ 和 WC—Co 涂层的耐磨粒磨损性能[J]. 南京工业大学学报(自然科学版), 2009, 31(5): 5-8.

[49] LI Z, LI Y L, LI J F, et al. Effect of NiCr content on the solid particle erosion behavior of NiCr-Cr_3C_2 coatings deposited by atmospheric plasma spraying[J]. Surface and Coatings Technology, 2020, 381: 125-144.

[50] BERGHAUS J O, MARPLE B, MOREAU C. Suspension plasma spraying of nanostructured WC-12Co coatings [J]. Journal of Thermal Spray Technology, 2006, 15(4): 676-681.

[51] 李振. 叶轮再制造修复用 NiCr－Cr_3C_2/NiCrAl 涂层冲蚀磨损机理研究[D]. 济南:山东大学, 2019.

[52] 何俊波. 等离子喷涂纳米 AT13/CaF_2 复合涂层的制备及其性能研究[D]. 成都:西南石油大学, 2016.

[53] 范吉明. Cr_3C_2－NiCr 涂层的等离子喷涂及在再制造工程中的应用研究[D]. 北京:中国石油大学, 2009.

[54] 姚梦佳. 几种等离子喷涂涂层的冲蚀磨损特性研究[D]. 成都:西南石油大学, 2016.

[55] 邓世均. 高性能陶瓷涂层[M]. 北京:化学工业出版社, 2004.

[56] 路芳亭,任中伟. 国内外大型液压缸活塞杆防腐技术的发展与现状[J]. 水利电力机械, 2007, 29(10): 132-133,135.

[57] DE GROOT K, GEESINK R, KLEIN C P, et al. Plasma sprayed coatings of hydroxylapatite[J]. Journal of Biomedical Materials Research, 1987, 21(12): 1375-1381.

[58] 孙家枢,郝荣亮,钟志勇,等. 热喷涂科学与技术[M]. 北京:冶金工业出版社, 2013.

[59] 张爱华. 氧化铬－氧化钛复合涂层摩擦学性能研究以及在直线超声电机上的应用[D]. 南京:南京航空航天大学, 2016.

[60] 张世宏,胡凯,刘侠,等. 发电锅炉材料与防护涂层的磨蚀机制与研究展望[J]. 金属学报,2022, 58(3): 272-294.

第10章

液料等离子喷涂技术及其制备耐磨涂层研究进展

如前面所述，热喷涂纳米材料的应用是今后热喷涂材料体系研究的一个十分重要的方向。但纳米颗粒粉体具有粒度小、表面能大的特点，传统的热喷涂技术无法在常规条件下直接注入纳米颗粒，否则会导致粉体团聚、堵塞进粉系统等问题；即使解决纳米粉末注入问题，由于其颗粒尺寸小，在喷涂过程中也会迅速蒸发。液料等离子喷涂是在热喷涂技术的基础上发展起来的，为微纳米结构涂层的设计和制备提供了一种新的方法。

由于金属粉末密度较大，无法形成稳定的悬浮液，且容易氧化，因此针对金属粉末的液料等离子喷涂研究较少，已有的液料等离子喷涂的原料主要为陶瓷及其复合物。本章将主要介绍液料等离子喷涂技术基本原理，以及采用该技术制备陶瓷基耐磨涂层的相关研究进展。

10.1　液料等离子喷涂分类及基本原理

液料等离子喷涂主要包括悬浮液等离子喷涂(suspension plasma spray, SPS)和溶液前驱体等离子喷涂(solution precursor plasma spray, SPPS)两类。

(1) 悬浮液等离子喷涂。

悬浮液等离子喷涂的基本原理是将原始粉末分散在溶剂中形成悬浮液，悬浮液母液通常选用蒸馏水、无水乙醇、去离子水等。有时在悬浮液中加入分散剂以稳定固体颗粒，但分散剂中不能含有官能团。否则，可能会导致固体熔点降低。在SPS喷涂中，悬浮液液滴在等离子焰流中经历雾化、汽化、部分颗粒烧结和熔化后，随即撞击到经过预处理后的基体表面形成涂层。

(2) 溶液前驱体等离子喷涂。

溶液前驱体等离子喷涂是将粉末溶解在溶剂中制成前驱体溶液，然后将前驱体溶液注入等离子体射流中，前驱体溶液在等离子焰流中经历溶剂蒸发、溶质热分解、溶质颗粒熔化、烧结等物理化学变化后，撞击基材表面形成涂层。前驱体溶液可分为有机盐溶液和无机盐溶液，有机盐溶液主要包括乙醇盐、乙酸盐和异丙醇盐；无机盐溶液主要有磷酸盐、硝酸盐和盐酸盐。

SPPS集涂料制备和粉末制备于一体。与气相沉积相比，SPPS具有更高的沉积效率。SPPS制备的涂层多为纳米结构，但溶液前驱体在等离子体焰流中发生了一系列物理化学变化，难以在线监测和控制涂层的最终化学成分。

10.2 液料等离子喷涂制备陶瓷耐磨涂层

10.2.1 Al_2O_3 陶瓷涂层

由于氧化铝(Al_2O_3)具有易沉积、硬度高、耐磨性好、价格低等特点，它已成为应用最广泛的陶瓷材料。近年来，研究者对Al_2O_3耐磨涂层的制备进行了大量的研究。他们分析了不同工作条件下制备的Al_2O_3陶瓷涂层的摩擦学性能，并讨论了如何改变喷涂参数以提高涂层的性能。

SPPS的主要优点之一是原料不含任何固体颗粒，因此避免了颗粒聚集，各种化学物质可以在溶液中均匀存在，从而促进了涂层的均质化。但与传统热喷涂相比，SPPS和SPS一样，均面临着溶剂蒸发吸热量大、沉积效率相对较低的问题。为解决溶剂蒸发消耗大量热量的问题，Tesar等采用了高焓等离子体焰流，使Al_2O_3粒子可以充分熔化到熔融状态，因此可以制备出孔隙率低的Al_2O_3涂层。

Carpio等研究发现，在SPPS技术中，当溶液前驱体注入等离子体焰流中时，有机溶剂分解以及水分子在3 000 K时分解为高能自由基，使得等离子焰流的热导率显著增加，因此制备出的涂层可以拥有较低的孔隙率和更少的未熔颗粒。Al_2O_3前驱体在等离子体中吸收大量热量，且当温度达到1 055 ℃时，乙酸铝会

转变为 $\alpha-Al_2O_3$ 相。制备的 $\alpha-Al_2O_3$ 涂层结构致密，具有优异的结构性能以及耐磨性能。

选取不同规格的粉末原料会使涂层质量及耐磨性能产生显著差异。Goel 等发现，减小 SPS 原料平均尺寸并细化微观结构可以降低涂层的摩擦系数。无论喷涂过程中选取的沉积参数如何，微米级粉末制备的 Al_2O_3 涂层结构更加致密，且耐磨性能更加优异，这是因为在摩擦磨损的过程中涂层表面形成的摩擦膜会受到悬浮液中粉末颗粒粒径影响，微米级别的氧化铝粉末可以制备出更加稳定的摩擦膜。此外，涂层内部小片层内晶体尺寸允许小幅度的塑性变形，可以形成比常规大气等离子喷涂(APS) 涂层更稳定的摩擦膜，从而提高了涂层的耐磨性能。Goel 等进一步对比了 SPS 与 APS 制备的 Al_2O_3 性能差异，发现 SPS 与 APS 涂层的孔隙率大小相似，但 SPS 涂层由细小的孔隙组成，表现出了更多的孔数(图 10.1)。

(a) APS涂层

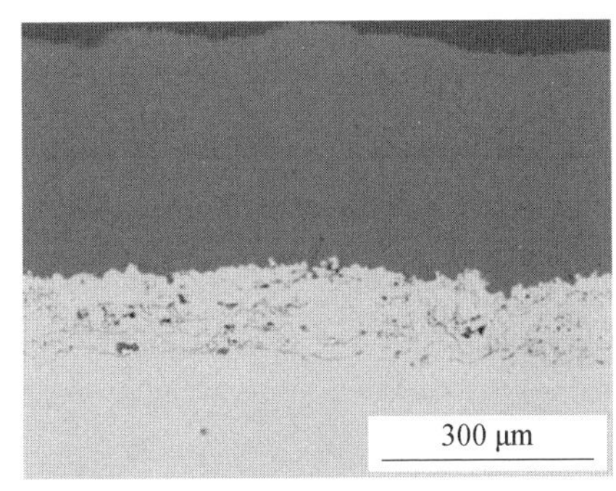

(b) SPS涂层

图 10.1　APS 涂层与 SPS 涂层横截面形貌

Wang 等则对比了 SPS 与 APS 涂层在海水环境下的摩擦性能。试验发现，两种涂层在不同环境下均表现出了稳定的摩擦状态以及较低的磨损率。SPS 制备的 Al_2O_3 涂层有着更致密的结构以及较低的孔隙率。与 APS 相比，致密的涂层结构以及硬质相 $\alpha-Al_2O_3$ 使得涂层有着更高的硬度以及优异的耐磨性能。在海水环境下，SPS 制备的 Al_2O_3 涂层更是表现出更优的耐磨性能，在海水润滑以及摩擦膜的双重保护下，使得其表面免受磨损侵蚀。

等离子喷枪扫描速度以及喷涂距离对涂层微观结构影响较大，尤其是喷涂距离，和涂层内部孔隙率密切相关。此外，粉末质量配比也会影响涂层性能，但其影响幅度较小。为了提高 Al_2O_3 涂层的耐磨性能，可以调节优化喷涂参数来强化涂层的力学特性。

10.2.2 YSZ 陶瓷涂层

氧化钇稳定氧化锆(YSZ)是一种应用广泛的陶瓷材料,具有抗震性强、耐高温、耐磨损、化学稳定性好等特点,可以广泛应用于耐磨涂层、热障涂层等领域。由于氧化锆韧性不足,常常需要加入稳定剂来改善它的韧性,稳定剂中效果较好的是氧化钇。由于 YSZ 拥有良好的力学性能,国内外学者针对 YSZ 耐磨涂层展开了大量的研究。

传统热喷涂制备的 YSZ 涂层性能较差,其缺陷在于涂层结构多为各向异性层状结构、片层间堆垛产生孔隙缺陷、扁平化粒子快速冷却以至于应力松弛使得片层间产生裂纹以及扁平化粒子之间形成未结合界面。Joulia 等研究发现,控制等离子体射流的稳定性以及颗粒轨迹可以有效避免涂层中的垂直裂纹和堆积缺陷,从而获得性能较好的 YSZ 涂层。

Zhao 等对 SPS 的五个重要工艺参数进行了分析,发现涂层孔隙率与悬浮液粉末质量以及粉末粒径呈负相关关系,与喷涂距离、喷涂步距和基体表面粗糙度等呈现正相关关系。悬浮液浓度的增加可以使得涂层孔隙率有所降低。此外,减小喷涂距离也可以使涂层致密性更好,力学性能更好(图 10.2)。喷涂距离较小时涂层内孔隙较少,减小喷涂距离可以允许更多充分熔融原料撞击到基板表面形成涂层,从而获得更加致密的涂层结构。

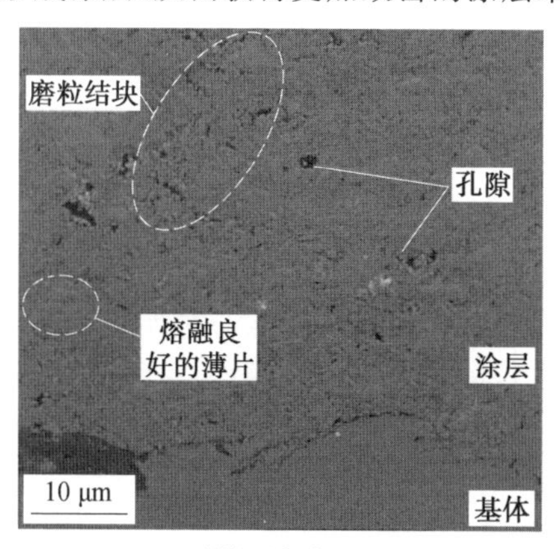

(a) 喷涂距离为40 mm

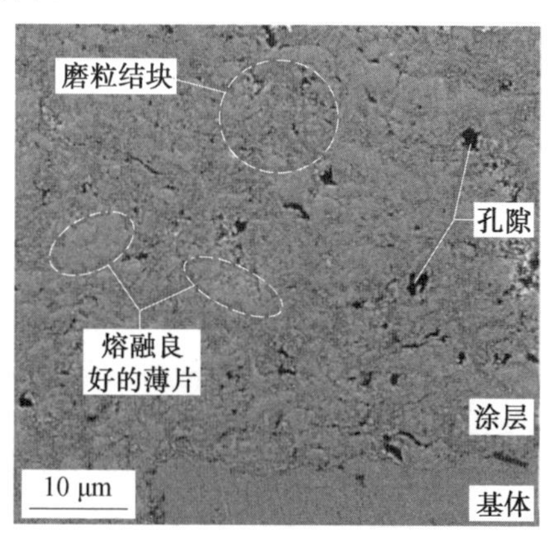

(b) 喷涂距离为60 mm

图 10.2 YSZ 横截面形貌

Darut 等研究了等离子焓对 YSZ 涂层性能的影响。通过 SPS 沉积 YSZ 涂层,分析对比发现当等离子焓从 11 MJ/kg 增加到 13 MJ/kg 时,涂层变得更为致密。Shahien 曾提出过采用低功率 SPS 系统制备陶瓷涂层,在 27 kW 的功率下沉

积了YSZ涂层，采用Ar气为等离子体气体，等离子的热焓足够熔化YSZ等陶瓷粉末，使得沉积的涂层表面平滑，性能优异。He等则尝试在低压环境(低至100 Pa)下采用SPS的方式沉积YSZ涂层。在低压环境下，采用蠕动泵将悬浮液运送到特定的注射器中(喷涂系统如图10.3所示)。他们分析对比了常规环境下和低压下的SPS涂层发现，硬度和弹性模量分别提升了61%和31%，耐磨性能得到改善。

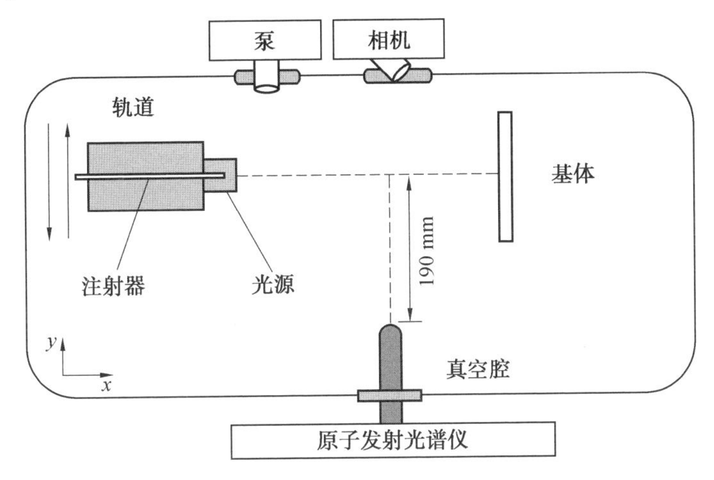

图10.3　低压SPS系统示意图

Carpio等采用SPPS制备YSZ涂层。试验发现，不同比例的前驱体在注射过程中剪切速率与剪切应力呈线性相关，这表明溶液具有恒定黏度的牛顿特性。当溶液浓度较高时，表面张力和黏度都增加。使用稀释溶液喷涂的涂层拥有更多的孔隙以及更多的未熔化区域。然而，使用过高浓度的溶液沉积涂层也会表现出较高的孔隙，因为表面较高的张力使得液滴在等离子体中碎裂程度较低，在热解过程中外部形成壳，利于孔隙的产生。因此，只有根据溶液浓度来调整喷射量才可以获得符合条件的涂层结构。

为了充分发挥YSZ涂层的耐磨性能，需要在喷涂工艺中确定最适宜的喷涂参数以及质量配比，且为了沉淀物形成和完全热解，乙醇更适合作为溶剂，从而更有效促使液滴分裂蒸发，实现涂层最佳性能。

10.2.3　羟基磷灰石涂层

羟基磷灰石(HA)又称碱式磷酸钙，是一种生物陶瓷材料，其Ca/P比值接近于天然骨头的Ca/P比值，因此在生物医学工程等中有着广泛的应用。近期，越来越多国内外学者采用液料等离子喷涂的方式来制取HA涂层。

为了在铝钛合金的基体上获得结合强度良好、结构致密、摩擦性能优异的涂层，Kozerski 等对制备 HA 的 SPS 工艺进行优化。优化参数包括悬浮液的制取、送料方式、输入功率以及喷涂距离等。经过多次试验确定了最佳喷涂参数：电源输入功率为 30 kW，喷涂距离选取 60 mm，采用喷嘴进行液料注射，且喷嘴内径为 0.5 mm，悬浮液粉末占比 20%。Zhang 等发现，虽然减少喷涂距离可以获得致密涂层，但会减少 HA 相含量，因此为了获得 HA 相含量与涂层性能之间的平衡，应根据需求调整喷涂距离。

此外，可以向前驱体溶液中添加纳米颗粒，适量的纳米颗粒可以提高涂层的抗拉强度，改善孔隙率，且涂层可以表现出更佳的热稳定性以及耐磨性能。Romnick 等采用 SPPS 的方法制备了 Cu－HA 涂层，涂层孔隙率较低，涂层结构优异。试验推断，添加 $Cu(NO_3)_2$ 溶液可以抑制 HA 相分解，因为一部分等离子体能量用来蒸发溶液，HA 分解所需能量不足，从而使制备出的 HA 涂层 HA 相含量更高。

Chen 等向 HA 中引入纳米金刚石。由于金刚石自身拥有优异的力学性能，因此可以作为增强相来提高 HA 生物陶瓷涂层的力学性能。如图 10.4 所示，纳米金刚石作为增强相显著改善了 HA 涂层性能，增加了涂层硬度，降低了孔隙率，减少了未熔化的颗粒，使得涂层结构更加均匀，涂层的平均摩擦系数由 0.5 降低至 0.3。

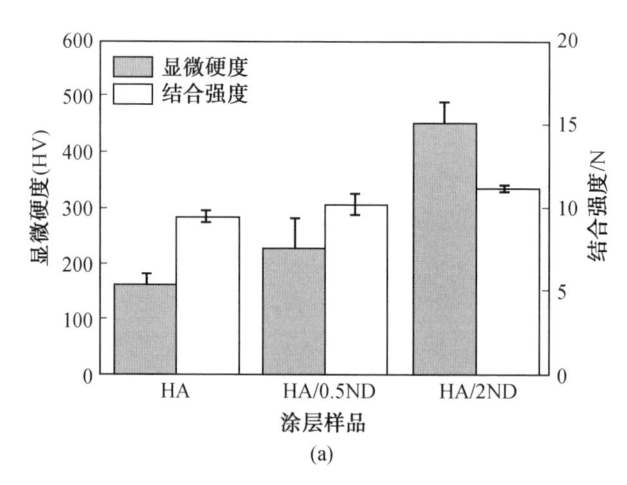

(a)

图 10.4　HA 涂层以及 ND 增强 HA 涂层显微硬度和结合强度，负载 2 N 下的摩擦系数随时间变化

(b－1)HA 涂层；(b－2) HA/0.5ND 涂层；(b－3) HA/2ND 涂层

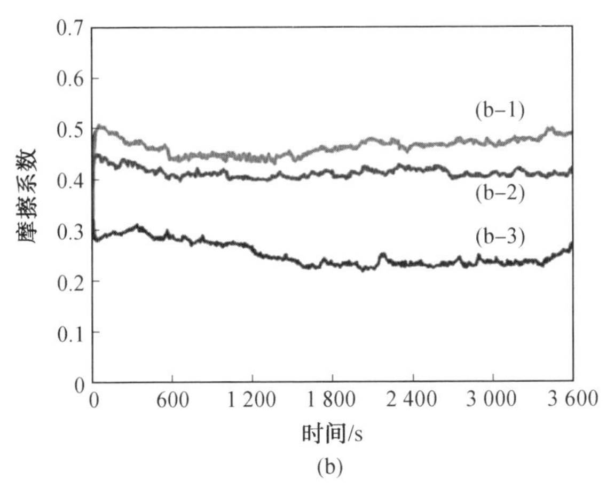

续图 10.4

喷涂距离的增加会导致 HA 相纯度降低，因此要控制合适的喷涂距离来沉积 HA 涂层。为抑制 HA 分解，还可以向其中添加 $Cu(NO_3)_2$ 溶液等。且由于 HA 其自身机械性能较差，常常需要向其中添加增强相来增强其自身的机械性能。相比之下，SPS 制备的 HA 涂层表现出更好的耐磨性以及生物相容性，不过 SPPS 避免了制备原料过程中受污染的可能性。

10.2.4　其他陶瓷涂层

由于传统热喷涂技术沉积的 Ti_3AlC_2 涂层中 Ti_3AlC_2 会分解为 TiC 相，为解决这一问题，Yu 等采用液料等离子喷涂的方式沉积 Ti_3AlC_2 涂层。研究发现，使用 SPS 制备 Ti_3AlC_2 可以有效抑制 Ti_3AlC_2 分解，虽然等离子体温度很高，足以分解 Ti_3AlC_2 相，但是在高温蒸气中 Ti_3AlC_2 表面形成了保护性氧化物，从而制得较为完整的 Ti_3AlC_2 涂层。液料等离子喷涂制备的 Ti_3AlC_2 涂层孔隙率较低，拥有更为致密的结构，耐磨性能也得到了改善。

TiO_2 比 Al_2O_3 等其他耐磨陶瓷硬度较低，但其在极端的 pH 值环境下具有出色的化学稳定性。Rayón 等通过 SPS 制取了 TiO_2 涂层，微观结构表明了金红石晶粒被细小的锐钛矿晶体所包围，表现出了均匀的锐钛矿相以及金红石相。此外，原料的熔化程度决定了涂层中金红石相含量，熔化程度增加可以获得更多金红石相，使得涂层整体硬度增加，拥有更高的抗刮伤性，但是降低了涂层的塑性。纳米划痕试验证明，具有均匀分布的金红石涂层比具有再结晶锐钛矿的涂层表现出更好的抗划伤性。

传统的热喷涂制取的 TiO_2 涂层锐钛矿相质量分数则仅有30%～50%，液料等离子喷涂可以制取含有较多锐钛矿相的 TiO_2 涂层。液料等离子喷涂制备的涂层具有孔隙率低、微观结构致密等特点，在陶瓷涂层中有广泛应用。

10.3 液料等离子喷涂制备多相复合耐磨涂层

10.3.1 多相自润滑复合涂层

研究发现，纳米颗粒固体润滑剂可以充当具有滚动和滑动运动的滚珠轴承，可以修复涂层表面，具有微抛光作用，并且可以形成具有低剪切阻力的摩擦膜，从而降低涂层表面摩擦力以及磨损损失，提高涂层的耐磨性能。

石墨烯是一种以 sp2 杂化连接的碳原子紧密堆积成单层二维蜂窝状晶格结构的新材料，是一种出色的自润滑材料。由于石墨烯沉积时容易降解，会失去其自身优秀的机械性能以及摩擦性能，需要在沉积时保持石墨烯独特的结构。Mahade 等采用 SPS 方式向 Al_2O_3 涂层加入石墨烯纳米片。作为对比组，他们采取相同工艺制取了纯 Al_2O_3 涂层。结果显示，Al_2O_3/石墨烯复合涂层展现出更高的硬度以及断裂韧性。与 Al_2O_3 涂层相比，复合涂层的摩擦系数降低了 36%，磨损率降低了 69%，显著改善了 Al_2O_3 涂层的耐磨性能。

聚四氟乙烯(PTFE)是一种高分子聚合物，其摩擦系数极低，可以作为润滑材料添加到涂层中。但由于 PTFE 熔点较低，以及高温容易降解等问题，等离子喷涂 PTFE 的研究相对较少。Wang 等采用 SPS 工艺沉积 YSZ/PTFE 复合涂层，PTFE 优异的润滑性能使得复合涂层的摩擦系数与之前相比下降了 0.38，磨损率也显著降低。

向陶瓷涂层中添加六方氮化硼(h－BN)也是一种有效改善涂层耐磨性能的方法，Zhao 等对此展开研究。他们向 YSZ 悬浮液中添加不同含量、不同粒径的 h－BN，采用 SPS 的方法制备了 YSZ/h－BN 复合涂层。试验结果显示，粒径较小的 h－BN 更有助于在涂层表面形成摩擦膜，提高涂层的耐磨性能，当 h－BN 质量分数为 2.5% 时达到最佳状态。

常用于液料等离子喷涂的固体润滑剂有 h－BN、PTFE、石墨烯等。固体润滑剂可以有效防止与保护摩擦面在相对运动时受到损坏，减少摩擦磨损。固体润滑剂适用范围较广，承载能力强、防黏滑性好，向涂层中添加固体润滑剂是一种有效提升涂层润滑效果的途径。

10.3.2　金属－陶瓷复合涂层

合金涂层不适合直接应用在耐磨领域，因为它们硬度较低，会造成严重磨损导致失效。可以向合金涂层中添加陶瓷相来增加涂层硬度，降低磨损。

WC 由于具有很高的硬度，被称为超硬陶瓷。然而，WC 脆性高，韧性不足，因此常在 WC 涂层中添加 Co 来增强整体涂层的韧性，WC－Co 金属陶瓷拥有更好的耐磨性能。Berghaus 等通过 SPS 沉积 WC－12Co 涂层，试验发现：涂层硬度是影响涂层孔隙率以及碳化物降解程度重要因素，增加液流喷射速度可以降低涂层的孔隙率，当颗粒速度增加到 800 m/s 时，涂层孔隙率降低到 0.2%。喷涂工艺参数优化对于降低 WC 颗粒至关重要，提高 WC－Co 涂层耐磨性的关键是要保留细小均匀的 WC 晶粒，减少 WC 脱碳。

常见的金属复合涂层还有 Ni 基合金涂层。由于 Ni 基金属涂层具有良好的耐热、耐蚀、耐磨损等特点，在机械零部件的表面应用广泛。Bolelli 等向 NiCrAlY 合金中添加亚微米级别的 Al_2O_3 颗粒，使用 SPS 制备 NiCrAlY/Al_2O_3 复合涂层，研究结果表明：Al_2O_3 的添加并不会改变涂层的硬度和弹性模量，但是可以改善涂层的耐磨性能，且 Ni 基合金的耐磨性并不随着 Al_2O_3 颗粒含量而线性变化。在室温环境下，质量分数为 30% 的 Al_2O_3 提高了摩擦膜的机械强度。如图10.5 所示，随着 Al_2O_3 含量的增加，涂层中包含的氧化物总量也明显增加。但氧化物并不止 Al_2O_3 一种，还包含 NiCrAlY 颗粒被氧化的成分。通过 TEM 分析可以识别出一些为 Y 的氧化物，这些氧化物在 NiCrAlY 涂层中均匀分布，提高了涂层的耐磨性能。

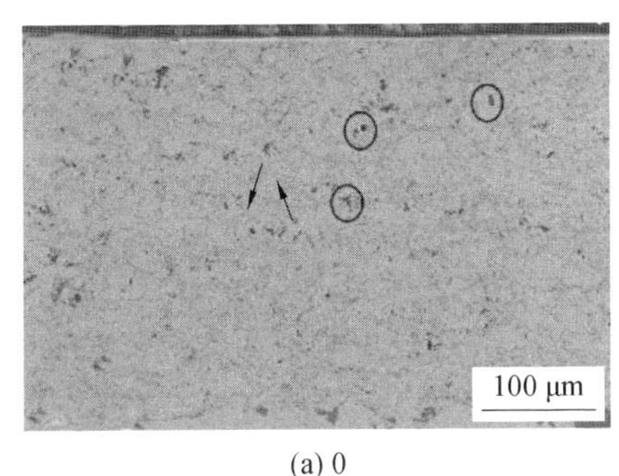

(a) 0

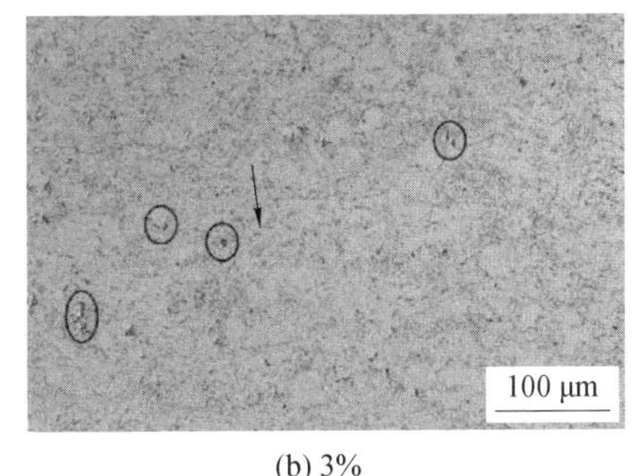

(b) 3%

图 10.5　不同质量分数 Al_2O_3 的 NiCrAlY 涂层的横截面显微结构照片

（圆圈代表孔隙，箭头代表氧化物，正方形为压痕标记）

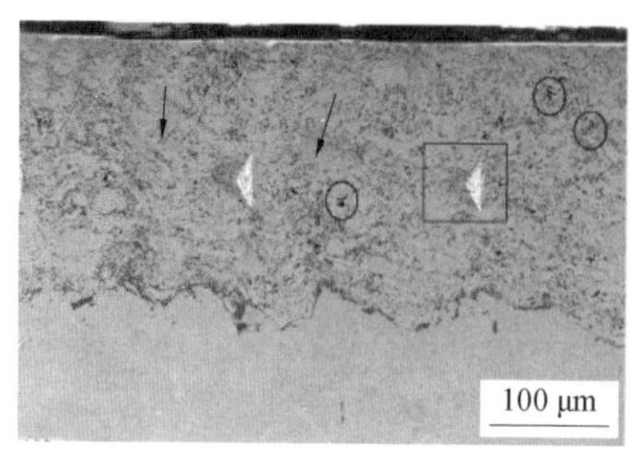

(c) 6%

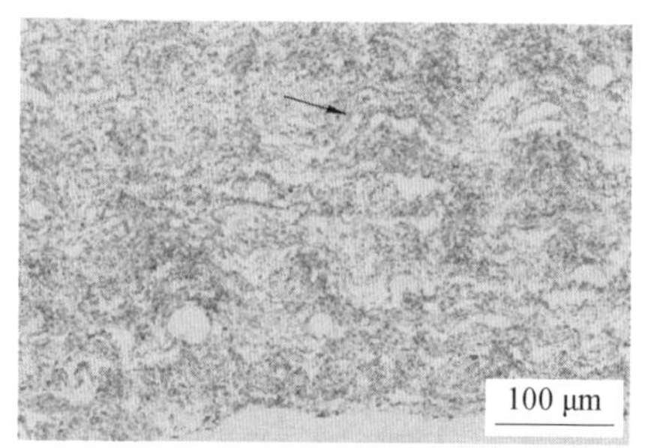

(d) 12%

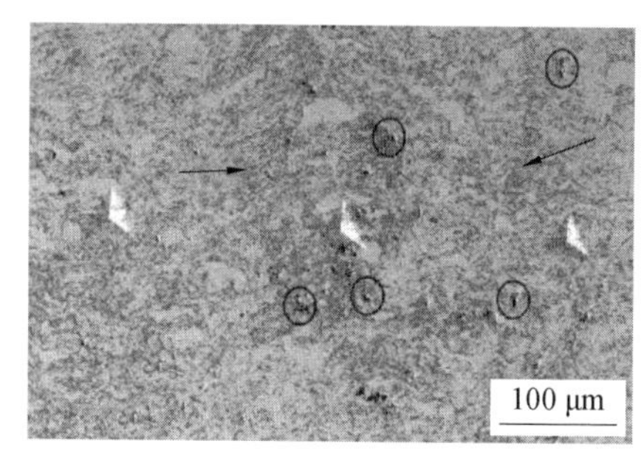

(e) 18%

续图 10.5

钴基合金 T－400 自身具有高耐磨性，可以应用于极端磨损的环境下。但由于其自身断裂韧性低，抗裂纹扩展能力不足，限制了其使用寿命。为解决这一问题，Mahade 等分别将 T－400 和硬质相 Cr_3C_2 以及 TiC 混合制成涂层，采用 SPS－APS 混合喷涂方式制备金属陶瓷复合涂层。与纯 T－400 涂层相比较，复合涂层磨损率降低了约 80%，并且涂层硬度大大提升。Cr_3C_2 可以抑制裂纹扩展，可以细化涂层微观结构，提高涂层显微硬度，在摩擦中形成摩擦膜保护涂层减少磨损。

因此，复合涂层可以通过不同材料互相弥补缺陷，相互作用。复合涂层中的硬质相可以提升涂层自身硬度，减轻磨损程度。软质相在复合涂层中的增韧作用可以通过涂层内部结构桥接，从而抑制涂层内部裂纹的形成和发展，改善涂层的耐磨性能，使涂层拥有更久的工作寿命。

10.3.3 陶瓷－陶瓷复合涂层

为了进一步完善 Al_2O_3 涂层的耐磨性能，部分学者通过向 Al_2O_3 中添加其他陶瓷相来强化涂层特性。Carpio 等采用 SPS 向 Al_2O_3 中添加 ZrO_2 相，制备陶

瓷复合涂层。加入 ZrO_2 后降低了涂层的摩擦系数，使其拥有更好的耐磨性能。Klyatskina 等发现向 Al_2O_3 中添加 TiO_2 可以使涂层密度增加，因为 TiO_2 的熔点较 Al_2O_3 低，但比热容高于 Al_2O_3，TiO_2 可以充当 Al_2O_3 的颗粒黏合剂，因而有利于 SPS 过程中 Al_2O_3 熔化，可以使得涂层更加致密，增加涂层硬度和耐磨性能。

此外，Al_2O_3－YSZ 复合涂层可以结合 Al_2O_3 基质的高硬度与 YSZ 分散体额外增韧的效果，从而显著提高 Al_2O_3 自身的弯曲强度和断裂韧性。研究人员采用轴向 SPS 的方式在 Al_2O_3 中添加 YSZ 制备复合涂层，YSZ 在 Al_2O_3 涂层中均匀分布，且磨损率降低了 36%；与纯 Al_2O_3 涂层相比，YSZ 相的存在增强了 Al_2O_3 在刮擦、干滑动等状态下的耐磨性。Murray 等在 YSZ 悬浮液中分别加入 Al_2O_3 粉末以及 Al_2O_3 悬浮液，发现加入 Al_2O_3 悬浮液制得的涂层孔隙率要低于 Al_2O_3 粉末制得的涂层。由于 YSZ 的加入，复合涂层整体的韧性和摩擦性能增强。

Erne 等为了省去润滑剂以及提高涂层成型能力和工艺效率，采用 SPS 制备了 TiO_2/Cr_2O_3 复合涂层，试验结果表明：有一部分的 Cr 存在最终涂层中，可能是 Cr_2O_3 还原而形成的，这种效果只在 SPS 涂层中才能检测到。在涂层摩擦过程中，涂层磨损机理从轻载时的塑性变形和疲劳微裂纹向重载下的分层裂纹和晶界断裂转变；而滑动产生的摩擦热在表面形成氧化膜，减少磨损的接触面积并且降低磨损；涂层中 Cr_2O_3 含量越高，复合涂层的显微硬度越高，耐磨性越强。尽管悬浮喷涂的涂层结构致密，但少量裂纹以及开放孔隙对涂层耐腐蚀性能有重要影响，因此需要进一步研究以减少这些缺陷。

除了以上普遍采用的液料等离子喷涂陶瓷材料之外，国内外学者正在积极研发新型喷涂材料。陶瓷－陶瓷复合涂层的发展拓展了液料等离子喷涂在耐磨领域的应用，极大改善了传统陶瓷涂层在严苛环境下的使用寿命。

与传统等离子喷涂相比，液料等离子喷涂在涂层组织和性能方面具有明显优势。然而，液料等离子喷涂工艺还存在一些问题，限制了其在工业生产中的应用。可以通过以下研究来进一步提高涂层的性能：

(1) 液料等离子喷涂过程涉及许多复杂的现象，且液滴的形状对涂层的形成有重要的影响。因此，要确定一个精确的喷雾模型来测量液滴的温度速度，阐明液滴与等离子体的相互作用。

(2) 在液料等离子喷涂中，需要建立一个能实时检测与控制反馈的闭环系统，将喷涂工艺参数与液滴温度、飞行速度和涂层结构联系起来，从而实现对涂层性能的实时调整和优化。

(3) 在液料等离子喷涂过程中，溶剂蒸发造成的热损失导致沉积速率较低，需要进一步调整液料参数、喷涂参数、涂层微观结构，以提高沉积效率。

(4) 当悬浮液母质为乙醇时，涂层内部可能有碳质残留沉积，这些残留物会影响涂层的平均晶粒尺寸和成分，进而影响涂层的性能。此外，等离子体气体混合物对涂层结构也有较大的影响。

(5) 减小涂层厚度，可以避免横向微裂纹。为了防止锥状缺陷的产生和扩展，有必要对基体粗化工艺进行优化，并对基体表面温度进行控制，以确保最佳的涂层微观结构。

本章参考文献

[1] TESAR T, MUSALEK R, MEDRICKY J, et al. Development of suspension plasma sprayed alumina coatings with high enthalpy plasma torch[J]. Surface and Coatings Technology, 2017, 325: 277-288.

[2] CARPIO P, PAWŁOWSKI L, PATEYRON B. Numerical investigation of influence of precursors on transport properties of the jets used in solution precursor plasma spraying [J]. Surface and Coatings Technology, 2019, 371: 131-135.

[3] GOEL S, BJÖRKLUND S, CURRY N, et al. Axial suspension plasma spraying of Al_2O_3 coatings for superior tribological properties [J]. Surface and Coatings Technology, 2017, 315: 80-87.

[4] WANG Y X, LIU Z Y, GUO H X, et al. Attractive tribological properties of Al_2O_3 coating prepared by SPS in comparison with APS in different environment [J]. Ceramics International, 2022, 48(3): 4285-4295.

[5] JOULIA A, DUARTE W, GOUTIER S, et al. Tailoring the spray conditions for suspension plasma spraying[J]. Journal of Thermal Spray Technology, 2015, 24: 24-29.

[6] ZHAO Y L, WANG Y, PEYRAUT F, et al. Evaluation of nano/submicro pores in suspension plasma sprayed YSZ coatings [J]. Surface and Coatings Technology, 2019, 378: 125001.

[7] ŁATKA L, SZALA M, MACEK W, et al. Mechanical properties and sliding wear resistance of suspension plasma sprayed YSZ coatings [J].

Advances in Science and Technology-Research Journal, 2020, 14(4): 307-314.

[8]DARUT G, AGEORGES H, DENOIRJEAN A, et al. Tribological performances of YSZ composite coatings manufactured by suspension plasma spraying[J]. Surface and Coatings Technology, 2013, 217: 172-180.

[9]SHAHIEN M, SUZUKI M. Low power consumption suspension plasma spray system for ceramic coating deposition[J]. Surface and Coatings Technology, 2017, 318: 11-17.

[10] HE P J, SUN H, GUI Y, et al. Microstructure and properties of nanostructured YSZ coating prepared by suspension plasma spraying at low pressure [J]. Surface and Coatings Technology, 2015, 261: 318-326.

[11]CARPIO P, CANDIDATO R T JR, PAWŁOWSKI L, et al. Solution concentration effect on mechanical injection and deposition of YSZ coatings using the solution precursor plasma spraying [J]. Surface and Coatings Technology, 2019, 371: 124-130.

[12]KOZERSKI S, PAWŁOWSKI L, JAWORSKI R, et al. Two zones microstructure of suspension plasma sprayed hydroxyapatite coatings [J]. Surface and Coatings Technology, 2010, 204(9/10): 1380-1387.

[13]ZHANG C, XU H F, GENG X, et al. Effect of spray distance on microstructure and tribological performance of suspension plasma-sprayed hydroxyapatite-titania composite coatings [J]. Journal of Thermal Spray Technology, 2016, 25(7): 1255-1263.

[14]UNABIA R B, BONEBEAU S, CANDIDATO R T JR, et al. Preliminary study on copper-doped hydroxyapatite coatings obtained using solution precursor plasma spray process [J]. Surface and Coatings Technology, 2018, 353: 370-377.

[15]CHEN X Y, ZHANG B T, GONG Y F, et al. Mechanical properties of nanodiamond-reinforced hydroxyapatite composite coatings deposited by suspension plasma spraying [J]. Applied Surface Science, 2018, 439: 60-65.

[16]YU H C, SUO X K, GONG Y F, et al. Ti_3AlC_2 coatings deposited by liquid plasma spraying [J]. Surface and Coatings Technology, 2016, 299: 123-128.

[17]RAYÓN E, BONACHE V, SALVADOR M D, et al. Nanoindentation study of the mechanical and damage behaviour of suspension plasma sprayed TiO_2 coatings [J]. Surface and Coatings Technology, 2012, 206(10): 2655-2660.

[18]MAHADE S, MULONE A, BJÖRKLUND S, et al. Incorporation of graphene nano platelets in suspension plasma sprayed alumina coatings for improved tribological properties [J]. Applied Surface Science, 2021, 570: 151227.

[19]WANG Y, ZHAO Y L, DARUT G, et al. A novel structured suspension plasma sprayed YSZ-PTFE composite coating with tribological performance improvement [J]. Surface and Coatings Technology, 2019, 358: 108-113.

[20]ZHAO Y L, WANG Y, YU Z X, et al. Microstructural, mechanical and tribological properties of suspension plasma sprayed YSZ/h-BN composite coating[J]. Journal of the European Ceramic Society, 2018, 38(13): 4512-4522.

[21]BERGHAUS J O, MARPLE B, MOREAU C. Suspension plasma spraying of nanostructured WC-12Co coatings[J]. Journal of Thermal Spray Technology, 2006, 15(4): 676-681.

[22]BOLELLI G, CANDELI A, LUSVARGHI L, et al. Tribology of NiCrAlY + Al_2O_3 composite coatings by plasma spraying with hybrid feeding of dry powder + suspension [J]. Wear, 2015, 344/345: 69-85.

[23]MAHADE S, BJÖRKLUND S, GOVINDARAJAN S, et al. Novel wear resistant carbide-laden coatings deposited by powder-suspension hybrid plasma spray: characterization and testing[J]. Surface and Coatings Technology, 2020, 399: 126-147.

[24]CARPIO P, SALVADOR M D, BORRELL A, et al. Alumina-zirconia coatings obtained by suspension plasma spraying from highly concentrated aqueous suspensions [J]. Surface and Coatings Technology, 2016, 307: 713-719.

[25]KLYATSKINA E, RAYÓN E, DARUT G, et al. A study of the influence of TiO_2 addition in Al_2O_3 coatings sprayed by suspension plasma spray [J]. Surface and Coatings Technology, 2015, 278: 25-29.

[26]GOEL S, BJÖRKLUND S, CURRY N, et al. Axial plasma spraying of mixed suspensions: a case study on processing, characteristics, and tribological behavior of Al_2O_3-YSZ coatings [J]. Australian Journal of Basic and Applied Sciences, 2020, 10(15): 5140.
[27]GANVIR A, GOEL S, GOVINDARAJAN S, et al. Tribological performance assessment of Al_2O_3-YSZ composite coatings deposited by hybrid powder-suspension plasma spraying [J]. Surface and Coatings Technology, 2021, 409: 126907.
[28]MURRAY J W, LEVA A, JOSHI S, et al. Microstructure and wear behaviour of powder and suspension hybrid Al_2O_3-YSZ coatings [J]. Ceramics International, 2018, 44(7): 8498-8504.
[29]ERNE M, KOLAR D, HÜBSCH C, et al. Synthesis of tribologically favorable coatings for hot extrusion tools by suspension plasma spraying [J]. Journal of Thermal Spray Technology, 2012, 21(3): 668-675.

名 词 索 引